이공계를 위한

기초통계학

김형수 · 전시영 · 박재우
유철상 · 양인환 공역

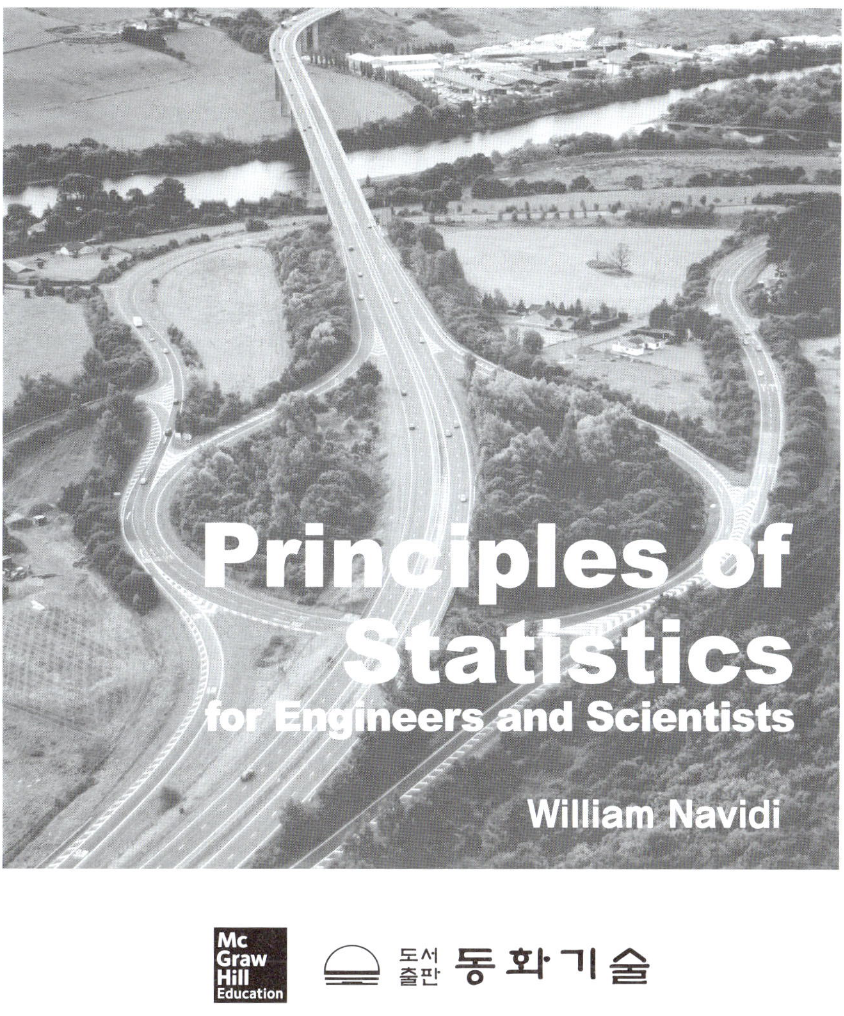

Mc Graw Hill Education
도서출판 동화기술

Principles of Statistics for Engineers and Scientists, 1st Edition.

2 3 4 5 6 7 8 9 10 DHT 20 15

Original : Principles of Statistics for Engineers and Scientists, 1st Edition. © 2009
By William Navidi.
ISBN 978-0-07-728931-7

This authorized Korean translation edition is jointly published by McGraw-Hill Education Korea, Ltd. and Dong Hwa Technology Publishing Co. This edition is authorized for sale in the Republic of Korea.

This book is exclusively distributed by Dong Hwa Technology Publishing Co.

When ordering this title, please use ISBN 978-89-425-1726-8

Printed in Korea

머리말 Preface

서문(Motivation)

이 책은 1~2학기 동안에 강의교재로 사용되는 ‘Statistics for Engineers and Scientists, 2nd Edition (McGraw-Hill, 2008)’을 기본으로 편찬되었다. 본 저서는 상기 저서의 기본 내용을 그대로 이어받되, 한 학기 내로 강의가 가능하도록 핵심적인 내용을 수록하였다. 또한, 이론을 설명하기 보다는 실제 연구와 공학 분야에서 마주칠 수 있는 문제를 통계학적으로 해결할 수 있는 능력을 기르는데 주안점을 두었다. 기본적인 통계학적 지식은 모든 학문분야에 있어 필요한데, 이를 이해하기 위해서는 실제적인 예제들을 통해 학습을 하는 것이 가장 좋은 방법이다. 본 저서에서도 실제 산업계나 공학 분야에서 접할 수 있는 자료를 이용하여 예제를 통한 학습을 할 수 있도록 구성하였다. 따라서, 많은 수학적 지식을 다루고 있는 다른 통계학 서적에 비해 본 저서는 상대적으로 일반적인 수학 지식으로도 다룰 수 있도록 구성하였다.

컴퓨터 활용(Computer Use)

지난 30년 동안의 기술 발전에 힘입어 빠르고 저렴하게 컴퓨터 기술을 사용할 수 있게 되었으며, 통계학적 기법이 여러 공학 분야에서 적용할 수 있게 되었다. 연구자나 공학자는 단순히 컴퓨터 소프트웨어 패키지를 사용하는 능력만이 아니라, 컴퓨터 기술을 통하여 획득한 자료를 이용해 어떠한 결론을 도출할 수 있는 능력 또한 필요하게 되었다. 따라서 본 저서는 자료의 생성과 해석, 컴퓨터를 이용한 분석, 특히 선형모형이나 요인 실험 등에 대해서 다루고 있다. 또한 교육과정에서 다루고 있는 통계 프로그램 등을 유용하게 활용할 수 있도록 본서의 내용을 구성하였다.

내용(Content)

제1장은 표본과 기술통계에 대해서 서술하고 있다. 모집단의 특성을 대표하는 표본을 추출하는 것에서부터 통계학적 기법이 시작되기 때문에, 표본추출방법에 대해서 논하며 추가적으로 단변량 자료의 기술통계에 대해서도 다룬다.

제2장에서는 이변량 자료에 대한 기술통계를 다루도록 한다. 상관계수나 최소자승법(least-square line)들과 같은 개념들에 대하여 다루며, 확률변수 사이의 선형 상관관계나 이상점과 영향점에 의한 관계를 고찰할 것이다. 달리 말하면 2장에서는 8장에서 다루어지는 선형모형을 통한 추정과정을 위한 선수 지식이 되는 장이다.

제3장에서는 확률에 대해서 다루게 된다. 이 장의 목적은 불필요하게 많은 수학적인 유도대신에 기본적인 확률 개념을 이해하도록 한다. 즉, 예제를 통해 결과를 설명하고 결과 속에 숨어있는 의미를 이해하도록 한다.

제4장에서는 일반적으로 쓰이는 확률분포함수에 대해서 다루고, 확률도시나 중심극한 정리와 같은 개념도 학습한다. 본 장에서는 정규분포나 이항분포를 주로 다루지만, 다른 분포형도 학습이 가능하도록 제시하였다.

제5장과 6장에서는 한 개의 표본에 대한 신뢰구간과 가설검정을 다루게 된다. 점 추정과 가설검정을 위한 P-값도 다루어지나, 고정수준 검정에 대해서만 다루고, 일부의 다중검정과정을 논의한다.

제7장에서는 두 개의 표본에 대한 신뢰구간과 가설검정을 다룬다. 전체의 내용을 다루기에는 시간이 충분하지 않을 수도 있으므로 교육자가 다양한 주제 중에서 선택을 할 수 있도록 배치하였다.

제8장은 선형 회귀에 의한 추정방법을 다룬다. 영향점이나 변화율을 알기 위해서 자주 사용되는 산점도와 같은 기법을 다루며, 이를 통하여 모형의 수렴이나 변화를 판정하기 위한 내용을 다룬다. 추가적으로 다중회귀나 모형 선택과 같이 실생활에 유용하게 사용하는 기법도 학습하게 된다.

제9장은 널리 쓰이는 실험의 설계와 자료의 분석에 대하여 다루게 된다. 단일 또는 이변량 분산분석과 완전임의 배치법(randomized complete block design), 다요인계획법(2^p factorial design)도 다루게 된다.

제10장은 통계학적인 품질관리나 관리도(control chart), 누적합관리도(CUSUM chart), 공정능력과 품질관리를 위한 식스시그마 등에 대해서 종합적으로 다룬다.

추천 강의범위(Recommended Coverage)

본 저서는 주당 4시간을 강의할 경우, 한 학기 분량의 내용을 포함하고 있다. 만약, 주당 3시간 교육을 수행할 경우에는 확률과 관계된 부분에서 반드시 필요한 것이 아닌 부분은 생략할 수 있다. 또 다른 선택으로는, 처음의 3장은 전체의 내용을 다루고 제3장의 마지막 2개의 절을 간략히 서술하고 넘어가며, 제4장에서는 이항분포, 포아송 분포, 정규분포와 중심극한 정리를 서술하고, 제5장 및 6장에서는 신뢰구간과 가설검정 부분만을 다룬다. 제7장에서는 두 개의 표본에 대한 적용과정만 강의하거나, 제8장에서 회귀분석을 시간이 허용하는 한도 내에서 간략히 다룬다.

만약, 회귀분석이나 요인 설계실험에 대해서 중점적으로 다루고 싶다면, 제6장 이후에 7장을 생략하고 바로 제8장과 9장을 교육할 수도 있다. 또한, 유사하게 통계적인 품질관리가 필요하다면 제9장과 10장을 다룰 수도 있다.

차례 Contents

5 점추정과 구간추정

6 단일표본에 대한 가설검정

7 두 표본에 대한 추론

8 선형회귀분석

9 요인 실험

10 통계적 품질관리

단변량 자료의 요약

01

개요

과학과 공학의 진보는 다양한 분야에 대한 자료의 수집과 분석을 필요로 한다. 일반적으로 과학적인 실험과 관찰을 통해 얻은 자료는 무작위적으로 변하는 경우가 많으며, 이에 대한 적절한 분석이 필요하다. 과학적 측정이 반복될 때에도 측정값이 매회 조금씩 다르게 나오는 경우가 많다. "실험마다 조금씩 다르게 나오는 측정값에 대하여 어떻게 결론을 도출할 것인가?"라는 문제는 연구자와 기술자 모두에게 중요하며, 이를 해결하기 위해서는 통계학적 지식이 요구된다. 또한, 과학자와 공학자가 타당한 실험을 설계하고, 그들이 산출하는 자료로부터 신뢰할 수 있는 결론을 도출하는 데에도 통계학적 지식이 요구된다.

본서는 과학과 공학에 대한 통계학의 적용에 주안점을 두지만, 자료의 분석과 해석은 현대 생활의 모든 면에 지속적으로 중요한 역할을 하고 있다. 보다 효과적이고 창의적인 마케팅 캠페인부터 우리의 삶의 방식을 개선하기 위한 사회적 정책 개발을 위해 우리의 의견과 생활 양식들에 대한 수많은 자료들이 수집되고 있다. 우리가 접하는 모든 신문기사도 자료 분석을 통해 사회적 혹은 경제적 경향성을 설명하고 있다. 이러한 상황에서, 통계학의 기초지식은 유능한 과학자 또는 공학자가 되기 위해서 뿐만 아니라 사회적인 구성원으로서도 필수적인 요건이라고 할 수 있다.

기본 개념

자료 분석에 있어서의 모든 통계학적 방법의 기본 개념은 선택된 작은 표본에 대한 연구를 통하여 모집단을 추론하는 것이다. 예를 들어, 클러치 시스템에서 사용되는 지름이 0.65 ± 0.03 cm인 볼 베어링을 제작하는 기계가 있다고 가정하자. 지난 공정에서 기계는 2,000개의 볼 베어링을 만들었다. 품질 관리자는 이 많은 베어링 중 품질기준에 적합한 베어링이 얼마나 되는지 알기를 원했으나 2,000개의 볼을 다 측정할 시간이 없었기 때문에 무작위로 80개의 표본을 선택하고 그것을 측정하여, 80개 중 72개의 베어링이(약 90%) 품질기준에 적합한 지름임을 알아냈다. 물론 80개의 표본은 2,000개의 모집단을 완벽하게 대표하지는 못하며, 모집단에서의 품질기준에 적합한 베어링의 비율은 표본의 적합비율 90%와 다소 차이가 있을 것이다. 품질관리자들이 알고 싶어 하는 점은 과연 그 차이가 얼마나 될 것인가 이다. 예를 들어, 표본에서 품질기준을 통과한 비율이 90%라고 한다면, 모집단에서의 타당한 품질통과 비율은 95%나 98%가 타당한가, 아니면 더 낮아서 85%나 80%가 타당한가? 수집한 자료를 바탕으로 문제를 해결하기 위해서 다음과 같은 몇 개의 질문을 고려할 수 있다.

1. 품질관리자는 표본의 품질기준통과비율과 모집단의 품질기준통과비율 간에 어느 정도의 차이가 나는지 계산할 필요가 있다. 이렇게 표본의 크기에 따라서 품질기준을 통과하는 비율은 얼마나 큰 차이가 있을까?
2. 품질관리자는 지난 시간동안 제작된 베어링의 검사기록 중에 품질기준을 통과한 베어링의 백분율을 주목하여야 한다. 검사한 베어링 중에서 90%는 품질기준을 통과하였고, 그 모집단에서의 품질기준을 통과한 베어링의 백분율을 $90 \pm x\%$로 제시할 것이다. 여기에서 x는 모집단의 품질기준을 통과한 백분율이 합리적인지 판단할 수 있는 비율이다. 이러한 x는 어떻게 구해야 할 것인가?
3. 품질관리자는 품질기준을 통과하는 베어링의 백분율이 최소 85% 이상이기를 원하며, 이를 달성하지 못할 경우, 기계의 재조정을 위하여 생산을 중지하여야 한다. 그는 어떠한 과정을 통하여 1,000개의 베어링 중에서 최소 85% 이상의 베어링이 품질기준을 통과할 것이라고 말할 수 있는가?

이 책은 이러한 문제에 대한 해답을 찾는 데 많은 부분을 할애하고 있다. 첫 번째 질문에 답하기 위해서는 표준편차(standard deviation)의 계산이 필요하며, 이는 제3장에서 다루게 될 것이다. 두 번째 질문에 답하기 위해서는 신뢰구간(confidence interval)의 설정이 요구되며, 이는 제5장에서 배우게 될 것이다. 세 번째 질문은 가설검정(hypothesis test)을 통하여 해답을 찾을 수 있으며, 이를 제6장에서 다룬다.
그 외의 단원에서는 다른 중요한 주제에 대해서 다루게 된다. 예를 들어, 기술자가 강철 베어링에 포함된 탄소의 양에 따라서 압축 강도가 어떻게 변화하는지 알아야 할 경우에 대해서 제2장과 제8장에서 다루게 되며, 상관관계(correlation analysis)의 분석과 회귀분석(regression analysis)을 통하여 해결하도록 제시한다. 또한, 제조과정을 결정하는 몇 개의 인자에 대해서 최적의 결과를 얻을 수 있도록 각각의 인자를 조절하는 것도 중요하다. 이러한 인자의 조절은 요인실험(factorial experiment)을 통하여 결정할 수 있으며, 이를 제9장에서 다룰 것이다. 마지막으로 기술자는 제조공정을 통하여 생산된 제품의 품질을 검사하기 위한 계획을 세우고 검사하게 되며, 이 과정에서 통계학적 방법이 도입되어 산업현장의 품질유지에 기여하고 있다. 이러한 통계적 품질관리(statistical quality control)를 제10장에서 배우게 된다.

상기에 열거한 주제들은 수집한 자료를 바탕으로 하여 통계적인 결론을 얻는 방법들이며, 이는 통계적인 추정(inferential statistics)에 속하게 된다. 이러한 주제를 다루기 위해서는 먼저 통계적 추정을 위한 자료의 수집과 정리가 필요하다. 따라서, 먼저 자료의 수집과 기본정보를 명확하게 요약하는 방법이 필요한데, 이를 위해 표본추출(sampling)과 기술통계(descriptive statistics)가 필요하며 본 장에서 다루도록 한다.

1.1 표본추출

이미 서술한 바와 같이 모집단으로부터 추출한 표본의 분석을 통하여 모집단의 특성을 도출하는 것이 통계학적 기법의 기본 개념이다. 분석을 위해서는 적합한 방법을 통하여 표본을 추출하여야 신뢰성 있는 결과를 얻을 수 있다. 예를 들이, 콜로라도 광입내학 학생들의 신상을 조사하기 위하여 100명의 학생 표본을 추출한다고 하였을 때 어떻게 표본을 추출하여야 하는가? 몇몇의 추출방법은 표본의 대표성을 명백하게 저해하게 될 것이다. 예를 들어, 축구팀이나 농구팀의 선수로부터 표본을 추출한다면 콜로라도 광업대학 학생들의 신장을 대표하기에는 어려울 것이다. 그렇다면 표본을 추출할 때에 어떤 기숙사에 사는 학생들이나 공업통계학을 수강한 학생들과 같이 편리한 표본을 추출하는 것이 합리적이라고 판단할 수도 있으며, 이러한 학생 표본이 전체 학생의 신장과 다른 경향을 나타낼 가능성은 낮다. 그러나 예상치 못한 부분에서 잘못된 표본으로 판명될 수 있기 때문에 이러한 표본추출은 완벽하게 이상적이지는 못하다. 최상의 표본추출은 임의적인 표본추출을 중요한 요소로 포함하며, 여러 무작위 표본추출법에 있어서의 가장 기본은 단순확률표본 추출(simple random sampling)이다.

단순확률표본

단순확률표본(simple random samples)의 특성을 이해하기 위해서 복권의 예를 들 수 있다. 10,000개의 복권이 팔렸고 이 중에서 5명의 당첨자를 뽑는다고 가정하자. 당첨자를 뽑기 위한 가장 적합한 방법은 무엇인가? 가장 공정한 방법은 10,000개의 복권을 통에 넣고 섞은 다음에 손을 집어넣어서 그 중에서 5개의 복권을 뽑는 것이다. 이 5개의 복권이 10,000개의 복권 모집단으로부터의 단순확률표본이 되며, 각각의 당첨 복권은 5개의 당첨 복권과 동일한 개연성을 가지고 있다. 더욱 중요한 점은 5개의 당첨복권 집단을 추출하여도 5개의 당첨복권 각각과 동일한 개연성을 지닌다는 점이다. 이러한 특성은 단순확률표본을 정의하는 가장 기본적인 개념이 된다.

Summary

- 모집단(population)은 수집한 정보나 자료의 전체 집단이다.
- 표본(sample)은 수집된 정보나 자료를 포함하고 있는 모집단의 부분집합이다.
- n개의 자료를 가지는 단순확률표본은 모집단 각각의 집단 중 복권과 같이 표본을 구성하는 확률이 같은 방법으로 추출된 표본이다.

단순확률분포는 기본적으로 복권과 유사하며, 이러한 개념은 복권의 추첨이나 컴퓨터의 난수 발생 프로그램과 같은 분야에 사용되고 있다. N개의 항목을 가지는 모집단에서 표본을 추출할 경우, 단순확률표본을 구성하기 위해서는, 1부터 N까지의 정수를 이용하여 무작위의 목록을 생성하고 하나를 무작위로 선택한 후에 해당 목록에 해당하는 모집단의 항목을 추출하게 된다.

Example 1.1

공익기업이 특정 도시의 고객들의 만족감을 측정하는 설문조사를 실행하기를 원한다. 그 도시에는 10,000명의 고객이 있으며 공익직원들은 표본 200명과 전화로 인터뷰하고 싶어 한다. 그들은 전체 1만 명의 고객 정보를 얻고서 그들에게 1부터 1만까지의 번호를 부여하였다. 그들은 1부터 1만 사이의 정수 중 무작위로 200개를 추출하기 위해 난수발생프로그램을 사용하여 해당 번호에 부합된 고객들에게 전화를 건다. 이것은 단순확률표본인가?

Solution

단순확률분포이다. 이것은 각각의 고객이 복권을 가지고 있고 거기서 200개의 복권을 추첨하는 방식과 유사하다고 할 수 있다.

Example 1.2

품질관리자는 생산제품의 불량 비율을 알기 위해서 생산된 전자회로를 조사하기를 원한다. 그녀는 어느 날 생산된 제품에서 100개의 회로 표본을 뽑기로 결정했다. 다섯 시간 동안, 매 시간 가장 최근에 생산된 20개의 제품을 가지고 테스트를 한다면, 이것은 단순확률표본인가?

Solution

단순확률 표본이 아니다. 100개 회로의 모든 부분집합이 동등한 표본으로 구성되는 것은 아니다. 단순확률표본을 구성하기 위해서 기술자는 하루 동안 생산된 각각의 회로에 번호를 지정해주고 난수를 생성하여 해당 번호에 해당하는 회로를 추출하는 것이 필요하다.

편의표본

몇몇의 경우에 있어서는 무작위(random) 확률 표본추출이 어렵거나 불가능한 경우가 있다. 이러한 경우에는 몇 개의 간편한 방법을 이용하여 표본을 생성하는 것이 가장 합리적이다. 예를 들어, 건축기사가 각각 50파운드의 무게인 콘크리트 블록 1,000개를 수령하였다고 하자. 콘크리트 블록은 대량으로 조달되므로 기술자는 10개 정도의 블록 표본을 추출하고, 강도를 측정하여 콘크리트 블록의 파괴강도를 조사하고자 한다. 이 경우 단순확률표본을 뽑기 위해서는 블록조의 중심부나 하단부의 블록을 뽑아서 조사하여야 할 경우가 발생하며, 이때 발생하는 인력과 장비요구는 단순확률표본의 추출을 어렵게 한다. 따라서, 10개의 콘크리트 블록을 최상단부의 블록에서 추출함으로써 기술자는 표본을 생성하며, 이러한 방법으로 생성한 표본을 편의표본(samples of convenience)이라고 지칭한다.

> 편의표본(samples of convenience)은 무작위 표본추출법에 의하여 추출되지 않는 표본을 지칭한다.

편의표본의 가장 큰 문제는 표본이 모집단과 여러 가지 특성에서 다를 수 있다는 것이다. 이런 이유로 편의표본은 오직 무작위 표본추출이 불가능할 경우에만 쓰인다. 편의표본이 필요할 때에는 추출한 표본이 모집단의 특성과 체계의 차이를 보일 수 있을지에 대한 신중한 검토가 필요하다. 만약, 해당 자료에서 이러한 차이가 중요하지 않고, 자료가 단순확률표본이라면 편의표본을 사용하는 것이 허용될 수 있을 것이다. 앞서 서술하였던 콘크리트 블록에서도 맨 위에 위치한 블록과 다른 블록들이 그 구성이나 재료적 특성이 다르지 않다는 확신이 있으면 기술자는 맨 위에서 추출한 편의표본을 단순확률표본으로 간주할 수 있다. 그러나 만약 블록 더미의 상부에 위치한 블록들과 다른 부분에 위치한 블록들이 서로 다른 혼합이나 양생시간, 온도로 만들어졌을 가능성이 있을 경우, 편의표본의 사용으로 인한 오류를 나타낼 수 있다.

또한, 몇몇 기술자들은 단순확률표본은 모집단을 완벽히 반영한다고 생각하기도 하나 이는 실제와는 다르다. 단순확률표본은 항상 그들의 모집단과 여러 가지 점에서 다르고 가끔은 상당히 다른 경향을 보인다. 같은 모집단에서 추출된 두 개의 다른 표본 또한 서로 다른 특성을 나타낸다. 이러한 현상을 표본추출변동(sampling variation)이라 한다. 표본추출변동은 동일한 조건을 이용하여 과학적 실험들을 반복할 때에도 매번 조금씩 다른 결과값이 나오는 이유들 중 하나이다. 예를 들어, 첫 번째 품질관리자가 볼트 수출품에서 40개의 볼트 길이를 측정하여 단순확률표본을 추출하였을 때, 40개 중에서 32개(약 80%)의 볼트가 품질기준을 통과한 것으로 조사되었다. 두 번째 품질관리자는 동일한 조건에서 추출한 40개의 볼트 중에서 36개(약 90%)의 볼트가 품질기준을 만족하였다. 이 경우 두 번째 품질관리자는 40개의 볼트를 추출할 때에 우연히 좀 더 좋은 볼트를 고른 것이 된다. 이와 같이 어떠한 표본도 모집단을 완벽하게 반영하지는 못한다. 모집단에서 좋은 볼트의 비율은 80%에서 90%에 근접할 것이다. 그러나 두 값이 정확히 동일할 수는 없다.

단순확률표본은 모집단을 완벽히 반영하지 않는데 왜 표본을 무작위로 추출하는 것이 중요할까? 단순확률분포의 장점은 대표적이지 않은 표본을 얻는데 체계적인 방법이 없다는 것이다. 표본과 모집단의 차이는 전적으로 무작위 변동으로 인해 발생한다. 무작위 변동의 이론은 이해하기 쉽기 때문에 우리는 단순확률표본과 그들의 모집단 사이의 관계를 파악하기 위한 수학적 모델을 구축할 수 있다. 표본들을 무작위로 뽑지 못한다면, 일반적으로 모집단과 표본의 메커니즘 차이를 설명할 수 있는 이론은 없다. 따라서 무작위하게 뽑지 않는 표본은 신뢰성 있는 분석이 어렵다.

모집단의 형태 : 유형적 모집단 및 개념적 모집단

지금까지 다루었던 모집단은 공익회사의 고객, 콘크리트 블록, 볼트와 같이 물리적으로 유형화된 개체로 구성되어 있었다. 이러한 모집단을 유형적 모집단(tangible population)이라 한다. 유형적 모집단은 항상 한정되어 있으며, 한 개의 표본항목이 추출되면 모집단의 크기는 1개가 감소하게 된다. 특별한 경우에 대해서 추출된 표본을 다시 모집단으로 되돌리는 경우도 있으나, 실제적으로는 매우 드문 경우이다.

그러나 공학적인 자료는 유형화된 모집단에서 표본추출 되는 것 보다는 과학적인 실험에서 측정하여 모집단으로 구성되는 경우가 많다. 간단한 예를 들면, 기술자가 어떠한 봉의 길이를 동일한 조건 하에서 세심하게 다섯 번 측정한다고 가정하자. 측정값을 비교하면 동일한 조건 하에서 측정되었음에도 불구하고 측정값은 약간의 차이를 보일 것이다. 이는 최대한 동일한 조건과 세심한 측정이 이루어졌다고 하더라도 측정과정을 완벽히 동일하게 통제할 수 없기 때문이다. 이러한 측정값의 집합은 모집단에서의 단순확률표본과 동일 유형의 자료로 판명되기도 한다. 이 경우 모집단은 측정과정 중에서 관찰 가능한 모든 값으로 구성되며, 이와 같은 모집단은 실재하는 구성요소가 없기 때문에 개념적 모집단(conceptual population)이라 부른다.

> 단순확률표본은 명확하게 규명되지 않은 실험 조건들로 진행되어 얻어진 값들로 구성된다. 이 같은 경우 표본은 모집단으로부터 관측될 수 있는 모든 값의 구성으로 이루어지며, 이를 개념적 모집단(conceptual population)이라 정의한다.

예제 1.3은 개념적 모집단을 포함하고 있다.

Example 1.3

지질학자가 어떤 바위의 무게를 세심한 저울눈을 이용하여 몇 번에 걸쳐 측정하였다. 매번 저울눈은 약간 다른 눈 값을 측정하였다. 어떤 조건에 의하여 눈금값을 단순확률표본으로 생각할 수 있으며, 이 경우 모집단은 어떠한 유형인가?

Solution
만약 저울의 물리적인 공칭 특성이 각각 측정 시에 동일하게 유지되었다면, 그 측정들은 동일한 조건 하에서 이루어진 것이므로 각각의 눈금값은 단순확률표본으로 고려될 것이다. 또한 원칙적으로 나타날 수 있는 눈금값은 저울의 모든 눈금값을 포함하므로 개념적 모집단으로 분류된다.

단순확률표본의 판정

우리는 예제 1.3에서 측정 자료의 집합이 단순확률표본인지 아닌지를 결정하기 위하여 측정 과정의 물리적 특성을 고려하였다. 일반적으로 어떠한 자료의 집합이 단순확률표본인지를 판정할 때에는 자료를 생성할 때의 과정에 대한 이해가 필요하다. 표본의 크기가 클 경우, 통계학적 방법들을 이용하여 판정에 도움이 될 수 있으나, 이 경우에도 자료가 생성되는 과정에 대한 지식이 중요하게 사용된다.

Example 1.4

새로운 화학공정이 기존의 공정에 비하여 더 높은 생산량을 산출할 수 있다. 새로운 공정의 생산량을 연구하기 위하여 50번의 생산실험을 하고 50번의 생산량을 기록하였다. 어떤 조건 하에서 단순확률표본으로 다루는 것이 합리적일까? 어떤 조건 하에서 측정값을 단순확률표본으로 다룰수 없는지 서술하라.

Solution
생산량을 단순확률표본으로 판정하기 위해서는 우선적으로 모집단을 명시하여야 한다. 이 경우 모집단은 생산되는 모든 생산량의 집합으로 이루어져 있으므로 개념적 모집단으로 분류할 수 있다. 우리가 수집한 표본은 동일한 공정을 통하여 생산된 50개의 산출량이다. 만약 50번의 생산과정이 모두 동일한 조건 하에서 생산이 되었으며, 향후 생산 시에도 동일한 조건을 유지한다고 할 때 산출값을 단순확률표본으로 간주할 수 있다.
그러나 50개의 산출량이 단순확률표본이 되지 못할 경우도 많으므로 세심한 주의가 요구된다. 예를 들어, 화학공정에서 높은 생산량을 보이는 공정 뒤에 낮은 생산량을 보이는 경우도 있다. 또한, 생산량이 시간이 경과할수록 증가하는 경향을 보이는 경우도 있는데, 이는 공정을 제어하는 기술자가 시간이 지남에 따라서 경험을 축적하여 더 효율적으로 공정을 제어하는 방법을 습득하기 때문이다. 이러한 경우에서 측정된 생산량들은 동일한 조건이 아니기 때문에 단순확률표본으로 간주할 수 없다.

예제 1.4는 자료의 생성에 관련된 지식이 단순확률표본의 판정에 얼마나 중요하게 작용하는지를 다시 한 번 알려준다. 이러한 과정에서 통계학적인 기법이 주어진 자료 집합이 단순확률표본이 아니라는 것을 판정하는데 사용될 수 있다. 예를 들어, 실험 조건이 시간이 지남에 따라서 점차적으로 변화하는 경우가 있으며, 이러한 경우 시간의 진행에 따라 자료를 나열함으로써 단순하고 효율적으로 판단할 수 있다. 단순확률표본의 경우 시간에 따른 경향성을 보여주지 않는다.

그림 1.1은 시간 순으로 나열한 세 개의 표본을 나타낸 것이다. 그림 1.1 (a)는 시간이 지남에 따라서 명확한 변동 경향성을 보인다. 그림 1.1 (b)는 시간의 진행에 따라서 점차적으로 증가하는 경향성을 보인다. 따라서, 두 개의 표본은 단순확률표본으로 간주할 수 없다. 그림 1.1 (c)는 시간의 진행에 따라서 어떠한 경향성도 보이지 않으므로 해당 자료의 집합을 단순확률표본으로 취급할 수 있다. 그러나 이러한 판정을 내리기 전에 자료의 생성과정에 대한 이해는 여전히 중요하며, 이러한 특성은 자료의 도표에 나타나지 않을 수도 있으므로 이에 대한 주의가 요구된다.

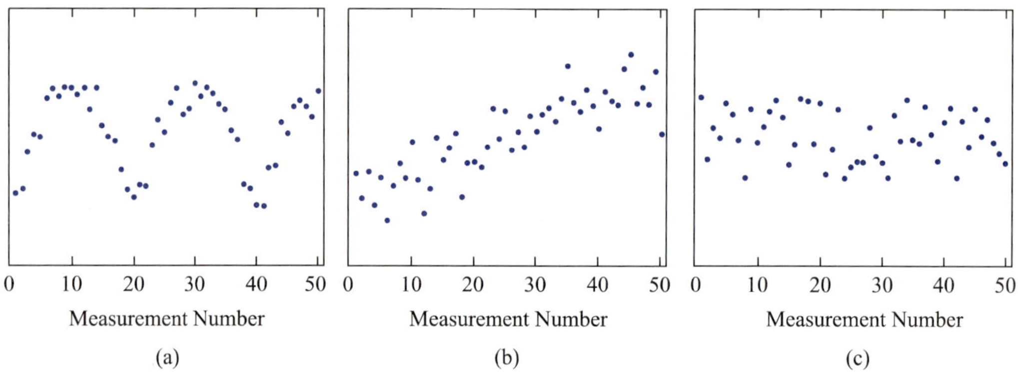

(a)도표는 시간이 갈수록 확실한 변동 패턴을 보이므로 단순확률표본이 아니다.
(b)도표는 시간의 지남에 따라 증가하는 경향을 보이므로 단순확률표본이 아니다.
(c)도표는 어떤 패턴이나 경향도 보이지 않는다. 이 자료의 집합들은 단순확률표본으로 판정이 가능하다.

그림 1.1 관측값의 시간 순에 따른 나열 도표

독립성

어떤 표본에 속한 몇몇 값을 앎으로써 표본 내의 다른 값을 예측하는데 도움이 되지 않을 경우에 표본의 속한 자료를 독립적이라고 말한다. 유한한 자료 개수를 가진 유형적 모집단에서는 단순확률표본은 엄격하게 독립적이지 않다. 이 경우 표본 내의 각각의 항목이 추출될 때 모집단 자체가 변하기 때문이며, 모집단이 작을수록 그 영향이 커진다. 반대로 모집단이 클 때에는 이러한 변화를 무시할 수 있기 때문에 각각의 항목을 독립으로 간주할 수 있다.
해당 개념을 설명하기 위해서 다음과 같은 모집단으로부터 2개의 단순확률표본을 추출한다.

0	0	1	1

표본추출의 첫 항목에서 0과 1은 동등하게 추출될 수 있다. 그러나 두 번째 항목의 수는 첫

번째 추출에 의하여 큰 영향을 받는다. 만약 처음에 0이 뽑히면 두 번째에는 1이 뽑힐 가능성이 크며, 반대의 경우도 가능하다. 따라서 표본화된 항목은 비독립적이다. 이제 다음과 같이 0과 1이 수많이 존재하는 모집단에서 크기가 2인 표본을 추첨한다고 가정하자.

0 백만 개	1 백만 개

첫 번째 추출을 하면 0과 1은 뽑힐 확률은 유사하다. 그러나 이전의 예와는 다르게 이 두 값은 첫 번째에 어떤 것이 뽑히든 상관없이, 두 번째 추첨 때에도 0과 1이 추출될 확률은 유사하다. 큰 모집단에서 그 표본항목들은 모두 독립이다.

단순확률표본의 크기가 일정 수준 이상이 되면 표본의 항목을 독립으로 간주할 수 있을 것이다. 경험 법칙에서는 일반적으로 한 번의 표본을 추출할 때 5%나 그 이하의 모집단 변동이 있을 경우 독립이라고 간주한다.

흥미롭게도, 표본항목을 추출한 후에 해당 항목을 다시 모집단으로 넣으면 모집단의 개수가 무한하게 큰 것처럼 거동하게 되며, 이렇게 표본추출 항목을 다시 모집단으로 돌려보내는 기법을 복원 추출법(sampling with replacement)이라고 지칭한다. 복원 추출법을 이용하면 매번 표본추출 시에 같은 모집단에서 항목을 추출하게 되며, 표본항목들은 완전하게 독립적이다.

개념적 모집단(conceptual population)에서는 추출된 표본항목은 명확한 조건 하에서 추출되며, 표본의 항목은 자료의 생성에 영향을 미치지 않는다. 따라서, 개념적인 모집단에서 추출된 단순확률표본은 독립으로 간주된다.

Summary

- 표본항목들의 몇몇 값이 다른 값을 예측하는데 아무런 영향을 미치지 못할 경우 표본의 항목은 독립이다.
- 단순확률표본의 항목은 많은 경우에서 독립으로 간주된다. 단, 모집단의 개수가 유한하고 표본항목 추출 시에 5% 이상의 변동이 있을 경우는 예외로 한다.

다른 표본추출방법

단순확률표본 추출 이외에도 여러 가지 상황 하에서 유용하게 사용할 수 있는 몇 개의 표본추출방법이 존재한다. 가중추출법(weighted sampling)은 복권을 산 사람 중에서 몇 명의 사람이 더 많은 추첨권을 가지고 추첨하는 것과 같이, 특정한 몇 개의 항목에 더 큰 추출 확률을 부여하는 방법이다. 층화랜덤추출법(stratified random sampling)은 미리 임의의 동질적 층(strata)으로 분류하여 각 층에서 공평하게 표본을 임의추출 하는 방법이다. 이 방법에 있어서는 각 층은 동질적이며, 비록 각 층으로부터의 표본추출률은 낮더라도 표본분산이 작은 장점이 있다. 군집표본추출법(cluster sampling)은 각각의 그룹이나 군집화된 모집단으로부터 각 항목을 추출하는 방법으로서, 모집단의 크기가 크고 각각의 군집이 단순확률분포를 따를 경우에 유용하게 사용할 수 있다. 예를 들어, 미국의 많은 공공 기관들은 국민의 수입(income)이나 실업율과 같은 사회적인 인자를 측정하기 위하여 군집표본추출법을 사용한다. 이러한 예에 대하여 Cochran (1977)에서 잘 설명하고 있으므로 더 많은 정보가 필요할 경우 참조하기를 권한다.

단순확률표본 추출만이 표본추출의 유일한 방법은 아니다. 그러나 대부분의 경우에 단순확률표본이 유용하므로 특별하게 명시하지 않은 경우, 지금부터 "표본"과 "무작위 표본"은 "단순확률표본"으로 간주한다.

자료의 유형

수집한 자료 또는 표본항목들은 양이나 수로 표현하는데, 그 값은 각각 "수치적(numerical)" 또는 "양적(quantitative)"이라고 한다. 어떤 경우에는 표본항목을 범주(category)로 분류하고 각 범주의 이름을 표본의 항목으로 재배정하기도 하며 이를 "범주적(categorical)" 또는 "정성적(qualitative)" 자료로 분류한다. 그러나 이러한 분류는 절대적인 것이 아니며, 동일한 측정에서 범주적 자료와 정성적 자료가 모두 수집될 수 있다. 예를 들어, 용접으로 연결된 기둥과 보의 한계응력을 측정하는 실험에서 기둥의 파괴 시의 응력은 정성적인 자료이고, 기둥 파괴 지점은 범주적인 자료이나, 모두 동일한 한 개의 실험에서 수집된다.

대조표준실험과 관찰연구

과학적인 실험들은 하나 또는 그 이상의 인자를 변화시켰을 때의 측정값의 변화를 보기 위하여 시행되는 경우가 많다. 예를 들어, 화학 기술자가 시약과 촉매의 농도를 조절하여 가장 최적의 결과를 얻기를 원한다고 가정하자. 기술자는 매번 농도를 변화시키면서 몇 번의 공정을 시도하고 그 결과를 비교할 것이다. 이와 같이 인자들의 값(시약과 촉매 농도)을 실험자가 통제가 가능한 실험을 대조표준실험(controlled experiment)이라고 한다. 인자에 대한 통제가 적정하게 계획되고 수행되었을 경우 대조표준실험은 실험인자와 결과값 사이의 신뢰성 있는 상관관계를 보여준다. 앞에서 든 예를 통하여 보면 대조표준실험이 적정하게 수행될 경우, 화학 기술자는 시약과 촉매의 농도와 공정 생산량의 관계를 알아낼 수 있게 될 것이다.

그러나 위의 예와는 달리, 과학자들이 인자의 수준(level)을 통제할 수 없는 경우도 빈번히 발생한다. 예를 들어, 폐암발생과 흡연과의 관계를 규정하기 위하여 수행되었던 많은 연구를 들 수 있다. 주로 흡연자와 비흡연자간의 암 발생률을 비교하는 방식으로 진행되었으나, 실험자는 어떠한 사람이 흡연을 하는지를 통제할 수 없으며, 연구의 용이성을 위해 흡연을 강요할 수도 없기 때문에 실험자는 인자의 수준을 있는 그대로 관찰하여야 한다. 이러한 유형의 연구를 관찰연구(observational study)라고 한다. 관찰연구는 주로 원인과 결과간의 상관관계를 얻기 위하여 인자를 통제하는 실험과는 다른 양상으로 진행된다. 흡연과 폐암에 관한 경우와 같이, 흡연을 하는 사람들이 모든 폐암 집단의 전형적인 이유가 될 수 없으며, 다른 원인들로 인하여 폐암에 걸린 집단도 존재할 수 있다. 이러한 이유 때문에 오랫동안 흡연자들이 비흡연자들보다 폐암 발병률이 더 높다는 것이 알려져 왔지만, 과학자들이 흡연이 실제로 폐암 발병률을 높이는 원인이라는 것을 확신하기 전까지 수십 년 동안 신중한 관찰이 진행되었다.

연습 1.1

1 다음은 모집단으로부터 표본을 추출하는 과정을 포함하고 있다. 이 집단을 정의하고, 이 집단의 특성이 유형적인지 또는 개념적 모집단인지를 논하시오.

a. 볼트가 들어있는 컨테이너를 수입상으로부터 공여받았다. 공학자가 이 볼트의 전단강도를 측정하기 위해 컨테이너에 가서 10개의 볼트를 하나하나 고른다.

b. 어떤 저항기의 저항을 같은 저항계로 5번 측정한다.

c. 환경 과학 전공의 한 대학원생이 거주하고 있는 지역의 수돗물에 포함된 오염물이 사람의 건강에 미치는 위험을 평가하는 연구를 수행하고 있다. 연구 절차에 도시에 사는 사람들이 수돗물에 접촉하는 시간을 측정하는 것이 포함되어 있다. 대학원생은 지역 주민들이 한 달 동안 수돗물에 접촉했던 시간을 매일 상세히 기록하기 위해서 지원자를 모집하였다.

d. 동일한 과정을 거쳐서 만들어진 8개의 용접점의 강도를 각각 측정한다.

e. 기술자가 일정한 날짜에 생산된 부품들 사이에서 불량품의 비율을 측정해야 한다. 그는 오후 2시 30분에 마지막으로 생산된 100개의 부품에서 표본을 추출한다.

2 다음 중 옳고 그름을 판단하시오.

a. 단순확률표본은 모집단의 특징을 정확하게 반영한다.

b. 단순확률표본은 모집단과의 차이를 구별할 수 있는 규칙적인 경향성을 갖고 있지 않다.

3 현재 사용하는 집적회로의 생산방식은 12%의 불량품 비율을 가지는 것으로 알려져 있다. 불량품의 비율을 줄이기 위해 도입된 새로운 생산방식을 테스트 한 결과, 100개의 단순확률표본에서 12개의 불량 회로가 발견되었다.

a. 한 공학자는 테스트를 위한 표본에서 발견된 불량품의 비율이 이전 생산방식의 불량품 비율과 같으므로 새로운 생산방식이 이전의 공정방식보다 더 나은 것이 없다고 주장하였다. 이 결론이 정당한 것인지 설명하시오.

b. 만약 100개의 회로 중에서 11개의 불량품이 발견되었다면 새로운 생산방식이 더 우수하다고 할 수 있는지 설명하시오.

c. 11개의 불량품이 발견되었을 경우와 2개의 불량품이 발견되었을 경우 중 새로운 생산방식의 우수성을 증명함에 있어 더 강력한 증거가 되는 것은 어느 경우인가?

4 어떠한 표본을 대상으로 해서 이 표본을 단순 확률표본으로 간주하기 위해서는 통계학에 대한 지식과 표본 추출과정에 대한 지식 중에 어떠한 것이 더 중요하게 작용하는가?

1.2 통계적 지표

일반적으로 표본은 숫자들의 긴 리스트(list)이므로 한눈에 파악하기 어렵다는 단점이 있다. 따라서, 이러한 표본의 중요한 특징을 한눈에 보기 위해서 일반적으로 통계적 지표를 구하여 사용한다. 가장 자주 사용하는 통계적 지표는 표본평균(sample mean)과 표본 표준편차(sample standard deviation)이다. 평균은 자료들의 중앙값을 나타내는 척도이며, 표준편차는 자료들이 어떻게 분포해 있는지를 나타낸다.

표본평균

표본평균은 "산술평균" 또는 단순히 "평균"이라고 불린다. 이것은 표본의 총합을 개수로 나누는 것을 의미한다.

표본평균임을 나타내기 위해서 보통 바(bar)를 사용하고(예 : $\overline{X}$), 단위 또한 표본의 값 $(X_1, \cdots, X_n)$과 같은 단위를 갖는다.

표본을 $X_1, \cdots, X_n$ 이라 하면 표본평균은

$$\overline{X} = \frac{1}{n}\sum_{i=1}^{n} X_i \tag{1.1}$$

Example 1.5

남자들의 집단에서 단순확률표본으로 5명의 남자를 뽑아 키를 측정하였다. 이 5명의 키가 166.7, 183.6, 173.5, 170.3, 179.5일 때, 표본평균을 구하시오.

Solution

식 (1.1)을 이용하여 표본평균을 구하면

$$\overline{X} = \frac{1}{5}(166.4 + 183.6 + 173.5 + 170.3 + 179.5)$$
$$= 174.66$$

표준편차

어떠한 두 개의 숫자 표본이 있다고 가정하자 : 28, 29, 30, 31, 32와 10, 20, 30, 40, 50 두 목록의 평균은 30으로 같다. 그러나 두 번째 리스트는 첫 번째 리스트보다 더 넓게 분포되어 있다. 이런 경우 표본에서의 자료들이 분포되어 있는 정도를 수치로 나타내는 것을 표준편차라 한다.

$X_1, \cdots, X_n$을 표본이라 하자. 표준편차는, 자료가 넓게 분포되어 있을 때 표본값은 평균으로부터 멀리 떨어져 있으며, 반대로 자료가 좁게 분포되어 있을 때 그 값이 평균에 밀집되어 있다는 것을 의미한다. 표준편차를 계산하기 위해서는 먼저 각각의 표본값과 표본평균과의 차이인 편차$[(X_1-\overline{X}), \cdots, (X_n-\overline{X})]$를 산정해야 한다. 이 결과로 몇몇의 값은 양수가 나오고, 또 나머지 몇몇 값은 음수가 나온다. 이때 음의 값을 나타내는 편차의 합과 양의 값을 나타내는 편차의 합의 크기는 서로 같다. 따라서 모든 편차값을 양수로 만들기 위해서 편차를 각각 제곱하여 $(X_1-\overline{X})^2, \cdots, (X_n-\overline{X})^2$을 산정한다. 각각 제곱된 편차를 통하여 표본의 분포 정도를 알 수 있게 되는데 이를 표본분산(sample variance)이라 한다. 표본분산은 제곱된 편차의 평균으로부터 구할 수 있으며, 여기서 n 대신에 $n-1$로 나누어주어야 한다. 보통 표본분산을 s^2으로 나타낸다.

> 표본을 $X_1, \cdots, X_n$이라 하면 표본분산은
>
> $$s^2 = \frac{1}{n-1}\sum_{i=1}^{n}(X_i-\overline{X})^2 \qquad (1.2)$$
>
> 위와 같은 식을 더 쉬운 형태로 나타내면
>
> $$s^2 = \frac{1}{n-1}\left(\sum_{i=1}^{n}X_i^2 - n\overline{X}^2\right) \qquad (1.3)$$
>
> 표본 표준편차는 표본분산의 제곱근과 같다.

표본분산은 표본의 통계적인 특징을 나타내는 매우 중요한 척도이지만, 분포의 정도를 나타내는 데 있어서 표본분산의 단위가 표본의 단위와 다른 제곱단위를 갖는다는 단점을 가지고 있다. 따라서 표본의 값과 같은 단위를 가지면서 표본의 분포 정도를 나타낼 수 있도록 하기 위해 분산에 제곱근으로 나누게 되는데, 이 값을 표본 표준편차(sample standard deviation)라 하고, s로 나타낸다(s^2의 제곱근).

표본을 $X_1, \cdots, X_n$ 이라 하면 표본 표준편차는

$$s = \sqrt{\frac{1}{n-1}\sum_{i=1}^{n}(X_i - \overline{X})^2} \tag{1.4}$$

위와 같은 식을 더 쉬운 형태로 나타내면

$$s = \sqrt{\frac{1}{n-1}\sum_{i=1}^{n}(X_i^2 - n\overline{X}^2)} \tag{1.5}$$

표본 표준편차는 표본분산의 제곱근과 같다.

여기서 편차의 제곱의 합을 표본의 개수 n이 아닌 $n-1$로 나누는 것에 대해 의문을 가질 수 있다. 표본 표준편차를 계산하는 주된 이유는 제시된 표본으로부터 모집단이 얼마만큼 분포되어 있는지를 추정하는 것이다. 그러므로 표본평균에 대한 편차를 이용하기 보다는, 모집단의 모든 자료에 대한 평균으로부터의 편차를 계산하는 것이 이상적이다. 하지만 모집단 평균을 실제로 구할 수 없기 때문에 평균값은 표본평균값을 그대로 사용하게 된다. 따라서 표본평균 주위의 편차들이 모집단의 평균 주위의 편차들보다 차이가 더 적다는 수학적인 사실에 근거하여 n이 아닌 $n-1$로 나누는 것이 더 정확한 값을 얻어낼 수 있을 것으로 추론하고 이를 사용한다.

Example 1.6

예제 1.5의 키에 대한 자료에 대하여 표본분산과 표본 표준편차를 구하라.

Solution

먼저 식 (1.2)를 이용하여 표본분산을 구한다. 표본평균은 $\overline{X} = 174.66$이므로(예제 1.5 참고), 표본분산은

$$\begin{aligned} s^2 &= \frac{1}{4}[(166.4-174.66)^2 + (183.6-174.66)^2 + (173.5-174.66)^2 \\ &\quad + (170.3-174.66)^2 + (179.5-174.66)^2] \\ &= 47.983 \end{aligned}$$

다른 방법으로서 식 (1.3)을 이용하면

$$\begin{aligned} s^2 &= \frac{1}{4}[166.4^2 + 183.6^2 + 173.5^2 + 170.3^2 + 179.5^2 - 5(174.66^2)] \\ &= 47.983 \end{aligned}$$

표본 표준편차는 표본분산에 제곱근을 씌운 형태이므로

$$\begin{aligned} s &= \sqrt{47.983} \\ &= 6.93 \end{aligned}$$

만약 예제 1.5의 키에 대한 자료를 센티미터가 아닌 인치로 나타낸다면 표본평균, 분산, 표준편차는 어떻게 되겠는가? 센티미터 단위일 때의 자료를 X_1, X_2, X_3, X_4, X_5 인치 단위로 했을 때 Y_1, Y_2, Y_3, Y_4, Y_5로 표시하도록 하자. 먼저 X_1과 Y_1 사이의 관계는 $Y_i = 0.3937X_i$로 나타낼 수 있다. 예제 1.5에서 단위를 인치로 환산하여 표본평균을 계산한 결과와 센티미터 단위로 계산한 표본평균의 관계는 $\overline{Y} = 0.3937\overline{X}$를 만족한다. 따라서 일정한 상수를 각각의 표본값에 곱하면, 표본평균 또한 같은 값의 상수를 곱한 것과 같다. 표본분산에 대해서는 편차들 간의 관계가 $(Y_i - \overline{Y}) = 0.3937(X_i - \overline{X})$을 만족하고, 이는 $s_Y^2 = 0.3937^2 s_X^2$와 $s_Y = 0.3937 s_X$라는 관계를 따른다.

만약 표본에 포함된 남자들이 각각 2 cm 단상 위에 서있다면 어떠한가? 그러면 각 표본의 키는 2 cm 오를 것이고, 마찬가지로 표본평균도 2 cm 오를 것이다. 일반적으로 각각의 표본값에 일정한 상수가 더해지면, 표본평균에도 같은 상수값만큼 증가(또는 감소)된다. 하지만 편차의 값은 변하지 않으며, 따라서 표본분산과 표준편차는 영향을 받지 않는다.

Summary

- 표본은 $X_1, \cdots, X_n$이고 $Y_i = a + bX_i$이면 (여기서 a와 b는 상수) 평균은 $\overline{Y} = a + b\overline{X}$
- 표본은 $X_1, \cdots, X_n$이고 $Y_i = a + bX_i$이면 (여기서 a와 b는 상수) 분산은 $s_Y^2 = b^2 s_X^2$, 표준편차는 $s_Y = |b| s_X$

이상점

가끔 표본에서 나머지 자료들과 비교하였을 때, 훨씬 크거나 작은 값이 존재한다. 이러한 값을 이상점(outlier)이라 한다. 예를 들어, 그림 1.2를 살펴보자. 이상점이 발생하는 이유는 여러 가지 경우가 있으나 종종 자료의 입력 오류로 인하여 발생한다. 이를테면 소수점의 위치를 잘못 입력한 자료 하나가 나머지 자료들의 자리수와 완전히 다른 값을 나타낼 수 있다. 따라서 이상점은 항상 면밀히 검토해야 하며, 그 값이 오류로 인해 발생된 것이라면 수정하거나 제거해야만 한다. 하지만 모든 이상점이 오류인 것은 아니며, 실제 모집단에서 나머지 자료들과 차이가 많이 나는 몇 개의 값이 존재할 가능성이 있다. 그러면 표본에서 발생된 이상치는 이러한 사실을 반영한 것일 수도 있다.

그림 1.2 이상점을 포함한 자료들의 집합

자료를 분석하는데 있어서 이상점은 실질적인 문제가 될 수 있다. 이러한 이유 때문에 사람들은 자신의 자료에서 이상점을 발견했을 때, 이상점을 제거할 수 있는지의 여부를 판단하여야 하며, 이상점 제거를 수행하려고 시도하게 된다. 그러나 이상점이 어떠한 오류로 인하여 발생한 것이 확실치 않다면 그 값을 제거해서는 안 된다. 실제 모집단에 포함된 이상점이 표본으로부터 제거되면 그 표본은 모집단의 특성을 정확하게 표현할 수 없게 된다.

표본 중앙값

중앙값(median)은 평균값(mean)과 같이 중앙을 나타내는 하나의 척도이다. 표본의 중앙값은 먼저 자료들을 작은 값부터 큰 값까지 순서대로 정렬시킨 다음, 정렬된 자료들 중에서 중앙에 위치한 값을 찾아서 구할 수 있다. 만약 표본의 개수가 짝수일 경우에는 일반적으로 가운데 위치한 두 값의 평균값이 표본의 중앙값이 된다.

> n개의 자료가 작은 값부터 큰 값까지 정렬되어 있을 때
>
> - n이 홀수이면 표본 중앙값은 $\frac{n+1}{2}$번째에 위치한 값이다.
> - n이 짝수이면 표본 중앙값은 $\frac{n}{2}$과 $\frac{n}{2}+1$번째에 위치한 값의 평균값이다.

Example 1.7 예제 1.5에 주어진 자료를 보고, 학생들 키의 표본 중앙값을 구하시오.

Solution
키에 대한 5개의 자료를 작은 순서대로 배열하면 166.4, 170.3, 173.5, 179.5, 183.6이다. 그러므로 표본 중앙값은 가운데 위치한 173.5라 할 수 있다.

중앙값은 이상점을 포함하고 있는 표본의 중간치를 나타낼 때 주로 사용된다. 그 이유를 설명하기 위해 1, 2, 3, 4, 20의 값을 포함하고 있는 표본을 고려해보자. 여기서 평균값은 6이고, 중앙값은 3이 된다. 따라서 그림 1.3과 같이 중앙값이 평균값보다 표본의 특성을 더 잘 나타낸다고 볼 수 있다.

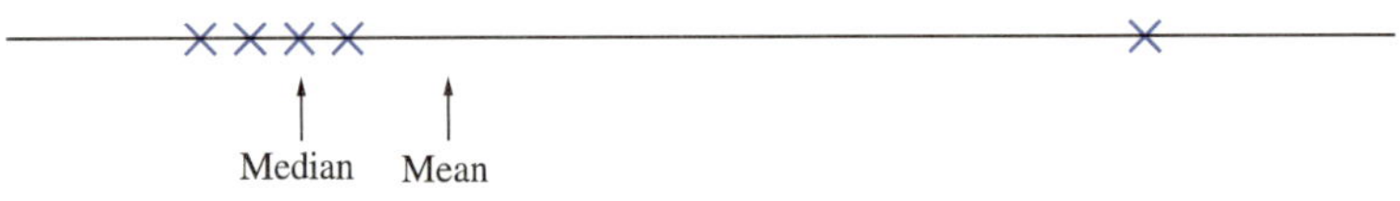

그림 1.3 이상점이 포함되어 있을 때 중앙값이 평균값보다 표본의 특성을 더 잘 나타낸다.

사분위수

중앙값은 표본공간을 둘로 나누고, 사분위수는 이 공간을 4등분으로 나눈다. 한 표본은 3개의 사분위수를 가지고 있다. 사분위수를 구하는 방법은 여러 가지가 있으나 결과들은 거의 비슷한 값을 나타낸다. 여러 방법 중에서 가장 간단한 방법은 다음과 같다.

먼저 표본의 개수를 n이라 하고, 자료들을 작은 값부터 큰 값까지 정렬한다. 제1사분위수를 구하기 위해서 $0.25(n+1)$을 계산한다. 만약 이 값이 정수이면 이 값에 해당하는 위치에 있는 수가 제1사분위수가 되고, 정수가 아니면 이 값의 양쪽 끝에 위치한 두 수의 평균값이 제1사분위수가 된다. 제3사분위수는 구하는 방법은 $0.75(n+1)$을 사용한다는 것만 제외하고 위 과정과 동일하다. 그리고 제2사분위수는 중앙값과 일치한다. 몇몇 컴퓨터 프로그램은 사분위수를 구함에 있어 위에서 설명한 방법과 조금 다른 방법을 사용한다. 따라서 우리가 구한 결과와 완전히 일치하지 않을 수도 있다.

Example 1.8

다음은 "Evaluation of Low-temperature Properties of HMA Mixtures" (P. Sebaaly, A. Lake, and J. Epps, Journal of Transportation Engineering, 2002:578-583) 에 나와 있는 24개의 아스팔트(Hot-Mixed Asphalt, HMA) 혼합물의 파괴응력(megapascals)이다. 제1사분위수와 제3사분위수를 구하시오.

30	75	79	80	80	105	126	138	149	179	179	191
223	232	232	236	240	242	245	247	254	274	384	470

Solution

표본의 개수(n)는 24이므로 제1사분위수는 (0.25)(24) = 6.5를 구하고, 자료들을 크기순으로 배열했을 때 6번째와 7번째에 위치한 값의 평균값인 (105+126) / 2 = 115.5가 된다. 다음으로 제3사분위수는 (0.75)(24) = 18.75이고, 마찬가지로 18번째와 19번째에 위치한 값의 평균인 (242+245) / 2 = 243.5가 된다.

백분위수

백분위수는 0과 100 사이의 p에 대하여 p분위수보다 작은 값을 가질 확률이 p%이거나 p분위수보다 큰 값을 가질 가능성이 $(100-p)$%가 되도록 표본의 수를 나누는 것이다. 백분위수는 기본적으로 4분위수를 확장한 형태이므로 4분위수와 유사하게 여러 방법들의 결과들은 비슷한 값을 나타낸다. 백분위수를 구하는 방법은 4분위수를 구하는 방법과 유사하게, 먼저 표본의 개수를 n이라 하고 자료를 작은 값부터 큰 값까지 정렬한다. 그리고 $(p/100)(n+1)$의 값을 계산한다. 만약 이 값이 정수이면 이 값에 해당하는 위치에 있는 수가 p분위수가 되고, 정수가 아니면 이 값의 양쪽 끝에 위치한 두 수의 평균값이 p분위수가 된다. 여기서 제1사분위수는 25 백분위수, 중앙값은 50 백분위수, 제3사분위수는 75 백분위수와 같다. 몇몇 컴퓨터 프로그램은 백분위수를 구함에 있어 위에서 설명한 방법과 조금 다른 방법을 사용한다. 따라서 우리가 구한 결과와 완전히 일치하지 않을 수도 있다.
백분위수는 종종 표준화된 시험의 점수를 판단하는데 사용된다. 예를 들어, 한 학생이 대학입학시험에서 자신의 점수가 64 백분위수에 해당한다면 그 학생보다 낮은 점수를 받은 학생들이 전체의 64%라는 것을 의미한다는 것이다.

Example 1.9 예제 1.8에 제시된 HMA 자료에서 65 백분위수를 구하시오.

Solution
표본의 개수(n)는 24이므로 (0.65)(24) = 15.6이다. 그러므로 65 백분위수는 자료들을 크기순으로 배열했을 때 15번째와 16번째의 평균값이 된다. 즉, (232+236) / 2 = 234이다.

지금까지 제시해온 통계적 지표들은 수작업이나 통계 프로그램을 이용하여 구하며, 표본자료의 특징을 상세히 기술하기 때문에 기술통계(descriptive statistics)라 부른다. 여러 가지 통계적 지표를 계산하는 소프트웨어인 MINITAB을 이용하여 이러한 지표들이 어떻게 자료들의 중요한 특성을 찾아내는지 예시를 통해 알아보자. 디젤 자동차의 배기가스에 영향을 주는 요인을 조사한 Yanowitz 박사(Colorado School of Mines)의 논문을 통하여, 고도가 낮은(해수면 근처) 지역을 통행하는 138대의 자동차와 고도가 높은(해수면보다 약 1 mile 정도 높은) 지역을 통행하는 62대의 자동차가 배출하는 부유먼지(Pariculate Matter ; PM)량의 자료를 조사하였다. 조사된 모든 자동차는 1991~1996년 사이에 생산되었고, 연비가 좋은 자동차와 나쁜 자동차의 비율도 거의 비슷하였다. 소비된 연료(gallon)에 대한 단위 부유먼지의 양(gram)의 자료는 아래 표 1.1과 표 1.2에 조사되어 있다. 높은 고도에서는 기압과 유효 공연비(Air / Fuel ratio)가 낮기 때문에 더 많은 부유먼지가 발생될 것으로 보인다. 이러한 가정을 뒷받침하기 위해서는 표본들을 적절하게 비교해야 한다. 가공되지 않은 자료들을 분석해내기란 쉽지 않기 때문에 통계적 지표를 통하여 분석을 좀 더 용이하게 한다. 그림 1.4는 MINITAB을 이용하여 두 종류의 표본을 통계적 지표로 나타낸 것이다.

표 1.2 고도가 높은 지역을 통과하는 62대의 자동차의 부유먼지(PM) 방출량(in g/gal)

7.59	6.28	6.07	5.23	5.54	3.46	2.44	3.01	13.63	13.02	23.38	9.24	3.22
2.06	4.04	17.11	12.26	19.91	8.50	7.81	7.18	6.95	18.64	7.10	6.04	5.66
8.86	4.40	3.57	4.35	3.84	2.37	3.81	5.32	5.84	2.89	4.68	1.85	9.14
8.67	9.52	2.68	10.14	9.20	7.31	2.09	6.32	6.53	6.32	2.01	5.91	5.60
5.61	1.50	6.46	5.29	5.64	2.07	1.11	3.32	1.83	7.56			

표 1.1 고도가 낮은 지역을 통과하는 138대의 자동차들의 부유먼지(PM) 방출량(in g/gal)

1.50	0.87	1.12	1.25	3.46	1.11	1.12	0.88	1.29	0.94	0.64	1.31	2.49
1.48	1.06	1.11	2.15	0.86	1.81	1.47	1.24	1.63	2.14	6.64	4.04	2.48
2.98	7.39	2.66	11.00	4.57	4.38	0.87	1.10	1.11	0.61	1.46	0.97	0.90
1.40	1.37	1.81	1.14	1.63	3.67	0.55	2.67	2.63	3.03	1.23	1.04	1.63
3.12	2.37	2.12	2.68	1.17	3.34	3.79	1.28	2.10	6.55	1.18	3.06	0.48
0.25	0.53	3.36	3.47	2.74	1.88	5.94	4.24	3.52	3.59	3.10	3.33	4.58
6.73	7.82	4.59	5.12	5.67	4.07	4.01	2.72	3.24	5.79	3.59	3.48	2.96
5.30	3.93	3.52	2.96	3.12	1.07	5.30	5.16	7.74	5.41	3.40	4.97	11.23
9.30	6.50	4.62	5.45	4.93	6.05	5.82	10.19	3.62	2.67	2.75	8.92	9.93
6.96	5.78	9.14	10.63	8.23	6.83	5.60	5.41	6.70	5.93	4.51	9.04	7.71
7.21	4.67	4.49	4.63	2.80	2.16	2.97	3.90					

```
Descriptive Statistics: LowAltitude, HiAltitude

Variable          N      Mean    SE Mean    StDev
LoAltitude      138     3.715      0.218    2.558
HiAltitude       62     6.596      0.574    4.519

Variable    Minimum        Q1     Median       Q3    Maximum
LoAltitude    0.250     1.468      3.180    5.300     11.230
HiAltitude    1.110     3.425      5.750    7.983     23.380
```

그림 1.4 MINITAB을 이용하여 구한 표 1.1과 표 1.2의 부유먼지(PM)량에 대한 기술통계량 결과값

그림 1.4에서 "N"은 표본의 개수이고, "Mean"은 표본의 평균이며, 다음 값인 "SE Mean"은 표준오차(standard error)를 나타낸다. 여기서 표준오차는 표준편차를 $\sqrt{n}$ 으로 나눈 값과 같다. 이 값은 5~7장에서 배우게 될 신뢰구간과 가설의 검증과정에서는 중요하지만, 기술통계에서는 잘 사용하지 않는다. "SE Mean"의 옆에는 표준편차의 값이 제시되어 있다. 마지막으로 두 번째 열에는 각 표본들의 최대 및 최소, 중앙값 그리고 제1사분위수와 제3사분위수의 결과들이 나타나 있다. 여기서 컴퓨터 프로그램으로 구한 사분위수의 결과는 우리가 앞서 배웠던 방법으로 구한 결과와 조금 다르다는 것에 유의해야 한다. 그러나 사분위수를 구하는 방법들은 여러 가지가 있으므로 이러한 차이는 실제로는 크게 중요하지 않다.

위의 통계적 지표들은 고도가 높은 지역과 낮은 지역의 자동차가 배출하는 부유먼지(PM)량의 차이에 대한 많은 정보를 보여준다. 먼저 높은 고도에서 배출량 평균이 낮은 고도의 평균보다 6.596 대 3.715로 더 높다는 것을 알 수 있다. 이 사실은 높은 고도에서 부유먼지의 배출량 더 높다는 가설을 뒷받침 해준다. 그러면 이제 높은 고도에서 배출량의 최대치가 낮은 고도에서의 최대치보다 23.38 대 11.23로 크다는 것을 보자. 이는 낮은 고도에서 부유 먼지를 가장 많이 배출하는 차량보다 더 많은 부유먼지를 배출하는 자동차가 높은 고도에 적어도

한 대 이상 있다는 것을 의미한다. 그렇다면 평균 배출량의 차이가 전적으로 이러한 자동차 때문이라고 할 수 있는가? 이에 대한 답을 얻기 위해서는 중앙값과 제1, 제3 사분위수를 비교여야 한다. 이 통계치를 근거로 소수의 큰 값(이상치)들에 대하여 통계치들이 크게 영향을 받지는 않지만, 육안으로도 높은 고도의 차량 부유먼지 배출량의 대부분이 낮은 고도의 배출량보다 높다는 것을 알 수 있다. 따라서 높은 고도에서 소수의 차량은 상당히 높은 수준의 배출원(이상치)이었을 뿐만 아니라, 나머지 다수의 차량도 낮은 고도의 차량의 배출량보다 많다는 것을 결론지을 수 있다. 마지막으로 높은 고도에서는 배출량의 표준편차도 크다는 것을 알 수 있다. 이는 높은 고도의 차량들의 배출량이 낮은 고도의 배출량보다 더 넓게 분포되어 있음을 보여준다. 이러한 분포 정도에 있어서의 차이는 높은 고도의 차량 중 상당히 많은 부유먼지를 배출하는 차량이 적어도 한 대 이상 존재하기 때문일 것이다.

연습 1.2

1 통과된 상자의 무게를 파운드에서 kg으로 바꿔주는 기계가 있다(1 kg ≒ 2.2 lb).

a. 이 상자들의 무게의 평균은 어떻게 변화하겠는가?

b. 이 상자들의 무게의 표준편차는 어떻게 변화하겠는가?

2 옳고 그름을 판단하시오. 어떠한 수들의 나열에 있어서든 그들 중 절반은 평균보다 작은 값을 가질 것이다.

3 표본값 중에서 표본평균과 같은 값은 항상 존재하는가? 그렇다면 이유를 설명하고, 그렇지 않다면 예를 들어 설명하라.

4 표본값 중에서 항상 표본의 중앙값과 하나의 값만 일치하게 되는 표본의 개수를 구하시오.

5 수를 나열했을 때 표준편차가 0이 되는 것이 가능한가? 만약 그런다면 예시를 제시하고 아니면 이유를 설명하시오.

6 20명의 남성 표본을 대상으로 신장을 조사하였을 때 평균 신장은 178 cm이었다. 30명의 여성 표본에 있어서 평균 신장은 164 cm이었다. 두 그룹을 합쳤을 때 평균 신장은 얼마인가?

7 다섯 명의 학생이 선(line)의 길이를 눈과 자로 아래와 같이 측정하였다(in, cm).

눈(목측)	8.0	9.0	7.5	9.5	8.5
자	8.1	8.2	8.1	8.1	8.3

a. 한 가지 방법에 의한 측정치를 인치(1 inch =2.54cm)로 환산한다면 평균, 중앙값 그리고 표준편차에 어떤 영향을 미치겠는가?

b. 인치의 자로 선의 길이를 다시 측정하였을 때 평균과 중앙값, 표준편차의 결과가 (a)와 같을 것인지를 설명하시오.

8 사분위수는 한 표본을 네 개의 동일한 값으로 나눈다. 일반적으로 n의 표본 크기는 k로 나눌 수 있는데, 이 때 k는 $i=1, \cdots, k-1$일 때 경계점 $(i/k)(n+1)$을 이용하여 거의 동일한 값으로 나타낼 수 있다. 이 때 다음 제시된 표본을 고찰하라.

2	18	23	41	44	46	49	61
62	74	76	79	82	89	92	95

a. 삼분위수는 한 표본을 세 개로 나누게 된다. 이 표본의 삼분위수를 찾으시오.

b. 오분위수는 한 표본을 다섯 개로 나누게 된다. 이때 오분위수를 찾으시오.

1.3 도표로 된 요약

줄기-잎의 도표

평균, 중앙값, 표준편차와 같은 수치적 요약에 더하여, 도표로 된 요약은 수들의 나열을 시각화 시키는데 도움을 줄 수 있다. 우리는 줄기－잎(stem-and-leat) 도표 방법으로 알려진 간단한 도표 요약에 대해 논의하고자 한다.
한 예제로서, 표 1.3에 있는 자료는 어떤 특정 항진균제의 항생작용에 대한 연구의 실험결과이다. 그 약품은 48종류의 피부에 적용되는데, 3시간 후에 피부에 잔류하고 있는 약품의 양이 ng/cm^{2}단위로 측정되었다. 리스트는 번호순으로 나열되었다.

표 1.3 피부에 잔류한 약품의 양

3	4	4	7	7	8	9	9	12	12
15	16	16	17	17	18	20	20	21	21
22	22	22	23	24	25	26	26	26	26
27	33	34	34	35	36	36	37	38	40
40	41	41	51	53	55	55	74		

그림 1.5는 표 1.3의 자료에 대한 줄기－잎 도표 모형을 보여준다. 표본에서 각 항목은 두 개로 분류할 수 있는데, 줄기는 가장 왼쪽에 위치해서 한 자리나 두 자리로 이루어져 있고, 잎은 바로 그 옆에 숫자로 구성되어 있다. 줄기－잎 도표에서 각 줄은 주어진 줄기로서 모든 표본항목을 포함한다. 줄기－잎 도표는 자료를 대표하는 조밀한 방법이다. 또한 그 모양에 있어서 몇 가지 내용을 알 수 있다. 이 자료에서 우리는 0~9, 10~19, 30~39 사이에는 동일한 개수가 들어있고, 20~29에는 다소 많은 숫자들이 들어있음을 알 수 있다. 추가적으로, 가장 큰 숫자인 74는 이상치 임을 알 수 있다.

```
Stem  Leaf
   0  34477899
   1  22566778
   2  001122234566667
   3  34456678
   4  0011
   5  1355
   6
   7  4
```

그림 1.5 표 1.3의 자료에 대한 줄기－잎 도표

```
Stem-and-leaf of HiAltitude     N = 62
 Leaf Unit = 1.0

  4  0  1111
 19  0  222222223333333
(14) 0  44445555555555
 29  0  66666666777777
 15  0  8889999
  8  1  0
  7  1  233
  4  1
  4  1  7
  3  1  89
  1  2
  1  2  3
```

그림 1.6 표 1.2의 PM 자료에 관한 줄기-잎 도표(MINITAB을 이용)

같은 줄기에 대해 무수히 많은 표본항목들이 있다고 할 때, 종종 한 줄 이상을 줄기에 할당하는 것이 필요할 것이다. 그 예로써 그림 1.6에서는 1.2절에서 주어진 표 1.2의 PM 자료에 대해 MINITAB을 이용하여 만들어낸 줄기-잎 도표를 보여준다. 0s, 1s, 2s를 포함한 중간 행은 줄기들을 포함하는데 그것은 10자리 수이다. 줄기의 오른쪽을 보게 되면 낙엽들이 있는데 그것은 표본항목의 각각에 대해 한 자리씩 나열하고 있다. 대부분 숫자들이 10보다 작기 때문에 0줄기는 몇 줄로 할당되어야만 하는데, 위와 같은 경우에는 5줄이다. 특히 첫 번째 줄은 숫자들은 0 또는 1인 표본항목을 포함하고, 바로 그 밑줄은 2 또는 3인 숫자들을 포함하고, 계속 동일한 방법으로 나가게 된다. 일관성 측면에서, 적은 줄에 있어서 딱 맞아 떨어질 수 있는 1과 2줄기에 대해 충분히 작은 값들이 있다 하더라도 모든 줄기는 같은 방식으로 몇 줄씩 할당된다.

그림 1.6의 결과는 줄기-잎 도표의 좌측에서 누적 빈도 행을 포함한다. 이 행의 윗부분에서는 각 줄 또는 그 위의 수많은 항목에 대한 양을 제공한다. 중간을 포함한 옆줄은 그 줄의 나머지 항목들인데 괄호 속에 보이는 바와 같다.

줄기-잎 도표의 장점은 모든 표본값을 볼 수 있다는 점이다. 한 가지 중요한 예외를 제외하고는 줄기-잎 도표로부터 전체적으로 표본을 재구성 할 수 있다(예외 : 항목들이 조사된 차수는 확신할 수 없다).

점도표

점도표는 표본의 개략적인 형태를 제시하는데 사용되는 기법으로서 표본이 너무 크지 않거나 어느 정도 반복되는 값을 포함하고 있을 때 사용된다. 그림 1.7에서는 표 1.3의 자료에 대한 점도표를 보여준다. 표본에서 각 값은 가로 방향의 값과 대응되는 위치에 존재하며, 세로

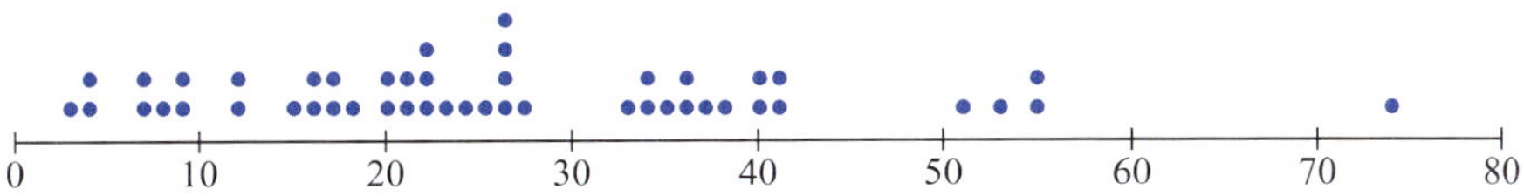

그림 1.7 표 1.3의 자료에 대한 점도표

방향의 점은 해당 값의 횟수와 같다. 이러한 방법을 통하여 점도표는 표본값이 어디에 집중되어 있고, 어디에서 격차가 나는지 보여준다. 예를 들어, 그림 1.7에서 표본은 42에서 50 사이의 구간에 해당 피실험자가 없음을 알 수 있으며, 점도표의 가장 우측의 점을 이상치로서 판정이 가능하다.

줄기-잎 도표와 점도표는 약식으로 표본을 조사할 수 있는 좋은 방법이며, 연필과 종이만 있으면 빠르게 작성할 수 있다는 장점이 있다. 하지만 공식적인 발표에서는 이러한 두 가지 방법보다는 히스토그램과 박스도표(boxplot)가 주로 사용된다.

히스토그램

히스토그램은 표본의 어떤 부분에서 표본값이 집중되어있거나 넓게 분포되어 있는가와 같이 표본의 "형상"에 대한 정보를 제시하여 준다. 이를 위하여 높은 고도에서 주행하는 62대의 PM 배출량에 대한 히스토그램을 구성하고 이를 표 1.2에서 나타내었다. 표본값은 연료의 갤런당 배출하는 부유먼지의 무게(gram)를 나타내며, 작게는 1.11에서 크게는 23.38까지 나타나고 있다. 히스토그램을 작성하기 위한 첫 번째 단계는 표 1.4에서 보는 것과 같이 도수분포표를 작성하는 것이다.

표 1.4 높은 고도에서 주행하는 62대 차량의 PM 배출량에 대한 도수분포표

Class Interval(g/gal)	Frequency	Relative Frequency
$1 \leq x < 3$	12	0.1935
$3 \leq x < 5$	11	0.1774
$5 \leq x < 7$	18	0.2903
$7 \leq x < 9$	9	0.1452
$9 \leq x < 11$	5	0.0806
$11 \leq x < 13$	1	0.0161
$13 \leq x < 15$	2	0.0323
$15 \leq x < 17$	0	0.0000
$17 \leq x < 19$	2	0.0323
$19 \leq x < 21$	1	0.0161
$21 \leq x < 23$	0	0.0000
$23 \leq x < 25$	1	0.0161

좌측 행에서 제시된 표본값의 간격은 표본을 각각의 계급에 대한 그룹으로 나누며, 이를 계급구간이라고 정의한다. 일반적으로 히스토그램의 계급구간은 같은 구간 폭을 지니게 되며, 표 1.4에서도 계급구간은 2의 구간 폭을 지니고 있다. 물론, 이러한 구간 폭을 어떻게 결정하고, 얼마나 많은 계급구간을 사용해야 하는지에 대한 법칙은 없다. 일반적으로 계급구간의 수가 많을수록, 구간 안에서 많은 표본값을 포함할수록 양호한 것으로 본다. 물론, 적절한 기준과 시행착오를 거쳐서 적정한 계급구간의 폭과 개수를 결정하여야 한다. 통상적으로 관측치 n이 클 때(수백 그 이상) 적절한 계급구간의 수를 $\log_2 n$ 또는 $2n^{1/3}$으로 보며, 관측값의 개수가 작아지면 이들보다 많은 계급구간 개수가 필요하게 되는 경우가 많다.

표 1.4에서 중앙부에 나타난 도수(frequency) 행은 각각의 계급구간에 몇 개의 자료가 속해 있는지를 나타내며, 상대도수(relative frequency) 행은 구간에 속한 자료의 개수를 자료의 총 개수(표 1.4의 경우에는 62)로 나눈 도수를 나타낸다. 한 계급구간의 상대도수는 모든 계급구간을 포함하는 전체 자료의 부분집합이라고 볼 수 있다. 모든 자료는 모두 계급구간 안에 들어가기 때문에 모든 상대도수들의 합은 1이 된다(반올림 오차는 허용한다).

그림 1.8은 표 1.4에 대한 히스토그램을 나타내고 있다. 수평축의 단위는 자료의 단위를 말하고, 이 경우 g/gal이다. 각 계급구간은 직사각형에 의해 표현되며, 직사각형의 높이는 계급구간의 도수 또는 상대도수에 의하여 결정된다. 도수는 비례하기 때문에 히스토그램의 모양 자체는 같게 나타난다. 그림 1.8에서 히스토그램을 살펴보면, 직사각형들의 높이는 상대도수를 나타낸다.

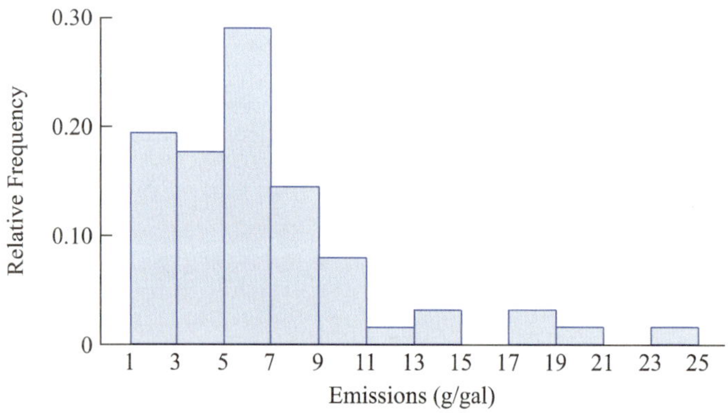

그림 1.8 표 1.4의 자료에 대한 히스토그램

여기서 직사각형의 높이는 상대도수이다. 도수와 상대도수는 각각 비례하므로 높이를 도수와 같게 만드는 것이 적절할 것이다.

Summary

히스토그램을 구성하기 위해서는

- 사용할 계급의 수를 결정하고, 동등한 크기로 계급구간을 설정하라.
- 각 계급에서의 도수와 상대도수를 계산하라.
- 각 계급에 대한 직사각형을 그려라. 직사각형의 높이는 도수 또는 상대도수와 같게 설정한다.

대칭과 비대칭도(왜도, skewness)

만약 히스토그램의 오른쪽 절반이 왼쪽 절반과 같이 거울에 비친 형상을 띠고 있다면, 히스토그램은 완벽하게 대칭이다. 대칭이지 않은 히스토그램들은 편중 또는 왜곡되었다고 말할 수 있다. 실제로 표본이 완벽하게 대칭인 히스토그램은 거의 없으며, 거의 모두 일정한 비대칭성을 보인다. 비대칭 히스토그램에서 한쪽 끝이 다른 한쪽보다 더 길게 나타난다. 오른쪽 끝이 긴 히스토그램은 우측으로 왜곡 또는 양의 왜도라고 지칭하며, 반대로 왼쪽 끝이 긴 히스토그램은 좌측으로 왜곡 또는 음의 왜도라고 나타낸다. 히스토그램의 왜도를 측정할 수 있는 공식적인 수학적 방법이 있지만 많이 쓰이지는 않으며, 일반적으로는 히스토그램의 모양을 보고 약식으로 왜곡의 정도를 판단한다. 그림 1.9에서 임의의 표본을 나타내고 있다. 그림 1.9 (c)의 오른쪽으로 왜곡된 히스토그램에 대해서 평균은 중앙값보나 크다. 오른쪽으로 왜곡된 히스토그램의 평균은 히스토그램의 질량 중심 근처에 존재하기 때문에 히스토그램이 지지되었을 때 무게 중심점 가까이에 있기 때문이다. 이와 유사하게, 왼쪽으로 왜곡된 히스토그램에서는 평균이 중앙값보다 작다(그림 1.9 a). PM 자료에 대한 히스토그램(그림 1.8)은 오른쪽으로 왜곡되었다. 표본평균은 6.596이고, 이 값은 표본 중앙값인 5.75보다 훨씬 큰 값이다.

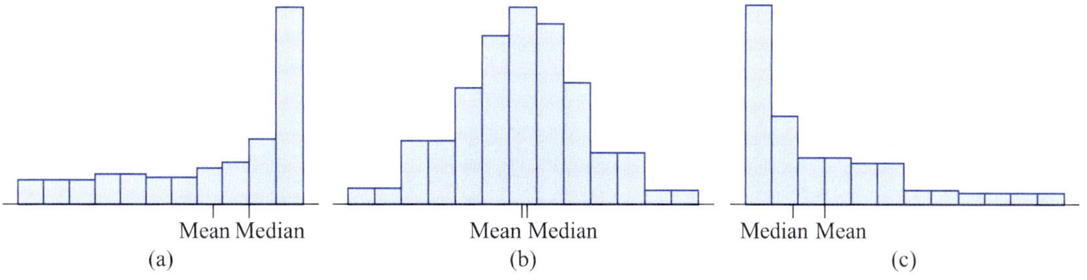

그림 1.9 (a) 왼쪽으로 편중된 히스토그램. 평균은 중앙값보다 작다.
(b) 거의 균형 잡힌 히스토그램. 평균과 중앙값은 거의 같다.
(c) 오른쪽으로 편중된 히스토그램. 평균은 중앙값보다 크다.

단봉과 쌍봉 히스토그램

우리는 표본에서 가장 빈번하게 발생하는 값을 가리키기 위해 "최빈값"이라는 단어를 사용한다. 최빈값은 이외에도 히스토그램의 최대값이나 작은 그룹의 최대값을 나타내기 위해서도 사용된다. 이 경우에 히스토그램이 한 개의 최고점을 가지고 있을 경우 단봉(unimodal)이라 하며, 분명한 두 개의 최빈값을 가질 경우 쌍봉(bimodal)이라고 한다. 원칙적으로 히스토그램은 두 개 이상의 최빈값을 가질 수 있으나 현실적으로 그러한 경우는 드물다. 그림 1.9의 히스토그램은 모두 단봉이며, 그림 1.10에서는 가정된 표본에 대하여 쌍봉의 히스토그램을 확인할 수 있다. 몇몇 경우에 있어서 쌍봉의 히스토그램은 각각의 봉우리를 구성하는 자료가 과학적으로 차이가 있을 경우에 두 개의 부표본으로 나뉠 수 있으며, 각각의 부표본은 각 봉우리의 최빈값과 연관된다. 그 예로, 표 1.5에서 나타낸 Yellowstone National Park에 있는 Old Faithful 간헐천 자료를 주시하자. 이 간헐천은 일정 주기로 분출하는데, 분출 주기는 1.5분에서 4분까지 지속되며, 표 1.5에 분 단위로 휴면 기간을 나타내었다. 휴면기를 살펴보면, 휴면기를 바로 뒤따르는 분출 기간이 3분 이하이면 단분출(short), 3분 이상이면 장분출(long)로 구분하였다.

표 1.5 간헐천의 휴면기(분 단위)와 이전의 분출 기간

Dormant	Eruption	Dormant	Eruption	Dormant	Eruption	Dormant	Eruption
76	Long	90	Long	45	Short	84	Long
80	Long	42	Short	88	Long	70	Long
84	Long	91	Long	51	Short	79	Long
50	Short	51	Short	80	Long	60	Long
93	Long	79	Long	49	Short	86	Long
55	Short	53	Short	82	Long	71	Long
76	Long	82	Long	75	Long	67	Short
58	Short	51	Short	73	Long	81	Long
74	Long	76	Long	67	Long	76	Long
75	Long	82	Long	68	Long	83	Long
80	Long	84	Long	86	Long	76	Long
56	Short	53	Short	72	Long	55	Short
80	Long	86	Long	75	Long	73	Long
69	Long	51	Short	75	Long	56	Short
57	Long	85	Long	66	Short	83	Long

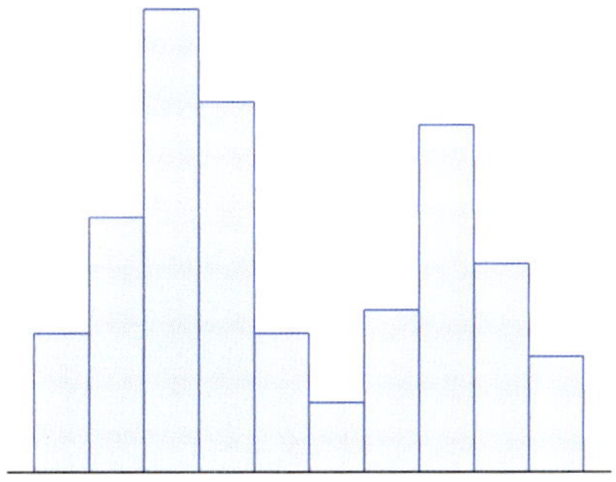

그림 1.10 쌍봉 히스토그램

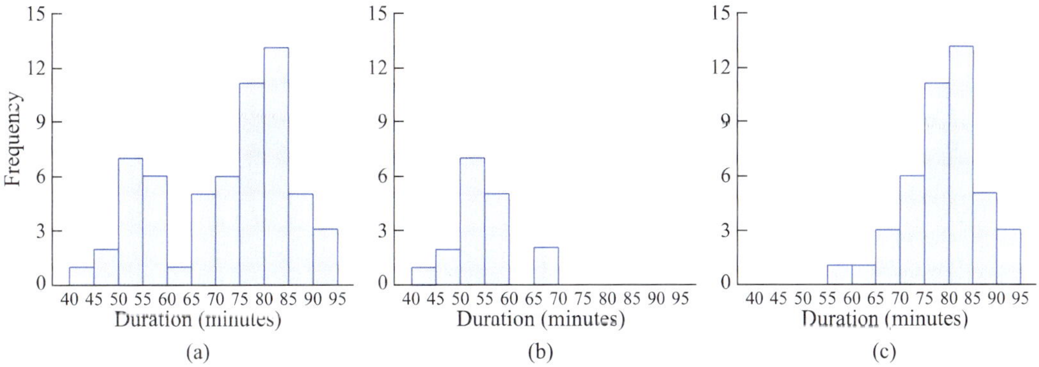

그림 1.11 (a) 표 1.5의 총 60회에 관한 히스토그램(쌍봉 히스토그램)
(b) 표 1.5에서 짧은 분출 기간에 관한 히스토그램
(c) 긴 기간으로서 표 1.5에 제시된 기간에 관한 히스토그램

짧은 분출이나 긴 분출에 따른 기간에 관한 히스토그램은 둘 다 단봉이다. 하지만 최빈값은 모두 다른 위치에 나타나게 된다. 두 표본을 합성해 보면 그 히스토그램은 쌍봉이 된다.

그림 1.11 (a)는 모두 60회 동안 조사된 히스토그램을 보여준다. 그림 1.11 (b)와 1.11 (c)는 상대적으로 짧고 긴 분출 기간에 따른 히스토그램이다. 모든 기간에 관한 히스토그램은 명백하게 쌍봉이다. 밑에 주어진 짧거나 긴 분출의 기간에 관한 히스토그램은 둘 다 단봉이다. 그리고 그들의 최빈값은 모든 표본에 관한 히스토그램에서 두 개의 최빈값을 형성하게 된다.

박스도표

박스도표는 표본의 중앙값, 제1, 3사분위수와 표본에 나타난 이상점을 제시하는 도표이다. 박스도표는 이해하기 용이하나 그에 따른 몇몇 전문용어를 설명할 필요가 있다. 사분위수 범위(interquartile range ; IQR)는 제3사분위수와 제1사분위수 사이의 차이값이다. 표본에서

75%의 자료가 제3사분위수보다 작고, 자료의 25%가 제1사분위수보다 작으므로 사분위수 범위 안에는 자료의 절반(50%)이 위치하게 된다.

따라서, 사분위수 범위는 자료의 50%가 위치하는 거리를 나타낸다. 또한, 앞에서 이상점을 유달리 크거나 작은 점이라고 정의하였다. IQR을 사분위수 범위를 대표하는 값이라고 한다면, 박스도표를 그리는 목적 측면에서 볼 때 제3사분위수보다 1.5 IQR 이상 크거나 제1사분위수보다 1.5 IQR 이상 작은 점을 이상점으로 간주할 수 있다. 또한, 몇몇의 교과서에서는 제1, 3사분위수에서 3 IQR 이상 크거나 작은 점을 극이상점이라고 정의한다. 그러나 이상점들에 대한 이러한 정의들은 단지 박스도표를 그리기 위한 하나의 약속일뿐 일반적으로 통용되는 개념은 아니다.

그림 1.12는 어떤 가상의 자료에 대한 박스도표를 보여준다. 도표는 바닥면이 제1사분위수이고, 맨 윗부분은 제3사분위수로 이루어진 박스모형으로 구성되어 있다. 박스의 가로선은 중앙값을 나타낸다. 이상점들은 개별적으로 도표에 표현할 수 있으며, 도표 상에서 박스를 기점으로 상・하부에 "×" 형태로 표현된다. 상자의 위아래로 1.5 IQR만큼 확장되어 나온 수직선은 "꼬리(whisker)"라고 부르며, 표본의 범위를 나타낸다. 이 꼬리가 이상점과 근접하고는 있으나, 꼬리 내의 자료는 이상점이 아니라 표본자료로 간주된다.

이상점들을 제외하면, 박스도표는 4부분으로 이루어졌다고 간주할 수 있다. 박스의 두 부분은 중앙값에 의해 나눠며, 나머지 두 개는 꼬리 부분이다. 다시 말해서, 이상점들을 제외하면 박스도표의 네 부분들은 자료에서 네 개의 사분위수를 대표하게 된다. 그러므로 박스도표는 자료의 각 사분위수에 걸쳐진 한 간격이 얼마나 큰지 알려준다. 또한 이러한 방식으로 표본값이 얼마나 밀집되어 있는지, 아니면 넓게 퍼져 있는지에 대한 범위를 확인하는데 사용될 수 있다.

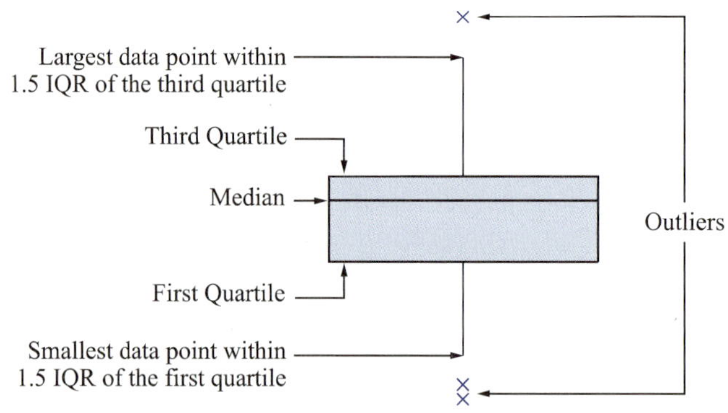

그림 1.12 박스도표의 구조

박스도표의 설계 과정

- 표본의 중앙값과 제1사분위수, 제3사분위수를 계산하고, 이 값을 수평선위에 표시하라. 상자 모양을 완성하기 위한 박스형태를 그린다.
- 제3사분위수위에 1.5 IQR을 넘지 않는 가장 큰 표본값과 제1사분위수 밑에 있는 1.5 IQR보다 크지 않은 가장 작은 표본값을 찾은 다음, 사분위수 선에서 이 점까지 수직선(꼬리)을 그린다.
- 제3사분위수에서 1.5 IQR보다 큰 점 혹은 제1사분위수에서 1.5 IQR 작은 점을 이상치로 표시하며, 이상점을 개별적으로 표시한다.

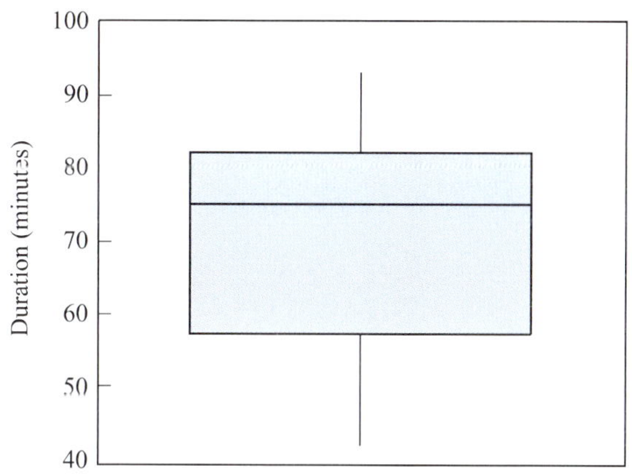

그림 1.13 Old Faithful 휴면 기간에 관한 표 1.5에 관한 박스도표

그림 1.13은 표 1.5에 제시된 간헐천 자료에 관한 박스도표를 나타낸다. 첫째로, 간헐천 자료에는 이상점이 없다. 박스도표 상의 네 개의 분할 영역을 비교하면, 표본값이 중앙값과 제3사분위수 사이에는 비교적 빽빽하게 몰려있고, 중앙값과 제1사분위수 사이에는 성글게 위치하고 있다고 할 수 있다. 하부의 꼬리부분이 상부의 꼬리보다 더 긴데, 자료는 위보다 아래에서 더 넓게 분포하고 있다는 것을 알 수 있다. 중앙값과 제1사분위수 사이의 간격은 중앙값과 제3사분위수 사이 간격보다 훨씬 크고, 자료의 밑에 있는 사분위수 부분이 위에 있는 사분위수 부분보다 더 긴 꼬리를 가지고 있으므로 전체적으로 보면 중앙값을 기준으로 하여 아랫부분이 윗부분보다 더 길다. 따라서, 해당 박스도표는 자료가 왼쪽으로 왜곡되었다는 것을 시사한다.

이 자료에 대한 히스토그램은 그림 1.11 (a)에 나타나 있다. 이 히스토그램은 자료의 분포에 대해 더욱 일반적인 생각을 보여준다. 중요한 것은, 히스토그램에서는 자료가 쌍봉(bimodal) 형태이고 박스도표에서는 그렇지 않아서 직관적으로 확인하기가 간편하다는 점이다.

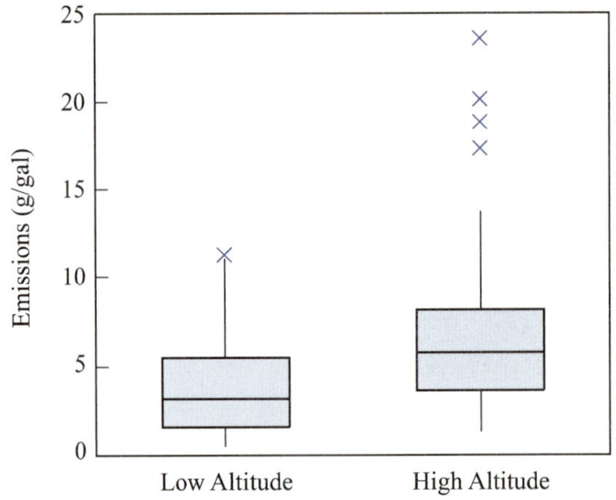

그림 1.14 엔진의 고출력과 저출력 상태에서의 PM 배기가스 배출량을 박스도표로 비교

박스도표를 통한 비교

박스도표의 유용한 특징 중 하나는 몇 개의 박스도표를 나란히 위치함으로써 표본의 특징을 쉽게 비교할 수 있도록 하여준다는 점이다. 표 1.1과 표 1.2는 높거나 낮은 고도에서 주행하는 차량의 PM 배출량 자료를 보여주며, 그림 1.14에서 위의 높거나 낮은 두 경우의 표본자료에 대한 박스도표를 동시에 나열한 것이다.

그림 1.14의 박스도표를 비교하면 높은 고도에서 주행할 때의 차량이 더 높은 배기가스를 배출하는 것을 알 수 있으며, 높은 고도로 주행하는 차량의 자료의 이상점 값이 저고도에서의 자료보다 높은 것을 알 수 있다(저고도에서의 차량 배출가스 자료도 드물게 범위를 벗어나는 값이 있다). 따라서, 높은 고도를 운행하는 차량이 전반적으로 높은 배기가스를 방출하며, 몇몇의 차량은 특히 많은 배기가스 방출량을 보여준다. 높은 고도에서의 박스도표가 더 길며, 아래쪽 꼬리도 낮은 고도의 차량보다 조금 더 길다. 이상점 값도 높은 고도의 차량 자료가 더 크고 많다는 것을 알 수 있다.

그림 1.4에서 몇 개의 수치적인 통계치를 활용하여 박스도표를 통해 도출한 결론과 유사한 결론을 도출하였다. 그림 1.14에서와 같이 박스도표는 이러한 자료의 특성을 시각적으로 표출하여서 도표의 특성을 더 쉽게 비교할 수 있게 해준다. 또한, 앞에서 언급하였듯이 이상치 값으로 인한 오류를 방지하고, 열외하기 위해서 이상점을 관찰해서 결정하는 것이 매우 중요하다. 이러한 측면에서 박스도표는 수용 가능한 범위를 식별할 수 있게 해주기 때문에 유용하게 활용할 수 있다. 다음 예제에서 이러한 부분에 대한 시각적인 예를 알 수 있다.

학술 기사 "Virgin Versus Recycled Wafers for Furnace Qualification : Is the Expense Justified?"에서 반도체 재료가 되는 실리콘 웨이퍼(반도체 재료가 되는 얇은 원판)의 제조

표 1.6 실리콘 웨이퍼의 산화물 층 두께

	Wafer	Thicknesses (Å)								
Run 1	1.0	90.0	92.2	94.9	92.7	91.6	88.2	92.0	98.2	96.0
	2.0	91.8	94.5	93.9	77.3	92.0	89.9	87.9	92.8	93.3
	3.0	90.3	91.1	93.3	93.5	87.2	88.1	90.1	91.9	94.5
	4.0	92.6	90.3	92.8	91.6	92.7	91.7	89.3	95.5	93.6
	5.0	91.1	89.8	91.5	91.5	90.6	93.1	88.9	92.5	92.4
	6.0	76.1	90.2	96.8	84.6	93.3	95.7	90.9	100.3	95.2
	7.0	92.4	91.7	91.6	91.1	88.0	92.4	88.7	92.9	92.6
	8.0	91.3	90.1	95.4	89.6	90.7	95.8	91.7	97.9	95.7
	9.0	96.7	93.7	93.9	87.9	90.4	92.0	90.5	95.2	94.3
	10.0	92.0	94.6	93.7	94.0	89.3	90.1	91.3	92.7	94.5
	11.0	94.1	91.5	95.3	92.8	93.4	92.2	89.4	94.5	95.4
	12.0	91.7	97.4	95.1	96.7	77.5	91.4	90.5	95.2	93.1
Run 2	1.0	93.0	89.9	93.6	89.0	93.6	90.9	89.8	92.4	93.0
	2.0	91.4	90.6	92.2	91.9	92.4	87.6	88.9	90.9	92.8
	3.0	91.9	91.8	92.8	96.4	93.8	86.5	92.7	90.9	92.8
	4.0	90.6	91.3	94.9	88.3	87.9	92.2	90.7	91.3	93.6
	5.0	93.1	91.8	94.6	88.9	90.0	97.9	92.1	91.6	98.4
	6.0	90.8	91.5	91.5	91.5	94.0	91.0	92.1	91.8	94.0
	7.0	88.0	91.8	90.5	90.4	90.3	91.5	89.4	93.2	93.9
	8.0	88.3	96.0	92.8	93.7	89.6	89.6	90.2	95.3	93.0
	9.0	94.2	92.2	95.8	92.5	91.0	91.4	92.8	93.6	91.0
	10.0	101.5	103.1	103.2	103.5	96.1	102.5	102.0	106.7	105.4
	11.0	92.8	90.8	92.2	91.7	89.0	88.5	87.5	93.8	91.4
	12.0	92.1	93.4	94.0	94.7	90.8	92.1	91.2	92.3	91.1

및 측정을 수행하였으며, 표 1.6에서 24개 웨이퍼(wafer)의 산화물 코팅 두께를 옹스트롬 단위로 나타내었다(angstrom, 1미터의 100억 분의 1에 해당, Å). 생산 공정별로 12개의 웨이퍼를 생산하여 총 24개의 웨이퍼를 측정하였으며, 웨이퍼별로 9회 측정하였다.

각각의 12개 웨이퍼는 서로 다른 반응로에서 제작되었다. 실리콘 웨이퍼의 측정은 반응로의 온도에 따라서 산화층 두께가 어떻게 변화하는지 규명하기 위하여 시행되었다. 그러므로 이 실험은 웨이퍼의 산화물 두께와 반응로의 온도가 어떠한 영향을 미치는지에 대한 실험으로서 시스템적인 차이가 아닌 각각의 생산물을 비교하는 것이다. 분석의 첫 번째 과정은 박스 도표를 구성하는 각각의 자료가 적합한 자료인지, 이상점으로서 삭제하여야 하는지를 살피는 것이다(그림 1.15).

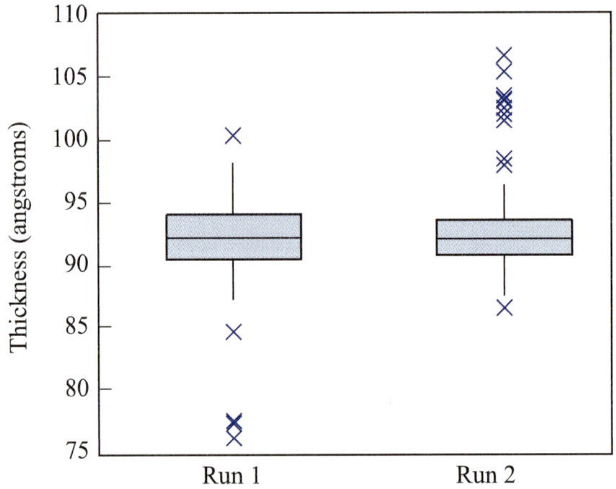

그림 1.15 산소층의 두께에 대한 박스도표 비교

자료를 박스도표로 구성하면 각각의 생산 공정에서 여러 이상점이 존재하는 것을 볼 수 있다. 이상점을 제외하면 시스템적으로도 실행과정에서 다른 영향이 없으며, 각각의 표본의 박스도표는 두드러진 차이가 없다는 것을 주목하여야 한다. 다음으로는 이상점의 점검을 위해 어떤 자료를 삭제할 것인지 결정해야 한다. 표 1.6의 자료를 검토하면, Run 2에서 8개의 큰 측정치를 볼 수 있다(10번째).

이러한 웨이퍼 이상치들은 필름 잔여물에 의하여 오염되었으며, 이 오염으로 인하여 산화물 두께가 너무 두껍게 된 것으로 판단되므로 이러한 측정치는 삭제하는 것이 합리적이다. 실제 실험에서 기술자는 가능한 여러 가지 다른 생산공정에서의 기술적으로 타당한 자료를 가지고, 그들은 전체 실행과정을 이상으로 분류하는 대신에 몇몇 이상점을 삭제하여 최대한의 자료를 확보하게 된다. Run 1에서 3개의 작은 측정값은 측정기가 제 기능을 발휘하지 못하게 하는 원인이 되므로 적합하게 삭제해주어야 한다. 아무런 문제를 일으키지 않는 Run 1의 남은 두 개의 이상점 자료는 분석에 포함시켰다.

연습 1.3

1 생산라인을 개선하기 위한 품질관리 연구의 일환으로, 비누 50개의 중량(ounces)을 측정하였다. 결과는 작은 값부터 큰 값까지 아래에 정렬되어 있다.

11.6 12.6 12.7 12.8 13.1 13.3 13.6 13.7 13.8 14.1
14.3 14.3 14.6 14.8 15.1 15.2 15.6 15.6 15.7 15.8
15.8 15.9 15.9 16.1 16.2 16.2 16.3 16.4 16.5 16.5
16.5 16.6 17.0 17.1 17.3 17.3 17.4 17.4 17.4 17.6
17.7 18.1 18.3 18.3 18.3 18.5 18.5 18.8 19.2 20.3

a. 위의 자료로 줄기－잎 도표를 작성하시오.
b. 위의 자료로 히스토그램을 작성하시오.
c. 위의 자료로 점도표를 작성하시오.
d. 위의 자료로 박스도표를 작성하시오. 박스도표에서 이상점이 존재하는가?

2 표 1.2를 참고하시오. 줄기－잎 도표에서 줄기부분은 자연수로 작성하고(값이 10보다 크거나 같으면 두 자리 수이다), 소수부분은 잎에 작성하시오. 줄기는 몇 개인가? 이 방법의 장점은 무엇이고, 단점은 무엇인지 그림 1.6과 비교하여 설명하시오.

3 특정한 반응을 두 가지 촉매를 사용하여 여러 번 실행하였다(A와 B). 촉매는 바람직하지 않은 측면에 대해서는 통제하였다. 그 결과에 대해 생산물의 단위는 퍼센트로 나타내었고, 촉매 A에 대해서는 24번, B에 대해서는 20번의 실행을 실시하였다.

Catalyst A				Catalyst B			
4.4	3.4	2.6	3.8	3.4	1.1	2.9	5.5
4.9	4.6	5.2	4.7	6.4	5.0	5.8	2.5
4.1	2.6	6.7	4.1	3.7	3.8	3.1	1.6
3.6	2.9	2.6	4.0	3.5	5.9	6.7	5.2
4.3	3.9	4.8	4.5	6.3	2.6	4.3	3.8
4.4	3.1	5.7	4.5				

a. 각 촉매에 관한 생산물의 히스토그램을 작성하시오.
b. 두 가지 촉매로 인한 생산물을 박스도표를 작성하여 비교하시오.
c. 박스도표를 이용하여, 두 가지 촉매에 대해서 결과값이 무엇이 차이가 나는가?

4 다음 히스토그램은 수축할 때 여성의 혈압분포를 나타낸 예이다. 이것을 이용하여 아래의 질문에 답하시오.

a. 여성의 혈압이 130 mm인 경우는 25%, 50%, 75% 중 어디에 가장 가까운가?
b. 130～135 mm, 140～150 mm인 구간에서 어느 구간이 여성의 수가 더 많은가?

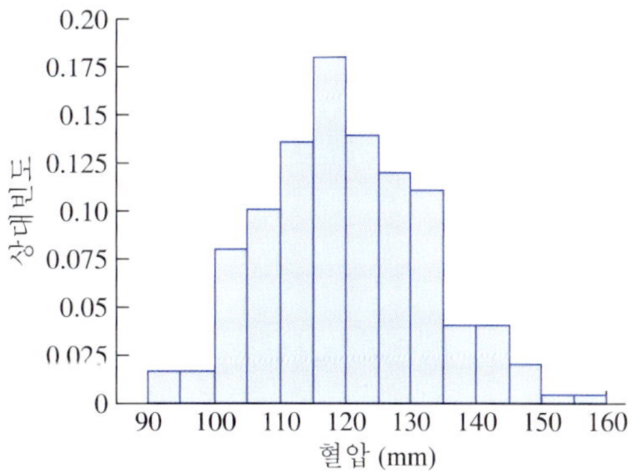

5 엔지니어가 다음 자료들을 가지고 박스도표를 그리려고 한다.

37 82 20 25 31 10 41 44 4 36 68

어떤 값이 이상점으로 분류되는가?

6 남자 100명의 평균 키는 70 in이고 표준편차는 2.5 in이다. 여자 100명의 평균 키는 64 in이고 표준편차는 2.5 in이다. 만일 두 표본을 결합할 경우, 전체 200명의 키에 대한 표준편차는

a. 2.5 in보다 작을 것이다.
b. 2.5 in보다 클 것이다.
c. 2.5 in가 될 것이다.
d. 이 정보들로는 알 수 없다.

(힌트 : 계산을 하지 말고, 각각의 자료를 이용하여 히스토그램을 그린 후에 합쳐보자)

7 A와 B를 보고 문제를 해결하시오.

	A	B
Minimum	0.066	−2.235
1st Quartile	1.42	5.27
Median	2.60	8.03
3rd Quartile	6.02	9.13
Maximum	10.08	10.51

a. A 와 B의 사분위수범위를 계산하시오.
b. A의 자료를 보고 박스pH를 작성할 수 있는가? 만일 안 된다면 그 이유를 설명하시오.
c. B의 자료를 보고 박스pH를 작성할 수 있는가? 만일 안 된다면 그 이유를 설명하시오.

8 예제 1.8의 아스팔트 자료를 참고하시오.
a. 아스팔트 자료를 이용하여 박스pH를 작성하시오.
b. 어떠한 값이 이상점인지 구하시오.
c. 아스팔트 자료를 이용하여 점도표를 작성하시오.
d. 박스도표를 작성할 때, 이상점은 가장 가까운 사분위수로부터 1.5 IQR 이상으로 정의한다. 보다 일반적인 정의는 이상점은 대부분의 자료로부터 멀리 떨어져 있는 점이다. 아스팔트자료에서 어떤 점이 박스도표로 정의할 수 없고 일반적인 정의로 볼 수 있는가? 어느 점인지 말하시오.

제1장 연습문제

1 어떤 회사의 CEO가 회사에 다니는 모든 근로자들의 임금을 5% 올리기로 결정하였다. 임금 상승에 따른 임금의 표준편차는 어떠한 영향을 받겠는가?

2 집적회로는 실리콘 웨이퍼 위에 전자기 회로를 에칭기법을 이용해 새겨 넣음으로써 만들어진다. 이러한 공정 중에 에칭이 과다하게 진행되어 웨이퍼 기판까지 침식되면 사용할 수 없는 기판이 된다. 이를 개선하기 위하여 에칭 압력을 낮추는 새로운 공정을 설계하였으며, 불량률을 5% 낮추는 것이 목표이다. 최초로 생산된 100개의 기판 중에서 4개가 불량일 때 다음에 대해서 [맞음 / 틀림]으로 대답하라.
a. 100개의 기판 중에 4개만이 불량이므로 목표를 달성하였다.
b. 설령 최초불량률이 5% 이하라고 하더라도 발생 가능한 편차 내에 있으므로 아직까지 목표를 달성했다고 볼 수 없다.
c. 어떠한 결과든 표본의 편차가 있기 때문에 새로운 과정을 테스트할 필요는 없다.
d. 충분한 양으로 회로를 표본화하였고 불량 회로의 비율이 5% 이하로 발생하였기 때문에, 합리적으로 목표에 도달했다.

3 어떠한 목록에서 가장 작은 숫자가 12.9에서 1.29로 변경되었을 때 다음을 결정하시오.
a. 평균이 바뀔 것인가? 만약 바뀐다면 얼마나 바뀌는가?
b. 중앙값이 바뀔 것인가? 만약 바뀐다면 얼마나 바뀌는가?
c. 표준편차가 바뀔 것인가? 만약 바뀐다면 얼마나 바뀌는가?

4 어떠한 목록에 15개의 숫자가 있으며 평균값은 25이다. 목록 중에서 가장 작은 숫자가 12.9에서 1.29로 변경되었을 때 다음을 결정하시오.
a. 평균이 바뀔 것인가? 만약 바뀐다면 얼마나 바뀌는가?
b. 바뀐 후의 평균값을 결정할 수 있는가? 그렇다면 평균값은 어떻게 되는가?
c. 중앙값이 바뀔 것인가? 만약 바뀐다면 얼마나 바뀌는가?
d. 표준편차가 바뀔 것인가? 만약 바뀐다면 얼마나 바뀌는가?

5 다음 박스도표에 나타나있는 자료를 이용하여 어떤 것이 참인지 고르시오.

a. 평균은 중앙값보다 크다.
b. 평균은 중앙값보다 작다.
c. 평균은 중앙값과 거의 동일하다.

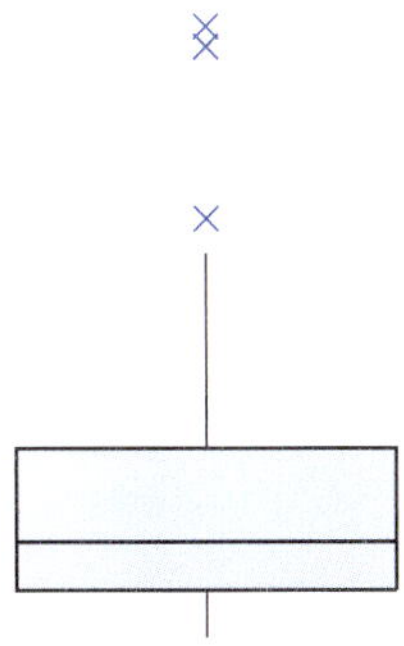

6 "도시의 비동세 교차로에서 차량의 노작 특성"에 관한 기사에서 인도의 마드라스에 있는 10개의 교차로에서 교통 특징에 관한 자료들을 제시하였으며, 교차로를 달리는 차량의 속도도 조사되었다. 제시된 표는 두 교차로 간에 속도에 대한 15번째, 50번째, 85번째 백분위수를 나타낸 것이다.

	Percentile		
Intersection	15th	50th	85th
A	27.5	37.5	40.0
B	24.5	26.5	36.0

a. A교차로를 통해 달리는 차량의 속도에 대한 히스토그램을 그린다면 왼쪽, 오른쪽 어느 쪽으로 왜곡되겠는가? 아니면 거의 대칭을 나타낼지 설명하시오.
b. B교차로를 통해 달리는 차량의 속도에 대한 히스토그램을 그린다면 왼쪽, 오른쪽 어느 쪽으로 왜곡되겠는가? 아니면 거의 대칭을 나타낼지 설명하시오.

7 "The Ball-on-Three-Ball Test for Tensile Strength : Refined Methodology and Results for Three Hohokam Cermic Types" 논문에서 고대 세라믹의 내구성에 관하여 시험하였다. 세 종류의 세라믹의 표본들을 테스트 하였으며, 시험체에 균열이 갈 때의 하중(단위 : kg)을 측정하였다.

Ceramic Type	Loads (kg)						
Sacaton	15	30	51	20	17	19	20
	32	17	15	23	19	15	18
	16	22	29	15	13	15	
Gila Plain	27	18	28	25	55	21	18
	34	23	30	20	30	31	25
	28	26	17	19	16	24	19
	9	31	19	27	20	43	15
Casa Grande	20	16	20	36	27	35	66
	15	18	24	21	30	20	24
	23	21	13	21			

a. 세 개의 표본에 관한 비교 박스도표(comparative boxplots)를 작성하시오.
b. 각각의 표본에서 이상치는 몇 개나 되는가?
c. 세 개의 표본의 특징에 대해 설명하시오.

이변량 자료의 요약

02

개요

과학자와 기술자는 두 양 사이의 관련성을 결정하기 위하여 종종 자료를 수집한다. 예를 들어, 화학기술자는 어떤 촉매 농도와 과정의 생산량사이의 관계를 연구하기 위하여 여러 번 화학적 과정을 진행한다. 이 과정이 진행될 때마다 농도 x와 산출량 y는 기록된다. 이와 같이 실험에서 순서쌍 $(x_{1,} y_1)$, $\cdots$, $(x_{n,} y_n)$의 모임이 생길 것이고, 여기서 n은 진행 횟수이다. 순서쌍으로 이루어진 자료를 이변량(bivariate) 자료라 부른다. 많은 경우, 과학실험에서 발생된 순서쌍이 도시될 때 직선 주위에 밀집하려는 경향이 있다. 이러한 상황에서 가장 중요한 문제점은 보통 두 양이 서로 얼마나 밀접하게 관련되어 있는지 결정하는 것이다. 두 변수사이의 관련성의 정도를 측정하기 위하여 가장 자주 사용되는 요약통계량은 상관계수(correlation coefficient)이고, 이것은 2.1절에서 공부할 것이다. 두 변수가 서로 밀접하게 관련되어 있을 때 다른 변수 값이 주어지면 그들 중 하나의 값을 예측하는데 종종 관심이 있다. 이것은 최소제곱직선(least-squares line)으로 알려진 직선방정식 함께 자주 행해져 왔으며, 이것을 2.2와 2.3절에서 공부할 것이다.

2.1 상관계수

기사 "Advances in Oxygen Equivalence Equations for Predicting the Properties of Titanium Welds" (티타늄 용접의 성질을 예측하기 위한 산소·등가방정식의 발전) (D. Harwig, W. Ittiwattana, and H. Castner, The Welding Journal, 2001:126s-136s) 는 많은 티타늄 용접의 화학적 구성과 강도특성에 관한 자료를 나타내고 있다. 이 기사에서 보고된 연구목적의 하나는 용접강도를 예측하기 위하여 사용될 수 있는 인자를 발견하는 것이었다. 그림 2.1 (a)는 용접 중 일부에 대하여 탄소함유량(%)과 항복강도(thousands of pounds per square inch [ksi])를 도시한 것이다. 그림 2.1 (b)는 같은 용접에 대하여 질소함유량(%)과 항복강도(ksi)를 도시한 것이다.

자료가 순서쌍으로 구성되어 있을 때, 산점도는 2차원 좌표계상에서 각 점을 도시하여 간단히 만들 수 있다.

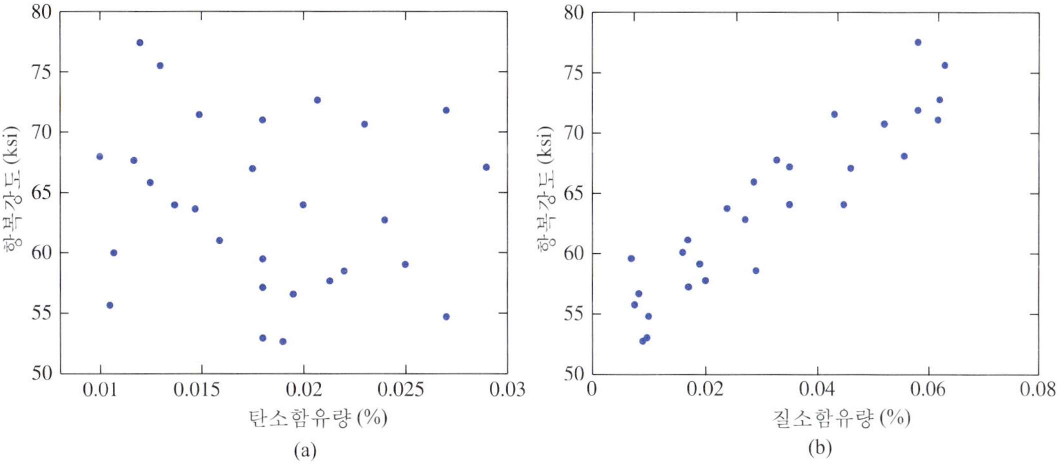

그림 2.1 (a) 어떤 용접그룹에 대한 탄소함유량과 항복강도사이의 관계가 없다는 것을 보여주는 산점도
(b) 같은 용접그룹에 대하여 높은 질소함유량은 높은 항복강도와 관련이 있다는 것을 보여주는 산점도

질소함유량에 대한 항복강도의 산점도(그림 2.1 b)는 상당히 분명한 형태를 보여준다. 점은 왼쪽 아래에서 오른쪽 위까지 선을 따르는 것처럼 보인다. 이와 같이 산점도는 질소함유량과 항복강도 사이의 높은 질소함유량을 갖는 용접이 높은 항복강도를 갖는 경향이 있다는 관계를 예시한다. 이 산점도는 연구자가 질소함유량으로부터 항복강도를 예측하기 위하여 시도하게 될 것이다. 그에 반하여, 탄소함유량과 항복강도의 산점도(그림 2.1 a)에 어떠한 형태도 보이지 않는다. 그래서 이들 두 양 사이의 관계는 어떤 근거도 없다. 이 산점도는 탄소함유량으로부터 항복강도를 예측하기 위하여 시도하려는 연구자를 실망시킬 것이다.

다시 그림 2.1 (b)를 보자. 점은 양의 기울기를 갖는 선을 따르려는 경향이 있는 것이 분명하다. 그림 2.2는 그 점을 통하여 그려진 선과 함께 산점도를 나타낸 것이다. 그 점은 이 선 주위에 밀집하려는 경향이 있는 것이 분명하다. 이 선은 최소제곱직선(least-squares line)으로 알려진 특별한 선으로서 어떤 의미에서 후술하게 되는 자료를 최적으로 적합하는 선이다. 우리는 2.2절에서 최소제곱직선을 계산하는 방법을 배울 것이다.

일반적으로 산점도에서 점이 선 주위에 밀집하려는 정도가 x와 y 사이의 선형관계의 강도를 반영한다. 우리는 이러한 선형관계의 강도를 측정하기 위한 방법을 선호한다. 그러나 산점도의 시각적인 느낌이 이와 관련하여 잘못 보일 수도 있을 것이다. 왜냐하면 축의 축척 변화가 군집화를 조밀하게 또는 느슨하게 보이게 할 수도 있기 때문이다. 이러한 이유 때문에 상관계수(correlation coefficient)를 정의하였으며, 이것은 두 변수 사이 선형관계 강도의 수치적인 측도이다. 상관계수는 보통 문자 r로 나타낸다. r에 대한 몇 개의 동등한 공식이 있다. 그들은 모두 약간 복잡하게 될 수 있으며, 그들이 즉시 어떻게 작용하는지 분명하지 않

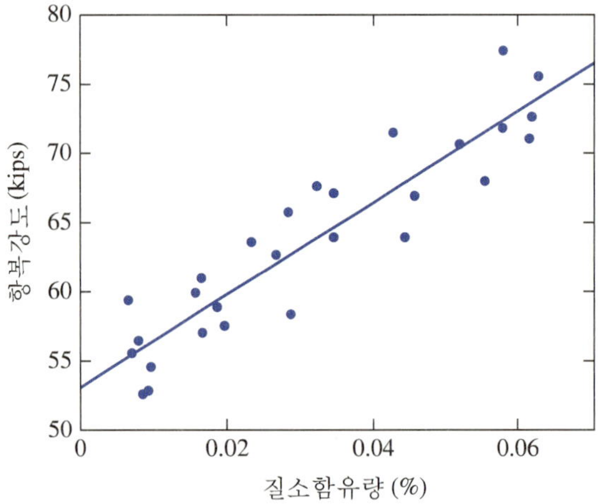

그림 2.2 용접 표본에 대한 질소함유량과 항복강도. 최소제곱직선이 겹쳐졌다.

다. 우리는 여러 공식을 보여주고, 그때 그들이 어떻게 작용하는지 보일 것이다.

(x_1, y_1), $\cdots$, (x_n, y_n)이 산점도상의 n개의 점을 나타낸다고 하자. 상관관계를 계산하기 위하여 첫째 x와 y의 편차, 즉 각 x_i와 y_i에 대한 $x_i - \bar{x}$와 $y_i - \bar{y}$를 계산한다. 상관계수는

$$r = \frac{\sum_{i=1}^{n}(x_i - \bar{x})(y_i - \bar{y})}{\sqrt{\sum_{i=1}^{n}(x_i - \bar{x})^2}\sqrt{\sum_{i=1}^{n}(y_i - \bar{y})^2}} \tag{2.1}$$

로 주어진다. 식 (2.1)의 분자와 분모에 대한 약간의 대수적 연산을 수행함으로써 손으로 직접 계산했을 때 사용하기 가장 쉬운 동등한 공식을 얻는다.

$$r = \frac{\sum_{i=1}^{n}x_i y_i - n\overline{xy}}{\sqrt{\sum_{i=1}^{n}x_i^2 - n\bar{x}^2}\sqrt{\sum_{i=1}^{n}y_i^2 - n\bar{y}^2}} \tag{2.2}$$

상관계수가 항상 1과 -1 사이에 있다는 것은 수학적 사실이다. 상관계수의 양(positive)의 값은 최소제곱직선이 양의 기울기를 갖는다는 것을 나타내고, 이것은 한 변수의 큰 값이 다른 변수의 큰 값과 관련이 있다는 것을 뜻한다. 상관계수의 음(negative)의 값은 최소제곱직선이 음의 기울기를 갖는다는 것을 나타내고, 이것은 한 변수의 큰 값이 다른 변수의 더 작은 값과 관련이 있다는 것을 뜻한다. 1과 -1에 가까운 상관계수의 값은 강한 선형관계를 보여주며, 0에 가까운 값은 약한 선형관계를 보여준다. 상관계수는 산점도에서 점이 양(또는

음)의 기울기의 직선상에 정확하게 있을 때만 1(또는 -1)과 같으며 다시 말해서, 완전한 선형관계일 때이다. 기술노트로서, 점이 정확히 수평선 또는 수직선상에 있다면 상관계수는 정의되지 않는다. 왜냐하면 공식에서 분모가 0이기 때문이다. 마지막으로, 약간의 전문용어에 대해 설명하자면, 언제나 $r \neq 0$일 때 x와 y는 상관되었다(correlated)고 한다. 만약 $r=0$이면 x와 y는 상관되지 않았다(uncorrelated)고 한다.

그림 2.1 (b)에서 질소함유량과 항복강도 사이의 상관계수는 $r=0.92$이다. 그림 2.1 (a)에서 탄소함유량과 항복강도사이의 상관계수는 $r=-0.16$이다. 질소함유량과 항복강도는 강한 양의 선형관계를 가지며, 반면에 탄소함유량과 항복강도는 약한 음의 선형관계를 갖는다는 말로 이 결과를 해석할 수 있다.

상관계수는 어떻게 작용하는가

상관계수 r에 대한 공식(식 2.1)은 두 변수 사이 선형관련성의 강도를 어떻게 측정할 것인가? 첫째로, 식 (2.1)의 표현에서 분모는 항상 양이라는 것에 주목하고, 따라서 상관계수의 부호는 분자의 부호와 같으며, 이것은 편차 곱의 합 $\sum_{i=1}^{n}(x_i-\bar{x})(y_i-\bar{y})$이다. 그림 2.3은 지금 상관계수가 어떻게 작용하는지를 보여주고 있다. 이 산점도에서 원점은 평균점 $(\bar{x},\ \bar{y})$에 위치하고 있다. 그러므로 제1사분면에서 편차 $(x_i-\bar{x})$와 $(y_i-\bar{y})$는 둘 다 양(+)이므로 그들의 곱 역시 양이다. 이와 같이 제1사분면에서 각 점은 식 (2.1)의 합에 양(+)의 값으로 공헌한다. 제2사분면에서 점의 x축에 대한 편차는 음(−)이고, 반면에 y축에 대한 편차는 양(+)이다. 따라서 편차의 곱은 음이므로 제2사분면에서 각 점은 식 (2.1)의 합에 음(−)으로 공헌한다. 마찬가지로, 제3사분면에서 양의 값으로 공헌하고 제4사분면에서 점은 음의 값으

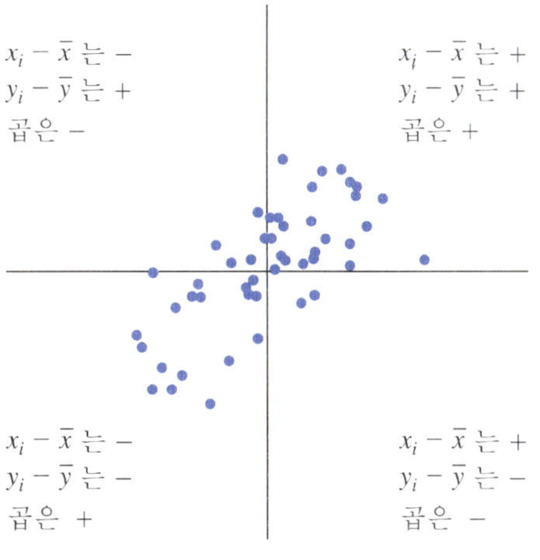

그림 2.3 상관계수는 어떻게 작용하는가

로 공헌한다. 분명히, 그림 2.3에서 제2사분면과 제4사분면보다 제1사분면과 제3사분면에 더 많은 점이 있다. 그러므로 상관계수는 양(+)일 것이다. 만약 도시가 음의 기울기를 가졌다면, 제2사분면과 제4사분면에 더 많은 점이 있을 것이고 상관계수는 음(−)일 것이다.

상관계수는 단위가 없다

식 (2.1)의 검토는 분자와 분모가 둘 다 x의 단위를 y의 단위로 곱하여 같은 단위를 갖는다는 것을 보여준다. 이러한 이유로 상관계수는 단위가 없다. 이러한 사실은 r의 유용성에 중요하다. 왜냐하면 하나의 도시된 양의 단위가 다른 도시된 양의 단위와 다를 때조차도 두 도시된 양 사이에서 선형관계의 강도를 비교하는 것이 허용되기 때문이다.

상관계수의 또 다른 중요한 성질은 축척의 변화에 영향을 받지 않는다는 것이다. 이것은 각 x_i 또는 각 y_i를 양의 상수로 곱하면 상관계수는 변하지 않는다는 것을 뜻한다. 결과적으로, 상관계수는 x 또는 y의 단위에 영향을 받지 않는다. 또한, 같은 상수가 각 x_i 또는 각 y_i 또는 둘 다에 더해지면 상관계수는 변하지 않는다. 그 이유는 상관계수가 단지 편차 $x_1 - \overline{x}$와 $y_1 - \overline{y}$에만 좌우되기 때문이다. 마지막으로, x와 y를 바꾸면 상관계수는 변하지 않는다는 것을 식 (2.1)로부터 알 수 있다.

Summary

상관계수는 다음과 같은 각 연산 하에서 변하지 않는다.

- 양수로 각 변수에 곱하기
- 각 변수에 상수를 더하기
- x와 y를 바꾸기

그림 2.4는 미국 여러 도시에 대한 4월과 10월의 평균온도를 도시한 것을 나타낸다. 온도가 ℃ 또는 °F로 측정되는 것에 관계없이 상관계수는 같다. 그 이유가 ℃에서 °F로 변환시키는 것은 1.8로 곱하고 32를 더하는 것이 포함되기 때문이다.

상관계수는 단지 선형관련성만을 측정한다

어떤 물체가 초기속도 64 ft/s로 지상으로부터 상향으로 발사되었다. 여러 번 $x_1, \cdots, x_n$의 각각에서 지표면 위 물체의 높이 $y_1, \cdots, y_n$가 측정되었다. 마찰이 없는 상태에서 측정오차는 없다고 가정하고, 점 $(x_1, y_1), \cdots, (x_n, y_n)$의 산점도는 그림 2.5처럼 보인다. 도시는 x와 y 사이의 강한 관계를 보여준다. 사실상, y값은 방정식 $y = 64x - 16x^2$을 통해서 x에 의하여 결정된다. 그렇지만 x와 y 사이의 상관계수는 0과 같다. 문제가 있는가? 아니다.

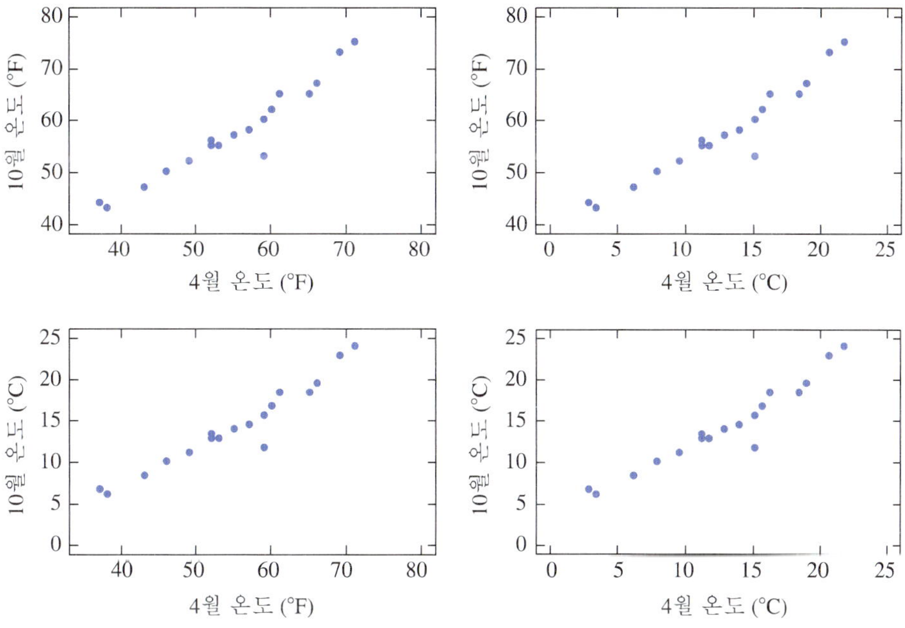

그림 2.4 미국 여러 도시에 대한 4월과 10월 평균 온도
상관계수는 각 도시에 대하여 0.96이고, 단위의 선택은 중요하지 않다.

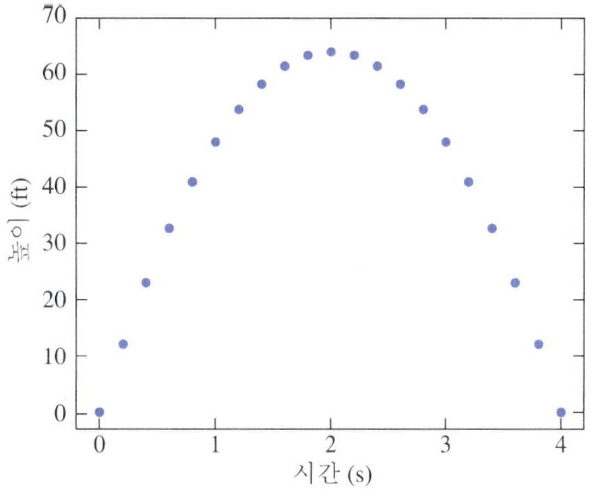

그림 2.5 자유낙하에서 초기속도가 양(+)의 값을 갖는 자유낙하 물체의 높이와 시간에 따른 관계는 2차 방정식이다. 상관계수는 0과 같다.

상관계수 0이라는 값은 x와 y가 선형관계가 아니라는 것을 나타내며, 이것은 사실이다. 즉, 이 관계는 순전히 2차 방정식이다. 이 예의 주의할 점은 상관계수가 산점도상에 점이 곡선을 따르려는 경향이 있을 때 사용하지 않아야 한다는 것이다. 그러면 그 결과는 잘못 보일 수 있다.

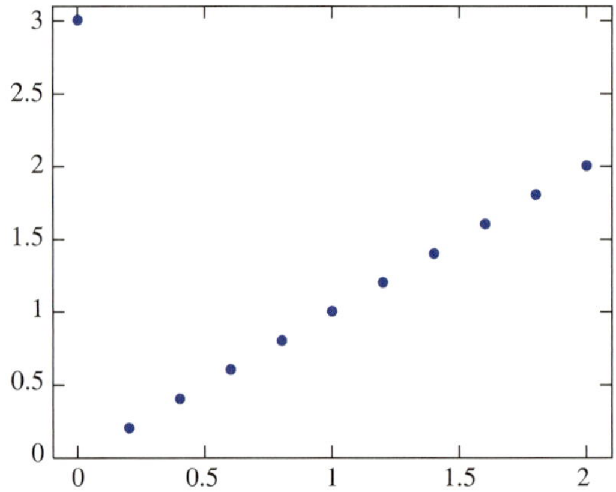

그림 2.6 상관계수는 0.26이다. 이상점 때문에 상관계수는 잘못 보일 수도 있다.

이상점

그림 2.6에서 점 (0 , 3)은 이상점(outlier)이고 자료가 모여 있는 군집으로부터 뚝 떨어져 있는 점이다. 이 산점도에 대한 상관계수는 $r = 0.26$이고, 이것은 약한 선형관계를 나타낸다. 그래도 점 11개 중 10개는 완전한 선형관계를 갖는다. 특히 이상점은 작은 자료집합에서 상관계수를 크게 왜곡할 수 있을 것이고, 자료 분석에 대해 심각한 문제를 야기한다. 어떤 이상점은 자료기록 오차 또는 실험계획서를 따르는데 실패하여 일어난다. 가능하면 이상점을 정정하거나 또는 만약 이상점이 정정될 수 없다면 그것을 삭제하는 것이 적절하다. 간단히 도시를 쉽게 해석하기 위하여 이유 없이 도시로부터 이상점을 삭제하는 것은 자료를 발생시키는 과정의 변동성을 과소 추정하게 하므로 적절하지 않다. 이상점을 포함하는 자료의 해석은 쉬운 법칙을 거의 따르지 않기 때문에 어려울 수 있다.

상관관계는 인과관계가 아니다

어린이에 대해, 어휘크기는 신발크기와 강하게 상관되어 있다. 그러나 새로운 단어 학습은 발 성장을 초래하지 않고, 성장하는 발이 어린이의 어휘 증가를 초래하는 것도 아니다. 세 번째 인자인 나이는 신발크기와 어휘 모두에 상관관계가 있다. 성숙한 청소년은 큰 신발크기와 많은 어휘를 알고 있는 경향이 있으며, 그리고 이것은 어휘와 신발크기 사이 양의 상관관계를 초래한다. 이러한 현상은 교락(交絡, confounding)으로 알려져 있다. 교락은 그들 사이의 상관관계를 초래하는 관심의 변수 모두가 상관되어 있는 세 번째 변수가 있을 때 발생한다. 이 예를 좀 더 자세히 말하기 위하여, 나이 든 사람은 큰 신발을 가질 경향이 있고 또한 어휘를 많이 알고 있는 경향이 있다. 다시 말하면, 신발 크기나 어휘 둘 다 나이에 따라 양(+)으로 상관되어 있기 때문에 그들은 서로 양으로 상관되어 있다.

이 예에서 교락은 발견하기 쉬웠다. 그러나 많은 경우에서 그것은 그렇게 쉽지 않다. 예는 두 변수가 서로 상관되어 있기 때문이라는 것을 간단히 보여주며, 하나의 변화는 또 다른 하나의 변화를 초래할 것이라고 가정할 수 없을 것이다. 두 변수가 인과관계가 있다고 결론을 내리기 전에 교락의 가능성을 배제시켜야 한다.

과학적 실험을 계획했을 때, 거의 실제적이 될 만큼 교락의 가능성을 줄일 수 있도록 실험을 설계하는 것이 중요하다. 실험 설계(experimental design)의 주제(제9장 참고)는 주로 이 주제와 관련이 있다. 여기에 간단한 예가 있다.

Example 2.1

환경학자는 어떤 화학물질이 피부 속으로 들어가는 흡수율을 연구하는 중이다. 그 학자는 다른 양의 화학물질을 피부의 다른 부분에 놓고, 피부를 시간변화에 따라 화학물질과 접촉하도록 하였다. 그리고 피부의 각 부분에 흡수되는 하학물질이 양을 측정하여 다음 표에 나타난 결과를 얻었다.

용량(mL)	시간(h)	흡수백분율	용량(mL)	시간(h)	흡수백분율
0.05	2	48.3	2.00	10	66.2
0.05	2	51.0	5.00	24	83.6
0.05	2	54.7	5.00	24	85.1
2.00	10	63.2	5.00	24	87.8
2.00	10	67.8			

환경학자는 다음 그림에서 보이는 바와 같이 용량과 시간에 대한 흡수백분율을 도시했다. 그 학자는 용량과 흡수량 사이의 상관관계를 계산하여 $r = 0.988$을 얻었으며, 화학물질 양의 증가는 흡수백분율의 증가를 초래한다고 결론지었다. 그때 학자는 시간과 흡수량간의 상관관계를 계산하여 $r = 0.987$을 얻었고, 피부가 화학물질과 접촉하는 시간이 증가하면 또한 흡수백분율도 증가시킨다는 결론을 내렸다. 이 결론은 타당한가?

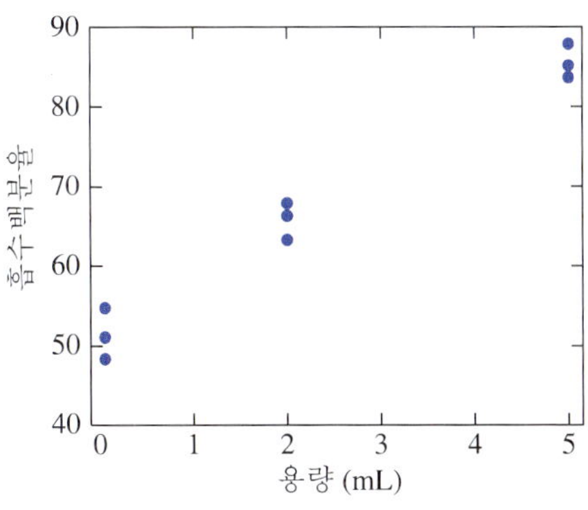

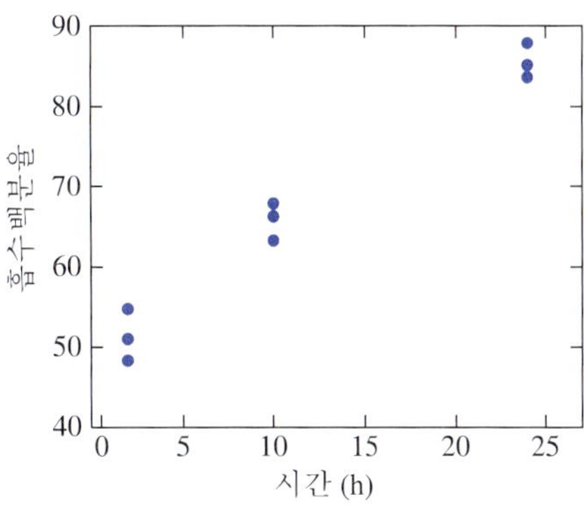

Solution

아니다. 환경학자는 다음 그림에서 나타난 시간과 용량 사이의 도시를 눈여겨 보아야 한다. 시간과 용량 사이의 상관계수는 $r = 0.999$이고, 그래서 이 두 변수는 거의 완전하게 교락되었다. 만약 시간 또는 용량이 흡수된 백분율에 영향을 미친다면 서로가 높게 상관되어있기 때문에 둘 다 그렇게 나타날 것이다. 이런 이유로, 시간 또는 용량 어느 것이 영향을 주고 있는지를 결정하는 것은 불가능하다. 시간과 용량사이의 이 관계는 실험 설계 때문에 일어난 결과이며, 피해야 한다.

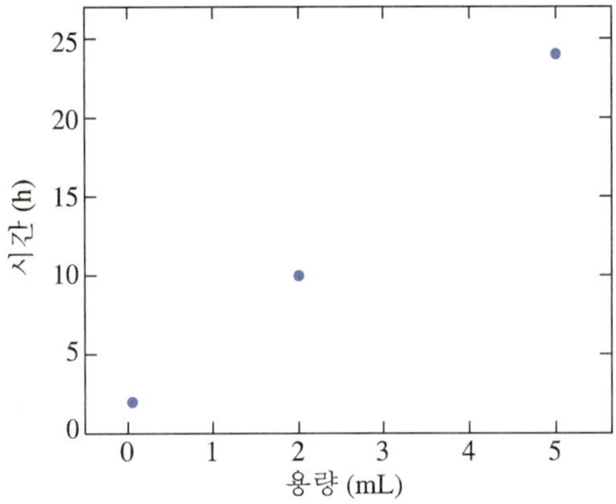

Example 2.2

예제 2.1에서 환경학자는 이번에 새로운 설계로 실험을 반복하여 그 결과를 다음 표에 나타냈다. 또한 환경학자는 다음 그림에서 보여준 바와 같이 용량과 시간 둘 다에 대한 흡수백분율을 도시했다.

용량(mL)	시간(h)	흡수백분율	용량(mL)	시간(h)	흡수백분율
0.05	2	49.2	2.00	24	87.2
0.05	10	51.0	5.00	2	47.7
0.05	24	84.3	5.00	10	65.1
2.00	2	54.1	5.00	24	88.4
2.00	10	68.7			

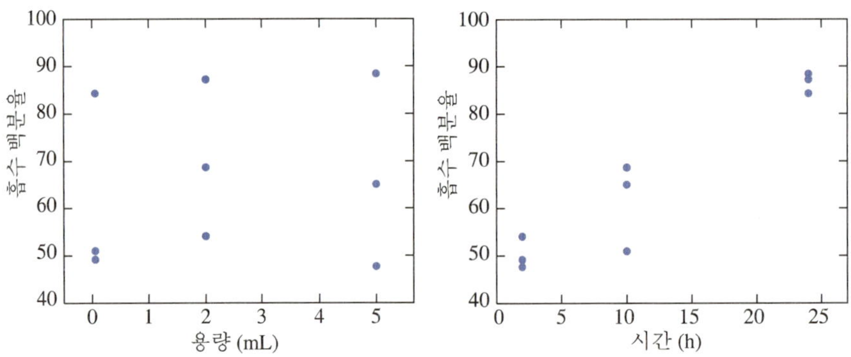

학자는 용량과 흡수량 사이의 상관관계를 계산하여 $r = 0.121$을 얻었으며, 화학물질 양의 증가는 흡수백분율의 증가에 거의 또는 전혀 영향을 주지 않는다고 결론지었다. 그때 그녀는 시간과 흡수량 사이의 상관관계를 계산하여 $r = 0.952$를 얻었고, 피부가 화학물질과 접촉하는 시간이 증가하면 또한 흡수된 백분율도 증가시킨다는 결론을 내렸다. 이 결론은 타당한가?

Solution

이 결론은 예제 2.1에서의 결론보다 훨씬 타당하다. 그 이유를 알기 위하여, 다음 그림에서 용량과 시간 사이의 도시를 눈여겨보자. 이 실험은 시간과 용량이 상관되지 않도록 설계되었다. 용량이 아닌 시간은 흡수백분율에 영향을 미친다. 시간이 증가하는 것은 실제로 흡수백분율 증가를 초래한다는 최종 결론을 내리기 전에, 환경학자는 어떤 다른 잠재적인 혼동변수가 주변에 없는지 확인해야 한다. 예를 들어, 만약 주위온도가 각 실험을 반복함에 따라 변하고 시간에 따라 높게 상관되어 있었다면, 그때 시간보다는 온도가 흡수백분율이 변화를 일으킬 수 있었던 그 경우일 것이다.

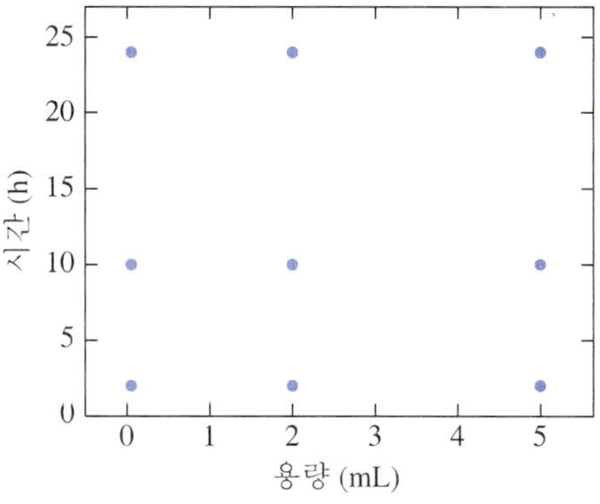

통제된 실험은 교락의 위험을 줄인다

예제 2.1과 2.2에서 실험자는 이들 두 변수가 상관되지 않도록 용량과 시간에 대한 값을 선택함으로써 교락을 줄일 수 있었다. 이것은 실험자가 이 인자의 값을 선택할 수 있었기 때문에 통제된 실험이다. 통제된 실험에서, 교락은 인자들이 상관되지 않도록 어느 정도는 인자들에 대한 값을 선택함으로써 종종 피할 수 있다.

관측연구는 인자의 값이 실험자에 의하여 선택될 수 없는 연구이다. 인간의 건강에 대한 환경오염물질영향과 같은 공중보건문제를 포함하는 연구는 보통 관측적이다. 왜냐하면 실험자는 사람을 고의로 높은 수준의 오염에 노출시킬 수 없기 때문이다. 이 연구에서 교락은 종종 피하기가 어렵다. 예를 들어, 오염수준이 높은 지역에 사는 사람은 낮은 사회적 지위를 가질 수 있으며, 이것은 그들의 건강에 영향을 줄 수도 있다. 교락은 피하기 어렵기 때문에, 관측의 연구는 일반적으로 신뢰할만한 결론이 얻어지기 전에 다양한 조건 하에서 여러 번 반복되어야만 한다.

연습 2.1

1 다음 자료 집합에 대한 상관계수를 구하시오.

x	1	2	3	4	5
y	2	1	4	3	7

2 다음 산점도 각각에 대하여, 상관계수가 적절한 요약인지 말하고 간단히 설명하시오.

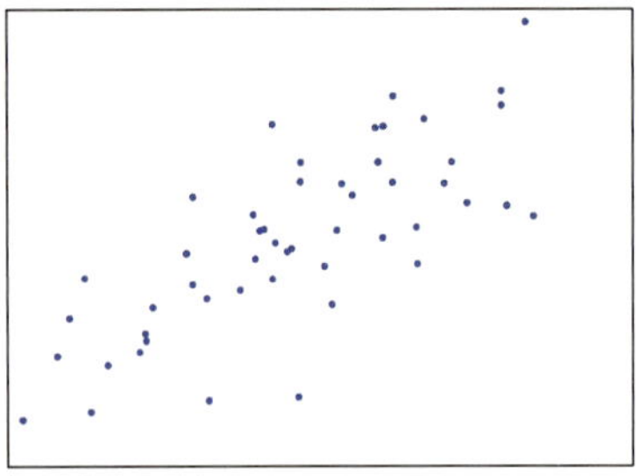

(*a*)

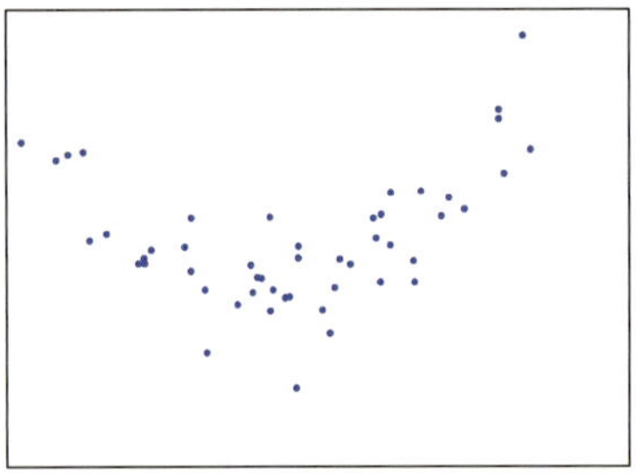

(*b*)

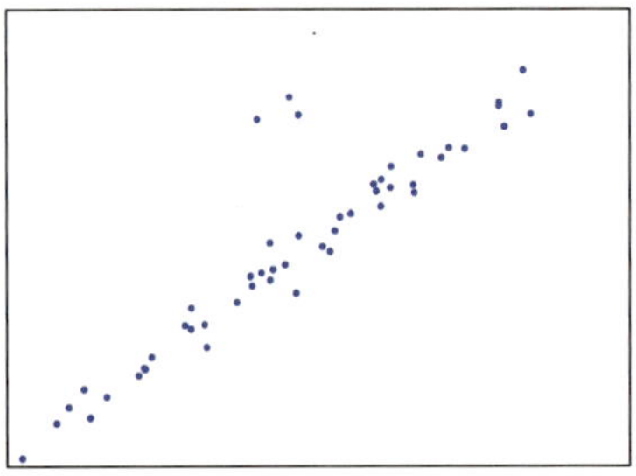

(*c*)

3 연구자는 대학생의 키와 몸무게에 대한 자료를 수집했다. 남성에 대한 키와 몸무게 사이의 상관관계는 0.6 정도였고, 여성에 대해서도 거의 같았다. 만약 남성과 여성이 함께 취해졌다면 키와 몸무게 사이의 상관관계가 0.6보다 클 것인가, 작을 것인가 또는 거의 같을 것인가? 그것은 개략적인 산점도를 만드는데 도움이 될 수 있다.

4 화학공학 기술자는 어떤 제품의 생산량에 대한 온도와 교반속도가 주는 영향을 연구하고 있다. 그 과정은 다음 표에 나타난 작동설정에서 16번 진행된다. 생산량의 단위는 이론적 최대치의 백분율이다.

a. 온도와 생산량, 교반속도와 생산량 그리고 온도와 교반속도의 상관계수를 계산하시오.

b. 이들 자료는 온도 증가가 자료범위 내에서 생산량을 증가시키는 원인이라는 좋은 근거를 제공하는가? 또는 결과가 교락에 의한 것인가? 설명하시오.

c. 이들 자료는 교반속도 증가가 자료범위 내에서 생산량을 증가시키는 원인이라는 좋은 근거를 제공하는가? 또는 결과가 교락에 의한 것인가? 설명하시오.

온도(℃)	교반속도(rpm)	생산량(%)
110	30	70.27
110	32	72.29
111	34	72.57
111	36	74.69
112	38	76.09
112	40	73.14
114	42	75.61
114	44	69.56
117	46	74.41
117	48	73.49
122	50	79.68
122	52	75.44
130	54	81.71
130	56	83.03
143	58	76.98
143	60	80.99

2.2 최소제곱직선

두 변수가 직선관계일 때, 산점도는 최소제곱직선(2.1절 그림 2.2 참조)으로 알려진 선 주위에 밀집되려는 경향이 있다. 이 절에서 최소제곱직선이 어떻게 계산되었는지 그리고 그것이 이변량 자료를 기술하기 위하여 어떻게 사용되는지를 배울 것이다.

표 2.1은 28개의 용접에 대한 질소함유량(%)과 항복강도(ksi)를 나타낸다. 우선 이 자료는 2.1절의 그림 2.1 (b)에 나타내었다.

그림 2.7은 x와 y의 산점도를 최소제곱직선과 겹쳐서 나타내었다. 우리는 직선 방정식을

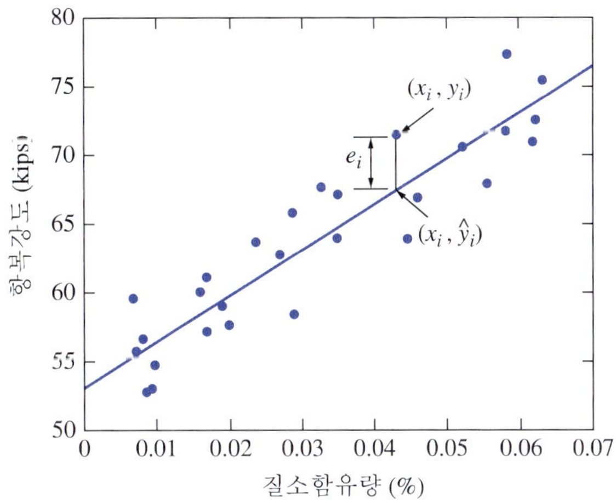

그림 2.7 질소함유량과 항복강도의 도시. 최소제곱직선 $y = \hat{\beta}_0 + \hat{\beta}_1 x$는 겹쳐놓았다. 자료점 (x_i, y_i)에서 최소제곱직선 위의 점 $(x_i, \hat{y}_i)$까지 연직거리는 i번째 잔차 e_i이다. 최소제곱직선은 잔차 제곱의 합을 최소화하는 선이다.

표 2.1 질소함유량과 항복강도

질소함유량 x	항복강도(ksi) y	질소함유량 x	항복강도(ksi) y	질소함유량 x	항복강도(ksi) y
0.0088	52.67	0.0555	68.00	0.0190	59.05
0.0200	57.67	0.0447	64.00	0.0270	62.75
0.0350	64.00	0.0068	59.50	0.0350	67.10
0.0460	67.00	0.0081	56.60	0.0520	70.65
0.0617	71.00	0.0169	61.05	0.0580	71.80
0.0620	72.67	0.0286	65.85	0.0290	58.50
0.0074	55.67	0.0430	71.45	0.0170	57.15
0.0160	60.00	0.0580	77.45	0.0096	52.95
0.0237	63.67	0.0630	75.55		
0.0327	67.67	0.0099	54.70		

$$y = \hat{\beta}_0 + \hat{\beta}_1 x \tag{2.3}$$

으로 나타내었다.

$\hat{\beta}_0$과 $\hat{\beta}_1$는 최소제곱계수(least-squares coefficients)라 부른다. 계수 $\hat{\beta}_1$는 최소제곱직선의 기울기, 계수 $\hat{\beta}_0$는 y의 절편이다. 이 경우에서 질소함유량 x에 의하여 나타내는 변수는 독립변수(independent variable)라 부르며, 질소함유량 y에 의하여 나타내는 변수는 종속변수(dependent variable)라 부른다.

최소제곱직선은 자료를 최적으로 적합하는 선이다. 지금 최적이 무엇을 나타내는지 정의한다. 각 자료점 (x_i, y_i)에 대하여, 최소제곱직선 위의 점 $(x_i, \hat{y}_i)$까지 수직거리는 $e_i = y_i - \hat{y}_i$ (그림 2.7 참고)이다. $\hat{y}_i = \hat{\beta}_0 + \hat{\beta}_1 x_i$는 적합된 값(fitted value)이라 부르고, e_i는 점 (x_i, y_i)와 관련된 잔차(residual)라 부른다. 잔차 e_i는 자료의 관측값 y_i와 최소제곱직선에 의하여 예측되어진 적합된 값 $\hat{y}_i$와의 차이다. 이것은 점에서 최소제곱직선까지 연직거리이다. 최소제곱선 위의 점은 양의 잔차를 가지며, 최소제곱직선 아래의 점은 음의 잔차를 가진다. 잔차가 0에 가까울수록 적합된 값은 관측값에 가까우며 최소제곱직선은 자료를 더 잘 적합한다. 잔차제곱의 합 $\sum_{i=1}^{n} e_i^2$이 최소가 되는 선이 되도록 최소제곱직선을 정의한다. 이런 의미에서 최소제곱선은 어떤 다른 선보다 자료를 훨씬 낫게 적합한다.

용접 예에서는 단지 하나의 독립변수(질소함유량)만 있으며, 다른 경우에서 몇 개의 독립변수를 사용할 수 있다. 예를 들어, 어떤 농작물의 수확량을 예측하기 위하여 사용된 비료의 량, 공급된 물의 양 그리고 토양의 여러 가지 화학적 성분의 측정량을 알 필요가 있을 것이다. 단지 하나의 독립변수를 갖는 선형모형은 단순선형회귀(simple linear regression)모형이라 부르며, 두 개 이상의 독립변수를 갖는 선형모형은 다중회귀(multiple regression)모형이라 부른다. 이 장에서는 단순선형회귀를 다룰 것이고, 다중회귀는 제8장에서 다룰 것이다.

최소제곱직선 방정식 계산

최소제곱직선 방정식을 계산하기 위하여 잔차제곱의 합 $\sum_{i-1}^{n} e_i^2$이 최소가 되는 기울기 $\hat{\beta}_1$과 절편 $\hat{\beta}_0$에 대한 값을 결정해야 한다. 이를 위해 우선 e_i를 $\hat{\beta}_0$와 $\hat{\beta}_1$의 항으로 표현한다.

$$e_i = y_i - \hat{y}_i = y_i - \hat{\beta}_0 - \hat{\beta}_1 x_i \tag{2.4}$$

그러므로 $\hat{\beta}_0$와 $\hat{\beta}_1$은 합

$$S = \sum_{i-1}^{n} e_i^2 = \sum_{i-1}^{n} (y_i - \hat{\beta}_0 - \hat{\beta}_1 x_i)^2 \tag{2.5}$$

을 최소화하는 양이다. 이 양은

$$\hat{\beta}_1 = \frac{\sum_{i=1}^{n}(x_i - \overline{x})(y_i - \overline{y})}{\sum_{i=1}^{n} m(x_i - \overline{x})^2} \tag{2.6}$$

$$\hat{\beta}_0 = \overline{y} - \hat{\beta}_1 \overline{x} \tag{2.7}$$

으로 보여줄 수 있다.

계산 공식

$\sum_{i=1}^{n}(x_i - \overline{x})^2$ 와 $\sum_{i=1}^{n}(x_i - \overline{x})(y_i - \overline{y})$는 최소제곱직선의 방정식을 결정하기 위하여 계산될 필요가 있고, $\sum_{i=1}^{n}(y_i - \overline{y})^2$ 은 최소제곱직선이 자료를 얼마나 잘 적합하는지 결정하기 위하여 계산될 필요가 있다. 이 양을 손으로 직접 계산했을 때, 종종 사용하기 더 쉬운 대안 공식은 다음과 같다.

계산 공식

오른쪽 식은 왼쪽 식과 같고, 종종 계산하기 더 쉽다.

$$\sum_{i=1}^{n}(x_i - \overline{x})^2 = \sum_{i=1}^{n} x_i^2 - n\overline{x}^2 \tag{2.8}$$

$$\sum_{i=1}^{n}(y_i - \overline{y})^2 = \sum_{i=1}^{n} y_i^2 - n\overline{y}^2 \tag{2.9}$$

$$\sum_{i=1}^{n}(x_i - \overline{x})(y_i - \overline{y}) = \sum_{i=1}^{n} x_i y_i - n\overline{x}\,\overline{y} \tag{2.10}$$

Example 2.3

표 2.1의 용접 자료를 사용하여 최소제곱직선의 기울기와 절편의 최소제곱 추정치를 계산하시오.

Solution

기울기는 $\hat{\beta}_1$이며, 절편은 $\hat{\beta}_0$이다. 표 2.1로부터 다음을 계산한다.

$$\overline{x} = 0.031943, \quad \overline{y} = 63.7900$$

$$\sum_{i=1}^{n}(x_i - \overline{x})^2 = \sum_{i=1}^{n} x_i^2 - n\overline{x}^2 = 0.100203$$

$$\sum_{i=1}^{n}(x_i - \overline{x})(y_i - \overline{y}) = \sum_{i=1}^{n} x_i y_i - n\overline{x}\,\overline{y} = 3.322921$$

식 (2.6)과 (2.7)을 이용하여

$$\hat{\beta}_1 = \frac{3.222921}{0.100203} = 331.62$$

$$\hat{\beta}_0 = 63.7900 - (331.61)(0.031943) = 53.197$$

을 계산한다.

최소제곱직선 방정식은 $y = \hat{\beta}_0 + \hat{\beta}_1 x$이다. $\hat{\beta}_0$과 $\hat{\beta}_1$에 대하여 계산된 값을 대입하면,

$$y = 53.197 + 331.62x$$

을 얻는다. 최소제곱직선의 방정식을 이용하면, 자료집합의 각 점 (x_i, y_i)에 대하여 적합된 값 $\hat{y}_i = \hat{\beta}_0 + \hat{\beta}_1 x_i$와 잔차 $e_i = y_i - \hat{y}_i$를 계산할 수 있다. 그 결과는 표 2.2에 나타내었다. 그림 2.7에서 보여준 점의 잔차는 하나가 $x = 0.0430$에서이다.

표 2.2 여러 가지 질소함유량, 적합된 값과 잔차에 따른 용접의 항복강도

질소함유량 x	항복강도 y	적합된 값 $\hat{y}$	잔차 e	질소함유량 x	항복강도 y	적합된 값 $\hat{y}$	잔차 e
0.0088	52.67	56,12	−3.45	0.0169	61.05	58.80	2.25
0.0200	57.67	59.83	−2.16	0.0286	65.85	62.68	3.17
0.0350	64.00	64.80	−0.80	0.0430	71.45	67.46	3.99
0.0460	67.00	68.45	−1.45	0.0580	77.45	72.43	5.02
0.0617	71.00	73.66	−2.66	0.0630	75.55	74.09	1.46
0.0620	72.67	73.76	−1.09	0.0099	54.70	56.48	−1.78
0.0074	55.67	55.65	0.02	0.0190	59.05	59.50	−0.45
0.0160	60.00	58.50	1.50	0.0270	62.75	62.15	0.60
0.0237	63.67	61.06	2.61	0.0350	67.10	64.80	2.30
0.0327	67.67	64.04	3.63	0.0520	70.65	70.44	0.21
0.0555	68.00	71.60	−3.60	0.0580	71.80	72.43	−0.63
0.0447	64.00	68.02	−4.02	0.0290	58.50	62.81	−4.31
0.0068	59.50	54.45	4.05	0.0170	57.15	58.83	−1.68
0.0081	56.60	55.88	0.72	0.0096	52.95	56.38	−3.43

우리는 종종 독립변수의 값을 알고 종속변수의 값을 예측하기를 원한다. 자료가 직선양상을 따를 때, $\hat{y} = \hat{\beta}_0 + \hat{\beta}_1 x$는 종속변수의 예측값이다. 예제 2.4와 2.5는 이것을 보여준다.

Example 2.4

용접 자료를 이용하여, 용접의 질소함유량이 0.05%에 대한 항복강도를 예측하시오.

Solution

예제 2.3에서 최소제곱직선 방정식은 $y = 53.197 + 331.62x$로 계산되었다. $x = 0.05$ 값을 이용하여, 용접의 질소함유량이 0.05%에 대한 항복강도를

$$\hat{y} = 53.197 + (331.62)(0.05) = 69.78 \text{ ksi}$$

되도록 추정하였다.

Example 2.5 용접 자료를 이용하여, 용접의 질소함유량이 0.02%에 대한 항복강도를 예측하시오.

Solution

추정치는 $\hat{y} = 53.197 + (331.62)(0.02) = 59.83$ ksi이다.

예제 2.5에서 자료집합은 용접의 질소함유량이 0.02% 포함되었다는 것을 주목하여라. 용접의 항복강도는 57.67 ksi(표 2.2 참고)이었다. 질소함유량이 0.02%인 다른 용접은 이미 측정된 용접의 질소함유량처럼 같은 강도를 가질 것으로 예측하는 것이 합리적으로 보인다. 그러나 최소제곱추정치 59.83 ksi는 모든 자료에 근거하고 있기 때문에 더 좋은 예측값이다.

Summary

주어진 점 $(x_1, y_1), \cdots, (x_n, y_n)$

- 최소제곱직선은 $\hat{y} = \hat{\beta}_0 + \hat{\beta}_1 x$이다.
- $\hat{\beta}_1 = \dfrac{\sum_{i=1}^{n}(x_i - \overline{x})(y_i - \overline{y})}{\sum_{i=1}^{n}(x_i - \overline{x})^2}$
- $\hat{\beta}_0 = \overline{y} - \hat{\beta}_1 \overline{x}$
- 어떤 x에 대하여, $\hat{y} = \hat{\beta}_0 + \hat{\beta}_1 x$는 독립변수 값이 x인 항목에 대한 종속변수 예측값이다.

연습 2.2

1 몇 개월 동안 매달, 어떤 화학공장에서 소모된 평균온도 x ℃와 증기량 y kg을 측정하였다. 그 결과자료로부터 계산된 최소제곱직선은 $y = 111.74 + 0.51x$이다.

a. 평균온도가 65℃인 어떤 달의 소모된 증기량을 예측하시오.

b. 만약 두 달은 평균온도가 5℃ 차이 난다면, 소모되는 증기의 양이 얼마나 차이 나게 예측할 것인가?

2 상관계수 초기사용의 하나는 프란시스 갈톤(Francis Galton)에 의해서였으며, 그는 성인 남성의 표본에 대한 키와 팔뚝길이의 상관계수를 계산하였다. 키(x)로부터 팔뚝길이(y)를 예측하기 위한 최소제곱직선은 $y = -0.2967 + 0.2738x$라 가정한다. 팔뚝길이와 키는 모두 이 식에서 인치(in)로 측정된다.

a. 키가 70 in인 남성의 팔뚝 길이를 예측하시오.

b. 남성의 팔뚝 길이를 19 in로 예측하려면 그의 키는 얼마여야 하는가?

c. 어떤 집단에 있는 모든 사람들은 (b)에서 계산된 키보다 더 큰 키를 가지고 있다. 그들의 팔뚝은 모두 길이가 최소한 19 in일 것이라고 결론지을 수 있는가? 설명하시오.

3 관성중량(tons)과 연료경제(mi/gal)는 7대의 디젤트럭의 표본에 대하여 측정되었다. 그 결과는 다음 표에 나타내었다. (From "In-Use Emissions from Heavy- Duty Diesel Vehicles," J. Yanowitz, Ph.D. thesis, Colorado School of Mines, 2001.)

중량	주행거리
8.00	7.69
24.50	4.97
27.00	4.56
14.50	6.49
28.50	4.34
12.75	6.24
21.25	4.45

a. 주행거리(y)와 중량(x)의 산점도를 그려라.
b. 중량으로부터 주행거리를 예측하기 위한 최소제곱직선을 계산하시오.
c. 만약 두 트럭은 중량에서 5톤 차이가 난다면, 그들의 주행거리는 얼마나 차이 나게 예측할 것인가?
d. 중량 15톤인 트럭에 대한 주행거리를 예측하시오.
e. 추정된 경사 $\hat{\beta}_1$의 단위는 무엇인가?
f. 추정된 절편 $\hat{\beta}_0$의 단위는 무엇인가?

4 어떤 첨가물이 페인트의 건조시간에 미치는 영향을 측정하기 위하여 설계된 실험에서, 다음 자료가 얻어졌다.

첨가물 농도(%)	건조시간(h)
4.0	8.7
4.2	8.8
4.4	8.3
4.6	8.7
4.8	8.1
5.0	8.0
5.2	8.1
5.4	7.7
5.6	7.5
5.8	7.2

a. 건조시간(y)과 첨가물 농도(x)의 산점도를 그리시오.
b. 첨가물 농도로부터 건조시간을 예측하기 위한 최소제곱직선을 계산하시오.
c. 각 점에 대한 적합된 값과 잔차를 계산하시오.
d. 만약 첨가물의 농도가 0.1% 만큼 증가하였다면, 건조시간이 얼마나 증가 또는 감소하였다고 예측할 수 있는가?
e. 농도 4.4%에 대한 건조시간을 예측하시오.
f. 건조시간이 8.2시간이라면 이에 대한 농도는 얼마라고 예측할 수 있는가?

5 여러 가지 농도에서 용액의 흡광도를 측정한 결과를 다음 표에 나타내었다.

농도 (mol/cm^3)	1.00	1.20	1.50	1.70	2.00
흡광도 (L/cm^3)	0.99	1.13	1.52	1.73	1.96

a. $A=\hat{\beta}_0+\hat{\beta}_1 C$를 농도($C$)로부터 흡광도($A$)를 예측하기 위한 최소제곱직선의 방정식이라 하자. $\hat{\beta}_0$와 $\hat{\beta}_1$의 값을 계산하시오.
b. 농도 $C=1.3$ mol/cm^{3}에 대한 흡광도를 예측하시오.

6 10세대의 표본은 1년 동안 모니터링 되었다. 세대 수입($ 1,000)과 에너지 소비량(10^{10} joules)은 결정되었다. 그 결과는 다음과 같다.

수입	에너지	수입	에너지
31	16.0	96	98.3
40	40.2	70	93.8
28	29.8	100	77.1
48	45.6	145	114.8
195	184.6	78	67.0

a. 에너지 소비량(y)과 수입(x)의 산점도를 그리시오.
b. 소득으로부터 에너지 소비량을 예측하기 위한 최소제곱직선을 계산하시오.
c. 만약 두 세대가 소득에서 $ 12,000 차이가 있다면, 그들 에너지 소비량은 얼마나 차이 나게 예측될 것인가?
d. 소득이 $ 50,000인 가족에 대한 에너지 소비량을 예측하시오.
e. 에너지 소비량이 100이라면 소득은 얼마라고 예측할 수 있는가?

2.3 최소제곱직선의 특징과 한계

자료범위 밖을 외삽하지 마라

자료집합에서 용접의 질소함유량은 2.2절 표 2.1에서 0.0068~0.063%까지라는 것이 나타난다. 자료범위 밖에 있는 용접 항복강도의 질소함유량이 0.100%인 것을 추정하기 위하여 최소제곱직선을 사용해야 하는가? 대답은 '아니오'이다. 최소제곱추정치를 계산할 수 있고, 이것은 53.197 + (331.62)(0.100) = 86.359 ksi이다. 그러나 독립변수의 값이 자료범위 밖에 있기 때문에 이 추정치는 신뢰할 수 없다.

비록 자료가 0.0068~0.063% 범위 내 질소함류량에 대한 선형양상을 따른다고 해도, 이것은 이 범위 밖의 질소함유량을 갖는 용접이 같은 양상을 따를 것이라고 보증할 수 없다. 많은 변수에 대하여, 선형관계는 어떤 범위 내에서 유지되는 것이지, 범위 밖에서는 계속 유지되지 않는다. 따라서, 최소제곱직선을 자료범위 밖에서 외삽한다면 그 관계를 적절하게 설명할 것이라고 보증해주지 못한다. 0.100%의 질소함유량을 갖는 용접의 항복강도를 예측하기 원한다면 질소함유량 0.100%인 용접 또는 더 많은 자료집합을 포함해야 한다.

Summary

자료범위 밖에서 적합선(예를 들어, 최소제곱직선)을 외삽하지 마라. 선형관계는 거기서 유지할 수 없다.

자료가 선형이 아닐 때 최소제곱직선을 사용하지 마라

2.1절에서 상관계수는 x와 y 사이의 관계가 선형일 때만 사용되어야 한다는 것을 배웠다. 마찬가지로 최소제곱직선에도 적용된다. 산점도가 곡선 양상을 따를 때, 그것을 직선으로 요약하라는 것은 타당하지 않다. 이것을 예시하기 위하여, 그림 2.8은 물체가 발산된 후 256 ft의 높이에서 발사된 물체의 높이 y와 시간 x 사이의 관계의 도시를 나타낸다. x와 y 사이의 관계는 비선형이므로 최소제곱직선은 자료를 잘 적합하지 못한다.

이상점과 영향점

이상점은 대부분의 자료로부터 동떨어진 점이다. 산점도는 항상 이상점에 대하여 검토되어야 한다. 이상점으로 처음 해야 할 일은 그 점이 나머지 점과 왜 다른지를 결정해야 하는 것이다. 때때로 이상점은 자료기록오차 또는 장비 고장이 원인이다. 이런 경우, 이상점은 자료집합으로부터 빼야 한다. 그러나 많은 경우 이상점에 대한 원인은 확실히 알 수 없다. 게다가

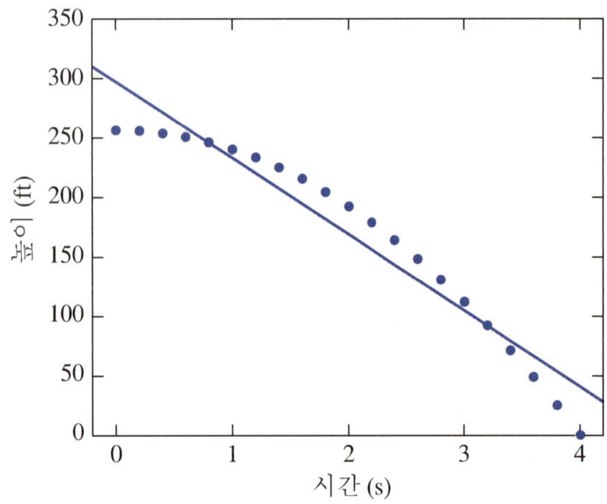

그림 2.8 자유낙하에서 자유낙하물체의 높이와 시간 사이의 관계는 선형이 아니다. 최소제곱직선은 자료를 잘 적합하지 못하며, 그리고 주어진 시간에서 물체의 높이를 예측하는데 사용해서는 안 된다.

이상점을 삭제하는 것은 자료를 발생하는 과정의 다양성을 과소평가하는 원인이 되기 때문에 현명하지 못하다.

이상점을 제거하기 위한 정당한 이유가 없을 때, 한 가지 접근방법은 우선 직선을 전체의 자료집합에 적합하고, 제거되는 하나의 이상점과 이 직선을 같이 자료집합에 적합하면서 각 이상점을 차례로 빼는 것이다. 제거 시 어떤 이상점도 최소제곱직선 또는 기울기와 절편의 추정된 표준편차에 현저한 차이가 없다면, 그때 포함된 이상점과 같이 적합에 이용한다. 만약 하나 또는 많은 이상점이 제거되었을 때 차이가 있다면, 그 때 최소제곱계수에 대한 값의 범위는 보고되어야 한다.

최소제곱직선과 상당한 차이가 있는 이상점이 제거되었을 때, 그 점을 영향점(influential point)이라 부른다. 그림 2.9는 영향력이 없는 이상점과 함께 영향점의 예를 나타낸다. 일반적으로 특이한 x값을 갖는 이상점은 특이한 y값을 갖는 이상점보다 영향을 받을 가능성이 높지만, 그렇더라도 모든 이상점은 검토되어야 한다. 많은 소프트웨어 패키지는 잠재적으로 영향점을 확인한다. 이상점과 영향점 처리에 대한 상세한 정보는 참고문헌 [Draper and Smith (1998); Belsey, Kuh, and Welsch (2004); and Cook and Weisberg (1994)] 에 주어진다.

마지막으로, 어떤 저자가 이상점의 정의를 대단히 큰 잔차를 갖는 점까지로 제한하는 것에 주목한다. 이러한 정의에 따라, 최소제곱직선 가까운 대부분의 자료로부터 떨어져 있지 않은 점은 이상점이 아니다.

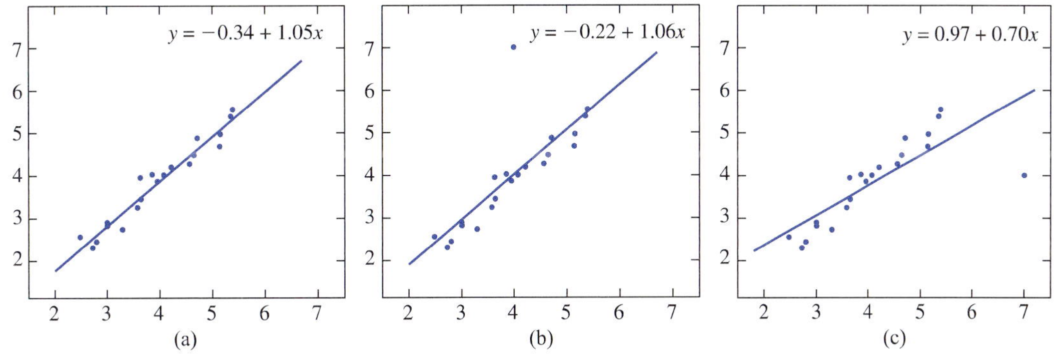

그림 2.9 (a) 어떤 이상점도 없는 산점도
(b) 이상점이 도시에 추가되었다. 최소제곱직선에 거의 변화가 없으며, 그래서 이 점은 영향이 없다.
(c) 이상점이 도시에 추가되었다. 최소제곱직선에 상당한 변화가 있으며, 그래서 이 점은 영향이 있다.

최소제곱직선 다른 시각으로 보기

$\hat{\beta}_1$에 대한 식 (2.6)은 어느 정도 유용한 해석을 제공하기 위해 다시 쓸 수 있다. 상관계수 r(식 2.1)의 정의로 시작해서 양변에 $\sqrt{\sum_{i=1}^{n}(y_i - \bar{y})^2} \,/\, \sqrt{\sum_{i=1}^{n}(x_i - \bar{x})^2} = s_y/s_x$을 곱하면,

$$\hat{\beta}_1 - r\frac{s_y}{s_x} \tag{2.11}$$

을 얻는다. 식 (2.11)은 상관계수의 항으로 최소제곱직선의 기울기를 해석할 수 있도록 한다. 최소제곱직선의 기울기 $\hat{\beta}_1$의 단위는 틀림없이 y/x의 단위이다. 상관계수 r은 x와 y 사이 선형관계의 강도를 측정하는 단위가 없는 수이다. 식 (2.11)은 기울기 $\hat{\beta}_1$이 상관계수에 비례한다는 것을 보여주며, 여기서 비례상수는 측정된 x와 y 단위를 조정하는 양 s_y/s_x이다. 식 (2.11)을 사용하면 유용한 형태로 최소제곱직선 방정식을 쓸 수 있다. 최소제곱직선 방정식 $\hat{y} = \hat{\beta}_0 + \hat{\beta}_1 x$에 대한 방정식에서 $\hat{\beta}_0$를 $\bar{y} - \hat{\beta}_1\bar{x}$로 대체하고 항을 다시 정리하면

$$\hat{y} - \bar{y} = \hat{\beta}_1(x - \bar{x}) \tag{2.12}$$

을 얻는다.

식 (2.11)과 식 (2.12)를 결합하면

$$\hat{y} - \bar{y} = r\frac{s_y}{s_x}(x - \bar{x}) \tag{2.13}$$

을 얻는다. 따라서 최소제곱직선은 기울기 $\hat{\beta}_1 = r(s_y/s_x)$인 산점도의 질량중심 $(\bar{x}, \bar{y})$를 통과하는 선이다.

적합도 측정

적합도 통계량은 어떤 모형이 주어진 자료집합을 얼마나 잘 설명하는지 측정하는 양이다. 선형모형은 x와 y 사이 강한 선형관계가 있다면 잘 적합한다. 상관계수 r은 x와 y 사이 선형관계의 강도를 측정하는 것이라고 2.1절에서 언급했다. 그러므로 r은 선형모형에 대한 적합도 통계량이다. 우리는 지금 r이 적합도를 어떻게 측정하는지를 기술할 것이다. 그림 2.10은 용접자료를 나타낸다. 산점도상의 점은 (x_i, y_i)이고, 여기서 x_i는 i번째 용접의 질소함유량이고, y_i는 항복강도이다. 산점도상에 두 개의 선이 겹쳐 놓여졌다. 하나는 최소제곱직선이고, 다른 하나는 수평선 $y=\bar{y}$이다. 지금 우리는 용접 중 하나의 항복강도를 예측해야 한다고 가정하자. 만약 질소함유량에 대한 어떤 지식도 없다면 항복강도를 평균 $\bar{y}$가 되도록 예측해야 한다. 예측오차는 $y_i-\bar{y}$이다. 만약 각 용접의 강도를 이 방법으로 예측한다면 예측오차 제곱합은 $\sqrt{\sum_{i=1}^{n}(y_i-\bar{y})^2}$일 것이다. 반면에, 만약 항복강도를 예측하기 전에 각 용접의 질소함유량을 안다면 최소제곱직선을 사용할 수 있으며, i번째 항복강도를 $\hat{y_i}$로 예측할 것이다.

선형관계의 강도는 $\bar{y}$보다는 $\hat{y}_i$를 사용하여 얻어진 예측오차 제곱합의 감소를 계산함으로써 측정할 수 있다. 이것은 차이 $\sum_{i=1}^{n}(y_i-\bar{y})^2-\sum_{i=1}^{n}(y_i-\hat{y}_i)^2$이다. 이 차이가 클수록 빽빽이 군집된 점이 최소제곱직선 주위에 더 많으며, x와 y 사이의 선형관계는 더 강함을 의미한다다. 따라서, $\sum_{i=1}^{n}(y_i-\bar{y})^2-\sum_{i=1}^{n}(y_i-\hat{y_i})^2$은 적합도 통계량이다.

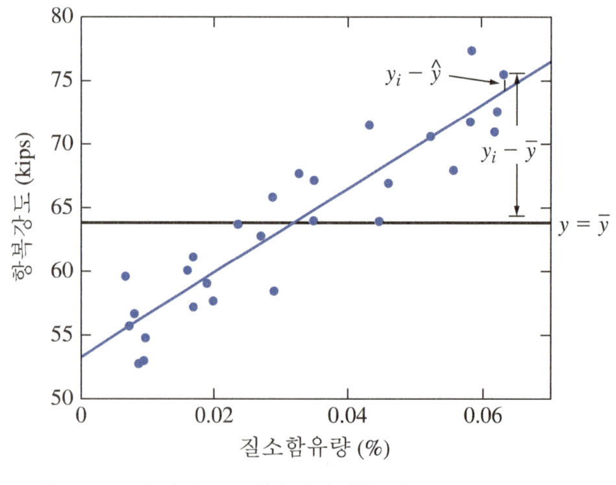

그림 2.10 용접의 질소함유량과 항복강도
최소제곱직선과 수평선 $y=\bar{y}$는 겹쳐져 있다.

그러나 적합도 통계량으로 $\sum_{i=1}^{n}(y_i - \bar{y})^2 - \sum_{i=1}^{n}(y_i - \hat{y}_i)^2$ 을 사용하는 것은 문제가 있다. 이 양은 단위를 갖는데, 즉 y 의 단위를 제곱한 단위이다. 다른 자료집합에 적합한 두 모형의 적합도를 비교하기 위하여 이 통계량을 사용할 수 없다. 왜냐하면 단위가 다르기 때문이다. 단위가 없는 적합도 통계량을 사용해야 한다면 절대축척(absolute scale)상에서 적합도를 측정할 수 있다.

이것은 상관계수 r 이 쓰이기 시작하는 것이다. 그것은

$$r^2 = \frac{\sum_{i=1}^{n}(y_i - \bar{y})^2 - \sum_{i=1}^{n}(y_i - \hat{y}_i)^2}{\sum_{i=1}^{n}(y_i - \bar{y})^2} \tag{2.14}$$

으로 나타낼 수 있다.

상관계수의 제곱 r^2 은 결정계수(coefficient of determination)라 부른다. 그것은 $\bar{y}$ 를 사용하여 얻어진 예측오차 제곱의 합 $\sum_{i=1}^{n}(y_i - \bar{y})^2$ 의 일부로 나타낸 $\bar{y}$ 보다는 $\hat{y}_i$ 를 사용하여 얻어진 예측오차 제곱의 합의 감소이다. r^2 의 이러한 해석은 아는 것이 중요하다. 제8장에서 여러 변수를 포함하는 선형관계의 적합도 측정을 제공하기 위하여 어떻게 일반화 될 수 있는지 보게 될 것이다.

r^2 의 시각적 해석에 대하여 그림 2.10을 보자. 산점도상의 각 점 (x_i, y_i)에 대하여, $y_i - \bar{y}$ 는 점에서 수평선 $y = \bar{y}$ 까지 연직거리이고, $y_i - \hat{y}_i$ 는 점에서 최소제곱직선까지 연직거리이다. 따라서, $\sum_{i=1}^{n}(y_i - \bar{y})^2$ 은 선 $y = \bar{y}$ 주위에 점의 전체 산포를 측정하고, $\sum_{i=1}^{n}(y_i - \hat{y})^2$ 은 최소제곱선 주위에 점의 전체 산포를 측정한다. 그러므로 $\sum_{i=1}^{n}(y_i - \bar{y})^2 - \sum_{i=1}^{n}(y_i - \hat{y}_i)^2$ 은 $y = \bar{y}$ 보다는 최소제곱직선을 사용하여 얻어진 점의 산포의 감소를 측정한다. 결정계수 r^2 은 이러한 감소를 $y = \bar{y}$ 주위에 산포의 비율로서 나타낸다. 이 토의에서 나타난 제곱합은 자주 사용되므로 통계학자는 그들에게 이름을 제공하였다. 그들은 $\sum_{i=1}^{n}(y_i - \hat{y})^2$ 을 오차제곱합(error sum of squares)으로 부르며, $\sum_{i=1}^{n}(y_i - \bar{y})^2$은 총제곱합(total sum of squares)으로 부른다. 그들의 차 $\sum_{i=1}^{n}(y_i - \bar{y})^2 - \sum_{i=1}^{n}(y_i - \hat{y}_i)^2$은 회귀제곱합(regression sum of squares)이라 부르며, 분명히 다음과 같은 관계를 유지한다.

총제곱합 = 회귀제곱합 + 오차제곱합

전술한 전문용어를 사용하여, 식 (2.14)를

$$r^2 = \frac{\text{회귀제곱합}}{\text{총제곱합}}$$

과 같이 쓸 수 있다.

총제곱합은 y_i 의 표본분산을 바로 $n-1$ 로 나누지 않기 때문에, 통계학자(그리고 다른 사람)는 회귀에 의하여 설명된 y 의 분산비율(proportion of the variance in y explained by regression)로서 가끔 r^2 을 언급한다.

컴퓨터 출력 해석

요즘에는 최소제곱직선을 포함하는 계산은 보통 컴퓨터로 수행하고 있다. 많은 소프트웨어 패키지는 이 계산을 수행하는데 사용할 수 있다. 회귀직선을 용접자료에 적합한 결과를 나타내는 다음과 같은 출력(MINITAB으로부터)은 꽤 전형적이다.

```
Regression Analysis: Length versus Weight

The regression equation is
Strength = 53.197 + 331.62 Nitrogen

Predictor        Coef      SE Coef         T        P
Constant     53.19715      1.02044    52.131    0.000
Nitrogen     331.6186      27.4872    12.064    0.000

S = 2.75151         R-Sq = 84.8%        R-Sq(adj) = 84.3%
```

출력에서, 최소제곱직선의 방정식은 "회귀방정식(regression equation)"으로 표시되어 맨 위에 나타났다. 최소제곱계수는 "계수(Coef.)"로 표시되어 열에 나타난다. "R-제곱(R-sq)"으로 표시된 양은 적합도 통계량 r^2 이다. 출력에서 나머지 값은 통계적 추론에서 사용된다. 우리는 이것을 8.1절에서 토의할 것이다.

연습 2.3

1 극한강도(MPa)는 3종류의 플라스틱 유형에 대하여 여러 가지 온도(℃)에서 측정되었다. 그 결과는 다음 표와 같다.

제1형		제2형		제3형	
온도	강도	온도	강도	온도	강도
10	3	10	5	10	8
12	11	12	7	11	11
14	11	14	7	12	11
16	16	16	9	16	15
18	19	18	11	19	16
20	21	20	13	22	21
22	25	22	17	23	24
24	25	24	18	25	26
26	29	26	22	26	30
28	26	28	18	29	27
30	31	30	25	31	32
32	33	32	28	31	32
34	32	34	26	33	32
36	39	36	37	35	38
38	38	38	36	35	38
40	47	40	52	60	41

a. 세 가지 자료 집합의 각각에 대한 산점도를 그리시오.

b. 각 자료 집합에 대하여, 최소제곱직선이 자료를 요약하는데 적절한지를 말하고, 이유를 설명하시오.

2 부식속도를 결정하기 위한 실험에서, 강판은 다양한 기간 동안(hr) 10% 염산(HCl)용액 속에 넣어 두었으며, 그리고 이에 대한 중량 감소(mg)가 측정되었다. 다음은 그 결과이다.

시간	2	4	6	8	10	12
중량 감소	0.7	6.9	7.2	11.9	16.2	22.5

a. 주어진 시간(x)에서 중량 감소(y)를 예측하기 위한 최소제곱직선을 계산하시오.

b. 1시간 후에 중량 감소를 예측하기 위하여 최소제곱직선을 사용해야 하는가? 만약 그렇다면 중량 감소를 예측하시오. 만약 그렇지 않다면 이유를 설명하시오.

c. 5시간 후에 중량 감소를 예측하기 위하여 최소제곱직선을 사용해야 하는가? 만약 그렇다면 중량 감소를 예측하시오. 만약 그렇지 않다면 이유를 설명하시오.

d. 20시간 후에 중량 감소를 예측하기 위하여 그 선을 사용해야 하는가? 만약 그렇다면 중량 감소를 예측하시오. 만약 그렇지 않다면 이유를 설명하시오.

3 최소제곱직선은 점의 집합을 적합한다. 만약 총 제곱의 합이 $\sum(y_i-\bar{y})^2=9{,}615$이고 오차 제곱의 합이 $\sum(y_i-\hat{y}_i)^2=1{,}450$이라면 결정계수 r^2을 계산하시오.

4 체적(x)에 의한 함수비(%)와 전도도(mS/m, y)는 50개 흙 시료에 대하여 측정되었다. 평균과 표준편차는 $\bar{x}=8.1$, $s_x=1.2$, $\bar{y}=30.4$, $s_y=1.9$이다. 전도도와 함수비 사이의 상관계수는 $r=0.85$로 계산되었다. 함수비로부터 흙 전도도를 예측하기 위한 최소제곱직선의 방정식을 구하시오.

5 변화하는 펩틴의 양이 펩틴 농도(%, x)와 견고성 지수(firmness index, y)의 관계를 연구하기 위하여 통조림 젤리에 추가되었다. x와 y의 평균과 표준편차는 $\bar{x}=3$, $s_x=0.5$, $\bar{y}=50$, $s_y=10$이다. 숙성시간과 견고성의 상관계수는 $r=0.5$로 계산되었다. 펩틴의 농도로부터 견고성을 예측하기 위한 최소제곱직선의 방정식을 구하시오.

제2장 연습문제

1 25~34세 남성 100명의 단순 무작위표본은 키가 평균 70 in이고 표준편차는 3 in이다. 그들의 수입은 평균 $ 47,500이고 표준편차는 $ 18,300이다. 빈칸을 채우시오.

최소제곱직선으로부터, 키가 70 in인 사람의 수입은 ________________ 것이라고 예측할 것이다.

a. $47,500보다 작을
b. $47,500보다 클
c. $47,500과 같을
d. 상관계수를 모른다면 말할 수 없을

2 성인 표본에서, 나이와 고등학교를 졸업하던 해의 상관계수는 −1, −0.5, 0, 0.5 또는 1에 가장 가까울 것인가? 설명하시오.

3 산점도는 3점 $(-1, -1)$, $(0, 0)$, $(1, 1)$을 포함한다. 4번째 점 $(2, y)$는 도시에 추가될 것이다. r을 x와 y의 상관계수를 나타낸다고 하자.

a. $r = 1$이 되는 y값을 구하시오.
b. $r = 0$이 되는 y값을 구하시오.
c. $r = -1$에 대한 어떤 y값도 왜 없는지 설명하시오.

4 기사 "Estimating Population Abundance in Plant Species With Dormant Life-Stages: Fire and the Endangered Plant Grevillea caleye R. Br." (T. Auld and J. Scott, Ecological Management and Restoration, 2004:125-129) 는 화재로 불탄 지역에서 어떤 희귀 관목의 개체군 크기의 추정치를 나타낸다. 다음 표는 식물을 포함하는 몇 개의 작은 지역에 대한 개체군 총수와 면적(m^2)을 나타낸다.

면적	개체군	면적	개체군
3,739	3,015	2,521	707
5,277	1,847	213	113
400	17	11,958	1,392
345	142	1,200	157
392	40	12,000	711
7,000	2,878	10,880	74
2,259	223	841	1,720
81	15	1,500	300
33	18	228	31
1,254	229	228	17
1,320	351	10	4
1,000	92		

a. 면적(x)으로부터 개체군(y)을 예측하기 위한 최소제곱직선을 계산하시오.
b. 5,000 m^2의 면적에서 개체군을 예측하기 위하여 (a)에서 계산된 최소제곱직선을 사용하시오.
c. $\ln x$로부터 $\ln y$를 예측하기 위한 최소제곱직선을 계산하시오.
d. 5,000 m^2의 면적에서 개체군을 예측하기 위하여 (c)에서 계산된 최소제곱직선을 사용하시오.
e. 개체군(y)과 면적(x) 사이의 산점도를 그려라.
f. $\ln y$와 $\ln x$ 사이의 산점도를 그려라.
g. 두 산점도 중 어느 것이 최소제곱직선으로 더 적절하게 요약할 것으로 보이는가?
h. (b)에서 예측 또는 (d)에서 예측 중에서 어느 예측이 더 신뢰할 수 있는가? 설명하시오.

확률

03

개요

확률이론의 발달은 17세기 도박꾼에게서 재정 도움을 받았으며, 도박에 대한 정확한 승률을 계산하기 위하여 그 당시 최고 수학자 몇 명을 고용하였다. 나중에 과학적인 과정이 또한 우연을 포함한다는 것을 인식하였고, 그 후 확률의 방법이 물질세계를 연구하는데 사용되어 왔다.

지금은 확률이 폭 넓은 수학분야의 하나이다. 많은 책은 주제에 충실하고, 많은 연구자는 그의 전문경력을 그 이상의 개발에 전념하고 있다. 이장에서는 통계학의 연구에 가장 중요한 확률 개념의 소개를 나타낸다.

3.1 기본 개념

확률의 체계적인 연구를 하기 위하여 약간의 전문용어가 필요하다. 실험(experiment)은 미리 확신을 가지고 예측될 수 없는 결과를 이끌어내는 과정이다. 동전 던지기, 주사위 굴리기, 볼트의 직경 재기, 시리얼상자 내용물 무게 재기 그리고 하나의 낚싯줄 파괴강도 측정은 실험의 모든 예이다. 확률항의 실험을 토의하기 위하여 그의 가능한 결과를 구체적으로 명시해야 한다.

> 모든 가능한 실험결과의 집합은 실험에 대한 표본공간(sample space)이라 부른다.

동전 던지기에 대하여 표본공간으로서 집합 {앞면, 뒷면}을 사용할 수 있다. 6면 주사위를 굴리는 경우에 대하여 집합 {1, 2, 3, 4, 5, 6}을 사용할 수 있다. 이 표본공간은 유한하다. 몇몇 실험은 무한개의 결과인 표본공간을 갖는다. 예를 들어, 직경 10 mm의 펀치로 금속박판의 구멍 뚫는 것을 상상하자. 펀치각의 변화와 판금의 약간 움직임 때문에 구멍의 직경은 10.0~10.2 mm 사이에서 변화한다. 구멍을 뚫는 실험에 대하여, 합리적인 표본공간은 구간 (10.0, 10.2) 또는 집합 표기법으로 $\{x \mid 10.0 < x < 10.2\}$이다. 이 집합은 분명히 무한개의 결과를 포함한다.

> 표본공간의 부분집합은 사상(event)이라 부른다.

어떤 표본공간에 대하여 공집합 ϕ는 전체 표본공간과 같은 사상이라는 것을 주목하라. 주어진 사상은 만약 실험결과가 사상에서의 결과 중 하나라면 발생되었다고 한다. 예를 들어, 만약 주사위 눈이 2가 나온다면 사상 {2, 4, 6}과 {1, 2, 3}은 결과 "2"를 포함하는 모든 다른 사상과 함께 둘 다 발생했다.

Example 3.1

어떤 기술자가 4개의 볼트를 포함하는 상자와 4개의 너트를 포함하는 다른 상자를 가지고 있다. 볼트의 직경은 4, 6, 8 그리고 10 mm이고, 너트의 직경은 6, 10, 12 그리고 14 mm이다. 하나의 볼트와 하나의 너트가 선택되었다. A는 볼트 직경이 8보다 작은 사상, B는 너트 직경이 10보다 큰 사상 그리고 C는 볼트와 너트가 같은 직경을 갖는 사상이라 하자. 이 실험에 대한 표본공간을 구하고, 사상 A, B 그리고 C에 해당하는 부분집합을 명시하시오.

Solution

이 실험에 대한 좋은 표본공간은 첫 번째 성분이 볼트의 직경이고, 두 번째 성분은 너트의 직경인 순서쌍의 집합이다. 이 표본공간을 S로 나타낼 것이다.

$$S = \{(4, 6), (4, 10), (4, 12), (4, 14), (6, 6), (6, 10), (6, 12), (6, 14), (8, 6), (8, 10), (8, 12), (8, 14), (10, 6), (10, 10), (10, 12), (10, 14)\}$$

사상 A, B 및 C는

$$A = \{(4, 6), (4, 10), (4, 12), (4, 14), (6, 6), (6, 10), (6, 12), (6, 14)\}$$
$$B = \{(4, 12), (4, 14), (6, 12), (6, 14), (8, 12), (8, 14), (10, 12), (10, 14)\}$$
$$C = \{(6, 6), (10, 10)\}$$

로 주어진다.

혼합사상

종종 간단한 사상을 혼합함으로써 사상을 구성할 수 있다. 사상은 표본공간의 부분집합이기 때문에, 이 방법으로 구성된 사상을 기술하기 위하여 집합의 기호를 사용하는 것이 전통적이다. 여기서 필요한 기호를 검토한다.

- $A \cup B$로 나타낸 두 사상 A와 B의 합집합(union)은 A나 B에 속하거나 둘 다에 속할 결과의 집합이다. 즉, $A \cup B$는 "A 또는 B"를 의미한다. 따라서 사상 $A \cup B$는 A 또는 B (또는 둘 다)가 언제 발생하더라도 발생한다.
- $A \cap B$로 나타낸 두 사상 A와 B의 교집합(intersection)은 A와 B 모두에 속할 결과의 집합이다. 즉, $A \cap B$는 A 그리고 B 모두에 속할 결과의 집합이다. 따라서 사상 $A \cap B$는 A와 B 둘 다 언제 발생하더라도 발생한다.

- A^c로 나타낸 사상 A의 여사상(complement)은 A에 속하지 않는 결과의 집합이다. 간단히, A^c는 "A가 아닌 것"을 뜻한다. 따라서 사상 A^c는 A가 발생하지 않더라도 발생한다.

상호배반사상

결코 동시에 발생할 수 없는 몇 개의 사상이 있다. 예를 들어, 동전은 앞면과 뒷면이 동시에 나오는 것이 불가능하고, 강재 핀은 너무 길거나 너무 짧게 될 수 있는 것이 불가능하다. 이와 같은 사상은 상호배반(mutually exclusive)이라고 한다.

- 사상 A와 B는 만약 그들이 공통결과가 없다면 상호배반(mutually exclusive)이라고 한다.
- 좀 더 일반적으로, 사상의 모임 A_1, A_2, $\cdots$, A_n은 만약 그들의 어떤 두 사상도 동시에 공통결과가 없다면 상호배반이라고 한다.

Example 3.2

예제 3.1을 참고하시오. 만약 실험이 진행된다면, 사상 A와 B 둘 다 발생할 수 있는가? B와 C는 어떠한가? A와 C는? 사상의 어느 쌍이 상호배반적인가?

Solution

만약 결과가 (4, 12), (4, 14), (6, 12) 또는 (6, 14)라면 그때 사상 A와 B는 동시에 발생한다. 만약 결과가 (6, 6)이라면 그때 A와 C는 동시에 발생한다. B와 C가 동시에 발생하는 것은 불가능하다. 왜냐하면 이 사상이 상호배반적이기 때문에 어떤 공통결과도 없다.

확률

표본공간에서 모든 사상은 발생 확률(probability)을 갖는다. 직관적으로, 확률은 사상이 발생할 가능성이 얼마인지에 대한 양적 측정이다. 공식적으로 말하면 확률의 여러 가지 해석이 있는데, 채택할 하나가 사상의 확률은 만약 실험이 계속해서 반복되었다면 결국 사상이 발생하게 될 횟수의 비율이다.

문자 P는 확률을 나타내는데 종종 사용한다. 그러므로 동전을 던졌을 때, 표기 "P(앞면) = 1/2"은 동전이 앞면으로 떨어질 확률은 1/2과 같다는 것을 뜻한다.

Summary

주어진 어떤 실험과 어떤 사상 A

- 식 $P(A)$는 사상 A가 발생할 확률을 나타낸다.
- $P(A)$는 실험이 계속해서 반복되었다면, 결국은 사상 A가 발생하게 될 횟수의 비율이다.

많은 상황에서, 사상의 확률을 추정하기 위한 유일한 방법은 실험을 여러 번 반복하고 사상이 발생하는 횟수의 비율을 결정하는 것이다. 예를 들어, 만약 어떤 과정에 의해 제조된 인쇄회로기판 PCB (printed circuit board)가 불량일 확률을 추정하고 싶다면, 보통은 약간의 판을 생산할 필요가 있으며 결함 비율을 결정하기 위하여 그들을 시험한다. 어떤 경우에 확률은 실험의 물리적 성질의 지식을 통하여 결정될 수 있다. 예를 들어, 만약 주사위의 형상이 거의 완전한 정육면체이고 그 질량이 거의 균등하게 분포되었다면 주사위가 굴려졌을 때 여섯 면 모두 위쪽으로 똑같이 떨어질 것이라고 가정할 수 있다.

일단 어떤 사상의 확률이 과학적인 지식 또는 경험을 통하여 알게 되었다면, 다른 사상의 확률들은 수학적으로 계산될 수 있다. 예를 들어, 만약 PCB 결함확률이 0.10이라는 것이 실험을 통하여 추정되었다면 결함이 없는 판의 확률 추정은 0.90로 계산될 수 있다. 다른 예로서, 어떤 과정에 의하여 제조된 강재 핀이 너무 짧게 되거나 또는 길게 되어 길이 규격에 충족할 수 없다고 가정한다. 많은 수의 핀을 측정함으로써 핀이 너무 짧을 확률이 0.02라는 것이 추정되었고, 핀이 너무 길 확률은 0.03이다. 그러면 핀이 규격을 충족하지 못하는 확률은 0.05로 추정될 수 있다.

실제로, 과학자와 기술자는 과학적인 이해와 경험을 근거로 하여 어떤 사상의 확률을 추정한 다음, 다른 사상 확률의 추정치를 계산하기 위하여 수학법칙을 사용한다. 이 절의 나머지 부분에서 이 법칙 중 몇 개를 설명하고, 그것을 어떻게 이용하는지 보일 것이다.

확률의 공리

확률의 주제는 공리로 알려진 3개의 상식적인 법칙에 근거로 한다. 그들은

확률의 공리

1. S를 표본공간이 되도록 하자. 그때 $P(S)=1$
2. 어떤 사상 A에 대하여 $0 \le P(A) \le 1$
3. 만약 A와 B가 상호배반사상이라면 그때 $P(A \cup B) = P(A) + P(B)$
   좀 더 일반적으로 만약 A_1, A_2, $\cdots$ 가 상호배반사상이라면, 그때
   $P(A_1 \cup A_2 \cup \cdots) = P(A_1) + P(A_2) + \cdots$

이다.

약간만 생각하면 3개의 공리가 정말 일반 상식에 동의하는지 쉽게 알 수 있다. 첫 번째 공리는 실험의 결과가 항상 표본공간 안에 있다는 것을 말한다. 이것은 정의에 의하여 표본공간이 실험의 모든 가능한 결과를 포함하고 있기 때문에 분명하다. 두 번째 공리는 어떤 사상의

장기간 빈도는 항상 0과 100%사이에 있다. 세 번째 공리를 설명하는 예에 대하여, 핀이 너무 짧을 확률이 0.02, 핀이 너무 길 확률이 0.03인 강재 핀을 제조하는 과정을 이전에 논의하였다. 세 번째 공리는 핀이 너무 짧거나 또는 길게 될 확률이 0.02 + 0.03 = 0.05라는 것을 말한다.

확률을 계산하는데 도움을 줄 수 있는 두 개의 간단한 법칙을 지금 보여준다. 이 법칙은 직관적으로 분명하며, 그것은 논리적으로 공리를 따르는 것을 알 수 있다.

어떤 사상 A에 대하여

$$P(A^c) = 1 - P(A) \tag{3.1}$$

ϕ는 공집합을 나타낸다고 하자. 그때

$$P(\phi) = 0 \tag{3.2}$$

식 (3.1)은, 사상이 발생하지 않을 확률은 1에서 사상이 발생할 확률을 뺀 것과 같다는 것을 말한다. 예를 들어, 만약 비가 올 가능성이 40%라면 비가 오지 않을 가능성은 60%이다. 식 (3.2)는 실험이 어떤 결과도 없다는 것이 불가능하다는 것을 말한다.

Example 3.3

시험발사연습장 과녁은 그 둘레에 두 개의 동심원 중심으로 구성되어 있다. 발사체가 과녁을 향해 쏘아졌다. 발사체가 과녁 중심을 맞힐 확률은 0.10, 내부 원을 맞힐 확률은 0.25, 외부 원을 맞힐 확률은 0.45이다. 발사체가 과녁을 맞힐 확률은 얼마인가? 발사체가 과녁을 빗나갈 확률은 얼마인가?

Solution

중심을 맞히고, 내부 원을 맞히며, 외부 원을 맞히는 것은 상호배반사상이다. 왜냐하면 이 사상 중 하나 이상 발생하는 것은 불가능하기 때문이다. 그러므로 공리 3을 이용하면,

$$\begin{aligned} P(\text{과녁 맞힘}) &= P(\text{중심}) + P(\text{내부 원}) + P(\text{외부 원}) \\ &= 0.10 + 0.25 + 0.45 \\ &= 0.80 \end{aligned}$$

식 (3.1)을 사용함으로써 발사체가 과녁을 빗나갈 확률은 지금 계산할 수 있다.

$$\begin{aligned} P(\text{과녁 빗나감}) &= 1 - P(\text{과녁 맞힘}) \\ &= 1 - 0.80 \\ &= 0.2 \end{aligned}$$

등확률 결과를 갖는 표본공간

어떤 실험에 대하여, 표본공간은 모든 결과가 등확률로 구성될 수 있다. 간단한 예는 공정한 주사위를 굴리는 것이며, 여기에서의 표본공간은 {1, 2, 3, 4, 5, 6}이며, 각 결과는 확률이

1/6이다. 만약 표본공간이 N개 등확률 결과를 포함한다면 각 결과의 확률은 $1/N$이다. 이것은 전체 표본공간의 확률이 1이어야 하기 때문에 그렇고, 이 확률은 N개의 결과로 똑같이 나눈 것이다. 만약 A가 k개의 결과를 포함하는 사상이라면 그때 $P(A)$는 k개의 결과 확률을 합하면 알 수 있으며, 따라서 $P(A) = k/N$이다.

만약 S는 N개 등확률 결과를 포함하는 표본공간이며, 만약 A가 k개의 결과를 포함하는 사상이라면, 그때

$$P(A) = \frac{k}{N} \tag{3.3}$$

Example 3.4

압출다이(extrusion die)는 알루미늄 봉을 생산하는데 사용된다. 규격은 봉의 길이와 직경에 대하여 주어진다. 각 봉에 대하여 길이가 너무 짧은, 너무 긴 또는 OK로 분류되며, 그리고 직경이 너무 가는, 너무 굵은 또는 OK로 분류된다. 1,000개의 봉 모집단에서 각 계급의 봉의 수는 다음과 같다.

	직경		
길이	너무 가는	OK	너무 굵은
너무 짧은	10	3	5
OK	38	900	4
너무 긴	2	25	13

이 모집단으로부터 하나의 봉을 무작위하게 표본으로 뽑을 경우, 그 봉이 너무 짧을 확률은 얼마인가?

Solution

표본공간의 결과로 1,000개 봉의 각각을 생각할 수 있다. 1,000개 결과의 각각은 발생할 확률이 똑같이 같다. 사상에 해당하는 결과의 수를 세어서 문제를 풀 것이다. 너무 짧은 봉의 수는 $10 + 3 + 5 = 18$이다. 총 봉의 수는 1,000개이므로

$$P(\text{너무 짧은}) = \frac{18}{1{,}000}$$

덧셈법칙

만약 A와 B가 상호배반사상이라면, 그때 $P(A \cup B) = P(A) + P(B)$이다. 이 법칙은 A와 B가 상호배반이 아닌 경우를 다루기 위하여 일반화될 수 있다. 예제 3.5는 그 추론을 실례로 들어 설명하고 있다.

Example 3.5

예제 3.4를 참고하시오. 만약 봉이 무작위하게 표본으로 뽑혔다면, 그것이 너무 짧거나 너무 굵을 확률은 얼마인가?

Solution

우선 사상에 해당하는 결과의 수를 세어보면 이 문제를 풀 수 있다. 다음 표에서 너무 굵은 봉의 수는 동그라미를 그렸고, 너무 짧은 봉의 수는 그들 주위에 직사각형을 만들었다. 봉들 중에서 5개는 너무 짧으면서 너무 굵다는 것을 주목하라.

		직경		
		너무 가는	OK	너무 굵은
길이	너무 짧은	[10]	[3]	[(5)]
	OK	38	900	(4)
	너무 긴	2	25	(13)

1,000개의 결과 중 너무 짧거나 너무 굵은 수는 10 + 3 + 5 + 4 + 13 = 35이다. 따라서

$$P(\text{너무 짧은 또는 너무 굵은}) = \frac{35}{1,000}$$

지금 어떤 의미에서는 더 일반적 방법으로 이어지는 문제를 풀 것이다. 표본공간에서 너무 짧은 봉은 10 + 3 + 5 = 18이고, 너무 굵은 봉은 5 + 4 + 13 = 22이다. 그러나 만약 18 + 22를 더하여 너무 짧거나 또는 너무 굵은 봉의 수를 찾으려고 한다면 너무 큰 수(35 대신 40)를 얻는다. 그 이유는 너무 짧으면서 너무 굵은 5개의 봉이 있는데 이들이 두 번 계산되었기 때문이다. 18과 22를 더함으로써 문제를 해결할 수도 있으나 그 때 이중으로 계산한 것을 수정하기 위하여 5를 빼주어야 한다.

확률을 이용하여 이 추론을 다시 고쳐야 한다.

$$P(\text{너무 짧은}) = \frac{18}{1,000}$$

$$P(\text{너무 굵은}) = \frac{22}{1,000}$$

$$P(\text{너무 짧은 그리고 너무 굵은}) = \frac{5}{1,000}$$

$$\begin{aligned} &P(\text{너무 짧은 또는 너무 굵은}) \\ &\quad = P(\text{너무 짧은}) + (\text{너무 굵은}) - P(\text{너무 짧은 그리고 너무 굵은}) \\ &\quad = \frac{18}{1,000} + \frac{22}{1,000} - \frac{5}{1,000} \\ &\quad = \frac{35}{1,000} \end{aligned}$$

예제 3.5의 방법은 어떤 표본공간의 어떤 두 사상에 대하여 적용될 수 있다. 일반적으로 두 사상 중 어느 하나가 발생할 확률을 알기 위하여 사상의 확률을 더하고, 그 다음에 그들이 동시에 발생할 확률을 빼면 된다.

Summary

A와 B를 어떤 사상으로 놓자. 그때

$$P(A \cup B) = P(A) + P(B) - P(A \cap B) \tag{3.4}$$

연습 3.1

1 사용 첫 달 동안 베어링이 고장 날 확률은 0.12이다. 첫 달 동안 베어링이 고장 나지 않을 확률은 얼마인가?

2 실리콘 웨이퍼는 집적회로제조에 사용된다. 어떤 과정에 의해 제조된 웨이퍼 중 10%는 규격보다 작은 저항을 가지며, 5%는 규격보다 큰 저항을 갖는다.
   a. 무작위로 선택된 웨이퍼의 저항값이 규격에 맞지 않을 확률은 얼마인가?
   b. 만약 무작위로 선택된 웨이퍼가 규격에 맞지 않는 저항값을 갖는다면, 그것이 너무 낮을 확률은 얼마인가?

3 계는 두 성분 A와 B를 포함한다. 그 계는 두 성분이 작동해야만 작동할 것이다. A가 작동할 확률은 0.98이며, B가 작동할 확률은 0.95이고, A 또는 B가 작동할 확률은 0.99이다. 계가 작동할 확률은 얼마인가?

4 어떤 컴퓨터 매장에서 이루어진 대량구매의 60%는 개인용 컴퓨터이고, 30%는 노트북 컴퓨터이며, 10%는 프린터와 같은 주변장치이다. 회계감사의 일부로 구매기록 중 하나가 무작위로 표본추출 되었다.
   a. 그것이 개인용 컴퓨터일 확률은 얼마인가?
   b. 그것이 개인용 컴퓨터 또는 노트북 컴퓨터일 확률은 얼마인가?

3.2 조건부확률과 독립성

표본공간은 실험의 모든 가능한 결과를 포함한다. 우리는 가끔 표본공간의 어떤 부분으로부터 나올 수 있는 결과를 우리에게 말해주는 실험에 대한 몇 가지 추가정보를 얻는다. 이 경우에서, 사상의 확률은 표본공간의 일부 결과에 근거한다. 표본공간의 일부에 근거한 확률을 조건부확률(conditional probability)이라고 부른다. 몇 가지 예를 통하여 이러한 생각을 알아본다.

예제 3.4(3.1절)에서 1,000개 알루미늄 봉의 모집단을 토의했다. 각 봉에 대하여 길이가 너무 짧거나, 너무 길거나 또는 OK로 분류되었고, 직경이 너무 가늘거나, 너무 굵거나 또는 OK로 분류되었다. 이들 1,000개의 봉은 각 봉이 등확률 표본으로 뽑힐 표본공간을 형성한다. 각 범주에서 봉의 수는 표 3.1에 나타내었다. 1,000개의 봉 중에서 928개는 직경 규격을 충족시킨다. 그러므로 만약 봉이 표본으로 뽑힌다면 P(직경 OK) = 928 / 1,000 = 0.928. 이 확률은 조건 없는 확률(unconditional probability)이라 부르는데, 그것은 전체 표본공간에 근거하였기 때문이다. 지금 봉이 표본으로 뽑혔고 길이 규격을 충족시킨 것으로 밝혀졌다고 가정한다. 그 봉이 직경 규격을 충족시킬 확률은 얼마인가? 이 확률을 계산하는 이유는 규격을 충족시키는 길이가 봉이 뽑힌 표본공간을 축소시킨다는 것을 알기 위함이다.

표 3.2는 이러한 생각을 나타낸다. 일단 길이 규격이 충족시킬 수 있다는 것을 안다면, 봉은 표 3.2에 나타난 표본공간에서 942개의 봉 중 하나가 될 것을 알게 된다.

표 3.1 1,000개 알루미늄 봉을 포함하는 표본공간

	직경		
길이	너무 가는	OK	너무 굵은
너무 짧은	10	3	5
OK	38	900	4
너무 긴	2	25	13

표 3.2 길이 규격을 충족시키는 942개 알루미늄 봉을 포함하는 축소된 표본공간

	직경		
길이	너무 가는	OK	너무 굵은
너무 짧은	-	-	-
OK	38	900	4
너무 긴	-	-	-

이 표본공간에서 942개의 봉 중 900개는 직경 규격을 충족시킨다. 그러므로 만약 봉이 길이 규격을 충족시키는 것을 안다면, 그 봉이 직경 규격을 충족시킬 확률은 900 / 942이다. 봉이 주어진 길이 규격을 충족시키고 그 봉이 직경 규격을 충족시킬 조건부확률(conditional probability)은 900 / 942와 같다고 말하고, P(직경 OK | 길이 OK) = 900 / 942 = 0.955를 썼다. 조건부확률 P(직경 OK | 길이 OK)는 조건 없는 확률 P(직경 OK)와 다르며, 이것은 전체 표본공간(표 3.1)으로부터 0.928로 계산되었다.

Example 3.6

조건부확률 P(직경 OK | 길이 너무 긴)를 계산하시오. 이것은 조건 없는 확률 P(직경 OK)와 같은가?

Solution

조건부확률 P(직경 OK | 길이 너무 긴)는 봉이 너무 길다는 가정 하에서 계산되었다. 이것은 표본공간을 다음 표에서 굵은 글씨로 나타낸 40개의 항목으로 축소된다.

	직경		
길이	너무 가는	OK	너무 굵은
너무 짧은	10	3	5
OK	38	900	4
너무 긴	2	25	13

> 40개의 결과 중, 25개는 직경 규격을 충족시켰다. 그러므로
>
> $$P(\text{직경 OK} \mid \text{길이 너무 긴}) = \frac{25}{40} = 0.625$$
>
> 조건 없는 확률 P(직경 OK)는 표본공간에서 모든 1,000개의 결과를 근거로 계산되었고, 928 / 1,000 = 0.92와 같다. 이 경우에서, 조건부확률은 조건 없는 확률과 다르다.

예제 3.6에 대한 풀이를 좀 더 자세하게 보도록 하자. 우리는

$$P(\text{직경 OK} \mid \text{길이 너무 긴}) = \frac{25}{40}$$

이라는 것을 알았다.

답 25/40에서, 분모 40은 봉이 너무 긴 조건을 만족하는 결과의 수를 나타내고, 반면에 분자 25는 봉이 긴 것과 그의 직경이 OK라는 두 조건을 모두 만족하는 결과의 수를 나타낸다. 이 대답의 분자와 분모 둘 다를 전체 표본공간의 결과의 수 1,000으로 나누면

$$P(\text{직경 OK} \mid \text{길이 너무 긴}) = \frac{25/1,000}{40/1,000}$$

을 얻는다. 지금 40 / 1,000은 봉이 너무 긴 조건을 만족하는 확률을 나타낸다. 즉,

$$P(\text{길이 너무 긴}) = \frac{40}{1,000}$$

25 / 1,000은 봉이 너무 긴 것과 직경이 OK라는 두 조건을 모두 만족하는 확률을 나타낸다. 즉,

$$P(\text{직경 OK 및 길이 너무 긴}) = \frac{25}{1,000}$$

지금 조건부확률을

$$P(\text{직경 OK} \mid \text{길이 너무 긴}) = \frac{P(\text{직경 OK 그리고 길이 너무 긴})}{P(\text{길이 너무 긴})}$$

와 같이 나타낼 수 있다.

이 추론은 어떤 표본공간에 대하여 적용할 수 있는 조건부확률의 정의를 구성하기 위하여 확장될 수 있다.

A와 B을 $P(B) \neq 0$인 사상이라 하자. 주어진 B에 대한 A의 조건부확률은

$$P\ (A \setminus B) = \frac{P(A \cap B)}{P(B)} \tag{3.5}$$

이다.

그림 3.1은 조건부확률의 생각을 예시하기 위한 벤다이어그램이다.

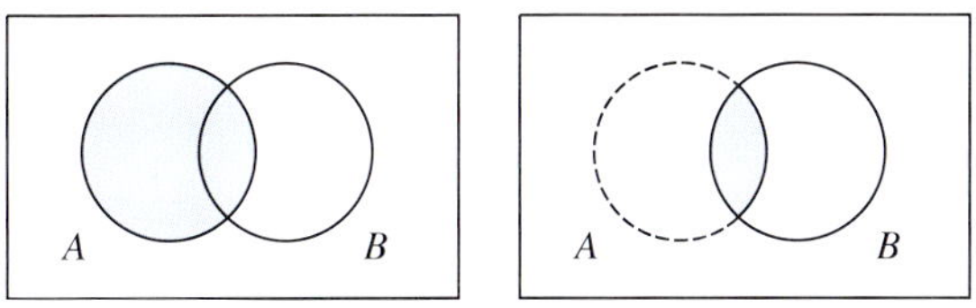

(a) (b)

그림 3.1 벤다이어그램 (a)는 조건 없는 확률 $P(A)$을 나타낸다.

$P(A)$는 전체 표본공간에 비례하여 사상 A를 고려함으로써 예시되었으며, 이것은 직사각형으로 나타내었다. (b) 다이어그램은 조건부확률 $P(A \mid B)$를 나타낸다. 사상 B가 발생하는 것으로 알려져 있기 때문에, 지금 사상 B는 표본공간이 된다. 발생하려는 사상 A에 대하여, 결과는 교집합 $A \cap B$가 되어야 한다. 그러므로 조건부확률 $P(A \mid B)$는 전체 사상 B에 비례하여 교집합 $A \cap B$를 고려함으로써 예시되었다.

독립사상

가끔 한 사상이 발생하였던 것을 아는 것은 다른 사상이 발생할 확률을 변화시키지 않는다. 이 경우에서 조건부확률과 조건 없는 확률은 같고, 사상은 독립적(independent)이었다고 한다. 우리는 예를 나타낸다.

Example 3.7

만약 알루미늄 봉이 표 3.1에 나타난 표본공간으로부터 뽑힌 표본이라면, P(너무 긴)과 P(너무 긴 / 너무 가는)을 구하시오. 조건부확률과 조건 없는 확률은 다른가?

Solution

$$P(\text{너무 긴}) = \frac{40}{1{,}000} = 0.040$$

$$\begin{aligned} P(\text{너무 긴} \mid \text{너무 가는}) &= \frac{P(\text{너무 긴과 너무 가는})}{P(\text{너무 가는})} \\ &= \frac{2/1{,}000}{50/1{,}000} \\ &= 0.040 \end{aligned}$$

조건부확률과 조건 없는 확률은 같다. 봉이 너무 가늘다는 정보는 봉이 너무 길다는 확률을 변화시키지 않는다.

예제 3.7은 한 사상이 발생할 것을 아는 것은 때때로 다른 사상이 발생할 확률을 변화시키지 않는다는 것을 보여준다. 이들 경우에서 두 사상은 독립이라 한다. 봉이 너무 긴 사상과 봉이 너무 가는 사상은 독립(independent)이다. 지금 문자와 기호 둘 다 용어의 좀 더 정확한 정의를 알려준다.

> 두 사상 A와 B는 만약 각 사상의 확률이 다른 사상이 발생할 여부에 관계없이 같으면 독립이다.
> 기호 : 만약 $P(A) \neq 0$이고 $P(B) \neq 0$, 그때 A와 B가 만약
>
> $$P(B \mid A) = P(B) \quad \text{또는 똑같이} \quad P(A \mid B) = P(A) \tag{3.6}$$
>
> 이라면 독립이다.
> 만약 $P(A) = 0$ 또는 $P(B) = 0$이면, 그때 A와 B는 독립이다.

만약 A와 B가 독립이면 그때 다음 사상의 쌍은 또한 독립이다(A와 B^c, A^c와 B 그리고 A^c와 B^c). 이 사실의 증명은 연습문제로 남겨두었다.
독립성의 개념은 두 개 사상 이상으로 확장될 수 있다.

> 사상 $A_1, A_2, \cdots, A_n$가 만약 각 확률은 다른 사상이 발생하는 것과 관계없이 같으면 독립이다.
> 기호 : 사상 $A_1, A_2, \cdots, A_n$은 만약 각 A_i, 그리고 $P(A_{j1} \cap \cdots \cap A_{jm}) \neq 0$인 사상의 각 모임 $A_{j1}, A_{j2}, \cdots, A_{jm}$에 대하여
>
> $$P(A_i \mid A_{j1} \cap \ldots \cap A_{jm}) = P(A_i) \tag{3.7}$$
>
> 이라면 독립이다.

곱셈법칙

때때로 $P(A \mid B)$를 알고 $P(A \cap B)$를 찾고 싶다. 식 (3.5)의 양변에 $P(B)$를 곱함으로써 이 목적을 위해 유용한 결과를 얻을 수 있다. 이것은 곱셈법칙으로 이어진다.

> 만약 A와 B는 $P(B) \neq 0$인 두 사상이라면, 그때
>
> $$P(A \cap B) = P(B)P(A \mid B) \tag{3.8}$$
>
> 만약 A와 B는 $P(A) \neq 0$인 두 사상이라면, 그때
>
> $$P(A \cap B) = P(A)P(B \mid A) \tag{3.9}$$
>
> 만약 $P(A) \neq 0$ 그리고 $P(B) \neq 0$이면, 그때 식 (3.8)과 (3.9)는 둘 다 성립한다.

두 사상이 독립일 때, $P(A \mid B) = P(A)$ 그리고 $P(B \mid A) = P(B)$, 따라서 곱셈법칙은 단순화된다.

만약 A와 B가 독립사상이라면, 그때

$$P(A \cap B) = P(A)P(B) \tag{3.10}$$

이 결과는 꽤 많은 사상의 수까지 확장될 수 있다. 만약 $A_1, A_2, \cdots, A_n$가 독립사상이라면 그때 사상의 각 모임 $A_{j1}, A_{j2}, \cdots, A_{jm}$에 대하여

$$P(A_{j1} \cap A_{j2} \cap \cdots \cap A_{jm}) = P(A_{j1})P(A_{j2}) \cdots P(A_{jm}) \tag{3.11}$$

특히,

$$P(A_1 \cap A_2 \cap \cdots \cap A_n) = P(A_1)P(A_2) \cdots P(A_n) \tag{3.12}$$

Example 3.8

어떤 특정한 제조회사에 의해 생산된 자동차의 5%와 소형 트럭의 10%는 보증서비스를 요구하는 것으로 알려졌다. 만약 누군가 한 사람이 이 제조회사로부터 자동차와 소형 트럭을 구입한다면 그때 자동차는 독립적으로 작동한다고 가정하고, 두 자동차 모두 보증서비스를 요구할 확률은 얼마인가?

Solution

확률 P(자동차가 서비스를 요구하고 그리고 트럭이 서비스를 요구함)를 계산할 필요가 있다. 그 차량이 독립적으로 작동하기 때문에 식 (3.10)을 이용할 수 있다.

P(자동차가 서비스 요구 그리고 트럭이 서비스 요구)

$= P$(자동차가 서비스 요구) P(트럭이 서비스 요구)

$= (0.05)(0.10)$

$= 0.005$

식 (3.10)과 (3.11)은 사상이 독립이라는 것을 알 때 확률을 어떻게 계산하는지를 우리에게 알려주며, 그러나 그들은 두 사상이 실제로 독립적인지 결정을 내려야 할 때 일반적으로 많은 도움이 되지 않는다. 대부분의 경우에서 사상이 독립적인지를 결정하기 위한 가장 좋은 방법은 사상을 만드는 과정의 이해를 통해서 이다. 여기에 몇 가지 실례가 있다.

- 주사위는 두 번 던져졌다. 두 번째 던진 결과는 첫 번째 던진 결과에 의하여 영향을 받지 않는다는 것을 믿는 것이 합리적이다. 그러므로 첫 번째 던진 결과를 아는 것은 두 번째 던진 결과를 예측하는데 도움이 되지 않는다. 두 번의 주사위 던지기는 독립적이다.
- 어떤 화학 반응은 다른 장비를 사용할 때마다 두 번 진행한다. 한 반응의 산출량은 다른 반응의 산출량에 아무런 영향을 미치지 않는다는 것을 믿는 것이 합리적이다. 이 경우에서 산출량은 독립적이다.

- 화학적 반응은 같은 장비를 사용하면 계속해서 두 번 진행한다. 이 경우에서, 산출량이 독립적이라고 가정하는 것은 현명하지 않을 수도 있다. 예를 들어, 첫 번째 진행에 대한 낮은 산출량은 평상시보다 더 잔류물이 많음을 나타내는 것이다. 이것은 다음 진행에서 산출량을 더 많이 만들려는 경향일 것이다. 그러므로 첫 번째 진행에 대한 산출량을 아는 것은 두 번째 진행에 대한 산출량을 예측하는데 도움을 줄 수 있다.
- 단순 무작위 표본에서 항목은 만약 모집단이 유한하지 않고 표본이 모집단의 약 5% 이상 구성되지 않는다면, 독립적으로 다룰 수 있다(1.1절 독립성의 토의 참조).

신뢰성 해석에 적용

신뢰성 해석은 시스템의 파괴율 추정과 관련된 공학 분야이다. 신뢰성 해석에서 어떤 문제는 고급 수학적 방법을 요구하는 반면에, 지금까지 배웠던 방법으로 풀 수 있는 많은 문제도 있다. 직렬(in series)로 연결된 두 성분으로 이루어진 시스템의 신뢰성 계산을 설명하는 예로 시작한다.

Example 3.9

시스템은 다음과 같은 다이어그램에서 보여준 것 같은 직렬로 연결된 두 성분 A와 B를 포함한다.

시스템은 두 성분이 작동할 경우에만 작동할 것이다. A가 작동할 확률은 $P(A) = 0.98$로 주어지고, B가 작동할 확률은 $P(B) = 0.95$로 주어진다. A와 B는 독립적으로 작동한다고 가정하고, 시스템이 작동할 확률을 구하시오.

Solution

시스템은 두 성분이 작동할 경우에만 작동하기 때문에, 그것은

$$
\begin{aligned}
P(\text{시스템이 작동}) &= P(A \cap B) \\
&= P(A)P(B) \quad \text{독립성 가정에 의해} \\
&= (0.98)(0.95) \\
&= 0.931
\end{aligned}
$$

이 된다.

예제 3.10은 병렬로 연결된 두 성분으로 구성된 계의 신뢰성 계산을 설명한다.

Example 3.10

시스템은 다음과 같은 다이어그램에서 보여준 것과 같이 병렬로 연결된 두 성분 C와 D를 포함한다.

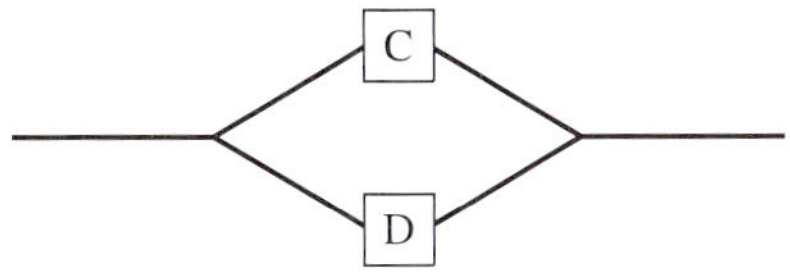

시스템은 만약 C 또는 D가 작동한다면 작동한다. C가 작동할 확률이 0.90이고, D함수의 확률이 0.85이다. C와 D가 독립적으로 작동한다고 가정한다. 시스템 확률을 구하시오.

Solution

시스템은 두 성분 중의 하나가 작동하는 한 작동할 것이기 때문에, 그것은

$$
\begin{aligned}
P(\text{시스템 작동}) &= P(C \cup D) \\
&= P(C) + P(D) - P(C \cup D) \\
&= P(C) + P(D) - P(C)P(D) \quad \text{독립성 가정에 의해} \\
&= 0.90 + 0.85 - (0.90)(0.85) \\
&= 0.985
\end{aligned}
$$

이 된다.

좀 더 복잡한 시스템의 신뢰성은 종종 시스템을 직렬 또는 병렬로 연결된 성분을 포함한 일련의 부시스템으로 분해시킴으로써 결정될 수 있다. 예제 3.11은 이 방법을 분명히 보여준다.

Example 3.11

논문 "Dynamic, Single-Stage, Multiperiod, Capacitated Production Sequencing Problem with Multiple Parallel Resources" (D. Ott, M.S. thesis, Colorado School of Mines, 1998) 는 알루미늄캔의 생산에 사용되는 제조 방법을 기술한다. 약간 단순화한 다음 개념도는 그 과정을 묘사한다.

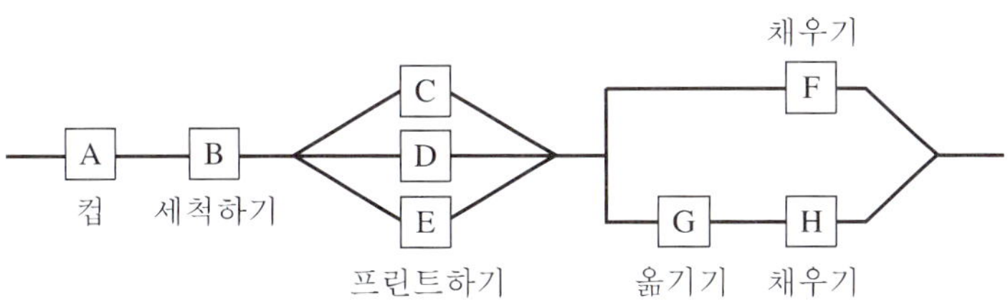

초기 입력과정은 코일로 감긴 거의 0.25 mm 두께 알루미늄판으로 이루어진다. "커핑(cupping)"으로 알려진 과정에서 이들 판은 감겨 있지 않았고, 캔 몸통 모양으로 만드는데, 이는 바닥이 닫히고 맨 꼭대기는 열려있는 실린더 형태이다. 이들 캔 몸통은 그때 세척되며 캔 위에 상표를 프린트하려고 프린터로 보내진다. 실제는 일렬로 몇 대의 프린터가 있다. 다이어그램은 3개의 프린터 작업라인을 나타낸다. 프린터는 캔을 팔레트 위로 쌓으며 이것은 7,140개의 각 캔을 수용하는 목조구조이다. 그 다음에 캔은 채워지게 된다. 어떤 채우기 작업라인은 팔레트로부터 직접 캔을 받을 수 있으나, 다른 작업라인은 그들을 단지 셀빈(cell bins)으로부터 받아들일 수 있다. 이것은 거의 100,000개의 각 캔을 넣어두는 큰 용기이다. 이 채우기 작업라인을 이용하기 위하여 캔은 디팔래타이징(depalletizing)이라 불리는 과정에서 팔레트로부터 셀빈으로 옮겨져야 한다. 실제로는 몇 개의 채우기 작업라인이 있다. 다이어그램은 두 개의 채우기 작업라인이 있는 경우

인데, 이중 하나는 캔을 팔레트로부터 받을 것이고, 나머지는 그렇지 않다. 채우기 과정에서 캔이 채워지고 캔의 상단이 봉해져 포장되고, 배급업자에게 발송된다.
이 과정이 하루 동안 실패하지 않고 작동할 확률을 추정하려고 한다. 커핑 과정은 하루 동안 성공적으로 작동할 확률 0.995를 갖는다고 가정한다. 이 성분은 다이어그램에서 "A"로 나타내었기 때문에, 이 확률을 $P(A) = 0.995$로 표현할 것이다. 다른 과정의 성분은 하루 기간 동안 성공적으로 작동할 다음 확률을 갖는다 : $P(B) = 0.99$, $P(C) = P(D) = P(E) = 0.95, P(F) = 0.90, P(G) = 0.90$, $P(H) = 0.98$. 성분함수는 독립적으로 작동한다고 가정한다. 이 과정이 하루 동안 성공적으로 작동할 확률을 구하시오.

Solution

전체 과정은 부시스템으로 나뉘어 질 수 있다는 것을 주목함으로써 이 문제를 풀 수 있으며, 이것의 각각은 간단한 직렬 또는 병렬성분 시스템으로 구성되어져 있다. 특히 부시스템 1은 커핑과 세척 성분으로 구성되었으며, 이것은 직렬로 연결되어 있다. 부시스템 2는 프린터로 구성되었고, 이것은 병렬로 연결되어 있다. 부시스템 3은 채우기 작업라인으로 구성되었으며, 이것은 직렬로 연결된 두 개의 성분으로 구성된 두 개의 작업라인 중 하나가 병렬로 연결되어 있다. 확률 p_1, p_2 그리고 p_3를 나타내는 각 부시스템에 대한 성공적인 작동 확률을 계산한다.

$$\begin{aligned} P(\text{부시스템 1이 작동}) &= p_1 = P(A \cap B) \\ &= P(A)P(B) \\ &= (0.995)(0.990) \\ &= 0.985050 \end{aligned}$$

$$\begin{aligned} P(\text{부시스템 2가 작동}) &= p_2 = 1 - P(\text{부시스템 2가 정지}) \\ &= 1 - P(C^c \cap D^c \cap E^c) \\ &= 1 - P(C^c)P(D^c)\,P(E^c) \\ &= 1 - (0.05)^3 \\ &= 0.999875 \end{aligned}$$

부시스템 3은 만약 F가 작동하거나 또는 G와 H가 둘 다 작동하면 작동한다.
그러므로

$$\begin{aligned} P(\text{부시스템 3이 작동}) &= p_3 = P(F \cup (G \cap H)) \\ &= P(F) + P(G \cap H) - P(F \cap G \cap H) \\ &= P(F) + P(G)P(H) - P(F)P(G)P(H) \\ &= (0.90) + (0.90)(0.98) - (0.90)(0.90)(0.98) \\ &= 0.988200 \end{aligned}$$

전체 과정은 직렬로 연결된 3개의 부시스템으로 구성된다. 그러므로 이 과정이 작동하기 위하여 3개의 부시스템 모두가 작동해야 한다.

$$\begin{aligned} P(\text{시스템이 작동}) &= P(\text{시스템 1, 2 그리고 3이 모두 작동}) \\ &= p_1 p_2 p_3 \\ &= (0.985050)(0.999875)(0.988200) \\ &= 0.973 \end{aligned}$$

이라고 결론을 내렸다.

성분이 독립적으로 작동한다는 가정은 예제 3.9, 3.10 및 3.11의 풀이에서 아주 중요하다. 이 가정이 충족되지 않았을 때, 정확한 신뢰성 추정치를 얻는 것은 매우 어려울 수 있다. 만약 독립성의 가정이 타당한 이유 없이 사용된다면 신뢰성 추정치는 잘못 보일 수 있다.

연습 3.2

1 생명공학 분야에서 신생기업은 수익을 낼 확률이 0.2, 그리고 정보기술 분야에서 신생기업은 수익을 낼 확률이 0.15라고 가정한다. 벤처 투자가는 각 유형 중 하나의 회사에 투자한다. 회사들은 독립적으로 운영한다고 가정한다.

a. 두 회사가 수익을 낼 확률은 얼마인가?
b. 어떤 회사도 수익을 낼 수 없는 확률은 얼마인가?
c. 최소한 두 회사 중의 한회사가 수익을 낼 확률은 얼마인가?

2 600개 반도체 웨이퍼의 모집단은 3개의 생산로트로부터 웨이퍼를 포함한다. 웨이퍼는 생산로트 및 두께 규격 따르는지에 따라 분류할 수 있다. 다음 표는 각 범주의 웨이퍼수를 나타낸다. 웨이퍼는 모집단에서 무작위로 선택된다.

로트	따르는	따르지 않는
A	88	12
B	165	35
C	260	40

a. 만약 웨이퍼가 로트 A에서 왔다면, 그것을 따를 확률은 얼마인가?
b. 만약 웨이퍼가 따른다면, 그것이 로트 A에서 올 확률은 얼마인가?
c. 만약 웨이퍼가 따른다면, 그것이 로트 A에서 오지 않을 확률은 얼마인가?
d. 만약 웨이퍼가 로트 C에서 오지 않았다면, 그것을 따를 확률은 얼마인가?

3 유전학자는 두 개의 유전자를 연구하고 있다. 각 유전자는 우성이거나 열성일 수 있다. 100개의 표본은 다음과 같이 분류되었다.

	유전자 2	
유전자 1	우성	열성
우성	165	35
열성	260	40

a. 무작위로 추출된 표본 개체, 유전자 1이 우성일 확률은 얼마인가?
b. 무작위로 추출된 표본 개체, 유전자 2가 우성일 확률은 얼마인가?
c. 유전자 1이 우성이라는 것이 알려졌을 때, 유전자 2가 우성일 확률은 얼마인가?
d. 이 유전자들이 유전자 1이 우성일 사상은 유전자 2가 우성일 사상과 독립적이라면 연관평형(linkage equilibrium)상태라 한다. 이 유전자들은 연관평형상태인가?

4 연결된 시스템은 다음 다이어그램에서 보여준 바와 같이 4개의 성분으로 구성되었다.

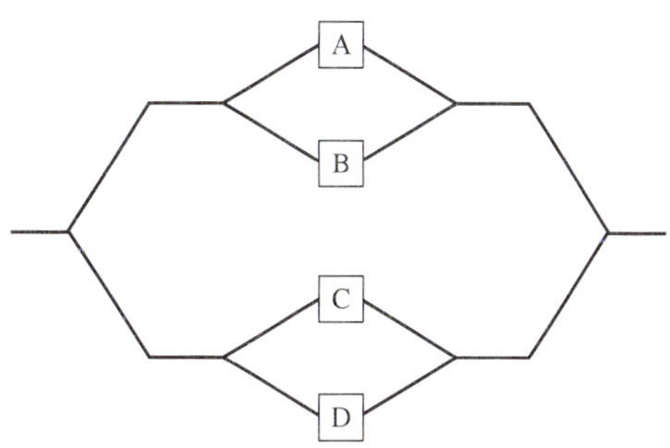

A, B, C 및 D는 독립적으로 작동한다고 가정한다. 만약 A, B, C 및 D가 정지할 확률이 각각 0.1, 0.2, 0.05 및 0.3이라면 계가 작동할 확률은 얼마인가?

5 시스템은 다음과 같은 다이어그램에서 보여준 것과 같이 병렬로 연결된 두 성분 C와 D를 포함한다.

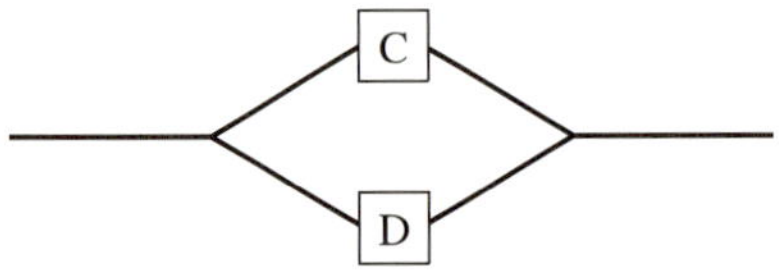

C와 D는 독립적으로 작동한다고 가정한다. 시스템이 작동하기 위하여 C 또는 D가 작동해야 한다.

a. 만약 C가 정지할 확률이 0.08 그리고 D가 정지할 확률이 0.12이면 시스템이 작동할 확률을 구하시오.

b. 만약 C와 D가 정지할 확률이 p이고, 계가 작동할 확률이 0.99이려면 p의 값이 얼마이어야하는가?

c. 만약 독립적으로 작동하는 3개의 성분이 병렬로 연결되었으며, 각 성분은 정지할 확률이 p이고, 시스템이 작동할 확률이 0.99이려면 p의 값이 얼마이어야 하는가?

d. 만약 성분이 독립적으로 작동하고, 그리고 각 성분은 정지할 확률이 0.5이고, 시스템이 작동할 확률이 최소한 0.99이려면 병렬로 연결되는 최소 성분의 수는 얼마인가?

6 전자메시지는 비트문자열(0과 1)로 이루어진다. 메시지는 수신하기 전에 두 개의 릴레이를 통과해야 한다. 각 릴레이에서 비트가 릴레이되기 전(즉, 1은 0으로 또는 0에서 1로 변화될 것이다)에 반대로 될 확률은 0.1이다. 최종목적지에서 수신된 비트값이 전송된 비트값과 동일할 확률을 구하시오.

3.3 무작위변수

많은 상황에서 실험의 각 결과에 수치를 부여하는 것이 바람직하다. 그러한 부여는 무작위변수(random variable)라 부른다. 개념을 분명히 하기 위하여 예를 나타내었다. 3개의 기계는 콘크리트 블록을 자르기 위하여 이용할 수 있다고 가정한다. 각 기계는 때때로 유지관리를 위하여 내릴 필요가 있다. 언제든지 기계가 정지할 확률은 0.10, 기계가 작동할 확률은 0.90이다. 기계는 독립적으로 작동한다고 가정한다.

어느 기계가 작동하고, 어느 기계가 정지하는 것과 관련하여 8가지의 가능한 결과가 있다. 그들의 확률은 계산하기 쉽다. 예를 들어 기계 1이 작동, 기계 2가 정지, 그리고 기계 3이 작동할 확률은 (0.9)(0.1)(0.9) = 0.081이다.

그들의 확률에 따라 이 결과를 목록으로 작성한 표본공간은 다음 표에 나타내었다.

기계			
1	2	3	확률
작동	작동	작동	(0.9)(0.9)(0.9) = 0.729
작동	작동	정지	(0.9)(0.9)(0.1) = 0.081
작동	정지	작동	(0.9)(0.1)(0.9) = 0.081
작동	정지	정지	(0.9)(0.1)(0.1) = 0.009
정지	작동	작동	(0.1)(0.9)(0.9) = 0.081
정지	작동	정지	(0.1)(0.9)(0.1) = 0.009
정지	정지	작동	(0.1)(0.1)(0.9) = 0.009
정지	정지	정지	(0.1)(0.1)(0.1) = 0.001

지금 중요한 것은 특히 어느 기계가 작동하는 것이 아니라 작동하고 있는 기계의 수라는 것을 가정하자. 그러므로 작동하는 기계의 수를 나타내는 양을 각 결과에 부여할 것이다. 문자 X로 표현한 이 부여는 다음 표에 나타내었다.

기계				
1	2	3	X	확률
작동	작동	작동	3	(0.9)(0.9)(0.9) = 0.729
작동	작동	정지	2	(0.9)(0.9)(0.1) = 0.081
작동	정지	작동	2	(0.9)(0.1)(0.9) = 0.081
작동	정지	정지	1	(0.9)(0.1)(0.1) = 0.009
정지	작동	작동	2	(0.1)(0.9)(0.9) = 0.081
정지	작동	정지	1	(0.1)(0.9)(0.1) = 0.009
정지	정지	작동	1	(0.1)(0.1)(0.9) = 0.009
정지	정지	정지	0	(0.1)(0.1)(0.1) = 0.001

표본공간에서 수치를 각 결과에 배정한, 함수 X는 무작위 변수이다.

> 무작위변수(random variable)는 표본공간에서 각 결과에 수치를 부여한다.

무작위변수를 대문자로 나타내는 것은 관례이다. 문자 X, Y, Z는 가장 자주 사용된다.

무작위변수에 대한 확률을 확실한 방법으로 계산할 수 있다. 바로 지금 나타난 예에서, 사상 $X=2$는 표본공간의 사상 {(작동, 작동, 정지), (작동, 정지, 작동), (정지, 작동, 작동)}에 해당한다. 그러므로 $P(X=2) = P$({(작동, 작동, 정지), (작동, 정지, 작동), (정지, 작동, 작동)}) = 0.081 + 0.081 + 0.081 = 0.243이다.

Example 3.12

무작위변수 X의 가능한 값의 목록을 작성하고, 그들의 각각 확률을 구하시오.

Solution

가능한 값은 0, 1, 2, 3이다. 이들 값 중 하나의 확률을 구하기 위하여 표본공간에서 이 값에 대응하는 결과의 확률을 더한다. 이 결과는 다음 표에 주어졌다.

x	$P(X=x)$
0	0.001
1	0.027
2	0.243
3	0.729

예제 3.12에서 확률 표는 무작위 변수 X에 관련된 어떤 확률을 계산하기 위하여 필요한 모든 정보를 포함한다. 표본공간의 결과는 표에 나타나지 않았다는 것에 주목하자. 무작위변수에 관한 확률을 알았을 때, 통상 표본공간에 관하여 생각하지 않고 확률에만 집중한다.

무작위변수의 두 개의 중요한 유형은 이산형(discrete)과 연속형(continuous)이 있다. 이산 무작위변수는 가능한 값이 이산형 집합을 형성하는 것이다. 이는 그 값에 순서를 매길 수 있으며 인접한 값 사이의 간격이 있다는 것을 뜻한다.

예제 3.12에서 기술된 무작위변수 X는 이산적이다. 반면에 연속무작위변수의 가능한 값은 항상 구간, 즉 어떤 두 점 사이 모든 점을 포함한다. 이 절 뒤에서 이들 유형의 무작위변수의 정확한 정의를 제공할 것이다.

무작위변수의 몇 가지 더 많은 예제를 나타낸다.

Example 3.13

어떤 유형의 인쇄회로기판에 대하여 50%는 어떤 결함도 없으며, 25%는 하나의 결함이 포함되고, 12%는 2개의 결함, 8%는 3개의 결함 그리고 나머지 5%는 4개의 결함이 결함을 포함한다. Y는 무작위로 선택된 인쇄회로기판의 결함수로 하자. Y에 대한 가능한 값은 얼마인가? Y는 이산적인가 또는 연속적인가? 각 가능한 값에 대한 $P(Y=y)$를 구하시오.

Solution

Y에 대한 가능한 값은 정수 0, 1, 2, 3 그리고 4이다. 무작위 변수 Y는 단지 정수만 취하기 때문에 이산적이다. 표본공간에서 결과의 50%는 0의 값이 부여되었다. 그러므로 $P(Y=0)=0.5$, 마찬가지로 $P(Y=1)=0.25$, $P(Y=2)=0.12$, $P(Y=3)=0.08$, 그리고 $P(Y=4)=0.05$이다.

Example 3.14

어떤 유형의 자기디스크는 부식성가스에 노출되는 환경에서 작동해야 한다. 모든 이러한 디스크의 10%는 100시간보다 작거나 같은 수명을 갖는 것으로, 50%는 100시간보다 크고, 500시간보다 작거나 같은 수명, 40%는 500시간보다 큰 수명을 갖는 것으로 알려져 있다. Z는 무작위로 선택된 디스크 수명의 시간수를 나타낸다. Z는 이산적인가 또는 연속적인가? $P(Z \leq 500)$을 구하시오. Z에 대한 모든 확률을 계산할 수 있는지 설명하시오. 다 작거나 같은 수명, 40%는 500시간보다 큰 수명을 갖는 것으로 알려져 있다. Z는 무작위로 선택된 디스크 수명의 시간수를 나타낸다. Z는 이산적인가 또는 연속적인가? $P(Z \leq 500)$을 구하시오. Z에 대한 모든 확률을 계산할 수 있는가? 설명하시오.

Solution
성분의 수명은 이산적으로 간격을 둔 값의 목록으로 국한되어 있지 않다; Z는 연속적이다. 모든 성분 중에서 60%는 500시간보다 작거나 같은 수명을 갖는다. 그러므로 $P(Z \leq 500) = 0.60$이다. Z에 대한 모든 확률을 계산하기 위하여 충분한 정보를 가지고 있지 않다. 그들의 일부를 계산할 수 있다[예를 들어 $P(Z \leq 100) = 0.10$, $P(100 < Z \leq 500) = 0.50$, $P(Z > 500) = 0.40$]. 그러나 예를 들어, 100과 200시간 사이 또는 200과 300시간 사이의 수명에 대한 성분 비율을 알지 못하며, 그래서 무작위변수 Z가 이들 구간 중 어느 한 곳에 속할 확률을 구할 수 없다. Z에 대한 모든 확률을 구하기 위하여, 모든 가능한 구간에 대한 확률을 계산할 필요가 있다[예를 들어, $P(200 < Z \leq 300)$, $P(200 < Z \leq 201)$, $P(200 < Z \leq 200.1)$ 등]. 연속무작위변수를 토의할 때, 나중에 이 점에서 이것이 어떻게 할 수 있는지를 볼 것이다.

무작위변수와 모집단

무작위변수의 값이 모집단으로부터 표본추출된 것이라고 생각하는 것이 종종 좋다. 예를 들어, 예제 3.13에서 기술된 무작위변수 Y를 고려하자. 이 무작위변수에 대한 값 관찰은 나음 비율 0, 50% ; 1, 25% ; 2, 12% ; 3, 8% ; 그리고 4 ; 5%에서 정수 0, 1, 2, 3으로 구성된 모집단으로부터 표본추출한 값과 같다. 연속무작위변수에 대하여 모든 가능한 무작위변수 값을 포함하는 무한모집단을 가정하는 것이 적절하다. 예를 들어, 예제 3.14의 무작위변수 Z에 대하여 100 이하인 모집단 값의 10%, 100 이상이고 500 이하가 50%, 그리고 500보다 큰 것이 40%인 모든 양수를 포함하는 모집단을 가정할 것이다. 어떤 구간에서 모집단 값의 비율은 변수 Z가 그 구간에 있을 확률과 같아야 한다.
무작위변수로 작업하기 위한 방법은 이산무작위변수와 연속무작위변수가 약간 다르다. 이산적인 경우부터 시작한다.

이산무작위변수

이산무작위변수의 정의를 검토하는 것으로 시작한다.

> 무작위변수가 만약 가능한 값이 이산적인 집합을 구성한다면 이산형(discrete)이다. 이것은 만약 가능한 값이 순서대로 나열된다면, 각 값과 다음 값 사이에 간격이 있다. 가능한 값의 집합은 무한일 것이다. 예를 들어, 모든 정수의 집합과 모든 양의 정수 집합은 둘 다 이산적인 집합이다.

이산무작위변수의 가능한 값이 정수의 집합이 되는 것은 일반적이다. 어떤 이산무작위변수에 대하여, 만약 무작위변수가 이 값을 각각 취할 확률에 따라 가능한 값의 목록을 열거한다면 그때 표본추출된 무작위변수로부터 모집단을 완벽하게 나타낼 수 있다. 예를 들어 설명한다. 어떤 과정에 의해 제조된 동선 1인치 길이에서 결함의 수는 선마다 서로 다르다. 종합적으로, 생산된 선의 48%는 결함이 없으며, 39%는 하나의 결함, 12%는 두 개의 결함, 그리고 1%는 3개의 결함이 있다. X는 무작위로 선택된 동선의 결함의 수로 하자. 그때

$$P(X=0)=0.48 \quad P(X=1)=0.39 \quad P(X=2)=0.12 \quad P(X=3)=0.01$$

각각의 확률에 따라 가능한 값 0, 1, 2, 3은 X가 뽑힌 모집단으로 충분한 설명을 할 수 있다. 이 설명은 확률질량함수(probability mass function)라 한다.

> 이산무작위변수 X의 확률질량함수(probability mass function)는 함수 $p(x)=P(X=x)$이다. 확률질량함수는 가끔 확률분포(probability distribution)라 불린다.

이와 같이 동선 한 가닥 결함의 수를 나타내는 무작위변수 X에 대하여 $p(0)=0.48$, $p(1)=0.39$, $p(2)=0.12$, $p(3)=0.01$ 그리고 0, 1, 2 또는 3 이외의 어떤 x값에 대하여 $p(x)=0$이다. 만약 확률질량함수 값은 X의 모든 가능한 값 전반에 걸쳐서 더했다면 합은 1과 같다는 것에 주목해라. 이것은 어떤 확률질량함수라도 사실이다. 그 이유는 해당하는 무작위변수의 모든 가능한 값 전반에 걸쳐서 확률질량함수 값을 더하는 것은 무작위변수가 그것의 가능한 값 중 하나와 같은 확률을 산출하는 것이고, 이 확률은 항상 1과 같다.

확률질량함수는 무작위변함수의 각 가능한 값에서 수직선이 그려진 그래프로 나타낼 수 있다. 선의 높이는 해당하는 값의 확률과 같다. 이 그래프의 물리적 해석은 각 선은 질량이 그의 높이와 같다는 것을 나타낸 것이다. 그림 3.2는 무작위변수 X의 확률질량함수의 그래프를 보인다.

이산무작위변수의 누가분포함수

확률질량함수는 무작위변수가 주어진 값과 같은 확률을 명시한다. 누가분포함수(cumulative distribution function)라 불리는 함수는 무작위변수가 주어진 값보다 작거나 같을 확률을 명시한다. 무작위변수 X의 누가분포함수는 함수 $F(x)=P(X \le x)$이다.

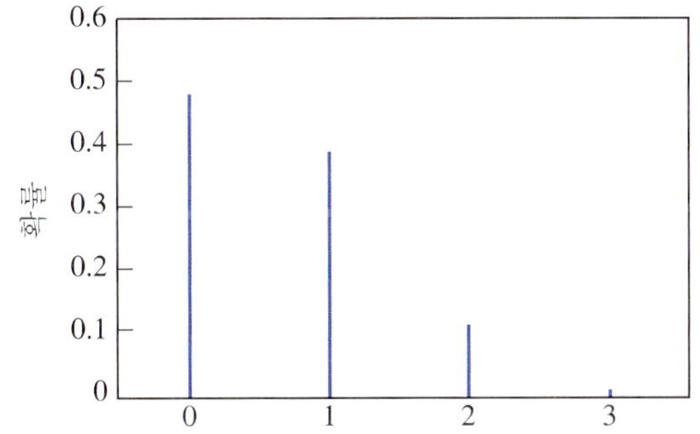

그림 3.2 무작위로 선택된 동선 한 가닥의 결함의 수 X의 확률질량함수

Example 3.15

$F(x)$는 무작위로 선택된 동선의 결함의 수를 나타내는 무작위변수 X의 누가분포함수를 나타낸다. $F(2)$와 $F(1.5)$를 구하시오.

Solution

$F(2)=P(X\leq 2)$이기 때문에, $P(X\leq 2)$를 알아야 한다. 이것을 X의 값이 2 이하, 즉 0, 1 및 2에 대한 확률을 합함으로써 알 수 있다.

따라서
$$\begin{aligned}F(2)&=P(X\leq 2)\\&=P(X=0)+P(X=1)+P(X=2)\\&=0.48+0.39+0.12=0.99\end{aligned}$$

지금 $F(1.5)=P(X\leq 1.5)$. 그러므로 $F(1.5)$를 계산하기 위하여 X의 값이 1.5 이하, 이것은 0과 1에 대한 확률을 합해야 한다.

따라서
$$\begin{aligned}F(1.5)&=P(X\leq 1.5)\\&=P(X=0)+P(X=1)\\&=0.48+0.39=0.87\end{aligned}$$

일반적으로, 어떤 이산무작위변수 X에 대하여 누가분포함수 $F(x)$는 x보다 작거나 같은 X의 모든 가능한 값을 합함으로써 계산할 수 있다. $F(x)$는 X의 가능한 값뿐만 아니라 어떤 수 x에 대하여 정의되었다는 것에 주목하여라.

Summary

X를 이산무작위변수로 하자. 그때

- X의 확률질량함수는 함수 $p(x)=P(X=x)$이다.
- X의 누가분포함수는 함수 $F(x)=P(X\leq x)$이다.
- $F(x)=\sum_{t\leq x}p(t)=\sum_{t\leq x}P(X=t)$
- $\sum_{x}p(x)=\sum_{x}P(X=x)=1$, 여기서 합은 X의 모든 가능한 값 전반에 걸쳐서 이다.

Example 3.16 무작위로 선택된 동선에서 결함의 수를 나타내는 무작위변수 X의 누가분포함수 $F(x)$를 그려라.

Solution

우선 X가 0, 1, 2 그리고 3인 각 가능한 값에 대한 $F(x)$를 계산한다.

$$F(0)=P(X\leq 0)=0.48$$
$$F(1)=P(X\leq 1)=0.48+0.39=0.87$$
$$F(2)=P(X\leq 2)=0.48+0.39+0.12=0.99$$
$$F(3)=P(X\leq 3)=0.48+0.39+0.12+0.01=1$$

어떤 값 x에 대하여, x보다 작거나 같은 X의 모든 가능한 값의 확률을 합함으로써 $F(x)$를 계산한다. 예를 들어, 만약 $1 \leq x < 2$,에서 x보다 작거나 같은 X의 모든 가능한 값이 0과 1이라면 $F(x)=P(X=0)+P(X=1)=F(1)=0.87$이다. 그러므로

$$F(x)=\begin{cases} 0 & x<0 \\ 0.048 & 0\leq x<1 \\ 0.87 & 1\leq x<2 \\ 0.99 & 2\leq x<3 \\ 1 & x\geq 3 \end{cases}$$

$F(x)$의 도시는 다음 그림에서 나타내었다.

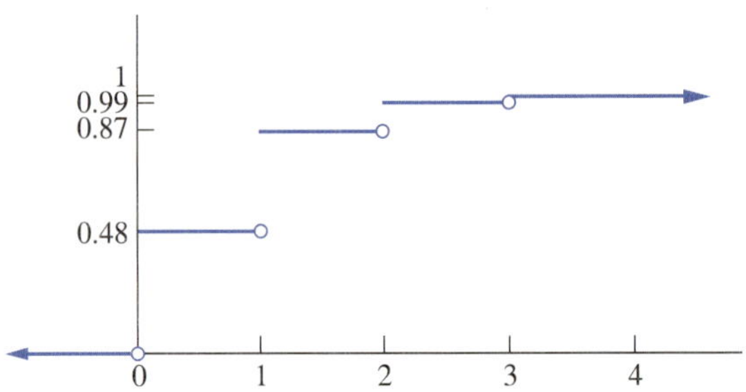

이산무작위변수에 대하여 $F(x)$의 그래프는 X의 각 가능한 값에서 도약하여 일련의 수평선(계단, steps)으로 이루어진다. 어떤 점 x에서 도약의 크기는 확률질량함수 $p(x)=P(X=x)$의 값과 같다는 것에 주목하라.

이산무작위변수에 대한 평균과 분산

이산무작위변수의 모집단 평균(population mean)은 완전히 확률분포를 따르는 가상적 표본의 평균으로 생각될 수 있다. 이 생각을 구체화하기 위하여, 동선의 결함의 수 X는 미리 주어진 확률질량함수 $P(X=0)=0.48$, $P(X=1)=0.39$, $P(X=2)=0.12$, $P(X=3)=0.01$을 갖는다고 가정한다. 지금 표본을 완벽하게 따르는 100개의 동선 표본분포에 따라 48개의 동선은 정확히 0개의 결함, 39개는 1개의 결함, 12개는 2개의 결함 그리고 1개는 3개의 결함을 가지고 있다고 가정한다. 표본평균은 총결함의 수를 100으로 나눈다.

$$평균 = \frac{0(48)+1(39)+2(12)+3(1)}{100} = 0.66$$

이것은

$$평균 = 0(0.48)+1(0.39)+2(0.12)+3(0.01) = 0.66$$

으로 같이 다시 쓸 수 있다. 이것은 완전한 표본의 평균이 X의 각기 가능한 값을 그의 확률로 곱하고 그 결과를 합하여 얻을 수 있다는 것을 보여준다. 이것은 이산무작위변수의 모집단 평균의 정의이다. 무작위변수 X의 모집단평균은 또한 X의 기대값(expectation 또는 expected value)으로 불리고, μX, $E(X)$ 또는 간단히 μ로 표시할 수 있다. 때때로 단어 "모집단"을 빼고 모집단 평균을 평균으로 간단히 나타낸다.

X는 확률질량함수 $p(x) = P(X = x)$를 갖는 이산무작위변수로 놓자.
X의 평균은

$$\mu(x) = \sum_x x\,P(X = x) \tag{3.13}$$

로 주어진다. 여기서 합은 X의 모든 가능한 값 전반에 걸쳐서 이다.
X의 평균은 가끔 X의 기대값(expectation 또는 expected value)으로 불리고 또한 $E(X)$ 또는 μ로 표시될 수도 있다

Example 3.17

어떤 산업공정은 생산된 항목의 질이 규격 이하로 떨어질 때마다 재 검정을 위하여 멈춘다. X를 그 공정이 일주일 동안 재 검정되는 수를 나타낸다고 하고, X는 다음 확률질량함수를 갖는다고 가정한다.

x	0	1	2	3	4
$p(x)$	0.35	0.25	0.20	0.15	0.05

X의 평균을 구하시오.

Solution

식 (3.13)을 사용하여

$$\mu_x = 0(0.35)+1(0.25)+2(0.20)+3(0.15)+4(0.05) = 1.30$$

을 계산한다.

모집단 평균은 중요한 물리적 해석을 가지고 있다. 그것은 확률질량함수의 질량중심의 수평성분, 즉 확률질량의 그래프가 만약 거기서 유지된다면 균형을 잡을 수평축상의 점이다. 그림 3.3은 예제 3.17에서 기술된 확률질량함수에 대한 이러한 성질을 설명하며, 여기서 모집단 평균은 $\mu = 1.30$이다.

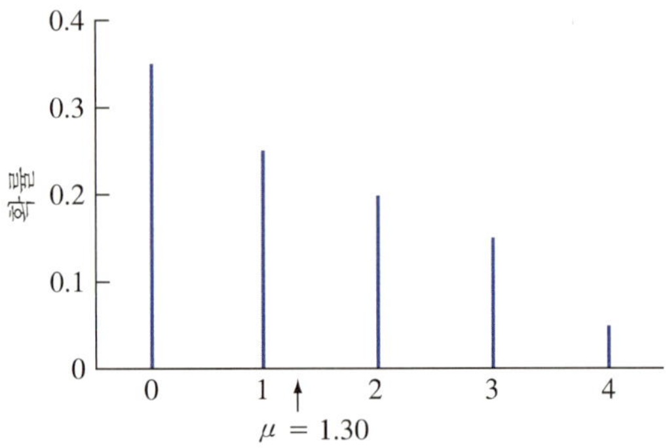

그림 3.3 확률질량함수의 그래프가 모집단 평균에서 유지되었다면 균형을 잡을 것이다.

표본분산으로 유추함으로써 무작위변수의 모집단 분산(population variance)을 기술할 것이다. 표본분산은 1.2절에서 논의되었다. 표본 $X_1, \cdots, X_n$에 대하여 표분분산은 $\sum(X_i - \overline{X})^2/(n-1)$로 주어진다는 것을 기억하라. 따라서 표본분산은 본질적으로 표본점과 표본평균(n 대신에 $n-1$에 의하여 나누는 것을 제외하면)사이 차의 제곱평균이다.

유추하여, 이산무작위변수 X의 모집단 분산은 제곱 차 $(x-\mu_x)^2$의 가중평균이고, 여기서 x는 무작위변수 X의 모든 가능한 값이 분포한 범위이다. 이 가중평균은 각 제곱 차 $(x-\mu_x)^2$을 확률 $P(X=x)$로 곱하고 그 결과를 합함으로써 계산된다.

무작위변수 X의 모집단 분산은 σ_x^2, $V(X)$ 또는 간단히 σ^2으로 나타낼 수 있다. 모집단 분산은 다음 식

$$\sigma_x^2 = \sum_x (x-\mu_x)^2 P(X=x)$$

에 의하여 주어진다. 약간의 대수학을 수행함으로써 다른 공식을 얻을 수 있다.

$$\sigma_x^2 = \sum_x x^2 P(X=x) - \mu_X^2$$

우리는 또한 모집단 표준편차(population standard deviation)를 모집단 분산의 제곱근으로 정의한다. 무작위변수 X의 모집단 표준편차를 σ_x 또는 간단히 σ로 나타낸다. 평균에서와 마찬가지로, 가끔 단어 "모집단"을 빼고 모집단 분산과 모집단 표준편차를 각각, 분산과 표준편차로 간단히 나타낸다.

Summary

X는 확률질량함수 $p(x) = P(X = x)$를 갖는 이산무작위변수로 하자. 그때

- X의 분산은

$$\sigma_x^2 = \sum_x (x - \mu_x)^2 P(X = x) \tag{3.14}$$

  로 주어진다.
- 분산에 대한 다른 공식은

$$\sigma_x^2 = \sum_x x^2 P(X = x) - \mu_X^2 \tag{3.15}$$

  로 주어진다.
- X의 분산은 또한 $V(X)$ 또는 간단히 σ^2에 의하여 나타낼 수 있다.
- 표준편차는 분산의 제곱근이다 : $\sigma_x = \sqrt{\sigma_x^2}$

Example 3.18

예제 3.17에서 기술된 공정이 재 검정되는 수를 나타내는 무작위변수 X에 대한 분산과 표준편차를 구하시오.

Solution

예제 3.17에서 X의 평균이 $\mu_X = 1.30$으로 계산하였다. 식 (3.14)를 이용하여 분산을 계산한다.

$$\begin{aligned}\sigma_x^2 &= (0 - 1.30)^2 P(X=0) + (1 - 1.30)^2 P(X=1) + (2 - 1.30)^2 P(X=2) \\ &\quad + (3-1.30)^2 P(X=3) + (4-1.30)^2 P(X=4) \\ &= (1.69)(0.35) + (0.09)(0.25) + (0.49)(0.20) + (2.89)(0.15) + (7.29)(0.05) \\ &= 1.51\end{aligned}$$

표준편차는 $\sigma_x = \sqrt{1.51} = 1.23$이다.

Example 3.19

공정이 재 검정되는 수, X의 분산을 계산하기 위하여 다른 공식, 식 (3.15)를 이용하시오.

Solution

예제 3.17에서 X의 평균이 $\mu_X = 1.30$으로 계산되었다. 그러므로 분산은

$$\begin{aligned}\sigma_x^2 &= 0^2 P(X=0) + 1^2 P(X=1) + 2^2 P(X=2) + 3^2 P(X=3) \\ &\quad + 4^2 P(X=4) - (1.30)^2 \\ &= (0)(0.35) + (1)(0.25) + (4)(0.20) + (9)(0.15) + (16)(0.05) - (1.30)2 \\ &= 1.51\end{aligned}$$

이다.

확률 히스토그램

이산무작위변수의 가능한 값이 고르게 퍼져있을 때, 확률질량함수는 무작위변수의 가능한 값에 중심이 있는 직사각형을 갖는 히스토그램으로 나타낼 수 있다. 값 x에 중심이 있는 직사

각형 면적은 $P(X=x)$와 같다. 그러한 히스토그램은 그 면적이 확률을 나타내기 때문에 확률 히스토그램(probability histogram)이라 부른다. 그림 3.2는 동선의 결함의 수를 나타내는 무작위변수 X에 대한 확률질량함수 그래프를 나타내었다. 그림 3.4는 이 무작위변수에 대한 확률 히스토그램을 나타낸다.

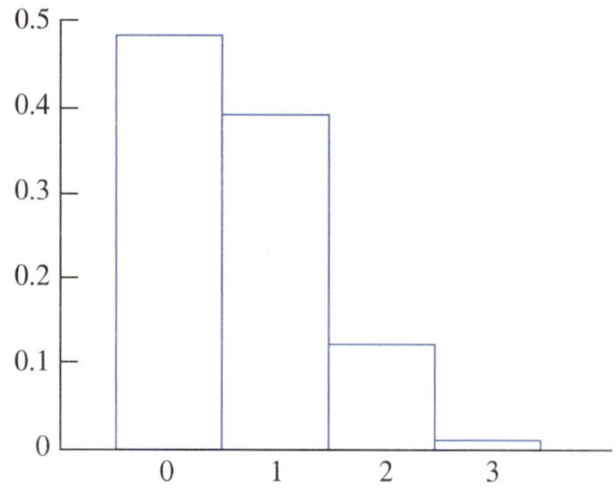

그림 3.4 무작위로 선택된 동선 한 가닥의 결함의 수 X에 대한 확률 히스토그램 (그림 3.2와 비교하자)

무작위변수의 값이 주어진 구간으로 들어갈 확률은 확률 히스토그램 아래의 면적으로 주어진다. 예제 3.20은 이 개념을 설명한다.

Example 3.20

무작위로 선택된 동선이 하나 이상의 결함을 갖는 확률을 구하기 위하여 그림. 3.4의 확률 히스토그램을 이용한다. 확률 히스토그램 아래의 면적으로 이 확률을 나타낸다.

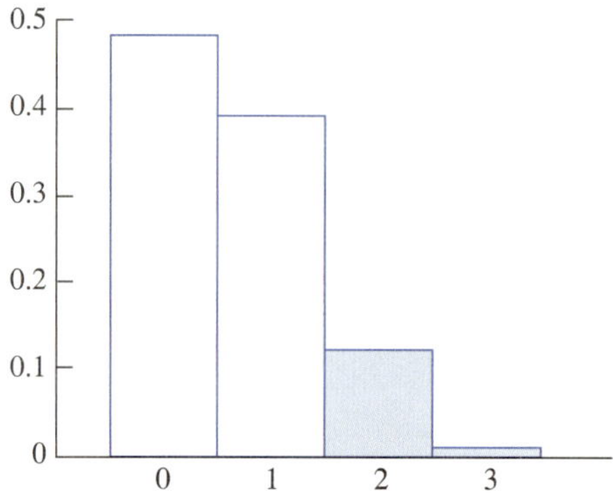

그림 3.5 무작위로 선택된 동선 한 가닥의 결함의 수 X에 대한 확률 히스토그램. 1보다 큰 X의 값에 대응하는 면적은 음영으로 나타내었다. 이 면적은 $P(X>1)$과 같다.

Solution

우리는 $P(X>1)$을 구하고자 한다. 어떤 동선도 3개 이상의 결함이 없기 때문에, 1개 이상의 결함을 갖는 동선의 비율은 2개의 결함을 갖는 비율에 3개의 결함을 갖는 비율을 합하면 구할 수 있다. 기호로, $P(X>1)=P(X=2)+P(X=3)$이다. 확률질량함수는 $P(X=2)=0.12$ 그리고 $P(X=3)=0.01$을 명시한다. 그러므로 $P(X>1)=0.12+0.01=0.13$이다.

이 확률은 1보다 큰 값에 중심이 있는 직사각형에 해당하는 확률 히스토그램의 면적으로 주어진다(그림 3.5 참고). 두 개의 그러한 직사각형이 있다. 그들의 면적은 $P(X=2)=0.12$ 및 $P(X=3)=0.01$이고, 이것은 $P(X>1)=0.12+0.01=0.13$을 보여주기 위한 다른 방법이다.

4장에서, 이산무작위변수에 대한 확률은 가끔 곡선 아래의 면적을 대략 계산할 수 있다는 것을 보게 될 것이다. 확률 히스토그램으로 이산확률변수를 나타내는 것은 이것이 어떻게 수행되는지 이해하기 쉽게 해줄 것이다.

연속무작위변수

1.3절의 그림 1.8은 소모되는 연료의 갤런 당 미립자 그램으로 62개 차량 표본의 배출량에 대한 히스토그램을 나타낸다. 배출량으로 가능한 값이 이산적으로 간격이 있는 집합에 제한되지 않기 때문에 연속변수이라는 것을 주목하자. 계급구간은 각 구간이 꽤 많은 수의 차량을 포함하기 위하여 선택되었다. 만약 표본이 더 크다면 구간을 더 좁게 만들 수 있다. 특히, 만약 수백만 차량을 포함하는 전체 모집단에 대한 정보가 있다면 대단히 좁은 구간을 만들 수 있다. 그러면 히스토그램은 아주 매끄럽게 보이고 곡선으로 근사시킬 수 있으며, 이것은 그림 3.6과 같이 보일 것이다.

차량이 측정된 배출량을 가지고 있는 이 모집단으로부터 무작위로 선택되었다면 배출수준 X는 무작위변수가 될 것이다. X가 어떤 두 개의 값 a와 b 사이에 있을 확률은 a와 b 사이 히스토그램 아래의 면적과 같다. 이 경우에서 히스토그램은 곡선에 의하여 나타내었기 때문에, 확률은 적분을 계산함으로써 알게 될 것이다.

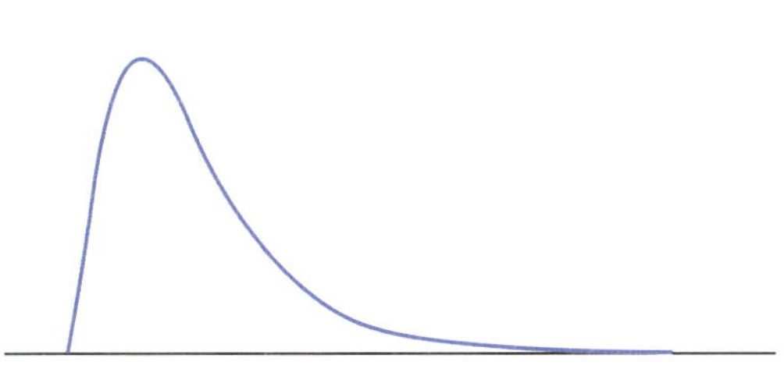

그림 3.6 큰 연속모집단에 대한 히스토그램은 대단히 좁은 사각형으로 그릴 수 있고 이 곡선처럼 보일 것이다.

여기서 기술한 무작위변수 X는 연속무작위변수(continuous random variable)의 예이다. 연속무작위변수는 무작위변수를 곡선 아래 면적에 의하여 나타낸 확률로 정의된다. 이 곡선은 확률밀도함수(probability density function)라 부른다. 확률밀도함수는 곡선이기 때문에, 확률의 계산은 이산적 경우에서 사용된 합보다는 적분을 포함한다.

> 무작위변수는 만약 그의 확률이 곡선 아래의 면적으로 주어진다면 연속적(continuous)이다.
> 이 곡선은 무작위변수에 대한 확률밀도함수(probability density function)라 부른다.
> 확률밀도함수는 가끔 확률분포(probability distribution)라 부른다.

확률밀도함수로 확률 계산

X를 연속무작위변수, 함수 $f(x)$를 X의 확률밀도함수, a와 b를 $a<b$인 어떤 두 수라 하자. X의 모집단 값이 a와 b사이에 있을 비율은 a와 b 사이에 확률밀도함수 아래의 면적 $\int_a^b f(x)\,dx$ 로 주어진다. 이것은 무작위변수 X가 a와 b 사이 값을 취할 확률이다. 곡선 아래 면적은 끝점 a와 b가 구간에서 포함되는지에 좌우되지 않는다는 것을 주목하라. 그러므로 X를 포함하는 확률은 끝점이 포함되었는지에 좌우되지 않는다.

Summary

X가 확률밀도함수 $f(x)$를 갖는 연속무작위변수로 하고, a와 b를 $a<b$인 어떤 두 수로 하자. 그 때

$$P(a \le X \le b) = P(a \le X < b) = P(a < X \le b) = P(a < X < b) = \int_a^b f(x)\,dx$$

게다가,

$$P(X \le b) = P(X < b) = \int_{-\infty}^b f(x)\,dx \tag{3.16}$$

$$P(X \ge a) = P(X > a) = \int_a^{\infty} f(x)\,dx \tag{3.17}$$

만약 $f(x)$가 무작위변수 X의 확률밀도함수라면, 그때 $-\infty$에서 ∞까지 전체 곡선 아래의 면적은 X의 값이 $-\infty$에서 ∞사이에 있을 확률이다. 이 확률은 X의 값이 항상 $-\infty$에서 ∞사이에 있기 때문에 1과 같아야 한다. 그러므로 전체 곡선 $f(x)$ 아래의 면적은 1과 같다.

Summary

X가 확률밀도함수 $f(x)$를 갖는 연속무작위변수로 하자. 그때

$$\int_{-\infty}^{\infty} f(x)\,dx = 1$$

Example 3.21

판금 구성요소(sheet-metal component)에 구멍을 뚫고 나서 축은 그 구멍을 통해 삽입되었다. 축 틈새(clearance)는 구멍의 반경과 축의 반경의 차와 같다. 무작위 변수 X를 틈새(mm)를 나타내는 것으로 하자.

X의 확률밀도함수는

$$f(x) = \begin{cases} 1.25(1-x^4) & 0 < x < 1 \\ 0 & \text{otherwise} \end{cases}$$

이다. 0.8 mm보다 더 큰 틈새를 갖는 구성요소는 폐기시켜야 한다. 폐기시키는 구성요소의 비율은 얼마인가?

Solution

그림 3.7은 X의 확률밀도함수를 나타낸다. 밀도 $f(x)$는 $x \leq 0$ 및 $x \geq 1$에 대하여 0이라는 것을 주목하자. 이것은 틈새가 항상 0과 1 mm 사이에 있다는 것을 나타낸다. 폐기되어야 하는 구성요소의 비율은 $P(X > 0.8)$이고, 이것은 0.8의 오른쪽까지 확률밀도함수 아래의 면적과 같다.

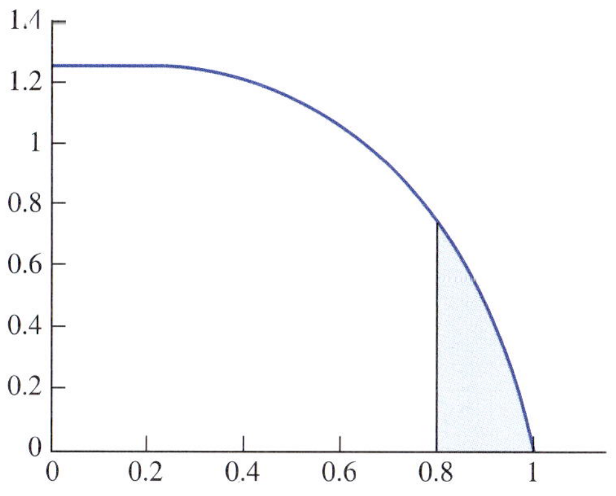

그림 3.7 축의 틈새, X의 확률밀도함수 그래프
음영 처리된 면적은 $P(X > 0.8)$과 같다.

이 면적은

$$\begin{aligned} P(X > 0.8) &= \int_{0.8}^{\infty} f(x)\,dx \\ &= \int_{0.8}^{1} 1.25(1-x^4)\,dx \\ &= 1.25\left(x - \frac{x^5}{5}\right)\bigg|_{0.8}^{1} \\ &= 0.0819 \end{aligned}$$

으로 주어진다.

연속무작위변수의 누가분포함수

연속무작위변수 X의 누가분포함수는 이산무작위변수와 같이 $F(x) = P(X \leq x)$이다. 이산무작위변수에 대하여 $F(x)$는 확률질량함수의 값을 합함으로써 구할 수 있다. 연속무작위변수에 대하여, $F(x)$의 값은 확률밀도함수를 적분함으로써 얻을 수 있다. $F(x) = P(X \leq x)$이므로 식 (3.16)으로 당연히 $\int_{-\infty}^{x} f(t)\,dt$이 되며, 여기서 $f(t)$는 확률밀도함수이다.

> X가 확률밀도함수 $f(x)$를 갖는 연속무작위변수로 하자.
> X의 누가분포함수는 함수
>
> $$F(x) = P(X \leq x) = \int_{-\infty}^{x} f(t)\,dt \tag{3.18}$$
>
> 이다.

Example 3.22

예제 3.21을 참조하여 누가분포함수 $f(x)$를 구하고, 그것을 도시하시오.

Solution

X의 확률밀도함수는 만약 $t \leq 0$이면 $f(t) = 0$, 만약 $0 < t < 1$이면 $f(t) = 1.25(1 - t^4)$, 만약 $t \geq 1$이면 $f(t) = 0$으로 주어진다. 누가분포함수는 $F(x) = \int_{-\infty}^{x} f(t)\,dt$로 주어진다. $f(t)$는 3개의 다른 구간에 대하여 각각 정의되었기 때문에, 누가분포함수의 계산은 3개의 분리된 경우를 포함한다.

만약 $x \leq 0$이면

$$\begin{aligned} F(x) &= \int_{-\infty}^{x} f(t)\,dt \\ &= \int_{-\infty}^{x} 0\,dt \\ &= 0 \end{aligned}$$

만약 $0 < x < 1$이면

$$\begin{aligned} F(x) &= \int_{-\infty}^{x} f(t)\,dt \\ &= \int_{-\infty}^{0} f(t)\,dt + \int_{0}^{x} f(t)\,dt \\ &= \int_{-\infty}^{0} 0\,dt + \int_{0}^{x} 1.25(1 - t^4)\,dt \\ &= 0 + 1.25\left(t - \frac{t^5}{5}\right)\Bigg|_{0}^{x} \\ &= 1.25\left(x - \frac{x^5}{5}\right) \end{aligned}$$

만약 $x>1$이면

$$\begin{aligned}F(x)&=\int_{-\infty}^{x} f(t)\,dt\\&=\int_{-\infty}^{0} f(t)\,dt+\int_{0}^{1} f(t)\,dt+\int_{1}^{x} f(t)\,dt\\&=\int_{-\infty}^{0} 0\,dt+\int_{0}^{1} 1.25(1-t^4)\,dt+\int_{1}^{x} 0\,dt\\&=0+1.25\left(t-\frac{t^5}{5}\right)\Big|_0^1+0\\&=0+1+0\\&=1\end{aligned}$$

그러므로

$$F(x)=\begin{cases}0 & x\le 0\\ 1.25\left(x-\dfrac{x^5}{5}\right) & 0<x<1\\ 1 & x\ge 1\end{cases}$$

$F(x)$의 도시는 여기에 나타내었다.

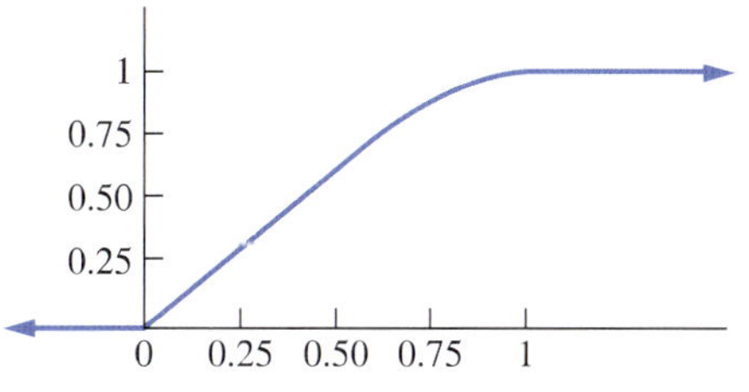

예제 22에서 누가분포함수 $F(x)$는 연속함수이고, 그 그래프에서 어떤 도약도 없다는 것을 주목하자. 이것은 연속무작위변수의 특성이다. 연속무작위변수의 누가분포함수는 항상 연속적인 반면, 이산무작위변수의 누가분포함수는 절대로 연속적일 수 없다.

Example 3.23

예제 3.21을 참조하여 축 틈새가 0.5 mm 미만일 확률을 구하기 위하여 누가분포함수를 이용하시오.

Solution

X는 축 틈새를 나타낸다고 하자. $P(X\le 0.5)$를 구할 필요가 있다. 이것은 $F(0.5)$를 구하는 것과 동등하며, 여기서 $F(x)$는 누가분포함수이다. 예제 3.22의 결과를 이용하면,

$$F(0.5)=1.25(0.5-0.5^5/5)=0.617$$

연속무작위변수에 대한 평균과 분산

연속무작위변수의 모집단 평균과 분산은 확률밀도함수가 확률질량함수 대신 사용되었던 것을 제외하고, 이산무작위변수의 모집단 평균과 분산에서와 같은 방법으로 정의되었다. 특히 X가 연속무작위변수라면, 모집단 평균은 그것의 확률밀도함수의 질량중심으로 정의되었으며, 그리고 모집단 분산은 모집단 평균을 통과하는 수직 축 주위에 관성모멘트이다. 공식은 합을 적분으로 대치한 식 (3.13)~(3.15)와 비슷하다.

이산무작위변수의 경우에서와 같이 때때로 단어 "모집단"을 뺄 것이고, 모집단 평균, 모집단 분산 그리고 모집단 표준편차를 더 간단히 각각 평균, 분산 그리고 표준편차로 표현한다.

X가 확률밀도함수 $f(x)$를 갖는 연속무작위변수라 하자.
그때 X의 평균은

$$\mu_X = \int_{-\infty}^{\infty} x f(x)\, dx \tag{3.19}$$

로 주어진다.
X의 평균은 때때로 X의 기대값(expectation 또는 expected value)으로 불리고, 또한 $E(X)$ 또는 μ로 표시될 수 있다

X가 확률밀도함수 $f(x)$를 갖는 연속무작위변수라 하자. 그때

- X의 분산은

$$\sigma_X^2 = \int_{-\infty}^{\infty} (x-\mu_X)^2 f(x)\, dx \tag{3.20}$$

  으로 주어진다.
- 분산의 다른 공식은

$$\sigma_X^2 = \int_{-\infty}^{\infty} x^2 f(x)\, dx - \mu_X^2 \tag{3.21}$$

  으로 주어진다.
- X의 분산은 또한 $V(X)$ 또는 σ^2으로 나타낸다.
- 표준편차는 분산의 제곱근이다. : $\sigma_X = \sqrt{\sigma_X^2}$

Example 3.24 예제 3.21을 참조하여 평균 틈새와 틈새의 분산을 구하시오.

Solution

식 (3.19)를 사용하면 평균 틈새를 구할 수 있다:

$$\begin{aligned}\mu_X &= \int_{-\infty}^{\infty} x f(x)\,dx \\ &= \int_0^1 x[1.25(1-x^4)]\,dx \\ &= 1.25\left(\frac{x^2}{2}-\frac{x^6}{6}\right)\Bigg|_0^1 \\ &= 0.4167\end{aligned}$$

계산된 $\mu_X = 0.4167$을 가지고 지금 σ_X^2을 계산할 수 있다. 그것은 다른 공식, 식 (3.21)을 사용하는 것이 가장 쉽다.

$$\begin{aligned}\sigma_X^2 &= \int_{-\infty}^{\infty} x^2 f(x)\,dx - \mu_X^2 \\ &= \int_0^1 x^2[1.25(1-x^4)]\,dx - (0.4167)^2 \\ &= 1.25\left(\frac{x^3}{3}-\frac{x^7}{7}\right)\Bigg|_0^1 - (0.4167)^2 \\ &= 0.0645\end{aligned}$$

연습 3.3

1 다음 무작위변수 각각이 이산적인지 연속적인지 결정하시오.

a. 동전 100번 던져서 나온 앞면의 수
b. 하루 생산량에서 무작위로 선택된 봉의 길이
c. 지난 학기 공업통계학수업에서 무작위로 선택된 학생의 기말시험점수
d. 무작위로 선택된 콜로라도 광업대학 학생의 나이
e. 무작위로 선택된 콜로라도 광업대학 학생이 각자 이번 생일에 될 나이

2 화학 공급회사는 10갤런 드럼통에 어떤 용매를 실어 나른다. X를 무작위로 선택된 고객에 의하여 주문된 드럼의 수를 나타낸다고 하자. X는 다음 확률질량함수를 갖는다고 가정한다.

x	1	2	3	4	5
$p(x)$	0.4	0.2	0.2	0.2	0.1

a. 주문된 드럼통의 평균수를 구하시오.
b. 주문된 드럼통의 수의 분산을 구하시오.
c. 주문된 드럼통의 수의 표준편차를 구하시오.
d. Y를 주문된 갤런 수로 하자. Y의 확률질량함수를 구하시오.
e. 주문된 갤런의 평균수를 구하시오.
f. 주문된 갤런 수의 분산을 구하시오.
g. 주문된 갤런 수의 표준편차를 구하시오.

3 어떤 유형의 부품이 4개의 로트로 포장되었다. X를 무작위로 선택된 로트에서 적절히 작동하는 부품의 수를 나타낸다고 하자. 정확히 부품 x가 작동하는 확률은, 즉 x에 비례한다고 가정하고, X의 확률질량함수는

$$p(x) = \begin{cases} cx & x = 1,\ 2,\ 3 \text{ 또는 } 4 \\ 0 & \text{otherwise} \end{cases}$$

로 주어졌다고 가정하며, 여기서 c는 상수이다.

a. $p(x)$가 확률질량함수이도록 상수 c의 값을 구하시오.

b. $P(X=2)$를 구하시오.

c. 적절하게 작동하는 부품의 평균수를 구하시오.

d. 적절하게 작동하는 부품의 수의 분산을 구하시오.

e. 적절하게 작동하는 부품의 수의 표준편차를 구하시오.

4 100Ω로 표기된 저항기는 80과 120 사이의 정확한 저항을 갖는다. X를 무작위로 선택된 저항기의 질량으로 하자. X의 확률밀도함수는

$$f(x) = \begin{cases} \dfrac{x-80}{800} & 80 < x < 120 \\ 0 & \text{otherwise} \end{cases}$$

으로 주어진다.

a. 90보다 작은 저항을 가질 저항기의 비율은 얼마인가?

b. 평균저항을 구하시오.

c. 저항의 표준편차를 구하시오.

d. 저항의 누가분포함수를 구하시오.

5 특정 응용 프로그램에서 트랜지스터의 수명은 확률밀도함수

$$f(t) = \begin{cases} 0.1e^{-0.1t} & t > 0 \\ 0 & t \le 0 \end{cases}$$

인 무작위일 수명을 갖는다.

a. 평균수명을 구하시오.

b. 수명의 표준편차를 구하시오.

c. 수명의 누가분포함수를 구하시오.

d. 수명이 12개월보다 작을 확률을 구하시오.

6 반응물의 농도는 확률밀도함수

$$f(x) = \begin{cases} 1.2(x+x^2) & 0 < x < 1 \\ 0 & \text{otherwise} \end{cases}$$

인 무작위변수이다.

a. 농도가 0.5보다 클 확률은 얼마인가?

b. 평균농도를 구하시오.

c. 농도가 평균의 ±0.1 이내일 확률을 구하시오.

d. 농도의 표준편차 σ을 구하시오.

e. 농도가 평균의 $\pm 0.2\sigma$ 이내일 확률을 구하시오.

f. 농도의 누가분포함수를 구하시오.

7 와셔의 두께(mm)는 확률밀도함수

$$f(x) = \begin{cases} (3/52)x(6-x) & 2 < x < 4 \\ 0 & \text{otherwise} \end{cases}$$

인 무작위변수이다.

a. 두께가 2.5 m보다 작을 확률은 얼마인가?

b. 두께가 2.5 m와 3.5 m 사이일 확률은 얼마인가?

c. 평균두께를 구하시오.

d. 두께의 표준편차 σ을 구하시오.

e. 두께가 평균의 $\pm\sigma$ 이내일 확률을 구하시오.

f. 두께의 누가분포함수를 구하시오.

8 어떤 화학과정의 제품에서 불순물의 수준(%)은 확률밀도함수

$$f(x) = \begin{cases} (3/64)x^2(4-x) & 0 < x < 4 \\ 0 & \text{otherwise} \end{cases}$$

인 무작위변수이다.

a. 불순물 수준이 3%보다 클 확률은 얼마인가?

b. 불순물 수준이 2.5%와 3.5% 사이일 확률은 얼마인가?

c. 평균 불순물 수준을 구하시오.

d. 불순물 수준의 분산을 구하시오.

e. 불순물 수준의 누가분포함수를 구하시오.

3.4 무작위변수함수

실제로 다른 무작위변수에 대한 산술연산(arithmetic operations)을 수행함으로써 새로운 무작위변수를 종종 구성한다. 예를 들어, 무작위변수에 상수를 더하고 무작위변수를 상수로 곱하거나 둘 또는 그 이상의 변수를 함께 더할 수 있는 것이다. 이 절에서 이 방법으로 구성된 무작위변수의 평균과 분산을 어떻게 계산하는지 기술하며, 몇 가지 실제적인 예를 나타낸다.

상수 추가

상수가 무작위변수에 추가되었을 때, 평균은 상수값에 의하여 증가되었으나 분산과 표준편차는 변하지 않는다. 예를 들어, 어떤 기계에 의해 생산된 강철봉은 평균길이 5.0 in 그리고 분산 $\sigma^2 = 0.003\ \text{in}^2$이라고 가정한다. 각 강철봉은 정확하게 길이 1.0 in인 기부(base)에 연결되었다. 조립품의 평균길이는 5.0 + 1.0 = 6.0 in일 것이다. 각 길이는 같은 양으로 증가되었기 때문에 길이의 늘어남이 없어 분산은 변함이 없다. 이것을 통계적 항으로 표현하기 위하여 X를 무작위로 선택된 봉의 길이로 하고, $Y = X + 1$가 조립품의 길이로 하자. 그때 $\mu_Y = \mu_{X+1} = \mu_X + 1$ 그리고 $\sigma_Y^2 = \sigma_{X+1}^2 = \sigma_X^2$이다. 일반적으로 상수가 무작위변수에 추가되었을 때 평균은 그 상수에 의해서 이동되며, 분산은 변함이 없다.

Summary

만약 X가 무작위변수이고 b가 상수라면, 그때

$$\mu_{X+b} = \mu_X + b \tag{3.22}$$

$$\sigma_{X+b}^2 = \sigma_X^2 \tag{3.23}$$

상수로 곱하기

종종 무작위변수를 상수로 곱할 필요가 있다. 예를 들어, 이것은 좀 더 편리한 단위의 집합으로 변환할 수 있다. 상수로 곱하기가 무작위변수의 평균, 분산 그리고 표준편차에 어떠한 영향을 주는지를 보기 위하여 강철봉 생산량의 예를 계속한다.

만약 앞에서 기술한 봉의 길이를 in보다는 cm로 측정한다면, 평균길이는 (2.54 cm/in.) (5.0 in.) = 12.7 cm일 것이다. 통계적 항에서, 무작위변수 X는 무작위로 선택된 봉의 길이(in)로 하고, $Y = 2.54X$는 길이(cm)로 하자. 그때 $\mu_Y = 2.54\mu_X$이다. 일반적으로 무작위변수가 상수로 곱해졌을 때, 그것의 평균은 같은 상수로 곱해야 한다.

Summary

만약 X가 무작위변수이고 a가 상수라면, 그때

$$\mu_{aX} = a\mu_X \tag{3.24}$$

봉의 길이 X가 in으로 측정되었을 때, 분산 σ_X^2는 in^2의 단위를 가져야 한다. 만약 $Y=2.54X$가 길이(cm)라면, 그때 σ_Y^2은 cm^2의 단위를 가져야 한다. 그러므로 σ_X^2에 2.54^2를 곱하면 σ_Y^2을 얻으며, 이것은 in^2에서 cm^2로의 환산계수이다. 일반적으로 무작위변수가 상수로 곱해졌을 때, 그것의 분산은 상수의 제곱으로 곱해야 한다.

Summary

만약 X가 무작위변수이고 a가 상수라면, 그때

$$\sigma_{aX}^2 = a^2\sigma_X^2 \tag{3.25}$$

$$\sigma_{aX} = |a|\sigma_X \tag{3.26}$$

만약 무작위변수가 상수로 곱해지고 다른 상수가 추가되었다면, 평균과 분산에 대한 영향은 식 (3.22)와 (3.24) 그리고 식 (3.23)과 (3.25)를 결합하면 결정될 수 있다. 그 결과는 다음 요약에 나타내었다.

Summary

만약 X가 무작위변수이고 a와 b가 상수라면, 그때

$$\mu_{aX+b} = a\mu_X + b \tag{3.27}$$

$$\sigma_{aX+b}^2 = a^2\sigma_X^2 \tag{3.28}$$

$$\sigma_{aX+b} = |a|\sigma_X \tag{3.29}$$

식 (3.27)~(3.29)는 1.2절에서 나타낸 표본평균과 표준편차에 대한 결과와 비슷하다.

Example 3.25

용액 중에서 용질의 몰농도는 1 L의 용액(1몰 = 6.02×10^{23} 분자수)당 용질의 몰(mole) 수가 되도록 정의되었다. 만약 진한황산(concentrated sulfuric acid, H_2SO_4)의 저장용액의 몰농도가 X이고, 용액 1이 물 N의 비율로 혼합되었다면, 희석액의 몰농도 Y는 $Y = X/(N+1)$로 주어진다. 저장용액이 평균 18과 표준편차 0.1로 몰농도를 만드는 과정에서 제조된다고 가정한다. 만약 100 mL 저장용액이 물 300 mL가 추가되었다면, 희석액의 몰농도 평균과 표준편차를 구하시오.

Solution

희석용액의 몰농도는 $Y=0.25X$이다. X의 평균과 표준편차는 각각 $\mu_Y=18$과 $\sigma_X=0.1$이다. 그러므로

$$\begin{aligned}\mu_Y &= \mu_{0.25X} \\ &= 0.25\mu_X \quad &[\text{식 (3.24)를 이용}] \\ &= 0.25(18.0) \\ &= 4.5\end{aligned}$$

또한

$$\begin{aligned}\sigma_Y &= \sigma_{0.25X} \\ &= 0.25\sigma_X \quad &[\text{식 (3.26)을 이용}] \\ &= 0.25(0.1) \\ &= 0.025\end{aligned}$$

무작위변수의 일차결합의 평균

두 개의 무작위변수를 더하는 경우를 생각하자. 예를 들어, 기계 2대가 어떤 금속 부품을 제작한다고 가정한다. 기계 A의 일평균생산량은 부품 100개이고, 기계 B의 일평균생산량은 부품 150개이다. 분명히 두 기계가 함께 일평균생산량은 부품 250개이다. 이것을 수학적으로 표기하면, X는 주어진 날 기계 A에 의하여 생산된 부품의 수라 하고 Y는 같은 날 기계 B에 의하여 생산된 부품의 수로 하자. 총부품의 수는 $X+Y$이고, 우리는 $\mu_{X+Y}=\mu_X+\mu_Y$을 얻을 수 있다.

이 생각은 꽤 많은 무작위변수로 확장된다.

> 만약 $X_1, X_2, \cdots, X_n$이 무작위변수라면, 그때 합 $X_1+X_2+\cdots+X_n$의 평균은
> $$\mu_{X_1+X_2+\cdots+X_n}=\mu_{X_1}+\mu_{X_2}+\cdots+\mu_{X_n} \tag{3.30}$$
> 으로 주어진다.

합 $X_1+X_2+\cdots+X_n$은 일차결합(linear combination)의 특별한 경우이다.

> 만약 $X_1, X_2, \cdots, X_n$이 무작위변수들이고 $c_1, \cdots, c_n$이 상수라면, 그때 무작위변수
> $$c_1X_1+\cdots+c_nX_n$$
> 는 $X_1, X_2, \cdots, X_n$의 일차결합(linear combination)이라 부른다.

무작위변수의 일차결합의 평균을 구하기 위하여 식 (3.24)와 (3.30)을 결합할 수 있다.

만약 X와 Y가 무작위변수이고 a와 b가 상수라면, 그때

$$\mu_{aX+bY} = \mu_{aX} + \mu_{bY} = a\mu_X + b\mu_Y \tag{3.31}$$

더 일반적으로, 만약 $X_1, X_2, \cdots, X_n$이 무작위변수이고 $c_1, c_2, \cdots, c_n$이 상수라면, 그때 일차결합 $c_1X_1 + c_2X_2 + \ldots + c_nX_n$의 평균은

$$\mu_{c_1X_1 + c_2X_2 + \cdots + c_nX_n} = c_1\mu_{X_1} + c_2\mu_{X_2} + \cdots + c_n\mu_{X_n} \tag{3.32}$$

으로 주어진다.

독립무작위변수

무작위변수에 대한 독립의 개념은 사상에 대한 독립의 개념과 매우 비슷하다. 두 개의 무작위변수는 만약 그들 중 한 변수와 관련하여 아는 것이 다른 변수의 확률에 영향을 주지 않았다면 독립이다. 두 사상이 독립일 때, 둘 다 발생할 확률은 각 사상에 대한 확률을 곱함으로써 얻을 수 있다(식 3.10과 3.11 참조). 독립무작위변수에 대한 비슷한 공식이 있다. 이 공식에 대한 표기는 다음과 같다. X를 무작위변수로 하고, S를 수의 집합이 되도록 하자. 표기 "$X \in S$"는 무작위변수 X의 값이 집합 S에 속한다는 것을 뜻한다.

만약 X와 Y가 독립무작위변수이고, S와 T가 수 집합이라면, 그때

$$P(X \in S \text{ 그리고 } Y \in T) = P(X \in S)P(Y \in T) \tag{3.33}$$

더 일반적으로, 만약 $X_1, X_2, \cdots, X_n$이 독립무작위변수이고 $S_1, \cdots, S_n$이 집합이라면, 그때

$$P(X_1 \in S_1 \text{ 그리고 } X_2 \in S_2 \text{ 그리고 } \cdots \text{ 그리고 } X_n \in S_n) =$$
$$P(X_1 \in S_1)P(X_2 \in S_2) \cdots P(X_n \in S_n) \tag{3.34}$$

Example 3.26

원통형 캔은 그들의 높이와 반경에 관한 규격이 있다. 무작위로 표본을 뽑은 캔의 길이를 H (mm), 반경을 R (mm)이라 하자. H의 확률질량함수는 $P(H=119)=0.2$, $P(H=120)=$, 0.7 그리고 $P(H=121)=0.1$로 주어진다. R의 확률질량함수는 $P(R=30)=0.6$ 그리고 $P(R=31)=0.4$로 주어진다. 캔의 용량은 $V=\pi R^2 H$로 주어진다. R과 H는 독립적이라고 가정한다. 용량이 $108{,}000\ \text{mm}^3$일 확률을 구하시오.

Solution

만약 $H=120$ 그리고 $R=30$이라면 용량은 108,000과 같아야 할 것이다. 그러므로

$$\begin{aligned} P(V=108{,}000) &= P(H=120 \text{ 그리고 } R=30) \\ &= P(H=120)P(R=30) \quad (H\text{와 } R\text{이 독립적이기 때문에}) \\ &= (0.7)(0.6) \\ &= 0.42 \end{aligned}$$

독립무작위변수의 일차결합의 분산

무작위변수 합의 평균은 항상 평균의 합(식 3.30)과 같다는 것을 보았다. 일반적으로, 무작위변수 합의 분산에 대한 공식이 이 식보다는 좀 더 복잡하다. 그러나 무작위변수가 독립적일 때, 그 결과는 간단하다. 합의 분산은 분산의 합이다.

> 만약 $X_1, X_2, \cdots X_n$이 독립무작위변수라면, 그때
> 합 $X_1 + X_2 + \cdots + X_n$의 분산은
> $$\sigma^2_{X_1 + X_2 + \cdots + X_n} = \sigma^2_{X_1} + \sigma^2_{X_2} + \cdots + \sigma^2_{X_n} \quad (3.35)$$

무작위변수의 일차결합의 분산을 구하기 위하여 식 (3.35)와 (3.25)를 결합할 수 있다.

> 만약 $X_1, X_2, \cdots X_n$이 무작위변수이고, $c_1, \cdots, c_n$이 상수라면, 그때
> 일차결합 $c_1 X_1 + c_2 X_2 + \cdots + c_n X_n$의 분산은
> $$\sigma^2_{c_1 X_1 + c_2 X_2 + \cdots + c_n X_n} = c_1^2 \sigma^2_{X_1} + c_2^2 \sigma^2_{X_2} + \cdots + c_n^2 \sigma^2_{X_n} \quad (3.36)$$

자주 접하는 두 일차결합은 두 개의 무작위변수의 합과 차이다. 흥미롭게도 무작위변수가 독립적일 때, 합의 분산은 차의 분산과 같다.

> 만약 X와 Y가 분산 σ^2_X와 σ^2_Y을 갖는 독립무작위변수라면, 그때
> 합 $X+Y$의 분산은
> $$\sigma^2_{X+Y} = \sigma^2_X + \sigma^2_Y \quad (3.37)$$
> 차 $X-Y$의 분산은
> $$\sigma^2_{X-Y} = \sigma^2_X + \sigma^2_Y \quad (3.38)$$

차의 분산이 분산의 합이라는 사실은 직관에 어긋나는 것처럼 보일 수도 있다. 그러나 그것은 식 (3.36)에 $c_1 = 1$과 $c_2 = -1$을 넣는 것이 된다.

Example 3.27

초기온도 T_0인 물체는 주변온도 T_a인 환경에 있다. Newton의 냉각법칙에 의하면 물체의 온도 T는 $T = cT_0 + (1-c)T_a$로 주어지며, 여기서 c는 물체의 물리적인 성질과 경과시간에 좌우되는 상수이다. T_0는 평균이 25℃이고 표준편차는 2℃, 그리고 T_a는 평균이 5℃이고 표준편차는 1℃라고 가정한다. $c = 0.25$일 때의 시간에서 T의 평균을 구하라. T_0와 T_a를 독립적이라 가정하고, 그 당시 T의 표준편차를 구하라.

Solution

식 (3.32)를 이용하면 온도 T는 평균

$$\begin{aligned}\mu_T &= \mu_{0.25\,T_0+0.75\,T_a}\\ &= 0.25\mu_{T_0}+0.75\mu_{T_a}\\ &= 6.25+3.75\\ &= 10\end{aligned}$$

이라는 것을 알 수 있다.

X_1과 X_2가 독립적이므로 표준편차 σ_C을 구하기 위해 식 (3.36)을 이용할 수 있다:

$$\begin{aligned}\sigma_C &= \sqrt{\sigma^2_{0.25\,T_0+0.75\,T_a}}\\ &= \sqrt{(0.25)^2\sigma^2_{T_0}+(0.75)^2\sigma^2_{T_a}}\\ &= \sqrt{0.0625\,(2)^2+\ 0.5625\,(1)^2}\\ &= 0.9014\end{aligned}$$

독립성과 단순확률표본

값이 단순확률표본이 표본으로부터 뽑혔을 때, 표본에서 각 항목은 무작위변수로 생각될 수 있다. 단순확률표본에서 항목은 표본이 유한모집단(1.1절 독립성의 논의 참조)의 대부분(5% 이상)일 때를 제외하고 독립적으로 처리될 수 있다. 이제부터 명백하게 반대되는 의견을 언급하지 않는다면 이 예외는 발생하지 않는다고 가정하고, 단순확률표본에서의 값이 독립무작위변수로 처리될 것이다.

Summary

만약 $X_1, X_2, \cdots, X_n$이 단순무작위변수라면 그때 $X_1, X_2, \cdots, X_n$을 모두 같은 분포를 갖는 독립무작위변수로 처리될 것이다.

$X_1, X_2, \cdots, X_n$이 모두 같은 분포를 갖는 독립무작위변수일 때, 때때로 $X_1, X_2, \cdots, X_n$은 독립적이고 동일한 분포(independent and identically distributed ; i.i.d)라 한다.

표본평균의 평균과 분산

가장 자주 만나는 일차결합은 표본평균이다. 특히, 만약 $X_1, X_2, \cdots, X_n$가 모집단 평균 μ 그리고 분산 σ^2인 단순확률표본이라면 그때 표본평균 $\overline{X}$는 일차결합이다.

$$\overline{X} = \frac{1}{n}X_1 + \cdots + \frac{1}{n}X_n$$

이러한 사실로부터 $\overline{X}$의 평균과 분산을 계산할 수 있다.

$$\begin{aligned}\mu_{\overline{X}} &= \mu_{\frac{1}{n}X_1+\cdots+\frac{1}{n}X_n} \\ &= \frac{1}{n}\mu_{X_1}+\cdots+\frac{1}{n}\mu_{X_n} \qquad [\text{식 }(3.32)\text{를 이용}] \\ &= \frac{1}{n}\mu+\cdots+\frac{1}{n}\mu \\ &= (n)\left(\frac{1}{n}\right)\mu \\ &= \mu\end{aligned}$$

이미 설명한 바와 같이, 단순확률표본의 항목은 독립무작위변수로 처리될 것이다. 그러므로

$$\begin{aligned}\sigma^2_{\overline{X}} &= \sigma^2_{\frac{1}{n}X_1+\cdots+\frac{1}{n}X_n} \\ &= \frac{1}{n^2}\sigma^2_{X_1}+\cdots+\frac{1}{n^2}\sigma^2_{X_n} \qquad [\text{식 }(3.36)\text{을 이용}] \\ &= \frac{1}{n^2}\sigma^2+\cdots+\frac{1}{n^2}\sigma^2 \\ &= (n)\left(\frac{1}{n^2}\right)\sigma^2 \\ &= \frac{\sigma^2}{n}\end{aligned}$$

Summary

만약 $X_1, X_2, \cdots, X_n$이 평균 μ, 분산 σ^2인 모집단으로부터 뽑힌 단순확률표본이라면 그때 표본평균 $\overline{X}$는

$$\mu_{\overline{X}} = \mu \tag{3.39}$$

$$\sigma^2_{\overline{X}} = \frac{\sigma^2}{n} \tag{3.40}$$

인 무작위변수이다.

$\overline{X}$의 표준편차는

$$\sigma_{\overline{X}} = \frac{\sigma}{\sqrt{n}} \tag{3.41}$$

이다.

Example 3.28

어떤 응용프로그램에서 백열전구의 수명은 평균이 700시간, 표준편차가 20시간이다. 백열전구는 한 상자에 12개가 포장된다. 상자에 백열전구는 백열전구의 단순확률표본이라고 가정하고, 상자에 백열전구의 평균수명의 평균과 표준편차를 구하시오.

Solution

$T_1, \cdots, T_{12}$는 상자에 12개 백열전구의 수명이다. 이것은 모집단 평균이 $\mu=700$, 표준편차가 $\sigma=20$인 단순확률표본이다. 평균수명은 $\overline{T}=(T_1+\cdots+T_{12})/12$이다.

식 (3.39)를 사용하여,

$$\mu_{\overline{T}}=\mu=700$$

식 (3.41)을 사용하여,

$$\sigma_{\overline{T}}=\frac{\sigma}{\sqrt{12}}=5.77$$

무작위변수의 비선형 함수의 표준편차

지금까지 보았던 예는 무작위변수의 선형함수의 표준편차를 추정하는 것을 포함한다. 많은 경우에서 무작위변수의 비선형함수의 표준편차를 추정하고 싶다. 예를 들어, 원의 반경 R이 5.43 cm로 측정되었다고 가정한다. 따라서 면적은 $A=\pi 5.43^2=92.6\ \text{cm}^2$로 계산한다. 더욱이, 측정오차로 인해 표준편차가 0.01 cm인 무작위변수로 측정된 값을 모형화 하는 것이 적절하다고 가정한다. 계산된 면적 A의 표준편차는 얼마인가? 통계용어에서 표준편차 σ_R이 0.01 cm라는 것을 알고 있고, A의 표준편차를 계산해야 하며, 여기서 A는 $A=\pi R^2$로 주어진 R의 함수이다.

일반적으로 우리가 풀고자 하는 문제의 유형은 이것이다. 알고 있는 표준편차가 σ_X인 주어진 무작위변수 X, 그리고 주어진 함수 $U=U(X)$, 표준편차 σ_U를 어떻게 계산할 것인가? 만약 U가 선형함수이면 식 (3.29)를 이용할 수 있다. 만약 U가 선형함수가 아니라면 도함수 dU/dX의 절대값에 σ_X를 곱함으로써 여전히 σ_U을 근사값을 구할 수 있다. 근사값은 σ_X가 작으면 좋을 것이다.

만약 X는 표준편차 σ_X가 작은 무작위변수이고, 만약 U가 X의 함수라면, 그때

$$\sigma_U=\left|\frac{dU}{dX}\right|\sigma_X \qquad (3.42)$$

실제로, X의 관측값에서 도함수 dU/dX를 평가한다.

식 (3.42)는 오차전파(propagation of error) 공식으로 알려져 있다.

오차불확실성의 전파는 단지 근사값이다

식 (3.42)를 사용하여 계산된 표준편차는 종종 개략적인 근사값에 불과하다. 이러한 이유 때문에, 이들 표준편차는 오직 두 자릿수 이하로 나타내야 한다. 실제로, 어떤 저자는 단지 한 자릿수만 사용할 것을 제안한다.

Example 3.29

원의 반경 R이 표준편차 0.01 cm와 함께 5.43 cm로 측정되었다. 원의 면적을 추정하고, 이 추정치의 표준편차를 구하시오.

Solution

면적 A는 $A = \pi R^2$로 주어진다. A의 추정치는 $\pi(5.43\text{ cm})^2 = 92.6\text{ cm}^2$이다. $\sigma_R = 0.01\text{ cm}$, $dA/dR = 2\pi R = 10.86\pi\text{ cm}$ 이므로 이제 지금 A의 표준편차를 구할 수 있다.

$$\begin{aligned}\sigma_A &= \left|\frac{dA}{dR}\right|\sigma_R \\ &= (10.86\pi\text{ cm})(0.01\text{ cm}) \\ &= 0.34\text{ cm}^2\end{aligned}$$

원의 면적을 표준편차 0.3 cm^2와 함께 92.6 cm^2로 추정하였다.

가끔 몇 개 무작위변수의 함수로서 어떤 양을 추정할 필요가 있다. 예를 들어, 바위의 질량 m과 체적 V를 측정할 수 있으며, 그리고 밀도를 $D = m/V$로 계산할 수 도 있다. 실제로, 표준편차 σ_D를 σ_m과 σ_V의 항으로 추정할 필요가 있다.

일반적인 문제는 몇 개 독립무작위변수의 함수일 어떤 양의 표준편차를 추정하는 것이다. 기본 공식은 여기에 주어졌다.

만약 $X_1, X_2, \cdots, X_n$은 표준편차 $\sigma_{X_1}, \sigma_{X_2}, \cdots, \sigma_{X_n}$가 작은 독립무작위변수이고, 만약 $U = U(X_1, X_2, \cdots, X_n)$가 $X_1, X_2, \cdots, X_n$의 함수라면, 그때

$$\sigma_U \approx \sqrt{\left(\frac{\partial U}{\partial X_1}\right)^2 \sigma_{X_1}^2 + \left(\frac{\partial U}{\partial X_2}\right)^2 \sigma_{X_2}^2 + \cdots + \left(\frac{\partial U}{\partial X_n}\right)^2 \sigma_{X_n}^2} \tag{3.43}$$

실제로 점$(X_1, X_2, \cdots X_n)$에서 편도함수를 평가한다.

식 (3.43)은 다변량오차전파공식(multivariate propagation of error formula)이다. 단지 무작위변수 $X_1, X_2, \cdots, X_n$이 독립일 때만 타당하다는 것을 주목하는 것이 중요하다. 무작위변수가 하나인 경우처럼, 오차전파공식에 의하여 계산된 표준편차는 가끔 개략적인 근사치에 불과하다.

Example 3.30

바위의 질량은 $m=674.0\pm1.0$ g으로 측정되었고, 바위의 체적은 $V=261.0\pm0.1$ mL로 측정되었다고 가정한다. 바위의 밀도는 $D=m/V$로 주어진다. 밀도와 추정치의 표준편차를 구하시오.

Solution

$m=674.0$ g 및 $V=261.0$ mL를 대입하면 밀도 D의 추정치는 $674.0/261.0=2.582$ g/mL이다. $D=m/V$이므로 D의 도함수는

$$\frac{\partial D}{\partial m}=\frac{1}{V}=0.003831\,\mathrm{mL}^{-1}$$

$$\frac{\partial D}{\partial V}=\frac{-m}{V^2}=-0.009894\,\mathrm{g/mL}^2$$

이다. 그러므로 D의 표준편차는

$$\sigma_D=\sqrt{\left(\frac{\partial D}{\partial m}\right)^2\sigma_m^2+\left(\frac{\partial D}{\partial V}\right)^2\sigma_V^2}$$

$$=\sqrt{(0.003831)^2(1.0)^2+(-0.009894)^2(0.1)^2}$$

$$=0.0040\,\mathrm{g/mL}$$

이다.

바위의 밀도는 표준편차 0.004 g/mL와 함께 2.582 g/mL로 추정하였다.

다변량오차전파공식의 큰 장점 중의 하나는 어느 측정오차가 최종결과에서 무작위변동에 대하여 가장 책임이 큰지 결정하는 것을 가능하게 한다. 이에 대한 예는 예제 3.31을 보아라.

Example 3.31

예제 3.30에서 바위의 밀도는 정도(precision)를 개선하기 위하여 다른 장비로 다시 추정될 것이다. 질량추정치의 표준편차를 0.5 g까지 감소시키는 것 또는 체적추정치의 표준편차를 0.05 mL까지 감소시키는 것 중 어느 것이 밀도 추정치의 정도를 더 개선하는가?

Solution

예제 3.30으로부터 $\sigma_D=\sqrt{(0.003831)^2\sigma_m^2+(-0.009894)^2\sigma_V^2}$ 이다. $\sigma_m=0.5$와 $\sigma_V=0.1$을 갖는 것 또는 $\sigma_m=1.0$과 $\sigma_V=0.05$를 갖는 것 중에서 선택한다.

첫 번째 선택은 $\sigma_D=0.002$ g/mL의 결과가 나오고, 반면에 두 번째 선택은 $\sigma_D=0.004$ g/mL의 결과가 나왔다. σ_m을 0.5 g으로 줄이는 것이 더 좋다.

연습 3.4

1 만약 X와 Y가 평균 $\mu_x = 9.5$와 $\mu_y = 6.8$ 그리고 표준편차 $\sigma_x = 0.4$와 $\sigma_y = 0.1$인 독립무작위변수라면, 다음의 평균과 표준편차를 구하시오.

a. $3X$

b. $Y - X$

c. $X + 4Y$

2 플라스틱 병에 음료를 채우는 과정은 평균 채우기 용량(mean fill volume)이 2.013 L 그리고 표준편차가 0.005 L이다. 상자는 24개의 병을 포함한다. 상자 안의 병은 이 방법에 의하여 채워진 병의 단순 무작위표본이라 가정하고, 이 상자 안의 병당 평균용량의 평균과 표준편차를 구하시오.

3 합판 한 장은 5개의 층으로 이루어졌다. 그 층은 두께가 평균 3.50 mm, 표준편차 0.10 mm인 모집단으로부터 추출된 단순 무작위표본이다.

a. 합판 한 장의 평균두께를 구하시오.

b. 합판 한 장의 두께의 표준편차를 구하시오.

4 용액 중에서 용질의 몰농도는 1 L의 용액(1몰 $= 6.02 \times 10^{23}$ 분자수)당 용질의 몰(mole) 수가 되도록 정의된다. 만약 X가 염화마그네슘($MgCl_2$) 용액의 몰농도이고, Y는 염화 제2철($FeCl_3$)용액의 몰농도이며, $MgCl_2$ 및 $FeCl_3$ 용액을 똑같이 등분하여 만든 용액에서 염화물이온(Cl^-)의 몰농도는 $M = X + 1.5Y$로 주어진다. X는 평균 0.125 및 표준편차 0.05이고, Y는 평균 0.350 및 표준편차 0.10이다.

a. μ_M를 구하시오.

b. X와 Y를 독립적으로 가정하고, σ_M을 구하시오.

5 액자의 4면은 평균길이가 30 cm이고 표준편차가 0.1 cm인 모집단으로부터 선택된 두 면, 그리고 평균길이가 45 cm이고 표준편차가 0.3 cm인 모집단으로부터 선택된 두 면으로 이루어져 있다.

a. 평균 둘레를 구하시오.

b. 4면이 독립적으로 선택되었다고 가정하고, 둘레의 표준편차를 구하시오.

6 어떤 자동차에 대한 가솔린 갤런 당 여행 마일 수는 평균이 25 그리고 표준편차는 2이다. 탱크는 25갤런이 들어간다.

a. 탱크 당 평균 여행 마일 수를 구하시오.

b. 여행거리는 가솔린 각 갤런에 대하여 독립적으로 가정한다. 탱크 당 여행 마일 수의 표준편차를 구하시오.

c. 자동차 주인은 가솔린 20갤런으로 X마일을 여행하고, 가솔린 총 마일 수를 $X/20$으로 추정한다. 추정된 가솔린 총 마일 수의 평균을 구하시오.

d. 여행거리는 가솔린 각 갤런에 대하여 독립적이라 가정하고, 추정된 가솔린 총 마일 수의 표준편차를 구하시오.

7 중력에 의한 가속도 g는 물체를 떨어뜨리고 그것이 어떤 거리를 이동하는데 걸린 시간을 측정함으로써 추정된다. 거리 s는 정확히 5 m로 알려졌고, 시간은 $t = 1.01 \pm 0.02s$로 측정되었다고 가정한다. g를 추정하고 추정치의 표준편차를 구하시오($g = 2s/t^2$를 주목하라).

제3장 연습문제

1 어떤 날에 제조되었던 성형 알루미늄 부품 중에서 80%는 결함이 없으며, 15%는 사소한 결함만, 그리고 5%는 중대한 결함이 있다. 무작위로 선택된 부품이

a. 결함이 있을(사소한 또는 중대한)

b. 어떤 중대한 결함도 없을 확률을 구하시오.

2 원자력발전소는 중요한 시스템에서 치명적인 고장의 위험을 감소시키기 위하여 예비 부품을 보유하고 있다. 발전소는 원자로 중심부에서 냉각수의 수위를 측정하기 위하여 두 개의 계측기가 있으며, 각 계측기는 고장확률이 0.01이라고 가정한다. 계측기 고장의 잠재적인 원인의 하나는 노심에서 계기가 위치한 제어실까지 통하는 전기 케이블이 화재로 타버릴 수도 있다고 가정한다. 누군가는 두 계기가 고장 날 확률을 추정하고자 하며, 다음 계산을 하시오.

P(두 계기 다 고장)

$=P$(첫 번째 계기 고장)P(두 번째 계기 고장)

$=(0.01)(0.01)$

$=0.0001$

a. 이 계산을 하는데 어떤 가정이 만들어져야 하는가?

b. 현재 경우에서 아마도 이러한 가정이 왜 정당화 될 수 없는지를 설명하시오.

c. 확률 0.0001이 너무 높거나 또는 너무 낮게 될 가능성이 있는가? 설명하시오.

3 시스템은 다이어그램에서 보여준 바와 같이 연결된 4개의 부품으로 이루어졌다. 부품이 독립적으로 작동한다고 가정하고, 고장확률은 A에 대하여 0.05, B에 대하여 0.03, C에 대하여 0.07 그리고 D에 대하여 0.14이다. 시스템이 작동할 확률을 구하시오.

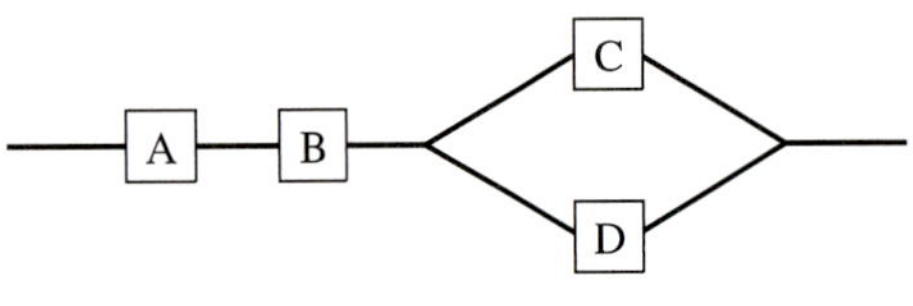

4 X와 Y를 평균 $\mu_x=2$, $\sigma_x=1$, $\mu_y=2$ 그리고 $\sigma_y=3$인 독립무작위변수라 하자. 다음 양의 평균과 표준편차를 구하시오.

a. $3X$

b. $X+Y$

c. $X-Y$

c. $2X+6Y$

5 단진자의 주기 T는 $T=2\pi\sqrt{L/g}$로 주어지고, 여기서 L은 진자의 길이, 그리고 g는 중력가속도이다. 정확하게 $g=9.80\,\mathrm{m/s^2}$ 그리고 L은 표준편차 0.005 m와 같이 0.742 m로 측정되었다고 가정한다. T를 추정하고, 추정치의 표준편차를 구하시오.

6 어떤 기계에 대한 수리시간(hr)은 확률밀도함수

$$f(x)=\begin{cases} xe^{-x} & x>0 \\ 0 & x\le 0 \end{cases}$$

인 무작위변수이다.

a. 수리시간이 2시간보다 작을 확률은 얼마인가?

b. 수리시간이 1.5와 3.0시간 사이일 확률은 얼마인가?

c. 평균 수리시간을 구하시오.

d. 수리시간의 누가분포함수를 구하시오.

7 피스톤링을 제조하는 하나의 과정은 링의 직경(cm)이 확률밀도함수

$$f(x)=\begin{cases} 3[1-16(x-10)^2] & 9.75<x<10.25 \\ 0 & \text{otherwise} \end{cases}$$

에 따라 변화하는 링을 생산하고, 경쟁과정은 링의 직경(cm)이 확률밀도함수

$$f(x)=\begin{cases} 15[1-25(x-10.05)^2]/4 & 9.85<x<10.25 \\ 0 & \text{otherwise} \end{cases}$$

에 따라 변화하는 링을 생산한다.

규격은 둘 다 직경이 10.0 ± 0.1 cm되게 요구한다. 이 두 과정 중 어느 과정이 더 좋은가? 설명하시오.

8 기사 "An Investigation of the Ca-CO_3-CaF_2-K_2SiO_3-SiO_2-Fe Flux System Using the Submerged Arc Welding Process on HSLA-100 and AISI-1018 Steels" (G. Fredrickson, M.S. thesis, Colorado School of Mines, 1992) 에서 용접금속의 탄소당량 P는 탄소(C), 망간(Mn), 구리(Cu), 크롬(Cr), 규소(Si), 니켈(Ni), 몰리브덴(Mo), 바나듐(V), 붕소(B)의 중량백분율의 선형결합으로 정의된다. 탄소당량은

$$P = C + \frac{Mn + Cu + Cr}{20} + \frac{Si}{30} + \frac{Ni}{60} + \frac{Mo}{15} + \frac{V}{10} + 5B$$

로 주어진다.

이들 화학물질의 무게백분율 평균과 표준편차는 HSLA-100 철강 모재(steel base metal)로 생산된 45개 용접 금속에 대하여 측정된 것으로부터 추정된다. 평균과 표준편차(SD)는 다음 표에 주어진 것과 같다고 가정한다.

	평균	표준편차(SD)
C	0.0695	0.0018
Mn	1.0477	0.0269
Cu	0.8649	0.0225
Cr	0.7356	0.0113
Si	0.2171	0.0185
Ni	2.8146	0.0284
Mo	0.5913	0.0031
V	0.0079	0.0006
B	0.0006	0.0002

a. HSLA-100 철강 모재로부터 생산된 용접 금속의 평균 탄소당량을 구하시오.

b. 무게백분율은 독립적으로 가정하고, HSLA-100 철강 모재로부터 생산된 용접 금속 탄소당량의 표준편차를 구하시오.

확률분포 04

개요

통계추론은 모집단으로부터의 표본 취득과 모집단에 관한 특성을 알기 위한 표본의 해석을 포함하며, 이때 모집단의 확률질량함수(probability mass function) 또는 확률밀도함수(probability density function)에 대해 알고 있어야 한다. 특히, 확률질량함수 또는 확률밀도함수는 여러 표준적인 분포함수 중의 하나로 근사화 할 수 있다. 이 장에서는 여러 표준분포함수의 특성과 각 분포함수가 적절히 사용되는 상황 등에 대하여 알아보도록 한다.

4.1 이항분포

한 번의 실험을 통해 두 개 중에 하나의 결과가 나오는 경우를 생각할 때, 하나의 결과는 "성공(success)"이고 또 다른 하나는 "실패(failure)"이다. 성공확률을 p로 나타내기로 할 때, 실패확률은 $1-p$이다. 이러한 시행을 성공확률 p를 갖는 시행이라고 한다. 가장 단순한 베르누이 실행(Bernoulli trial)은 동전던지기이다. 동전던지기의 결과는 앞면과 뒷면이다. 만약 앞면을 성공으로 생각한다면 p는 앞면이 나올 확률이며 $p=1/2$이다. 또 다른 베르누이 시행 예는 부품을 추출하는 경우이다. 만약, 결함 부품을 추출하는 경우를 "성공"으로 가정한다면 p는 모집단에서 결함부품의 비이다.

많은 실험은 연속적인 베르누이 시행의 수행으로 구성된다. 예를 들어, 생산라인에서 부품을 검사하고 결함부품의 개수를 세는 경우, 이는 독립적인 베르누이 시행을 수행하고 성공개수를 세는 것이다. 이때 성공의 개수는 확률변수이고, 이를 이항분포(binomial distribution)라고 일컫는다.

베르누이 시행을 n번 수행하고, 각 시행의 성공확률은 p인 경우를 고려한다. 또한, 각 시행의 결과가 다른 시행의 결과에 영향을 미치지 않는 독립시행이라고 가정한다. 확률변수 X를 n회의 시행에서 성공 횟수라고 하면, X를 모수(parameter) n과 p를 갖는 이항분포라고 부르고 $X \sim \text{Bin}(n, p)$으로 나타낸다. 여기서, X는 이산확률변수이고 그 값은 0, 1, ⋯ , n이다.

Summary

베르누이 시행을 n회 실행할 때,

- 시행은 독립시행이다.
- 각 시행에서의 성공확률 p는 동일하다.
- X는 n회의 시행에서 성공 횟수이다.

이때, X는 모수가 n과 p인 이항분포를 가진다고 하며, $X \sim \text{Bin}(n, p)$으로 나타낸다.

Example 4.1

동전을 10회 던지는 실험을 생각한다. X를 동전의 앞면이 나오는 횟수로 생각할 때, X의 분포를 나타내라.

Solution

각 시행의 성공확률 $p = 0.5$인 10회의 독립적인 베르누이 시행이다. 확률변수 X는 10회 시행에서 성공 횟수이다. 따라서, $X \sim \text{Bin}(10, 0.5)$로 나타낸다.

이항분포를 따르는 확률변수의 확률질량함수

이항분포를 따르는 확률변수의 확률질량함수를 유도해 본다. 편의가 있는(biased) 동전의 앞면이 나올 확률이 0.6이라고 하자. 동전을 3회 던지고, X를 앞면의 횟수라고 할 때, $P(X=2)$를 계산해 보도록 한다.

동전의 앞면을 H라 하고 뒷면을 T라 할 때, 3회의 시행에서 앞면이 나오는 경우는 HHT, HTH 및 THH이다. 사건 HHT는 첫 번째 시행에서 H, 두 번째 시행에서 H, 세 번째 시행에서 T를 갖는 독립사건의 연속이다. 각 사건의 확률을 계산하면 다음과 같다.

$$P(1\text{회 시행, 앞면}) = 0.6,\quad P(2\text{회 시행, 앞면}) = 0.6,\quad P(3\text{회 시행, 뒷면}) = 0.4$$

각 사건은 독립사건이고 모든 사건의 확률은 각 사건의 곱[3.2절의 식 (3.11) 참조]이므로

$$P(HHT) = (0.6)(0.6)(0.4) = (0.6)^2(0.4)^1$$

마찬가지로 $P(HTH) = (0.6)(0.6)(0.4) = (0.6)^2(0.4)^1$이고, $P(THH) = (0.6)(0.6)(0.4) = (0.6)^2(0.4)^1$이다. 앞면이 2회, 뒷면이 1회 나오는 서로 다른 사건은 동일한 확률을 갖는 것을 알 수 있다.

$$\begin{aligned} P(X=2) &= P(HHT \text{ 또는 } HTH \text{ 또는 } THH) \\ &= P(HHT) + P(HTH) + P(THH) \\ &= (0.6)^2(0.4)^1 + (0.6)^2(0.4)^1 + (0.6)^2(0.4)^1 \\ &= 3(0.6)^2(0.4)^1 \end{aligned}$$

위의 계산결과에서 3은 2번의 성공(동전 앞면)과 1번의 실패(동전 뒷면)를 갖는 사건의 시행 횟수를, 0.6은 성공확률 p를, 지수 2는 성공 횟수, 0.4는 실패확률 $1-p$를, 지수 1은 실패 횟수를 각각 나타냄을 알 수 있다. 이 결과를 이용하여 성공확률 p를 갖는 n회의 독립 베르누이 시행에서의 x회의 성공확률에 대한 수식을 x, n 및 p로 나타낼 수 있다.

$$P(X=x) = (n\text{회 시행에서 } x\text{회 성공 횟수}) \times p^x (1-p)^{n-x} \tag{4.1}$$

n회 시행에서 x회 성공 횟수를 나타내기 위해 계승(factorial) 표현식을 이용한다. 정수 n에 대해 $n!$은 다음과 같다.

$$n! = (n)(n-1)(n-2)\cdots(3)(2)(1)$$

또한, $0! = 1$이다. n회 시행에서 x회 성공 횟수는 $n!/[x!(n-x)!]$이다. 따라서, 이항확률변수의 확률질량함수는 다음과 같이 나타낸다.

만약, $X \sim \text{Bin}(n, p)$라면 X의 확률질량함수는

$$p(x) = P(X=x) = \begin{cases} \dfrac{n!}{x!(n-x)} p^x (1-p)^{n-x} & (x = 0, 1, \cdots, n) \\ 0 & (\text{기타의 경우}) \end{cases} \tag{4.2}$$

그림 4.1은 Bin(10, 0.4)와 Bin(20, 0.1)의 확률질량함수에 대한 확률 히스토그램을 나타낸다.

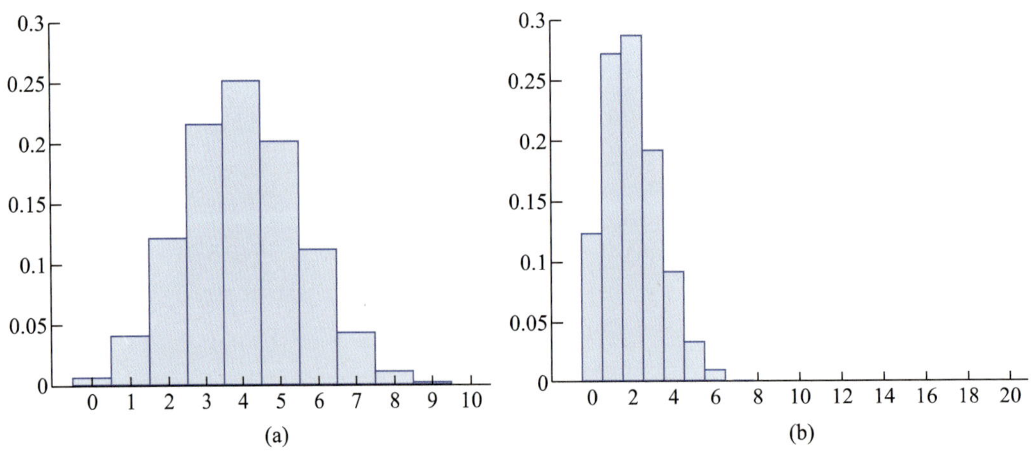

그림 4.1 (a) Bin(10, 0.4)의 확률 히스토그램 (b) Bin(20, 0.1)의 확률 히스토그램

Example 4.2

신생아가 여자일 확률은 근사적으로 0.49이다. 어떤 병원의 신생아 5명이 태어날 때 이 중에서 여자가 2명 이하일 확률을 구하라.

Solution

각 신생아의 출산은 성공확률 0.49를 갖는 베르누이 시행이다. X를 5회의 신생아 출산에서 여자아이 숫자라고 하면 Bin(5 , 0.49)이다. 확률질량함수를 이용하여 $P(X \le 2)$를 계산한다.

$$\begin{aligned} P(X \le 2) &= P(X=0 \text{ 또는 } X=1 \text{ 또는 } X=2) \\ &= P(X=0)+P(X=1)+P(X=2) \\ &= \frac{5!}{0!(5-0)!}(0.49)^0(0.51)^{5-0}+\frac{5!}{1!(5-1)!}(0.49)^1(0.51)^{5-1} \\ &\quad +\frac{5!}{2!(5-2)!}(0.49)^2(0.51)^{5-2} \\ &= 0.0345+0.1657+0.3185 \\ &= 0.5187 \end{aligned}$$

유한 모집단에서의 추출

어떤 공장에서 하루 동안 10,000개의 스테인리스 강재 리벳을 생산하는데, 하루에 생산하는 리벳의 8%가 품질강도기준을 만족하지 못한다고 알려져 있다. 임의로 추출한 20개의 리벳을 고객에게 전달하기 위해 운반할 예성이나. 품질담당 기술자는 정확히 3개의 불량 리벳이 포함될 확률을 알고 싶다.

이 확률을 계산하기 위하여 이항분포를 이용할 수 있다. 20개의 리벳을 각각의 시행으로 생각하면 "성공"은 리벳이 불량일 때 발생한다. 각 시행은 성공확률 0.08이고, 20회의 시행에서 3회의 성공을 관찰할 확률을 계산하도록 한다. 이항분포를 이용하기 위하여 시행이 독립시행인 것을 확인하여야 한다. 1.1절에서 논의한 바와 같이 유한 모집단에서 표본을 추출할 때, 표본이 모집단의 5% 미만이라면 표본은 독립이라는 점을 고려하면 리벳 관찰시행은 독립 시행이다. 따라서, X가 20개의 리벳 표본에서 불량품의 개수라면,

$$P(X=3)=\frac{20!}{3!17!}(0.08)^3(0.92)^{17}=0.1414$$

Summary

유한 모집단은 "성공" 및 "실패" 두 가지로 구성되고, 임의 표본을 모집단에서 추출하는 경우를 생각한다. 이때, 표본의 크기가 모집단의 5% 이하라면, 성공 횟수를 모델링하기 위해 이항분포를 적용할 수 있다.

Example 4.3

어떤 공장에서 수천 개의 부품을 제작하며, 이 중에서 10%가 결함부품이다. 9개의 부품을 추출하고, X를 표본에서의 결함부품의 개수로 한다. 이때, 2개가 결함부품일 확률을 구하라.

Solution

표본의 개수가 모집단에 비해 작기 때문에(즉, 5% 이하) 표본의 성공 횟수는 근사적으로 이항분포를 따른다. 따라서, X를 Bin(9 , 0.1)의 이항분포로 모사할 수 있다. 2개가 결함부품일 확률은 다음과 같다.

$$P(X=2)=\frac{9!}{2!(9-2)!}(0.1)^2(0.9)^7$$
$$=0.1722$$

이항분포 표의 이용

부록 A의 표 A.1은 $n \le 20$이고, p일 때, $P(X \le x)$의 이항분포확률을 나타낸다. 예제 4.4와 4.5를 통해 표의 사용방법을 알아보도록 한다.

Example 4.4

판매차량 중에서 20%가 1년 이내에 보증수리를 필요로 한다. 자동차 회사가 14대의 차량을 판매할 때, 5대 미만의 차량이 보증수리를 필요로 하는 확률은 얼마인가?

Solution

보증수리를 필요로 하는 차량의 대수를 X로 할 때, 확률분포는 $X \sim \mathrm{Bin}(14, 0.2)$이다.
5대 미만의 차량이 보증수리를 필요로 하는 확률은 $P(X \le 4)$이다.
표 A.1에서 $n=14$, $p=0.2$ 및 $x=4$일 때의 값을 참조하면 $P(X \le 4)=0.870$이다.

때때로 사건의 확률을 계산하는 가장 효율적인 방법은 사건이 발생하지 않는 확률을 구한 후 1에서 그 값을 빼는 것이다. 예제 4.5는 이러한 경우를 나타낸다.

Example 4.5

예제 4.4를 참조할 때, 14대 차량 중에서 보증수리를 필요로 하는 차량이 2대보다 많을 확률을 구하라.

Solution

보증수리를 필요로 하는 차량의 대수를 X로 할 때, 구하고자 하는 확률은 $P(X>2)$이다. 표 A.1은 $P(X \le x)$의 계산결과를 나타낸다. $P(X>2)=1-P(X \le 2)$로 나타내며, 표에서 $n=14$, $p=0.2$, $x=2$일 때의 값을 참조하면 $P(X \le 2)=0.448$이다.
따라서, $P(X>2)=1-0.448=0.552$이다.

이항분포의 평균과 분산

이항확률변수의 평균계산과정은 쉽게 이해할 수 있다. 예를 들어, 동전던지기를 10회 수행할 때 평균적으로 앞면이 5회 나올 것을 기대할 수 있다. 숫자 5는 성공확률(0.5)과 시행횟수(10)를 곱하여 나온 결과이다. 이러한 계산방법은 일반적으로 유효하다. 성공확률 p를 갖는 베르누이 시행을 n회 실행한다면 평균성공 횟수는 np이다. 따라서, 만약 $X \sim \text{Bin}(n, p)$라면 $\mu_X = np$이다. 또한 이항확률변수의 분산은 $np(1-p)$이다.

Summary

만약 $X \sim \text{Bin}(n, p)$라면 X의 평균과 분산은 다음과 같다.

$$\mu_X = np \quad (4.3)$$

$$\sigma_X^2 = np(1-p) \quad (4.4)$$

연습 4.1

1 $X \sim \text{Bin}(10, 0.6)$일 때, 다음 값을 구하시오.
- a. $P(X=3)$
- b. $P(X=6)$
- c. $P(X \le 4)$
- d. $P(X > 8)$
- e. μ_X
- f. σ_X

2 다음의 확률값을 구하시오.
- a. $X \sim \text{Bin}(13, 0.4)$일 때, $P(X=7)$
- b. $X \sim \text{Bin}(8, 0.4)$일 때, $P(X \ge 2)$
- c. $X \sim \text{Bin}(6, 0.7)$일 때, $P(X < 5)$
- d. $X \sim \text{Bin}(7, 0.1)$일 때, $P(2 \le X \le 4)$

3 용접불량품의 85%는 용접금속불량에서 기인하고, 나머지 15%는 모재(base metal)불량에서 기인한다. 20개의 용접불량품을 조사할 때, 다음을 구하시오.
- a. 용접불량품 중에서 5개가 모재불량일 확률은 얼마인가?
- b. 용접불량품 중에서 4개 미만이 모재불량일 확률은 얼마인가?
- c. 용접불량품 중에서 모재불량이 발생하지 않을 확률은 얼마인가?
- d. 모재불량의 평균값을 구하시오.
- e. 모재불량의 표준편차를 구하시오.

4 동전던지기를 8회 시행한다.
- a. 앞면이 5회 나올 확률은 얼마인가?
- b. 앞면이 나올 평균횟수는 얼마인가?
- c. 앞면이 나올 횟수의 분산을 구하시오.
- d. 앞면이 나올 횟수의 표준편차를 구하시오.

5 제작된 볼트의 85%는 길이 규정에 적합하여 즉시 사용한다. 10%는 길이가 길어 자른 후 사용하고, 5%는 너무 짧아 폐기한다.
- a. 임의로 뽑은 볼트를 사용할 확률을 구하시오(즉시 사용하거나 자른 후 사용할 수 있는 확률).
- b. 10개의 표본 중에서 9개 미만의 볼트를 사용할 확률을 구하시오(즉시 사용하거나 자른 후 사용할 수 있는 확률).

6 n개 중에 k개의 시스템은 n개의 부품으로 구성되어 있고, 적어도 k개의 부품의 작동해야 시스템이 작동한다. 부품은 서로 독립으로 작동한다고 가정한다.

a. 5개 중에 3개의 시스템에서 각 부품이 작동할 확률은 0.9이다. 이때, 시스템이 작동할 확률을 구하시오.

b. n개 중에 3개의 시스템에서 각 부품이 작동할 확률은 0.9이다. 이때, 시스템이 작동할 확률이 적어도 0.9가 되도록 하기 위한 n의 최소값은 얼마인가?

7 배송업자는 배송품의 결함이 15% 이하인 것을 보증한다. 배송품의 결함이 15%를 초과하면 배송품을 반환한다. 10개의 배송품 표본을 임의로 추출할 때, X를 표본의 결함 개수로 하자.

a. 만약 배송품의 15%가 결함이어서 간신히 보증조건을 만족한다면, $P(X \geq 7)$의 확률을 구하시오.

b. (a)의 답을 근거로 만약 배송품의 15%가 결함을 갖는다면, 10개의 표본 중 7개의 결함은 현저히 큰 숫자인가?

c. 10개의 표본 중에서 7개가 결함이 있다면, 이는 배송품이 반환되어야 하는 확실한 증거인가? 그 이유를 설명하시오.

d. 만약 배송품의 15%가 결함이어서 보증조건을 만족한다면 $P(X \geq 2)$의 확률을 구하시오.

b. (d)의 답을 근거로 만약 배송품의 15%가 결함을 갖는다면, 10개의 표본 중 2개의 결함은 현저히 큰 숫자인가?

c. 10개의 표본 중에서 2개가 결함이 있다면, 이는 배송품이 반환되어야 하는 확실한 증거인가? 그 이유를 설명하시오.

8 메시지는 비트(즉, 0과 1)로 구성된다. 통신채널의 노이즈(noise)로 인해 각 비트가 뒤바뀔 확률은 0.3이다(즉, 1이 0으로 바뀌고, 0은 1로 바뀜). 통신 품질을 개선하기 위해 각 비트를 5회 송신한다. 예를 들어, 0은 00000으로 송신한다. 수신자는 3회 이상의 0을 수신하면 0으로 메시지를 할당하고, 3회 이상의 1을 수신하면 1로 메시지를 할당한다. 오차는 독립으로 발생한다고 가정한다.

a. 0을 송신할 때(즉, 00000), 수신자가 정확한 0값을 수신할 확률은 얼마인가?

b. 각 비트를 n회(n은 홀수) 송신하고, 수신자는 비트의 다수를 차지하는 숫자를 할당한다. 정확한 값을 할당할 확률이 적어도 0.9가 되도록 하는 n의 최소값은 얼마인가?

4.2 포아송 분포

물리학에서 방사능 물질에 의해 방사되는 입자의 개수를 산정하는 문제를 통하여 포아송 분포(Poisson distribution)를 알아보도록 한다. 10,000개의 방사성 원소를 포함하는 질량체를 생각한다. 원자가 1분 이내에 감쇠할 확률은 0.0002이고, 1분 안에 감쇠하는 원자의 개수를 X로 나타낸다. 이때, 원자가 감쇠하는 경우를 성공으로 간주하면 원자는 베르누이 시행으로 고려할 수 있다. 따라서 X는 성공확률 0.0002를 갖는 10,000회의 베르누이 시행에서의 성공 횟수이고 Bin(10,000 , 0.0002)이다.

질량체에서 3개의 원자가 1분 안에 감쇠되는 확률은 베르누이 확률질량함수를 이용하여 계산한다.

$$P(X=3)=\frac{10,000!}{3!\,9997!}(0.0002)^3(0.9998)^{9997}=0.18047$$

위의 계산은 다소 큰 계승과 지수계산을 포함한다. 거의 동일한 계산결과를 나타내는 더욱 간단한 계산방법이 있다. 특히, n이 크고 p가 작다면 $\lambda=np$로 나타낼 수 있다. 음수가 아닌 정수 x에 대해,

$$\frac{n!}{x!(n-x)!}p^x(1-p)^{n-x}\approx e^{-\lambda}\frac{\lambda^x}{x!} \tag{4.5}$$

이는 포아송 확률질량함수(Poisson probability mass function)로 불리는 새로운 확률질량함수를 나타낸다. 포아송 확률질량함수는 다음과 같이 정의된다.

$$p(x)=P(X=x)=\begin{cases} e^{-\lambda}\dfrac{\lambda^x}{x!} & (x\text{가 음수가 아닌 정수}) \\ 0 & (\text{기타의 경우}) \end{cases} \tag{4.6}$$

만약, X를 식 (4.6)에 나타낸 확률질량함수를 갖는 확률변수라고 하면 X는 모수 λ를 갖는 포아송 분포(Poisson distribution)라고 한다. 포아송 분포는 $X\sim$ Poisson(λ)로 나타낸다.

앞에서 언급한 방사성 질량체의 경우, $\lambda=(10,000)(0.0002)=2$를 식 (4.6)에 대입하여 $P(X=x)$를 포아송 분포로 근사화할 수 있다. 계산결과는 다음과 같다.

$$P(X=3)=e^{-2}\frac{2^3}{3!}=0.18045$$

포아송 분포에 의한 확률은 이항분포에 의한 확률과 소수점 넷째자리까지 일치한다.

Example 4.6

만약, $X\sim$ Poisson(5)라 하면 $P(X=3)$, $P(X=8)$, $P(X=0)$, $P(X=-1)$ 및 $P(X=0.5)$를 계산하라.

Solution

$\lambda=5$로 하고 식 (4.6)의 확률질량함수를 사용하면,

$$P(X=3)=e^{-5}\frac{5^3}{3!}=0.1404$$

$$P(X=8)=e^{-5}\frac{5^8}{8!}=0.0653$$

$$P(X=0)=e^{-5}\frac{5^0}{0!}=0.0067$$

$P(X=-1)=0$ (−1은 음이 아닌 정수가 아님)

$P(X=0.5)=0$ (0.5는 음이 아닌 정수가 아님)

Example 4.7

$X \sim \text{Poisson}(4)$일 때, $P(X \le 2)$와 $P(X > 1)$을 계산하라.

Solution

$$\begin{aligned} P(X \le 2) &= P(X=0) + P(X=1) + P(X=2) \\ &= e^{-4}\frac{4^0}{0!} + e^{-4}\frac{4^1}{1!} + e^{-4}\frac{4^2}{2!} \\ &= 0.0183 + 0.0733 + 0.1465 \\ &= 0.2381 \end{aligned}$$

$P(X > 1)$를 계산하기 위해 다음과 같이 나타낼 수도 있다.

$$P(X > 1) = P(X=2) + P(X=3) + \cdots$$

그러나 이는 무한합을 나타내어 계산이 불가능하므로 다음과 같이 계산한다.

$$\begin{aligned} P(X > 1) &= 1 - P(X \le 1) \\ &= 1 - [P(X=0) + P(X=1)] \\ &= 1 - \left(e^{-4}\frac{4^0}{0!} + e^{-4}\frac{4^1}{1!}\right) \\ &= 1 - (0.0183 + 0.0733) \\ &= 0.9084 \end{aligned}$$

Summary

$X \sim \text{Poisson}(\lambda)$일 때

- X는 음수가 아닌 정수를 갖는 이산확률변수이다.
- 확률모수 λ는 양의 상수이다.
- X의 확률질량함수는 다음과 같다.

$$p(x) = P(X=x) = \begin{cases} e^{-\lambda}\dfrac{\lambda^x}{x!} & (x\text{가 음수가 아닌 정수}) \\ 0 & (\text{기타의 경우}) \end{cases}$$

- n이 크고 p가 작고 $\lambda = np$일 때, 포아송 확률질량함수는 이항확률질량함수에 근접한다.

포아송 확률변수의 평균과 분산

포아송 분포의 평균과 분산은 3.3절의 식 (3.13), (3.14)를 이용한 확률질량함수를 적용하여 계산할 수 있다. 이로부터 평균과 분산은 모두 λ이다.

포아송 확률변수의 평균과 분산

$X \sim \text{Poisson}(\lambda)$일 때, X의 평균과 분산은 다음과 같다.

$$\mu_X = \lambda \tag{4.7}$$

$$\sigma_X^2 = \lambda \tag{4.8}$$

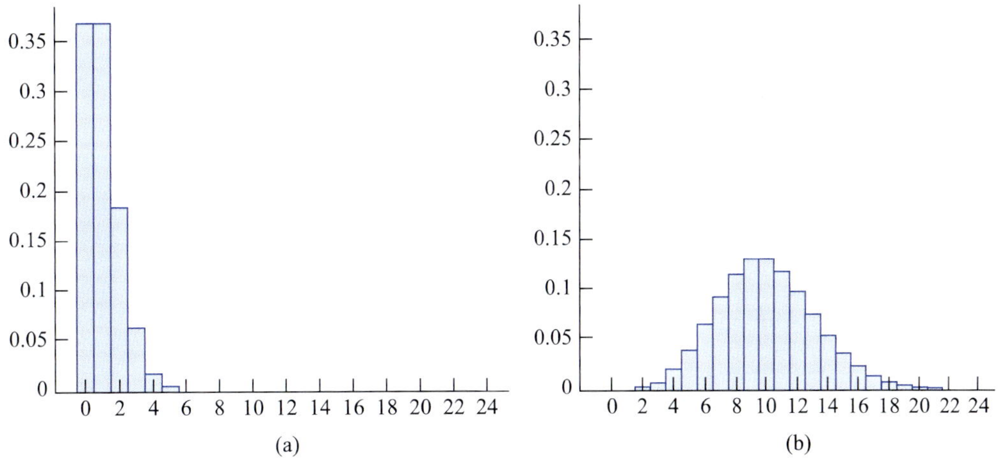

그림 4.2 (a) Poisson(1)의 확률 히스토그램 (b) Poisson(10)의 확률 히스토그램

그림 4.2는 Poisson(1)과 Poisson(10)의 확률질량함수에 대한 확률 히스토그램을 나타낸다. 포아송 분포가 초기 산업에서 사용된 대표사례는 맥주 양조와 관련이 있다. 맥주 양조 과정에서의 중요한 문제는 발효를 위한 효모의 첨가이다. 살아 있는 효모 세포는 배양액에 보관한다. 효모는 살아있기 때문에 배양액에서 효모의 농도는 시간에 따라 변화한다. 따라서, 정확한 효소량을 첨가하기 위해 효소첨가 직전 단계에서 단위 부피당 효모 세포의 농도 산정과정이 필요하다. 20세기 초반까지 이 문제는 양조업자들의 관심사였다. 양조업자들은 배양액에서 소량의 효모를 추출하여 현미경으로 효모 세포수를 세는 간단한 방법으로 농도를 산정하였다. 이런 방법을 통한 농도 산정은 변동성을 나타내었으나, 변동량을 정확히 산정할 수 없었다. 따라서 표본에서의 농도가 실제 농도와 얼마나 다른지를 알 수 없었다.

아일랜드의 기네스 양조회사(Guiness Brewing Company)에서 근무하던 20대 중반의 William Sealy Gosset이 1904년에 표본의 효모 세포의 개수는 포아송 분포를 따른다는 사실을 발견했다. 그는 매우 정확히 효모 세포의 농도를 산정하는 기법을 개발하였다. Gosset의 발견은 기네스 맥주회사가 더욱 일관성 있는 맥주를 생산할 수 있도록 하였으며, 포아송 분포가 여러 분야에서 매우 중요하게 활용될 수 있음을 보여주었다. Gosset은 그의 발견을 발표하고 싶어 했으나, 회사는 그의 발견을 회사 정보로 간주하였다. 회사는 그에게 필명을 사용할 것을 요구하였으며, 이에 따라 경쟁회사는 그의 연구결과를 알 수 없었다. Gosset은 필명을 "Student"로 사용하였다.

예제 4.8에서 Student의 결과에 도달하는 일련의 생각을 살펴본다. Student는 통계학에서 매우 중요한 문제를 해결하는 또 다른 발견을 하였으며, 그의 발견은 이후 과학 전 분야에 걸친 연구에 영향을 미쳤다. 그의 발견 결과에 대해서는 5.4절에서 살펴보도록 한다.

Example 4.8

입자(즉, 효모의 세포)는 mL당 10개의 농도로 배양액에 포함되어 있다. 큰 부피의 배양액을 교반한 후 1 mL를 추출한다. 정확히 8개의 입자가 추출될 확률은 얼마인가?

Solution

추출 부피가 전체량 중에서 소량이라면, 이 문제의 해법은 배양액 전체 부피뿐만 아니라 입자의 농도와도 연관이 있다. V를 배양액의 전체 부피(mL)라 하면 배양액 속의 입자의 전체 개수는 $10V$이므로 $10V$개의 입자를 베르누이 시행으로 고려하여 만약 입자가 추출되면 "성공"으로 간주한다. 전체 VmL의 부피에서 1 mL를 추출한다. 따라서, 추출량은 전체량의 $1/V$이며, 각 입자는 $1/V$의 추출확률을 갖는다. X를 추출되는 입자의 개수라 하면 X는 $10V$ 베르누이 시행의 성공 횟수를 나타내며, 각 시행의 성공확률은 $1/V$이다. 즉, $X \sim \text{Bin}(10V, 1/V)$이다. V는 크므로 $10V$는 크고 $1/V$는 작다. 따라서, 매우 근사적으로 $X \sim \text{Poisson}(10)$이다. 포아송 확률질량함수를 이용해 $P(X=8)$을 계산하면 다음과 같다.

$$P(X=8) = e^{-10}10^8/8! = 0.1126$$

예제 4.8에서 1 mL 배양액(추출 부피) 내의 입자의 평균 개수는 10이므로 λ는 10이다.

Example 4.9

입자는 mL당 6개의 농도로 배양액 속에서 배양된다. 큰 부피의 배양액을 교반한 후 3 mL를 추출하였다. 정확히 15개의 입자를 추출할 확률은 얼마인가?

Solution

X를 추출 입자의 개수라 하자. 3 mL 부피 내의 평균 입자 갯수는 18이다. 따라서, $X \sim \text{Poisson}(18)$이다. 정확히 15개의 입자를 추출할 확률은

$$P(X=15) = e^{-18}\frac{18^{15}}{15!} = 0.0786$$

예제 4.8과 4.9의 풀이를 정확히 하기 위해, 추출 배양액은 전체 배양액에 대해 크지 않도록 하여야 한다. 만약 예제 4.9에서 전체 부피량이 3 mL이고 전체량을 추출한다면 18개 입자 모두가 추출되며, 15개의 입자를 추출할 확률은 0이 된다.

예제 4.8과 4.9는 매개체 내에 균등하게 분포하고, 매개체 내에서 작은 부분을 차지하는 입자는 포아송 분포를 따르는 것을 나타낸다. 그러나 여러 경우에서 "입자"는 사건을 나타내

Example 4.10

300개의 초콜릿 칩을 반죽에 넣고 100개의 초콜릿 칩 쿠키를 굽는다고 하자. 쿠키가 완성되었을 때, 쿠키가 초콜릿 칩을 포함하지 않을 확률은 얼마인가?

Solution

X를 쿠키 속의 초콜릿 칩 개수라 하자. 평균 초콜릿 칩 개수는 쿠키당 3개이므로 $X \sim \text{Poisson}(3)$이다. 이는 $P(X=0) = e^{-3}3^0/0! = 0.0498$을 따른다.

고, 매개체는 시간이다. 이러한 경우는 이미 앞에서 살펴보았다. 일정한 시간 동안 방사성 물질 감쇠사건횟수는 포아송 분포를 따르는 것으로 나타났다. 예제 4.11은 또 다른 경우를 나타낸다.

Example 4.11

컴퓨터 서버가 받는 이메일 횟수는 분당 6회로서 포아송 분포를 따른다. 3분 동안 정확히 20개의 이메일을 받을 확률을 구하라.

Solution

X를 3분 동안 받는 이메일 횟수라 하자. 3분 동안 받는 이메일의 평균 횟수는 (6)(3)=18, 즉 $X \sim$ Poisson(18)이다. Poisson(18)의 확률질량함수를 이용하면

$$P(X=20)=e^{-18}\frac{18^{20}}{20!}=0.0798$$

연습 4.2

1 $X \sim$ Poisson(3)일 때, 다음을 구하시오.

a. $P(X=2)$

b. $P(X=0)$

c. $P(X<3)$

d. $P(X>2)$

e. μ_X

f. σ_X

2 다이오드 중의 0.2%가 1달 이내에 사용할 수 없다고 한다. 1,000개의 표본 중에서 1달 이내에 사용할 수 없는 다이오드 개수를 X라 할 때, 다음에 답하시오.

a. $P(X=4)$

b. $P(X \leq 1)$

c. $P(1 \leq X < 4)$

d. μ_X

e. σ_X

3 웹사이트의 접속횟수는 분당 4회의 접속률을 갖는 포아송 분포를 따른다.

a. 1분 동안 5회 접속할 확률을 구하시오.

b. 1.5분 동안 9회 접속할 확률을 구하시오.

c. 30초 동안 3회 미만 접속할 확률을 구하시오.

4 통신망은 기지국을 통해 이루어지며, 메시지가 기지국에 도달하는데 실패할 확률은 0.005이다. 하루에 1,000개의 메시지를 송신한다고 가정하자.

a. 3개의 메시지가 기지국에 도달하는데 실패할 확률을 구하시오.

b. 994개 이하의 메시지가 기지국에 도달할 확률을 구하시오.

c. 기지국에 도달할 수 없는 메시지의 평균 개수는 얼마인가?

d. 기지국에 도달할 수 없는 메시지의 표준편차는 얼마인가?

5 확률변수 X는 이항분포를 따르고, 확률변수 Y는 포아송 분포를 따른다. X와 Y의 평균은 모두 3이다. 어느 확률변수가 더 큰 분산을 갖는지를 결정하는 것이 가능한가? 이에 대해 아래에서 선택하시오.

a. 그렇다. X가 더 큰 분산을 갖는다.

b. 그렇다. Y가 더 큰 분산을 갖는다.

c. 아니다. 확률변수 X의 시행횟수 n을 알아야 한다.

d. 아니다. 확률변수 X의 성공확률 p를 알아야 한다.

e. 아니다. 확률변수 Y의 λ값을 알아야 한다.

6 현탁액은 품질조건상 mL당 적어도 7개의 입자를 포함하여야 한다. 표본 1 mL에 있는 입자의 개수를 X라 하자.

a. mL당 입자의 평균 개수가 정확히 7개여서 품질조건을 겨우 만족할 때, $P(X \leq 1)$를 구하시오.

b. (a)의 답을 근거로 만약 현탁액이 mL당 7개의 입자를 포함한다면, 1 mL의 현탁액 중 1개의 입자는 현저히 작은 숫자인가?

c. 표본에서 1개의 입자가 있다면, 이는 품질조건을 만족하지 못한다는 확실한 증거인가? 그 이유를 설명하시오.

d. mL당 입자의 평균 개수가 정확히 7개일 때, $P(X \leq 6)$을 구하시오.

b. (d)의 답을 근거로 만약 현탁액이 mL당 7개의 입자를 포함한다면, 1 mL의 현탁액 중 6개의 입자는 현저히 작은 숫자인가?

c. 표본에서 6개의 입자가 있다면, 이는 품질조건을 만족하지 못한다는 확실한 증거인가? 그 이유를 설명하시오.

4.3 정규분포

정규분포(normal distribution)는 통계에서 가장 널리 사용되는 분포이다. 정규분포는 많은 연속집단의 좋은 모델을 제공하며, 이는 부분적으로 4.8절에서 논의할 중심극한이론(Central Limit Theorem) 때문이다.

정규분포는 이산분포이기보다는 연속분포이다. 정규확률변수의 평균은 임의값을 갖고, 분산은 임의의 양수값을 갖는다. 평균 μ와 분산 σ^2를 갖는 정규확률변수의 확률밀도함수(probability density function)는 다음과 같다.

$$f(x) = \frac{1}{\sigma\sqrt{2\pi}} e^{-(x-\mu)^2/(2\sigma^2)} \tag{4.9}$$

X가 평균 μ와 분산 σ^2을 갖는 확률밀도함수에서의 확률변수라면 $X \sim N(\mu, \sigma^2)$으로 나타낸다.

Summary

$X \sim N(\mu, \sigma^2)$라면 X의 평균과 분산은 다음과 같다.

$$\mu_X = \mu$$

$$\sigma_X^2 = \sigma^2$$

그림 4.3은 평균 μ와 표준편차 σ를 갖는 정규확률밀도함수를 나타낸다. 정규확률밀도함수는 종종 정규곡선(normal curve)이라 불린다. 또한 다음은 모든 정규모집단에 해당되는 내용이다.

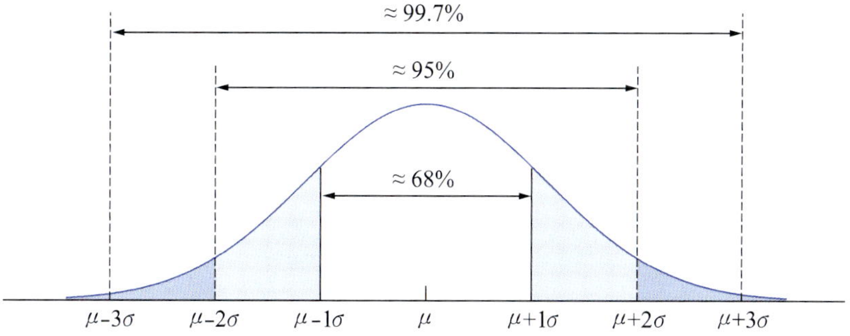

그림 4.3 평균 μ와 분산 σ^2을 갖는 정규모집단의 확률밀도함수

- 모집단의 약 68%는 $\mu \pm \sigma$의 범위 내에 존재한다.
- 모집단의 약 95%는 $\mu \pm 2\sigma$의 범위 내에 존재한다.
- 모집단의 약 99.7%는 $\mu \pm 3\sigma$의 범위 내에 존재한다.

그림 4.3에서와 같이, 평균에 대한 표준편차로 나타낸 범위 내에 존재하는 정규모집단의 비는 모든 정규분포에서 동일하다. 따라서 정규모집단을 취급할 때, 모집단의 원래 측정단위를 표준단위(standard units)로 변환한다. 표준단위는 관측값이 모집단 평균으로부터 어느 정도의 표준편차에 상응하는지를 나타낸다.

Example 4.12

전선의 저항값은 평균 20 mΩ과 표준편차 3 mΩ을 갖는 정규분포를 나타낸다. 임의의 2개 점선의 저항값은 23 mΩ 및 16 mΩ이다. 이들의 측정단위를 표준단위로 변환하라.

Solution

저항값 23 mΩ은 평균 20 mΩ보다 3 mΩ이 크고 3 mΩ은 표준편차와 같다. 따라서, 23 mΩ은 평균에서 1배의 표준편차만큼 크므로 1배의 표준편차에 상응한다. 16 mΩ의 저항값은 평균에서 1.33배 표준편차만큼 작으므로 1.33배의 표준편차에 상응한다.

일반적으로 평균값을 뺀 후 표준편차로 나누어서 표준단위로 변환한다. 따라서 x가 평균 μ와 분산 σ^2을 갖는 정규모집단에서의 표본이라면, x의 표준단위를 다음과 같이 z로 나타낸다.

$$z = \frac{x - \mu}{\sigma} \tag{4.10}$$

z는 x의 z점수(z-score)로 불린다. z점수는 평균 0과 표준편차 1을 갖는 정규모집단이다. 이 정규모집단을 표준 정규모집단(standard normal population)이라고 부른다.

Example 4.13

염료 생산량(g)이 평균 1,500, 표준편차 50의 정규분포를 갖는다. 염료가 1,568 g이라면 z점수는 얼마인가?

Solution

1,568은 평균 $\mu = 1{,}500$, 표준편차 $\sigma = 50$의 표준 모집단에서의 관측값이다. 그러므로

$$z = \frac{1{,}568 - 1{,}500}{50} = 1.36$$

Example 4.14

예제 4.13에서 염료 생산량의 z점수가 −1.4라면, 원래 단위(g)로 생산량은 얼마인가?

Solution

식 (4.10)에 z 대신 -1.4를 대입하고 x에 대해 풀면,

$$-1.4 = \frac{x - 1{,}500}{50}$$

$x = 1{,}430$, 즉 생산량은 1,430 g이다.

주어진 구간에서의 정규모집단이 차지하는 부분은 그 구간에서의 정규확률밀도곡선 아래의 면적과 같다. 이는 식 (4.9)에 주어진 정규확률밀도함수를 적분하여 차지하는 부분을 계산할 수 있음을 나타낸다. 그러나 이 곡선의 아래 면적은 직접적인 적분으로 구하기 어렵기 때문에 수치적인 계산에 의해 곡선의 밑면적을 구한다.

표준정규곡선(평균 0, 분산 1)의 아래 면적을 표로 나타낼 수 있으며, 이 표를 표준정규표(standard normal table) 또는 z표(z table)로 부른다. 표준정규표는 부록 A의 표 A.2에 나타내었다. 상이한 평균과 분산을 갖는 표준곡선 아래의 면적을 구하기 위해 표준단위로 변환하고 z표를 이용한다. 기타 부분의 면적은 곡선 아래의 전체 면적이 1이라는 사실을 이용하여 구할 수 있다. 아래의 예제에서는 z표를 이용하는 방법을 나타낸다.

Example 4.15

정규곡선에서 $z = 0.47$ 왼쪽 부분의 면적을 구하라.

Solution

z표에서 면적은 0.6808이다(그림 4.4 참조).

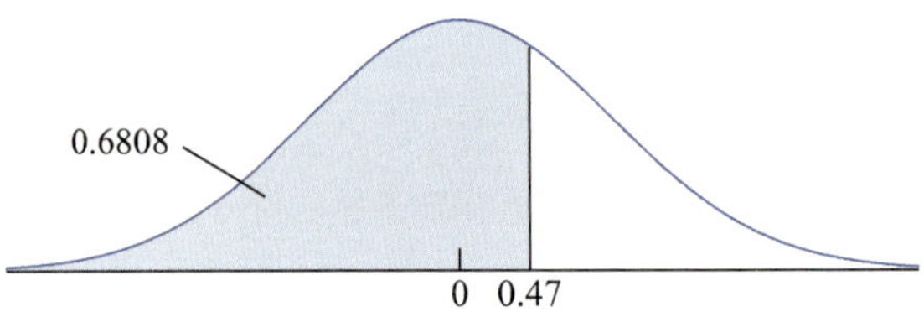

그림 4.4 예제 4.15에서의 해

Example 4.16 정규곡선에서 $z = 1.38$ 오른쪽 부분의 면적을 구하라.

Solution

z표에서 $z = 1.38$ 왼쪽부분의 면적은 0.9162이다(그림 4.5 참조).
그러므로 오른쪽 부분의 면적은 $1 - 0.9162 = 0.0838$이다.

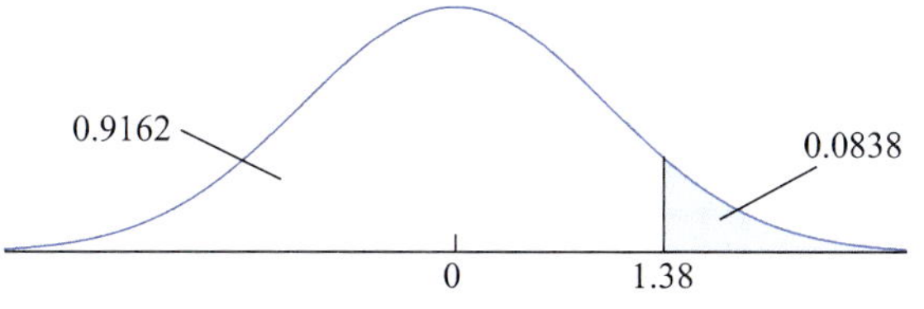

그림 4.5 예제 4.16에서의 해

Example 4.17 정규곡선에서 $z = 0.71$과 $z = 1.28$ 사이의 면적을 구하라.

Solution

z표에서 $z = 1.28$ 왼쪽부분의 면적은 0.8997이고, $z = 0.71$ 왼쪽부분의 면적은 0.7611이다(그림 4.6 참조). 그러므로 $z = 0.71$과 $z = 1.28$ 사이의 면적은 $0.8997 - 0.7611 = 0.1386$이다.

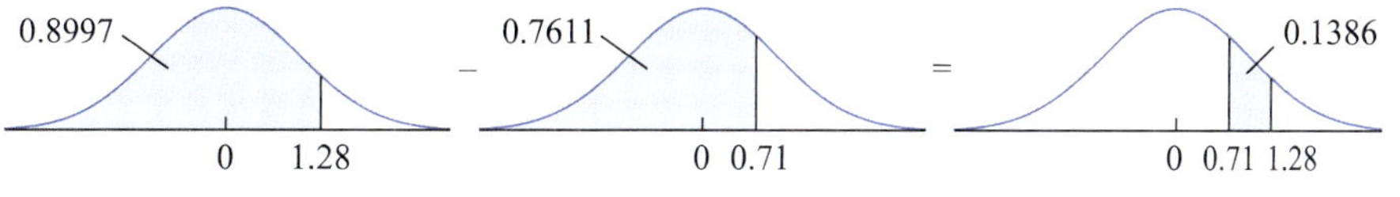

그림 4.6 예제 4.17에서의 해

1.2절에서 언급한 바와 같이, 표본의 p번째 백분위수는 표본값의 p%가 p번째 백분위수보다 작도록 표본을 나눈 값이라는 점을 상기하면 이러한 개념은 모집단에도 적용된다. 모집단에서 p번째 백분위수는 모집단 값의 p%가 p번째 백분위수보다 작도록 표본을 나눈 값이다. 그러므로 정규모집단에서 p번째 백분위수는 정규곡선면적 왼쪽부분의 p%값이다.

Example 4.18 정규분포의 75번째 백분위수, 25번째 백분위수 및 중앙값에 해당하는 z점수는 각각 얼마인가?

Solution

z표에서 곡선 면적의 75%에 해당하는 z점수를 찾는다. 표에서 75%에 가장 가까운 값은 0.7486이며, 이는 0.67의 z-값에 해당한다. 그러므로 75번째 백분위수는 근사적으로 0.67이다. 곡선의 대칭 성질을 이용하면 25번째 백분위수에서의 $z = -0.67$이다(그림 4.7 참조). 또한, 중앙값에서의 $z = 0$이다.

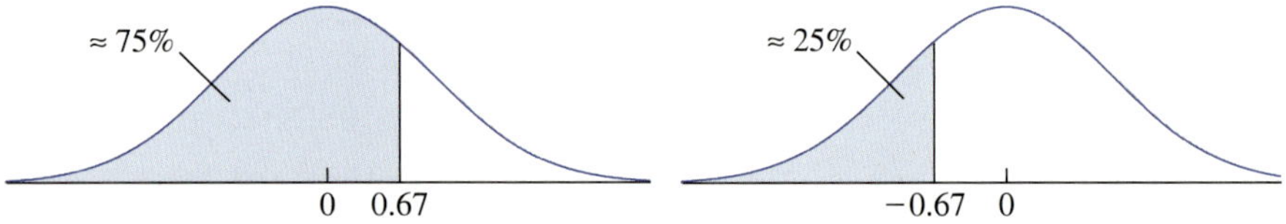

그림 4.7 예제 4.18에서의 해

Example 4.19

건전지의 수명은 평균 50시간과 표준편차 5시간의 정규분포를 갖는다. 임의로 선택한 건전지의 수명이 42시간과 52시간 사이에 있을 확률을 구하라.

Solution

임의로 선택한 건전지의 수명을 X로 하면, $X \sim N(50, 5^2)$이다. 그림 4.8은 $N(50, 5^2)$의 확률밀도함수를 나타낸다. 빗금친 면적은 $P(42 < X < 52)$, 즉 건전지가 42시간과 52시간 사이에 있을 확률을 나타낸다. 면적을 계산하기 위해 z표를 이용한다.

먼저, 42와 52를 표준단위로 변환하면,

$$z = \frac{42-50}{5} = -1.60,\ z = \frac{52-50}{5} = 0.40$$

z표에서, $z = -1.60$ 왼쪽부분의 면적은 0.0548이고 $z = 0.40$ 왼쪽부분의 면적은 0.6554이다. 그러므로 건전지의 수명이 42시간과 52시간 사이에 있을 확률은 $0.6554 - 0.0548 = 0.6006$이다.

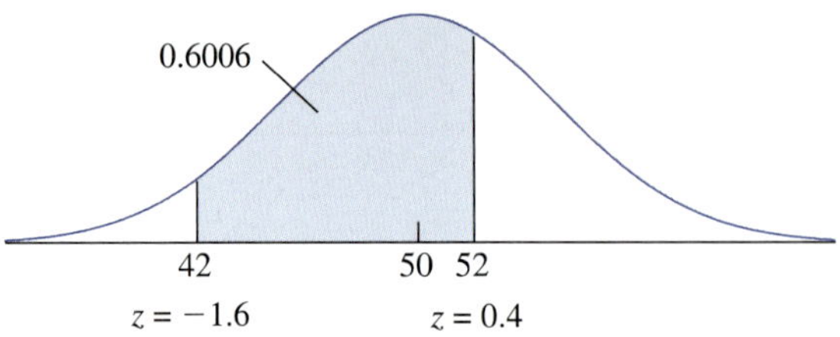

그림 4.8 예제 4.19에서의 해

Example 4.20

예제 4.19에서 건전지 수명의 40번째 백분위수를 구하시오.

Solution

z표에서 0.4000에 가장 가까운 면적은 0.4013이며, 이는 -0.25의 z점수에 해당한다. 건전지 수명의 평균은 50이고 표준편차는 5이다. 40번째 백분위수는 평균에서 $0.25 \times$ 표준편차만큼 작은 값이다. 식 (4.10)을 이용하여 z점수를 원래의 값으로 변환하면,

$$-0.25 = \frac{x-50}{5}$$

x에 대해 풀면 $x = 48.75$이다.

건전지 수명의 40번째 백분위수는 48.75시간이다(그림 4.9 참조).

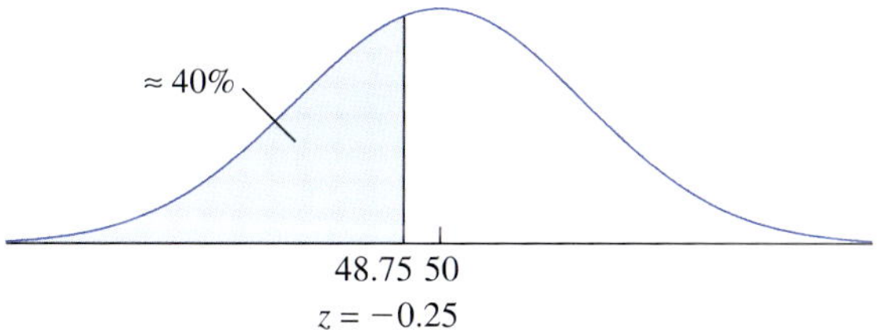

그림 4.9 예제 4.20에서의 해

Example 4.21

어느 공장에서 생산하는 볼베어링의 직경은 평균 2.505 cm, 표준편차 0.008 cm의 정규분포를 나타낸다. 제품규격에 따르면 직경은 2.5 ± 0.01 cm이어야 한다. 얼마만큼의 볼베어링이 제품규격을 만족하는가?

Solution

임의로 선택한 볼베어링의 직경을 X로 하면, $X \sim N(2.505, 0.008^2)$이다. 그림 4.10은 $N(2.505, 0.008^2)$의 확률밀도함수를 나타낸다. 빗금친 면적은 $P(2.49 < X < 2.51)$, 즉 볼베어링이 제품규격을 만족시키는 확률을 나타낸다.

2.49의 z점수와 2.51의 z점수를 계산하면,

$$z = \frac{2.49 - 2.505}{0.008} = -1.88, \quad z = \frac{2.51 - 2.505}{0.008} = 0.63$$

$z = -1.88$의 왼쪽 면적은 0.0301이고, $z = 0.63$의 왼쪽 면적은 0.7357이다. 그러므로 $z = 0.63$과 $z = -1.88$ 사이의 면적은 $0.7357 - 0.0301 = 0.7056$이다. 따라서, 근사적으로 70.56%만이 제품규격을 만족시킨다.

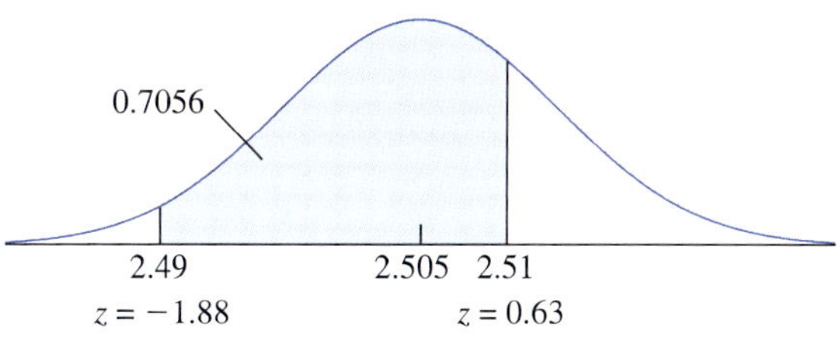

그림 4.10 예제 4.21에서의 해

정규확률변수의 선형함수

정규확률변수에 0이 아닌 상수로 곱하거나 더한 결과는 정규분포이며, 평균과 표준편차는 원래의 평균과 표준편차로 계산할 수 있다.

Summary

$X \sim N(\mu, \sigma^2)$, $a \neq 0$이고 b가 상수이면

$$aX + b \sim N(a\mu + b, a^2\sigma^2) \tag{4.11}$$

Example 4.22

화학자가 온도를 ℃ 단위로 측정하였다. 측정값을 C로 나타내고, 평균 40℃, 표준편차 1℃의 정규분포를 갖는다. 측정값은 $F = 1.8C + 32$에 의해 ℉ 단위로 변환하고자 한다. F는 어떤 분포를 갖는가?

Solution

C는 정규분포이므로 F도 정규분포이다.

만약, $\mu_C = 40$이라면 $\mu_F = 1.8(40) + 32 = 104$이고 $\sigma_C^2 = 1$, $\sigma_F^2 = 1.8^2(1) = 3.24$이다.

즉, $F \sim N(104, 3.24)$이다.

독립적인 정규확률변수의 선형 조합

독립적인 정규확률변수의 선형 조합결과는 정규확률변수를 나타낸다. 서로 독립적인 정규확률변수 $X_1 \sim N(\mu_1, \sigma_1^2)$, $X_2 \sim N(\mu_2, \sigma_2^2)$, $\cdots$, $X_n \sim N(\mu_n, \sigma_n^2)$을 고려한다. 이 확률변수들의 평균과 표준편차는 각각 다르다. c_1, c_2, $\cdots$, c_n가 상수이면 $c_1X_1 + c_2X_2 + \cdots + c_nX_n$의 선형조합은 정규분포를 갖는 확률변수이다. 선형조합의 평균은 $c_1\mu_1 + c_2\mu_2 + \cdots + c_n\mu_n$이고, 분산은 $c_1^2\sigma_1^2 + c_2^2\sigma_2^2 + \cdots + c_n^2\sigma_n^2$이다[3.4절의 식 (3.32)와 (3.36) 참조].

Summary

$X_1, X_2, \cdots, X_n$은 서로 독립이고, 평균은 각각 $\mu_1, \mu_2, \cdots, \mu_n$, 분산은 $\sigma_1^2, \sigma_2^2, \cdots, \sigma_n$인 정규분포이다. 또한, $c_1, c_2, \cdots, c_n$은 상수이고, $c_1X_1 + c_2X_2 + \cdots + c_nX_n$의 선형조합이라면,

$$c_1X_1 + c_2X_2 + \cdots + c_nX_n \sim N(c_1\mu_1 + c_2\mu_2 + \cdots + c_n\mu_n, c_1^2\sigma_1^2 + c_2^2\sigma_2^2 + \cdots + c_n^2\sigma_n^2) \quad (4.12)$$

Example 4.23

순수 티타늄으로 제작된 용접의 강도, 연성 및 경도를 예측하기 위한 예측식은 $E = 2\text{C} + 3.5\text{N} + \text{O}$로 나타낸다. 여기서 E는 산소 등가량이고 C, N, O는 각각 탄소, 질소, 산소의 중량비이다. C, N, O는 각각 독립이며, 평균 $\mu_c = 150$, $\mu_N = 200$, $\mu_O = 1{,}500$이고, 표준편차 $\sigma_C = 30$, $\sigma_N = 60$, $\sigma_O = 100$일 때, E의 분포를 구하라. 또한 $P(E > 3{,}000)$을 구하라.

Solution

E는 독립인 정규확률변수의 조합이므로 E의 분포는 정규분포이다. E의 평균과 분산을 먼저 계산한다. 식 (4.12)를 사용하여 계산하면,

$$\mu_E = 2\mu_\text{C} + 3.5\mu_\text{N} + 1\mu_\text{O} = 2(150) + 3.5(200) + 1(1{,}500) = 2{,}500$$

$$\sigma_E^2 = 2^2\sigma_\text{C}^2 + 3.5^2\sigma_\text{N}^2 + 1^2\sigma_\text{O}^2 = 2^2(30^2) + 3.5^2(60^2) + 1^2(100^2) = 57{,}700$$

그러므로 $E \sim N(2{,}500, 57{,}700)$이다.

$P(E > 3{,}000)$을 구하기 위해 z점수를 계산하면 $z = (3{,}000 - 2{,}500)/\sqrt{57{,}700} = 2.08$이므로 표준정규곡선에서 $z = 2.08$의 오른쪽 면적은 0.0188이다. 따라서, $P(E > 3{,}000) = 0.0188$이다.

만약 $X_1, \cdots, X_n$가 평균 μ와 분산 σ^2를 갖는 임의의 모집단에서의 추출한 표본이라면 표본평균 $\overline{X}$의 평균 $\mu_{\overline{X}} = \mu$이고 분산 $\sigma^2_{\overline{X}} = \sigma^2/n$이다. 만약 모집단이 정규분포라면 $\overline{X}$는 상수 $c_1 = \cdots = c_n = 1/n$을 갖는 $X_1, \cdots, X_n$의 선형조합이므로 정규분포이다.

Summary

$X_1, \cdots, X_n$이 독립이고 평균 μ와 분산 σ^2을 갖는 정규분포라면

$$\overline{X} \sim N\left(\mu, \frac{\sigma^2}{n}\right) \tag{4.13}$$

또 다른 중요한 선형조합은 두 확률변수의 합과 차이다. 만약 X와 Y가 서로 독립이고 정규분포이면 이들의 합 $X+Y$와 이들의 차는 선형조합이다. $X+Y$와 $X-Y$의 분포는 $X+Y$에 대해서는 $c_1 = 1$, $c_2 = 1$을 이용하고, $X-Y$에 대해서는 $c_1 = 1$, $c_2 = -1$을 이용하여 식 (4.12)에 의해 결정할 수 있다.

Summary

X와 Y가 서로 독립이고, $X \sim N(\mu_X, \sigma_X^2)$, $Y \sim N(\mu_Y, \sigma_Y^2)$이면

$$X+Y \sim N(\mu_X+\mu_Y, \sigma_X^2+\sigma_Y^2) \tag{4.14}$$

$$X-Y \sim N(\mu_X-\mu_Y, \sigma_X^2+\sigma_Y^2) \tag{4.15}$$

자료 모집단의 정규분포 여부의 판별 방법

실제로 표본자료를 취급할 때, 모집단의 분포가 정규분포인지를 결정하기 위해 표본을 사용한다. 표본의 크기가 충분히 크면 표본의 히스토그램은 좋은 지표가 된다. 정규분포 모집단에서 추출한 큰 표본의 히스토그램은 정규밀도함수의 형상을 나타낸다. 즉, 가운데에서 가장 크고 좌우로 갈수록 감소하는 대칭 모양을 나타낸다. 4.7절에서 논의할 확률도시(probability plot)를 통해 크기가 큰 표본을 이용하여 모집단이 근사적으로 정규분포를 갖는지를 판별할 수 있다. 표본의 크기가 작은 경우, 정규분포가 적합한지를 판별하는 것은 어렵다. 정규모집단으로부터 추출한 표본은 이상점(outlier)을 거의 포함하지 않는다. 따라서 정규분포는 이상점을 포함하는 자료군에 대해서 사용되어서는 안 된다. 이는 특히 표본의 크기가 작을 때 더욱 그러하다. 이상점을 포함하지 않는 크기가 작은 자료군에 대해 모집단이 정규분인지를 판별하는 것은 어려우며, 일반적으로 자료를 생성한 과정에 대한 지식이 필요하다.

연습 4.3

1 정규곡선에서 다음의 면적을 구하시오.

a. $z = -0.75$의 우측 면적

b. $z = 0.40$과 $z = 1.15$ 사이의 면적

c. $z = -0.60$과 $z = 0.70$ 사이의 면적

d. $z = 0.75$와 $z = 1.30$의 바깥 면적

2 $Z \sim N(0,1)$일 때, 다음의 상수 c를 구하시오.

a. $P(Z \le c) = 0.8413$

b. $P(0 \le Z \le c) = 0.3051$

c. $P(-c \le Z \le c) = 0.8664$

d. $P(c \le Z \le 0) = 0.4554$

e. $P(|Z| \ge c) = 0.1470$

3 성적분포는 평균이 460, 표준편차는 80의 정규분포를 갖는다.

a. 550점 이상의 확률을 구하시오.

b. 성적의 상위 35%는 몇 점인가?

c. 성적이 600점이라면 백분위수를 구하라.

d. 성적이 420점과 520점 사이에 있을 확률을 구하시오.

4 전구의 사용수명은 평균 $\mu = 1{,}400$시간, 표준편차 $\sigma = 200$시간의 정규분포를 갖는다.

a. 전구가 1,800시간 이상 사용될 확률은 얼마인가?

b. 전구수명의 10번째 백분위수를 구하시오.

c. 전구를 1,645시간 동안 사용하였다. 수명의 백분위수는 얼마인가?

d. 수명이 1,350시간과 1,550시간 사이에 있을 확률을 구하시오.

5 알루미늄 합금강은 평균 10 GPa, 표준편차 1.4 GPa의 정규분포를 갖는다.

a. 합금강이 12 GPa 이상의 강도를 가질 확률을 구하시오.

b. 합금강의 첫 번째 사분위수를 구하시오.

c. 합금강의 95번째 백분위수를 구하시오.

6 페니실린은 곰팡이를 이용하여 생산한다. 곰팡이는 설탕을 포함하는 배양액에서 성장하므로 설탕의 농도를 제어하여야 한다. 설탕의 최적 농도는 4.9 mg/mL이다. 설탕농도가 6.0 mg/mL을 초과하면 곰팡이가 죽게 되므로 제조당일의 페니실린 제조과정이 중단된다.

a. 설탕의 농도가 평균 = 4.9 mg/mL, 표준편차 = 0.6 mg/mL인 정규분포를 따를 때, 제조과정이 중단될 확률은 얼마인가?

b. 배양액 공급업체가 제공하는 배양액 설탕 농도가 평균 = 5.2 mg/mL, 표준편차 = 0.4 mg/mL인 정규분포를 따를 때, 이 배양액은 수일 내로 제조과정 중단을 초래하는가? 그 이유를 설명하시오.

4.4 로그정규분포

분포가 큰 비대칭을 나타내거나 이상점을 포함하고 있는 경우에는 정규분포의 적용은 적합하지 않고, 로그정규분포(lognormal distribution)가 이러한 자료군에 대해 적합하며 이 분포는 정규분포와 관련이 있다. 로그정규분포는 다음과 같이 정규분포로부터 유도할 수 있다. X가 평균 μ와 분산 σ^2을 갖는 정규분포라면 확률변수 $Y = e^X$는 μ와 σ^2의 모수(parameter)를 갖는 로그정규분포를 갖는다. Y가 모수 μ와 σ^2의 로그정규분포를 갖는다면 $X = \ln Y$는 평균 μ와 분산 σ^2의 정규분포이다.

Summary

- $X \sim N(\mu, \sigma^2)$이면 확률변수 $Y = e^X$는 μ와 σ^2의 모수를 갖는 로그정규분포이다.
- Y가 μ와 σ^2의 모수를 갖는 로그정규분포를 갖는다면 확률변수 $X = \ln Y$는 $N(\mu, \sigma^2)$의 분포를 갖는다.

μ와 σ^2의 모수를 갖는 로그확률변수의 확률밀도 함수는 다음과 같다.

$$f(x) = \begin{cases} \dfrac{1}{\sigma x\sqrt{2\pi}} \exp\left[-\dfrac{1}{2\sigma^2}(\ln x - \mu)^2\right] & (x > 0) \\ 0 & (x < 0) \end{cases} \tag{4.16}$$

그림 4.11은 모수가 $\mu = 0$, $\sigma = 1$일 때의 로그밀도함수 그래프를 나타낸다.

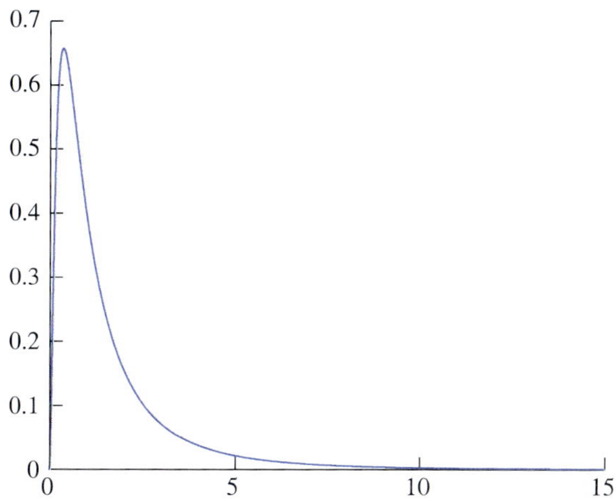

그림 4.11 모수가 $\mu = 0$, $\sigma = 1$일 때의 로그밀도함수

Y가 μ와 σ^2의 모수를 갖는 로그정규분포라면 평균 $E(Y)$와 분산 $V(Y)$는 다음과 같이 유도된다.

$$E(Y) = e^{\mu + \sigma^2/2} \qquad V(Y) = e^{2\mu + 2\sigma^2} - e^{2\mu + \sigma^2} \tag{4.17}$$

Y가 로그정규분포라면 모수 μ와 σ^2는 Y의 평균과 분산을 의미하는 것이 아니다. μ와 σ^2는 정규확률변수 $\ln Y$의 평균과 분산을 나타낸다. 식 (4.17)에서 μ와 σ의 혼동을 방지하기 위해서 μ_Y 대신에 $E(Y)$를 사용하였고, σ_Y^2 대신에 $V(Y)$를 사용하였다.

로그정규확률변수의 확률을 계산하기 위해서는 확률변수에 로그를 취하여 표 A.2의 z표를 이용한다. 예제 4.24는 로그정규확률변수의 확률을 계산하는 방법을 나타낸다.

Example 4.24

살충제가 피부에 닿을 때 일부분은 피부에 흡수된다. 주어진 시간 동안의 흡수량은 로그정규분포로 표현된다. 살충제의 2시간 동안 피부 흡수량을 $\mu = 1.5$, $\sigma = 0.5$를 갖는 로그정규분포라고 가정한다면, 이때 2시간 동안 5% 이상의 살충제가 피부에 흡수될 확률을 구하라.

Solution

Y가 흡수된 살충제량일 때, $P(Y > 5)$를 계산하여야 한다. Y는 로그정규분포이기 때문에 Y에 대해 z표를 이용할 수 없다. 그러나 $\ln Y$는 정규분포, 즉 $\ln Y \sim N(1.5, 0.5^2)$이므로 $\ln Y$를 포함하는 확률로서 $P(Y > 5)$를 계산한다.

$$P(Y > 5) = P(\ln Y > \ln 5) = P(\ln Y > 1.609)$$

z점수는 1.609이므로

$$z = \frac{1.609 - 1.500}{0.5} = 0.22$$

z표로부터 $P(\ln Y > 1.609) = 0.4129$이다. 따라서 5% 이상의 살충제가 피부에 흡수될 확률은 근사적으로 0.41이다.

모집단의 로그정규분포 여부의 판별 방법

전술한 바와 같이, 정규모집단에서 추출한 표본은 이상점을 거의 포함하지 않는다. 반면에, 로그정규모집단에서 추출한 표본은 종종 분포의 오른쪽 꼬리(right-hand tail) 부분에 이상점을 포함한다. 즉, 표본은 때때로 기타 표본값보다 매우 큰 이상점을 포함한다. 이는 로그정규밀도함수에서 오른쪽의 긴 꼬리에 반영된다(그림 4.11 참조). 오른쪽에 이상점을 나타내는 표본의 경우, 각 자료값에 자연로그(natural logarithm) 또는 로그(logarithm)를 취하여 자료를 변환한다. 로그 변환값을 히스토그램 또는 확률도시(probability plot)위에 나타낸 후 정규분포 여부를 판별할 수 있다. 확률도시는 4.7절에서 살펴보도록 한다.

연습 4.4

1 고온조건에서 작동하는 전기장비의 수명(일)은 $\mu = 1.2$, $\sigma = 0.4$의 정규분포를 따른다.

a. 수명의 평균값을 구하시오.
b. 수명이 3~6일 사이에 있을 확률을 구하시오.
c. 수명의 중앙값(median)을 구하시오.
d. 수명의 90번째 백분위수를 구하시오.

2 신체질량지수(body mass index)는 신체질량을 키의 제곱값으로 나눈 값이다. 25~34세 사이 성인의 신체질량지수(kg/m²)가 $\mu = 3.215$, $\sigma = 0.157$의 로그정규분포를 따른다고 한다.

a. 신체질량지수의 평균을 구하시오.
b. 신체질량지수의 표준편차를 구하시오.
c. 신체질량지수의 중앙값을 구하시오.
d. 신체질량지수가 22보다 낮을 비율을 구하시오.
e. 신체질량지수의 75번째 백분위수를 구하시오.

3 주식의 가치는 로그정규분포로 모델링한다. 투자자가 두 회사 A와 B 중에서 한 개 회사의 주식 투자를 고려하고 있다. 두 회사의 주당 배당액은 1달러이다. A회사의 향후 1년

동안 주식 배당액을 $\mu = 0.05$, $\sigma = 0.1$의 로그정규분포로 모델링한다. 또한 B회사의 향후 1년 동안 주식 배당액을 $\mu = 0.02$, $\sigma = 0.2$의 로그정규분포로 모델링한다.

a. A회사의 향후 1년 동안 주식 배당액의 평균을 구하시오.
b. A회사의 향후 1년 동안 주식 배당액이 1.20달러 이상이 될 확률을 구하시오.
c. B회사의 향후 1년 동안 주식 배당액의 평균을 구하시오.
d. B회사의 향후 1년 동안 주식 배당액이 1.20달러 이상이 될 확률을 구하시오.

4.5 지수분포

지수분포(exponential distribution)는 사건이 발생하기 전에 소요된 시간을 모사하기 위해 종종 이용되는 연속분포이다. 여기서 시간은 대기시간으로 지칭한다. 기계부품의 사용연한을 생각해 보면, 사용연한은 부품이 고장 나기 전에 사용된 시간이다. 또한 지수분포와 포아송분포 사이에는 밀접한 연관성이 있다.

지수함수의 확률밀도함수는 양의 상수인 모수 λ를 포함하며, λ는 밀도함수의 위치와 형상을 결정한다.

> $\lambda > 0$의 모수를 갖는 지수분포의 확률밀도함수는 다음과 같다.
>
> $$f(x) = \begin{cases} \lambda e^{-\lambda x} & x > 0 \\ 0 & x \le 0 \end{cases} \tag{4.18}$$

그림 4.12는 여러 λ값에 대한 지수분포의 확률밀도함수를 나타낸다. X가 모수 λ를 갖는 지수분포의 확률변수이면 $X \sim \text{Exp}(\lambda)$로 나타낸다.

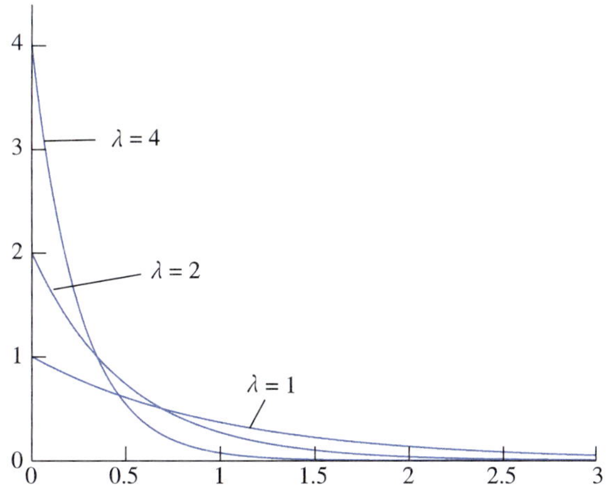

그림 4.12 여러 λ값에 대한 지수확률밀도함수

지수분포의 누적함수를 계산하는 것은 쉽다. $x \le 0$인 경우에는 $F(x) = P(X \le x) = 0$이다. $x > 0$인 경우의 누적함수는

$$F(x) = P(X \le x) = \int_0^x \lambda e^{-\lambda t}\, dt = 1 - e^{-\lambda x}$$

Summary

$X \sim \text{Exp}(\lambda)$이면 X의 누적분포함수는 다음과 같다.

$$F(x) = P(X \le x) = \begin{cases} 1 - e^{-\lambda x} & x > 0 \\ 0 & x \le 0 \end{cases} \tag{4.19}$$

지수확률변수의 평균과 분산은 부분적분에 의해 계산하며, 그 결과는 다음과 같다.

$X \sim \text{Exp}(\lambda)$이면

$$\mu_X = \frac{1}{\lambda} \tag{4.20}$$

$$\sigma_X^2 = \frac{1}{\lambda^2} \tag{4.21}$$

Example 4.25

$X \sim \text{Exp}(4)$일 때 μ_X, σ_X^2 및 $P(X \le 0.2)$의 값을 각각 구하라.

Solution

식 (4.20)과 (4.21)에 $\lambda = 2$를 대입하여 μ_X, σ_X^2를 계산한다.
계산결과 $\mu_X = 0.25$, $\sigma_X^2 = 0.0625$이다. 식 (4.19)를 이용하면,

$$P(X \le 0.2) = 1 - e^{-4(0.2)} = 0.5507$$

포아송 과정

4.2절에서 포아송 분포는 종종 주어진 시간이나 공간에서 발생하는 사건의 수를 모델링하기 위하여 사용된다고 살펴본 바 있다. 시간 또는 공간에서 발생하는 사건이 독립이고 간격 t에서 발생하는 사건의 개수 X가 평균 λt의 포아송 분포를 가질 때, 즉 $X \sim \text{Poisson}(\lambda t)$일 때, 사건은 포아송 과정(Poisson process)을 따른다고 표현한다.

지수분포는 종종 사건의 대기시간을 모델링하기 위하여 사용된다고 언급한 바 있다. 지수분포는 사건이 포아송 과정을 따를 때 대기시간을 모델링하는 데에 적합하다. 지수분포와 포아송 과정의 연관성은 다음과 같다.

사건이 비모수(rate parameter) λ를 갖는 포아송 과정을 따르고, T가 시작점에서 다음 사건이 발생할 때까지의 대기시간을 나타내면 $T \sim \text{Exp}(\lambda)$이다.

Example 4.26

방사성 물질이 평균 분당 15개의 입자를 방출하고 포아송 과정을 따른다. 다음의 방출까지 5초 이상이 소요될 확률은 얼마인가? 또한 다음 입자가 방출될 때까지의 평균 대기시간은 얼마인가?

Solution

T를 다음 입자가 방출될 때까지 소요되는 시간(초)이라 하자. 방출량의 평균 비는 초당 0.25이다. 따라서 비모수(rate parameter) $\lambda = 0.25$이고, $T \sim \text{Exp}(0.25)$이다. 다음의 방출까지 5초 이상이 소요될 확률은 다음과 같다.

$$\begin{aligned} P(T > 5) &= 1 - P(T \le 5) \\ &= 1 - (1 - e^{-0.25(5)}) \\ &= e^{-1.25} \\ &= 0.2865 \end{aligned}$$

평균대기시간은 $\mu_T = \dfrac{1}{0.25} = 4$초이다.

기억결여특성

지수함수는 기억결여특성(lack of memory property)을 갖는다고 알려져 있으며, 예세 4.27과 예제 4.28에서 이에 대해 살펴본다.

Example 4.27

전기회로에서 트랜지스터의 수명은 평균 1.25년의 지수분포를 갖는다. 트랜지스터의 수명이 2년보다 클 확률을 구하라.

Solution

회로의 트랜지스터 수명을 T라고 한다. $\mu_T = 1.25$, $\lambda = 1/1.25 = 0.8$이므로 $P(T > 2)$를 계산한다.

$$\begin{aligned} P(T > 2) &= 1 - P(T \le 2) \\ &= 1 - (1 - e^{-0.8(2)}) \\ &= e^{-1.6} \\ &= 0.202 \end{aligned}$$

Example 4.28

예제 4.27을 참고한다. 트랜지스터는 3년 사용하였고 여전히 작동한다고 한다. 이때, 트랜지스터가 2년 더 작동할 확률을 구하라. 이 확률을 예제 4.27에서 계산한 새로운 트랜지스터가 2년 더 작동할 확률과 비교하라.

Solution

트랜지스터의 수명이 3년보다 큰 조건에서, 트랜지스터의 수명이 3 + 2 = 5년 이상일 확률을 구하여야 한다. 확률은 다음과 같다.

$$P(T>5 \mid T>3) = \frac{P(T>5\text{이고 } T>3)}{P(T>3)}$$

만약, $T>5$이라면 또한 $T>3$이다. 그러므로 $P(T>5\text{이고 } T>3) = P(T>5)$이다.

$$\begin{aligned} P(T>5 \mid T>3) &= \frac{P(T>5)}{P(T>3)} \\ &= \frac{e^{-0.8(5)}}{e^{-0.8(3)}} \\ &= e^{-0.8(2)} \\ &= e^{-1.6} \\ &= 0.202 \end{aligned}$$

3년 된 트랜지스터를 2년 더 사용할 확률은 새 트랜지스터를 2년 더 사용할 확률과 정확히 같다.

예제 4.27과 예제 4.28은 기억결여특성을 나타낸다. 이미 s만큼 대기시간을 갖는 조건에서 추가로 t만큼 대기시간을 가질 확률은 시작상태부터 t만큼 대기시간을 가질 확률과 정확히 같다. 지수함수는 대기시간이 얼마나 지속되었는지를 기억(remember)하지 못한다. 특히, s만큼 오래된 지수분포를 갖는 성분이 추가로 s만큼 지속될 확률은 새로운 성분이 s만큼 지속될 확률과 정확히 같다. 즉, 수명이 지수분포를 따르는 성분은 재령효과를 나타내지 않는다. 예제 4.27과 예제 4.28의 계산에서 3과 2 대신에 s와 t를 대입하고, 0.8 대신에 λ를 대입하면 기억결여특성의 일반식을 구할 수 있다.

기억결여특성

$T \sim \text{Exp}(\lambda)$이고 t와 s가 양수이면

$$P(T>t+s \mid T>s) = P(T>t)$$

연습 4.5

1 $T \sim \text{Exp}(0.5)$일 때, 다음을 구하시오.

a. μ_T

b. σ_T^2

c. $P(T>5)$

d. T의 중앙값

2 제품의 공극 직경(마이크론 단위)은 $\lambda = 0.25$인 지수분포를 따른다.

a. 공극 직경의 평균은 얼마인가?

b. 공극 직경의 표준편차는 얼마인가?

c. 공극 직경이 3마이크론보다 작을 확률은

얼마인가?

d. 공극 직경이 11마이크론보다 큰 확률은 얼마인가?

e. 공극 직경의 중앙값은 얼마인가?

f. 공극 직경의 삼사분위수는 얼마인가?

g. 공극 직경의 99번째 백분위수는 얼마인가?

3 어느 부품을 신상품 또는 중고품으로 구입할 수 있다. 신상품의 50%는 수명이 5년 이상 지속된다. 반면에, 중고품의 30% 만이 수명이 5년 이상 지속된다. 신상품의 수명은 지수분포인가? 이유를 설명하시오.

4.6 기타 연속분포

균일분포

연속균일분포(continuous uniform distribution)는 단순히 균일분포(uniform distribution)라고 불리고, 연속분포의 가장 간단한 형태이다. 균일분포는 컴퓨터 시뮬레이션 연구에서 중요하게 활용된다. 균일분포는 두 개의 모수 a와 b를 가지고 $a < b$이다.

모수 a와 b를 가진 연속균일분포의 확률밀도함수는 다음과 같다.

$$f(x) = \begin{cases} \dfrac{1}{b-a} & a < x < b \\ 0 & \text{기타의 경우} \end{cases} \tag{4.22}$$

X가 확률밀도함수 $f(x)$를 갖는 확률변수이면, X는 구간 (a, b)에서 균등분포를 갖는다.

균등분포의 확률밀도함수는 구간 (a, b)에서 일정하므로 구간에서 균등하게 분포하는 확률에 대해 살펴보기로 한다. X가 구간 (a, b)에서 균등하게 분포되어 있는 확률변수이면 이를 $X \sim U(a, b)$로 나타낸다.

균등확률변수의 평균과 분산은 3.3절의 식 (3.19)~(3.21)을 이용하여 쉽게 계산할 수 있다.

$X \sim U(a, b)$이면

$$\mu_X = \frac{a+b}{2} \tag{4.23}$$

$$\sigma_X^2 = \frac{(b-a)^2}{12} \tag{4.24}$$

감마분포

감마분포(gamma distribution)는 연속분포이고, 대기시간의 모델링에서 지수분포의 효용성을 확장하기 위해 사용된다. 감마분포는 감마함수라고 알려진 적분식을 포함한다. 감마함수의 정의와 특성은 다음과 같다.

> $r > 0$일 때, 감마함수의 정의는 다음과 같다.
>
> $$\Gamma(r) = \int_0^\infty t^{r-1} e^{-t}\, dt \tag{4.25}$$
>
> 감마함수는 다음의 특성을 나타낸다.
>
> 1. r이 정수이면 $\Gamma(r) = (r-1)!$
> 2. 임의의 r에 대해 $\Gamma(r+1) = r\Gamma(r)$
> 3. $\Gamma(1/2) = \sqrt{\pi}$

감마함수는 감마분포의 확률밀도함수를 나타내기 위해 사용된다. 감마확률밀도함수는 두 개의 모수인 r과 λ를 포함하고 두 모수는 양의 상수이다.

> 감마분포의 확률밀도함수는 다음과 같다. 여기서, $r > 0$이고 $\lambda > 0$이다.
>
> $$f(x) = \begin{cases} \dfrac{\lambda^r x^{r-1} e^{-\lambda x}}{\Gamma(r)} & x > 0 \\ 0 & x \le 0 \end{cases} \tag{4.26}$$

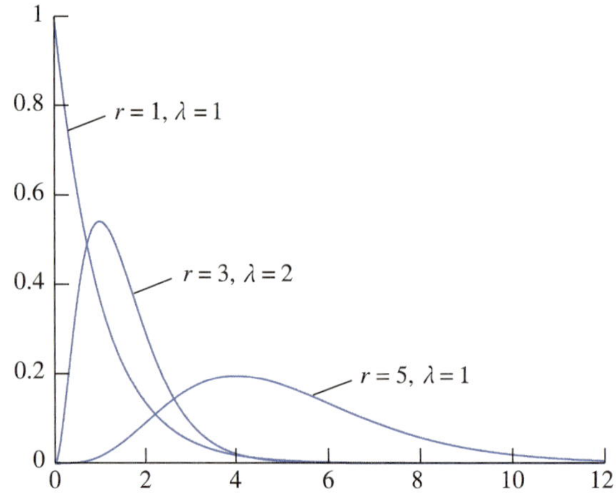

그림 4.13 여러 가지 r과 λ에 대한 감마 확률밀도함수

X가 모수 r과 λ를 갖는 감마 확률밀도함수를 따를 때 $X \sim \Gamma(r, \lambda)$로 나타낸다. $r=1$일 때 감마분포는 지수분포와 같다. 즉, $\Gamma(1, \lambda) = \text{Exp}(\lambda)$이다. 그림 4.13은 여러 가지 r과 λ에 대한 감마 확률밀도함수를 나타낸다.
감마 확률변수의 평균과 분산은 확률밀도함수로부터 계산하며, 그 결과는 다음과 같다.

$X \sim \Gamma(r, \lambda)$이면

$$\mu_X = \frac{r}{\lambda} \tag{4.27}$$

$$\sigma_X^2 = \frac{r}{\lambda^2} \tag{4.28}$$

모수 r이 양의 정수인 감마분포는 Erlang 분포(Erlang distribution)라고도 불린다. 만약 k가 양의 정수이고 $r = k/2$이면, $\Gamma(r, 1/2)$의 분포는 k 자유도를 갖는 카이제곱 분포(chi-square distribution)라고 한다. 카이제곱 분포는 통계추론에서 널리 사용된다.

와이블 분포

와이블 분포(Weibull distribution)는 여러 가지 경우에 사용되는 연속분포이다. 와이블 분포는 베어링, 세라믹, 콘덴서 및 반도체 등의 부품 사용수명을 모델링하는 데 사용된다. 와이블 확률밀도함수는 양의 상수인 두 개의 모수를 갖는다. 두 모수는 양의 상수이며, 함수의 위치와 형상을 결정한다. 두 모수를 α와 β로 나타낸다. 와이블 분포의 확률밀도함수는 다음과 같다.

$$f(x) = \begin{cases} \alpha\beta^{\alpha}x^{\alpha-1}e^{-(\beta x)^{\alpha}} & x > 0 \\ 0 & x \le 0 \end{cases} \tag{4.29}$$

X가 모수 α와 β를 갖는 와이블 확률밀도함수를 갖는 확률변수이면 $X \sim \text{Weibull}(\alpha, \beta)$로 나타낸다. $\alpha = 1$이면 와이블 분포는 모수 $\lambda = \beta$인 지수분포와 같다. 즉, $\text{Weibull}(1, \beta) = \text{Exp}(\beta)$이다.
그림 4.14는 여러 가지 α와 β에 대한 와이블 확률밀도 함수를 나타낸다. α와 β를 변화시켜서 다양한 곡선을 만들 수 있으며, 와이블 분포는 다양한 자료군(群)을 표현하는데 사용된다. 이것이 와이블 분포가 효용성 있는 가장 중요한 이유이다.

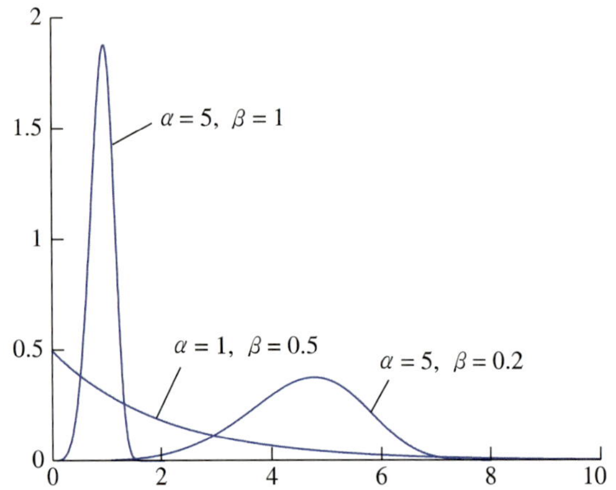

그림 4.14 여러 가지 α와 β에 대한 와이블 확률밀도 함수

와이블 누적분포함수는 확률밀도함수를 적분하여 구한다.

$$F(x) = P(X \le x) = \begin{cases} \int_0^x \alpha\beta^\alpha t^{\alpha-1} e^{-(\beta t)^\alpha} dt = 1 - e^{-(\beta x)^\alpha} & x > 0 \\ 0 & x \le 0 \end{cases} \tag{4.30}$$

이 적분 계산은 보기만큼 어렵지 않으며, $u = (\beta t)^\alpha$와 $du = \alpha\beta^\alpha t^{\alpha-1}dt$를 대입하여 계산한다. 와이블 분포의 평균과 분산은 감마함수로 나타낸다.

$X \sim \text{Weibull}(\alpha, \beta)$이면

$$\mu_X = \frac{1}{\beta}\Gamma\left(1 + \frac{1}{\alpha}\right) \tag{4.31}$$

$$\sigma_X^2 = \frac{1}{\beta^2}\left\{\Gamma\left(1 + \frac{2}{\alpha}\right) - \left[\Gamma\left(1 + \frac{1}{\alpha}\right)\right]^2\right\} \tag{4.32}$$

$1/\alpha$이 정수인 경우

$$\mu_X = \frac{1}{\beta}\left[\left(\frac{1}{\alpha}\right)!\right] \qquad \sigma_X^2 = \frac{1}{\beta^2}\left\{\left(\frac{2}{\alpha}\right)! - \left[\left(\frac{1}{\alpha}\right)!\right]^2\right\}$$

만약, $1/\alpha$이 정수이면 $1+1/\alpha$와 $1+2/\alpha$는 정수이므로 감마함수의 첫 번째 특성을 μ_X와 σ_X^2를 계산하는데 사용한다. 만약, $1/\alpha$이 $n/2$의 형태(n은 정수)이면 원칙적으로 μ_X와 σ_X^2는 감마함수의 두 번째와 세 번째 특성을 반복 적용하여 계산한다. 기타의 α값에 대해 μ_X와 σ_X^2는 근사적으로 계산하며, 컴퓨터를 이용한 계산이 필요하다.

Example 4.29

와이블 분포는 반도체 제조공정 중에 베이크(bake) 단계의 시간을 모델링하는데 사용될 수 있다. T는 반도체 베이크 단계 시간을 나타낸다. $T \sim$ Weibull$(0.3, 0.1)$이면, 베이크 단계의 시간이 4시간보다 클 확률을 구하라. 또한, 베이크 단계 시간이 2시간과 7시간 사이에 있을 확률을 구하라.

Solution

누적분포함수인 식 (4.30)을 사용한다. α대신 0.3, β대신 0.1을 대입하면,

$$P(T \le t) = 1 - e^{-(0.1t)^{0.3}}$$

그러므로
$$\begin{aligned} P(T > 4) &= 1 - P(T \le 4) \\ &= 1 - (1 - e^{-[(0.1)(4)]^{0.3}}) \\ &= e^{-(0.4)^{0.3}} \\ &= e^{-0.7597} \\ &= 0.468 \end{aligned}$$

베이크 단계 시간이 2시간과 7시간 사이에 있을 확률은

$$\begin{aligned} P(2 < T < 7) &= P(T \le 7) - P(T \le 2) \\ &= (1 - e^{-[(0.1)(7)]^{0.3}}) - (1 - e^{-[(0.1)(2)]^{0.3}}) \\ &= e^{-[(0.1)(2)]^{0.3}} - e^{-[(0.1)(7)]^{0.3}} \\ &= e^{-(0.2)^{0.3}} - e^{-(0.7)^{0.3}} \\ &= e^{-0.6170} - e^{-0.8985} \\ &= 0.132 \end{aligned}$$

연습 4.6

1 어느 사람의 버스탑승 대기시간(분)은 구간 $(0, 10)$에 균일분포를 갖는다.
a. 버스탑승 대기시간의 평균은 얼마인가?
b. 버스탑승 대기시간의 표준편차는 얼마인가?

2 $T \sim \Gamma(6, 2)$일 때, 다음을 구하시오.
a. μ_T
b. σ_T

3 $T \sim$ Weibull$(0.5, 2)$라 한다. 다음을 구하시오.
a. μ_T
b. σ_T^2
c. $P(T \le 2)$
d. $P(T > 3)$
e. $P(1 < T \le 2)$

4 베어링의 수명(시간)은 $\alpha = 2.25$ 및 $\beta = 4.474 \times 10^{-4}$의 와이블 분포로 모델링할 수 있다.
a. 베어링 수명이 1,000시간을 초과할 확률을 구하시오.
b. 베어링 수명이 2,000시간 미만일 확률을 구하시오.
c. 베어링 수명의 중앙값을 구하시오.
d. 위험함수는 6번 문제에 나타낸 바와 같다. 이때 $t = 2{,}000$에서의 위험도는 얼마인가?

5 컴퓨터에 사용되는 냉각팬(시간)의 평균수명은 $\alpha = 1.5$, $\beta = 0.0001$의 와이블 분포를 따른다.

a. 냉각팬의 수명이 10,000시간을 초과할 확률을 구하시오.

b. 냉각팬의 수명이 5,000시간 미만일 확률을 구하시오.

c. 냉각팬의 수명이 3,000시간과 9,000시간 사이에 있을 확률을 구하시오.

4.7 확률도시

과학자와 엔지니어는 모집단에서 추출한 표본자료를 가지고 작업을 수행한다. 여러 경우에 모집단을 근사적으로 모사하는 확률분포를 결정하는 것이 중요하다. 경우에 따라서는 자료를 생성하는 과정에 대한 이해가 의사를 결정하는데 도움이 된다. 때때로 적합한 분포를 결정하는 유일한 방법은 확률분포를 찾기 위해 표본을 조사하는 것이다.

확률도시(probability plot)는 적합한 확률분포를 결정하기 위한 해법을 제시한다. 임의 표본 $X_1, \cdots, X_n$이 주어져 있을 때, 확률도시를 통해 표본이 어떤 모집단에서 유래되었는가를 판단할 수 있다. 먼저, 간단한 예제를 통해 확률도시의 개념을 살펴보도록 한다. 크기가 5인 표본을 모집단에서 임의로 추출한 후, 모집단이 정규분포인지를 판단하는 경우를 생각한다. 올림차순으로 표본은 다음과 같다.

$$3.01,\ 3.35,\ 4.79,\ 5.96,\ 7.89$$

올림차순으로 각 값을 $X_1, \cdots, X_n$(이 경우, $n=5$)으로 나타낸다. 첫 번째 단계로서, 올림차순으로 0과 1 사이의 균등하게 분포된 값을 X_i에 할당한다. 이를 수행하는 방법은 여러 가지가 있지만 가장 단순한 방법은 $(i-0.5)/n$를 X_i에 할당하는 방법이다. 다음의 표는 주어진 표본에 대한 경우를 나타낸다.

i	X_i	$(i-0.5)/5$
1	3.01	0.1
2	3.35	0.3
3	4.79	0.5
4	5.96	0.7
5	7.89	0.9

$(i-0.5)/n$의 값은 순서를 나타낸 표본 X_i의 위치를 반영하여 선정한다. X_i보다도 작은 $i-1$개의 값이 있고, X_i와 작거나 같은 i개의 값이 있다. $(i-0.5)/n$는 $(i-1)/n$과 i/n의 보간값이다.

목적은 모집단의 정규분포 여부를 판단하는 것이다. 가장 합리적인 모집단의 표준분포는 평균과 표준편차가 표본의 평균과 표준편차와 같을 때이다. 표본평균 $\overline{X}=5.00$이고, 표준편차 $s=2.00$이다. 그러므로 표본이 $N(5, 2^2)$의 분포로부터 추출되었는가를 결정한다. 첫 번째 단계는 $N(5, 2^2)$ 분포의 $100(i-0.5)/5$ 백분위수(즉 10번째, 30번째, 50번째, 70번째, 90번째 백분위수)를 결정하는 것이다. 이 값은 z표에서 각 백분위수에 대응하는 z점수를 계산한 후 이를 원래의 점수로 변환하는 하는 것이다. 실제적으로 Q_i는 컴퓨터 소프트웨어를 통해 계산한다. 다음의 표는 이 예제의 X_i와 Q_i값을 나타낸다.

i	X_i	Q_i
1	3.01	2.44
2	3.35	3.95
3	4.79	5.00
4	5.96	6.05
5	7.89	7.56

확률도시(probability plot)는 (X_i, Q_i)의 점으로 구성된다. Q_i를 생성한 분포는 정규분포이므로 이를 정규확률도시(normal probability plot)라고 부른다. 실제로 $X_1, \cdots, X_n$이 Q_i를 생성한 분포에서 유래한나넌 점은 직신에 근접히어야 한다.

그림 4.15는 표본 $X_1, \cdots, X_5$에 대한 정규확률도시를 나타낸다. 점이 직선에 가까이 위치하는지를 판단하기 위해 직선을 도시점 위에 중첩시켰다. 그림 4.15의 두 도시는 수직축의 축척을 제외하고는 동일하다. 왼쪽의 도시는 수직축의 값이 Q_i를 나타내고, 오른쪽의 도시

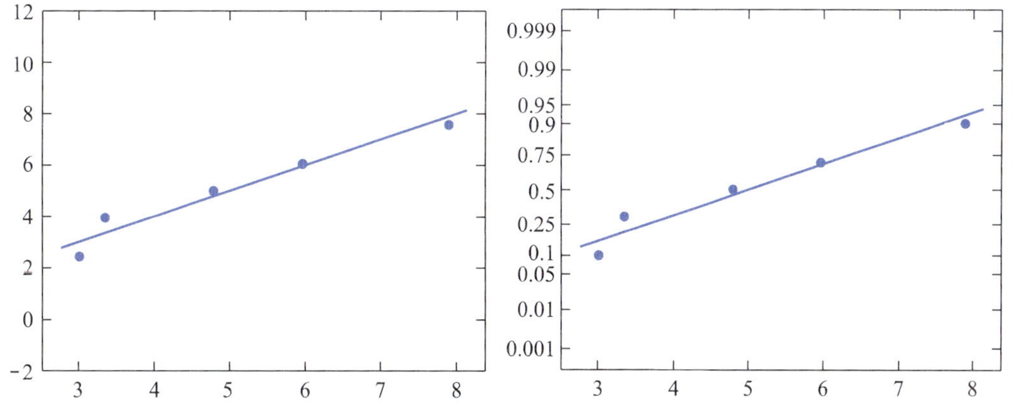

그림 4.15 표본 $X_1, \cdots, X_5$에 대한 정규확률도시

는 수직축의 값이 백분위수를 나타낸다(소수표현으로 0.1은 10% 백분위수를 나타낸다). 예를 들어, $N(5, 2^2)$의 10번째 백분위수는 2.44이므로 오른쪽 도시의 0.1은 왼쪽 도시의 2.44에 대응한다. 50번째 백분위수, 즉 중앙값은 5이므로 오른쪽 도시의 0.5는 왼쪽 도시의 5에 대응한다. 컴퓨터 프로그램은 종종 오른쪽 도시와 같이 수직축 축척을 나타낸다. 그림 4.15에서 표본점은 직선에 근접하므로 표본은 정규분포에서 유래한다고 판단할 수 있다.

$Q_1, \cdots, Q_n$은 분포의 분위수(quantile)로 불리고, 종종 $X_1, \cdots, X_n$은 경험분위수(empirical quantiles)로 불린다. 이러한 이유 때문에 확률도시는 때때로 분위수−분위수 도시(quantile-quantitle plot), 즉 QQ 도시(QQ plot)로 불린다.

이 예에서는 겨우 5개의 표본이 계산에 사용되었다. 실제적으로 확률도시는 더욱 많은 표본에 대해 훨씬 효과적이며, 경험적으로 적어도 30개의 표본이 필요하다. 확률도시는 더 작은 표본에 대해서도 사용될 수 있으나, 정규분포로부터 크게 벗어난 정도만을 조사할 수 있는 정도이다.

그림 4.16은 두 개의 정규확률도시를 나타낸다. 그림 4.16 (a)는 255개 유정(油井)에서의 매달 생산량을 나타낸다. 이 자료들은 직선상에 놓여 있지 않으므로 정규분포에 가까운 모집단으로부터 추출되지 않았다. 그림 4.16 (b)는 매달 생산량의 자연로그값을 나타낸다. 비록 일부 자료가 정규분포에서 벗어나는 것을 나타내지만, 대부분의 자료는 더욱 직선에 근접하여 분포하는 것을 나타낸다.

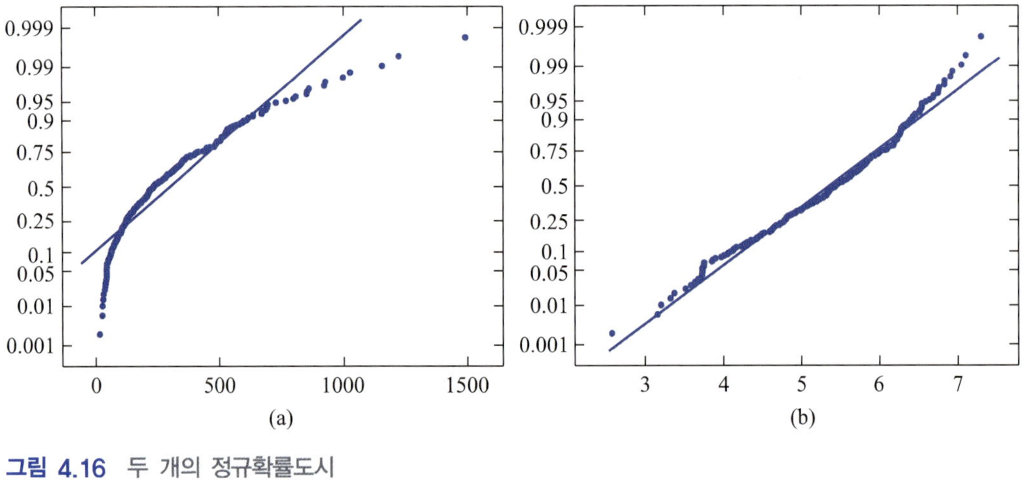

그림 4.16 두 개의 정규확률도시

확률도시의 의미

확률도시의 의미를 파악할 때 융통성 없는 규칙에 얽매일 필요는 없다. 육안으로 도시의 직선성을 판단한다. 확률도시의 점이 직선 가까이에 있는가를 결정할 때, 표본의 양쪽 끝 부분이 직선에서 너무 벗어나지 않는 한 과도하게 끝부분에 주목하지 않는다. 통상적으로 일부의 점은 양쪽 끝부분에서 다소 벗어난다. 그러나 대부분의 점이 직선 가까이 있는 반면에, 직선에서 멀리 벗어나 있는 점은 이상점(outlier)이며 주목하여야 한다.

연습 4.7

1 세 개의 표본자료를 정규확률도시에 각각 나타내었다. 각 표본의 근사적인 정규분포 여부를 판단하시오.

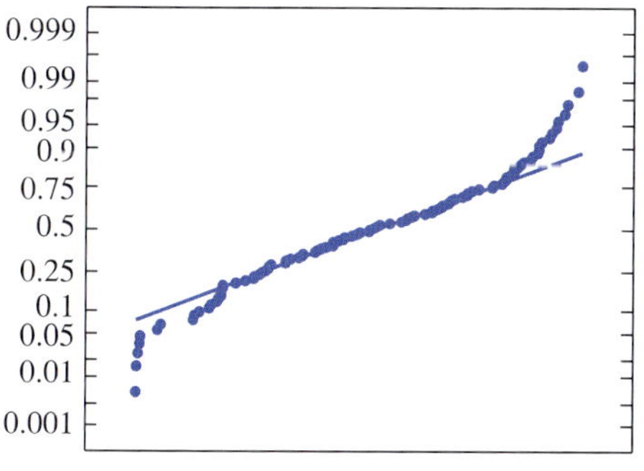

(*a*)

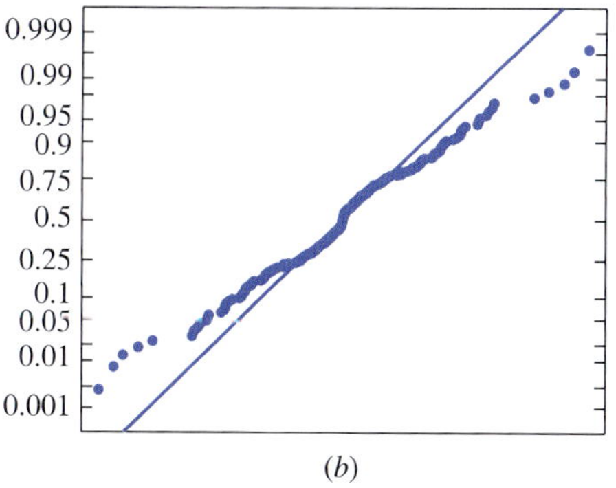

(*b*)

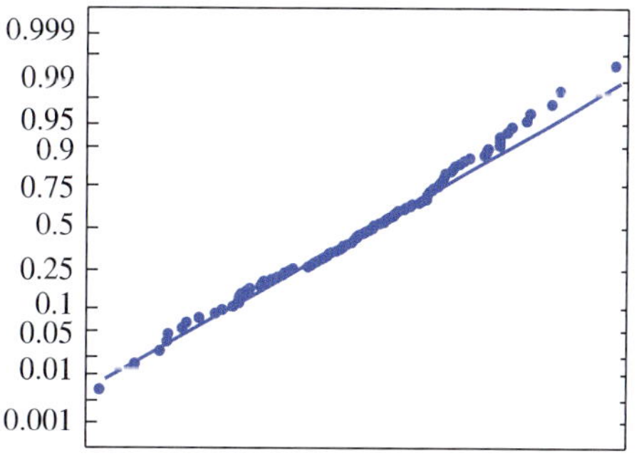

(*c*)

2 옐로우스톤 국립공원 간헐천의 40회 분출 지속시간은 다음과 같다. 이 자료를 정규확률도시에 나타내라. 이 자료는 근사적으로 정규분포를 나타내는가?

4.1	1.8	3.2	1.9	4.6	2.0	4.5	3.9	4.3	2.3
3.8	1.9	4.6	1.8	4.7	1.8	4.6	1.9	3.5	4.0
3.7	3.7	4.3	3.6	3.8	3.8	3.8	2.5	4.5	4.1
3.7	3.8	3.4	4.0	2.3	4.4	4.1	4.3	3.3	2.0

3 표 1.2의 PM 자료를 정규확률도시에 나타내라. PM 자료는 정규분포를 나타내는가?

4 표 1.2의 PM 자료의 로그값을 사용하여 정규확률도시(plot)를 나타내라. PM 자료가 로그정규분포의 모집단으로부터 유래했는지를 판단하기 위하여 이 도시를 사용할 수 있는가? 그 이유를 설명하시오.

4.8 중심극한정리

중심극한정리(central limit theorem)는 통계학에서 훨씬 가장 중요한 결과이다. 통상적으로 이용되는 많은 통계기법이 효용성 검증을 위해 중심극한정리에 의존한다. 중심극한정리는 모집단에서 충분히 큰 표본을 추출하면 표본을 추출한 모집단에 관계없이 표본평균의 분포는 근사적으로 정규분포임을 나타낸다. 이로부터 표본을 추출한 모집단이 정규분포가 아닐지라도 z표를 이용하여 표본평균의 확률을 계산할 수 있다. 다음에서 이러한 내용을 더욱 자세히 살펴본다.

$X_1, \cdots X_n$이 평균 μ와 분산 σ^2인 모집단으로부터 임의로 추출한 표본이라 하고, $\overline{X} = (X_1 + \cdots + X_n)/n$은 표본의 평균이라 하자. 이와 같이 다양한 크기의 표본추출과 표본평균의 계산을 생각해 보도록 한다. 만약, 모집단으로부터 모든 가능한 크기 n의 표본을 추출하고 표본평균을 계산하면 표본평균 계산결과는 표본평균의 모집단을 형성한다. 또한 이 모집단의 확률밀도함수를 만들 수 있다. 이렇게 만들어진 확률밀도함수의 형상은 표본을 도출한 원래 모집단의 형상과 관련이 있다고 생각할 수도 있다. 그러나 표본 크기가 충분히 크면 그렇지 않다. 표본의 크기가 충분히 크면 표본을 추출한 모집단의 분포가 무엇이든지 간에 표본평균의 분포는 근사적으로 정규분포를 나타낸다.

중심극한정리

$X_1, \cdots X_n$이 평균 μ와 분산 σ^2를 갖는 모집단으로부터의 표본으로 한다. 표본평균을 $\overline{X} = \dfrac{X_1 + \cdots + X_n}{n}$으로 하고, 표본 관찰값의 합을 $S_n = X_1 + \cdots + X_n$으로 하고, 만약 n이 충분히 크다면,

근사적으로 $$\overline{X} \sim N\left(\mu, \frac{\sigma^2}{n}\right) \tag{4.33}$$

또한,

근사적으로 $$S_n \sim N(n\mu, n\sigma^2) \tag{4.34}$$

중심극한정리는 표본의 크기 n이 충분히 크다면 $\overline{X}$와 S_n은 근사적으로 정규분포임을 나타낸다. 이때, 어느 정도의 표본 크기가 충분히 큰 것인가? 하는 문제이다. 이의 해답은 모집단의 형상과 관련이 있다. 표본이 거의 대칭분포에서 추출되었다면 정규분포 근사화는 작은 표본크기 n으로도 적절하다. 그러나 모집단이 과도하게 비대칭이라면 충분히 큰 n이 필요하다. 경험적으로 대부분의 모집단에 대해 30 이상의 표본크기는 정규분포의 적합한 근사화를

위해 충분히 크다고 알려져 있다.

> 대부분의 모집단의 경우, 표본의 크기가 30 이상이면 중심극한정리는 적합하다.

Example 4.30

X를 1 cm 길이 구리선 내에 있는 결함 개수라 하자. X의 확률질량함수를 다음의 표에 나타내었다.

x	$P(X=x)$
0	0.48
1	0.39
2	0.12
3	0.01

100개의 표본을 모집단에서 추출하였다. 한 개 표본 구리선의 평균결함 개수가 0.5 이하일 확률은 얼마인가?

Solution

모집단의 평균결함갯수는 $\mu=0.66$이고, 모집단의 분산은 $\sigma^2=0.5244$이다[3.3절의 식 (3.13)과 (3.14)에 의해 계산]. $X_1, \cdots, X_{100}$은 100개 표본의 결함개수를 나타낸다. $P(\overline{X}<0.5)$를 계산하도록 한다. 표본의 크기 $n=100$이고, 이는 충분히 큰 표본이다. 중심극한정리(식 4.33)으로부터 $\overline{X} \sim N(0.66, 0.005244)$이다. 그러므로 0.5의 z점수는

$$z = \frac{0.5-0.66}{\sqrt{0.005244}} = -2.21$$

z표로부터 -2.21 왼쪽부분의 면적은 0.0136이다. 그러므로 $P(\overline{X}<0.5)=0.0136$이고, 크기 100인 표본 중에서 1.36%만이 구리선 한 개당 0.5개 미만의 결함을 갖는다.

예제 4.30에서 모집단의 평균과 분산만이 필요하며, 확률질량함수는 필요하지 않다.

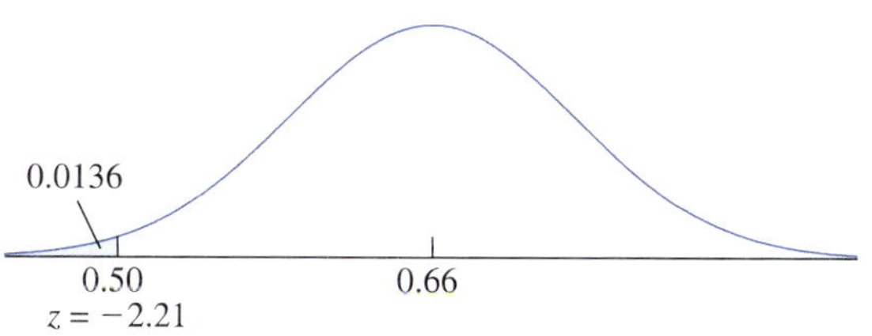

그림 4.17 예제 4.30의 해

Example 4.31 어느 대학교의 학생의 평균연령은 22.3세이고, 표준편차는 4세이다. 64명의 학생표본을 추출하였다. 이 학생들의 평균 연령이 23세 이상일 확률은 얼마인가?

Solution

64명 학생의 연령을 $X_1, \cdots, X_{64}$로 한다. $P(\overline{X} > 23)$의 확률을 구한다. 표본을 추출한 모집단은 평균 $\mu = 22.3$과 분산 $\sigma^2 = 16$을 갖는다. 표본의 크기 $n = 64$이다. 이는 $\overline{X} \sim N(22.3, 0.25)$인 중심극한정리(식 4.33)를 따른다. 23에 대한 z점수는

$$z = \frac{23 - 22.3}{\sqrt{0.25}} = 1.40$$

z표로부터 1.40 오른쪽 부분의 면적은 0.0808이므로 $P(\overline{X} > 23) = 0.0808$이다.

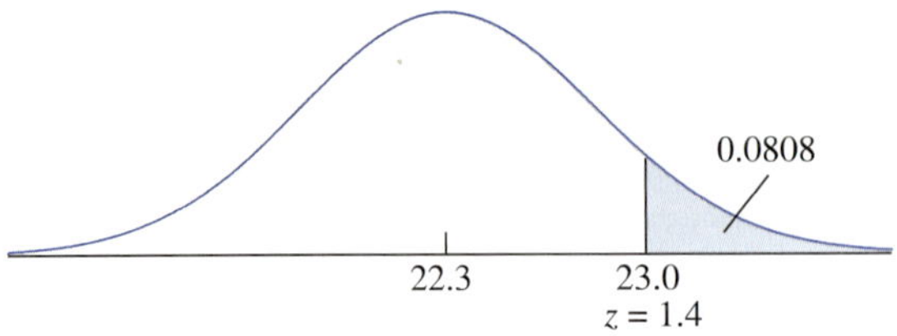

그림 4.18 예제 4.31의 해

이항분포의 정규 근사화

$X \sim \text{Bin}(n, p)$일 때, X는 n회의 독립시행에서 성공 횟수이고 각 시행의 성공확률은 p인 것을 4.1절에서 살펴본 바 있다. 또한, X의 평균은 np이고 분산은 $np(1-p)$이다. 시행횟수가 충분히 크다면 중심극한정리는 근사적으로 $X \sim N(np, np(1-p))$를 나타낸다. 따라서 X와 관련된 확률을 계산하기 위하여 정규분포를 이용할 수 있다.

이때 또다시 의문점이 든다. 얼마나 큰 표본이 충분히 큰 것인가? 이항분포의 경우, 정규근사화의 정확도는 평균성공 횟수 np와 평균실패횟수 $n(1-p)$와 연관이 있다. np와 $n(1-p)$이 클수록 근사화의 정확도는 더욱 증가한다. 경험적으로 $np > 5$이고 $n(1-p) > 5$일 때, 정규근사화를 이용한다. 더욱 효과적이고 안적측으로 $np > 10$이고 $n(1-p) > 10$일 때, 정규근사화를 이용한다.

Summary

$X \sim \text{Bin}(n, p)$이고 $np > 10$, $n(1-p) > 10$이면

근사적으로 $$X \sim N(np, np(1-p)) \quad (4.35)$$

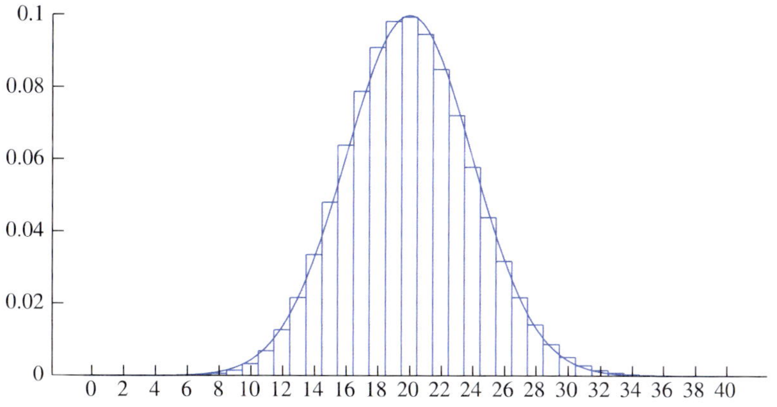

그림 4.19 Bin(100, 0.2)의 확률히스토그램과 $N(20, 16)$의 확률밀도함수의 중첩

이항분포의 정규근사화의 정확도를 그림 4.19를 통해 살펴본다. 그림 4.19에 Bin(100, 0.2)의 확률히스토그램과 $N(20, 16)$의 확률밀도함수를 중첩하여 나타내었다. 이항분포는 약간의 비대칭성을 나타내지만, 정규근사화 곡선과 거의 일치한다.

연속보정

이항분포는 이산분포이나 정규분포는 연속분포이다. 연속보정(continuity correction)은 이산분포를 연속분포로 근사화할 때, 근사화의 정확도를 높이기 위한 보정작업이다. 이 과정을 살펴보기 위해 동전던지기 100회를 생각해 본다. X를 앞면이 나오는 횟수라고 할 때, $X \sim$ Bin(100, 0.5)이다. X가 45와 55 사이에 있을 확률을 구해보자. 이 확률은 경계점, 즉 45와 55를 포함하느냐 배제하느냐에 따라 달라진다. 그림 4.20은 경계점이 포함된 경우, 즉 $P(45 \le X \le 55)$를 나타낸다. 정확한 확률은 정수 45와 55를 포함하고 이에 대응하는 이항확률히스토그램의 전체 사각형 면적으로 주어진다. 더욱 정확히 근사화하기 위해 44.5와 55.5 사이의 정규곡선 밑의 면적을 구하여야 한다. 반면에, 그림 4.21은 $P(45 \le X \le 55)$를 나타내며, 여기서 경계점은 포함되어 있지 않다. 정확한 확률은 정수 46에서 54에 대응하는 이항확률히스토그램의 전체 사각형 면적으로 주어진다. 최적의 정규근사화는 44.5와 55.5 사이의 정규곡선 밑의 면적을 구하는 것이다.

요약하면, 연속보정을 하기 위해서는 포함되는 이산확률히스토그램의 사각형을 정확히 결정한 후, 이 사각형에 대응하는 정규곡선의 밑면적을 구하여야 한다.

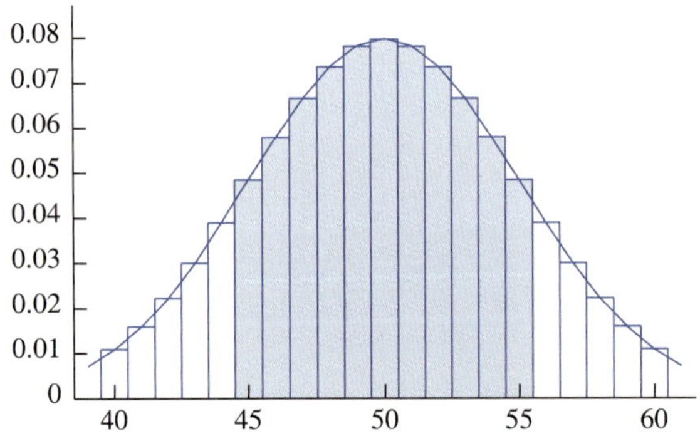

그림 4.20 $P(45 \le X \le 55)$ 계산하기

45와 55에 대응하는 사각형 면적을 포함하도록 한다. 정규곡선의 확률을 근사화하기 위해 44.5와 55.5 사이의 곡선 아래 면적을 계산한다.

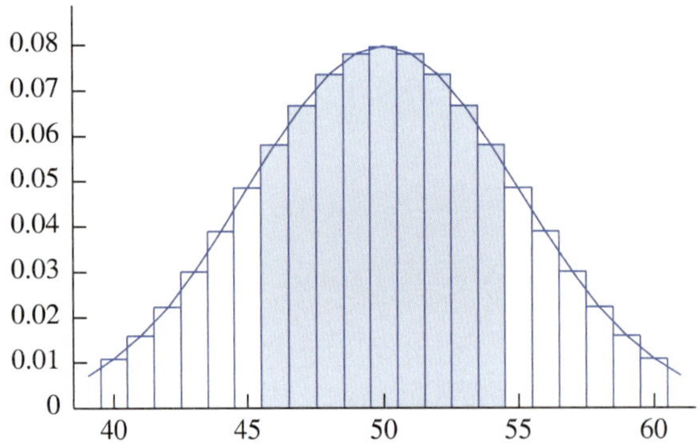

그림 4.21 $P(45 < X < 55)$ 계산하기

45와 55에 대응하는 사각형 면적을 제외하도록 한다. 정규곡선의 확률을 근사화하기 위해 45.5와 54.5 사이의 곡선 아래 면적을 계산한다.

Example 4.32

동전던지기를 100회 시행할 때, 동전 앞면이 나오는 횟수가 45 이상 55 이하 사이에 있을 확률을 근사화하기 위해 정규곡선을 사용하라.

Solution

이러한 경우는 이미 그림 4.20에서 살펴보았다. X를 동전 앞면이 나오는 횟수로 하면, $X \sim \text{Bin}(100, 0.5)$이다. $n = 100$, $p = 0.5$를 식 (4.35)에 대입하면 정규근사화 $X \sim N(50, 25)$를 얻는다. 경계점 45와 55를 포함하기 때문에 44.5와 55.5 사이의 정규곡선 밑면적을 구하여야 한다. 44.5와 55.5의 z점수는 각각 다음과 같다.

$$z = \frac{44.5 - 50}{5} = -1.1, \quad z = \frac{55.5 - 50}{5} = 1.1$$

z표에서 확률은 0.7286이다(그림 4.22 참조).

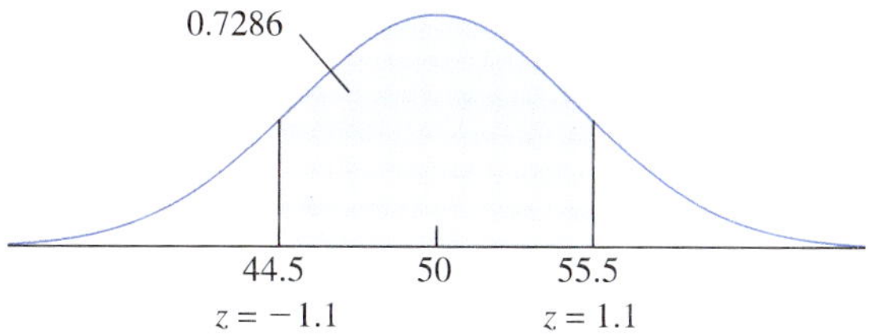

그림 4.22 예제 4.32의 해

Example 4.33

동전던지기를 100회 시행할 때, 동전 앞면이 나오는 횟수가 45 초과 55 미만 사이에 있을 확률을 근사화하기 위해 정규곡선을 사용하라.

Solution

이러한 경우는 이미 그림 4.21에서 살펴보았다. X를 동전 앞면이 나오는 횟수로 한다. 예제 4.32에서와 같이 $X \sim \text{Bin}(100, 0.5)$이고, 정규근사화는 $X \sim N(50, 25)$로 나타낸다. 경계점 45와 55를 포함하지 않기 때문에 45.5와 54.5 사이의 정규곡선 밑면적을 구하여야 한다. 44.5와 55.5의 z점수는 각각 다음과 같다.

$$z = \frac{44.5 - 50}{5} = -0.9, \quad z = \frac{55.5 - 50}{5} = 0.9$$

z표에서 확률은 0.6318이다(그림 4.23 참조).

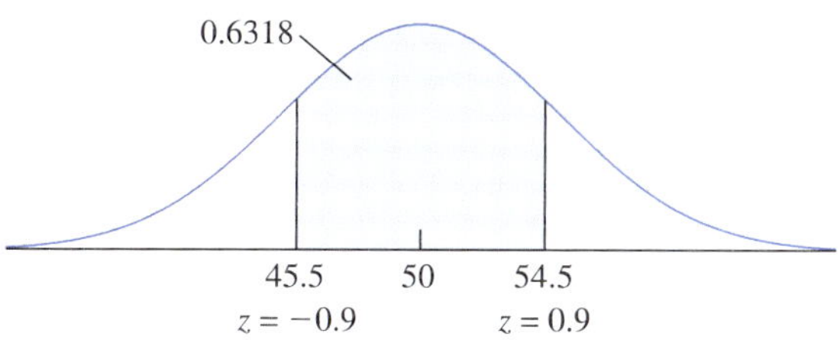

그림 4.23 예제 4.33의 해

연속보정의 정확도

연속보정을 통해 대부분의 경우, 이항분포의 정규근사화의 정확도는 향상된다. 그러나 큰 n과 작은 p를 갖는 이항분포의 경우, 분포의 꼬리 부분에 대응하는 면적을 계산할 때 연속보정 사용은 정규근사화의 정확도를 다소 감소시킨다. 이는 정규근사화가 완전하지 않기 때문이다. 즉, 정규근사화는 분포에서 작은 비대칭성 또는 왜도(skewness)를 고려할 수 없다. 따라서 대부분의 경우 연속보정은 이항분포의 정규근사화에 효율적이지만, 항상 그렇지는 않다.

포아송 분포의 정규 근사화

$X \sim \text{Poisson}(\lambda)$이면 큰 n값에 대해 X는 근사적으로 이항분포이고 $np=\lambda$인 것을 상기해 본다. 또한, $\mu_X=\lambda$이고 $\sigma_X^2=\lambda$인 것을 상기해 본다. λ가 충분히 크다면, 즉 $\lambda>10$이면 X는 근사적으로 $np>10$인 이항분포를 갖는다. 중심극한정리로부터 X는 평균과 분산이 λ인 정규분포로 근사화된다. 따라서, 포아송 분포를 근사화하기 위해 정규분포를 이용할 수 있다.

Summary

$X \sim \text{Poisson}(\lambda)$이면(여기서, $\lambda>10$)

근사적으로 $\quad X \sim N(\lambda, \lambda) \quad$ (4.36)

포아송 분포의 연속보정

포아송 분포는 이산확률분포이므로 원칙적으로 정규근사화에 연속보정을 적용할 수 있다. 곡선의 중심부분을 포함하는 면적에 대한 연속보정은 일반적으로 정규근사화의 정확도를 향상시키지만, 곡선 꼬리부분의 면적에 대한 연속보정은 정규근사화의 정확도를 감소시킨다. 따라서 포아송 분포의 정규근사화는 사용하지 않는다.

Example 4.34

웹사이트의 접속횟수는 시간당 27회의 평균접속횟수를 갖는 포아송 분포를 따른다. 3시간 동안 90회 이상 접속할 확률을 구하라.

Solution

X를 3시간 동안의 웹사이트 접속횟수라 한다. 3시간 동안의 평균 접속횟수는 81회이므로 $X \sim \text{Poisson}(81)$이다. 정규근사화를 적용하면 $X \sim N(81, 81)$이다. $P(X \geq 90)$을 계산한다. 90에 대한 z점수는

$$z=\frac{90-81}{\sqrt{81}}=1.00$$

z표로부터 $P(X \geq 90)=0.1587$이다(그림 4.24 참조).

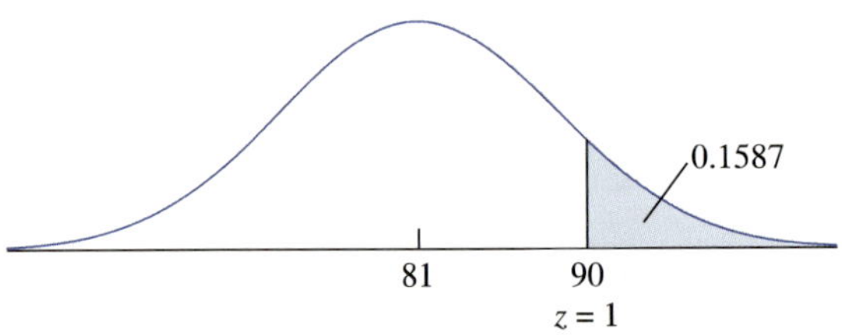

그림 4.24 예제 4.34의 풀이

연습 4.8

1 병에 용액을 12온스(oz) 채우려고 한다. 병의 용액 부피량의 평균은 12.01온스, 표준편차는 0.2온스이다.

a. 임의로 추출한 144개 병 표본의 평균값이 12온스보다 작을 확률은 얼마인가?

b. 모집단의 평균이 12.03온스로 증가할 때, 144개 표본의 평균값이 12온스보다 작을 확률은 얼마인가?

2 파이프를 아연도금할 때, 도금 중량의 평균값은 125 lb이고, 표준편차는 10 lb이다. 50개의 표본을 추출한다.

a. 표본의 도금중량이 평균값이 128 lb를 초과할 확률을 구하시오.

b. 표본 도금중량의 90번째 백분위수를 구하시오.

c. 표본평균이 123 lb보다 작을 확률이 0.02일 때 표본의 크기는 얼마인가?

3 베어링 제조공정에서 베어링의 90%는 두께기준을 만족시킨다. 500개 베어링 표본에서 440개 이상이 기준을 만족시킬 확률은 얼마인가?

4 섬유의 파단강도(kg/mm)는 평균 = 1.86, 표준편차 = 0.27을 갖는다. 80개 표본을 추출하였다.

a. 표본의 평균파단강도가 1.8 kg/mm보다 작을 확률은 얼마인가?

b. 표본의 평균파단강도의 80번째 백분위수를 구하시오.

c. 표본의 평균파단강도가 1.8보다 작을 확률이 0.01일 때 표본의 크기는 얼마인가?

5 예제 4.30의 구리선 모집단에서 225개의 표본을 추출하였다. 이중에서 결함이 없는 구리선이 110개 미만일 확률을 구하시오.

6 새로운 타일 제조공정을 고안하였다. 새로운 제조공정의 목적은 타일의 표면결함에 따른 부적합 타일의 비율을 5% 미만으로 하는데 있다. 1,000개의 표본 타일을 조사하고, 부적합 타일의 개수를 X라 하자.

a. 제조된 타일의 5%가 부적합 제품일 때, $P(X \geq 75)$는 얼마인가?

b. (a)의 답을 근거로 만약 타일의 5%가 부적합하다면 1,000개 중에서 75개의 부적합 타일은 현저히 큰 숫자인가?

c. 표본 타일 중 75개가 부적합 제품이라면 새로운 제조공정은 목적을 달성했다고 할 수 있는가? 그 이유를 설명하시오.

d. 제조된 타일의 5%가 부적합 제품일 때, $P(X \geq 53)$은 얼마인가?

e. (d)의 답을 근거로 만약 타일의 5%가 부적합하다면 1,000개 중에서 53개의 부적합 타일은 현저히 큰 숫자인가?

f. 표본 타일 중 53개가 부적합 제품이라면 새로운 제조공정은 목적을 달성했다고 할 수 있는가? 그 이유를 설명하시오.

제4장 연습문제

1 어느 비행기에 100개의 승객용 좌석이 있다. 탑승권을 구입한 승객이 비행기 탑승을 위해 나타나는 확률은 0.90이다. 항공사가 105개의 탑승권을 판매할 때, 비행기 탑승을 위해 나타난 모든 사람이 좌석을 배정받을 확률은 얼마인가?

2 강낭콩 씨앗의 색깔 유전자에는 Y(노란색)와 G(초록색)가 있다. 두 개의 유전자 중 하나만을 갖는 품종을 이형품종이라고 한다. 멘델의 유전법칙에 따르면, 두 개의 이형품종을 교접할 때, 노란색 씨앗이 나타날 확률은 0.75이고 초록색 씨앗이 나타날 확률은 0.25이다.

a. 10개 이형품종의 교접 씨앗에서 정확히 3개가 초록색 씨앗일 확률은 얼마인가?
b. 10개 이형품종의 교접 씨앗에서 초록색 씨앗의 숫자가 2보다 클 확률은 얼마인가?
c. 100개 이형품종의 교접 씨앗에서 초록색 씨앗의 숫자가 30보다 클 확률은 얼마인가?
d. 100개 이형품종의 교접 씨앗에서 초록색 씨앗의 숫자가 30과 35개 사이에 있을 확률은 얼마인가?
e. 100개 이형품종의 교접 씨앗에서 노란색 씨앗의 숫자가 80보다 작을 확률은 얼마인가?

3 환경보호기관이 호수의 수질 측정을 위해 업체와 장비구입계약을 체결하여 10개의 장비를 사용할 계획이다. 장비가 사용 도중에 고장날 확률은 0.01이다.
a. 모든 장비가 고장나지 않을 확률은 얼마인가?
b. 2개 이상의 장비가 고장날 확률은 얼마인가?
c. 환경보호기관은 모든 장비가 고장나지 않을 확률을 최소한 0.95로 요구하고 있다. 개별 장비의 최대한 허용할 수 있는 고장 확률은 얼마인가?

4 어떤 증상을 치료하기 위해 약물을 복용한다. 목표 복용량은 μ이다. 약물 복용장비 눈금의 변동성 및 약물 혼입의 변동성 때문에 실제 복용량은 평균 μ와 분산 σ^2의 정규분포를 갖는다.
a. 복용량과 평균 μ와의 차이가 σ보다 작을 확률은 얼마인가?
b. 복용량을 X라 할 때, $P(X < \mu + z\sigma) = 0.90$이 되는 z를 구하시오.
c. 평균 약물 복용량이 10 mg, 분산이 2.6 mg^2일 때, 15 mg를 초과하는 복용량은 과다 복용으로 판단한다. 환자가 과다복용을 할 확률을 구하시오.

5 새로운 엔진에 장착되는 연료주입밸브의 제작 오차 관리값은 평균 200μm, 표준편차 10μm의 정규분포를 나타낸다.
a. 관리값이 215μm보다 클 확률을 구하시오.
b. 관리값이 180과 205μm 사이에 있을 확률을 구하시오.
c. 엔진에는 6개의 주입밸브가 있다. 이중에서 2개가 215μm보다 큰 관리값을 가질 확률을 구하시오.

6 어느 제조공정에서 과다 크기의 부품을 생산할 확률은 0.05이다.
a. 300개의 표본 중에서 과다 크기 부품이 20개 미만일 확률을 구하시오.
b. 10개의 표본 중에서 과다 크기 부품이 1개 이상일 확률을 구하시오.
c. 300개 부품 로트의 1%만이 20개 이상의 과다 크기 부품을 포함하도록 하기 위해 과다 크기 부품의 확률을 얼마로 감소시켜야 하는가?

7 베어링 사용기간(년)은 $\alpha = 1.5$와 $\beta = 0.8$인 와이블 분포를 따른다.
a. 베어링의 사용연한이 1년보다 클 확률을 구하시오.
b. 베어링의 사용연한이 2년 미만일 확률을 구하시오.

8 포장용 상자의 무게를 포함하여 12온스 시리얼을 생산하는 제조업체가 있다. 제조업체는 시리얼 중량의 평균은 12.2온스이고 표준편차는 0.1온스라고 주장한다. 75개의 시리얼 상자의 총중량을 측정하여 S로 나타낸다.
a. 제조업체의 주장이 사실이라면 $P(S \leq 914.8)$를 구하시오.
b. (a)의 답을 토대로, 제조업체의 주장이 옳다고 할 때, 914.8온스인 75개 표본상자의 중량은 비정상적으로 작다고 판단할 수 있는가?
c. 상자 전체의 중량이 914.8온스라면 제조업체의 주장이 거짓이라고 판단할 수 있는가? 이에 대해 설명하시오.
d. 제조업체의 주장이 사실이라면 $P(S \leq 910.3)$은 얼마인가?
e. (d)의 답을 토대로 제조업체의 주장이 옳다고 할 때, 910.3온스인 75개 표본상자의 중량은 비정상적으로 작다고 판단할 수 있는가?
f. 상자 전체의 중량이 910.3온스라면 제조업체의 주장이 거짓이라고 판단할 수 있는가? 이에 대해 설명하시오.

점추정과 구간추정

05

개요

자료를 수집할 때 자료를 추출한 모집단의 수치적 특성 추정을 주목적으로 한다. 예를 들어, 모집단으로부터 추출한 표본 볼트의 직경을 측정하고 모집단의 볼트의 평균 직경을 알기 위해 표본평균을 계산한다. 또는 강도 규격을 만족시키는 볼트 모집단의 비를 추정하기 위해 강도규격을 만족시키는 볼트 표본의 비를 계산한다.

표본평균과 표본 비는 하나의 숫자, 즉 점(point)이기 때문에 점추정(point estimates)이다. 반면에 구간추정(interval estimates) 또는 신뢰구간(confidence intervals)은 더욱 유용하다. 참값이 어느 정도 벗어나 있는지를 나타내기 위해 점추정의 오차한계를 제공하는 데에 신뢰구간은 중요하다.

100개 볼트 표본의 직경을 측정한 결과, 표본평균은 5.0mm, 표본 표준편차는 0.2 mm인 경우를 생각해 보자. 표본평균 5.0 mm는 모집단의 평균직경 μ의 점추정이다. 모집단 평균은 5.0에 근접하지만 정확히 5.0은 아니다. 신뢰구간은 모집단 평균이 표본평균과 얼마나 근접한지를 나타내는 개념을 제공한다. 신뢰구간의 예는 5.0 ± 0.04, 즉 (4.96 , 5.04)이다. 사실상, 5.2절의 결과는 참평균 μ가 4.96과 5.04 사이의 구간에 있는 것을 근사적으로 95% 신뢰한다는 것을 나타낸다.

5.1 점추정

모집단의 수치적 특성을 추정하기 위해 모집단으로부터 자료를 수집한다. 예를 들어, $X_1, \cdots, X_n$을 모집단으로부터의 임의로 추출한 표본이라고 하자. 표본평균 $\overline{X}$는 모집단 평균 μ를 추정하기 위해 사용되며, 표본분산 s^2은 모집단 분산 σ^2을 추정하기 위해 사용된다. 또 다른 예로서, $X \sim \mathrm{Bin}(n, p)$라면 표본비율(sample proportion) $\hat{p} = X/n$는 종종 모비율(population proportion) p를 추정하기 위해 사용된다.

자료로부터 계산된 값을 통계량이라고 부르며, 미지의 상수, 즉 모수(parameter)를 추정하기 위해 사용하는 통계량을 점추정량(point estimator) 또는 점추정값(point estimate)이라고 한다. 점추정값이라는 용어는 자료에 대한 특정한 수치가 설정되었을 때 사용한다. $X \sim \text{Bin}(10, p)$이고 $X=3$을 관찰했다면 $\hat{p}=3/10$은 미지의 모수 p의 점추정값이다. 반면에, X에 대한 특정한 값이 설정되지 않았다면 임의량 $\hat{p}=X/10$는 p의 점추정량이라고 불린다. 종종 점추정량과 점추정값은 각각 간단히 추정량(eatimator) 또는 추정값(estimate)이라고도 불린다.

Summary

- 표본의 수치적 대표값을 통계량(statistic)이라고 하며, 표본평균 $\overline{X}$와 표본분산 s^2는 통계량의 예이다.
- 모집단의 수치적 대표값을 모수(parameter)라고 하며, 모평균 μ와 모분산 σ^2은 모수의 예이다.
- 통계량은 모수를 추정하기 위해 사용되며, 모수를 추정하기 위해 사용되는 통계량을 점추정값(point estimate)이라고 한다.

점추정값은 추정하고자 하는 참값과 일치하지 않는다. 추정값과 참값의 차이는 표본마다 다르다. 표본에 따라 표본평균 $\overline{X}$가 모평균 μ에 인접하는 경우도 있지만, 그렇지 않은 경우도 있다. 추정량의 참값에 대한 인접성(closeness)은 표본마다 다르기 때문에 추정량이 참값에 얼마나 인접한지를 평균적으로 측정하여 추정량의 적합성을 결정한다. 이와 관련한 두 가지의 중요 측정기법으로서 편의(bias)와 분산이 있다. 먼저 편의에 대해 살펴보도록 하자.

추정량의 편의는 추정량의 평균과 추정하고자 하는 참값과의 차이이다. 작은 편의가 큰 편의보다 좋으며, 작은 편의는 추정량이 참값에 인접하는 것을 나타낸다. 양호한 추정량은 편의되지 않은 값이며, 편의가 거의 0인 상태를 나타낸다. 즉, 추정량의 평균은 참값에 인접한다. 편의는 오직 추정량 평균의 근접성만을 나타낸다. 편의가 작을지라도 추정값은 참값과 멀리 떨어져 있을 수 있다.

Summary

θ를 모수라고 하고 $\hat{\theta}$를 θ의 추정량이라고 할 때, $\hat{\theta}$의 편의는 $\hat{\theta}$의 평균과 참값 θ와의 차이이다. 이를 기호로 나타내면,

$$\text{편의} = \mu_{\hat{\theta}} - \theta \tag{5.1}$$

0의 편의를 갖는 추정량은 편의가 없다(unbiased)라고 말한다.

Example 5.1

$X \sim \text{Bin}(n, p)$이고 p가 미지값일 때, $\hat{p} = X/n$의 편의를 구하라.

Solution

편의는 $\mu_{\hat{p}} - p$이므로 $\mu_{\hat{p}}$를 계산해야 한다. 4.1절의 식 (4.3)으로부터 $\mu_X = np$이다.

따라서, $\mu_{\hat{p}} = \mu_{X/n} = \mu_X/n = np/n = p$

편의는 $\mu_{\hat{p}} - p = p - p = 0$이다. 따라서, $\hat{p}$는 편의가 없다.

추정량의 적합성을 결정하는 두 번째 중요한 측정량은 분산이다. 분산은 퍼진 정도(spread)를 나타내므로 작은 분산이 큰 분산보다 좋다. 추정량의 분산이 작을 때, 추정량의 반복값은 서로 근접하고 있음을 나타낸다. 물론, 추정량의 분산이 작다는 것은 이들이 꼭 참값에 근접하는 것을 나타내지는 않는다.

그림 5.1은 편의와 분산을 고려한 여러 조건에서의 추정량을 나타낸다. 그림 5.1 (a)와 (b)는 측정값이 서로 인접한 경우로서 분산이 작은 경우를 나다낸다. 그림 5.1 (a)와 (c)는 측정값이 참값에 인접하여 중앙에 있는 경우로서 편의가 작은 경우를 나타낸다.

가장 널리 사용되는 추정량 성능(performance) 측정법은 편의와 분산을 조합하는 것이다. 이러한 측정법을 평균제곱오차(mean squared error)라고 하며, 약칭 MSE로 표현한다. 평균제곱오차는 분산과 편의의 제곱의 합이다.

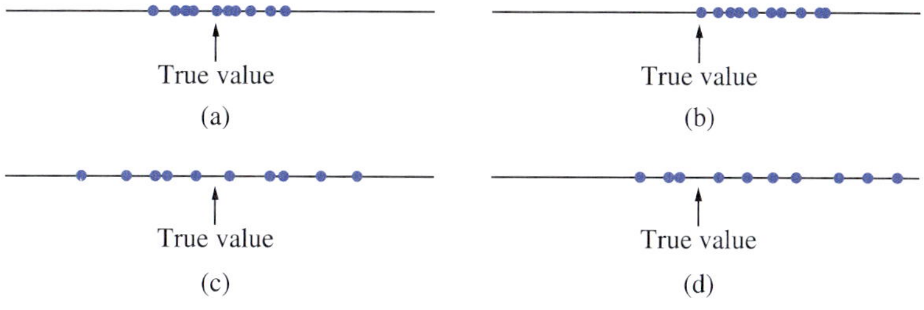

그림 5.1 (a) 편의와 분산이 작은 경우 (b) 편의는 크고 분산이 작은 경우
(c) 편의는 작고 분산이 큰 경우 (d) 편의와 분산이 큰 경우

θ를 모수라고 하고 $\hat{\theta}$를 θ의 추정량이라고 하자. $\hat{\theta}$의 평균제곱오차(MSE)는 다음과 같다.

$$\text{MSE}_{\hat{\theta}} = (\mu_{\hat{\theta}} - \theta)^2 + \sigma_{\hat{\theta}}^2 \tag{5.2}$$

MSE의 등가 표현식은 다음과 같다.

$$\text{MSE}_{\hat{\theta}} = \mu_{(\hat{\theta} - \theta)^2} \tag{5.3}$$

식 (5.2)는 MSE가 편의의 제곱과 분산의 합인 것을 나타낸다. 식 (5.3)에서 $\hat{\theta}-\theta$는 추정값과 참값의 차이, 즉 오차(error)이다. 따라서 식 (5.3)은 MSE가 제곱오차의 평균임을 나타낸다. 식 (5.2)와 (5.3)은 동일한 결과를 나타내므로 MSE를 계산하기 위해 둘 중의 어느 것을 사용해도 된다. 실질적으로 식 (5.2)를 사용하기가 더욱 쉽다.

Example 5.2

$X \sim \text{Bin}(n, p)$이고 p는 미지수일 때, $\hat{p}=X/n$의 MSE를 구하라.

Solution

$\hat{p}$의 편의와 분산을 구하고 식 (5.2)를 이용한다. 예제 5.1에서 살펴본 바와 같이 $\hat{p}$의 편의는 0이다. $\hat{p}$의 분산을 구하도록 한다. 4.1절의 식 (4.3)으로부터 $\mu_X=np$이다.
그러므로 분산은

$$\sigma_{\hat{p}}^2=\sigma_{X/n}^2=\sigma_X^2/n^2=np(1-p)/n^2=p(1-p)/n$$

따라서, $\hat{p}$의 MSE는 $0+p(1-p)/n$ 또는 $p(1-p)/n$이다.

예제 5.2에서 추정량은 편의되어 있지 않기 때문에 MSE는 추정량의 분산과 같다.

점추정값의 한계

점추정값은 추정하고자 하는 참값과 같지 않기 때문에 그 사용에 한계가 있다. 따라서 점추정값이 유용하도록 하기 위해서는 참값이 점추정값에서 어느 정도 벗어나 있는가를 표현하는 것이 필요하다. 이를 위한 한 가지 방법은 추정값과 함께 MSE를 살펴보는 것이다. 실제로 다양한 추정값이 사용될지라도 추정값은 구간추정(interval estimate) 또는 신뢰구간(confidence interval)이라고 불린다. 신뢰구간은 두 개의 숫자, 즉 하한값(lower limit)과 상한값(upper limit)으로 구성되며 참값이 이 두 개의 숫자 사이에 오도록 구성된다. 또한, 신뢰수준(level of confidence)은 신뢰구간 내에 참값이 포함될 정도를 나타내며, 본 장에서는 대부분 신뢰구간 작성에 대해 살펴보도록 한다.

연습 5.1

1. 추정량(estimator)이 편의가 없다면, 다음 중 어느 것이 옳은가?
   a. 추정량은 참값과 같다.
   b. 추정량은 통상적으로 참값에 가깝다.
   c. 추정량의 평균은 참값과 같다.
   d. 추정량의 평균은 통상적으로 참값에 가깝다.

2 X_1과 X_2는 서로 독립이고, 각각의 평균값 μ는 미지값이고 분산 $\sigma^2 = 1$로서 기지값이다.

a. $\hat{\mu}_1 = \dfrac{X_1 + X_2}{2}$ 일 때, $\hat{\mu}_1$의 편의, 분산 및 평균제곱오차를 구하라.

b. $\hat{\mu}_2 = \dfrac{X_1 + 2X_2}{3}$ 일 때, $\hat{\mu}_2$의 편의, 분산 및 평균제곱오차를 구하라.

c. $\hat{\mu}_3 = \dfrac{X_1 + X_2}{4}$ 일 때, $\hat{\mu}_3$의 편의, 분산 및 평균제곱오차를 구하라.

3 2번에서 $\hat{\mu}_3$가 $\hat{\mu}_2$보다 더 작은 평균제곱오차를 가질 때의 μ는 얼마인가?

5.2 큰 크기를 갖는 표본의 신뢰구간

예를 통해 모평균에 대한 표본의 신뢰구간을 살펴보도록 한다. 자동차 배터리의 성능평가 척도는 암페어(ampere, Å)로 표현되는 냉각 크랭크(crank) 전류량이며, 배터리는 특정 볼트를 유지하면서 0°F에서 30초 동안 전류를 공급하여야 한다. 기술자가 설계 시에 배터리의 평균 냉각 크랭크 전류량를 추정한다고 하자. 100개의 표본에 대한 표본평균 $\overline{X} = 185.5$A이고, 표본 표준편차 $s = 5.0$A이다.

표본평균 $\overline{X} = 185.5$는 모평균의 점추정값이며, 이는 모평균과 정확히 일치하지는 않는다. 모평균은 185.5보다 클 수도 있고 작을 수도 있다. 모평균이 얼마나 큰지 작은지를 이해하기 위해 185.5를 기준으로 모평균을 포함하는 신뢰구간을 작성한다. 이때, 모평균이 신뢰구간에 포함되도록 신뢰수준을 정량화하여야 한다. 이 예에서 신뢰수준 작성을 살펴보기 위해 μ는 미지의 모평균을 나타내고, σ^2은 미지의 모분산을 나타낸다고 하자. $X_1, \cdots, X_{100}$은 표본 배터리의 전류량이다. 표본평균의 관찰값 $\overline{X} = 185.5$이다. $\overline{X}$는 큰 크기를 갖는 표본의 평균이므로 극한중심정리에 따라 평균 μ, 표준편차 $\sigma_{\overline{X}} = \sigma / \sqrt{100}$ 인 정규분포이다.

그림 5.2는 $\overline{X}$의 분포를 나타내는 정규곡선이다. 곡선의 95% 가운데 부분은 모평균 μ를 중심으로 $1.96\sigma_{\overline{X}}$까지 분포한다. 관찰값 $\overline{X} = 185.5$는 분포에서의 단일 추출값이다. 특정값 $\overline{X}$가 곡선의 어느 부분에서 추출되었는지를 알지 못한다. 그림 5.2는 표본평균 $\overline{X}$가 분포의 가운데 부분 95%에 놓일 가능성을 나타낸다. 추출되는 모든 표본 중에서 95%는 이 범위 안에 들어온다. 그림 5.2에서 곡선 아래의 수평축은 $\overline{X}$의 구간이며, 이 구간은 분포에서 가운데 부분 95%, 즉 $\overline{X} \pm 1.96\,\sigma_{\overline{X}}$ 구간과 정확히 일치한다. 이 구간을 모평균 μ의 95%신뢰구간이라고 한다. 이 신뢰구간은 모평균 μ를 포함한다.

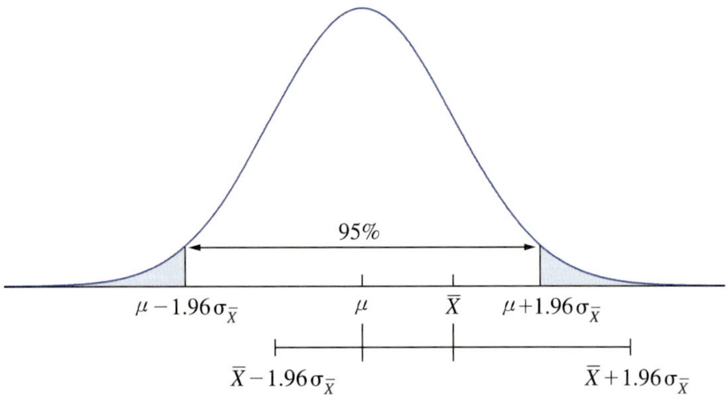

그림 5.2 표본평균 $\bar{X}$의 정규분포(95% 신뢰구간 이내에 있는 경우)

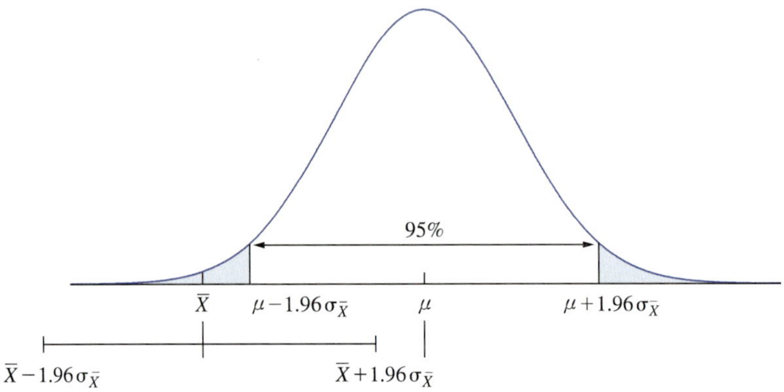

그림 5.3 표본평균 $\bar{X}$의 정규분포(95% 신뢰구간 밖에 있는 경우)

반면에 그림 5.3은 평균 $\bar{X}$가 곡선의 가운데 95% 구간 밖에 있는 것을 나타낸다. 추출되는 모든 표본 중에서 5%가 이 범위 안에 들어온다. 이러한 경우에 $\bar{X} \pm 1.96\,\sigma_{\bar{X}}$ 의 95% 신뢰구간은 모평균 μ를 포함하지 않는다.

전류량 문제에 대해 95% 신뢰구간인 $\bar{X} \pm 1.96\,\sigma_{\bar{X}}$ 을 계산해 보도록 하자. $\bar{X}$값은 185.5이다. 모집단 표준편차 σ와 이에 따른 $\sigma_{\bar{X}} = \sigma / \sqrt{100}$ 는 미지수이다. 그러나 이 예제의 경우, 표본의 크기가 크므로 σ를 표본 표준편차 $s = 5.0$로 근사화할 수 있다. 따라서 전류량 모평균 μ의 95% 신뢰구간을 $185.5 \pm (1.96)(5.0\sqrt{100})$, 즉 185.5 ± 0.98(184/52와 186.48)로 계산한다. 이때, 전류량의 모평균이 184.52와 186.48 사이에 놓이는 것을 95% 신뢰한다고 말한다. 95% 신뢰구간은 실질적으로 모평균 μ를 포함하는가? 이는 평균이 가운데 95% 구간에 있는 표본인지, 또는 평균이 크거나 작아서 분포 가장자리 5% 구간에 있는지에 달려 있다. 표본이 어느 범위에 포함될지를 확실히 판별하는 방법은 없다. 그러나 기술자가 큰 크기의 표본을 매일 추출해서 95% 신뢰구간인 $\overline{X} \pm 1.96\,\sigma_{\overline{X}}$을 반복 계산한다고 생각해 보자. 궁극적으로, 기술자가 추출하는 표본의 95%는 가운데 분포 95% 구간에서 평균을 갖는다. 즉, 기술자가 계산하는 신뢰구간의 95%는 모집단 평균을 포함한다. 이때의 95%를 신뢰구간의 신뢰수준이라고 한다. 신뢰수준은 신뢰구간을 계산하기 위한 절차의 성공률이다.

> **신뢰구간의 신뢰수준**
>
> 신뢰수준은 신뢰구간이 참값을 포함할 모든 가능한 표본의 비이다.

95% 신뢰구간 185.5 ± 0.98이 어떻게 계산되었는지를 다시 살펴보도록 한다. 185.5는 표본평균 $\overline{X}$이고, 이 값은 모평균 μ의 점추정값이다. 또한 ± 0.98은 오차한계이다. 오차한계 0.98은 1.96과 $\sigma_{\overline{X}}(=0.5)$와의 곱이다. $\sigma_{\overline{X}}$는 $\overline{X}$의 표준편차이므로 표준오차라고 부른다. 표준오차는 점추정량 또는 근사값의 표준편차이다. 표준오차에 곱한 1.96을 임계값(critical value)이라고 부른다. 1.96이 95% 신뢰구간의 임계값인 이유는 정규곡선 면적의 95%가 모평균 μ의 표준편차의 −1.96배 및 1.96배 사이에 있기 때문이다.

> **Summary**
>
> 신뢰구간은 지금까지 살펴본 패턴을 따르며, 다음과 같은 형태를 나타낸다.
>
> 점추정값 ± 오차한계
>
> 여기서, 오차한계 = (임계값) × (표준오차)

점추정값과 표준오차를 계산하면 적정한 임계값을 사용하여 임의의 신뢰수준에서의 신뢰구간을 계산할 수 있다. 예를 들어, 다음과 같이 μ에 대한 68% 신뢰구간을 만들 수 있다. 정규곡선에서 가운데 부분 68%는 모평균 μ를 기준으로 양쪽으로 $1.0\sigma_{\overline{X}}$만큼 떨어진 구간에 대응한다. 임계값 1.0은 추출표본 68%에 대한 모평균을 포함하는 신뢰구간을 만든다. 그러므로 배터리의 평균 전하량의 68% 신뢰구간은 185.5 ± (1.0)(0.5), 즉 (185.0 , 186.0)이다.

주어진 신뢰수준에서 신뢰구간을 구하는 방법에 대해 살펴보도록 한다. α를 0과 1 사이의 숫자라 할 때, $100(1-\alpha)\%$는 원하는 신뢰수준이다. 그림 5.4는 $\overline{X}$의 분포를 나타내는 정규곡선이다. $z_{\alpha/2}$를 곡선 오른쪽 꼬리의 $\alpha/2$ 면적을 잘라내는 z점수라고 하자. 예를 들어, 표준정규곡선 면적의 2.5%는 z표(부록 표 A.2)에서 1.96의 오른쪽 면적이므로 $z_{0.25}=1.96$이다. 마찬가지로 $-z_{0.25}$는 곡선 왼쪽 꼬리의 $\alpha/2$ 면적을 잘라낸다. 곡선의 가운데 $1-\alpha$ 부분은 $\mu \pm z_{\alpha/2}\sigma_{\overline{X}}$ 구간에 대응한다. 그림 5.2와 5.3에 보인 바와 같이 $\overline{X} \pm z_{\alpha/2}\sigma_{\overline{X}}$ 구간은 표본 $1-\alpha$에 대한 모평균 μ를 포함한다. 그러므로 μ의 $100(1-\alpha)\%$ 신뢰수준에서의 신뢰구간은 임계값을 $z_{\alpha/2}$로 정하여 구할 수 있다. 신뢰구간은 $\overline{X} \pm z_{\alpha/2}\sigma_{\overline{X}}$, 즉 $\overline{X} \pm z_{\alpha/2}\sigma/\sqrt{n}$ 이다.

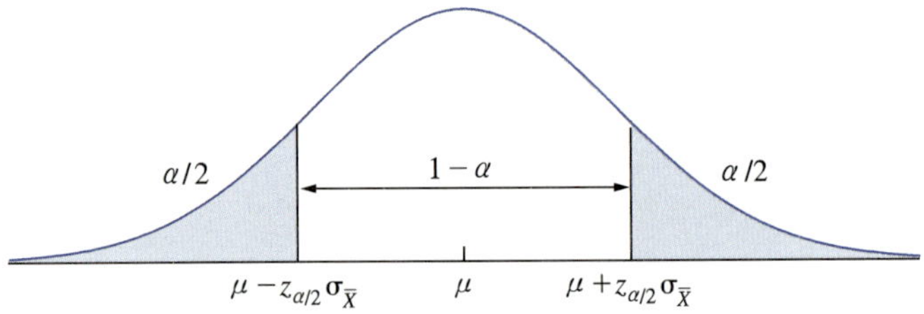

그림 5.4 평균 μ와 표준편차 $\sigma_{\overline{X}} = \sigma/\sqrt{n}$을 갖는 정규분포로부터 추출한 표본평균 $\overline{X}$

표본의 크기가 클지라도 $\overline{X}$의 분포는 정확한 정규분포이기보다는 근사적 정규분포이다. 따라서 신뢰구간에 대한 수준은 근사값이다. 중심극한정리를 사용할 수 있을 만큼 표본의 크기가 충분히 클 때, 근사적인 수준과 정확한 수준과의 구분을 무시할 수 있다.

Summary

$X_1, \cdots, X_n$은 평균 μ와 표준편차 σ를 갖는 모집단에서 임의로 추출한 크기가 큰 표본일 때 $(n > 30)$, $\overline{X}$는 근사적으로 정규분포를 갖는다. 이때, μ의 $100(1-\alpha)\%$ 신뢰구간은 다음과 같다.

$$\overline{X} \pm z_{\alpha/2}\sigma_{\overline{X}} \tag{5.4}$$

여기서, $\sigma_{\overline{X}} = \sigma/\sqrt{n}$ 이다. σ가 미지수일 때, 표본 표준편차 s로 대신한다.

특히,

- $\overline{X} \pm \dfrac{s}{\sqrt{n}}$은 μ에 대한 68% 신뢰구간이다.
- $\overline{X} \pm 1.645\dfrac{s}{\sqrt{n}}$은 μ에 대한 90% 신뢰구간이다.
- $\overline{X} \pm 1.96\dfrac{s}{\sqrt{n}}$은 μ에 대한 95% 신뢰구간이다.
- $\overline{X} \pm 2.58\dfrac{s}{\sqrt{n}}$은 μ에 대한 99% 신뢰구간이다.
- $\overline{X} \pm 3\dfrac{s}{\sqrt{n}}$은 μ에 대한 99.7% 신뢰구간이다.

Example 5.3

100개 배터리의 냉각 크랭크 전류량에 대한 표본평균과 표준편차는 각각 $\overline{X}=185.5$와 $s=5.0$이다. 배터리 평균 전류량에 대한 85% 신뢰구간을 구하라.

Solution

점추정값, 표준오차 및 임계값을 계산하도록 한다. 점추정값 $\overline{X}=185.5$이다. 표준오차 $\sigma_{\overline{X}} \approx s/\sqrt{n}=0.5$로 근사화한다. 85% 신뢰구간에 대한 임계값을 찾기 위해 $1-\alpha=0.85$라 하면 $\alpha=0.15$이고, $\alpha/2=0.075$이다. 임계값은 $z_{.075}$이고, 이 값은 오른쪽 꼬리부분의 7.5%를 잘라내는 z점수로서 z표에서 $z_{.075}=1.44$이다. 그러므로 오차한계는 $(1.44)(0.5)=0.72$이다. 85% 신뢰구간은 185.5 ± 0.72, 즉 $(184.78, 186.22)$이다.

Example 5.4

50개의 탄소합금강용 마이크로 드릴(microdrill)의 평균수명(파괴 전까지의 드릴 구멍의 개수로 표현)은 12.68이고, 표준편차는 6.83이다. 이 조건에서 마이크로 드릴의 평균기대수명에 대한 95% 신뢰구간을 구하라.

Solution

먼저 문제를 통계학적 표현으로 나타내 본다. $X_1, \cdots, X_{50}$은 임의로 추출한 기대수명의 표본이다. 표본의 평균과 표준편차는 각각 $\overline{X}=12.68$, $s=6.83$이다. 모평균은 미지수이며 μ로 나타낸다. 신뢰구간은 식 (5.4)에 나타낸 바와 같이 $\overline{X} \pm z_{\alpha/2}\sigma_{\overline{X}}$의 형태를 갖는다. 95% 신뢰구간을 계산하여야 하므로 신뢰수준 $1-\alpha$는 0.95이다. 따라서 $\alpha=0.05$이고, 임계값 $z_{\alpha/2}=z_{0.25}=1.96$이다. σ 대신에 근사적으로 $s=6.83$을 사용하면 표준오차 $\sigma_{\overline{X}} \approx 6.83/\sqrt{50}=0.9659$이다. 그러므로 95% 신뢰구간은 $12.68 \pm (1.96)(0.9659)$이다. 이를 12.68 ± 1.89 또는 $(10.79, 14.57)$로 나타낸다.

다음의 컴퓨터 출력결과(MINITAB 출력결과)는 예제 5.4에서 계산한 95% 신뢰구간을 나타낸다. 여기서, "SE Mean"은 $s/\sqrt{n}$을 이용해 근사적으로 계산한 표준오차 $\sigma_{\overline{X}}$를 나타낸다.

```
One-Sample Z
The assumed standard deviation = 6.830000
 N       Mean    SE Mean           95% CI
50  12.680000  0.965908  (10.786821, 14.573179)
```

Example 5.5

예제 5.4의 자료를 이용하여 80% 신뢰구간을 구하라.

Solution

80% 신뢰구간을 계산하기 위해 $1-\alpha=0.80$으로 하면 $\alpha=0.20$이다. 임계값은 $z_{.10}$이고, 이 값은 오른쪽 꼬리부분의 10%를 잘라내는 z점수로서 z표에서 $z_{.10}=1.28$이다. 예제 5.4에서 점추정값 $\overline{X}=12.68$이고 표준오차 $\sigma_{\overline{X}}=0.9659$이다. 그러므로 80% 신뢰구간은 $12.68 \pm (1.28)(0.9659)$이다. 이를 12.68 ± 1.24 또는 $(11.44, 13.92)$로 나타낸다.

주어진 신뢰수준에 대해 신뢰구간을 구하는 방법을 살펴보았다. 또한 주어진 신뢰구간에 대한 신뢰수준을 구하는 것도 가능하다. 다음 예제는 신뢰수준을 구하는 방법을 보여준다.

Example 5.6

예제 5.4에 나타낸 마이크로 드릴의 수명을 토대로 기술자가 (11.09 , 14.27)의 신뢰구간을 보고하였다. 이 신뢰구간에 대한 신뢰수준은 얼마인가?

Solution

신뢰구간은 $\overline{X} \pm z_{\alpha/2} s/\sqrt{n}$의 형식을 나타낸다. 먼저 $z_{\alpha/2}$를 구하고 α를 결정하기 위하여 z표를 참조한다. $\overline{X} = 12.68$, $s = 6.83$, $n = 50$이므로 신뢰구간의 상한값 $14.27 = 12.68 + z_{\alpha/2}(6.83/\sqrt{50})$이 성립한다. 따라서, $z_{\alpha/2} = 1.646$이다. z표로부터 $\alpha/2$, 즉 1.646의 오른쪽 면적은 근사적으로 0.05이다. 그러므로 신뢰수준은 $100(1-\alpha)\%$, 즉 90%이다.

신뢰수준에 대한 추가사항

신뢰수준은 구간을 산정하기 위해 사용되는 기법의 신뢰도를 나타낸다. 높은 신뢰수준을 갖는 신뢰구간은 오차한계가 크고 이에 따라 정밀도가 낮으므로 사용할 신뢰수준을 결정하는 것은 다소의 절충이 필요하다. 예를 들어, 68%의 신뢰구간은 모평균이 $\pm 10\sigma_{\overline{X}}$ 구간 내에 있는 것을 나타내는 반면에, 95%의 신뢰구간은 모평균이 $\pm 1.96\sigma_{\overline{X}}$ 구간 내에 있는 것을 나타내므로 68% 신뢰구간의 절반의 정밀도를 나타낸다. 그림 5.5는 신뢰수준과 정밀도와의 상관관계를 나타낸다. 100개의 표본을 평균 μ를 갖는 모집단에서 추출하였다. 그림 5.5 (b)는 100개의 표본에 근거한 85% 신뢰구간을 나타낸다. 각 표본은 평균 $\overline{X}$가 다르므로 신뢰구간 또한 모두 다르다(σ를 근사화하기 위해 서로 다른 s를 가지나, 이의 영향은 적다). 약 이 구간들의 95%만이 모평균 μ를 포함한다. 그림 5.5 (a)는 같은 표본에 근거한 68% 신뢰구간을 나타낸다. 이 구간은 더욱 정밀하지만(구간 폭이 좁다) 많은 부분이 모평균을 포함하지 못한다. 그림 5.5 (c)는 99.7% 신뢰구간을 나타낸다. 이 구간은 매우 신뢰도가 높아서 궁극적으로 이 구간 내의 1,000개 중에서 3개만이 모평균을 포함하지 않는다. 그러나 이 분포는 정밀도가 낮아서(구간 폭이 넓다) 많은 정보를 전달하지 못한다.

실제적으로 자주 사용되는 신뢰수준은 95%이다. 여러 경우에서 95% 신뢰수준은 신뢰도와 정밀도 사이의 적절한 절충관계를 나타낸다. 90%보다 낮은 신뢰수준은 거의 사용되지 않는다. 품질보증과 관련하여 제품의 신뢰도가 매우 중요한 경우에 99.7%와 같은 매우 높은 신뢰수준이 사용된다.

확률과 신뢰도

이 절의 초반부에 살펴본 전류량 예제와 같이, 모평균 μ의 95% 신뢰구간은 (184.52 , 186.48)로 계산하였다. 이때, μ가 184.52와 186.48 사이에 있을 확률은 95%라는 표현은 틀린 표현이다. 확률은 실험이 반복될 때 다르게 나오는 무작위 사건을 표현하는 것이다. 숫자 184.52와 186.48은 고정값이므로 무작위 값은 아니다. 또한 모평균도 고정값이다. 평균 전하량은 184.52와 186.48 사이에 있을 수도 있고 있지 않을 수도 있다. 이것은 무작위성이 포함되어 있지 않다. 따라서 모평균이 주어진 구간 내에 95% 신뢰도(95% 확률이 아님)로 존재한다고 표현한다.

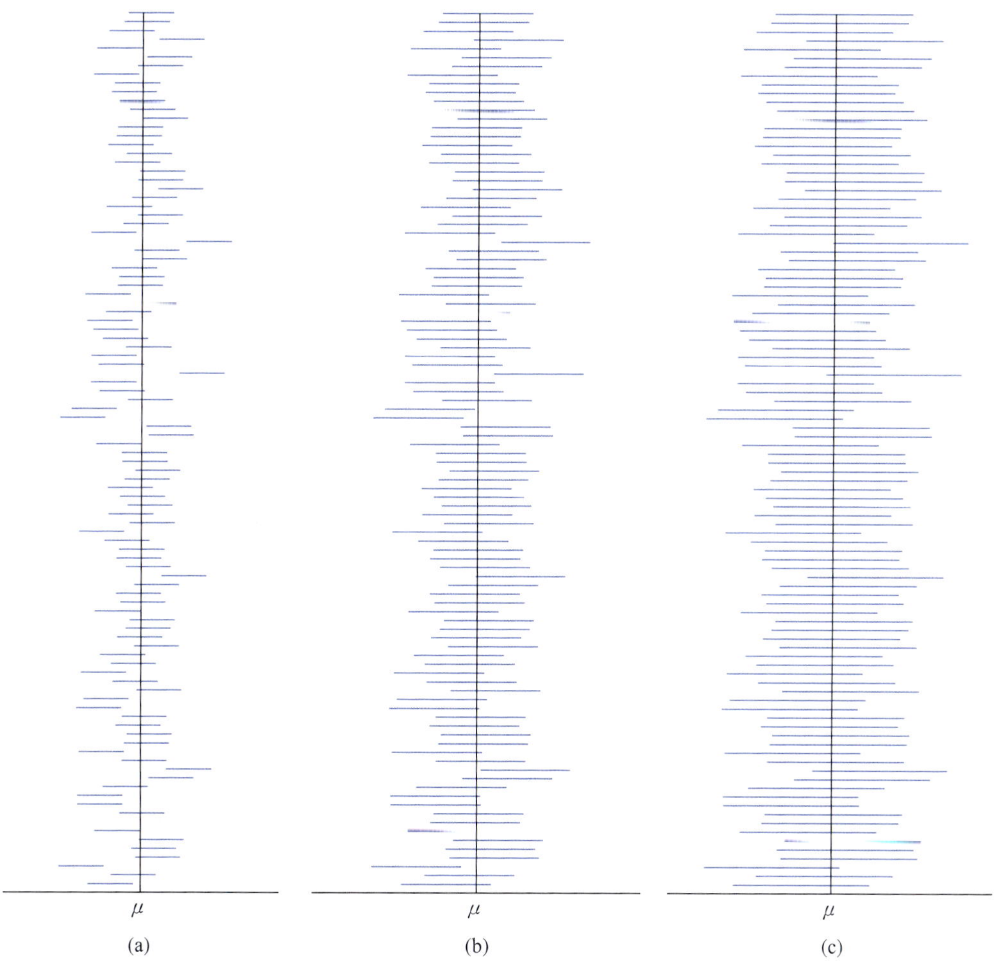

(a) (b) (c)

그림 5.5 (a) 모집단에 대한 100개의 68% 신뢰구간
(b) 모집단에 대한 100개의 95% 신뢰구간
(c) 모집단에 대한 100개의 99.7% 신뢰구간

반면에, 95% 신뢰구간을 계산하기 위한 방법을 논의할 때, 계산방법은 모평균을 포함하는데 95% 성공하고 5% 실패한다. 이런 경우에 모평균 값은 실험마다 다르므로 모평균의 포함 여부는 무작위 사건이다. 그러므로 95% 신뢰구간 계산 방법이 모평균을 포함할 95%의 확률을 갖는다고 말하는 것은 옳은 표현이다.

Example 5.7

저항계의 평균 저항값(Ω)에 대한 90% 신뢰구간을 (1.43 , 1.56)으로 계산했다고 하자. '이 저항계의 평균 저항값이 1.43과 1.56 사이에 있을 확률이 90%이다'라는 표현은 옳은 표현인가, 틀린 표현인가?

Solution

틀린 표현이다. 특정한 신뢰수준이 주어져 있다. 평균값은 그 구간 내에 있을 수도 있고 없을 수도 있다. 모평균이 1.43과 1.56 사이에 있는 것을 90% 신뢰한다. 따라서 여기서 확률이라는 용어는 적절하지 않다.

Example 5.8

저항계의 평균 저항값에 대해 90% 신뢰구간을 구하고자 한다. 이를 위해 많은 표본의 저항값을 측정하고, $\overline{X}$, s 및 구간 $\overline{X} \pm 1.645\, s / \sqrt{n}$ 를 계산한다. 이때, '모평균 저항값이 이 구간 내에 있을 확률이 90%이다'라는 표현은 옳은가?

Solution

옳은 표현이다. 여기서 언급하고 있는 것은 특정한 수치가 아닌, 신뢰구간을 계산하는 방법이다. 따라서 '90% 신뢰구간을 계산하는 방법이 모평균을 포함할 확률은 90%이다'라고 말하는 것은 옳은 표현이다.

특정 폭을 갖는 신뢰구간에 필요한 표본크기의 결정

예제 5.4에서 95% 신뢰구간은 12.68 ± 1.89, 즉 (10.79 , 14.57)로 주어져 있다. 이 구간은 평균이 ± 1.89 구간에 있다는 것을 나타낸다. 이 구간의 폭이 너무 넓어서 쓸모가 없는 경우를 생각하자. 평균이 ± 0.50 구간에 있는 것을 나타내는 95% 신뢰구간을 산정하는 것이 바람직하다고 하면, 이를 위해서 표본의 크기를 늘려야 한다. 특정 폭을 갖는 신뢰구간에 필요한 표본크기를 계산하는 방법에 대해 살펴보자.

신뢰구간의 폭은 $\pm\, z_{\alpha/2}\sigma / \sqrt{n}$ 이다. 구하고자 하는 폭을 $\pm\,\omega$로 나타내면 $\omega = z_{\alpha/2}\sigma / \sqrt{n}$ 이다. n에 대해 이 식을 풀면 $n = z_{\alpha/2}^2 \sigma^2 / \omega^2$이다. 이 식을 $100(1-\alpha)$%의 신뢰수준을 만들기 위해 필요한 표본의 크기를 찾는데 사용할 수 있다.

Summary

폭 $\pm\omega$를 갖는 $100(1-\alpha)\%$의 신뢰수준을 만들기 위해 필요한 표본의 크기는 다음과 같다.

$$n = \frac{z_{\alpha/2}^2\sigma^2}{\omega^2} \tag{5.5}$$

Example 5.9

이미 앞에서 살펴본 바 있는 100개 배터리의 표본 표준편차 $s = 5.0$ A이다. 분포폭 ±1.0 A를 갖는 99% 신뢰수준을 얻기 위해 몇 개의 배터리를 추출하여야 하는가?

Solution

신뢰수준이 99%이므로 $1-\alpha = 0.99$이다. 따라서 $\alpha = 0.01$, $z_{\alpha/2} = 2.58$이다. σ값은 $s = 5.0$으로 대신한다. 이 값과 $\omega = 1.0$을 식 (5.5)에 대입하면 필요한 표본수 $n \approx 167$이다.

편측신뢰구간

지금까지 논의한 신뢰구간은 신뢰구간의 하한값과 상한값을 규정하므로 양측구간(two-sided)이었다. 반면에, 경계값 중 한쪽 경계값만 필요할 때가 있으며, 이런 경우에는 편측신뢰구간(one-sided confidence interval)이 적절하다. 예를 들어, 엔지니어가 콘크리트 블록의 평균 파쇄강도를 계산한다고 하자. 이때, 엔지니어는 최소강도를 산정하기 위해서 강도의 하한값에만 관심이 있다.

평균 $\overline{X}$와 표준편차 $\sigma_{\overline{X}}$를 갖는 크기가 큰 표본이 있다고 하자. 그림 5.6은 모평균 μ에 대한 편측구간을 구하기 위해 양측구간 신뢰수준이 적용되는 방법을 나타낸다. 정규분포는 $\overline{X}$의 분포를 나타낸다. 추출 표본의 95%에 대해 $\overline{X} < \mu + 1.645\sigma_{\overline{X}}$, 즉 $(\overline{X} - 1.645\sigma_{\overline{X}}, \infty)$ 구간은 μ를 포함한다. 표본평균이 분포의 상위 5% 구간에 있을 때만 이 구간은 μ를 포함하지 않는다. $(\overline{X} - 1.645\sigma_{\overline{X}}, \infty)$구간은 μ의 95% 편측신뢰구간이므로 $\overline{X} - 1.645\sigma_{\overline{X}}$은 μ의 95% 신뢰수준의 하한값이다.

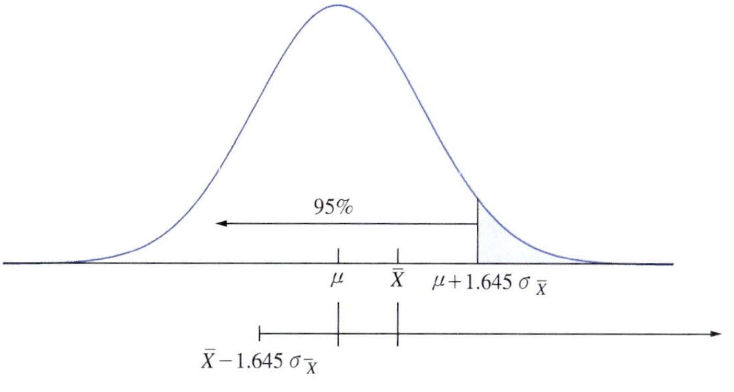

그림 5.6 95%의 편측신뢰구간$(\overline{X} - 1.645\sigma_{\overline{X}}, \infty)$

빗금친 5% 꼬리부분을 갖는 그림 5.6과 같은 그림을 작성하여 $\overline{X}+1.645\sigma_{\overline{X}}$은 μ의 95% 신뢰수준의 상한값임을 알 수 있다. 요구 수준에 대한 편측 신뢰구간을 얻는 방법을 일반화하여 본다. z_α를 결정하여 z점수로 하며, 이 값은 정규분포 오른쪽 꼬리부분의 α면적을 잘라낸다. 예를 들어, $z_{.05}=1.645$이다. μ의 $100(1-\alpha)\%$ 신뢰수준의 하한값은 $\overline{X}-z_\alpha\sigma_{\overline{X}}$이고, μ의 $1-\alpha$ 신뢰수준의 상한값은 $\overline{X}+z_\alpha\sigma_{\overline{X}}$이다.

점추정값($\overline{X}$)과 표준오차($\sigma_{\overline{X}}$)은 편측구간과 양측구간에서 동일하다. 편측구간은 두 가지 관점에서 편측구간과 다르다. 첫째, 편측구간의 임계값은 $z_{\alpha/2}$가 아니라 z_α이다. 둘째, 편측구간에서는 점추정값(point estimate)에 오차한계를 더하여 신뢰수준의 상한값을 얻거나, 오차한계를 빼서 신뢰수준의 하한값을 얻는다.

Summary

$X_1, \cdots, X_n$은 평균 μ와 표준편차 σ를 갖는 모집단에서 임의로 추출한 크기가 큰 표본일 때 $(n>30)$, $\overline{X}$는 근사적으로 정규분포를 갖는다.

이때, μ의 $100(1-\alpha)\%$ 신뢰구간의 하한값은 다음과 같다.

$$\overline{X}-z_\alpha\sigma_{\overline{X}} \tag{5.6}$$

μ의 $100(1-\alpha)\%$ 신뢰구간의 상한값은 다음과 같다.

$$\overline{X}+z_\alpha\sigma_{\overline{X}} \tag{5.7}$$

여기서, $\sigma_{\overline{X}}=\sigma/\sqrt{n}$이다. σ가 미지수일 때, 표본 표준편차 s로 대신한다.

특히,

- $\overline{X}+1.28\dfrac{s}{\sqrt{n}}$은 μ의 90% 신뢰수준의 상한값이다.
- $\overline{X}+1.645\dfrac{s}{\sqrt{n}}$은 μ의 95% 신뢰수준의 상한값이다.
- $\overline{X}+2.33\dfrac{s}{\sqrt{n}}$은 μ의 99% 신뢰수준의 상한값이다.

신뢰수준의 하한값은 "+" 대신에 "−"를 대입하여 찾는다.

Example 5.10

예제 5.4에서 마이크로 드릴 평균수명의 99% 수준 상한값과 하한값을 각각 구하라.

Solution

표본의 평균과 표준편차는 각각 $\overline{X}=12.68$, $s=6.83$이다. 표본의 크기 $n=50$이다. $\sigma_{\overline{X}}\approx s/\sqrt{n}=0.9659$로 하면 95% 수준의 하한값은 $\overline{X}-1.645\sigma_{\overline{X}}=11.09$이고, 상한값은 $\overline{X}+2.33\sigma_{\overline{X}}=14.93$이다.

연습 5.2

1 다음의 신뢰수준에 대해 식 (5.4)의 신뢰구간을 만들기 위한 $z_{\alpha/2}$를 구하라.

a. 90% b. 83%
c. 99.5% d. 75%

2 신뢰수준이 증가할수록, 신뢰도는 (　　)하고 정밀도는 (　　)한다. 괄호 안에 적당한 단어를 '증가' 또는 '감소' 중에서 선택하라.

3 120개 배터리의 용량(단위 : ampere-hour)을 측정하였다. 평균은 178, 표준편차는 14이다.

a. 배터리 평균용량의 95% 신뢰구간을 구하라.
b. 배터리 평균용량의 99% 신뢰구간을 구하라.
c. 배터리 평균용량이 176과 180 사이에 있어야 한다고 할 때, 신뢰수준을 얼마로 하여야 하는가?
d. 95% 신뢰구간 평균값을 ± 2 구간을 이용하여 나타낼 때, 대략 몇 개의 배터리 표본을 추출하여야 하는가?
e. 99% 신뢰구간 평균값을 ± 2 구간을 이용하여 나타낼 때, 대략 몇 개의 배터리 표본을 추출하여야 하는가?

4 100개 표본 상자의 압축강도 평균값은 6,230 N이고, 표준편차는 221 N이다.

a. 상자 평균압축강도의 95% 신뢰구간을 구하라.
b. 상자 평균압축강도의 99% 신뢰구간을 구하라.
c. 평균 압축강도가 6,205 N과 6,255 N 사이에 있어야 한다고 할 때, 신뢰수준을 얼마로 하여야 하는가?
d. 95% 신뢰구간 평균값을 ± 25 N 구간을 이용하여 나타낼 때, 대략 몇 개의 배터리 표본을 추출하여야 하는가?
e. 99% 신뢰구간 평균값을 ± 25 N 구간을 이용하여 나타낼 때, 대략 몇 개의 배터리 표본을 추출하여야 하는가?

5 80개 표본 못의 평균 중량은 1.56 g이고, 표준편차는 0.1 g이다.

a. 못의 평균중량의 95% 신뢰구간을 구하라.
b. 못의 평균중량의 98% 신뢰구간을 구하라.
c. 신뢰구간이 (1.54 , 1.58)일 때, 신뢰수준은 얼마인가?
d. 95% 신뢰구간 평균값을 ± 0.01 g 구간을 이용하여 나타낼 때, 몇 개의 못을 표본으로 추출하여야 하는가?
e. 98% 신뢰구간 평균값을 ± 0.01 g 구간을 이용하여 나타낼 때, 몇 개의 못을 표본으로 추출하여야 하는가?

6 제조공장에 합성섬유를 공급하는 업체가 있다. 이 업체가 공급한 합성섬유 81개를 표본으로 추출하였으며, 표본의 평균 파단강도는 29 lb이고, 표준편차는 9 lb이다.

a. 업체가 공급한 모든 섬유의 평균 파단강도의 95% 신뢰구간을 구하라.
b. 업체가 공급한 모든 섬유의 평균 파단강도의 99% 신뢰구간을 구하라.
c. 신뢰구간이 (27.5 , 30.5)일 때, 신뢰수준은 얼마인가?
d. 95% 신뢰구간 평균값을 ± 1 lb 구간을 이용하여 나타낼 때, 몇 개의 표본을 추출하여야 하는가?
e. 99% 신뢰구간 평균값을 ± 1 lb 구간을 이용하여 나타낼 때, 몇 개의 표본을 추출하여야 하는가?

7 81개 전선 표본의 저항값을 측정한다. 표본평균 저항값은 17.3 mΩ이고 표준편차는 1.2 mΩ이다. 다음을 계산하시오.

a. 평균 저항값에 대한 98% 신뢰수준의 하한값을 구하라.
b. 평균 저항값이 17 mΩ보다 커야 할 때, 신뢰수준을 얼마로 하여야 하는가?

8 PCB (polychlorinated biphenyls)는 전기장비의 절연재료로 한때 광범위하게 사용되던 화학약품이다. 그러나 강물을 오염시키는 PCB가 인체에도 해롭다는 사실이 알려진 후 1970년대에 사용이 금지되었다. 강물에서의

PCB 오염정도를 분석하기 위해 63개의 표본수를 측정하였다. 표본평균은 1.69 ppb이고 표준편차는 0.25 ppb이다. 다음을 구하시오.

a. 농도의 99% 신뢰수준의 상한값을 구하라.

b. 농도가 1.75 ppb보다 작아야 할 때, 신뢰수준을 얼마로 하여야 하는가?

9 금속 클램프(clamp)의 제조공정상 4개의 구멍을 뚫기 위한 드릴 작업이 요구된다. 150개 표본 클램프의 드릴작업에 필요한 평균시간은 72초이고 표준편차는 10초이다. 다음을 구하시오.

a. 공정완료시간의 98% 신뢰수준의 하한값을 구하라.

b. 공정완료시간이 70초보다 커야 할 때, 신뢰수준을 얼마로 하여야 하는가?

5.3 비율의 신뢰구간

5.2절의 방법, 즉 식 (5.4)는 표본을 추출한 모집단 평균의 신뢰구간을 찾기 위해 사용할 수 있다. 이 절에서는 모비율(population proportions)의 신뢰수준을 구하기 위해 이 방법을 적용하는 것을 살펴보도록 한다. 예를 통해 이 방법을 살펴본다.

예제 5.4에서 저탄소 합금강의 구멍을 뚫는 마이크로 드릴 평균수명의 신뢰구간을 산정하였다. 드릴이 파괴되기 전에 적어도 10개의 구멍을 뚫어야 하는 규정이 있다고 가정한다. 144개의 표본을 실험하였고, 이 중에서 120개, 즉 83.3%가 규정을 만족시켰다고 한다. 규정을 만족시키는 모집단에서의 마이크로 드릴의 비를 p로 나타낸다. p의 95% 신뢰구간을 산정해 본다. 이를 위해 점추정값, 임계값 및 표준오차가 필요하다.

점추정값을 계산하기 위한 두 가지 방법이 있다. 한 가지 방법은 전통적 방법이고, 또 다른 방법은 더욱 정확한 결과를 나타내는 현대적 방법이다. 현대적 방법을 사용하는 것이 훨씬 좋지만 전통적인 방법도 아직까지 종종 사용되므로 이를 이해할 필요가 있다.

먼저, 전통적 방법을 살펴본다. p의 점추정량을 구하기 위해 X는 규정을 만족시키는 표본 드릴의 개수라 하자. 따라서 $X \sim \text{Bin}(n, p)$이고, 여기서 $n = 144$는 표본의 크기이다. p의 추정값은 $\hat{p} = X/n$이고, 이 예제에서 $X = 120$이므로 $\hat{p} = 120/144 = 0.832$이다.

표본의 크기가 크므로 중심극한정리[4.8절의 식 (4.35)]를 따른다.

$$X \sim N(np, np(1-p))$$

$\hat{p} = X/n$이므로

$$\hat{p} \sim N\left(p, \frac{p(1-p)}{n}\right)$$

특히, $\hat{p}$의 표준오차 $\sigma_{\hat{p}} = \sqrt{p(1-p)/n}$이다. 이 값은 미지수를 포함하므로 신뢰구간에서

이 값을 사용할 수 없다. 전통적인 방법에서는 p 대신에 $\hat{p}$를 사용하여 $\sqrt{\hat{p}(1-\hat{p})/n}$를 얻는다. 점추정값 $\hat{p}$는 근사적으로 정규분포이므로 95% 신뢰구간에 대한 임계값은 z표에서 얻은 1.96이다. 따라서 전통적인 95% 신뢰구간은 $\hat{p} \pm 1.96\sqrt{\hat{p}(1-\hat{p})/n}$이다. 최근의 연구 결과는 n과 $\hat{p}$를 약간 수정하여 이 구간을 향상시킬 수 있음을 나타낸다. 시행횟수에 4를 더하고 성공 횟수에 2를 더한다. 즉, n대신에 $\tilde{n}=n+4$를 사용하고 $\hat{p}$ 대신에 $\tilde{p}=(X+2)/\tilde{n}$를 사용한다. 따라서 p의 95% 신뢰수준은 $\tilde{p} \pm 1.96\sqrt{\tilde{p}(1-\tilde{p})/\tilde{n}}$로 주어진다. 이 예에서 $\tilde{n}=148$이고 $\tilde{p}=122/148=0.8243$이므로 95% 신뢰구간은 0.8243 ± 0.0613, 즉 (0.763, 0.886)이다. 중심극한정리를 바탕으로 신뢰구간을 산정하였으며, 이는 큰 n을 필요로 한다. 신뢰구간을 계산하는 이 방법은 어떠한 표본크기 n에 대해서도 적절하다. 작은 표본크기에 대해 이 방법을 적용하면 종종 하한값은 0보다 작거나 상한값은 1보다 크게 된다. $0<p<1$이므로 0보다 작은 하한값은 0으로 바꾸고 1보다 큰 상한값은 1로 바꾼다.

Summary

성공확률 p를 갖는 독립 베르누이 실행에서 성공 횟수를 X라 할 때, 즉 $X \sim \text{Bin}(n, p)$라 하자. $\tilde{n}=n+4$로 하고 $\tilde{p}=\dfrac{X+2}{\tilde{n}}$라고 하면 p의 $100(1-\alpha)\%$ 신뢰수준에서의 신뢰구간은 다음과 같다.

$$\tilde{p} \pm z_{\alpha/2}\sqrt{\frac{\tilde{p}(1-\tilde{p})}{\tilde{n}}} \tag{5.8}$$

만약, 하한값이 0보다 작으면 0으로 바꾸고 상한값이 1보다 크면 1로 바꾼다.

식 (5.8)에 나타낸 신뢰구간은 이 방법을 개발한 Alan Agresti와 Brent Coull의 이름을 따서 Agresti–Coull 구간이라고 부른다. Agresti–Coull 구간의 더욱 자세한 내용은 "Approximation Is Better Than 'Exact' for Interval Estimation of Binomial Proportions" (A. Agresti and B. Coull, The American Statistician, 1998:1190126) 을 참조한다.

Example 5.11

직접적으로 측정하기 어려운 곳의 해발높이를 추정하기 위해 보간법(interpolation method)을 사용한다. 이때, GPS 측정값으로부터 고도를 추정하기 위해 가중평균보간법(weighted-average method of interpolation)을 적용한다. 이 방법은 74개의 표본위치에서 26에 해당하는 "큰" 오차(통상적인 값보다 큰 오차)를 유발한다. 이 방법이 큰 오차를 유발하는 위치의 비율에 대한 90% 신뢰구간을 구하라.

Solution

성공 횟수 $X=26$, 실행 횟수 $n=74$이다. $\tilde{n}=74+4=78$, $\tilde{p}=(26+2)/78=0.3590$, $\sqrt{\tilde{p}(1-\tilde{p})/\tilde{n}}=\sqrt{(0.3590)(0.6410)/78}=0.0543$이다. 90% 신뢰구간에 대한 $\alpha/2=0.05$이고, $z_{\alpha/2}=1.645$이다. 그러므로 90% 신뢰구간은 $0.3590 \pm (1.645)(0.0543)$, 즉 $(0.270, 0.448)$이다.

편측신뢰구간은 비율에 대해서도 계산할 수 있다. 이는 모평균의 편측구간(식 5.6 및 5.7)과 비슷하다. 편측구간에 대한 신뢰수준은 작은 크기의 표본에 대해 근사값을 얻는다.

Summary

성공확률 p를 갖는 독립 베르누이 실행에서 성공 횟수를 X라 할 때, 즉 $X \sim \text{Bin}(n, p)$라 하자. $\tilde{n} = n+4$로 하고 $\tilde{p} = \dfrac{X+2}{\tilde{n}}$라고 하면, p의 $100(1-\alpha)\%$ 신뢰수준에서의 신뢰구간의 하한값은 다음과 같다.

$$\tilde{p} - z_\alpha \sqrt{\frac{\tilde{p}(1-\tilde{p})}{\tilde{n}}} \tag{5.9}$$

또한, p의 $100(1-\alpha)\%$ 신뢰수준에서의 신뢰구간의 상한값은 다음과 같다.

$$\tilde{p} + z_\alpha \sqrt{\frac{\tilde{p}(1-\tilde{p})}{\tilde{n}}} \tag{5.10}$$

만약, 하한값이 0보다 작으면 0으로 바꾸고 상한값이 1보다 크면 1로 바꾼다

특정 폭을 갖는 신뢰구간에 필요한 표본크기의 결정

비율에 대한 신뢰구간의 폭은 $\pm z_{\alpha/2}\sqrt{\tilde{p}(1-p)/\tilde{n}}$이다. 구하고자 하는 폭을 $\pm\omega$로 나타내면 $\omega = z_{\alpha/2}\sqrt{\tilde{p}(1-p)/\tilde{n}}$이다. n에 대해 이 식을 풀면 $n = z_{\alpha/2}^2\tilde{p}(1-\tilde{p})/\omega^2$이다. $\tilde{p}$가 기지값이면 이 식을 구간 $\pm\omega$를 갖는 $100(1-\alpha)\%$의 신뢰수준을 만들기 위해 필요한 표본크기 n을 찾는데 사용할 수 있다. 만약, $\tilde{p}$를 사용할 수 없다면 $\tilde{p} = 0.5$로 하여 $n = z_{\alpha/2}^2/4\omega^2$을 얻는다. $\tilde{p} = 0.5$로 놓는 이유는 $\tilde{p} = 0.5$일 때 $\tilde{p}(1-\tilde{p})$가 최대가 되기 때문이다. 따라서 이렇게 구한 n은 ω보다 큰 폭을 만들지 않는다는 측면에서 안전측이다.

Summary

폭 $\pm\omega$를 갖는 $100(1-\alpha)\%$ 신뢰수준의 신뢰구간을 만들기 위해 필요한 표본의 크기는 다음과 같다.

$$n = \frac{z_{\alpha/2}^2\tilde{p}(1-\tilde{p})}{\omega^2} \quad (\tilde{p}\text{값이 있는 경우}) \tag{5.11}$$

$$n = \frac{z_{\alpha/2}^2}{4\omega^2} \quad (\tilde{p}\text{값이 없는 경우}) \tag{5.12}$$

Example 5.12

예제 5.11에서 폭 ±0.08을 갖는 95% 신뢰구간을 얻기 위해 필요한 표본의 크기는 얼마인가?

Solution

요구 수준이 95%이므로 $z_{\alpha/2}^2$값은 1.96이다. 예제 5.11의 자료로부터 $\tilde{p} = 0.3590$이다. 이 값과 $\omega = 0.08$을 식 (5.11)에 대입하여 $n \approx 135$를 얻는다.

Example 5.13

예제 5.11에서 95% 신뢰구간이 ±0.08보다 크지 않도록 하기 위한 표본의 크기는 얼마인가?

Solution

요구 수준이 95%이므로 $z^2_{\alpha/2}$값은 1.96이다. $\tilde{p}$값이 주어져 있지 않으므로 $z^2_{\alpha/2}=1.96$과 $\omega=0.08$을 식 (5.12)에 대입하여 $n\approx 147$을 얻는다. 이 값은 예제 5.12에서 구한 값보다 다소 크다.

전통적인 기법

추천방법은 최근에 개발된 방법일지라도 아직까지도 전통적인 방법이 사용된다. 이 절에서는 전통적인 방법을 살펴보도록 한다. 전통적인 방법은 $\tilde{n}$ 대신에 실제의 표본 크기 n을, $\tilde{p}$ 대신에 실제의 표본 비 $\hat{p}$를 사용한다. 이 방법은 아직 널리 사용될지라도 큰 n에 대해 확률을 얻지 못한다. 이는 전통방법에 의해 계산한 $100(1-\alpha)$% 신뢰구간은 $100(1-\alpha)$%보다 작은 비의 참값을 포함하는 것을 의미한다. 전통기법은 작은 표본에 대해서는 전혀 효과가 없나. 표본 크기와 관련된 경험에 따르면 $n\hat{p}$(성공 횟수)와 $n(1-\hat{p})$(실패 횟수)는 10보다 커야 한다. 전통적인 방법은 여전히 널리 사용되기 때문에 이를 요약해 본다. 표본 크기가 클 때, 전통적 방법의 결과와 현대적 방법의 결과는 거의 일치한다. 표본 크기가 작을 때에는 현대적인 방법이 더욱 좋다.

Summary

비율의 신뢰구간을 계산하기 위한 전통방법 (널리 사용되나 권장 방법은 아님)

$\hat{p}$가 성공확률 p를 갖는 큰 표본크기 n의 독립 베르누이 실행에서 성공 비라고 하자. 전통적인 p의 $100(1-\alpha)$% 수준의 신뢰구간은 다음과 같다.

$$\hat{p}\pm z_{\alpha/2}\sqrt{\frac{\hat{p}(1-\hat{p})}{n}} \tag{5.13}$$

표본이 적어도 10회의 성공 또는 10회의 실패횟수를 포함하지 않으면 이 방법을 시용하지 않는다.

연습 5.3

1. 어느 지역에 등록된 자동차 중에서 70대를 표본으로 추출하였다. 70대 중에서 28대가 대기가스 방출기준을 초과하였다.
   a. 기준을 초과한 차량 표본의 비율은 얼마인가?
   b. 해당 지역에서 기준을 초과하는 자동차 비율의 95% 신뢰구간을 구하라.
   c. 해당 지역에서 기준을 초과하는 자동차 비율의 98% 신뢰구간을 구하라.

d. 95% 신뢰수준에서 기준을 초과하는 비율을 ±0.1 구간을 이용하여 나타낼 때, 몇 대의 자동차를 표본으로 추출하여야 하는가?
e. 98% 신뢰수준에서 기준을 초과하는 비율을 ±0.1 구간을 이용하여 나타낼 때, 몇 대의 자동차를 표본으로 추출하여야 하는가?

2 주유소 지하유류탱크에서의 기름 누출은 수질 오염을 유발한다. 87곳의 주유소 표본 중 13곳의 주유소에서 유류탱크가 누출되는 것으로 조사되었다.
a. 누출 유류탱크가 있는 주유소 비율의 95% 신뢰구간을 구하라.
b. 누출 유류탱크가 있는 주유소 비율의 90% 신뢰구간을 구하라.
c. 95% 신뢰수준의 비율을 ± 0.04 구간을 이용하여 나타낼 때, 몇 곳의 주유소를 표본으로 추출하여야 하는가?
d. 90% 신뢰수준의 비율을 ± 0.04 구간을 이용하여 나타낼 때, 몇 곳의 주유소를 표본으로 추출하여야 하는가?

3 10,501건의 외과수술 중에서 859건은 수술 후 6달 이내에 합병증을 나타내었다.
a. 6달 이내에 합병증을 나타내는 외과 수술 비율의 95% 신뢰구간을 구하라.
b. 6달 이내에 합병증을 나타내는 외과 수술 비율의 99% 신뢰구간을 구하라.
c. 합병증 비율이 8.5% 이하가 되는 신뢰수준을 결정하라.

4 가뭄기간 동안 어느 도시 100가구의 물 사용량을 조사하였다. 이 중에서 73가구는 전년도에 비해 물 사용량을 절감하였다. 물 사용량을 절감한 주민의 비율에 대한 98% 신뢰수준의 상한값을 구하라.

5 건설폐자재를 포함하는 토양의 오염 정도를 조사하기 위하여 42군데의 조사지역에서 침출수를 채취하였다. 납은 26군데, 비소는 41군데, 크롬은 32군데에서 검출되었다.
a. 침출수가 납을 포함할 확률에 대한 90% 신뢰구간을 구하라.
b. 침출수가 비소를 포함할 확률에 대한 95% 신뢰구간을 구하라.
c. 침출수가 크롬을 포함할 확률에 대한 99% 신뢰구간을 구하라.

6 컴퓨터 관련 직종 종사자가 지난해 동안 이직을 한 비율을 조사하는 사회학자가 있다.
a. 조사의 기초자료 없을 때, 95% 신뢰수준의 비율을 ± 0.05 구간을 이용하여 나타내고자 한다. 이때, 표본의 크기를 얼마로 하여야 하는가?
b. 100명의 표본 조사 결과, 20명이 지난해에 이직하였다. 지난 해 동안 이직을 한 사람의 비율에 대한 95% 신뢰구간을 구하라.
c. (b)의 조사결과를 토대로, 95% 신뢰구간을 ± 0.05 구간을 이용하여 나타내기 위해 필요한 표본의 크기는 얼마인가?

7 성공적인 환경복원을 위해서는 대중의 지지가 필요하다. 숲을 복원하기 위해 추가의 세금을 낼 수 있는지에 대한 조사에서 응답자 189명 중 61명이 세금을 추가로 낼 수 있다고 응답하였다.
a. 응답자 189명을 무작위 표본으로 가정할 때, 숲을 복원하기 위해 추가 세금을 낼 수 있는 사람의 비율에 대한 90% 신뢰구간을 구하라.
b. 90% 신뢰구간의 비율을 ± 0.03 구간을 이용하여 나타내기 위해 필요한 응답자 표본의 크기는 얼마인가?
c. 또 다른 지역의 숲의 복원을 위해 추가로 세금을 낼 수 있는지에 대한 조사를 수행한다. 90% 신뢰구간의 비율을 ± 0.03 구간을 이용하여 나타내기 위해 필요한 응답자 표본의 보수적인 크기는 얼마인가?

5.4 작은 표본을 이용한 모평균의 신뢰구간

5.2절에서 살펴본 모평균의 신뢰구간을 추정하기 위한 방법은 크기가 큰 표본을 필요로 한다. 표본의 크기가 작을 때 신뢰구간을 구하는 적절한 방법은 없다. 그러나 모집단이 근사적으로 정규분포일 때, 모집단의 신뢰구간 추정을 위해 Student's t분포(Student's t distribution)라고 불리는 확률분포를 사용한다. 이 절에서는 Student's t분포의 특성 및 사용법에 대해 살펴보기로 한다.

Student's t분포(Student's t distribution)

$\overline{X}$가 평균 μ, 분산 σ^2을 갖는 모집단에서의 크기가 큰 n개 표본의 평균이라 하면, 중심극한정리(Central Limit Theorem)로부터 $\overline{X} \sim N(\mu, \sigma^2/n)$이다. 이때, $(\overline{X}-\mu)/(\sigma/\sqrt{n})$은 평균 0과 분산 1을 갖는 정규분포이다. 또한, 표본의 표준편차 s는 모집단 표준편차 σ와 거의 일치한다. 따라서 $(\overline{X}-\mu)/(s/\sqrt{n})$ 값은 평균 0과 분산 1을 갖는 정규분포이며, 표준정규표(z표)에서 이 값에 속하는 확률을 찾을 수 있다. 이러한 절차에 따라 모평균 μ의 여러 가지 신뢰수준에서의 신뢰구간을 계산할 수 있다.

$\overline{X}$가 크기가 작은 표본의 평균일 때를 생각해 보자. 표본의 크기가 작다면 s값은 σ값과 비슷하지 않고, $\overline{X}$는 근사적으로 정규분포가 아니다. 그러나 모집단이 근사적으로 정규분포라면 표본의 크기가 작을지라도 $\overline{X}$는 근사적으로 정규분포이다. $(\overline{X}-\mu)/(s/\sqrt{n})$ 값을 여전히 사용할 수 있다고 알려져 있으나 s가 σ에 가깝지 않기 때문에 이 값은 정규분포를 갖지 않는다. 대신에 $\overline{X}$는 $n-1$ 자유도를 갖는 Student's t분포(Student's t distribution)를 나타내며, 이를 t_{n-1}로 표현한다. t분포에서 자유도(number of degrees)는 표본의 크기보다 작다.

Student's t분포는 아일랜드 더블린의 기네스 맥주회사에서 근무했던 통계학자 William Sealy Gosset에 의해 1908년 발견되었다. 기네스 회사는 이 발견을 독점적 정보로 간주하여 그의

Summary

$X_1, \cdots, X_n$은 평균 μ의 모집단에서 추출한 크기가 작은 표본일 때, 다음의 값은 $n-1$ 자유도를 갖는 Student's t분포를 나타내며, t_{n-1}로 표현한다.

$$\frac{\overline{X}-\mu}{s/\sqrt{n}}$$

표본의 크기 n이 클 때, $(\overline{X}-\mu)/(s/\sqrt{n})$의 분포는 정규분포에 가까우므로 Student's t분포 대신에 정규분포를 사용할 수 있다.

이름으로 발표하는 것을 금지하였으며, 경쟁사는 연구결과의 중요성을 알지 못하였다. Gosset은 "Student"라는 필명으로 연구결과를 발표하였다(4.2절 참조).

Student's t분포의 확률밀도함수는 자유도에 따라 달라진다. 그림 5.7은 여러 자유도에 대한 확률밀도함수를 나타낸다. 곡선은 정규곡선, 즉 평균 0과 표준편차 1을 갖는 정규분포와 유사한 모양을 나타낸다. Student's t분포 곡선은 정규분포곡선보다 더욱 퍼져 있는 형상이다. 자유도가 1 또는 2일 때 t곡선은 정규곡선보다 훨씬 더 퍼진다. 자유도가 커질수록, 즉 표본 개수가 클수록 s는 σ에 가까워지며, 이때 t곡선과 정규곡선의 차이는 크지 않다.

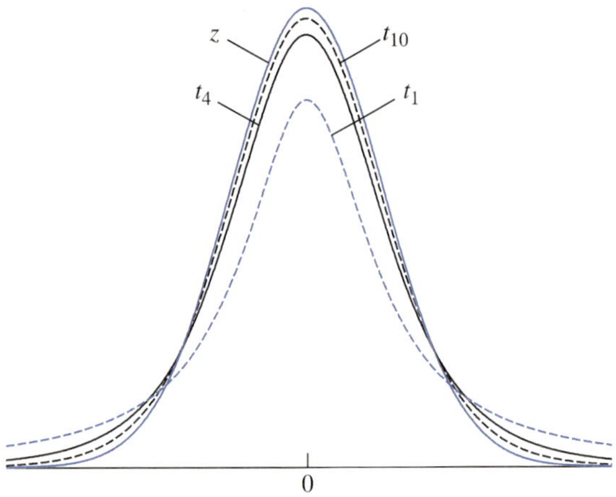

그림 5.7 여러 자유도에 대한 t곡선의 확률밀도함수

부록의 표 A.3에 t표를 나타내었으며, Student's t분포와 관련된 확률값을 제공한다. 이 표를 사용하는 방법을 다음의 예제에서 살펴보도록 한다.

Example 5.14

크기가 10인 표본을 평균이 4인 모집단에서 추출하였다. Student's t통계값 $t=(\overline{X}-4)/(s/\sqrt{10})$을 계산한다. 이때, $t>1.833$일 확률은 얼마인가?

Solution

t통계값은 $10-1=9$자유도이다. t표에서 $P(t>1.833)=0.05$이다(그림 5.8 참조).

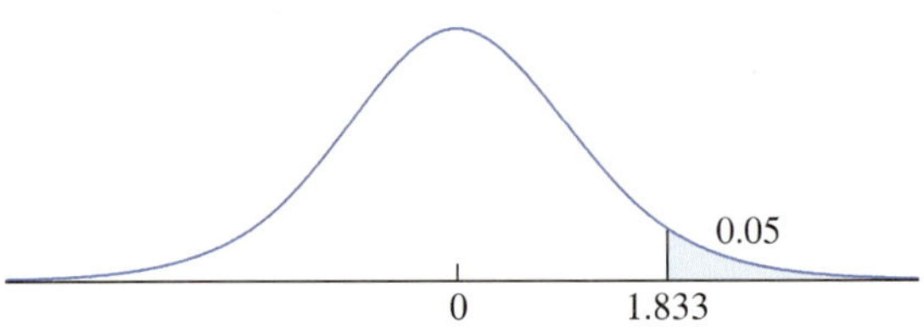

그림 5.8 예제 5.14의 풀이

Example 5.15

예제 5.14를 참조하여 $P(t > 1.5)$를 구하라.

Solution

t표의 9개의 자유도에 대응하는 행에서 1.5는 나타나지 않는다. 따라서 $P(t > 1.383) = 0.10$과 $P(t > 1.833) = 0.05$를 찾으면 $0.05 < P(t > 1.5) < 0.10$이다. 전산해석을 통하여 유효숫자 셋째자리까지 구하면 0.0839이다(그림 5.9 참조).

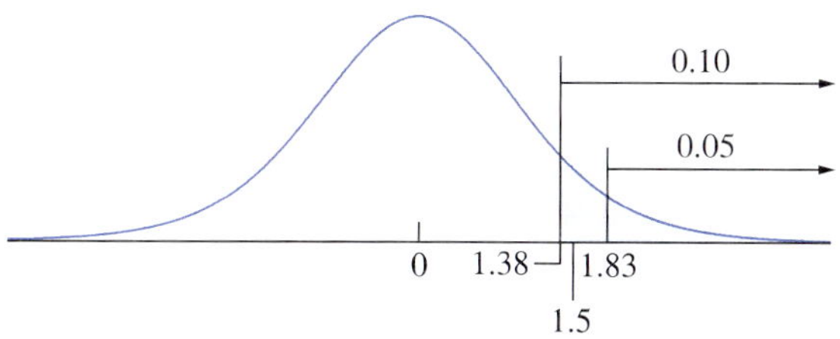

그림 5.9 예제 5.15의 풀이

Example 5.16

상위 꼬리(upper-tail) 확률이 0.025를 갖는 t_{12}의 값을 구하라.

Solution

"0.025"가 표시된 열과 12 자유도가 표시된 행이 만나는 값을 조사한다. 따라서 t_{12}는 2.179이다.

Example 5.17

하위 꼬리(lower-tail) 확률이 0.01을 갖는 t_{14}의 값을 구하라.

Solution

"0.01"이 표시된 열과 14 자유도가 표시된 행이 만나는 값을 조사한다.
t_{14}는 2.624이며, 상위 꼬리부분의 1% 확률 면적을 잘라낸다.
따라서, 하위 꼬리의 확률이 1%인 값은 −2.624이다.

t분포를 사용하지 않는 경우

표본이 근사적으로 정규분포인 모집단에서 추출했을 때 t분포는 유효하다. 그러한 표본은 거의 이상점(outlier)을 포함하지 않는다. 따라서 Student's t분포를 포함하는 방법은 이상점을 포함하는 표본에 대해 사용해서는 안 된다.

Student's t분포를 사용한 신뢰구간

표본의 크기가 작고 모집단이 거의 정규분포일 때, 신뢰구간을 계산하기 위해 Student's t분포를 이용한다. 이러한 경우의 신뢰구간은 5.2절에서 살펴본 신뢰구간과 비슷하게 계산된다.

다만, z점수 대신에 Student's t분포값을 이용한다.

$X_1, \cdots, X_n$을 거의 정규분포로부터 추출한 작은 크기의 표본이라고 하자. 100(1 − α)% 수준의 신뢰구간을 찾기 위해 점추정값 $\overline{X}$를 사용하고 표준오차 $\sigma_{\overline{X}} = \sigma / \sqrt{n}$를 $s / \sqrt{n}$로 근사화한다. 임계값은 $n-1$ 자유도의 Student's t분포에서 $1-\alpha/2$이다. 즉, 상위 꼬리의 $\alpha/2$ 부분의 면적을 잘라내는 값이다. 임계값을 $t_{n-1,\alpha/2}$로 나타낸다. 예를 들어, 예제 5.16에서 $t_{12,.025}=2.179$이다. 모평균 μ의 100(1 − α)% 수준의 신뢰구간은 $\overline{X} - t_{n-1,\alpha/2}(s/\sqrt{n}) < \mu < \overline{X} + t_{n-1,\alpha/2}(s/\sqrt{n})$, 즉 $\overline{X} \pm t_{n-1,\alpha/2}(s/\sqrt{n})$이다.

Summary

$X_1, \cdots, X_n$을 평균 μ의 정규분포로부터 추출한 작은 크기의 표본이라고 하면, 모평균 μ에 대한 100(1 − α)% 수준의 신뢰구간은 다음과 같다.

$$\overline{X} \pm t_{n-1,\alpha/2}(s/\sqrt{n}) \tag{5.14}$$

Student's t분포의 적정여부 판단

표본을 거의 정규분포인 모집단에서 추출한다면 Student's t분포가 적정하다. 과거의 경험으로부터 자료가 근사적으로 정규인지 아닌지를 알고 있다. 그러나 대부분의 경우 표본을 조사하여 모집단이 근사적으로 정규분포인지를 판단하여야 한다. 표본의 크기가 작을 때, 정규분포 여부를 판단하는 것은 쉽지 않다. 이러한 경우에 합리적인 방법은 박스도표(boxplot)나 점도표(dotplot)를 그려보는 것이다. 그림에서 강한 비대칭성이나 이상점이 나타나지 않는다면, 대부분의 경우 Student's t분포는 신뢰할만하다. 원칙적으로 확률도시(probability plot)를 통해 모집단의 정규분포여부를 판단할 수 있다. 그러나 표본이 작은 경우, 박스도표나 점도표를 그리기가 더욱 쉽다.

Example 5.18

15개 프리스트레스트 콘크리트 보의 공칭전단강도(kN)결과가 다음과 같다.

580	400	428	825	875	920	500
575	750	636	360	590	735	950

평균 전단강도의 99% 신뢰구간을 만들기 위해 Student's t분포를 사용하는 것이 적정한가? 적정하다면 신뢰구간을 구하고, 그렇지 않다면 그 이유를 설명하라.

Solution

Student's t분포를 사용하는 것이 적정한지를 판단하기 위해 박스도표와 점도표를 그리며, 이를 아래 그림에 나타내었다.

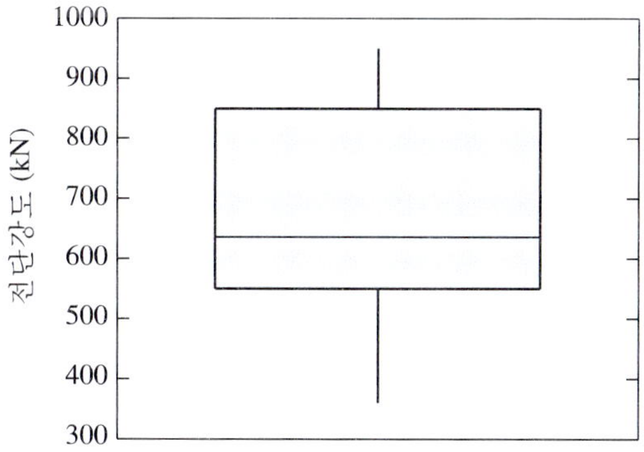

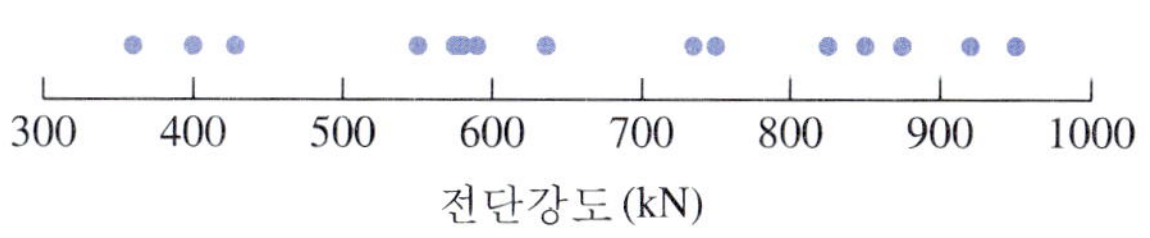

정규분포로부터의 명확한 이탈은 나타나지 않는다. 특히, 점도표는 심한 비대칭성을 나타내지도 않는다. 따라서 Student's t분포 방법은 적정하며, $\overline{X}=668.27$, $s=192.089$이다. $n=15$, $\alpha/2=0.005$를 토대로 식 (5.14)를 이용한다. t표에서 14 자유도에 대한 $t_{14,.005}=2.977$이다. 그러므로 99% 신뢰구간은 $668.27 \pm (2.977)(192.089)/\sqrt{15}$, 즉 $(520.62, 815.92)$이다.

아래 그림은 예제 5.18에서 계산한 신뢰구간의 전산출력(MINITAB 출력)결과이다. 그림에서 "SE Mean"은 표준오차 $s/\sqrt{n}$를 나타낸다.

```
One-Sample T: Strength

Test of mu = 0 vs not = 0

Variable   N     Mean     StDev   SE Mean          99% CI
Strength  15  668.2667  192.0891  49.59718  (520.6159, 815.9175)
```

Example 5.19

예제 5.18에서 11개 보의 콘크리트 원주형 공시체 강도는 다음과 같다.

38.43 38.43 38.39 38.83 38.45 38.35 38.43 38.31 38.32 38.48 38.50

평균 원주형 공시체강도의 95% 신뢰구간을 만들기 위해 Student's t분포를 사용하는 것이 적정한가? 적정하다면 신뢰구간을 구하고, 그렇지 않다면 그 이유를 설명하라.

Solution

예제 5.18에서처럼 박스도표와 점도표를 그리며, 이를 아래 그림에 나타내었다.

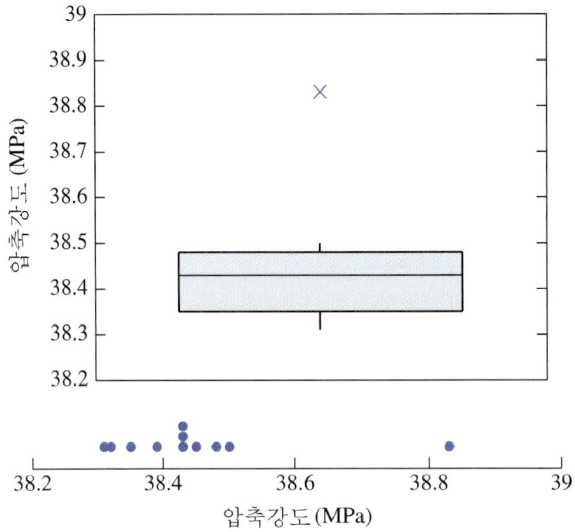

표본에서 이상점이 존재하므로 Student's t분포를 사용해서는 안 된다.

Student's t분포는 편측 신뢰구간을 계산하기 위해 사용할 수 있다. 관련식은 큰 크기의 표본에서 사용된 식과 유사하다.

Summary

$X_1, \cdots, X_n$은 평균 μ를 갖는 모집단에서 임의로 추출한 크기가 작은 표본이라 하자.
이때, μ의 $100(1-\alpha)\%$ 신뢰구간의 상한값은 다음과 같다.

$$\overline{X} + t_{n-1,\alpha}\frac{s}{\sqrt{n}} \tag{5.15}$$

μ의 $100(1-\alpha)\%$ 신뢰구간의 하한값은 다음과 같다.

$$\overline{X} - t_{n-1,\alpha}\frac{s}{\sqrt{n}} \tag{5.16}$$

σ를 알고 있을 때는 t대신 z를 사용

통상 표준편차 σ가 알려진 모평균으로부터 작은 크기의 표본을 추출한다. 모평균의 표준편차(σ)를 알고 있는 경우, s를 σ로 근사화하지 않았기 때문에 Student's t분포를 사용하지 않는다. 대신에 z표를 이용한다. 예제 5.20은 이러한 경우의 계산방법을 나타낸다.

Example 5.20

예제 5.18에서 기타 보에서의 많은 사전측정을 통해 전단강도 모집단은 근사적으로 정규분포이고, 모집단의 표준편차 $\sigma = 180.0$ kN으로 알려져 있다고 하자. 이때, 평균 전단강도의 99% 신뢰구간을 구하라.

Solution

$\overline{X} = 668.27$으로 계산한다. 모집단의 표준편차 σ를 알고 있으므로 s를 계산할 필요가 없다. 99% 신뢰구간을 계산하므로 $\alpha/2 = 0.005$이다. σ값을 알고 있으므로 신뢰구간을 계산하기 위해 Student's t값 대신에 $z_{\alpha/2} = z_{.005}$를 사용한다. z표에서 $z_{.005} = 2.58$이다. 신뢰구간은 $668.27 \pm (2.58)(180.0)/\sqrt{15}$, 즉 $(548.36, 788.18)$이다.

표본의 크기가 작고 모집단이 근사적으로 정규분포일 때, 표준편차를 알고 있는지를 구분하는 것이 중요하다.

Summary

$X_1, \cdots, X_n$은 평균 μ를 갖는 모집단에서 추출한 임의 크기의 표본이라 하자. 이때 표준편차 σ를 알고 있다면, μ의 $100(1-\alpha)\%$ 신뢰구간은 다음과 같다.

$$\overline{X} \pm z_{\alpha/2} \frac{\sigma}{\sqrt{n}} \tag{5.17}$$

표준편차를 알고 있는 모집단에서 표본을 1개 추출하는 경우도 있다. 이러한 경우, μ의 신뢰구간은 식 (5.17)의 특별한 경우로서 $n = 1$을 대입하여 계산할 수 있다.

Summary

X는 평균 μ를 갖는 모집단에서 추출한 한 개의 표본이라 하자. 이때 표준편차 σ를 알고 있다면, μ의 $100(1-\alpha)\%$ 신뢰구간은 다음과 같다.

$$\overline{X} \pm z_{\alpha/2}\,\sigma \tag{5.18}$$

연습 5.4

다음의 신뢰수준과 표본크기에 대해 양측 신뢰구간을 만들기 위해 필요한 $t_{n-1,\alpha/2}$의 값을 구하라.

a. 90% 수준, 표본크기 = 9
b. 95% 수준, 표본크기 = 5
c. 99% 수준, 표본크기 = 29
d. 95% 수준, 표본크기 = 2

2 다음의 $t_{n-1,\alpha/2}$과 표본크기를 이용하여 만든 양측 신뢰구간의 수준을 구하라.

a. $t=2.179$, 표본크기 = 13
b. $t=3.365$, 표본크기 = 6
c. $t=1.729$, 표본크기 = 20
d. $t=3.707$, 표본크기 = 7
e. $t=3.707$, 표본크기 = 27

3 액체 속 실린더의 열전달 모델을 통해 매우 낮은 유체 전달률 조건에서 실린더의 열전달 계수는 일정하다는 것을 예측할 수 있다. 10개 표본의 측정결과(단위 = W/m^2K)가 다음과 같을 때, 열전달 계수의 95% 신뢰구간을 구하라.

13.7	12.0	13.1	14.1	13.1
14.1	14.4	12.2	11.9	11.8

4 피스톤 직경을 독립적으로 8회 측정하였으며, 측정결과(인치)는 3.236, 3.223. 3.242, 3.244, 3.228, 3.253, 3.253, 3.230 이었다.

a. 8회 측정값의 점플롯을 그리시오.
b. 피스톤 직경의 99% 신뢰구간을 찾기 위해 Student't t분포를 이용할 수 있는가? 이용할 수 있다면 신뢰구간을 정하고, 이용할 수 없다면 그 이유를 설명하시오.
c. 또 다른 피스톤 직경을 독립적으로 8회 측정하였다. 측정결과는 3.295, 3.232. 3.261, 3.248, 3.289, 3.245, 3.576, 3.201 이다. 이에 대한 점플롯을 그리시오.
d. 피스톤 직경의 95% 신뢰구간을 찾기 위해 Student't t분포를 이용할 수 있는가? 이용할 수 있다면 신뢰구간을 정하고, 이용할 수 없다면 그 이유를 설명하시오.

5 6곳에서 채취한 물의 pH 측정결과는 5.9, 5.0, 6.5, 5.6, 5.9, 6.5 이다. 채취한 물은 거의 정규분포를 이루는 모집단에서 채취하였다고 가정할 때, 평균 pH의 95% 신뢰구간을 구하시오.

6 대리석 타일의 음영은 타일에서의 빛의 반사량으로 측정하여 0~255로 구분한다. 검정 타일은 빛을 전혀 반사하지 않으므로 0으로 나타내고, 흰색 타일은 255로 나타낸다. 9개 타일의 빛 반사량 측정결과는 다음과 같다.

204.999	206.149	202.102	207.048	203.496
206.343	203.496	206.676	205.831	

이때, 타일 음영의 95% 신뢰구간을 찾기 위해 Student't t분포를 이용하는 것이 적합한가? 적합하다면 신뢰구간을 정하고, 적합하지 않다면 그 이유를 설명하시오.

7 살충제의 피부 흡수율을 조사하기 위해 500 μg의 살충제를 4마리의 시험쥐에 뿌렸다. 10시간 후 흡수량(μg)은 각각 0.5, 2.0, 1.4, 1.1 이다. 흡수량 평균값의 90% 신뢰구간을 구하시오.

8 아래의 표는 모평균의 신뢰구간을 나타내는 MINITAB 프로그램의 출력결과이다. 출력결과의 일부분이 훼손되어서 읽을 수 없을 때, 괄호 안의 숫자를 채우시오.

```
One-Sample T: X

Variable    N     Mean    StDev   SE Mean     99% CI
X          20  2.39374     (a)   0.52640   ((b), (c))
```

9 홍합이 해수에 존재하는 세스톤(seston) 물질을 여과하는 여과율(mL/mg/h)을 측정하였다.

a. 어느 지역에서의 5회 측정결과의 평균값은 21.7, 표준편차는 9.4이다. Studen't t분포를 이용하여 여과율의 95% 신뢰구간을 구하시오.
b. 또 다른 지역에서의 7회 측정결과 평균값은 8.6, 표준편차는 4.5이다. 여과율의 95% 신뢰구간을 구하기 위해 Student't t분포를 이용할 수 있는가? 이용할 수 있다면 신뢰구간을 구하고, 이용할 수 없다면 그 이유를 설명하시오.

5.5 예측구간과 공차구간

모평균과 같은 모수의 신뢰구간은 모수의 참값을 포함하는 구간이다. 반면에, 예측구간(prediction interval)과 공차구간(tolerance interval)은 모집단 그 자체 및 장래에 모집단에서 추출할 표본과 관련이 있다. 예측구간과 공차구간은 모집단의 형상을 알고 있을 때만 유용하다. 이 절에서 소개하는 방법은 가장 널리 사용되는 방법으로서 모집단이 정규분포인 경우에만 유효하다.

예측구간

예측구간은 장래에 모집단에서 추출하는 항목의 값을 포함하는 구간이다. 즉, 모집단에서 추출할 값이 예측구간에 포함될 것이라고 "예측(predict)"하는 것이다. 예를 통해 구체적으로 살펴본다.

5개의 강재 보에서 실리콘 함유량(%)을 측정하여 표본평균 $\overline{X}=0.26$이고 표본 표준편차 $s=0.05$라고 하자. 또한, 이런 종류의 보의 실리콘 함유량은 정규분포를 나타낸다고 가정하자. 장래에 또 다른 보의 실리콘 함유량 Y를 관찰하고 0.95의 확률로 Y값을 갖는 구간을 구하고자 한다. 먼저, μ와 σ를 각각 실리콘함유량 모집단의 평균과 표준편차로 나타낸다. $Y \sim N(\mu, \sigma^2)$이고, 표본의 크기는 5이므로 $\overline{X} \sim N(\mu, \sigma^2/5)$이다. 그러므로 $Y-\overline{X}$의 차는 평균 0과 분산 $\sigma^2(1+1/5)$을 갖는 정규분포이다. 이때,

$$\frac{Y-\overline{X}}{\sigma\sqrt{1+1/5}} \sim N(0,1)$$

σ를 s로 근사 대체하면 $(Y-\overline{X})/(s\sqrt{1+1/5})$은 $5-1=4$의 자유도를 갖는 Student's t 분포를 갖는다(자유도는 s를 계산하는 표본크기를 토대로 한다). 부록의 표 A.3의 Student's t표에서 자유도 4인 t 곡선의 면적의 95%는 −2.776과 2.776 사이에 포함된다. 따라서

$$P\left(-2.776 < \frac{Y-\overline{X}}{s\sqrt{1+1/5}} < 2.776\right) = 0.95$$

위의 수식을 정리하면,

$$P\left(\overline{X} - 2.776\, s\sqrt{1+1/5} < Y < \overline{X} + 2.776\, s\sqrt{1+1/5}\right) = 0.95$$

$\overline{X} \pm 2.776\, s\sqrt{1+1/5}$ 구간은 Y의 95% 예측구간이다. 이 예에서 $\overline{X}=0.26$, $s=0.05$이므로 95% 예측구간은 0.26 ± 0.15, 즉 $(0.11, 0.41)$이다.

지금까지 살펴본 과정을 일반화하면 n의 표본크기에 토대로 한 $100(1-\alpha)\%$ 예측구간은 $\overline{X} \pm t_{n-1,\alpha/2}(s\sqrt{1+1/n})$이다.

Summary

$X_1, \cdots, X_n$은 모집단에서 추출한 표본이라 하자. Y는 모집단에서 추출할 예정인 표본, 즉 아직 관찰하지 않은 표본이라 하자.
Y의 $100(1-\alpha)\%$ 예측구간은 다음과 같다.

$$\overline{X} \pm t_{n-1,\alpha/2}\, s\sqrt{1+\frac{1}{n}} \tag{5.19}$$

Y가 이 구간에 포함될 확률은 $1-\alpha$이다.

Example 5.21

10개 콘크리트 블록 표본은 평균 $\overline{X}=1312\,\text{MPa}$, 표준편차 $s=25\,\text{MPa}$를 갖는다. 이때, 아직 관찰하지 않은 블록 강도의 95% 예측구간을 구하라.

Solution

95% 예측구간에 대해 $\alpha=0.025$이다. 표본 크기 $n=10$이므로 부록 표 A.3의 Student's t 표를 참고하여 $t_{9,.025}=2.262$를 계산한다. $\overline{X}=1312$, $s=25$를 식 (5.19)에 대입하면 95% 신뢰구간은 $1312 \pm 2.262(25)\sqrt{1+1/10}$, 즉 $(1253, 1371)$이다.

예측구간과 신뢰구간의 비교

예측구간의 관련식은 정규모집단의 평균의 신뢰구간 관련식과 비슷하다. 사실상, $s\sqrt{1/n}$ 대신에 $s\sqrt{1+1/n}$을 대입하여 신뢰구간으로부터 예측구간을 산정할 수 있다. 제곱근 안의 $1/n$은 모집단 평균의 점추정량으로서 표본평균의 변동성을 반영하며, 이 값은 신뢰구간과 예측구간 두 식 모두에 존재한다. 예측구간 식의 제곱근 안의 1은 예측할 표본값의 변동성을 반영한다. 1은 $1/n$보다 크므로 예측구간의 대부분의 오차한계는 예측할 값의 변동성에 기인하고, 예측구간은 신뢰구간보다 훨씬 넓다. 표본크기의 증가는 신뢰구간과 예측구간에 다른 방식으로 영향을 미친다. 표본의 크기가 증가함에 따라 $t_{n-1,\alpha/2}\, s\sqrt{1/n}$로 표현되는 $100(1-\alpha)\%$ 신뢰구간의 오차한계는 0에 가까워진다. 반면에, $100(1-\alpha)\%$ 예측구간의 오차한계는 $t_{n-1,\alpha/2}\, s\sqrt{1+1/n}$이다. n이 증가함에 따라 $t_{n-1,\alpha/2}$는 $z_{\alpha/2}$에 가까워지고, s는 σ에 가까워진다. 그러므로 예측구간의 오차한계는 $z_{\alpha/2}\,\sigma$에 가까워진다. 이는 모집단에서 추출될 값에는 항상 변동성이 존재하는 것을 반영한다.

편측예측구간

편측예측구간(one-sided prediction interval)의 계산방법은 편측신뢰구간(one-sided confidence interval)의 계산방법과 유사하다.

> $X_1, \cdots, X_n$은 모집단에서 추출한 표본이라 하고, Y는 모집단에서 추출할 예정인 표본, 즉 아직 관찰하지 않은 표본이라 하자.
>
> Y의 $100(1-\alpha)\%$ 상한 예측경계값(upper prediction bound)은 다음과 같다.
>
> $$\overline{X} + t_{n-1,\alpha}\, s\sqrt{1+\frac{1}{n}} \tag{5.20}$$
>
> Y의 $100(1-\alpha)\%$ 하한 예측경계값(lower prediction bound)은 다음과 같다.
>
> $$\overline{X} - t_{n-1,\alpha}\, s\sqrt{1+\frac{1}{n}} \tag{5.21}$$

예측구간의 정규분포 이탈에 대한 민감도

여기서 소개한 예측구간 계산방법은 모집단이 정규분포라는 가정에 민감하다. 모집단의 형상이 정규곡선과 매우 다르면 예측구간은 잘못된 결과를 나타낼 수 있다. 이러한 이유 때문에, 예측구간은 주의 깊게 다뤄야 한다. 크기가 큰 표본은 도움이 되지 않는다. 표본의 크기가 클지라도 모집단이 정규분포가 아니면 예측구간은 유효하지 않다.

정규모집단의 공차구간

공차구간(tolerance interval)은 모집단의 특정 부분을 포함하는 구간이다. 여기서 소개하는 방법은 가장 널리 사용되는 방법이며, 모집단은 정규분포이어야 한다. 이를 살펴보기 위하여 평균 μ와 표준편차 σ가 알려진 정규분포의 모집단을 생각해 본다. 이 모집단의 90%를 포함하는 구간을 찾고자 한다면 정확히 산정할 수 있다. $\mu \pm 1.645\sigma$구간은 모집단의 90%를 포함한다. 일반적으로 $\mu \pm z_{\gamma/2}\sigma$의 구간은 모집단의 $100(1-\gamma)\%$를 포함한다.

실제적으로 μ와 σ는 모르는 값이다. 크기 n의 표본에서의 표본평균 $\overline{X}$로 μ를 추정하고, 표본 표준편차 s로 σ를 추정한다. 이러한 추정은 두 가지 결과를 갖는다. 첫째, μ와 σ를 안다면 실제 구간보다 더 큰 구간을 만들어야 한다. 둘째, 추정 구간이 모집단의 필요 부분을 포함한다고 100% 신뢰할 수 없다.

그러므로 공차구간을 산정하기 위해서는 구간이 포함하기를 원하는 모집단의 $100(1-\gamma)\%$ 부분을 명시하여야 한다. 이때의 신뢰수준은 구간이 명시한 부분을 실제로 포함하도록 $100(1-\alpha)\%$로 한다. 고급기법(advanced method)을 사용하여 공차구간이 다음 식과 같이 되는

$k_{n,\alpha,\gamma}$를 찾는 것이 가능하다.

$$\overline{X} \pm k_{n,\alpha,\gamma}\, s$$

이 구간은 $100(1-\alpha)\%$의 신뢰수준으로 적어도 모집단의 $100(1-\gamma)\%$를 포함한다.

Summary

$X_1, \cdots, X_n$은 모집단에서 추출한 표본이라 하자. $100(1-\alpha)\%$의 신뢰수준으로 적어도 모집단의 $100(1-\gamma)\%$를 포함하는 공차구간은 다음과 같다.

$$\overline{X} \pm k_{n,\alpha,\gamma}\, s \quad (5.22)$$

이러한 방법으로 계산된 모든 공차구간 중에서 $100(1-\alpha)\%$가 적어도 모집단의 $100(1-\gamma)\%$를 포함한다.

Example 5.22

볼트의 길이는 정규분포를 갖는다고 알려져 있다. 30개 볼트 표본의 평균길이는 10.25 cm이고, 표준편차는 0.20 cm이다. 95%의 신뢰도로 볼트 길이의 90%를 포함하는 공차구간을 계산하라.

Solution

$\overline{X}=10.25$, $s=0.20$이므로 γ는 0.10이고 α는 0.05이다. 표본의 크기 $n=30$이다.
표 A.4에서 $k_{n,\alpha,\gamma}=2.1398$을 구한다.
그러므로 공차한계는 $10.25 \pm 2.1398(0.20)$, 즉 $(9.82, 10.68)$이다.

연습 5.5

1 100Ω용 전기저항계 표본 25개가 있다. 저항값의 평균은 101.4Ω이고 표준편차는 2.3Ω이다. 저항값은 정규분포를 따른다고 가정한다.

a. 한 개 저항계의 저항값에 대한 95% 예측구간을 구하시오.

b. 95%의 신뢰도로 저항계의 90%를 포함하는 공차구간을 구하시오.

2 6곳에서 채취한 물 시료의 pH 측정결과는 5.9, 5.0, 6.5, 5.6, 5.9, 6.5 이다. 채취한 시료는 거의 정규분포인 모집단에서 채취하였다고 가정한다.

a. 한 개 시료의 pH의 98% 예측구간을 구하시오.

b. 95%의 신뢰도로 시료의 95%를 포함하는 pH의 공차구간을 구하시오.

3 가솔린의 옥탄 함유율을 5회 측정하였으며, 측정결과(%)는 87.0, 86.0, 86.5, 88.0, 85.3 이다.

a. 1회 측정값의 95% 예측구간을 구하시오.

b. 99%의 신뢰도로 측정값의 90%를 포함하는 pH의 공차구간을 구하시오.

제5장 연습문제

1 일산화탄소와 같은 대기오염물질의 농도는 분광 광도계로 측정한다. 일산화탄소의 농도가 70 ppm인 연구실용 가스를 50회 측정하였다. 측정값이 참값의 5 ppm 이내에 있으면 측정값은 만족한 것으로 고려한다. 50회 측정값 중에서 37회 만족하였다.

a. 표본 측정값이 만족하는 비율은 얼마인가?

b. 만족하는 측정값 비율의 95% 신뢰구간을 구하시오.

c. 95% 신뢰수준에서 만족하는 측정값 비율을 ± 0.10 구간을 이용하여 나타낼 때, 몇 회의 측정을 수행하여야 하는가?

d. 만족하는 측정값 비율의 99% 신뢰구간을 구하시오.

e. 99% 신뢰수준에서 만족하는 측정값 비율을 ± 0.10 구간을 이용하여 나타낼 때, 몇 회의 측정을 수행하여야 하는가?

2 동일한 크기의 표본을 이용하여 앵커 볼트의 평균 전단강도의 3개의 신뢰구간을 산정하였다. 구간은 (4.01 , 6.02), (4.20 , 5.83), (3.57 , 6.46)이고, 구간의 신뢰수준은 90%, 95% 및 99% 이었다. 각 구간에 해당하는 신뢰수준은 얼마인가?

3 어느 도시의 시민들에게 시민센터 현대화 작업의 찬반여부를 설문조사하였다. 98% 신뢰수준에서 찬성하는 비율을 ± 0.04 구간을 이용하여 나타낼 때, 몇 명의 설문조사가 필요한가?

4 144회 관찰값을 토대로 모평균의 90% 신뢰구간을 (2.7 , 3.4)로 산정하였다. 90% 신뢰수준에서 평균을 ± 0.2 구간을 이용하여 나타낼 때, 몇 회의 관찰이 필요한가?

5 어느 제조공정에서 생산되는 전자부품의 400개 표본 실험결과, 30개가 결함부품인 것으로 나타났다.

a. 이 제조공정을 통해 생산되는 결함부품의 비율을 p라 할 때, p의 95% 신뢰구간을 구하라.

b. 95% 신뢰수준에서 비율을 ± 0.02 구간을 이용하여 나타낼 때, 몇 회의 표본 실험이 필요한가?

c. 제조회사는 200개의 로트(lot) 단위로 부품을 배송한다. 20개 이상의 결함부품을 포함하는 로트는 반송하도록 한다. 반송되는 로트 비율의 95% 신뢰구간을 구하시오.

6 금속기술자가 어느 합금의 녹는점을 측정하여 95% 신뢰구간을 2,038 ± 2℃로 산정하였다. 온도측정과정은 편의가 없다고 가정한다. 다음에 대해 참 또는 거짓을 판별하시오.

a. 녹는점의 참값이 2,038 ± 2℃에 있을 확률은 95%이다.

b. 실험을 반복한다면 반복실험에서 평균 측정값이 2,038 ± 2℃에 있을 확률은 95%이다.

c. 실험을 반복해서 95% 신뢰구간을 산정한다면, 신뢰구간이 녹는점 참값을 포함할 확률은 95%이다.

d. 만약 1회의 측정을 더 수행한다면, 측정값이 2,038 ± 2℃ 구간에 있을 확률은 95%이다.

7 크기가 70인 표본을 토대로 모평균의 95% 신뢰구간을 계산한다. 이때, 구간의 폭을 절반으로 하는 95% 신뢰구간을 계산하고자 한다면, 표본의 크기를 얼마로 하여야 하는가?

8 축전기의 표본자료를 토대로 평균 축전기 용량(μF)의 95% 신뢰구간을 (0.213 , 0.241)로 계산하였다. 이 축전기의 평균용량의 90% 신뢰구간을 계산하시오.

9 10,000개의 볼 베어링을 담고 있는 상자가 있다. 무작위로 120개의 표본을 추출하였다. 표본의 평균 직경은 10 mm, 표준편차는 0.24 mm이다. 다음에 대해 각각 참인지 거짓인지를 구분하라.

a. 120개 베어링 표본의 평균 직경의 95% 신뢰구간은 $10 \pm (1.96)(0.24)/\sqrt{120}$ 이다.

b. 박스 안에 있는 10,000개 베어링의 평균 직경의 95% 신뢰구간은 10 ± (1.96)(0.24) / $\sqrt{120}$ 이다.

c. 박스 안에 있는 10,000개 베어링의 평균 직경의 95% 신뢰구간은 10 ± (1.96)(0.24) / $\sqrt{10,000}$ 이다.

10 어느 용액의 온도를 다수의 측정을 통하여 추정하고 평균을 산정하였다. 추정값은 37℃이고, 표준오차는 0.1℃이다.

a. 온도의 95% 신뢰구간을 구하시오.

b. 37 ± 0.1℃ 신뢰구간에 대한 신뢰수준은 얼마인가?

c. 만약, 측정 횟수를 작게 수행하였다면, 신뢰구간을 계산하기 위해 어떤 추가의 가정이 필요한가?

d. 10회의 측정을 수행했을 때, 추가의 가정을 토대로 95% 신뢰구간을 계산하시오.

11 n개 단위의 시간 또는 공간에서 발생하는 사건의 횟수를 X라 하고, 이를 $X \sim \text{Poisson}(n\lambda)$로 가정하자. 여기서, λ는 1개 단위의 시간 또는 공간에서 발생하는 사건의 평균 횟수이다. X가 크다고 할 때, $X \sim N(n\lambda, n\lambda)$이다. λ의 $100(1-\alpha)\%$ 신뢰수준에 대한 신뢰구간을 유도하기 위한 다음의 (a)에서 (d)까지의 단계를 따른다.

a. 모든 표본의 $1-\alpha$ 비율에 대해 $X - z_{\alpha/2}\sigma_X < n\lambda < X + z_{\alpha/2}\sigma_X$를 보인다.

b. $\hat{\lambda} = X/n$일 때, $\sigma_{\hat{\lambda}} = \sigma_X/n$을 보인다.

c. 모든 표본의 $1-\alpha$ 비율에 대해 $\hat{\lambda} - z_{\alpha/2}\sigma_{\hat{\lambda}} < \lambda < \hat{\lambda} + z_{\alpha/2}\sigma_{\hat{\lambda}}$인 결론을 짓는다.

d. λ의 $100(1-\alpha)\%$ 신뢰구간 표현식을 유도하기 위하여 $\sigma_{\hat{\lambda}} \approx \sqrt{\hat{\lambda}/n}$를 이용한다.

e. 5 mL의 현탁액 표본이 300개의 입자를 포함하고 있다. 현탁액 mL당 포함된 입자의 평균 숫자를 λ라 할 때, λ의 95% 신뢰구간을 구하시오.

단일표본에 대한 가설검정 06

개요

예제 5.4를 살펴보면, 마이크로드릴(microdrills)을 50회 사용하여 얻은 평균수명(average lifetime)의 표본평균은 $\overline{X}=12.68$ 홀(holes), 표준편차는 $s=6.83$이었다. 이 장에서는 모집단의 평균수명 μ가 11보다 크다'라는 가설이 옳은가의 여부를 판단하고자 한다. 이를 위해서는 표본평균 $\overline{X}$를 검토할 필요가 있다. 이미 $X>11$임을 알고 있으나 X의 무작위 변동(random variation) 때문에 $\mu>11$을 확신할 수는 없다. 우리는 $\mu>11$임을 어느 정도까지 확신할 수 있는지를 알고 싶다. 여기서 우리가 원하는 것은 신뢰구간이 아니다. 예제 5.4에서 모평균에 대한 95% 신뢰구간이 (10.79 , 14.57)로 계산된 바 있다. 이 결과는 모평균이 10.79에서 14.57 사이에 존재할 가능성을 95% 확신한다는 의미이지, 모평균이 11보다 클 가능성에 대해서는 직접적으로 말해주지 않는다.

'$\mu>11$'라는 표현은 모평균 μ에 대한 가설인 것이다. 이와 같은 가설이 진실임을 어느 정도 확신할 수 있는지를 결정하기 위해서는 가설검정을 수행하여야 한다. 가설검정에서는 가설의 진실성에 대한 확신의 정도를 0과 1 사이의 값으로 나타내준다. 결국 가설검정은 신뢰구간과 밀접한 관련이 있다. 일반적으로, 신뢰구간을 계산할 수 있다면 가설검정을 수행할 수 있으며, 그 반대의 경우도 가능하다.

6.1 모평균에 대한 대표본 검정

다음 예제를 이용하여 이 절의 내용을 살펴보기로 하자. 어떤 회전식 기어의 마모를 감소시켜줄 새로운 코팅법이 개발되었다고 하자. 오랜 경험을 통해 코팅되지 않은 기어들의 평균 마모정도는 한 달에 80μm 정도인 것으로 알려져 있다. 기술자들이 새로운 코팅이 기어의 마모를 어느 정도 감소시켜주는지에 대한 실험을 수행하였다. 그들은 단순 무작위 표본인 60개의 기어들을 코팅하였으며, 그 기어들을 한 달 동안 사용한 후에 마모정도를 측정하였다. 그 결과, 평균 마모정도는 $X=74\mu\text{m}$, 표준편차는 $s=18\mu\text{m}$으로 나타났다.

이 경우 모집단은 모든 기어에 코팅을 한 후 측정한 마모정도가 될 것이다. 만일 표본평균에 무작위 변동(random variation)이 없다면 코팅은 마모를 80μm에서 74μm로 감소시켰다고 결론내릴 수 있다. 그러나 표본평균에는 무작위 변동이 존재한다. 따라서 모평균은 실제 74보다 다소 크거나 또는 작을 것이다.

기술자들은 코팅된 기어의 모평균이 80 이상이면 코팅이 기어의 마모 정도를 감소시키지 못한다고 판단한다. 따라서, 기술자들은 코팅이 효과를 발휘하지 못할 것을 우려하여 다음과 같은 질문에 대한 답을 알고 싶어한다. 모평균이 80 또는 그 이상인 모집단으로부터 표본평균이 74인 표본추출이 가능한가?

이 문제를 설명하기 위하여 가설검정문제를 만들어 볼 것이다. 먼저, 우리는 평균이 74인 표본을 관찰하였다. 이 관찰에 대해 다음 두 가지의 해석이 가능하다.

- 실제로 모평균이 80보다 크거나 같은데, 모집단의 무작위 변동에 의해 표본평균이 작게 나타난 것이다. 따라서 코팅을 하더라도 평균 마모는 80 또는 그 이상이 될 것이다. 표본이 결과를 잘못된 쪽으로 유도하고 있다.
- 실제로 모평균이 80보다 작다. 따라서 표본평균은 이러한 사실을 반영하고 있다. 표본은 코팅을 통해 기대할 수 있는 실제 차이를 반영하고 있다.

이러한 두 가지 설명에는 표준명칭이 있다. 첫 번째는 영가설 또는 귀무가설(null hypothesis)이라 불린다. 대부분의 경우에서 귀무가설은 표본에 의해 제시된 결과가 표본과 모집단 사이의 무작위 변동에 의한 것이라고 주장한다. 두 번째 설명은 대립가설(alternate hypothesis)이라 불린다. 대립가설은 표본에 의해 제시된 결과가 참인 경우, 그 결과가 전체 모집단을 정확하게 대표한다는 것을 의미한다.

본 예제에서는 엔지니어들이 귀무가설이 참일지도 모른다는 점을 우려하고 있는 것이다. 가설검정은 귀무가설의 타당성에 대한 정량적 척도를 부여하게 된다. 가설검정을 수행하면 엔지니어들에게 그들의 우려가 얼마나 타당한지를 수치적으로 보여줄 수 있다.

보다 명확히 하기 위해 모든 것이 기호로 표현된다. 귀무가설은 H_0으로 표현되고, 대립가설은 H_1으로 표현된다. 늘 그랬듯이 모평균은 μ로 표현된다. 따라서,

$$H_0 : \mu \geq 80\,,\ \ H_1 : \mu < 80$$

가설검정의 수행 과정에서는 늘 귀무가설을 시험대에 올려놓게 된다. 실제 재판에서 피고가 무죄라고 가정하고 재판을 시작하듯이, 여기서도 H_0가 참이라고 가정을 하고 가설검정을 시작한다. 무작위 표본이 증거를 제공한다. 가설검정은 표본과 H_0 사이의 불일치 강도를 측정하여 소위 P-값이라 불리는 0에서 1 사이의 값을 제시하게 된다. P-값은는 H_0의 타당성

을 측정하는 값이다. P-값이 작을수록 H_0를 기각할만한 더 큰 증거를 갖게 된다. 만약에 P-값이 충분히 작다면, 앞서 가정한 H_0가 참이라는 가정을 폐기하고 그 대신에 H_1을 믿게 될 것이다. 이것을 귀무가설의 기각(rejecting the null hypothesis)이라고 한다.

이 예제에서 $X_1, \cdots, X_{60}$을 60개의 표본 기어에 대한 마모 정도라고 하자. 표본평균의 관측값은 $\overline{X}=74$이다. 또한, 표본 표준편차가 $s=18$이라는 것도 알아야 한다. 모집단에서 관측한 표본평균이 74로 주어진 상황 하에서 우리는 모평균이 80 또는 그 이상이라는 귀무가설 H_0의 타당성을 평가해야만 한다. 이는 다음과 같이 두 단계로 수행된다.

- 먼저, H_0가 참이라는 가정 하에서 $\overline{X}$의 분포를 계산한다. 이 분포를 $\overline{X}$의 영분포(null distribution)라고 한다.
- 다음으로 P-값을 계산한다. 계산된 P-값은 H_0가 참이라는 가정 하에 H_0와 표본평균 $\overline{X}$간의 불일치 정도가 적어도 74라는 관측값에 대한 결과보다 크게 될 확률이다.

단계 1을 수행하기 위해서는 X가 대표본(large sample)의 평균임에 주목해야 하며, 따라서 표본평균은 중심극한정리에 따라 평균이 μ이고 분산이 $\sigma^2/60$인 정규분포로부터 나온 것이 된다. 여기서 σ^2는 모분산이고, 60은 표본의 크기이다. 영분포를 결정하기 위해서 μ와 σ 값을 결정해야 한다. H_0을 참이라고 가정하고 있으므로 $\mu \geq 80$이다. 즉, μ에 어떤 특정 값을 지정하지는 않았다. 이 경우 μ에 대한 가정 값으로 대립가설 H_1에 가장 가까운 값을 취하게 되는데, 그 이유는 이 장의 후반부에서 설명하기로 한다. 따라서 $\mu=80$이라 가정한다. 모 표준편차 σ는 모른다. 그러나 표본이 크므로 σ는 표본 표준편차 $s=18$과 근사적으로 같다고 가정한다. 따라서 귀무가설 H_0하에서 X는 평균이 80이고, 표준편차가 $18/\sqrt{60}=2.324$인 정규분포를 따르는 것으로 결정하였다. 영분포는 $X \sim N(80, 2.3242)$가 된다.

이제 2단계를 수행할 준비가 되었다. 그림 6.1은 영분포를 묘사하고 있다. 수치 74는 관측값 X에 해당하는 분포상의 점을 가리킨다. 분포로부터 추출된 숫자가 74 정도로 작은 것이 얼마나 타당할 수 있는가? 이는 P-값에 의해 측정된다. P-값은 영분포로부터 추출된 수가 적어도 74라는 관측값 $\overline{X}$만큼 크게 H_0와 불일치하게 될 확률이다. H_0가 X의 평균이 80보다 크거나 같은 경우를 한정하고 있으므로 74보다 작은 값들은 H_0와 상당히 치이가 나는 것이다. 따라서 P-값은 $N(80, 2.3242)$ 분포로부터 추출된 숫자가 74보다 작거나 같을 확률이다. 이 확률은 아래의 z-값을 계산함으로써 결정된다.

$$z=\frac{74-80}{2.324}=-2.58$$

z의 표로부터, 표준정규확률변수(standard normal random variable) z가 -2.58보다 작거나 같을 확률은 0.0049가 된다. 이 검정에 대한 P-값은 0.0049이다.

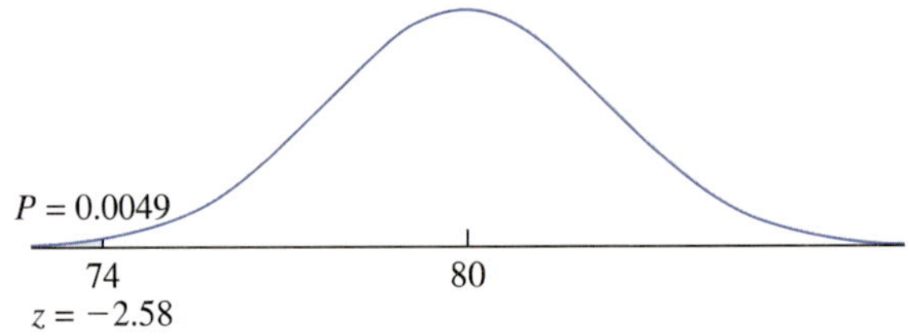

그림 6.1 X의 영분포는 $N(80, 2.324^2)$이다.

H_0가 참일 경우, X가 관측값 74와 같이 극단적이거나 또는 더욱 극단적인 값을 가질 확률은 0.0049가 된다. 이것이 P-값이다.

P-값은 앞서 언급한대로 H_0의 타당성에 대한 양적 척도를 제공한다. 이 양적 척도를 어떻게 해석할 수 있을까? 적절한 해석방법이라는 것이 약간 의문스럽다. 이 P-값은 H_0가 참일 때 관측값 74와 같이 평균이 H_0에서 멀리 떨어진 표본을 추출할 확률이 단지 0.0049임을 말해준다. 따라서, 다음 두 가지의 결론 중 하나는 가능하다.

- H_0는 거짓이다.
- H_0는 사실이다. 이는 추출될 수 있는 모든 표본 중에 오직 0.49%만이 실제 추출된 표본의 평균처럼 작거나 또는 더 작은 평균을 갖는다는 것을 의미한다. 다시 말하면, 본 표본평균은 그 분포에서 가장 극단적인 0.49%에 위치한다.

실제로 주어진 분포에서 가장 극단적인 0.49%에 해당하는 사건들은 거의 발생하지 않는다. 따라서 우리는 H_0를 기각하고 코팅이 평균마모를 80μm 이하로 줄일 수 있다는 결론을 내린다.

이 문제의 경우에 있어 귀무가설은 오직 $\mu \geq 80$임을 규정했었다. H_0가 참이라는 가정 하에서 왜 우리는 H_1에 가장 가까운 $\mu = 80$을 선택해야 할까? H_0를 공정하게 검정하려면, 반드시 가장 타당한 형태로 검정해야 한다. μ에 대한 가장 그럴듯한 값은 X에 가장 가까운 값이어야 한다. $X = 74$이므로 $\mu \geq 80$인 값 중에서 X에 가장 가까운 값은 $\mu = 80$이 된다. 이 값은 또한 H_1에 가장 가까운 값이기도 하다. 이것이 전형적인 형태이다. 가설검정을 수행하는 것이 주요 관심사인 경우 가장 그럴듯한 H_0값은 바로 H_1에 가장 가까운 값이다.

H_0를 기각하기 위해서 P-값이 얼마나 작아야 하는지 묻는 것이 당연하다. 일부 사람들은

$P \le 0.05$일 경우에 H_0를 기각하는 소위 '% 법칙'을 사용한다. 그러나 이 법칙 또는 다른 법칙에도 과학적 정당성이 부여되지는 않는다. 이 문제는 6.2절에서 좀 더 자세히 살펴보기로 한다.

앞서 설명한 방법에서 중심극한정리를 사용하는 것에 주목할 필요가 있다. 이 방법이 유효하기 위해서는 표본크기가 30 또는 그 이상으로 충분히 커야 한다. 소표본에도 유효한 가설검정 방법들은 6.4절에 제시되어 있다.

마지막으로, P-값 산정은 z-값을 계산함으로써 가능하다는 점을 주목해야 한다. 이러한 이유로 z-값을 검정통계량이라고 부른다. 검정통계량으로 z-값을 사용하는 검정을 z-검정이라 부른다.

많은 종류의 가설검정이 있다. 모든 종류의 가설검정은 아래 제시된 것과 같은 기본적인 단계를 거쳐 수행된다.

가설검정 수행 단계

1. 귀무가설 H_0와 대립가설 H_1을 정의한다.
2. H_0가 참이라고 가정한다.
3. 검정통계량을 계산한다. 이 검정통계량은 귀무가설 H_0을 뒷받침하는 증거의 정도(the strength of the evidence)를 평가하는데 이용된다.
4. 검정통계량의 P-값을 계산한다. P-값은 H_o가 참이라는 가정 하에 검정통계량이 실제 관측값에 대한 결과만큼 혹은 더 큰 정도로 H_o와 불일치되는 값을 갖게 될 확률이다. P-값은 관측 유의수준(significance level)이라고도 불린다.

H_0를 표현하는 또 다른 방법

H_0를 참이라고 가정할 때 H_1에 가장 가까운 값을 사용한다고 언급한 바 있다. 어떤 저자들은 단일값(single value)을 H_0로 가정하고, 앞의 예제에서 $H_0 : \mu \ge 80$ 대신에 $H_0 : \mu = 80$라고 쓴다. 이런 표기법은 H_0를 참이라고 가정할 경우 어떤 값을 사용하고 있는지를 명확히 할 수 있다는 장점이 있다. 그러나 이를 해석하고자 할 때에 문제점이 나타난다. 일반적으로, H_1에 가장 가까운 값은 특별한 관심의 대상이 아니다. 예를 들어, 앞서 다룬 기어 마모의 예제에서, $\mu = 80$일 가능성 보다는 $\mu \ge 80$일 가능성에 관심을 두고 있는 것이다. H_0 기각의 중요성은 단일값 $\mu = 80$만을 기각하는 것이 아니라 $\mu \ge 80$에 속하는 모든 값을 기각하는 것에 있다. 이런 이유로 본서에서는 $H_0 : \mu \ge 80$로 표기하는 것을 채택하였다.

Example 6.1

논문 "Wear in Boundary Lubrication" (S. Hsu, R. Munro, and M. Shen, Journal of Engineering Tribology, 2002:427-41) 에서는 여러 종류의 윤활유를 대상으로 다양한 실험을 수행하였다. 한 실험에서는 45개의 강구(steel ball)에 정화된 등유(paraffin)를 칠한 후 600 rpm(분당 회전수)에서 60분 동안 40 kg의 하중을 가했다. 지름의 평균 감소정도는 673.2μm이고, 표준편차는 14.9μm이었다. 윤활유의 설명서에는 평균 감소정도가 675보다 작다고 되어있다고 가정하자. $H_0 : \mu \geq 675$, $H_1 : \mu < 675$에 대한 검정을 통하여 P-값을 계산해보자.

Solution

먼저, 주어진 문제를 통계적인 용어를 사용하여 바꾸어 보자. 지름의 감소정도를 나타내는 단순 무작위 표본 $X_1, \cdots, X_{45}$가 있다. 표본평균과 표준편차는 각각 $\overline{X} = 673.2$와 $s = 14.9$이다. 모평균은 알 수 없으며 μ로 표기하기로 한다. 검정의 구성에 앞서 이 문제의 기본 이슈가 표본평균에 대한 무작위 변동에 있음을 다시 한 번 지적하고자 한다. 만일, 표본평균에 무작위 변동이 없다면 673.2 < 675이므로 때문에 윤활유가 설명서의 제원과 일치하다고 결론내릴 수 있을 것이다. 결국 문제는 모평균이 675만큼 클 수 있도록 표본평균의 무작위 변동성이 크게 나타나는지에 대한 여부이다.

가설검정을 수행하기 위해서 앞서 제시한 단계를 따라가 보기로 한다. 귀무가설은 윤활유가 제원을 충족하지 못하며, 따라서 표본평균 673.2와 675의 차이는 우연에 의한 것으로 설정하였다. 대립가설은 윤활유는 확실히 제원을 충족한다고 설정하였다. H_0가 참이라고 가정하면, 표본은 모평균 $\mu = 675$(H_1에 가장 가까운 값)인 모집단으로부터 추출된 것이 된다. 모 표준편차 σ는 표본 표준편차 $s = 14.9$로 가정한다. H_0에 대한 가설검정은 $\overline{X}$를 기반으로 한다. H_0하에서 $\overline{X}$는 평균이 675이고 표준편차가 $14.9/\sqrt{45} = 2.22$인 정규모집단으로부터 추출된 것이다. P-값은 표본평균이 673.2보다 작거나 같은 값으로 관측될 확률이다. 검정통계량은 z-값이며, 다음과 같이 계산된다.

$$z = \frac{673.2 - 675}{2.22} = -0.81$$

P-값은 0.209이다(그림 6.2 참고). 그러므로 만일 H_0가 참이라면, H_0와의 차이가 최소한 실제 관측한 정도가 되는 표본이 관측될 가능성은 20.9%나 되는 것이다.

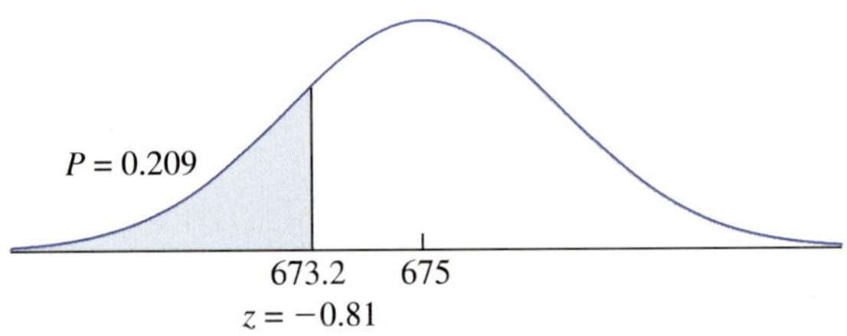

그림 6.2 $\overline{X}$의 영분포는 $N(675, 2.22^2)$이다.

따라서 H_0가 참일 경우, $\overline{X}$가 관측값 673.2처럼 극단적이거나 또는 더 극단적인 값일 확률이 0.209이다. 이것이 P-값이다.

실제로 관측된 0.209는 매우 낮은 확률이 아니기 때문에 H_0를 기각하지 않는다. 대신에 H_0가 타당하다고 결론을 내린다. 이 자료는 윤활유가 제원을 충족시킨다는 어떠한 결정적인 근거를 보여주고 있지 않다. 우리가 H_0를 참이라고 결론 내리지 않는다는 점에 주의하기 바란다, 단지 가능하다는 것이다. 6.2절에서는 이 차이에 대해 좀 더 자세히 살펴볼 것이다.

다음 컴퓨터 출력(MINITAB 사용)은 예제 6.1의 결과를 나타낸다.

```
One-Sample Z: Wear

Test of mu = 675 vs < 675
The assumed standard deviation = 14.9
                                              95%
                                             Upper
Variable   N      Mean   StDev   SE Mean     Bound       Z       P
Wear      45   673.200    14.9     2.221   676.853   -0.81   0.209
```

출력결과는 귀무가설이 $\mu \geq 675$라기보다는 $\mu = 675$임을 보여주고 있다. 이는 $\mu = 675$값이 영분포를 구성하는데 사용되었다는 것을 의미한다. “SE Mean”이라는 양은 $s/\sqrt{N}$으로 추정된 $\bar{X}$의 표준편차이다. 위 컴퓨터 출력은 또한 μ에 대한 상위 95% 신뢰한계를 제시하고 있다.

지금까지의 예제들에서 귀무가설은 모평균이 어떤 값보다 작거나 같으며, 또는 크거나 같음을 규정하였다. 그러나 어떤 경우에는 귀무가설이 ‘모평균은 어떤 특정값과 동일한 값’이라고 규정한다. 다음 예제 6.2를 살펴보자.

Example 6.2

어떤 저울이 검정 중량인 1,000 g을 60회 재어봄으로써 보정된다고 하자. 60회 읽은 저울눈금의 평균과 표준편차가 각각 1,000.6 g과 2 g이다. H_0 : $\mu = 1{,}000$, H_1 : $\mu \neq 1{,}000$을 검정하기 위한 P-값을 구하라.

Solution

μ를 모평균이라고 하자. 귀무가설은 저울이 잘 보정된 것이며, 따라서 모평균 μ는 참 중량인 1,000g과 같고, 표본평균과 참 중량간의 차이는 순전히 우연에 의한 것이 된다. 대립가설은 저울이 보정되지 않은 것이 된다.

이 예제에서 귀무가설은 μ를 특정값 이상 또는 미만으로 표현하기 보다는 특정값과 같다고 규정하고 있다. 이러한 이유 때문에 μ보다 훨씬 크거나 훨씬 작은 $\bar{X}$값은 H_0에 반하는 근거가 된다. 이전 예제에서는 μ의 한쪽에 위치한 $\bar{X}$값들만이 H_0에 반한 근거로 제시되었다.

H_0를 참이라고 가정하므로 관측된 표본값은 평균이 $\mu = 1{,}000$인 모집단으로부터 추출된 것이다. 모 표준편차 σ는 표본 표준편차 $s = 2$와 근사적으로 같다고 가정한다. $\bar{X}$의 영분포는 평균이 1,000이고 표준편차가 $2/\sqrt{60} = 0.258$인 정규분포가 된다. 관측값 $\bar{X} =$ 1,000.6의 z-값은 아래와 같다.

$$z = \frac{1000.6 - 1000}{0.258} = 2.32$$

H_0는 $\mu = 1{,}000$으로 규정하기 때문에, 곡선의 양측 꼬리 영역들은 관측치 1,000.6보다 H_0와 더 큰 차이가 난다. P-값은 양쪽 꼬리 영역 면적의 합으로 0.0204가 된다. 따라서 만일 H_0가 참이라면, 관측값과 같은 극한 또는 더욱 극한값일 확률은 단지 0.0204가 된다.

H_0에 반한 증거가 상당히 강력한 것이다. 따라서 H_0를 기각하고 저울을 재보정 하는 것이 보다 신중한 판단일 것이다.

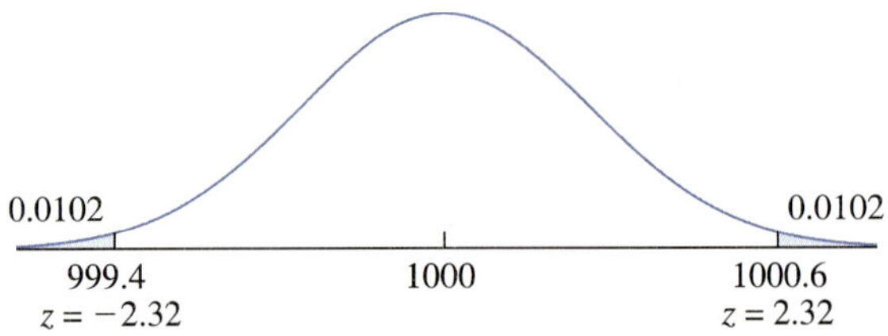

그림 6.3 $\overline{X}$의 영분포는 $N(1000, 0.2582)$이다.

따라서 만일 H_0가 참이라면, $\overline{X}$가 관측값 1,000.6과 같은 극한값이거나 또는 더욱 극한값을 가질 확률은 0.0204이다. 이것이 P-값이다.

H_0가 μ를 단일값으로 규정할 경우, 예제 6.2와 동일하게 양측 꼬리영역이 모두 P-값 산정에 기여한다. 이러한 검정을 양측(two-sided) 또는 양쪽꼬리(two-tailed) 검정이라고 한다. H_0가 μ를 이상 또는 미만으로 규정할 경우, 한쪽 꼬리영역만이 P-값 산정에 기여한다. 이러한 검정을 단측(one-sided) 또는 한쪽꼬리(one-tailed) 검정이라고 한다.

결론적으로 모평균에 대한 대표본 가설검정의 수행에 사용된 절차를 요약하면 다음과 같다.

Summary

평균이 μ이고 표준편차가 σ인 모집단으로부터 추출된 대표본($n > 30$)을 $X_1, \cdots, X_n$이라 하자. $H_0: \mu \le \mu_o$, $H_0: \mu \ge \mu_o$, 또는 $H_0: \mu = \mu_o$ 같은 형식의 귀무가설을 검정하기 위해

- z-값을 계산한다 : $z = \dfrac{\overline{X} - \mu_0}{\sigma / \sqrt{n}}$

  σ를 모른다면, σ는 s와 근사적으로 같다고 가정한다.
- P-을 계산한다. P-값은 정규곡선 아래의 면적으로 계산되나, 고려되는 면적은 다음과 같이 대립가설에 따라 다르다.

대립가설	P-값
$H_1: \mu > \mu_0$	z의 우측 면적
$H_1: \mu < \mu_0$	z의 좌측 면적
$H_1: \mu \ne \mu_0$	z와 $-z$에 의해 구분된 양측 꼬리면적의 합

연습 6.1

1 최근 많은 기업들이 자택에서 직원들이 컴퓨터를 이용하여 일할 수 있는 재택근무에 대해 실험하고 있다. 여러 장점 중에서도 특히 재택근무는 병가일수를 줄일 수 있을 것으로 전망된다. 한 회사에서 지난 과거 몇 년 동안 직원들의 평균 병가일수가 5.4일로 알려져 있다고 가정하자. 이 회사는 올해 재택근무를 도입하였다. 경영진이 직원 80명을 단순 무작위 표본추출하여 조사한 결과, 이 직원들의 평균 병가일수가 4.5일, 표준편차는 2.7일이었다. 이 회사의 모든 직원들에 대한 평균 병가일수를 μ라고 하자.

a. $H_0: \mu \geq 5.4$와 $H_1: \mu < 5.4$의 검정을 위한 P-값을 찾으시오.

b. 이 결과는 "재택근무의 도입 이후 평균 병가일수가 감소하였다" 또는 "추출된 표본이 평균 병가일수에 대한 분포에서 극단적으로 작은 부분에 속한다" 중 어떤 것에 속하는가?

2 논문 "Valuation of Mobile Mapping Systems for Roadway Data Collection" (H. Karimi, A. Khattak, and J. Hummer, Journal of Computing in Civil Engineering, 2000:168-73) 은 차선의 폭과 교통신호의 높이와 같은 도로 요소들의 원격 측정을 위한 시스템을 설명하고 있다. 이러한 도로 요소의 표본 160개에 대한 관측값의 평균오류(%)는 1.90이며, 그 표준편차는 21.20이었다. 이런 종류의 관측에서 평균오류를 μ라고 하자.

a. $H_0: \mu = 0$, $H_1: \mu = 0$의 검정을 위한 P-값을 찾으시오.

b. 이 결과는 "이런 종류의 관측에서 발생한 평균오류는 0이 아니다" 또는 "추출된 표본이 오류에 대한 분포에서 극단적으로 큰 부분에 속한다" 중 어떤 것에 속하는가?

3 산업화의 발달로 인해 강물 내 미네랄 함유량이 증가한다는 우려가 있다. 10년 전 어떤 강물에 포함된 실리콘 함유량이 5 mg/L이었다. 최근 이 강에서 채취된 85개의 물 표본들은 실리콘 함유량의 평균이 5.4 mg/L, 표준편차가 1.2 mg/L이었다.

a. P-값을 찾으시오.

b. 당신은 "강물의 실리콘 함유량이 10년 전보다 크지 않을 수 있다고 믿겠는가?" 또는 "그 수준이 증가하였다고 확신할 수 있겠는가?" 당신의 주장을 설명하시오.

4 어느 화학공장이 적절히 운영되고 있을 때, 하루 평균 최소 740톤을 생산한다. 단순 무작위 표본으로 60일 생산량을 측정하였다. 표본평균은 715톤/일이며, 표준편차는 24톤/일이다. 이 공장의 평균 일 생산량을 μ라고 하자. 기술자가 $H_0: \mu \geq 740$, $H_1: \mu < 740$을 검정한다고 하자.

a. P-값을 찾으시오.

b. 당신은 이 공장이 적절하게 가동되고 있을 수 있다고 믿는가? 아니면 가동이 잘 안된다고 확신할 수 있는가? 당신의 주장을 설명하시오.

5 어떤 알루미늄 합금으로 제작된 부품의 수명을 측정하기 위한 실험에서, 부품이 고장 날 때까지 67개 부품을 순차적으로 장착하였다. 이 부품이 고장 날 때까지의 킬로사이클(kilocycle)의 평균 횟수는 763이며, 표준편차는 120이었다. 이런 종류의 부품이 고장 날 때까지의 킬로사이클의 평균을 μ라 하자. $H_0: \mu \leq 750$, $H_1: \mu > 750$에 대한 검정이 수행되었다.

a. P-값을 찾으시오.

b. 당신은 평균 수명이 750킬로사이클 또는 그보다 작을 수 있다고 믿겠는가? 또는 750보다 크다고 확신할 수 있겠는가? 당신의 주장을 설명하시오

6 빈칸을 채우시오. 귀무가설이 $H_0: \mu \leq 4$인 경우, 영분포 하에서 X의 평균은?

a. 0
b. 4
c. 4보다 작거나 같은 어떤 수
d. H_1을 모르는 이상 알 수 없다.

7 꽉 채워져 있는 수많은 음료 캔의 무게를 측정한 결과 $\overline{X}$=11.98온스였으며, $\sigma_X = 0.02$이었다. 이 정보를 이용하여 $H_0 : \mu = 12.0$, $H_1 : \mu = 12.0$을 검정하기 위한 P-값을 찾으시오.

8 다음 MINITAB 출력은 모평균 μ에 대한 가설검정의 결과를 보여주고 있다. 이 표에서 생략된 빈칸들을 채워보시오.

```
One-Sample Z: X

Test of mu = 3.5 vs > 3.5
The assumed standard deviation = 2.00819

                                          95%
                                         Lower
Variable   N     Mean    StDev  SE Mean    Bound    Z    P
X         87  4.07114  2.00819      (a)  3.71700  (b)  (c)
```

6.2 가설검정 결과로부터 결론 도출

예제 6.1과 6.2에서 도출된 결론들을 자세히 살펴보자. 예제 6.2에서는 H_0를 기각했다. 다시 말해, H_0는 거짓인 것으로 결론지었다. 예제 6.1에서는 H_0를 기각하지 않았다. 그러나 H_0가 참이라고 결론내리지도 않았다. 단지, H_0가 가능하다는 것을 결론 내릴 수 있었다.

사실, 가설검정에서 도달될 수 있는 단 2개의 결론은 H_0가 거짓이거나 H_0가 가능하다는 것이다. 특별히 H_0가 참이라고 결론내릴 수는 없다. 왜 그런지 이해하기 위해 예제 6.1을 다시 생각해 보자. 표본평균은 $X = 673.2$이었고, 귀무가설은 $\mu \geq 675$이었다. 결론은 673.2가 675에 충분히 가까운 값이며, 따라서 귀무가설이 참일지도 모른다는 것이었다. 그러나 표본평균 673.2가 675보다 작기 때문에 $\mu \geq 675$가 참이라는 결론을 명확하게 내릴 수는 없었다. 이것이 관심대상에 대한 전형적인 상황이다. 검정통계량은 대립가설과 일치하고, 귀무가설과는 어느 정도 불일치한다. 여기서 논제는 P-값으로 측정되는 귀무가설의 불일치 정도가 커서 귀무가설을 기각시킬 수 있는지의 여부이다.

어떤 경우에 H_0를 기각해야 하는지 알 수 있을까? P-값이 작을수록 H_0가 참일 가능성도 낮아진다. 일반적인 경험법칙은 5%에 경계선을 긋는 것이다. 경험법칙에 의하면 $P \leq 0.05$일 경우 H_0는 기각된다. 그렇지 않은 경우, H_0는 기각되지 않는다. 사실, 더운 날씨와 추운 날씨의 명확한 경계선이 없는 것처럼, H_0에 대한 결정적인 근거와 결정적이지 않은 근거를 구분할 수 있는 명확한 경계선은 없다. 경험법칙이 편리하기는 하지만 실제 과학적인 정당성은 확보되어 있지 않다.

Summary

- P-값이 작을수록, 우리는 H_0가 거짓일 것을 더욱 확신한다.
- P-값이 클수록 H_0가 참일 가능성은 커지지만, H_0가 참이라고 명확하게 결론내릴 수는 없다.
- 경험적인 법칙은 $P \le 0.05$일 때 H_0를 기각하라고 추천한다. 이 법칙은 비록 편리하기는 하지만 과학적인 기반을 확보하고 있지는 않다.

통계적인 유의성

P-값이 특정 임계치(critical point)보다 작을 때마다 그 결과를 그 수준에서 "통계적으로 유의"하다고 말한다. 따라서, 예를 들어 $P \le 0.05$라면 그 결과는 5% 수준에서 통계적으로 유의하다. 만일 $P \le 0.01$이라면 그 결과는 1% 수준에서 통계적으로 유의하다. 그 밖의 경우도 마찬가지이다. 만일 어떤 결과가 유의수준이 $100\alpha\%$ 수준에서 통계적으로 유의하다면 귀무가설이 $100\alpha\%$ 수준에서 기각된다고 말할 수 있다.

Example 6.3

가설검정이 귀무가설 $H_0 : \mu = 0$에 대해 수행된다. P-값은 0.02인 것으로 나타났다. 이 결과는 10%수준에서 통계적으로 유의한가? 또는 5% 수준이나 1% 수준에서 유의한가? 이 귀무가설은 10% 수준에서 기각되는가? 또는 5% 수순이나 1% 수순에서 기각되는가?

Solution

이 결과는 2% 또는 그 이상의 수준에서 통계적으로 유의하다. 따라서 위 결과는 10%와 5% 수준에서 통계적으로 유의하다. 그러나 1% 수준에 대해서는 아니다. 유사하게, 우리는 2% 또는 그 이상의 수준에서 귀무가설을 기각할 수 있으며 따라서 10% 및 5% 수준에서 H_o는 기각된다.

때때로 사람들은 P-값의 제시 없이 단지 검정결과가 특정 수준에서 통계적으로 유의하다고 보고하곤 한다. 예를 들어, 결과가 "5% 수준에서 통계적으로 유의하다"거나 또는 "통계적으로 유의하다($P < 0.05$)"라는 표현을 쉽게 발견할 수 있다. 이는 다음 세 가지 측면에서 좋지 않은 표현이다. 먼저 이러한 표현은 P-값이 0.05보다 약간 작은 것인지 또는 훨씬 작은 것인지를 판단할 수 없게 한다.

두 번째, 결과가 5% 수준에서 통계적으로 유의하다고 보고하는 것은 P-값이 0.05보다 약간 작은 경우와 0.05보다 약간 큰 경우에 매우 큰 차이가 있다는 것을 의미한다. 실제 이 두 경우의 차이는 미미하다. 세 번째, 이와 같은 보고는 읽는 사람 스스로가 귀무가설을 기각할 수 있을 정도로 P-값이 충분히 작은지를 결정할 수 있게 하지 않는다. 만일, 독자가 $P < 0.01$이 아닌 이상 귀무가설이 반드시 기각되어서는 안 된다고 생각한다면, 단지 $P < 0.05$라는 보고

는 읽는 사람에게 H_0를 기각해야 하는지 아닌지를 결정할 수 없게 만든다.

P-값의 보고는 귀무가설에 반하는 증거능력에 대한 더 많은 정보를 주는 것이며, 각 독자에게 귀무가설의 기각여부를 결정할 수 있게 한다. 소프트웨어 패키지들은 항상 P-값을 결과로 출력한다. 이 값은 가설검정의 결과를 보고할 때마다 반드시 포함시켜야 한다.

Summary

- α를 0과 1 사이의 어떤 값이라 하자. 이때 $P \leq \alpha$이면, 검정결과는 $100\alpha\%$ 수준에서 통계적으로 유의함을 의미한다.
- 귀무가설은 $100\alpha\%$ 수준에서 기각된다.
- 가설검정 결과를 보고할 경우, P-값을 0.05 또는 0.01과 단순히 비교하지 말고 P-값 자체를 보고하라.

P-값은 H_0가 참일 확률이 아니다

P-값은 확률이고 또한 작은 P-값은 H_0가 참이 아닐 가능성을 나타내므로 P-값이 H_0가 참일 확률을 나타내는 것으로 생각하기 쉽다. 여기서 언급되고 있는 확률의 개념은 실험이 반복됨에 따라 다르게 나타날 수 있는 결과들에 적용될 때만 유용하다. P-값을 어떤 통계치 X와 같은 극단적인 값을 관찰할 확률로 정의하는 것이 타당한데, 이는 X값도 실험이 반복될 경우 다르게 발생할 수 있기 때문이다. 반면에, 귀무가설은 참일 수도 그렇지 않을 수도 있다. H_0의 참과 거짓은 실험을 반복해서 바꿀 수 있는 것이 아니다. 그러므로 H_0가 참인지를 확률로 설명하는 것은 부적절하다.

이 시점에서 지금까지 이 책에서 논의했던 것과는 다른 확률의 개념, 즉 귀무가설이 참일 확률이 존재한다는 것에 대해 언급할 필요가 있다. 주관적 확률이라고 일컬어지는 이런 종류의 확률은 베이지안 통계(Bayesian statistics)의 이론에서 중요한 역할을 한다. 지금까지 이 책에서 논의한 확률의 종류는 빈도주의적(frequentist) 확률이라고 한다. 베이지안 통계학에 대한 자세한 내용은 Lee(1997)를 참고하기를 바란다.

올바른 질문에 대답하기 위한 H_0를 선택하라

가설검정을 수행할 때는 검정결과가 결론 작성에 유용하도록 H_0와 H_1을 적절히 규정하는 것이 중요하다. 예제 6.4와 6.5를 통해 이 문제를 살펴보도록 하자.

Example 6.4

교량건설에 사용되는 강철판의 설계제원에 따르면 최소항복강도(F_y)가 345 MPa보다 커야 한다. 기술자들은 어떤 종류의 강철을 사용할지를 결정하기 위해 가설검정을 수행할 것이다. 그들은 강철을 무작위로 선택하여 파괴강도를 측정하고, 가설검정을 수행할 것이다. 기술자들이 강철의 모형균 μ가 345보다 크다고 확신할 수 없다면 그 강철은 사용되지 않는다. H_0 : $\mu \leq 345$, H_1 : $\mu > 345$를 검정하는 것으로 가정하자. 만일 H_0가 기각된다면 기술자들이 그 강철을 사용하자고 결정하겠는가? H_o가 기각되지 않는 경우에는 어떻게 되겠는가?

Solution

만일 H_0가 기각된다면, 기술자들은 $\mu > 345$라고 결론을 내릴 것이며, 그들은 그 강철을 사용할 것이다. 만일 H_0가 기각되지 않는다면, 기술자들은 강철의 μ가 345와 같거나 작을 수도 있다고 결론을 내릴 것이며, 따라서 그들은 그 강철을 사용하지 않을 것이다.

예제 6.4에서 강철의 사용과 관련한 기술자들의 행동은 H_0가 기각되었는지 또는 기각되지 않았는지에 따라 달리질 것이다. 따라서 이러한 검정은 행동의 결정을 내리기 위해 유용하게 수행될 수 있으며, H_0와 H_1이 정확하게 규정되어야 한다.

Example 6.5

예제 6.4에서 이번에는 기술자들이 H_0 : $\mu \geq 345$, H_1 : $\mu < 345$를 검정하는 것으로 가정해 보자. 만일 H_0가 기각되었는데도 기술자들이 그 강철을 사용하겠다고 결정하겠는가? H_o가 기각되지 않았다면 어떻게 되었겠는가?

Solution

만일 H_0가 기각된다면 기술자들은 $\mu < 345$라고 결론을 내릴 것이며, 따라서 그들은 그 강철을 사용하지 않을 것이다. 만일 H_0가 기각되지 않는다면 기술자들은 μ가 345보다 크거나 같을 것이라고 결론지을 것이지만, 그렇지 않을 수도 있다. 그러면 그 강철은 사용되지 않을 것이다.

예제 6.5에서 강철의 사용과 관련한 기술자들의 결정은 H_0의 기각여부와 상관없이 동일하게 그 강철을 사용하지 않는 것이 될 수 있다. 즉, 이 검정의 수행에는 핵심이 없다. 가설 H_0와 H_1이 정확하게 규정되지 않았기 때문이다.

최종정리 단측검정에서 등호는 항상 귀무가설에 사용된다. 따라서 만일 μ_0가 H_0와 H_1을 구분하는 핵심이라면 귀무가설이 H_0 : $\mu \leq \mu_0$ 또는 H_0 : $\mu \geq \mu_0$일 수 있으나 결코 H_0 : $\mu < \mu_0$ 또는 H_0 : $\mu > \mu_0$은 될 수 없다. 이러한 이유로 귀무가설을 규정할 때 H_1에 가까운 μ값으로 H_0를 표현하는 것이다. 등호가 없다면 H_1에 가장 가까운 값으로 H_0를 표현하는 것은 불가능하다. 따라서 등호는 반드시 H_0에 포함되어야 한다.

통계적인 유의성은 현실적인 유의성과 다르다

결과적으로 작은 P-값을 가질 때, 통계적으로 유의하다고 말한다. 일반적으로 '유의하다(significant)'는 말은 "중요하다(important)"는 것을 의미한다. 따라서 통계적으로 유의한 결과는 항상 중요해야만 한다는 생각을 갖게 만든다. 그러나 이것은 사실이 아니다. 때때로 통계적으로 유의한 결과도 과학적인 또는 실제적인 중요성이 없을 수 있다. 다음 예제를 가지고 이 내용을 설명해 보자.

합성섬유 제조에 사용되는 기존 프로세스는 평균 파괴 강도 50 N인 섬유를 생산한다고 가정하자. 상당한 시설 교체가 필요한 새로운 프로세스가 개발되었다. 새로운 프로세스로 생산된 표본 섬유 1,000개의 평균 파괴 강도가 50.1 N이었으며, 표준편차는 1 N이었다. 새로운 프로세스가 더 큰 평균 파괴 강도를 갖는 섬유를 생산한다고 결론내릴 수 있는가?

이 질문에 대답하기 위해, 먼저 μ를 새로운 프로세스로 생산된 섬유들의 평균 파괴 강도라고 하자. 이제 $H_0 : \mu \le 50$, $H_1 : \mu > 50$에 대한 검정이 필요하다. 이 검정에서는 만일 H_0가 기각된다면 새로운 프로세스가 더 우수하다고 결론내릴 것이다. H_0 하에서 표본평균 $\bar{X}$는 평균이 50이고 표준편차가 $1 / \sqrt{1,000} = 0.0316$인 정규분포를 따른다. z-값은

$$z = \frac{50.1 - 50}{0.0316} = 3.16$$

P-값은 0.0008이다. 이는 H_0에 반하는 매우 강력한 증거이다. 새로운 프로세스는 평균 파괴 강도가 더 큰 섬유를 생산한다.

이러한 결과로부터 어떤 실제적인 결론이 도출되어야 할까? 가설검정에 근거해서 새로운 프로세스가 우수하다는 것을 확신할 수 있다. 그러나 이 새로운 프로세스를 설치하는 것이 가치가 있을까? 아마도 아닐 것이다. 비록 통계적으로 매우 유의하기는 하지만 기존 프로세스와 새로운 프로세스의 차이는 겨우 0.1 N에 지나지 않기 때문이다. 이 정도의 차이는 문제가 될 정도로 크다고 보기 어렵다.

여기서 얻을 수 있는 교훈은 실제적이고도 충분한 중요성 없이도 결과가 통계적으로 유의할 수 있다는 것이다. 어떻게 이러한 일이 가능할까? 표준편차와 비교하여 차이의 규모가 크다면 그 차이는 통계적으로 유의해진다. 표준편차가 매우 작은 경우에도 작은 차이는 통계적으로 유의해질 수 있다.

P-값은 실제적인 유의성을 측정하지는 않는다. 측정되는 것은 참값이 귀무가설로 규정된 값과 실제로 다른지에 대해 우리가 가질 수 있는 신뢰의 정도이다. P-값이 작을 때, 우리는 참값이 정말 다르다는 것을 확신할 수 있다. 그러나 이것은 그 차이가 실제적인 중요성을 가질 만큼 충분히 크다는 것을 필연적으로 의미하는 것은 아니다.

가설검정과 신뢰구간의 관계

신뢰구간이나 가설검정은 모두 모평균 μ와 같이 정량적인 값을 결정하는 것과 관련이 있다. 모평균 μ에 대한 가설검정에서는 μ를 특정 값으로 규정하고(귀무가설), 그 값이 타당한지 여부를 결정해야 한다. 반면, 모평균 μ에 대한 신뢰구간은 신뢰수준 $100(1-\alpha)\%$로 규정된 타당성의 일정기준을 충족하는 μ의 집합으로 생각할 수 있다. 사실, 신뢰구간과 가설검정간의 관계는 매우 밀접하다.

구체적으로, 모집단 μ에 대한 $100(1-\alpha)\%$ 수준의 신뢰구간 내에 포함된 값은 양측 가설검정의 P-값이 α보다 큰 값인 것이다. 이러한 내용을 설명하기 위하여, 다음 예제를 살펴보기로 하자(5.2절의 예제 5.4).

50마이크로드릴의 표본평균수명은 $X = 12.68$홀(holes), 표준편차는 $s = 6.83$이었다. α를 0.05(5%)로 설정할 경우, 모평균수명 μ에 대한 95% 신뢰구간은 (10.79 , 14.57)로 계산되었다. μ가 신뢰구간의 끝점들 중 하나와 동일했다는 가설을 검정한다고 가정하자. 예를 들어, $H_0 : \mu = 10.79$, $H_1 : \mu = 10.79$를 검정하는 것을 생각하라. H_0하에서, 관측값 $X = 12.68$은 평균 10.79이고 표준편차가 $6.83/\sqrt{50} = 0.9659$인 정규분포에서 추출된 것이다. z-값은 $(12.68-10.79)/0.9659 = 1.96$이다. H_0에서 μ가 10.79와 같다고 규정하므로 양쪽 꼬리부분의 면적은 0.05이며, α도 동일한 P-값에 대응된다(그림 6.4 참조).

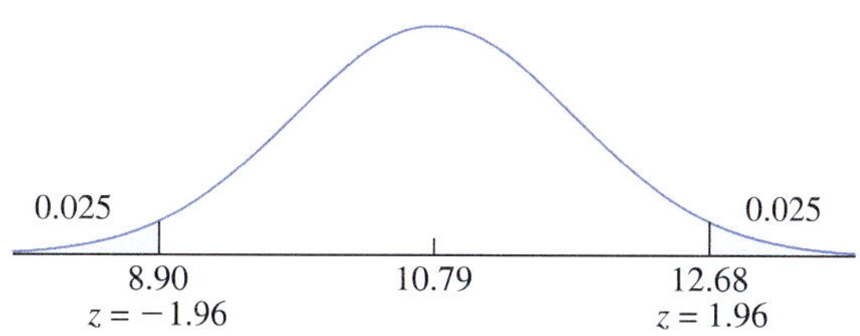

그림 6.4 표본평균 $\overline{X}$는 12.68과 같다

$\overline{X} = 12.68$을 기반으로 한 95% 신뢰구간의 끝점이 10.79이므로 $H_0 : \mu = 10.79$의 검정을 위한 P-값은 0.05와 같다.

지금부터 $H_0 : \mu - 14.57$, $H_1 : \mu \neq 14.57$ 가설을 검정하는 것을 고려해 보자. 여기서 14.57은 신뢰구간의 다른 한 쪽 끝점이다. 이번에는 $z = (12.68-14.57)/0.9659 = -1.96$을 얻을 것이다. 그리고 다시 P-값은 0.05이다. 만일 구간 (10.79 , 14.57) 내 어떤 값을 μ_0으로 선택하여 $H_0 : \mu = \mu_0$, $H_1 : \mu \neq \mu_0$을 검정한다면 P-값이 0.05보다 클 것이라는 점은 쉽게 확인할 수 있다. 반면에, $\mu_0 < 10.79$ 또는 $\mu_0 > 14.57$을 선정한다면 P-값은 0.05보다 작을 것이

다. 그러므로 95% 신뢰구간은 가설검정에서 정확히 P-값이 0.05보다 큰 경우의 μ값만으로 구성된다. 이런 의미에서 신뢰구간은 모평균 μ로서 가능한 모든 값을 포함한다.

단측 수준 $100(1-\alpha)\%$ 신뢰구간은 단측검정에서 P-값이 α보다 클 수 있는 값을 모두 포함한다는 것을 쉽게 확인할 수 있다. 예를 들어, $\overline{X}=12.68$, $s=6.83$ 그리고 $n=50$일 때, 드릴의 수명에 대한 95% 하위 신뢰 경계는 11.09가 된다. 만약, $\mu_0>11.09$이면 $H_0:\mu\le\mu_0$를 검정하기 위한 P-값은 0.05보다 클 것이다. 이와 비슷하게, 드릴의 수명에 대한 95% 상위 신뢰 경계는 14.27이다. 만약, $\mu_0\le 14.27$이면 $H_0:\mu\ge\mu_0$를 검정하기 위한 P-값은 0.05보다 클 것이다.

연습 6.2

1 다음 두 P-값 중 어느 값에 대해 귀무가설이 더욱 타당해지는가? $P=0.10$ 또는 $P=0.01$?

2 $P=0.01$일 경우, 최선의 결론은 무엇인가?

a. H_0는 명백한 거짓이다.

b. H_0는 명백한 참이다.

c. H_0가 참일 확률은 1%이다.

d. H_0가 참일 수도 있으나, 그럴 가능성은 희박할 것이다.

e. H_0가 거짓일 수도 있으나, 그럴 가능성은 희박할 것이다.

f. H_0는 그럴듯하다.

3 5% 수준에서 H_0는 기각된다. 이 내용에 근거하여 다음 내용이 참 또는 거짓인지를 판별하시오.

a. 이 결과는 10% 수준에서 통계적으로 유의하다.

b. 이 결과는 5% 수준에서 통계적으로 유의하다.

c. 이 결과는 1% 수준에서 통계적으로 유의하다.

4 다음 MINITAB 출력은 모평균 μ에 대한 가설검정 결과를 보여주고 있다.

```
One-Sample Z: X

Test of mu = 37 vs not = 37
The assumed standard deviation = 3.2614

Variable   N     Mean  StDev SE Mean            95% CI            Z      P
X         87  36.5280 3.2614  0.3497 (35.8247, 37.2133) -1.35  0.177
```

a. 5% 수준에서 H_0를 기각할 수 있겠는가? 이를 어떻게 알 수 있는가?

b. 어떤 사람이 5% 수준에서 대립가설 $H_1:\mu\ne 36$에 대한 귀무가설 $H_0:\mu=36$을 기각할 수 있는지 물어보았다. 당신은 어떠한 추가의 계산 없이도 이에 대답할 수 있는가? 그렇다면 그 이유를 설명하시오.

5 아래의 주어진 각각의 경우에 대해 모평균 μ에 대한 가장 적절한 귀무가설을 기술하시오.

a. 만일 새로운 종류의 에폭시(epoxy)의 평균 전단응력이 10 MPa보다 크다면, 이 에폭시는 나무 조각을 붙일 때 사용될 것이다.

b. 만일 평균유량이 20 mL/s와 다를 경우, 품질관리 검사관은 유량계를 재보정할 것이다.

c. 만일 새로운 종류의 배터리 평균수명이 8년 이상일 경우, 이 배터리는 심장맥박조정기(heart pacemakers)에 설치될 것이다.

6 저울의 보정 상태를 확인하기 위해서는 표준 10 g중량을 100번 측정해봐야 한다고 하자. 저울 눈금측정치의 모평균을 μ라 하면 $\mu=$

10인 경우 저울은 잘 보정된 것이 된다. 가설 $H_0 : \mu = 10$, $H_1 : \mu = 10$에 대해 검정이 수행된다. 다음과 같은 3가지 가능한 결론을 고려해 보자. ① 눈금은 잘 보정되어 있다. ② 눈금은 보정되어 있지 않다. ③ 눈금이 보정되어 있을 수도 있다.

a. 만일 H_0가 기각된다면, 위 3가지 중 어떤 결론이 최선인가?
b. 만일 H_0가 기각되지 않는다면, 위 3가지 중 어떤 결론이 최선인가?
c. 저울이 잘 보정되어 있다는 것을 결정적으로 입증하기 위한 방법으로 가설검정을 수행하는 것이 가능한가? 그 이유를 설명해 보시오.

7 강철에 아연을 입히는 어떤 공법은 평균두께가 7마이크론(microns)을 초과하지 않는 도금을 생산해야 한다. 품질 검사관은 도금된 36개 표본을 측정하여 $H_0 : \mu \le 7$, $H_1 : \mu > 7$을 검정하였다. 품질 검사관은 P-값으로 0.40을 얻었다. $P > 0.05$이므로 검사관은 평균두께가 규격 내에 포함되는 것으로 결론내렸다. 이 결론은 타당한가? 그 이유를 설명하시오.

8 어떤 종류의 고무에 대한 강도를 검정하기 위해 고무 조각을 추출하여 마모시험을 수행하였다. 고무가 적합판정을 받기 위해서는 평균 무게 손실 μ가 반드시 3.5 mg 미만이어야 한다. 어떤 방법으로 보강된 다수의 고무 조각들이 마모시험의 대상이다. 이 자료로부터 계산된 평균 무게 손실에 대한 상위 95% 신뢰구간이 3.45 mg이었다. 어떤 사람이 이 자료를 이용하여 $H_0 : \mu \ge 3.5$, $H_1 : \mu < 3.5$를 검정할 것을 제안하였다.

a. 신뢰구간으로부터 $P < 0.05$인지 아닌지 결정하는 것이 가능한가? 그 이유를 설명하시오.
b. 신뢰구간으로부터 $P < 0.01$인지 아닌지 결정하는 것이 가능한가? 그 이유를 설명하시오.

9 연습문제 8번을 참조하시오. 신뢰구간의 산정에 사용된 표본평균이 X=3.40이라는 것을 확인하였다. 이 정보를 가지고 $P < 0.01$인지 여부를 판단할 수 있겠는가? 그 이유를 설명하시오

6.3 모비율에 대한 검정

비율에 대한 가설검정은 6.1절에서 설명한 모평균의 경우와 유사하다. 다음 예제를 살펴보자. 반도체 웨이퍼의 공급자는 그가 공급하는 웨이퍼의 불량률이 10% 미만이라고 주장한다. 400개의 웨이퍼 표본이 조사되었으며, 이 중 50개, 즉 12.5%가 불량이었다. 이런 상황에서 공급자의 주장이 거짓이라고 결론내릴 수 있는가?

여기서의 가설검정은 6.1절에서 언급한 내용과 유사한 방법으로 진행한다. 이 문제를 독특하게 만드는 것은 표본이 성공과 실패로 구성된다는 점이다. 여기서의 "성공"은 웨이퍼의 결함을 의미한다. 만일 결함 있는 웨이퍼의 모비율을 p로 놓는다면 공급자의 주장은 $p \le 0.1$이다. 이때 X를 표본 중 결함 있는 웨이퍼의 수라고 하면 $X \sim \text{Bin}(n, p)$이다. 여기서, $n = 400$은 표본의 크기이다. 이 예제에서 $X = 50$으로 관측되었다. 이 예제에서의 가설이 모비율에 대한 것이므로 표본 비율 $\hat{p} = X/n$에 대해 검정하는 것이 당연하다. 이 예제에서 $\hat{p} = 50/400$

$= 0.125$로 관측되었다. 웨이퍼들이 독립적으로 추출되었다는 합리적인 가정을 할 경우, 표본크기가 크기 때문에 중심극한 정리에 따라[식 (4.35) 참고]

$$X \sim N(np, np(1-p)) \tag{6.1}$$

$\hat{p} = X/n$이므로 다음과 같이 가정할 수 있다.

$$\hat{p} \sim N\left(p, \frac{p(1-p)}{n}\right) \tag{6.2}$$

이제 귀무가설을 정의해야 한다. 제기된 문제는 관측된 자료가 공급자의 주장이 거짓이라고 결론내릴 수 있게 하는지의 여부이다. 그러므로 $p \le 0.1$이라는 공급자의 주장이 H_0가 되어야 한다. 그렇지 않다면, 관측자료가 무엇을 보여주든지 간에 공급자의 주장이 거짓이라는 것을 증명하는 것은 불가능하다.

따라서 귀무가설과 대립가설은 각각 다음과 같다.

$$H_0 : p \le 0.1\,, \quad H_1 : p > 0.1$$

가설검정을 수행하기 위해서 H_0가 참이고, $p = 0.1$이라고 가정한다. $p = 0.1$과 $n = 400$을 식 (6.2)에 대입하면 $\hat{p}$의 영분포를 다음과 같이 나타낼 수 있다.

$$\hat{p} \sim N(0.1, 2.25 \times 10^{-4})$$

$\hat{p}$의 표준편차는 $\sigma_{\hat{p}} = \sqrt{2.25 \times 10^{-4}} = 0.015$이다. $\hat{p}$의 관측값은 $50 / 400 = 0.125$이다. $\hat{p}$의 z-값은 다음과 같다.

$$z = \frac{0.125 - 0.100}{0.015} = 1.67$$

z표는 표준정규 확률변수가 1.67보다 큰 값을 가질 확률이 대략 0.0475임을 나타낸다. 그러므로 P-값은 0.0475이다(그림 6.5 참고).

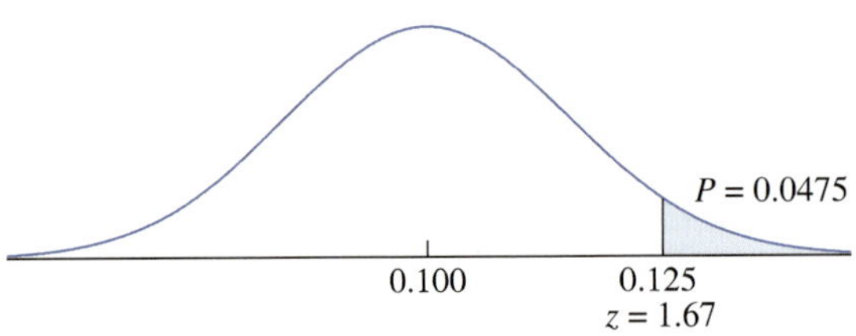

그림 6.5 $\hat{p}$의 영분포는 $N(0.1\,, 0.0152)$이다.

따라서 만약 H_0가 참이라면 $\hat{p}$가 관측값 0.125 이상의 극한값일 확률은 0.0475이다. 이것이 P-값이다.

H_0에 대해 어떤 결론을 내려야 할까? 공급자의 주장이 거짓이거나 또는 우리가 추출한 표본이 단지 4.75% 정도의 추출 가능성을 가지는 극단적인 경우일 것이다. 이러한 표본은 평범하지는 않지만 극단적으로 불가능해 보이지는 않는다. 공급자의 주장이 거짓이라는 충분한 근거가 있지만, 아직 거짓이라고 확신할 수는 없다. 가능하다면 더 많은 웨이퍼 표본을 추출하는 것이 나은 방법이 될 것이다.

일반적으로 사용되는 경험법칙에 의거하면 P가 0.05보다 작기 때문에 H_0를 기각하고 공급자를 비난했을 것이라는 점에 주목하자. 이 예제는 이 법칙의 약점을 잘 보여주고 있다. 만일, 표본 웨이퍼 중 50개가 아니라 49개가 결함이 있는 것으로 나타났다면 P-값은 0.0668로 증가하였을 것이고, 공급자는 곤경에서 벗어났을 것이다. 따라서 공급자의 운명은 400개 중 단 하나의 웨이퍼의 결과에 달려있는 것이다. 이처럼 명확한 경계를 설정한다는 것은 타당하지 않다. 최종 결론을 내리기 전에 단지 P-값을 보고하고 추가로 더 많은 증거를 기다려 보는 것이 나은 방법이다.

표본크기는 반드시 커야 한다

앞서 설명한 검정은 표본비율이 근사적으로 정규분포를 따를 것을 요구한다. 이러한 가정은 $np_0 > 10$과 $n(1-p_0) > 10$일 때에만 정당화 될 수 있다. 여기서, p_0는 영분포에서 실정된 모비율이다. 그러면 검정통계량으로 z-값을 이용할 수 있다. 이것이 바로 z-검정이다.

Example 6.6

논문 "Refinement of Gravimetric Geoid Using GPS and Leveling Data" (W. Thurston, Journal of Surveying Engineering, 2000:27-6) 에서는 해수면 표고를 측정하기 위한 새로운 방법이 소개되어 있다. 1,225개의 베이스라인 표본 중 926개가 class C 수준의 측량 허용한계 내에 포함된다는 결과가 도출되었다. 이 결과를 가지고 새로운 방법이 허용한계 내에 드는 결과를 75% 이상 도출한다고 결론내릴 수 있는가?

Solution

새로운 방법이 허용한계 내의 결과를 도출할 확률을 p라 하자.
귀무가설과 대립가설은 각각

$$H_0 : p \leq 0.75,\ H_1 : p > 0.75$$

표본비율은 $\hat{p} = 926/1225 = 0.7559$이다. 귀무가설 하에서 $\hat{p}$는 평균이 0.75이고 표준편차가 $\sqrt{(0.75)(1-0.75)/1225} = 0.0124$인 정규분포를 따른다. z-값은

$$z = \frac{0.7559 - 0.7500}{0.0124} = 0.48$$

P-값은 0.3156이다(그림 6.6 참고). 따라서 그 방법으로 좋은 결과를 얻을 비율이 75% 이상이라고 결론 내릴 수 없다.

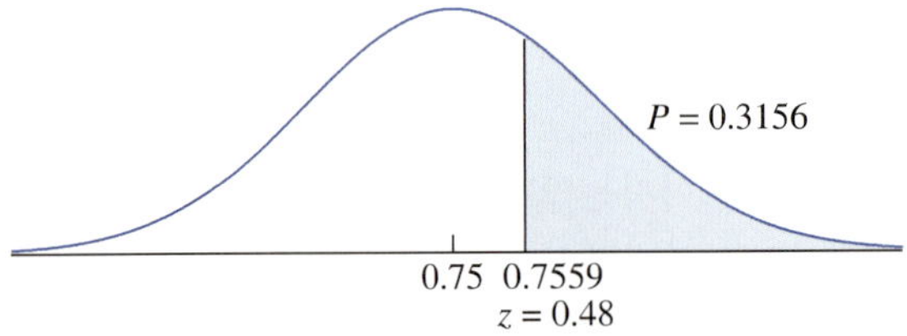

그림 6.6 $\hat{p}$의 영분포는 $N(0.75, 0.0124^2)$이다.

따라서 만일 H_0가 참이면 $\hat{p}$가 관측값 0.7559보다 더 극치값을 가질 확률은 0.3156이다. 이것이 P-값이다.

아래 컴퓨터의 출력(MINITAB)은 예제 6.6의 결과를 나타낸다.

```
Test and CI for One Proportion: GPS

Test of p = 0.75 vs p > 0.75
                                        95%
                                      Lower
Variable     X     N  Sample p        Bound  Z-Value  P-Value
GPS        926  1225  0.755918     0.735732     0.48    0.316
```

이 출력에는 P-값뿐만 아니라 95% 하위 신뢰 경계도 제시되어 있다.

비율에 대한 신뢰구간과의 관계

모평균 μ에 대한 $100(1-\alpha)\%$ 수준 신뢰구간은 가설검정의 P-값이 α보다 큰 모든 값을 포함한다. 5.3절에 나타낸 비율에 대한 신뢰구간과 이 절에서 제시한 가설검정에 대한 설명은 사실 개략적으로만 참이다. 그 이유는 5.3절에 제시된 방법들은 위 기술을 정확하게 참이라고 할 수 있는 좀 더 복잡한 신뢰구간을 일부 수정한(계산이 용이하도록) 것이기 때문이다.

Summary

- 각각의 성공확률이 p인 n번의 독립적인 베르누이 시행에서 성공 횟수를 X라 하자. 다시 말하면, $X \sim \text{Bin}(n, p)$.
- [np_0와 $n(1-p_0)$가 10보다 크다고 가정하고]
  $H_0: p \le p_0$, $H_0: p \ge p_0$ 또는 $H_0: p = p_0$ 형태의 귀무가설을 검정하기 위해 z-값을 계산한다.

$$z = \frac{\hat{p} - p_0}{\sqrt{p_0(1-p_0)/n}}$$

■ P-값을 계산한다. P-값은 정규분포곡선의 아래면적으로 계산되나, 그 영역은 대립가설에 따라 다르다.

대립가설	P-값
$H_1 : p > p_0$	z의 우측 면적
$H_1 : p < p_0$	z의 좌측 면적
$H_1 : p \neq p_0$	z와 $-z$에 의해 구분된 양측 꼬리면적의 합

연습 6.3

1 쇄석은 소형, 중형 또는 대형으로 분류된다. 공급업체는 공장에서 나오는 쇄석의 최소 10%가 대형이라고 주장한다. 1,600조각의 무작위 표본에서 130조각이 대형으로 분류되었다. 이것은 공급업체의 주장을 기각하기에 충분한 증거가 되는가?

2 목욕탕에 있는 서울이 사람의 실세 체중을 과소평가하는 경향이 있는지의 여부를 확인해보고자 한다. 150파운드짜리 검증 중량을 50개의 목욕탕 저울에 올려보았다. 29개 저울은 중량이 가볍게 측정되었지만, 나머지 21개 저울은 실제보다 무겁게 측정되었다. 이를 가지고 욕실 저울의 절반 이상이 체중을 과소 측정 한다고 결론 내릴 수 있는가?

3 어떤 마을주민 500명의 설문 조사에서 274명은 새로운 쇼핑몰의 건설을 반대한다고 말했다. 당신은 이 마을 주민의 절반 이상이 새로운 쇼핑몰의 건설에 반대한다고 결론 내릴 수 있는가?

4 어떤 도시 150여 가구의 표본을 보면, 110여 가구가 고속 인터넷을 설치하였다. 당신은 이 도시 가정의 70%가 고속 인터넷을 설치했다고 결론 내릴 수 있는가?

5 어떤 전압계 제조업자는 전압계로 측정한 전망의 95% 이상이 참값의 0.1% 이내에 속한다고 주장한다. 이 전압계로 측정한 500개 측정전압의 표본에서 470개는 참값의 0.1% 이내에 있었다. 이것이 제조업자의 주장을 기각하기에 충분한 증거가 되는가?

6 다음 MINITAB 출력은 모비율 p에 대한 가설검정 결과이다. 일부 값이 생략되어 있다. 그들을 채워보시오.

```
Test and CI for One Proportion: X
Test of p = 0.7 vs p < 0.7
                                95%
                               Upper
Variable    X    N  Sample p   Bound  Z-Value  P-Value
X         345  500     (a)   0.724021    (b)      (c)
```

6.4 모평균에 대한 소표본 검정

6.1절에서는 대표본 기반의 모평균에 대한 가설을 검정하는 방법에 대하여 설명하였다. 그 방법에서의 핵심 단계는 모 표준편차 σ를 표본 표준편차 s로 근사화하는 것이다. 다음으로, 정규분포곡선을 이용하여 P-값을 구한다. 표본의 크기가 작을 경우, s는 σ로 근사화 되지 않을 수 있으며, 따라서 대표본 방법을 적용할 수 없게 된다.

그러나 모집단이 근사적으로 정규분포를 따를 때, Student's t분포가 사용될 수 있다. 이를 예제를 통해 설명해 보자.

변속기 중간축(transmission countershaft)의 역전류접관(spacer collar)의 요구 두께는 38.98~39.02 mm이다. 역전류접관을 제조하는 과정은 평균 두께가 39.00이 되도록 보정되어 있다고 가정하자. 이 값은 요구 두께 사양의 중앙값이다. 6개의 역전류접관 표본을 추출하여 그 두께를 측정하였다. 6개의 두께는 각각 39.030, 38.997, 39.012, 39.008, 39.019, 39.002이다. 역전류접관 두께의 모집단이 근사적으로 정규분포를 따른다고 가정하라. 우리는 제조과정의 재보정이 필요하다고 결론내릴 수 있는가?

모평균을 μ으로 표현하면, 귀무가설과 대립가설은 각각

$$H_0 : \mu = 39.00, \quad H_1 : \mu = 39.00$$

이다. 보정은 평균이 참값과 동일하도록 수행되므로 H_0에서 μ가 단일값으로 규정되었다는 점에 주의하라. 모집단이 정규분포를 따른다고 가정되었으므로 검정통계량은

$$t = \frac{\overline{X} - \mu}{s / \sqrt{n}}$$

이다. 이는 $n-1=5$의 자유도를 갖는 Student's t분포를 따르게 된다. 이것이 검정통계량이다.

이 예제에서 표본의 평균과 표준편차의 관측값은 $X = 39.01133$과 $s = 0.011928$이다. 표본크기는 $n = 6$이다. 귀무가설은 $\mu = 39$임을 규정하고 있다. 따라서 검정통계량 값은

$$t = \frac{39.01133 - 39.00}{0.011928 / \sqrt{6}} = 2.327$$

P-값은 H_0와의 불일치 정도가 실체 관측값의 경우보다 크거나 같은 검정통계량이 관측될 확률이다. H_0가 $\mu = 39.00$임을 규정하므로 양측검정이 되고 따라서 39.00보다 크거나 또는 작은 값들은 H_0와 일치하지 않게 된다. 그러므로 P-값은 $t > 2.327$와 $t < -2.327$에 상응하는 곡선 아래 면적의 합이 된다.

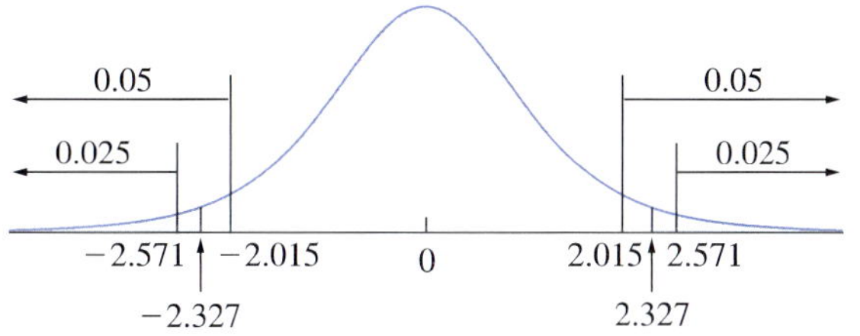

그림 6.7 $t=(\overline{X}-39.00)/(s/\sqrt{6})$의 영분포는 자유도가 5인 Student's t이다.

관측값 $\overline{X}=39.0113$와 $s=0.011928$에 상응하는 t의 관측값은 2.327이다. 만약 H_0가 참일 경우, t가 관측값 만큼 또는 그 이상의 극치값을 가질 확률은 0.05와 0.10 사이이다. H_0에 μ가 특정값과 동일하다고 규정하였기 때문에 곡선의 양쪽 꼬리 모두 P-값에 기여하게 된다.

그림 6.7은 영분포를 나타낸 것이며, 추가로 검정통계량의 위치를 표시하였다. t표(부록 A의 표 A.3)를 보면, 자유도 5에 해당하는 행에서 $t=\pm 2.015$는 양측 꼬리 부분을 면적 0.05씩 잘라 총 0.10이 되고, 또한 $t=\pm 2.571$은 양쪽 꼬리 부분을 각각 0.025씩 잘라 총 0.05가 된다.

그러므로 P-값은 0.05와 0.10 사이가 된다. 따라서 제조과정을 보정하지 않아도 된다고 단정적으로 말할 수는 없지만, 그렇다고 아주 좋아 보이지도 않는다. 따라서 보정하는 것이 현명해 보인다.

이 예제에서 검정통계량은 z-값이 아닌 t통계량이었다. 이러한 이유로 이 검정은 t-검정이라 불린다.

Example 6.7

어떤 물질이 매립되어도 안전하다고 판단되기 위해서는 그것의 화학적 성질이 반드시 파악되어야 한다. 논문 "Landfilling Ash/Sludge Mixtures" (J. Benoît, T. Eighmy, and B. Crannell, Journal of Geotechnical and Geoenvironmental Engineering, 1999: 877-88) 에서는 뉴햄프셔의 한 폐수처리장에서 생산된 슬러지의 6개 표본의 평균 pH가 6.68, 표준편차는 0.20이었다고 보고하였다. 과연, 평균 pH가 7.0 미만이라고 결론내릴 수 있는가?

Solution

μ를 이 종류 슬러지의 평균 pH라고 하자. 귀무가설과 대립가설은 각각

$$H_0 : \mu \geq 7.0, \quad H_1 : \mu < 7.0$$

H_0 하에서 검정통계량은

$$t=\frac{\overline{X}-7.0}{s/\sqrt{n}}$$

이것은 자유도가 5인 Student's t분포를 따른다.

$\overline{X}=6.68$, $s=0.20$, $n=6$을 위 식에 대입하면 검정통계량 값은

$$t=\frac{6.68-7.0}{0.20/\sqrt{6}}=-3.919$$

t표를 통하여, $t = -3.365$ 값이 t분포 좌측 꼬리의 면적 0.01, $t = -4.033$값은 꼬리의 면적 0.005를 자르는 것을 알 수 있다(그림 6.8 참고). 따라서 우리는 P-값이 0.005와 0.01 사이에 존재한다고 결론내릴 수 있다. 이것은 평균 pH가 7.0 미만이라는 강력한 증거가 된다.

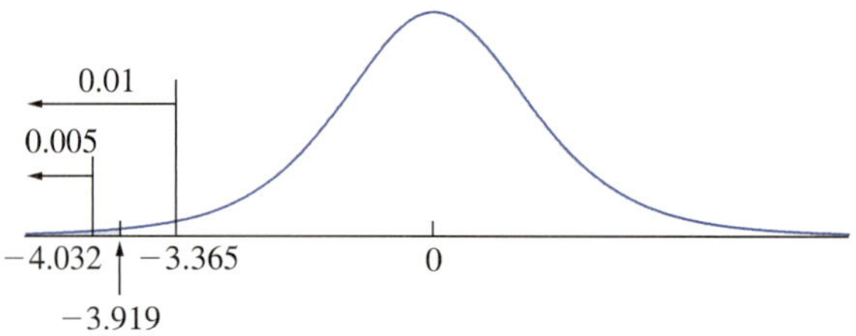

그림 6.8 예제 6.7의 풀이

영분포는 자유도가 5인 Student's t분포이다. t의 관측값은 −3.919이다. 만약 H_0가 참이라면, t가 관측값과 같은 또는 더한 극치값을 가질 확률은 0.005와 0.01 사이가 된다.

아래 컴퓨터의 출력(MINITAB)은 예제 6.7의 결과를 나타낸다.

```
One-Sample T: pH
Test of mu = 7 vs < 7
                                              95%
                                             Upper
Variable  N   Mean   StDev   SE Mean    Bound       T       P
pH        6  6.680   0.200  0.081665  6.84453   -3.92   0.006
```

위 출력에서 제공하고 있는 상위 95% 신뢰경계는 대립가설에 상응한다. 이것은 P-값이 5% 미만임을 나타낸다.

σ를 알고 있다면 t가 아닌 z를 사용하자

경우에 따라서 표준편차 σ가 알려진 정규모집단으로부터 소표본이 추출될 수 있다. 이러한 경우에 s를 대신 사용할 필요가 없으므로 Student's t분포를 사용하지 않는다. 대신에, z표를 사용하고 z-검정을 수행한다. 예제 6.8은 이 경우를 설명한 것이다.

Example 6.8

이 절의 첫 부분에서 두께(mm)가 39.030, 38.997, 39.012, 39.008, 39.019, 39.002인 6개 역전류접관의 표본을 설명했었다. 모평균 두께를 μ로 놓고 가설을 검정하였다.

$$H_0 : \mu = 39.00,\ H_1 : \mu = 39.00$$

지금부터 이 6개 역전류접관을 만드는 기계가 새로운 장소로 옮겨진 직후 제조된 것으로 가정하자. 기계가 옮겨지기 전에 제조된 역전류접관이 아주 많고, 역전류접관 두께의 모집단은 표준편차 $\sigma = 0.010$mm인 정규분포와 매우 유사하며, 또한 기계의 이동이 이러한 사항들에 변화를 주지 않았다고 가정하는 것은 합리적이다. 주어진 자료에 근거하여 H_0을 기각할 수 있는가? $\overline{X} = 39.01133$로 계산한다. $\sigma = 0.010$임을 알고 있기 때문에 s값은 필요하지 않다. 모집단이 정규분포를 따르기 때문에 표본크기가 작더라도 $\overline{X}$는 정규분포를 따른다. 따라서 영분포는

$$\overline{X} \sim N(39.00, 0.010^2)$$

z-값은

$$z = \frac{39.01133 - 39.000}{0.010/\sqrt{6}} = 2.78$$

P-값은 0.0054이고, 따라서 H_0는 기각될 수 있다.

Summary

$X_1, \cdots, X_n$을 평균 μ이고 표준편차가 σ인 정규모집단에서 추출한 표본이라고 하자. 이때, σ는 주어져 있지 않다.

- $H_0 : \mu \le \mu_0$, $H_0 : \mu \ge \mu_0$ 또는 $H_0 : \mu = \mu_0$ 형태의 가설검정을 하기 위해서 검정통계량 $t = \dfrac{\overline{X} - \mu_0}{s/\sqrt{n}}$을 계산한다.
- P-값을 계산한다. P-값은 자유도가 $n-1$인 Student's t곡선 아래의 면적이 된다. 이 면적은 대립가설에 따라 다음과 같이 계산된다.

대립가설	P-값
$H_1 : \mu > \mu_0$	t의 우측 면적
$H_1 : \mu < \mu_0$	t의 좌측 면적
$H_1 : \mu \ne \mu_0$	t와 $-t$에 의해서 절단된 꼬리 부분의 면적의 합

- 만약 σ가 알려져 있다면, 검정통계량은 $z = \dfrac{\overline{X} - \mu_0}{\sigma/\sqrt{n}}$이고, z-검정이 수행되어야 한다.

연습 6.4

1 다음과 같은 가상의 자료는 각각 일산화탄소(CO) 농도가 60 ppm으로 알려진 기체 표본의 CO 농도를 여러 번 측정한 것이다. 관측치들은 정규분포를 따르는 모집단으로부터의 무작위 표본이라 가정하자. 가능하다면 이 자료를 가지고 측정기기가 적절히 보정된 것인지 확인하기 위한 t-검정을 수행하시오. 만약 불가능하다면 왜 그런지를 설명하시오.

a. 60.02, 59.98, 60.03

b. 60.01

2 당신이 봉지당 16 oz의 사탕을 채우기 위해 일종의 충전기(filling machine)를 구매했다고 가정하자. 채워진 봉지의 무게는 대략적으로 정규분포를 따른다고 가정하자. 10봉지의 무작위 표본으로부터 아래 자료를 얻었다.

15.87	16.02	15.78	15.83	15.69
15.81	16.04	15.81	15.92	16.10

이 자료들을 기반으로 평균적으로 채워진 무게가 실제 16 oz보다 작다고 결론 내릴 수 있는가?

a. 적절한 귀무가설과 대립가설을 기술하시오.

b. 검정통계량의 값을 계산하시오.

c. P-값을 찾고 당신의 결론을 기술하시오.

3 7개의 폐수 슬러지 표본에 대해 전고형물(total solid)이 측정되었다. 그 결과는 다음과 같다(단위 : g).

15 25 21 28 23 17 29

a. 전고형물의 평균값이 20 g보다 크다고 결론내릴 수 있는가?

b. 전고형물의 평균값이 30 g보다 작다고 결론내릴 수 있는가?

c. 어떤 환경과학자가 전고형물의 평균값이 25 g이라고 주장한다. 이 표본은 이 주장을 기각하는 증거를 제공해 주는가?

4 어떤 2-리터 폴리카보네이트 병의 두께는 평균 4 mils가 되어야 한다고 가정하자. 품질관리 기술자는 대형 창고에서 7개의 2-리터 폴리카보네이트 병을 표본 추출하여 두께(mils)를 각각 측정하였다. 그 결과는 다음과 같다.

3.999 4.037 4.063 3.969 3.955 4.091

$H_0 : \mu = 4.0$과 $H_1 : \mu \neq 4.0$에 대한 검정이 요구된다.

a. 7개 값으로 점도표를 그리시오.

b. Student's t검정이 H_0를 검정하는데 사용되어야 하는가? 만약, 그렇다면 검정을 수행 하시오. 그렇지 않다면 왜 그런지 설명하시오.

c. 다른 종류의 병 7개를 추출하여 두께를 측정하였다. 그 결과는 4.065, 3.967, 4.028, 4.008, 4.195, 4.057, 4.010과 같다. 7개 값으로 점도표를 그리시오.

d. Student's t검정이 $H_0 : \mu = 4.0$, $H_1 : \mu \neq 4.0$을 검정하는데 사용되어야만 하는가? 만약, 그렇다면 검정을 수행하시오. 그렇지 않다면 왜 그런지 설명하시오.

5 16개의 다른 벤젠히드록실화 반응에서 벤젠 치환(몰 백분율)이 측정되었다. 표본평균은 45.2, 표준편차는 11.3이었다.

a. 평균치환이 35보다 많다고 결론내릴 수 있는가?

b. 평균치환이 50과 다르다고 결론내릴 수 있는가?

6 5.4절의 연습문제 7을 참조하시오. 흡수된 유니코나졸(uniconazole)의 평균량이 2.5 μg보다 작다고 결론내릴 수 있는가?

7 다음 MINITAB 결과는 모집단 평균 μ를 위한 가설검정 결과를 제시한다. 일부 값들이 생략되어 있다. 그것들을 채우시오.

```
One-Sample T: X

Test of mu = 16 vs not = 16

Variable   N     Mean  StDev  SE Mean    95% CI        T      P
X         11  13.2874   (a)    1.8389  ((b), (c))    (d)  0.171
```

6.5 카이제곱 검정

6.3절에서 우리는 성공확률 p에 대한 귀무가설을 검정하는 방법을 배웠다. 자료는 결과가 성공이나 실패 중 하나로 나타나는 많은 시행으로 구성된다. 이 개념을 일반화하면 다항시행이 되며, 이는 그 결과가 $k \geq 2$인 k결과 중 하나로 나타나는 실험이 된다. k결과의 확률은 각각 $p_1, \cdots, p_k$로 표시된다. 예를 들어, 주사위를 굴리는 것은 1, 2, 3, 4, 5, 6의 결과를 갖는 다항시행이며, 그 확률은 $p_1 = p_2 = p_3 = p_4 = p_5 = p_6 = 1/6$이다. 이번 절에서 우리는 다항 시행에서의 성공확률에 대한 검정을 일반화할 것이다. 먼저 다항 확률 $p_1, p_2, \cdots, p_k$가 지정된 값 $p_{01}, p_{02}, \cdots, p_{0k}$와 같다는 귀무가설의 검정을 예로 들어보자. 귀무가설은 $H_0 : p_1 = p_{01},\ p_2 = p_{02}, \cdots, p_k = p_{0k}$의 형태를 갖는다.

이떤 도박꾼이 주사위가 정상에서 벗어난 것인지를 알고 싶어 한다고 상상해보자. 숫자 i가 나올 확률을 p_i라고 하자. 귀무가설은 주사위가 정상이라는 것을 말하므로, 귀무가설은 $H_0 : p_1 = \cdots = p_6 = 1/6$이 된다. 도박꾼이 주사위를 600번 던진 후 표 6.1의 "Observed" 열에 나타난 것과 같은 결과를 얻었다. 얻은 결과를 관측값이라 부른다.

귀무가설을 검정하기 위해 "Expected" 이름으로 두 번째 열을 만든다. 이 열은 기대값을 포함하고 있다. 주어진 결과에 대한 기대값은 H_0가 참일 경우 그러한 결과가 나올 평균 시행 횟수가 된다. 기대값을 계산하기 위해, N을 총 시행 횟수라 하자(주사위의 예에서, $N = 600$). H_0가 참이라면 결과 i를 가져올 시행의 확률은 p_{0i}이며, 결과 i를 가져올 시행의 기대 횟수는 Np_{0i}이다. 주사위의 예에서 각 결과에 대한 시행의 기대횟수는 100이 된다.

가설검정 이면에 숨어 있는 의미는 H_0가 참일 경우에 관찰값과 기대값이 서로 가까울 것이라는 점이다. 따라서, 관찰값이 기대값에 얼마나 가까운 지를 측정하는 검정통계량을 구성할 것이다. 이 통계량을 카이제곱 통계량(chi-square statistic)이라고 부른다. 이것을 정의하

표 6.1 주사위를 600번 던진 것에 대한 관측값과 기대값

Category	Observed	Expected
1	115	100
2	97	100
3	91	100
4	101	100
5	110	100
6	86	100
Total	600	600

기 위해 k를 결과의 개수(주사위 예에서 $k=6$)라고 놓고, 결과 i를 가져올 시행의 관측 및 기대횟수를 각각 O_i와 E_i로 놓는다. 카이제곱 통계량은

$$\chi^2 = \sum_{i=1}^{n} \frac{(O_i - E_i)}{E_i} \tag{6.3}$$

χ^2의 값이 크면 클수록 H_O에 반하는 강력한 증거가 된다. 검정을 위한 P-값을 결정하기 위해서는 이 검정통계량의 영분포를 알아야 한다. 일반적으로 영분포를 정확하게 결정할 수는 없다. 그러나 기대값이 모두 충분히 큰 경우에는 좋은 근사치가 가용하다. 이것은 $k-1$ 자유도를 가진 카이제곱 분포라고 부르며 χ^2_{k-1}로 표기한다. 자유도의 수가 종류의 수보다 하나 적다는데 유의하자. 카이제곱 분포의 이용은 모든 기대값이 5보다 크거나 같을 때 적합하다.

카이제곱 분포는 부록 A의 표 A.5에 제시되어 있다. 이 표는 다양한 자유도에 대한 특정 분위 또는 상위 백분위 점의 값을 제공한다. 예를 들어, 그림 6.9는 χ^2_{10} 분포의 확률밀도함수를 보여주고 있다. 분포의 상위 5%가 음영 처리되어 있다. 표에서 상위 5%의 점을 찾으려면 $\alpha=0.05$ 아래 열에서 자유도가 $\upsilon=10$인 곳을 보면 된다. 그 값은 18.307이다.

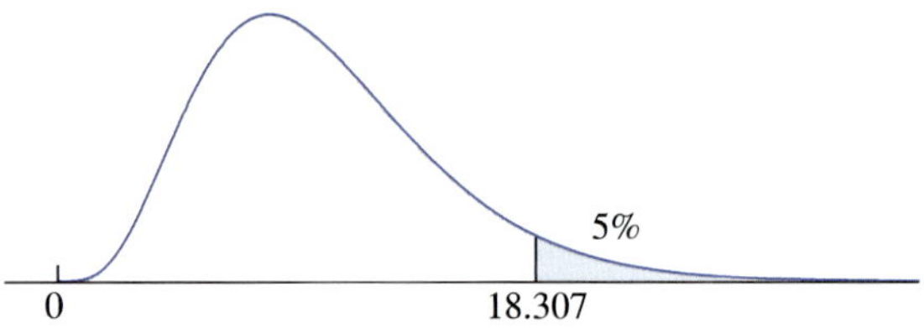

그림 6.9 χ^2_{10}**분포의 확률밀도함수**

상위 5%인 점은 18.307이다(부록 A의 표 A.5 카이제곱 표 참조).

이제 표 6.1의 자료에 대한 카이제곱 통계량을 계산해보자. 자유도의 수는 5이다(가능한 결과의 수 보다는 하나 적다). 식 (6.3)을 이용하여 통계량을 계산한 결과는 다음과 같다.

$$\chi^2 = \frac{(115-110)^2}{100} + \cdots + \frac{(86-100)^2}{100} = 2.25 + \cdots + 1.96 = 6.12$$

모든 기대값이 5보다 크거나 같으므로 검정통계량의 P-값을 결정하기 위해 카이제곱 분포를 사용하는 것은 적절하다. 자유도가 5인 경우의 카이제곱 표를 살펴보자. 상위 10%에 해당하는 점은 9.236이다. 따라서 $P > 0.10$이라고 결론 내린다(그림 6.10 참조). 즉, 주사위에 문제가 있다고 주장할 만한 증거는 없다.

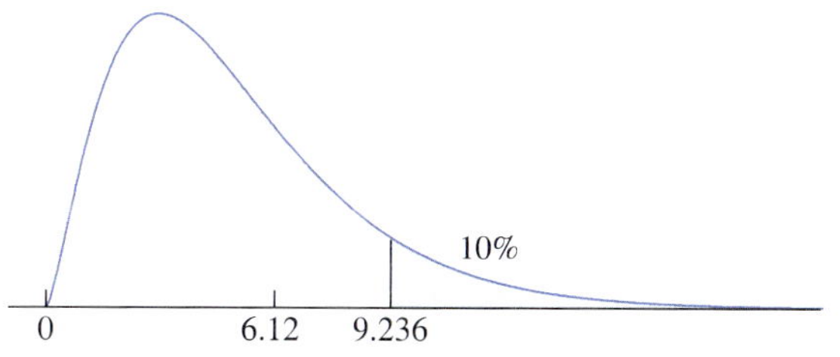

표 6.10 χ_5^2분포의 확률밀도함수

검정통계의 관측값은 6.12이다. 상위 10%에 해당하는 점은 9.236이다. 따라서 P-값이 0.10보다 크다.

균질성에 대한 카이제곱 검정

이전 예제에서는 다항 시행 결과의 확률이 사전에 규정된 값과 동일하다는 귀무가설을 검정하였다. 때때로 가능한 결과의 조합이 같은 다중시행이 수행되기도 한다. 귀무가설은 매 실험마다 결과의 확률이 동일하다는 것이다. 다음 예제를 통해 이 문제를 살펴보기로 하자.

4개의 기계가 원통형 강철 핀을 제조한다. 제조된 핀은 주어진 직경 규격을 만족해야 한다. 핀은 주어진 사양을 만족할 수도 있고, 너무 두껍거나 또는 너무 얇을 수도 있다. 각 기계에서 핀을 표본추출하고, 각각의 경우에 속하는 핀의 개수를 센다. 표 6.2는 이 결과를 정리한 것이다.

표 6.2는 분할표(contingency table)의 예를 나타낸다. 각 행은 하나의 기준(이 경우에는 기계)에 대한 범주를 지정하고, 각 열은 다른 기준(이 경우에는 두께)에 관한 범주를 지정한다. 행 및 열의 각 교차점을 셀(cell)이라 부른다. 따라서 표 6.2에는 12개의 셀이 있다.

행 i와 열 j의 교차점에 있는 셀의 숫자는 행의 범주 i와 열의 범주 j에 속하는 결과가 관찰된 시행횟수이다. 이 숫자를 셀 ij에 대한 관측값이라고 부른다. 이 표에서는 또한 각 행과 열에 대한 관측값의 총합을 포함시켜 놓았다는 것에 주목하자. 이들을 부분합(marginal totals)이라고 한다.

귀무가설은 너무 얇은 핀, 정상 또는 너무 두꺼운 핀의 비율이 모든 기계에 대해 동일하다는

표 6.2 직경 규격에 대한 다양한 범주에 속하는 핀의 관찰 수

	Too Thin	OK	Too Thick	Total
Machine 1	10	102	8	120
Machine 2	34	161	5	200
Machine 3	12	79	9	100
Machine 4	10	60	10	80
Total	66	402	32	500

것이다. 좀 더 일반적으로 표현하면, 귀무가설은 어떤 행이 선택되든 간에 열에 관련된 결과의 확률은 동일하다는 것을 뜻한다. H_0을 규정하고 검정통계를 정의하는데 필요한 몇 가지 기호를 정의해보자.

I는 표의 행 수를 나타내고 J는 열의 수를 나타내는 것으로 하자. p_{ij}는 시행의 결과, 그것이 행 i에 있는 열 j에 속하게 될 시행의 확률이라고 하자. 그렇다면 귀무가설은

$$H_0 : \text{각 열 } j\text{에 대해 } p_{1j} = \cdots = p_{Ij} \tag{6.4}$$

셀 ij의 관측값은 O_{ij}로 나타내자. O_i는 행 i에 있는 관측값의 부분합을 나타내고, $O_{.j}$는 열 j에 있는 관측값의 부분합을 나타내며, $O_{..}$는 모든 셀에 있는 관측값의 합을 나타낸다고 하자(표 6.3 참조).

검정통계량을 정의하기 위해서는 표의 각 셀에 대한 기대값을 계산해야 한다. H_o 하에서 열 j에 속할 결과의 시행 확률은 각 행 i에 대해서도 동일하다. 이 확률의 최적 추정값은 그 결과가 열 j에 속하게 될 시행의 비율이 된다. 이 비율이$O_{.j}/O_{..}$이다. 이제 우리는 그 결과가 셀 ij에 속하게 될 시행의 기대수(expexted number)를 계산해야 한다. 이 기대수를 E_{ij}로 표기한다. 이 값은 열 j에 결과가 속하게 될 시행의 비율에 행 i에 속하는 시행의 수 O_i를 곱한 것과 같다. 즉,

$$E_{ij} = \frac{O_{i.}O_{.j}}{O_{..}} \tag{6.5}$$

검정통계량은 관측값과 기대값 사이의 차이를 가지고 만들어진다.

$$\chi^2 = \sum_{i=1}^{I}\sum_{j=1}^{J}\frac{(O_{ij}-E_{ij})^2}{E_{ij}} \tag{6.6}$$

H_o 하에서, 이 검정통계량은 자유도 $(I-1)(J-1)$인 카이제곱 분포를 따른다. 카이제곱 분포의 사용은 기대값이 모두 5보다 크거나 같은 경우에 적절하다.

표 6.3 관측값의 기호

	Column 1	Column 2	⋯	Column J	Total
Row 1	O_{11}	O_{12}		O_{1J}	$O_{1.}$
Row 2	O_{21}	O_{22}	⋯	O_{2J}	$O_{2.}$
⋮	⋮	⋮		⋮	⋮
Row I	O_{I1}	O_{I2}		O_{IJ}	$O_{I.}$
Total	$O_{.1}$	$O_{.2}$	⋯	$O_{.J}$	$O_{..}$

Example 6.9

표 6.2의 자료를 사용하여 핀이 너무 얇거나, 정상이거나 또는 너무 두꺼운 비율이 모든 기계에서 동일하다는 귀무가설을 검정하라.

Solution

먼저, 기대값 E_{ij}를 식 (6.5)를 사용하여 계산한다. 예를 들어, E_{11}과 E_{23}의 계산과정을 자세히 살펴보면

$$E_{11} = \frac{(120)(66)}{500} = 15.84$$

$$E_{23} = \frac{(200)(32)}{500} = 12.80$$

기대값을 전부 계산한 표는 다음과 같다.

표 6.2에 대한 기대값

	Too Thin	OK	Too Thick	Total
Machine 1	15.84	96.48	7.68	120.00
Machine 2	26.40	160.80	12.80	200.00
Machine 3	13.20	80.40	6.40	100.00
Machine 4	10.56	64.32	5.12	80.00
Total	66.00	402.00	32.00	500.00

모든 기대값이 5보다 크므로 카이제곱 검정은 적합하다. 식 (6.6)을 사용하여 카이제곱 통계량을 계산할 수 있다.

$$\begin{aligned}\chi^2 &= \frac{(10-15.84)^2}{15.84} + \cdots + \frac{(10-5.12)^2}{5.12} \\ &= \frac{34.1056}{15.84} + \cdots + \frac{23.8144}{5.12} \\ &= 15.5844\end{aligned}$$

4개의 행과 3개의 열이 있으므로 자유도의 수는 6이 된다. P-값을 얻기 위해 카이제곱 표(표 A.5)를 참고하자. 자유도가 6인 경우에, 상위 2.5%에 해당하는 점은 14.449이고, 상위 1%인 점은 16.812이다. 따라서, $0.01 < P < 0.025$이다. 즉 핀들이 너무 얇거나, 정상이거나 또는 너무 두꺼운 비율이 기계마다 다르다고 결론 내리는 것은 타당하다.

관측된 행과 열의 부분합이 기대값의 행과 열의 부분합과 동일하다는 점에 항상 주목하자. 이래 주어진 컴퓨터 출력(MINITAB)은 가설검정의 결과를 보여준다. 이 결과에서 각 셀(행과 열의 교차점)은 세 개의 숫자를 포함하고 있다. 상단의 숫자는 관측값, 중간의 숫자는 기대값, 하단의 숫자는 $(O_{ij} - E_{ij})^2/E_i$로 계산된 해당 셀의 카이제곱 통계량이다.

```
Chi-Square Test: Thin, OK, Thick

Expected counts are printed below observed counts
Chi-Square contributions are printed below expected counts

         Thin      OK   Thick  Total
    1      10     102       8    120
        15.84   96.48    7.68
        2.153   0.316   0.013

    2      34     161       5    200
        26.40  160.80   12.80
        2.188   0.000   4.753

    3      12      79       9    100
        13.20   80.40    6.40
        0.109   0.024   1.056

    4      10      60      10     80
        10.56   64.32    5.12
        0.030   0.290   4.651

Total      66     402      32    500

Chi-Sq = 15.584, DF = 6, P-Value = 0.016
```

독립성을 위한 카이제곱 검정

예제 6.9에서, 행의 총합들이 사전에 정해지는데 반해 열의 총합들이 무작위인 것은 이들이 다양한 기계로부터 표본추출된 항목들을 나타내기 때문이다. 어떤 경우에는 행과 열의 총합들 모두 무작위하기도 하다. 둘 중 어떤 경우라도 열에 나타난 결과들의 확률과 행에 나타난 결과들의 확률이 동일하다는 귀무가설을 검정할 수 있으며, 검정자체도 두 경우에 모두 동일하다. 그러나 행과 열의 부분합들이 모두 무작위하다면, 이것은 행과 열의 두 범주들에 대한 독립성을 위한 검정이 된다.

연습 6.5

1. 잠금장치(Fastener)는 항공기를 포함한 응용분야를 위해 제조된다. 아크(ach) 잠금장치는 부합(해당 용도에 적합한), 격하(해당 용도에 부적합하지만 다른 목적으로 사용 가능), 폐기(사용할 수 없음) 등으로 분류된다. 전체 잠금장치 중 85%는 부합, 10%는 격하, 5%는 폐기라고 추정된다. 500개 잠금장치의 견본품에서, 405개는 부합되고, 55개는 격하되었고, 40개는 폐기되었다. 당신은 실제 비율이 85%, 10%, 5%에서 차이가 있다고 결론내릴 수 있는가?
   a. 적절한 귀무가설을 기술하시오.
   b. 귀무가설 하에서 기대값을 계산하시오.
   c. 카이제곱 통계값을 계산하시오.
   d. P-값을 찾아라. 당신의 결론은 무엇인가?

2 논문 "An Investment Tax Credit for Investing in New Technology: A Survey of California Firms" (R. Pope, The Engineering Economist, 1997: 269-287) 는 자본 투자에 미치는 세액공제의 잠재적 영향을 검토하였다. 회사는 크기(직원 100인 이상과 이하)와 순 잉여설비의 규모에 의해 분류되었다. 각 범주들에 속하는 회사들의 숫자는 다음 표에 제시하였다.

Net Excess Capacity	Small	Large
< 0%	66	115
0–10%	52	47
11–20%	13	18
21–30%	6	5
> 30%	36	25

이때 순 잉여설비의 규모 분포가 큰 회사나 작은 회사 사이에 차이가 있다고 결론지을 수 있는가? 관련 검정통계량 및 P-값을 계산하시오.

3 논문 "Chronic Beryllium Disease and Sensitization at a Beryllium Processing Facility" (K. Rosenman, V. Hertzberg, et al., Environmental Health Perspectives, 2005:1366-1372) 는 근로자의 집단에서 베릴륨 노출의 효과에 대해 토의하고 있다. 근로자들은 노출기간(년)에 따라 다양한 질병 상태(만성 질환상태, 베릴륨에 민감한 상태, 또는 질환없는 정상상태)로 분류되었다. 그 결과는 다음과 같다.

	Duration of Exposure		
	< 1	1 to < 5	≥ 5
Diseased	10	8	23
Sensitized	9	19	11
Normal	70	136	206

당신은 다양한 질병 구분에 대한 근로자의 비율이 노출 수준에 따라 차이가 있다고 결론을 내릴 수 있는가?

4 주어진 관측값의 표에 대해
a. 그에 해당하는 기대값의 표를 작성하시오.
b. 가능하다면 행과 열의 결과가 서로 독립이라는 귀무가설에 대한 카이제곱 검정을 수행하시오. 가능하지 않다면 그 이유를 설명하시오.

	Observed Values		
	1	2	3
A	15	10	12
B	3	11	11
C	9	14	12

5 다음 빈칸을 채우시오.
관측값과 기대값에 대한 ______________.
a. 관찰된 표의 행 합계는 기대값 표의 행 합계와 동일해야 하지만, 열 합계는 동일할 필요가 없다.
b. 관찰된 표의 열 합계는 기대값 표의 열 합계와 동일해야 하지만, 행의 합계는 동일할 필요가 없다.
c. 관찰된 표의 행과 열의 합계는 모두 기대값 표에서의 행과 열의 합계와 동일해야 한다.
d. 관찰된 표의 행과 열의 합계는 기대값 표의 행 또는 열 합계와 동일하지 않다.

6 강판은 표면 마무리 정도에 따라 최상(premium), 우수(conforming), 미흡(downgraded), 불량(unacceptable)의 4가지 범주로 구분된다. 품질관리기사는 4가지 범주의 강판 비율이 각각 10%, 70%, 15%, 5%라고 주장한다. 200개의 강판 표본 중에서 19개는 최상으로 분류되었고, 133개는 우수로 분류되었고, 35개는 미흡으로 분류되었으며, 13개는 불량으로 분류되었다. 이때 품질관리기사의 주장이 잘못되었다고 결론 내릴 수 있는가?

7 논문 "Analysis of Unwanted Fire Alarm: Case Study" (W. Chow, N. Fong, and C. Ho, Journal of Architectural Engineering, 1999:62-65) 는 여러 지역에서 허위경보의 발생건수를 제시하고 있다. 월별로 허위 경보의 건수를 알려진 원인과 그렇지 않은 원인으로 구분하여 다음 표에 제시하였다. 이때 알려진 원인에 의한 허위 경보의 비율이 월마다 차이가 난다고 결론지을 수 있는가?

	Month											
	1	2	3	4	5	6	7	8	9	10	11	12
Known	20	13	21	26	23	18	14	10	20	20	18	14
Unknown	12	2	16	12	22	30	32	32	14	16	10	12

6.6 고정수준 검정

임계점(critical point) 및 기각영역

가설검정은 P-값을 만들어 귀무가설의 가능성을 측정하는 것이다. P-값이 작을수록 귀무가설이 참일 가능성은 낮아진다. 우리는 앞서 가능과 불가능을 구분하는 타당한 경계가 과학적으로 존재하지 않는다는 것을 지적한 바 있다. 따라서 그 이하 값에 대해 H_0를 기각할 정확한 P-값을 지정하는 것은 불가능하다. 가능하다면, H_0를 기각할지에 대한 결정을 내리기보다는 간단히 P-값을 보고하는 것이 최선이다. 그러나 때때로 결정을 내려야만 한다. 예를 들어, 평균 직경이 허용 오차 내에 있는지를 검정하기 위해 조립라인에서 관련 항목들을 표본추출 한다면, 그 공정을 재조정할지의 여부를 결정해야 한다. 선적되는 부품의 표본을 추출하여 결함여부를 확인한다면 선적을 허용할지 또는 거부할지를 결정해야 한다. 가설검정에 기초하여 결정이 내려지는 경우, P-값에 대한 절단점(cutoff point)을 선택하는 것에는 선택의 여지가 없다. 이렇게 될 때 이 검정을 고정수준 검정이라 부른다.

고정수준 검정은 귀무가설을 기각하기 위해 사전에 엄격한 규칙을 설정한다는 것을 제외하고는 지금까지 논의했던 가설검정과 같다. $0 < \alpha < 1$인 α값을 선택한 후 P-값을 계산한다. $P \leq \alpha$면 귀무가설은 기각되고 대립가설이 참으로 받아들여진다. $P > \alpha$면 귀무가설이 참일 가능성이 있다고 판단된다. α값은 유의수준 혹은 간단히 검정의 수준이라 불린다. 6.2절에서와 같이 검정의 결과로 P-값이 α보다 작거나 같으면 영가설이 α(또는 $100\alpha\%$) 수준에서 기각되거나 또는 결과가 α(또는 $100\alpha\%$) 수준에서 통계적으로 유의하다고 말한다. 이미 언급한 바와 같이 α에 대한 일반적인 선택은 0.05이다.

Summary

고정수준 검정을 실시하려면

- $0 < \alpha < 1$ 사이의 숫자 α를 선택한다. 이것을 검정의 유의수준 또는 검정의 수준이라 한다.
- 통상적인 방법으로 P-값을 계산한다.
- $P \leq \alpha$면 H_0를 기각한다. $P > \alpha$면 H_0를 기각하지 않는다.

Example 6.10

6.1절의 예제 6.1을 참고하라. 45개 강철 공 표본의 평균 마모는 $\overline{X} = 673.2\mu$m이었고, 표준편차는 $s = 14.9\mu$m이었다. μ는 마모의 모평균을 나타낸다고 하자. $H_0 : \mu \geq 675,\ H_1 : \mu < 675$의 검정에서 0.209의 P-값이 나왔다. 과연 25% 수준에서 H_0를 기각할 수 있는가? 아니면 5% 수준에서는 H_0를 기각할 수 있는가?

Solution

P-값 0.209는 0.25보다 작아서 유의수준으로 $\alpha = 0.25$를 선택하면 H_0를 기각했을 것이다. 따라서 우리는 25% 수준에서 H_0를 기각한다. $0.209 > 0.05$이므로 우리는 5% 수준에서는 H_0를 기각하지 않는다.

고정수준 검정에서, 임계점은 α에 정확히 일치하는 P-값을 주는 검정통계량 값이다. 임계점은 유의수준이 P-값의 경계선이 되는 것처럼 검정통계량의 경계선이다. 검정통계량이 임계점의 한쪽에 있다면, P-값은 α보다 작게 될 것이며, H_0는 기각될 것이다. 검정통계량이 임계점의 반대편에 있으면, P-값이 α보다 클 것이고, H_0는 기각되지 않을 것이다. 기각을 유도하는 임계점의 한쪽 영역을 기각역이라고 부른다. 임계점 자체는 역시 기각역에 있다.

Example 6.11

새로운 콘크리트 혼합법이 평가되고 있다. 평가계획은 새로운 혼합법으로 만든 100개의 콘크리트 블럭을 표본추출하고, 압축강도의 표본평균 $\overline{X}$를 계산하고, $H_0: \mu \le 1350$, $H_1: \mu > 1350$를 검정하는 것이다. 사용된 단위는 Mpa이다. 유사한 선행 검정들로부터 모 표준편차 σ가 70 MPa에 가깝다는 것이 알려져 있다고 하자. 검정이 유의수준 5%에서 수행될 때, 임계점과 기각역을 구하라.

Solution

P-값이 0.05보다 작거나 같다면 H_0를 기각할 것이다. 이 검정에서 P-값은 $\overline{X}$값의 오른쪽 면적이 될 것이다. 따라서 $\overline{X}$값이 영 분포의 상위 5%에 위치해 있다면, P-값은 0.05보다 작을 것이고 H_0는 기각될 것이다. 기각역은 영분포의 상위 5% 영역으로 구성된다. 임계점은 상위 5%영역의 경계가 된다. 영분포가 정규분포이고 z표로부터 정규분포곡선의 상위 5%영역을 나누는 점의 z-값은 $z_{.05} = 1.645$가 된다. 따라서 임계점은 $z = 1.645$이며, 기각영역은 $z \ge 1.645$이다. 종종 z-값을 원래의 단위로 바꾸어 임계점과 기각역을 $\overline{X}$로 표현하는 것이 더 편리할 때가 있다. 영분포는 평균이 $\mu = 1350$이고 표준편차가 $\sigma_{\overline{X}} = \sigma/\sqrt{n} \approx 70/\sqrt{100} = 7$인 정규분포이다. 따라서 임계점은 $\overline{X} = 1350 + (1.645)(7) = 1361.5$로 나타낼 수 있다. 기각역은 1361.5보다 크거나 같은 모든 $\overline{X}$값으로 구성된다.

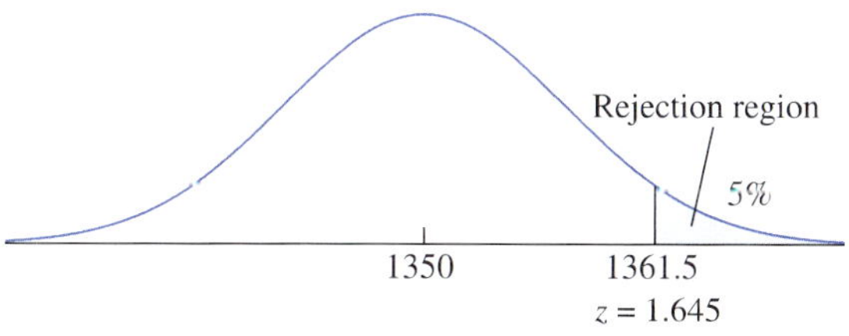

그림 6.11 단측검정의 기각역은 영분포의 상위 5% 영역으로 구성된다. 임계점은 기각역의 경계인 1361.5이다.

I종 오류와 II종 오류

고정수준의 검정이 확고한 결정을 유도하므로 그 결정이 잘못될 가능성이 있다. 결정이 잘못되는 경우는 다음 두 가지이다. 첫째는 H_0가 실제 사실일 때 H_0가 기각되는 경우이다. 이것이 I종 오류이다. 반대로 H_0가 거짓일 때 H_0를 기각하지 못할 수도 있다. 이것은 II종 오류이다.

만들어진 자료가 고정수준 검정으로 분석되는 실험을 설계할 때에는 I종과 II종 오류의 확률을 충분히 작게 만드는 것이 중요하다. 잘못된 결정을 내릴 확률이 큰 실험을 수행할 필요는 없기 때문이다. 다음 결과에서 제시하고 있는 것처럼 I종 오류의 확률을 조절하는 것은 쉬운 것으로 알려져 있다.

> α가 검정을 위한 유의수준으로 선택되면 I종 오류의 확률은 결코 α보다 크지 않다.

다음 예제를 가지고 이 사실을 설명해 보자. $X_1, \cdots, X_n$을 평균이 μ이고 분산이 σ^2인 모집단에서 추출된 무작위 대표본이라고 하자. 그러면 $\overline{X}$는 평균이 μ이고 분산이 σ^2/n인 정규분포를 따르게 된다. 고정수준 $\alpha = 0.05$에 대해 $H_0 : \mu \leq 0$, $H_1 : \mu > 0$을 검정한다고 가정하자.

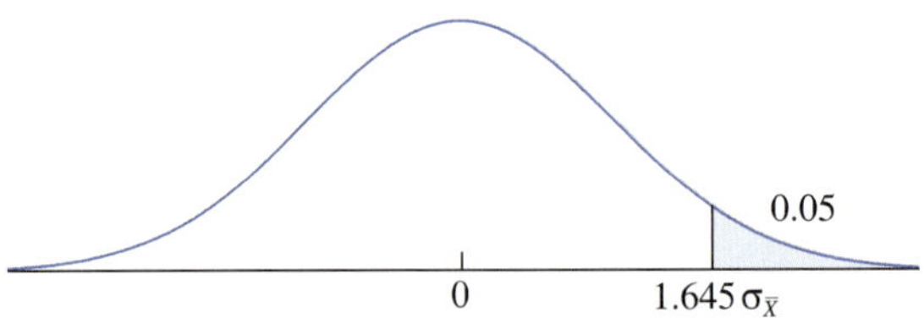

그림 6.12 $H_0 : \mu \leq 0$에 대한 영분포와 기각역

만약 $P \leq 0.05$이면 H_0을 기각한다. 그림 6.12에 나타난 영분포는 평균이 0이고 분산이 $\sigma_{\overline{X}}^2 = \dfrac{\sigma^2}{n}$인 정규분포이다. 귀무가설이 참이라고 가정하자. 우리는 I종 오류의 확률을 계산하고 그것이 0.05보다 크지 않다는 것을 보여줄 것이다.

H_0를 기각하면 I종 오류가 발생하는데, 이는 $P \leq 0.05$인 경우에 발생하고 이는 또한 $\overline{X} = 1.645\sigma_{\overline{X}}$인 경우가 된다. 따라서, 기각영역은 $\overline{X} = 1.645\sigma_{\overline{X}}$이 된다. 이제 H_0가 참이므로 $\mu \leq 0$이다. 먼저 $\mu = 0$인 경우를 고려하자. $\overline{X}$의 분포는 그림 6.12에 의해 주어진다. 이 경우, $P(\overline{X} = 1.645\sigma_{\overline{X}}) = 0.05$이고, 따라서 H_0를 기각할 확률 및 I종 오류를 범할 확률이 0.05

와 같게 된다. 다음으로 $\mu > 0$인 경우를 고려하자. $\overline{X}$의 분포는 그림 6.12의 곡선을 왼쪽으로 이동시킴으로써 얻을 수 있으며, $P(\overline{X} = 1.645\sigma_{\overline{X}}) < 0.05$가 되게 맞추면 I종 오류의 확률은 0.05 이하가 된다. 0.05 대신에 어떤 숫자 α를 사용하여도 이 설명을 반복할 수 있다. H_0가 참이라면 I종 오류의 확률은 결코 α보다 크지 않다는 결론을 내릴 수 있다. 특히, μ가 H_0의 경계에 있는 경우(이 경우 $\mu = 0$), I종 오류의 확률은 α와 같다.

I종 오류의 확률이 우리가 선택한 유의수준 α보다 크지 않기 때문에 원하는 대로 I종 오류의 확률을 작게 만들 수 있다. 불행히도, I종 오류의 확률을 작게 만들면 만들수록 II종 오류의 확률은 더 커지게 된다. 이러한 내용은 6.7절에서 살펴볼 수 있다. 일반적인 전략은 I종 오류의 확률을 충분히 작게 하는 α의 값을 선택하는 것에서 시작하는 것이다. 이미 언급한 바와 같이, α에 대한 통상적인 선택값은 0.05이다. 그리고 나서 II종 오류의 확률을 계산하고 그 값이 너무 크지 않기를 기대한다. 만일 그 값이 크다면, 예를 들어 표본크기를 늘리는 것과 같이 실험을 재설계해서 줄일 수 있다. II종 오류의 크기를 계산하고 조절하는 것은 I종 오류의 크기를 계산하고 조절하는 것보다는 더 어렵다. 이 문제는 6.7절에서 설명될 것이다.

Summary

고정수준 검정을 유의수준 α에서 수행할 때, 두 종류의 오류가 만들어질 수 있다.

- I종 오류 : H_0가 참일 때 그것을 기각한다.
- II종 오류 : H_0가 거짓일 때 그것을 기각하는데 실패한다.

I종 오류의 확률은 결코 α보다 클 수 없다.

연습 6.6

1 가설검정이 수행되었고, P-값이 0.07이었다. 아래 기술이 참인지 거짓인지를 판단하시오.

a. H_0은 5% 수준에서 기각된다.

b. H_0은 2% 수준에서 기각되지 않는다.

c. H_0은 10% 수준에서 기각된다.

2 새로운 석탄 액화공정은 증류액 연료의 평균 생산량 μ를 증가시킬 것으로 추정된다. 새로운 공정은 매우 고가이므로 $\mu > 20$이 아닌 상태에서 생산할 경우에 대한 기회비용이 너무 크다. $H_0 : \mu \le 20$과 $H_1 : \mu > 20$의 검정이 수행될 것이며, 만일 H_0가 기각되면 새로운 공정을 채택하게 될 것이다. 5% 수준의 검정 또는 1% 수준의 검정 중 어떤 것이 값비싼 오류에 대한 확률을 작게 하는가?

3 강력냉각팬 제조업자는 극심한 조건에서 팬의 수명이 평균 6개월 이상이라고 주장하고 있다. μ는 팬의 실제 평균수명을 나타낸다. 가설 $H_0 : \mu \ge 6$, $H_1 : \mu < 6$에 대한 검정이 수행되었다. 다음 경우들에 대해 결정이 정확한지, I종 오류가 발생하는지 또는 II종 오류가

발생하는지를 판단하시오.

a. 주장이 사실이며, H_0는 기각된다.

b. 주장이 거짓이며, H_0는 기각된다.

c. 주장이 사실이며, H_0는 기각되지 않는다.

d. 주장이 거짓이며, H_0는 기각되지 않는다.

4 어떤 공장기계가 길이의 평균이 100 mm이고 표준편차가 0.1 mm인 밸브를 생산하도록 보정되어 있다. 이 기계를 새로운 장소로 옮겼다. 이 기계를 이동함에 따라 평균에 대한 보정이 흐트러졌을 수도 있으나 표준편차에는 변화가 없다고 가정한다. μ를 이동 후 생산된 밸브의 평균 길이라고 하자. 보정상태를 검증하기 위해 100개의 밸브 표본을 가공한 후 길이를 측정하고, 가설 $H_0 : \mu = 100$, $H_1 : \mu =$ 100을 검정하려고 한다.

a. 검증이 5% 수준에서 이루어지는 경우 기각역을 찾으시오.

b. 검증이 10% 수준에서 이루어지는 경우 기각역을 찾으시오.

c. 만약 표본의 평균길이가 99.97 mm라면 H_0는 5% 수준에서 기각되는가?

d. 만약 표본의 평균길이가 100.01 mm라면 H_0는 10% 수준에서 기각되는가?

e. 임계점이 100.015 mm이다. 검증의 수준은 무엇인가?

6.7 검정력

H_0가 거짓일 때 기각되지 않는다면 가설검정은 II종 오류를 유발하게 된다. 검정력은 그 H_0가 거짓일 때 기각될 확률이다. 따라서

$$\text{검정력} = 1 - P(\text{II종 오류})$$

검정이 유용하려면 I종 및 II종 오류의 확률이 모두 타당한 수준으로 작아야 된다. I종 오류는 유의수준 α를 작게 선택함으로써 작게 유지할 수 있다. 그러면 검정력은 계산된다. 검정력이 크다면 II종 오류의 확률 역시 작으며, 따라서 검정은 유용할 것이다. 일반적으로 자료가 모이기 전에 검정력의 계산이 수행된다는 것에 주목하자. 검정력의 계산 목적은 가설검정이 수행될 때, H_0가 거짓인 사상에 대해 H_0가 기각될 것인지를 결정하는 것이다.

검정력 계산의 예로, 현재의 화학공정보다 생산량을 증가시킬 수 있도록 개발된 새로운 화학공정을 가정하자. 현재의 공정은 평균 생산량이 80이고 표준편차가 5인 것으로 알려져 있다. 이 때 생산량의 단위는 이론 최대치의 백분율이다. 만일 새로운 공정의 평균 생산량이 80보다 크게 나타난다면 새로운 공정이 생산 과정에 투입될 것이다. μ가 새로운 공정의 평균 생산량을 나타낸다고 하자. 새로운 공정을 50번 실행하고, 5%의 유의수준에서의 가설을 검정하기로 하였다.

$$H_0 : \mu \le 80, \quad H_1 : \mu > 80$$

H_0가 기각되면 $\mu > 80$이라고 결론될 것이며, 새로운 공정이 생산에 투입될 것이다. 새로운 공정의 평균 생산량이 81이라도 이 공정을 생산에 투입하는 것이 실질적인 가치가 있다고 가정하자. $\mu = 81$일 경우 검정력, 즉 H_0가 기각될 확률은 얼마인가?

풀이를 제시하기 전에, 검정력을 계산하기 위해서는 $\mu = 81$과 같이 대립가설을 위한 μ의 특정 값을 지정할 필요가 있다는 점에 주목해 보자. 그 이유는 μ가 달라짐에 따라 검정력 또한 달라지기 때문이다. μ가 H_0에 가까울 경우 검정력은 작아지고, 반대로 멀어질수록 검정력이 커진다는 것을 확인하게 될 것이다.

검정력의 계산은 다음 두 단계를 포함한다.

- 기각역을 계산한다.
- 대립가설이 참일 경우 검정통계량이 기각역에 포함될 확률을 계산한다. 이것이 검정력이다.

우리는 6.6절의 예제 6.11에 제시된 방법을 이용하여 기각역을 계산함으로써 검정력을 찾을 것이다. 먼저, 영분포를 찾아야 한다. 우리는 이미 통계량 $\overline{X}$가 평균 μ와 표준편차 $\sigma_{\overline{X}} = \sigma / \sqrt{n}$를 갖는 정규분포를 따른다는 것을 알고 있다. 이 때 $n = 50$은 표본의 수이다. H_0 하에서 $\mu = 80$을 취한다. 이제 σ에 대한 근사값을 찾아야 한다. 실제로는 표본이 아직 추출되지 않았으므로, 따라서 표본 표준편차가 없기 때문에 어려운 문제가 될 수 있다.

그러나 σ를 근사적으로 찾아 낼 수 있는 몇 가지 방법이 있다. 예를 들어, 작은 예비 표본을 추출하는 것이 가능하면 이 표본의 표준편차는 σ의 양호한 근사값이 될 수 있다. 다른 경우, 표준편차의 활용이 가능한 유사한 모집단에서의 표본이 존재할 수도 있다. 이 예제에서는 '현재 사용되는 공정의 역사는 길며 그 공정의 표준편차는 5로 알려져 있다'라고 가정한다. 새로운 공정의 표준편차가 현재 공정의 표준편차와 유사하다고 가정하는 것이 합리적이라고 하자. 따라서 우리는 새로운 공정에 대한 모 표준편차를 $\sigma = 5$와 $\sigma_{\overline{X}} = 5/\sqrt{50} = 0.707$라고 가정할 것이다.

그림 6.13은 $\overline{X}$의 영분포를 나타낸다. H_0가 $\mu \le 80$라고 규정하므로 큰 $\overline{X}$값은 H_0와 불일치할 것이고, 따라서 P-값은 관측값 $\overline{X}$의 오른쪽 면적이 될 것이다. $\overline{X}$가 영분포의 상위 5%에 위치하면 P-값은 0.05보다 작거나 같아질 것이다. 이 상위 5%가 기각역이다. 임계점은 1.645의 z-값을 가지므로 $80 + (1.645)(0.707) = 81.16$이 된다. $\overline{X} \ge 81.16$이면 H_0는 기각될 것이다. 이것이 기각역이다.

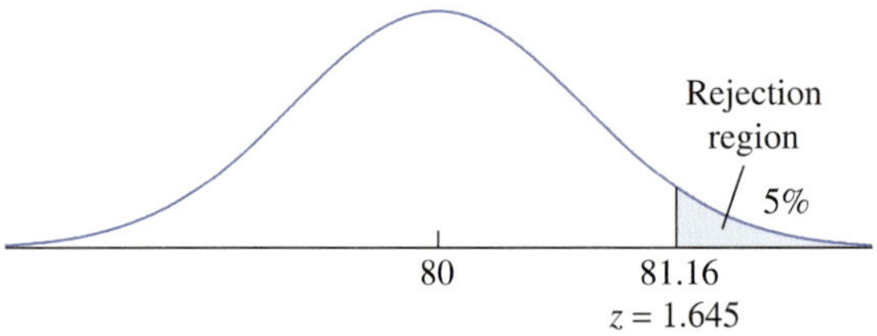

그림 6.13 가설검정은 유의수준 5%로 수행될 것이다.

이 검정의 기각역은 P-값이 0.05보다 작은 영역이다.

이제 우리는 검정력을 계산할 준비가 되었다. 그것은 바로 대립가설 $\mu = 81$이 참일 경우 $\overline{X}$가 기각역에 포함될 확률이다. 이러한 대립가설 하에서 $\overline{X}$의 분포는 평균이 81, 표준편차가 0.707인 정규분포가 될 것이다. 그림 6.14는 대립분포와 영분포를 함께 나타낸 것이다. 대립분포가 영분포를, 그 평균이 80에서 81이 되도록 이동하여 얻어진다는 점에 주목하자.

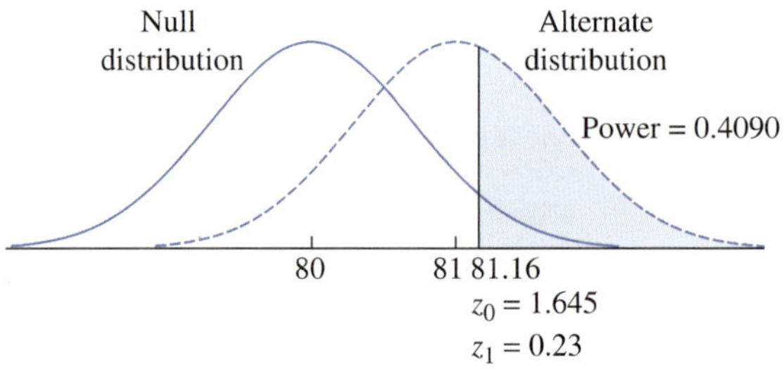

그림 6.14 영분포의 상위 5%로 구성된 기각역은 음영부분이다.

임계점의 z-값은 영분포 하에서는 $z_0 = 1.645$이고 대립분포 하에서는 아래의 $z_1 = 0.23$이다. 검정력은 대립분포 하에서의 기각역 면적으로 0.4090이 된다.

대립분포가 이동됨에 따라 검정통계량이 기각역에 포함될 확률은 H_0 하에서 더 커지게 된다. 구체적으로 보면, 임계점 81.16에 대한 H_1 하의 z-값은 $(81.16)/0.707 = 0.23$이 된다. z-값 0.23의 오른쪽 면적은 0.4090이다. 이것이 검정력이다.

0.4090 정도의 검정력은 매우 낮은 것이다. 이러한 결과는 새로운 처리과정의 평균생산량이 실제로 81이라면, 제안된 실험이 기존 공정의 개선을 확인하여 새로운 공정이 생산에 반영될 가능성이 41%밖에 되지 않는다는 것을 의미한다. 즉, 실패할 가능성이 크기 때문에 실험을 하기 위해 시간과 예산을 투자할 가능성이 크지 않을 것이다.

따라서 검정을 수행하는 것이 가치 있어지려면 검정력이 얼마나 커야 하는지를 궁금해 하는 것은 당연하다. P-값의 경우에서처럼, 충분한 검정력과 부족한 검정력 사이를 나누는 과학적으로 유효한 경계선은 없다. 일반적으로 검정력이 0.80 또는 0.90보다 크면 적절한 것으로 받아들여지지만, 잘 확립된 경험적인 법칙은 없다.

우리는 검정력이 대립가설을 대표하기 위해 선택된 μ값에 의존적이고 또한 영 평균에서 멀리 있을 때 더 커진다고 언급한 바 있다. 예제 6.12는 이것을 설명해 준다.

Example 6.12

$n = 50$과 $\sigma = 5$일 때를 가정한 대립분포의 평균 $\mu = 82$에 대해 새로운 공정의 평균 생산량에 대한 가설검정 $H_0 : \mu \leq 80$, $H_1 : \mu > 80$에 대한 5% 수준의 검정력을 계산하시오.

Solution

우리는 기각역을 계산함으로써 이미 해법의 첫 단계를 수행하였다. $X \geq 81.16$이면 H_0를 기각할 것이다. 그림 6.15는 대립분포와 영분포를 같은 그림에 나타낸 것이다. 대립가설하에서 임계점 81.16에 대한 z-값은 $(81.16 - 82) / 0.707 = -1.19$이다. $z_1 = -1.19$의 오른쪽의 면적은 0.8830이다. 이것이 검정력이다.

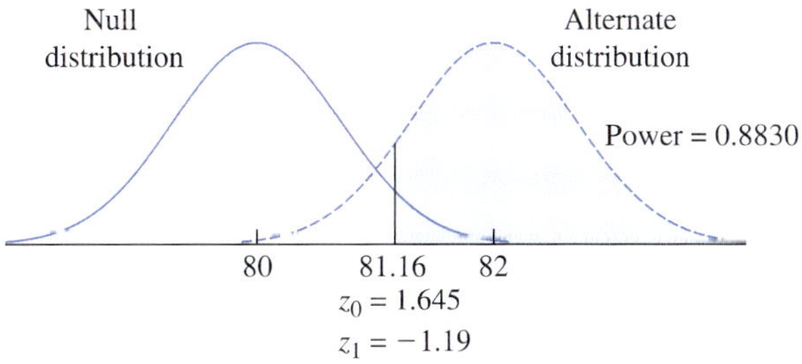

그림 6.15 영분포의 상위 5%에 해당하는 기각역은 음영부분이다.

영분포에서 임계점의 z-값은 $z_0 = 1.645$이며, 대립분포의 경우 $z_1 = -1.19$이다. 검정력은 대립분포의 기각역 면적으로 0.8830이 된다.

대립분포는 영분포를 이동하여 얻이지므로 검정력은 어떤 대립값이 μ로 선정되는 지에 달려 있고, 유의수준 α 정도에서 1까지의 값을 갖는다. 대립평균이 영 평균에 유사하게 선택되면 대립분포 곡선은 영분포와 거의 일치하게 되고, 검정력은 α와 유사해질 것이다. 대립 평균이 영 평균에서 떨어져 있을 경우, 대립분포 곡선 아래 대부분의 면적은 기각역에 위치하게 되고 검정력은 1에 근접할 것이다.

검정력이 충분히 크지 않을 경우, 표본의 크기를 크게 하여 검정력을 증가시킬 수 있다. 실험을 계획할 때 원하는 검정력을 얻기 위한 표본크기를 결정할 수 있다. 예제 6.13은 이 문제를 설명하고 있다.

Example 6.13

새로운 공정의 평균 생산량에 관한 가설 $H_0 : \mu \leq 80$, $H_1 : \mu > 80$의 검정에서, $\sigma = 5$로 가정된 경우, 유의수준 5%로 수행한 검정이 대립분포의 평균 $\mu = 81$에 대한 검정력을 0.9로 만들려면 새로운 공정을 얼마나 많이 실험해야 하는가?

Solution

n이 필요한 표본의 크기를 나타낸다고 하자. 먼저 영분포를 이용하여 검정을 위한 임계점을 n으로 표현해 보자. X의 영분포는 평균이 80이고, 표준편차 $5/\sqrt{n}$인 정규분포이다. 따라서 임계점은 $80 - 1.645(5/\sqrt{n})$이다. 이제, 대립분포를 이용하여 n으로 나타낸 임계점의 다른 표현을 얻을 수 있다. 그림 6.16을 참고하라. 검정력은 대립곡선 아래의 기각역 면적이 된다. 이 면적은 0.90일 것이다. 따라서 대립가설 하에서 임계점에 대한 z-값은 $z = -1.28$이 된다. 따라서 임계점은 $81 - 1.28(5/\sqrt{n})$이다. 우리는 이제 임계점에 대한 두 개의 다른 표현을 가지고 있다. 그러나 임계점은 하나이어야 하므로 이 두 개의 표현은 동일한 것이 된다. 따라서 그 두 개를 같게 놓고 n에 대해 풀 수 있다.

$$80 + 1.645\left(\frac{5}{\sqrt{n}}\right) = 81 - 1.28\left(\frac{5}{\sqrt{n}}\right)$$

n에 대해 풀면 $n \approx 214$가 나온다. 임계점은 이 n값을 앞에 있는 식에 대입하여 구할 수 있다. 임계점은 80.56이 된다.

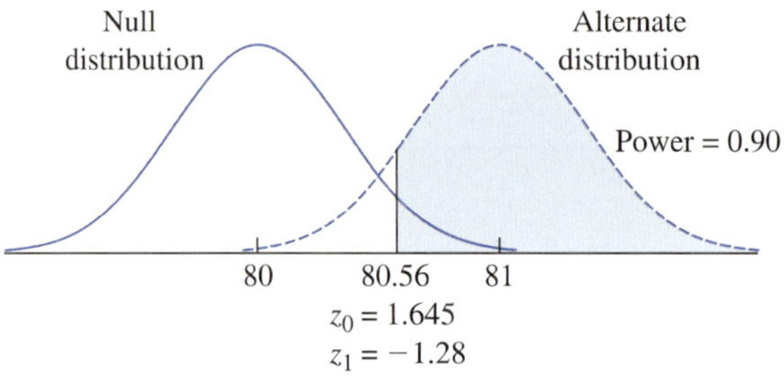

그림 6.16 유의수준 0.05에 대한 0.9의 검정력을 얻기 위한 임계점의 z–값은 영분포에 대해 $z_0 = 1.645$, 대립분포에 대해 $z_1 = -1.28$이다.

컴퓨터를 이용한 검정력 계산

우리는 모평균의 단측 대표본 검정을 위한 검정력의 계산 방법과 특정 검정력을 얻기 위한 표본 크기를 계산하는 법을 배웠다. 이 방법은 비율에 대한 양측검정에 필요한 검정력의 계산 및 필요한 표본크기를 계산하는 경우로 쉽게 확장된다. 그러나 t-검정, F-검정 또는 카이제곱 검정을 위한 검정력을 계산하는 것은 상당히 어렵다. 그러나 컴퓨터 패키지는 모든 검정에 대한 검정력과 필요한 표본 크기를 쉽게 계산해준다. 몇 가지 예를 살펴보도록 하자.

Example 6.14

한 여론조사기관이 지역사회에서 학교 채권에 대한 대책을 지지하는 유권자의 비율을 추정하기 위해 무작위 표본 조사를 실시하려고 한다. p가 대책을 지지하는 인구의 비율이라 하자. 여론조사기관은 5% 수준에서 $H_0 : p = 0.50$, $H_1 : p \neq 0.50$을 검정할 것이다. 200명의 유권자가 표본일 때, p의 참값이 0.55라면 검정력은 얼마인가?

Solution

아래의 컴퓨터 출력(MINITAB)은 그 결과를 보여준다.

```
Power and Sample Size

Test for One Proportion

Testing proportion = 0.5 (versus not = 0.5)
Alpha = 0.05

Alternative  Sample
 Proportion    Size     Power
       0.55     200  0.292022
```

출력의 첫 두 줄은 이것이 단일 인구비율 p에 대한 검정력 계산이라는 것을 나타낸다. 다음 두 줄은 귀무가설과 대립가설 그리고 검정의 유의수준을 나타낸다. 우리가 유의수준 $\alpha = 0.05$에 대한 양측검정으로 지정했다는 점에 주의하자. 다음은 대립 비율로, 검정력이 계산되었을 때 참이라고 가정하는 값 p(0.55)이다. 표본의 크기는 200으로 지정되어 있고 검정력은 0.292로 계산된다.

Example 6.15

예제 6.14를 참고하자. 참값 $p = 0.55$일 때, 검정력이 0.8이 되기 위해서는 몇 명의 유권자들이 표본추출 되어야 하는가?

Solution

아래의 컴퓨터 출력(MINITAB)은 그 해를 보여준다.

```
Power and Sample Size

Test for One Proportion

Testing proportion = 0.5 (versus not = 0.5)
Alpha = 0.05

Alternative  Sample  Target
 Proportion    Size   Power  Actual Power
       0.55     783     0.8      0.800239
```

필요한 표본크기는 783이다. 실제 검정력이 0.80보다 약간 높다는 것을 주목하자. 이는 표본크기가 이산적이기 때문에 요구된 검정력을 정확히 만족하는 표본크기를 구하는 것이 불가능하기 때문이다. 따라서 MINITAB은 요구된 검정력보다 더 큰 값을 주는 가장 작은 표본크기를 계산한다.

Example 6.16

출하되는 커피콩은 수분함량에 대한 검사를 받는다. 수분함량이 높은 커피콩은 수분에 과도하게 노출되었을 가능성이 크므로 출하에서 제외시킨다. μ가 출하된 커피콩의 평균 수분함량(무게에 대한 백분율)을 나타낸다고 하자. 선적되는 콩에 대해 무작위로 5개의 수분측정이 이루어진다. 가설 $H_0 : \mu \leq 10$, $H_1 : \mu > 10$에 대한 검정이 Student's t검정을 이용하여 5%의 수준에서 이루어질 것이다. 수분함량의 참값이 12%이고 표준편차가 $\sigma = 1.5$%라면 검정력은 얼마인가?

Solution

아래의 컴퓨터 출력(MINITAB)은 그 해를 보여준다.

```
Power and Sample Size

1-Sample t Test

Testing mean = null (versus > null)
Calculating power for mean = null + difference
Alpha = 0.05  Assumed standard deviation = 1.5

            Sample
Difference    Size     Power
         2       5  0.786485
```

검정력은 참 평균과 영 평균의 차이, 즉 이 문제의 경우에는 12 − 10 = 2에 따라 결정되며, 평균들 자체에는 영향을 받지 않는다. 검정력은 0.786이다. 결과가 단측 검증의 검정력을 나타내고 있다는 점에 주목하자.

Example 6.17

예제 6.16을 참고하여, 검정력이 최소한 0.9가 되기 위해 필요한 표본의 크기를 찾아라.

Solution

아래의 컴퓨터 출력(MINITAB)은 그 해를 보여준다.

```
Power and Sample Size

1-Sample t Test

Testing mean = null (versus > null)
Calculating power for mean = null + difference
Alpha = 0.05  Assumed standard deviation = 1.5

            Sample  Target
Difference    Size   Power  Actual Power
         2       7     0.9      0.926750
```

검정력이 0.9 혹은 그 이상 되는 가장 작은 표본의 크기는 7이다. 실제 검정력은 0.927이다.

요약하자면, 검정력의 계산은 실험이 유용한 결론을 제공할 수 있는 잠재력이 있는지를 확인하기 위해 중요하다. 과학적 연구에 자금을 제공하는 많은 기관들은 가설검정의 수행이 들어 있는 제안서의 제출시 검정력을 함께 제시할 것을 요구하고 있다.

연습 6.7

1 $\mu=10$일 때 검정은 검정력 0.85를 갖는다. 다음 기술이 참인지 거짓인지를 판별하시오.

a. $\mu=10$일 때, H_0가 기각될 확률은 0.85이다.

b. $\mu=10$일 때, 옳은 결정을 내릴 확률은 0.85이다.

c. $\mu=10$일 때, 옳은 결정을 내릴 확률은 0.15이다.

d. $\mu=10$일 때, H_0가 참일 확률은 0.15이다.

2 표본크기가 동일하고 α 수준이 증가하면, 검정력은 ______일 것이다(증가, 감소 중에서 선택).

3 $\mu=10$일 때, $H_1 : \mu \leq 8$, $H_1 : \mu > 8$의 검정력은 0.8로 계산되었다. 만일 $\mu=12$라면 다음 진술 중 무엇이 참인가?

a. 검정력은 0.8보다 작을 것이다.

b. 검정력은 0.8보다 클 것이다.

c. 모표준편차 σ가 확정되지 않고서는 검정력을 결정할 수 없다.

4 타이어 회사는 타이어의 평균 수명이 50,000마일이라고 주장한다. 수명의 표준편차는 5,000마일인 것으로 알려져 있다. 이제 100개의 타이어를 표본추출하고 타이어의 평균수명이 최소 50,000마일이 될 것이라는 가설에 대한 검정을 수행할 것이다. 실제 타이어의 평균수명이 49,500마일이라고 가정하자.

a. 귀무가설과 대립가설을 기술하시오. 어떤 가설이 참인가?

b. 표본평균이 49,400보다 작으면 H_0를 기각하도록 결정하였다. 검정의 수준과 검정력을 찾아라.

c. 5% 수준에서 검정이 시행된다면 검정력은 얼마인가?

d. 검정력이 0.8이 되려면 어떤 수준의 검정이 수행되어야 하는가?

e. 타이어를 추가로 표본 추출할 수 있는 기회가 있다. 5% 수준에서 검정이 시행될 때 검정력이 0.8이 되려면 전체적으로 몇 개의 타이어를 추가로 표본추출 해야 하는가?

5 다음의 MINITAB 결과는 모비율 p에 관한 검정력 계산의 결과를 나타낸다.

```
Power and Sample Size

Test for One Proportion

Testing proportion = 0.5
(versus not = 0.5)
Alpha = 0.05

Alternative  Sample
 Proportion    Size     Power
        0.4     150  0.691332
```

a. 검정력 계산은 단측검정용인가 또는 양측검정용인가?

b. 어떤 귀무가설에 대해 검정력이 계산되었는가?

c. 어떤 대립값 p에 대해 검정력을 계산하는가?

d. 표본크기가 100이었다면, 검정력은 0.7보다 작을 것인가 클 것인가, 또는 결과를 말하기 어려운가? 그 이유를 설명하시오.

e. 표본크기가 200이었다면, 검정력이 0.6보다 작을 것인가, 클 것인가 또는 결과를 말하기 어려운가? 그 이유를 설명하시오.

f. 표본크기가 150이었다면, 대립값 $p=0.3$에 대한 검정력은 0.65보다 작을 것인가 클 것인가 또는 결과를 말하기 어려운가? 그 이유를 설명하시오.

g. 표본크기가 150인 경우 대립값 $p=0.45$에 대한 검정력은 0.65보다 작을 것인가, 클 것인가 또는 결과를 말하기 어려운가? 그 이유를 설명하시오.

6 다음의 MINITAB 결과는 두 평균의 차이 $\mu_1-\mu_2$의 검정을 위한 검정력 계산의 결과를 나타낸다.

```
Power and Sample Size
2-Sample t Test
Testing mean 1 = mean 2 (versus not =)
Calculating power for mean 1 = mean 2 + difference
Alpha = 0.05  Assumed standard deviation = 5

            Sample  Target
Difference    Size   Power  Actual Power
         3      60     0.9      0.903115
The sample size is for each group.
```

a. 검정력은 단측검정과 양측 검정 중 어느 것을 위해 계산되었는가?

b. 각 집단의 표본크기가 50이라면 검정력은 0.9보다 작을 것인가, 클 것인가 또는 결과를 말하기 어려운가? 그 이유를 설명하시오.

c. 두 평균의 차이가 4라면 검정력은 0.9보다 작을 것인가, 클 것인가 또는 결과를 말하기 어려운가? 그 이유를 설명하시오.

6.8 다중검정

때때로 많은 가설검정을 수행할 필요가 있는 상황이 일어난다. 이 상황에 적용되는 기본적인 규칙은 더 많은 검정이 수행될수록 결과에 부여할 수 있는 신뢰도가 감소한다는 것이다. 이 문제를 살펴보기 위해 다음 예제를 살펴보자.

텅스텐 카바이드의 매우 작은 입자를 함유하는 하드 코팅을 적용하면 특정 산업에 이용되는 캠 기어의 마모를 줄일 수 있을 것이라고 생각되었다고 하자. 다양한 텅스텐 카바이드 입자의 크기와 농도에 따라 매우 다양한 코팅의 제조법(이하 '제조법' 사용)이 있을 수 있으며, 20개의 다른 제조법이 만들어졌다. 각 제조법은 기어에 적용되어 일정 기간이 경과한 후 기어의 마모 정도를 측정함으로써 검정되었다. 코팅되지 않은 기어의 평균 마모는 100μm로 오랜 경험을 토대로 알려진 값이다. 각 제조법에 대해 귀무가설 $H_0: \mu \geq 100\mu$m 대한 검정이 수행되었다. H_0는 그 제조법이 마모를 감소시키지 않음을 말한다. 20가지 제조법 중 19개는 P-값이 0.05보다 커서 H_0는 기각되지 않았다. 오직 한 제조법에 대해서만 H_0가 기각되었다. 이 제조법이 정말로 마모를 감소시킨다고 결론짓는 것은 당연해 보이기도 한다. 예제 6.18~6.21은 이 결론이 섣부른 판단임을 보여줄 것이다.

Example 6.18

만약 단 하나의 제조법만 검정되고 그것이 마모에 아무런 영향이 없다면, H_0가 기각되어 잘못된 결론을 유도할 확률은 얼마가 되겠는가?

Solution

제조법이 마모에 아무런 영향을 미치지 않는다면 $\mu = 100\mu\text{m}$로 H_0는 참이다. 그러면 H_0를 기각하는 것은 I종 오류가 된다. 따라서, 문제는 I종 오류의 확률을 구하는 것이 된다. 일반적으로, 이 확률은 늘 검정의 유의수준과 같거나 작다. 이 경우에 있어 유의수준은 5%이다. $\mu = 100$이 H_0의 경계에 있기 때문에, I종 오류의 확률은 유의수준과 같다. H_0가 기각될 확률은 0.05이다.

Example 6.19

H_0가 20가지 제조법 중 하나에 기각되었을 때, 이 제조법이 실제로 마모에 영향이 없다는 것은 타당한 것인가?

Solution

그렇다. H_0를 기각한 하나의 제조법을 포함한 어떤 제조법도 마모에 영향을 미치지 않는다고 하는 것은 타당하다. 20개의 가설검정이 수행되었다. 각각의 검정은 5%의 I종 오류 가능성(즉, 20개 중 1개의 가능성)을 가지고 있었다. 그러므로 20개의 귀무가설 중 평균적으로 1개는 기각될 것으로 예상할 수 있다. 결국, 20개 검정 중 1개에서 H_0가 기각되었다는 것은 모든 제조법이 마모에 영향이 없는 경우에 대해 기대할 수 있는 결과와 정확히 일치한다.

Example 6.20

실제로 20개의 제조법 중 어떤 것도 기어의 마모에 아무런 영향을 주지 않을 때, 그들 중 하나 또는 그 이상에 대해 H_0가 기각될 확률은 얼마인가?

Solution

먼저 모든 제조법에 대해 올바른 결론(H_0를 기각하지 않음)에 도달할 확률을 구해야 한다. 각 제조법에 대해, H_0가 기각되지 않을 확률은 $1 - 0.05 = 0.95$이므로 20개의 제조법 중 어떤 제조법에 대해서도 H_0가 기각되지 않을 확률은 $(0.95)^{20} = 0.36$이다. 따라서 한 개 또는 그 이상의 제조법에 대해 H_0를 부정확하게 기각할 확률은 $1 - 0.36 = 0.64$이다.

Example 6.21

실험이 반복되었다. 이번에는 실험자가 코팅하는 것을 잊어버려서 코팅되지 않은 20개의 기어에 대해 마모측정을 하게 되었다. 이때 마모를 감소시킨 조제법이 한 개 이상일 수 있는가? 즉, H_0는 기각될 수 있는가?

Solution

그렇다. 예제 6.20은 실제로 적용되지는 않았지만 한 개 또는 그 이상의 코팅이 마모를 줄일 것으로 나타날 확률이 0.64임을 보여준다.

예제 6.18~6.21은 다중검정 문제로 알려진 현상을 설명하고 있다. 간단히 다중검정 문제를 다음과 같다고 하자. H_0가 기각된다면 그것이 거짓이라는 강력한 증거가 된다. 그러나 증거가 아무리 강력하더라도 그 결과를 확신할 수는 없다. 때때로 참인 귀무가설이 기각될 수도 있기 때문이다. 특히 많은 검정을 시행하는 경우, 몇 개의 참인 귀무가설은 기각될 가능성이 더 커질 것이다. 그러므로 많은 검정을 시행할 때, 기각된 귀무가설들 중 어떤 것이 정말 거짓이고 어떤 것이 I종 오류에 해당하는지 구분하기 어렵다.

Bonferroni 수정법

Bonferroni 수정법은 몇 개의 가설검정을 수행할 때 상위 P-값을 상향 조정하는 방법을 제시한다. Bonferroni 수정을 하려면 간단히 P-값에 수행된 검정의 횟수를 곱하면 된다. 여기 두 가지 예가 있다.

Example 6.22

네 가지 다른 코팅 제조법이 캠 기어의 마모를 100μm 아래까지 감소시킬 수 있는지 확인하기 위해 검정되었다. 귀무가설 : $H_0 : \mu \geq 100\mu$m는 각 제조법에 대해 검정되었고, 결과는

공법 A : $P = 0.37$
공법 B : $P = 0.41$
공법 C : $P = 0.005$
공법 D : $P = 0.21$

실험자는 공법 C가 효과적일 수 있다고 생각할 수 있지만, 몇 개의 검정이 이미 수행되었기 때문에 0.005의 P-값을 신뢰할 수 없다는 것을 안다. 신뢰할 수 있는 P-값을 산출하기 위해 Bonferroni 수정법을 이용하라.

Solution

4개의 검정이 수행되었고, Bonferroni 수정법으로 $P = (4)(0.005) = 0.02$가 되었다. 따라서 공법 C가 실제로 효과적이라는 증거는 충분히 강력하게 된다.

Example 6.23

예제 6.22에서, 공법 C에 대한 P-값이 0.005 대신 0.03이었다고 가정하자. 그럼 당신은 어떤 결론에 도달할 것인가?

Solution

Bonferroni 수정 $P = (4)(0.03) = 0.12$가 될 것이다. 이것은 제조법 C가 실제로 효과적이라고 결론을 내리기에는 충분히 강력하지 않은 증거다. 그러나 원래의 P-값이 작았기 때문에, 아직은 제조법 C를 포기하고 싶지는 않을 것이다.

Bonferroni 수정법은 보수적이다(즉, 불확실성을 크게 평가한다). 다시 말해, 그것이 생산하는 P-값은 절대로 참인 P-값보다 작지 않을 것이다. 그래서 Bonferroni 수정된 P-값이 작

은 경우, 귀무가설은 결정적으로 기각될 것이다. 불행하게도 예제 6.23이 보여주는 것처럼, 원래의 P-값이 귀무가설을 거짓으로 의심하기에 충분할 정도로 작은 경우가 많지만 Bonferroni 수정정은 가설이 기각되는 것을 허용하지 않는다.

원래 P-값이 가설을 거짓이라고 의심할 수 있을 만큼 작았음에도 불구하고, Bonferroni 수정된 P-값이 귀무가설을 기각하기에 너무 큰 경우, 가능한 최선의 방법은 추가적인 실험을 통해 만들어지는 자료를 이용하여 가설을 재검정하는 것이다. P-값이 여전히 작다면, 이번에는 다중검정 없이 귀무가설에 반하는 실제적인 증거를 제공하는 것으로 본다.

실제 산업공정에서는 각 공정이 주어진 사양을 충족하는지 확인하기 위해 공정 결과물에 대한 표본추출과 검정을 통해 모니터링 된다. 결과는 매우 자주 주어진 사양을 벗어난 것으로 보인다. 그러나 이러한 경우에 공정이 실제 오작동되고 있는지(통제불능) 또는 결과가 I종 오류인지를 어떻게 알 수 있는가? 이것이 바로 많은 주목을 받아온 다중검정의 문제이다. 통계적 품질 관리(10장 참조)의 주제는 상당부분 다중검정문제를 해결할 수 있는 방법을 찾는데 집중되어 있다.

연습 6.8

1 불량품의 비율을 줄일 수 있는지 확인하기 위해 여섯 가지의 다른 설정이 시도되었다. 각각의 설정에 대해 결함 있는 부품의 비율을 줄일 수 있는지 확인하기 위해 적절히 작성된 귀무가설이 검정되었다. 여섯 개의 P-값은 각각 0.34, 0.27, 0.002, 0.45, 0.03, 0.19이다.

a. P-값이 0.002인 설정에 대해 Bonferroni-수정된 P-값을 찾아라. 이러한 설정이 결함 있는 부품의 비율을 줄일 수 있다고 결론지을 수 있는가? 그 이유를 설명하시오.

b. P-값이 0.03인 설정에 대해 Bonferroni-수정된 P-값을 찾아라. 이러한 설정이 결함 있는 부품의 비율을 줄일 수 있다고 결론지을 수 있는가? 그 이유를 설명하시오.

2 20개의 코팅 공법이 기어 마모를 줄일 수 있는지 확인하기 위해 검정되었다. Bonferroni-수정된 P-값이 0.05라면 당초 P-값은 얼마이었어야 하는가?

3 200일 동안 매일, 어떤 숙련 기술자가 15 A짜리 퓨즈 144개를 표본추출하고 퓨즈가 타버리는 암페어를 측정하였다. 그는 가설 $H_0: \mu = 15$와 $H_1: \mu \neq 15$에 대한 검정을 수행할 것이다. 여기서 μ는 당일 제조된 퓨즈가 타버리는 평균 암페어이다.

a. 200일 중 10일에 대해 5% 수준에서 H_0가 기각되었다. 이는 퓨즈가 타버리는 암페어의 평균이 적어도 200일 중 하루는 15 A와 다르다는 결론적인 증거가 되는가?

b. H_0가 200일 중 20일 동안 기각되었다면 문제 (a)에서의 결과가 변하는가? 그 이유를 설명하시오.

제6장 연습문제

1 어떤 포장에 사용되는 용지 규격의 평균 인장강도는 50 psi보다 크도록 규정되어 있다. 새로 개발된 용지는 이러한 포장에 사용될 수 있도록 고안되었다. 이 용지의 110개 표본의 인장강도를 측정한 결과, 평균 강도는 51.2 psi, 표준편차는 4.0 psi로 측정되었다. 이 결과를 바탕으로 평균 강도가 50 psi보다 크다고 결론내릴 수 있는가?

2 새 제동장치가 어떤 유형의 자동차에 대해 평가되고 있다. 30 mph의 정상작동 조건에서 정지거리가 90 ft보다 작다고 결정적으로 입증될 수 있다면 이 제동장치는 자동차에 설치될 것이다. 동일한 조건에서 정지거리의 표준편차는 약 5 ft로 알려져 있다. 30 mph의 속도에서 150개의 제동 표본이 만들어진다. μ를 새로운 제동장치에 의한 평균 정지거리를 나타낸다고 하자.

a. 적절한 귀무가설과 대립가설을 기술하시오.

b. 검정이 5% 수준으로 시행될 때 기각역을 찾으시오.

c. 어떤 사람이 $\overline{X} \geq 89.4$ ft일 때 H_0를 기각하자고 한다. 이것이 적절한 기각역인가 아니면 무언가 잘못되었는가? 만약 이것이 적절한 기각역이라면 검정의 수준을 찾으시오. 만약 그렇지 않다면 무엇이 잘못되었는지를 설명하시오.

d. 어떤 사람이 $\overline{X} \leq 89.4$ ft일 때 H_0를 기각하자고 한다. 이것이 적절한 기각역인가 아니면 무언가 잘못되었는가? 만약 이것이 적절한 기각역이라면 검정의 수준을 찾으시오. 만약 그렇지 않다면 무엇이 잘못되었는지를 설명하시오.

e. 어떤 사람이 $\overline{X} \leq 89.4$ ft이거나 $\overline{X} \geq 90.6$ ft일 때 H_0를 기각하자고 한다. 이것이 적절한 기각역인가 아니면 무언가 잘못되었는가? 만약 이것이 적절한 기각역이라면 검정의 수준을 찾으시오. 만약 그렇지 않다면 무엇이 잘못되었는지를 설명하시오.

3 어떤 기계가 길이 3인치인 볼트를 생산한다고 하자. 매일 품질관리기사는 그날 생산된 볼트 중 50개를 무작위 추출하여 길이를 측정하고, 가설 $H_0: \mu = 3$, $H_1: \mu \neq 3$에 대한 검정을 수행한다. 여기서 μ는 그날 생산된 볼트의 평균길이이다. 볼트길이의 모표준편차는 0.1인치라고 가정하자. 만약 H_0가 5%수준에서 기각된다면 이 기계는 가동 중단되고 재보정 될 것이다.

a. 어느 날 생산된 볼트의 평균길이의 참값이 3인치라고 가정하자. 이 기계의 가동이 중단될 확률은 얼마인가? [이것을 허위경보율(false alarm rate)이라 부른다]

b. 어느 날 생산된 볼트의 평균길이의 참값이 3.01인치이었다면, 장비를 재보정할 확률은 얼마나 되는가?

4 다음 표를 참고하시오.

	Line			
	1	**2**	**3**	**4**
Pass	482	467	458	404
Fail	57	59	37	47

공정관리기사가 3번 라인에서 추출한 표본의 불량률이 가장 낮다는 것을 발견했다. Bonferroni 수정법을 사용하여 3번 라인에서의 불량품의 모비율이 0.10 미만이라고 결론지을 수 있는지를 판단하시오.

5 인류학자는 고대 묘지에서 발견된 유골의 연령 분포를 연구하여 고대 사회의 출생률을 예측할 수 있다. 논문 "Paleoanthropological Traces of a Neolithic Demographic Transition" (J. Bocquet-Appel, Current Anthropology, 2002:637-50)는 다음 표에 제시된 것과 같이, 2개 다른 지역에서 발견된 유골의 분포를 비교하고 있다.

	Ages of Skeletons		
Site	**0–4 years**	**5–19 years**	**20 years or more**
Casa da Moura	27	61	126
Wandersleben	38	60	118

위 자료는 두 지역의 연령 분포가 서로 다르다는 적절한 증거를 제시하는가?

두 표본에 대한 추론

07

개요

제5장과 6장에서는 단일 표본의 평균 또는 비율에 대한 신뢰구간을 정의하는 방법과 가설검정을 수행하는 방법을 살펴보았다. 본 장에서는 두 모집단을 고려하는 경우, 표본들 사이의 평균, 비율, 분산의 차이에 주목해보고자 한다. 예를 들어, 어떤 금속학자가 두 가지 용접형태에 대한 강도의 차이를 추정하는데 관심이 있다고 가정해 보자. 그는 한 유형의 용접형태에 대해서는 총 6개의 표본 실험을 통해 극한강도의 평균 83.2 ksi 및 표준편차 5.2 ksi를 얻었고, 다른 유형에 대해서는 총 8개의 표본 실험을 통해 극한강도의 평균 71.3 ksi 및 표준편차 3.1 ksi를 얻었다. 극한강도의 차이에 대한 점 추정치는 쉽게 계산될 수 있다. 표본평균의 차이는 83.2 − 71.3 = 11.9(in ksi)로 나타난다. 그러나 신뢰구간을 결정하기 위해서는 표준오차와 이 점 추정치에 대한 임계값(critical value)을 찾는 방법을 알아야 한다. 두 용접형태에 대한 평균극한강도가 다른지 판단하기 위한 가설검정을 수행하려면 먼저 검정통계량을 결정해야 한다. 본 장에서는 이와 같은 상황에서 신뢰구간을 정의하는 방법과 가설검정을 수행하는 방법을 제시해 보고자 한다.

7.1 두 모평균의 차이에 대한 대표본 추론

두 평균의 차이에 대한 신뢰구간

지금부터 두 모집단 평균의 차이를 추정하기 위한 예제를 살펴보고자 한다. 자료는 각각의 모집단으로부터 추출된 두 개의 표본으로 구성되어 있다. 본 절에서 설명하는 방법은 4.3절에서 언급한 바 있는 두 개의 독립적인 정규 확률변수의 차이에 대한 결과를 기반으로 하고 있다. 먼저 이 결과를 요약하여 정리하면 다음과 같다.

X와 Y가 서로 독립이고 각각 $X \sim N(\mu_X, \sigma_X^2)$와 $Y \sim N(\mu_Y, \sigma_Y^2)$이라고 가정하자. 그러면,

$$X - Y \sim N(\mu_X - \mu_Y, \sigma_X^2 + \sigma_Y^2) \quad (7.1)$$

만일 $\overline{X}$가 크기 n_X인 대표본의 평균이고 $\overline{Y}$가 크기 n_Y인 대표본의 평균이라면, $\overline{X} \sim N(\mu_X, \sigma_X^2/n_X)$이고 $\overline{Y} \sim N(\mu_Y, \sigma_Y^2/n_Y)$이다. 만일 $\overline{X}$와 $\overline{Y}$가 독립이라면, $\overline{X} - \overline{Y}$는 평균 $\mu_X - \mu_Y$와 표준편차 $\sigma_{\overline{X}-\overline{Y}} = \sqrt{\sigma_X^2/n_X + \sigma_Y^2/n_Y}$ 인 정규분포를 따르게 된다. 그림 7.1은 $\overline{X} - \overline{Y}$의 분포 형태와 $\pm 1.96\sigma_{\overline{X}-\overline{Y}}$의 폭을 갖는 95% 신뢰구간을 보여주고 있다.

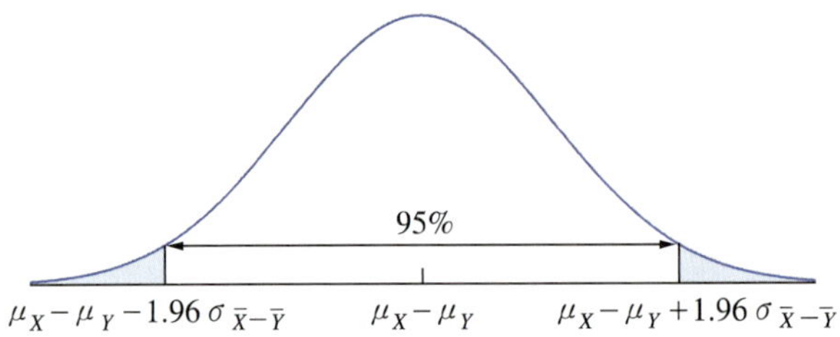

그림 7.1 $\overline{X} - \overline{Y}$는 평균 $\mu_X - \mu_Y$와 표준편차 $\sigma_{\overline{X}-\overline{Y}} = \sqrt{\sigma_X^2/n_X + \sigma_Y^2/n_Y}$를 갖는 정규분포를 따른다.

$(\overline{X} - \overline{Y})$의 정규분포 형태

$\mu_X - \mu_Y$의 점 추정치는 $\overline{X} - \overline{Y}$이고, 표준오차는 $\sqrt{\sigma_X^2/n_X + \sigma_Y^2/n_Y}$가 된다. 따라서 $\mu_X - \mu_Y$의 95% 신뢰구간은 다음과 같이 결정한다.

$$\overline{X} - \overline{Y} \pm 1.96\sqrt{\frac{\sigma_X^2}{n_X} + \frac{\sigma_Y^2}{n_Y}}$$

일반적인 경우로서 $\mu_X - \mu_Y$의 $100(1-\alpha)$% 신뢰구간은 위 식에서 1.96으로 표현된 임계값을 $z_{\alpha/2}$로 바꾸어 나타내면 된다.

Summary

임의의 변량 $X_1, \cdots, X_{n_X}$를 평균 μ_X와 표준편차 σ_X를 갖는 모집단으로부터 추출한 크기 n_X의 대확률표본, $Y_1, \cdots, Y_{n_Y}$를 평균 μ_Y와 표준편차 σ_Y를 갖는 모집단으로부터 추출한 크기 n_Y의 대 확률표본이라 가정하자. 만약 두 표본이 독립이라면 $\mu_X - \mu_Y$에 대한 $100(1-\alpha)$% 신뢰구간은 다음과 같다.

$$\overline{X}-\overline{Y}\pm z_{\alpha/2}\sqrt{\frac{\sigma_X^2}{n_X}+\frac{\sigma_Y^2}{n_Y}} \quad (7.2)$$

위 식에서 σ_X와 σ_Y의 값을 모르는 경우에는 표본 표준편차인 s_X와 s_Y로 대체하여 사용할 수 있다.

Example 7.1

흙의 화학적인 성분은 깊이에 따라 변한다. 논문 "Sampling Soil Water in sandy soils : Comparative Analysis of some common Methods" (Anmed, M.M. and Sharma, et al. (2001) Communications in Soil Science and Plant Analysis, pp. 1677-1686) 에서는 서부 호주의 한 농장에서 추출된 토양의 화학 분석에 대해 설명하고 있다. 먼저, 땅속 50 cm와 250 cm 깊이에서 각각 50개의 시료를 추출하였다. 깊이 50 cm에서 NO_3의 평균 농도(mg/L)는 88.5이고, 표준편차는 49.4로 나타났다. 깊이 250 cm에서 NO_3의 평균 농도(mg/L)는 110.6이고, 표준편차는 51.5로 나타났다. 서로 다른 두 개의 깊이에서 추출된 시료의 NO_3 농도 차이에 대한 95%의 신뢰구간을 구해 보시오.

Solution

깊이 50 cm에서 추출한 50개 시료들의 농도를 $X_1, \cdots, X_{50}$이라 하고, 깊이 250 cm에서 추출한 50개 시료들의 농도를 $Y_1, \cdots, Y_{50}$이라 하자. $\overline{X}=88.5$, $\overline{Y}=110.6$, $s_X=49.4$, $s_Y=51.5$로 나타난다. 표본의 크기는 $n_x=n_y=50$이다. 두 표본은 크기가 크므로 식 (7.2)를 사용할 수 있다. 이 문제에서는 95%의 신뢰구간을 구하는 것이므로 $z_{\alpha/2}=1.96$이다. 평균차이 $\mu_x-\mu_y$에 대한 95% 신뢰구간은 $110.6-88.5\pm1.96\sqrt{49.4^2/50+51.5^2/50}$ 또는 22.1 ± 19.8이 된다.

두 평균의 차이에 대한 가설검정

가끔 대 표본들의 평균 차이가 어떤 특정한 값과 같은지를 결정해야 할 필요가 있다. 이런 경우에 우리는 $\mu_X-\mu_Y$ 차에 대한 가설검정을 수행하게 된다. 이러한 검정은 $\overline{X}-\overline{Y}$에 근거하며, 영가설은 "$\mu_X-\mu_Y$가 어떤 특정한 값을 갖는다"가 된다. 이 값을 Δ_0라고 표시하자. 즉, $\overline{X}-\overline{Y}$의 영분포는 다음과 같이 나타낼 수 있다.

$$\overline{X}-\overline{Y}\sim N\left(\Delta_0,\ \frac{\sigma_X^2}{n_X}+\frac{\sigma_Y^2}{n_Y}\right) \quad (7.3)$$

검정통계량은 다음과 같다.

$$z=\frac{\overline{X}-\overline{Y}-\Delta_0}{\sqrt{\sigma_X^2/n_X+\sigma_Y^2/n_Y}} \quad (7.4)$$

만약 σ_X와 σ_Y의 값을 모른다면, 각각 s_X과 s_Y로 대체할 수 있다. P-값은 단측검정이나 양측검정이냐에 따라 정규분포 곡선의 한쪽 또는 양쪽 꼬리 부분의 넓이로 계산된다.

Example 7.2

논문 "Effect of Welding Procedure on Flux Cored Steel Wire Peposits" (N. Ramini de Rissone, I. de S. Bott, et al. (2003) Science and Technology of Welding and Joining pp. 113-122) 에서는 실드 가스로 이산화탄소를 이용한 용접과 아르곤, 이산화탄소의 혼합물을 이용한 용접의 특성을 비교하였다. 논문에서 고려한 용접의 특성 중 하나가 용접부에 함유된 입자의 직경이다. 실드가스로 아르곤을 이용한 용접부에 함유된 544개 입자 표본의 직경은 평균이 0.37μm, 표준편차가 0.25μm인 것으로 나타났다. 실드가스로 이산화탄소를 이용한 용접부에 함유된 581개 입자 표본의 직경은 평균이 0.40μm, 표준편차가 0.26μm인 것으로 나타났다(각 표본에 대한 표준편차는 주어진 그래프로부터 추정). 그렇다면 용접부에 함유된 입자의 평균 직경이 두 종류의 실드가스에 따라 다르게 나타난다고 결론지을 수 있는지 판단해보자.

Solution

$\overline{X}=0.37$을 아르곤 용접부에 대한 표본의 평균 직경이라 하면 $s_X=0.25$이고, 표본의 크기 $n_X=544$이다. $\overline{Y}=0.40$은 이산화탄소 용접부에 대한 표본의 평균 직경이라 하면, $s_Y=0.26$이고, 표본의 크기 $n_Y=581$이다. 또한 μ_X는 아르곤 용접부에 대한 모집단의 평균 직경, μ_Y는 이산화탄소 용접부에 대한 모집단의 평균 직경이라고 하자. 영가설과 대립가설을 다음과 같이 나타낼 수 있다.

$$H_0: \mu_X - \mu_Y = 0,\ \ H_1: \mu_X - \mu_Y \neq 0$$

검정통계량의 값은 다음과 같이 계산된다.

$$z = \frac{0.37-0.40-0}{\sqrt{0.25^2/544+0.26^2/581}} = -1.97$$

이 문제는 양측검정에 해당하므로 P-값은 0.0488이다(그림 7.2 참고). 따라서 유의수준 5%에 대해서 영가설은 기각된다. 즉, 영가설에 대해 회의적인 입장을 취하는 것은 분명 타당한 측면이 있다.

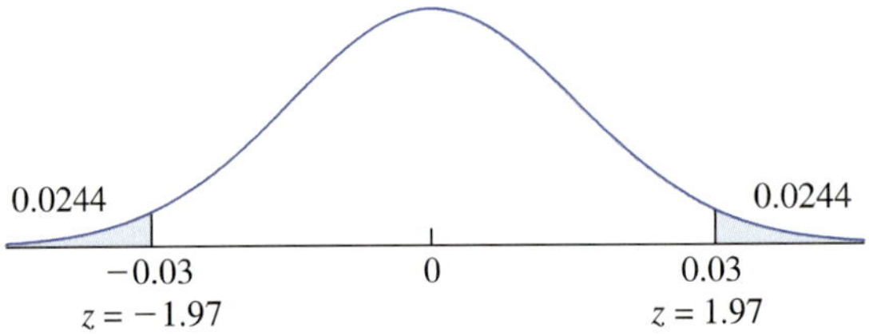

그림 7.2 예제 7.2번에 대한 풀이

아래에 제시된 MINITAB 프로그램의 출력은 예제 7.2번에 대한 결과를 나타낸다.

```
Two-sample T for Argon vs CO2

          N   Mean  StDev   SE Mean
Argon   544   0.37   0.25  0.010719
CO2     581   0.40   0.26  0.010787

Difference = mu (Argon) − mu (CO2)
Estimate for difference: 0.030000
95% confidence bound for difference: (−0.0598366, −0.000163)
T-Test of difference = 0 (vs not = 0): T-Value = −1.97 P-Value = 0.049 DF = 1122
```

여기서 컴퓨터 프로그램 상에서는 z-검정통계량 대신 t-검정통계량을 사용하였다는 점에 주목할 필요가 있다. 대부분의 컴퓨터 프로그램에서는 모집단의 표준편차를 표본 표준편차로 대신하여 사용하는 경우 t-검정통계량을 사용한다.

표본의 크기가 큰 경우, 실제 문제를 적용하는데 있어 t-검정통계량과 z-검정통계량 간의 차이는 무시할 만하다. 컴퓨터 대신 표를 이용하는 경우, z-검정통계량이 더욱 유용하게 사용될 수 있는데 이는 z-검정통계표를 이용한 P-값의 결정이 t-검정통계표를 이용하는 경우보다 더 높은 정확도를 갖게 되기 때문이다.

예제 7.3은 두 모집단의 평균이 특정 상수값만큼 차이난다고 규정하는 영가설을 포함한 상황을 보여준다.

Example 7.3

예제 7.2를 참고하여 이산화탄소 용접부에 함유된 입자의 평균직경(μ_Y)이 아르곤 용접부의 평균직경(μ_X)보다 0.015μm 이상 크다고 결론지을 수 있는지 판단해 보시오.

Solution

영가설과 대립가설은 다음과 같다.

$$H_0 : \mu_X - \mu_Y \geq -0.015, \quad H_1 : \mu_X - \mu_Y < -0.015$$

우리는 이미 $\overline{X}=0.37$, $\overline{Y}-0.40$, $s_X=0.25$, $s_Y=0.26$, $n_X=544$, $n_Y=581$임을 알고 있다. 영가설 하에서 $\mu_X - \mu_Y = -0.015$이 된다. $\overline{X}-\overline{Y}$의 영분포는 식 (7.3)에 따라 다음과 같이 주어진다.

$$\overline{X}-\overline{Y} \sim N(-0.015, 0.01521^2)$$

$\overline{X}-\overline{Y}=0.37-0.40=-0.03$이므로 z-값은 다음과 같다.

$$z = \frac{-0.03-(-0.015)}{0.01521} = -0.99$$

이 문제는 단측검정에 해당하므로 P-값은 0.1611로 결정된다. 따라서 이산화탄소 용접부에 함유된 입자들의 평균직경이 아르곤 용접부에 대한 평균직경보다 0.015μm 이상 크다고 단정지을 수 없다.

Summary

$X_1, \cdots, X_{n_X}$와 $Y_1, \cdots, Y_{n_Y}$는 평균 μ_X와 μ_Y, 표준편차 σ_X와 σ_Y를 만족시키는 모집단으로부터 추출된 대 표본(예를 들어, $n_X > 30$과 $n_Y > 30$)이라 하자. 또한 각각의 표본들은 서로 독립적으로 선택되었다고 가정하자.

$H_0 : \mu_X - \mu_Y \leq \Delta_0$, $H_0 : \mu_X - \mu_Y \geq \Delta_0$ 또는 $H_0 : \mu_X - \mu_Y = \Delta_0$와 같은 형태를 갖는 영가설을 검정하기 위해서는 다음과 같은 과정이 수반되어야 한다.

- $z = \dfrac{(\overline{X} - \overline{Y}) - \Delta_0}{\sqrt{\sigma_X^2/n_X + \sigma_Y^2/n_Y}}$ 로 정의되는 z-검정통계량을 계산하라. 만약 σ_X와 σ_Y가 주어지지 않은 경우, 근사적으로 s_X와 s_Y를 이 값 대신 사용할 수 있다.
- P-값을 계산하라. P-값은 정규분포곡선 아래의 면적으로 계산되나, 어떤 면적인지는 대립가설에 따라 달라진다. 그 특성은 다음과 같다.

대립가설	P-값
$H_1 : \mu_X - \mu_Y > \Delta_0$	z값의 우측에 해당하는 면적
$H_1 : \mu_X - \mu_Y < \Delta_0$	z값의 좌측에 해당하는 면적
$H_1 : \mu_X - \mu_Y \neq \Delta_0$	z값과 $-z$값에 의해 잘려진 꼬리부분에 해당하는 면적의 합

연습 7.1

1 논문 "Vehicle-Arrival Characteristics at Urban Uncontrolled Intersections" (V. Rengaraju and V. Rao, Journal of Transportation Engineering, 1995:317-323) 에서는 마드라스(인도)에 있는 10개의 교차로에서의 교통 특성에 대한 자료를 제공한다. 특정 교차로에서, 39대의 자동차 표본들에 대한 평균 속도는 26.5 km/h, 표준편차는 2.37 km/h로 나타났다. 또한 142대의 오토바이 표본들에 대한 평균 속도는 37.14 km/h, 표준편차는 3.66 km/h로 나타났다. 오토바이와 자동차에 나타난 평균 속도의 차이에 대한 95% 신뢰구간을 구하시오.

2 두 종류의 합금에 대한 녹는점을 비교해 보고자 한다. 합금 1에 대한 35개의 표본들을 녹여보았다. 그 결과, 녹는점의 평균은 517.0°F, 표준편차는 2.4°F로 나타났다. 또한 합금 2에 대한 47개의 표본들을 녹여보았다. 그 결과, 녹는점의 평균은 510.1°F, 표준편차는 2.1°F로 나타났다. 두 종류의 합금에 나타난 녹는점 차이에 대한 99% 신뢰구간을 구하시오.

3 논문 "Capillary Leak Syndrome in Children with C4A-Deficiency Undergoing Cardiac Surgery with Cardiopulmonary Bypass: A Double-Blind, Randomised Controlled Study" (S. Zhang, S. Wang, et al., Lancet, 2005:556-562) 에서는 보체성분 C4A를 포함하는 혈장을 소아개심술 환자에게 주입하는 것의 유효성에 대한 연구결과를 제시한다. C4A가 풍부한 혈장을 주입한 58명의 환자들에 대한 결과를 살펴보면, 병원에서 치료받은 기간의 평균은 8.5일, 표준편차는 1.9일로 나타났다. 또한 C4A가 없는 혈장을 주입한 58명의 환자들에 대한 결과를 살펴보면, 병원에서 치료받은 기간의 평균은 11.9일, 표준편차는 3.6일로 나타났다. C4A가 없는 혈장을 주입받은 환자들과 비교하여 C4A가 풍부한 혈장을 주입받은 환자들이 병원에서 치료받은 평균적인 기간의 감소에 대한 99% 신뢰구간을 구하시오.

4 논문 "The Prevalence of Daytime Napping and Its Relationship to Nighttime Sleep" (J. Pilcher, K. Michalkowski, and R. Carrigan), Behavioral Medicine, 2001:71-76) 에서는 성인을 대상으로 수면습관을 조사하였다. 87명의 젊은 성인을 대상으로 조사한 결과, 하루에 침대에서 보내는 시간(깨어있는 시간 또는 수면시간)의 평균은 7.7시간, 표준편차는 1.02시간이었다. 또한 침대에서 보내는 시간 중에 잠들어 있는 시간의 평균은 7.06시간, 표준편차는 1.11시간이었다. 침대에서 보내는 시간 중

에 깨어있는 평균시간은 7.70 − 7.06 = 0.64 시간으로 추정되었다. 침대에서 보낸 시간 중에 깨어 있는 평균시간에 대한 95% 신뢰구간을 계산할 수 있는가? 만약 그렇다면 신뢰구간을 구하고, 만약 그렇지 않다면 이유를 설명하시오.

5 논문 "Measurement of Complex Permittivity of Asphalt Paving Materials" (J. Shang, J. Umana, et al., Journal of Transportation Engineering, 1999: 347-356) 에서는 일반적으로 도로포장에 사용되는 아스팔트 종류인 HL3와 HL8간의 유전율을 비교하였다. HL3 아스팔트 표본 42개의 평균 유전율은 0.15였으며 표준편차는 5.925였다. 또한 HL8 아스팔트 표본 37개의 평균 유전율은 0.16이었으며 표준편차는 6.05였다. 두 아스팔트의 평균 유전율 차에 대한 95% 신뢰구간을 구하시오.

6 스테인리스스틸을 보관하기 위해 비싼 부식억제제와 상대적으로 저렴한 부식억제제를 후보로 논의하고 있다. 두 종류의 부식억제제를 비교하기 위해 스테인리스스틸 표본을 황산과 부식억제제의 혼합용액에 4시간 동안 넣어두었다. 저렴한 부식억제제에 넣은 38개 표본은 평균 242 mg 감소하였으며, 표준편차는 20이었다. 비싼 부식억제제에 넣은 42개 표본은 평균 180 mg 감소하였으며, 표준편차는 31이었다. 저렴한 부식억제제의 감소한 평균 무게가 50 mg보다 크다면 비싼 부식억제제를 사용하기로 결정했다. 적절한 가설 테스트를 수행하고, 어떤 부식억제제를 사용할지 결정하라.

7 한 연구에서는 용접접합의 경도에 대한 냉각속도의 영향에 관해 조사하였다. 70개의 용접부를 10℃/s로 냉각한 결과, 평균 로크웰(Rockwell) 경도는 92.3이었으며 표준편차는 6.2이었다. 또한 60개의 용접부를 40℃/s로 냉각한 결과, 평균 로크웰(Rockwell) 경도는 90.2이었으며 표준편차는 4.4이었다. 용접부를 10℃/s로 냉각했을 때 평균 경도가 40℃/s로 냉각했을 때 평균 경도보다 더 크다고 할 수 있는가?

8 한 엔지니어가 공기의 유속이 가스 배출로 손실된 열 회복에 미치는 영향에 대해 조사하고자 한다. 공기 유속이 2 m/s인 용광로에서 80번 열 회복율을 측정한 결과, 평균은 0.67이며 표준편차는 0.46이었다. 공기 유속이 4 m/s인 용광로에서 60번 열 회복율을 측정한 결과, 평균은 0.59이며 표준편차는 0.38이었다. 공기 유속이 빠를 때보다 공기 유속이 느릴 때에 평균 열 회복율이 더 크다고 할 수 있는가?

9 160명의 학생을 가르치는 한 통계강사는 학생들이 단측검정과 양측검정 중 어떤 것을 더욱 어려워하는지를 조사하고자 한다. 무작위로 선택한 80명의 학생들에게 10점짜리 단측검정 문제를 주었으며, 다른 80명의 학생에게는 10점짜리 양측검정 문제를 주었다. 단측검정을 푼 학생들의 평균점수는 7.79점이고 표준편차는 1.06이었으며, 양측검정을 푼 학생들의 평균점수는 7.64점이고 표준편차는 1.31이었다.

a. 단측검정 시험의 평균점수 μ_1이 양측검정 시험의 평균점수 μ_2보다 높다고 할 수 있는가? 적절한 영가설 및 대안 가설을 세우고 P-값을 계산하시오.

b. 단측검정 시험의 평균점수 μ_1과 양측검정 시험의 평균점수 μ_2가 다르다고 할 수 있는가? 적절한 영가설 및 대안 가설을 세우고 P-값을 계산하시오.

10 페인트 제조공정에서 생산량을 증가시키기 위한 두 가지의 방법을 고려하고 있다. 무작위 추출한 100일 표본 중 첫 번째 방법을 사용한 날의 일 평균 페인트 생산량은 625톤이었으며, 표준편차는 40톤이었다. 무작위 추출한 64일 표본 중 두 번째 방법을 사용한 날의 일 평균 페인트 생산량은 645톤이었으며, 표준편차는 50톤이었다. 각 표본은 독립이라고 가정한다.

a. 두 번째 방법을 사용한 날의 일 페인트 생산량이 더 크다고 할 수 있는가?

b. 두 번째 방법을 사용한 날의 일 페인트 생산량이 첫 번째 방법을 사용한 날보다 5톤 이상 많다고 할 수 있는가?

11 아래의 MINITAB 결과는 두 모평균 차 $\mu X-\mu Y$에 대한 가설검정 결과이다. 다음 빈칸을 채우시오.

a. ①, ②를 채우시오.

b. 본 결과는 t-검정(Student's t test)을 나타낸다. z-검정을 사용하여 P-값을 계산하고, 두 검정 결과를 비교하시오.

c. 본 결과 및 적절한 표를 사용하여, z-검정 통계량을 근거로 $\mu X-\mu Y$에 대한 98% 신뢰구간을 구하시오.

```
Two-sample T for X vs Y

     N    Mean   StDev   SE Mean
X   78    23.3    (①)      1.26
Y   63   20.63   3.02      (②)

Difference = mu (X) - mu (Y)
Estimate for difference: 2.670
95% CI for difference: (0.05472, 5.2853)
T-Test of difference=0(vs not=):T-Value=2.03 P-Value=0.045DF=90
```

7.2 두 비율의 차이에 대한 추론

두 비율의 차이에 대한 신뢰구간

7.1절에서는 두 모평균의 차이에 대한 신뢰구간을 결정하는 방법을 제시하였다. 이번 절에서는 이와 유사하게 두 모비율의 차이에 대한 신뢰구간을 정의하는 방법을 소개하고자 한다. 성공확률이 p_X인 시행을 n_X번 반복한 경우 성공 횟수를 X라 하자. 아울러 성공확률이 p_Y인 시행을 n_Y번 반복한 경우 성공 횟수를 Y라 하자. 표본 비율은 각각 $\hat{p}_X = X/n_X$와 $\hat{p}_Y = Y/n_Y$로 나타난다. 만약 시행 횟수 n_X와 n_Y가 충분히 크다면 성공 횟수 X와 Y는 모두 정규분포를 따르게 된다. 따라서 표본 비율 $\hat{p}_X$와 $\hat{p}_Y$의 차이인 $\hat{p}_X-\hat{p}_Y$도 근사적으로 정규분포를 따르게 된다. 특히, X와 Y가 서로 독립이라면 표본 비율의 차인 $\hat{p}_X-\hat{p}_Y$는 다음과 같은 정규분포를 따르게 된다.

$$\hat{p}_X-\hat{p}_Y \sim N\left(p_X-p_Y,\ \frac{p_X(1-p_X)}{n_X}+\frac{p_Y(1-p_Y)}{n_Y}\right)$$

표본 비율의 차인 $\hat{p}_X-\hat{p}_Y$의 표준오차는 $\sqrt{p_X(1-p_X)/n_X+p_Y(1-p_Y)/n_Y}$가 된다. 그러나 이 값은 미지수 p_X와 p_Y를 포함하므로 신뢰구간을 산정하는데 사용할 수 없다. 이에 대한 기존의 접근방법은 p_X와 p_Y를 각각 $\hat{p}_X$와 $\hat{p}_Y$로 대체하여 $\sqrt{\hat{p}_X(1-\hat{p}_X)/n_X+\hat{p}_Y(1-\hat{p}_Y)/n_Y}$

를 구하는 것이다. 표본 비율의 차인 $\hat{p}_X - \hat{p}_Y$의 점 추정치는 정규분포를 따르므로 100(1 − α)%의 신뢰구간을 얻기 위한 임계값은 $z_{\alpha/2}$가 된다.

그러나 최근의 연구는 이러한 점 추정치와 표준오차를 약간 수정하여 신뢰구간의 정확도가 보다 향상될 수 있음을 보여준다. 단순히 성공 횟수 X와 Y에 각각 1을 더하고, 시행횟수 n_X와 n_Y에 각각 2를 더하여 다음과 같이 정의할 수 있다. 즉,

$$\tilde{n}_X = n_X + 2, \quad \tilde{n}\,Y = n_Y + 2, \quad \tilde{p}_X = (X+1)/\tilde{n}_X, \quad \tilde{p}_Y = (Y+1)/\tilde{n}_Y$$

이제 $p_X - p_Y$ 차이에 대한 수준 100(1 − α)%의 신뢰구간은 다음과 같이 계산된다.

$$\tilde{p}_X - \tilde{p}_Y \pm z_{\alpha/2}\sqrt{\tilde{p}_X(1-\tilde{p}_X)/\tilde{n}_X + \tilde{p}_Y(1-\tilde{p}_Y)\,/\,\tilde{n}_Y}$$

이러한 방법은 거의 모든 표본 크기에 대해 상당히 좋은 결과를 주는 것으로 알려져 있다.

Summary

X를 성공확률 p_X인 n_X번의 독립적인 베르누이 시행에서의 성공 횟수라 하고, Y를 성공확률 p_Y인 n_Y번의 독립적인 베르누이 시행에서의 성공 횟수라 하면 $X \sim \text{Bin}(n_X, p_X)$이고, $Y \sim \text{Bin}(n_Y, p_Y)$이다. $\tilde{n}_X$, $\tilde{p}_X$, $\tilde{n}_Y$, $\tilde{p}_Y$를 각각 $\tilde{n}_X = n_X + 2$, $\tilde{n}_Y = n_Y + 2$, $\tilde{p}_X = (X+1)/\tilde{n}_X$, $\tilde{p}_Y = (Y+1)/\tilde{n}_Y$라 정의하자.

그러면 $p_X - p_Y$의 차이에 대한 수준 100(1 − α)%의 신뢰구간은 다음과 같이 계산된다.

$$\tilde{p}_X - \tilde{p}_Y \pm z_{\alpha/2}\sqrt{\frac{\tilde{p}_X(1-\tilde{p}_X)}{\tilde{n}_X} + \frac{\tilde{p}_Y(1-\tilde{p}_Y)}{\tilde{n}_Y}} \tag{7.5}$$

만약 신뢰구간의 하한계 값이 −1보다 작으면 이를 −1로 대체하고, 신뢰구간의 상한계 값이 1보다 크면 이를 1로 대체한다.

여기에 설명한 두 표본에 대한 신뢰구간의 조정은 5.3절에서 제시된 단일 표본에 대한 신뢰구간의 조정과 유사하다. 두 경우 모두, 총 두 번의 성공 횟수와 네 번의 시행 횟수가 더해진다. 두 표본의 경우, 한 번의 성공 횟수와 두 번의 시행 횟수가 각각의 표본에 더해지게 된다. 그러나 단일표본의 경우, 두 번의 성공과 네 번의 시행 횟수가 한 개의 표본에 동시에 더해지게 된다. 식 (7.5)와 같이 나타난 신뢰구간은 이를 제안한 Alan Agresti와 Brian Caffo의 이름을 따서 Agresti−Caffo 구간으로 불린다. 이러한 신뢰구간에 대해 더 자세히 알고자 하는 경우에는 논문 "Simple and Effective Confidence Intervals for Proportions and Differences of Proportions Result from Adding Two Successes and Two Failures" (A. Agresti and B. Caffo, The American Statistician, 2000: 280-288) 를 참고하기 바란다.

Example 7.4

강도(strength)와 강성(stiffness)에 대한 조건을 추정하는 방법은 대단히 보수적인데, 이는 과소추정보다는 과대추정하는 것이 바람직하다고 판단되기 때문이다. 따라서 그러한 추정방법의 성공비율은 과대추정에 대한 확률로 측정될 수 있다. 논문 "Discrete Bracing Analysis for Light-Frame Wood-Truss Compression Webs" (M. Waltz., T. McLain, et al., Journal of Structural Engineering, 2000: 1086-1093) 에서는 압축웨브가새(compression web brace)에 대한 부재력(brace force)을 추정하기 위한 Plaut 방법(Plaut's method)을 평가하는 실험결과가 제시되어 있다. 380개의 짧은 시험기둥(길이가 4 ft에서 6 ft)으로 이루어진 표본에 대해 이 방법은 총 304개를 과대추정하는 것으로 나타났으며, 394개의 긴 시험 기둥(길이가 8 ft에서 10 ft)으로 이루어진 표본에 대해서는 이 방법이 총 360개를 과대추정하는 것으로 나타났다. 긴 기둥과 짧은 기둥에 나타난 성공률의 차이에 대한 95% 신뢰구간을 구해보자.

Solution

짧은 기둥들의 표본에 대한 성공 횟수 $X=304$이고, 긴 기둥들의 표본에 대한 성공 횟수 $Y=360$이다. 시행 횟수 n_X와 n_Y는 각각 380과 394이다. 따라서 $\tilde{n}_X=382$, $\tilde{n}_Y=396$ 그리고 $\tilde{p}_X=(304+1)/382=0.7984$, $\tilde{p}_Y=(360+1)/396=0.9116$으로 계산된다. $z_{\alpha/2}$의 값은 1.96이므로 95% 신뢰구간은

$$0.9116-0.7984\pm 1.96\sqrt{(0.7984)(0.2016)/382+(0.9116)(0.0884)/396}$$

또는 0.1132 ± 0.0490로 계산된다.

전통적인 방법

많은 사람들은 비율의 차이에 대한 신뢰구간을 계산할 때 전통적인 방법을 사용한다. 이 방법에서는 표본 비율 $\hat{p}_X$와 $\hat{p}_Y$, 실제 표본의 크기인 n_X와 n_Y를 이용한다. 표본이 큰 경우에 있어 전통적인 방법은 앞서 설명한 현대적인 방법과 유사한 결과를 주는 것이 사실이다. 그러나 표본의 크기가 작은 경우, 전통적인 방법의 신뢰구간은 그에 대한 수렴확률을 주는데 실패하게 된다. 즉, 전통적인 방법으로부터 계산된 $100(1-\alpha)\%$의 신뢰구간은 실제로는 $100(1-\alpha)\%$보다 작은 범위에 드는 참값만을 포함하게 되는 것이다.

Summary

비율 차이에 대한 신뢰구간을 계산하는 전통적인 방법 (널리 사용되지만 권장하지는 않음)

성공확률이 p_X인 대수 n_X번의 독립적인 베르누이 시행에서의 성공 비율을 $\hat{p}_X$, 성공확률이 p_Y인 대수 n_Y번의 독립적인 베르누이 시행에서의 성공 비율을 $\hat{p}_Y$라 하자. 그러면 p_X-p_Y에 대한 수준 $100(1-\alpha)\%$의 전통적인 신뢰구간은 다음과 같다.

$$\hat{p}_X-\hat{p}_Y\pm z_{\alpha/2}\sqrt{\frac{\hat{p}_X(1-\hat{p}_X)}{n_X}+\frac{\hat{p}_Y(1-\hat{p}_Y)}{n_Y}} \tag{7.6}$$

이 방법은 두 표본이 모두 최소 10번의 성공 횟수와 최소 10번의 실패 횟수를 갖지 않는다면 절대 사용되어서는 안 된다.

두 비율의 차이에 대한 가설검정

표본의 크기가 충분히 커서 표본 비율 $\hat{p}_X$와 $\hat{p}_Y$가 근사적으로 정규분포를 따를 때 두 비율의 차이인 $p_X - p_Y$에 대한 가설검정을 수행할 수 있다. 경험적으로 볼 때 각각의 표본이 최소 10번의 성공 횟수와 최소 10번의 실패 횟수를 갖는다면 이 표본은 충분히 크다고 간주할 수 있다.

가설검정을 수행할 때에는 신뢰구간을 계산할 때와는 달리 X, Y, n_X, n_Y의 값을 조정하여 사용하지 않는다. 표본 비율은 각각 $\hat{p}_X = X/n_X$와 $\hat{p}_Y = Y/n_Y$가 된다. 검정은 통계치 $\hat{p}_X - \hat{p}_Y$에 대해 수행된다. 따라서 통계치들에 대한 영분포를 결정해야 한다. 시행 횟수 n_X와 n_Y가 충분히 크므로

$$\hat{p}_X - \hat{p}_Y \sim N\left(p_X - p_Y, \frac{p_X(1-p_X)}{n_X} + \frac{p_Y(1-p_Y)}{n_Y}\right) \tag{7.7}$$

평균은 영가설에 의해 $p_X - p_Y = 0$으로 쉽게 대체될 수 있다. 반면, 분산은 평균에 비해 다소 까다롭다. 언뜻 보기에는 모비율 p_X와 p_Y를 각각 표본비율 $\hat{p}_X$와 $\hat{p}_Y$로 대체하여 근사치로 계산하는 것이 그럴듯해 보일 수 있다. 그러나 영가설 H_0는 모집단 비율이 동일하다고 명시한다. 따라서 두 값은 같은 값이어야 한다. 적절한 값은 합동비율이라고 정의되는 값으로 이는 두 표본의 성공 횟수의 합을 두 표본 크기의 합으로 나눔으로써 구한다. 즉,

$$\hat{p} = \frac{X+Y}{n_X + n_Y}$$

따라서 $\hat{p}_X - \hat{p}_Y$에 대한 영분포는 p_X와 p_Y를 식 (7.7)에 표현된 합동비율 $\hat{p}$로 대체함으로써 추정된다. 즉,

$$\hat{p}_X - \hat{p}_Y \sim N\left(0, \hat{p}(1-\hat{p})\left(\frac{1}{n_X} + \frac{1}{n_Y}\right)\right) \tag{7.8}$$

검정통계량은 다음과 같다.

$$z = \frac{\hat{p}_X - \hat{p}_Y}{\hat{p}(1-\hat{p})(1/n_X + 1/n_Y)} \tag{7.9}$$

Example 7.5

제조회사는 가끔 위험관리기법의 하나로 계약서에 기재된 보험 및 배상금 약관과 같은 위험전이(risk transfer)방법을 사용한다. 논문 "Survey of Risk Management in Major U.K. Companies" (S. Baker, K. Ponniah, and S. Smith, Journal of Professional Issues in Engineering Education and Practice, 1999:94.102) 에서는 경영자를 대상으로 그들이 회사의 위험관리전략을 수립하는데 있어 어떤 방법이 가장 중요한 역할을 했는지에 대한 조사결과를 발표했다. 43개의 정유회사 중 22개의 회사가 위험전이가 가장 중요한 역할을 했다고 응답하였고, 93개의 건설회사 중에서는 55개의 회사가 위험전이가 가장 중요한 역할을 했다고 응답하였다. 그렇다면 위험관리 방법으로 위험전이를 이용한 정유회사의 비율이 건설회사의 비율보다 낮다고 결론지을 수 있는가?

Solution

위험전이방법을 사용한 정유회사의 표본 비율을 $\hat{p}_X = 22/43 = 0.5116$라 하고, 건설회사의 표본 비율을 $\hat{p}_Y = 55/93 = 0.5914$라 하자. 표본의 크기는 각각 $n_X = 43$와 $n_Y = 93$이다. 또한 p_X와 p_Y는 각각 정유회사와 건설회사에 대한 모비율을 의미한다.

영가설 및 대립가설은 다음과 같다.

$$H_0 : p_X - p_Y \geq 0, \quad H_1 : p_X - p_Y < 0$$

합동 비율은 다음과 같다.

$$\hat{p} = \frac{22+55}{43+93} = 0.5662$$

영분포는 평균 0과 아래에 제시된 표준편차를 갖는 정규분포를 따른다.

$$\sqrt{0.5662(1-0.5662)(1/43+1/93)} = 0.0914$$

관측치 $\hat{p}_X - \hat{p}_Y$는 $0.5116 - 0.5914 = -0.0798$이다.

따라서 z-검정통계량은 다음과 같다.

$$z = \frac{-0.0798 - 0}{0.0914} = -0.87$$

P-값은 0.1922가 된다(그림 7.3 참조). 따라서 위험관리 방법으로 위험전이를 이용한 정유회사의 비율이 건설회사의 비율보다 낮다고 결론지을 수는 없다.

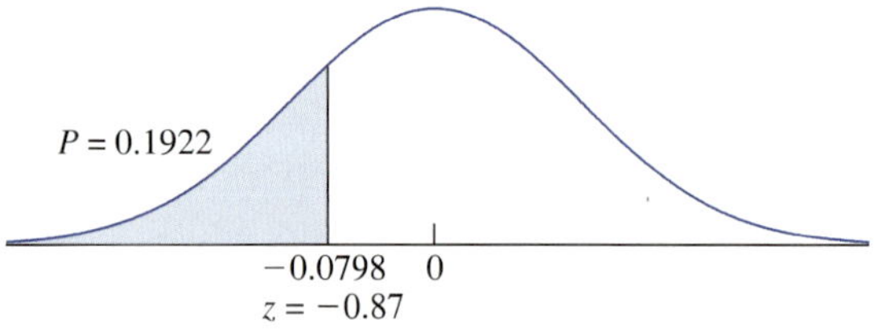

그림 7.3 예제 7.5에 대한 해

아래와 같은 컴퓨터 프로그램의 출력(MINITAB)은 예제 7.5의 결과를 보여준다.

```
Test and CI for Two Proportions: Oil, Indus.

Variable    X    N  Sample p
Oil        22   43  0.511628
Indus.     55   93  0.591398

Difference = p (Oil) - p (Indus.)
Estimate for difference: -0.079770
95% Upper Bound for difference: 0.071079
Test for difference = 0 (vs < 0): Z = -0.87 P-Value = 0.192
```

Summary

$X \sim \text{Bin}(n_X, p_X)$ $Y \sim \text{Bin}(n_Y, p_Y)$ 라고 하자. 또한 각각의 표본들은 최소 10번의 성공 횟수와 최소 10번의 실패 횟수들 가지며, X와 Y가 서로 독립이라고 가정하자. $H_0 : p_X - p_Y \le 0$, $H_0 : p_X - p_Y \ge 0$ 또는 $H_0 : p_X - p_Y = 0$와 같은 형태의 영가설을 검정하기 위해서는 다음과 같은 과정이 수행되어야 한다.

- $\hat{p}_X = \dfrac{X}{n_X}$, $\hat{p}_Y = \dfrac{Y}{n_Y}$, $\hat{p} = \dfrac{X+Y}{n_X+n_Y}$를 계산한다.
- z-검정통계량을 계산한다. : $z = \dfrac{\hat{p}_X - \hat{p}_Y}{\sqrt{\hat{p}(1-\hat{p})(1/n_X + 1/n_Y)}}$
- P-값을 계산한다. P-값은 정규분포곡선 아래의 면적으로 계산되나, 어떤 면적인지는 대립가설에 따라 달라진다.

대립가설	P-값
$H_1 : p_X - p_Y > 0$	z-값의 우측에 해당하는 면적
$H_1 : p_X - p_Y < 0$	z-값의 좌측에 해당하는 면적
$H_1 : p_X - p_Y \ne 0$	z-값과 $-z$-값에 의해 잘려진 꼬리부분에 해당하는 면적의 합

연습 7.2

논문 "Genetically Based Tolerance to Endosulfan, Chromium (VI) and Fluoranthene in the Grass Shrimp Palaemonetes pugio" (R. Harper-Arabie, Ph.D. thesis, Colorado School of Mines, 2002) 은 다음과 같이 보고했다. 사우스캐롤라이나 주 찰스턴 시의 디젤 개울(Diesel Creek)에서는 새우들이 총 1,985개의 알을 낳아 그 중 1919개의 알이 부화했으며, 찰스턴 시의 조선소 크리드(Shipyard Creed) 장소에서는 총 4,988개 중 4,561개의 알이 부화했다. 두 장소에서 알이 부화한 비율 차에 대한 99% 신뢰구간을 구하시오.

2 한 통신판매회사는 새로운 강력 포장재료를 사용할 때 얻을 수 있는 잠재이익을 조사하고 있다. 그들은 1,000개의 주문을 새로운 포장으로 배송하였으며, 다른 1,000개의 주문을 기존의 가벼운 포장으로 배송하였다. 기존의 포장으로 배송한 주문 중 32개가 배송 중에 손상된 반면, 새로운 포장으로 배송한 주문 중에서는 15개만이 손상되었다. 두 포장으로 배송한 주문의 손상 비율 차에 대한 95% 신뢰구간을 구하시오.

3 어떤 포테이토칩 브랜드에 대한 광고 선전 효과를 판단하기 위해, 광고 선전을 시작하기 바로 전 주에 500개 슈퍼마켓 영수증을 무작위 추출한 결과, 그 중 65개의 영수증에서 포테이토칩의 구매가 확인되었다. 광고 선전이 끝난 바로 다음 주에 500개 슈퍼마켓 영수증을 무작위 추출한 결과, 92개의 영수증에서 포테이토칩의 구매가 확인되었다. 광고 선전 전과 후의 포테이토칩 구매비율 차에 대한 99% 신뢰구간을 구하시오.

4 5.3절의 연습문제 9번에서 참고한 논문은 총 42개 침출수 표본을 추출하여 몇몇 오염물질의 존재 여부를 조사한 실험에 관하여 보고했다. 42개의 표본 중 26개에서 납이 검출되었으며, 32개에서 크롬이 검출되었다. 본 절에서 제시된 방법을 이용하여, 표본에서 납이 검출될 확률과 크롬이 검출될 확률 간의 차에 대한 95% 신뢰구간을 구하는 것이 가능한가? 가능하다면 신뢰구간을 구하고, 그렇지 않다면 그 이유를 설명하라.

5 강철막대를 생산하는 두 개의 압출기계를 비교해보자. 기계 1이 생산한 총 1,000개의 막대 중 960개가 길이 및 직경 규격을 충족했다. 반면 기계 2가 생산한 총 600개의 막대 중 582개가 길이 및 직경 규격을 충족했다. 기계 2의 작동 비용이 더 비싸므로 기계 2가 규격을 충족시키는 막대를 생산하는 비율이 기계 1보다 더 크다는 확신이 없으면 기계 1을 사용하기로 결정하였다.

a. 어떤 기계를 사용할지 결정하기 위해 적절한 영가설 및 대안가설을 설정하시오.

b. P-값을 계산하라.

c. 어떤 기계가 사용되어야 하는가?

6 논문 "Strategic Management in Engineering Organizations" (P. Chinowsky, Journal of Management in Engineering, 2001:60-68) 은 건설민영기업과 공공기관에서 동시에 시행된 경영 스타일 조사 결과를 보고했다. 총 400개의 민영기업 중 133개가 조사를 완료했다고 응답한 반면, 총 100개의 공공기관 중 50개가 조사를 완료했다고 응답했다. 그렇다면 민영기업과 공공기관 간의 응답 비율이 다르다고 결론지을 수 있는가?

7 어떤 주에서 교통 공단이 추가적인 고속도로망을 연결할지를 결정하기 위해 국민투표를 시행했다. A마을에서는 투표자 500명 중 285명이 고속도로 연결에 찬성했고, B마을에서는 투표자 600명 중 305명이 고속도로 연결에 찬성하였다. 그러면 고속도로 연결에 대한 투표자의 찬성 비율이 B마을보다 A마을에서 더 크다고 할 수 있는가?

8 해수면에서 운전되는 차를 무작위 표본으로 280대 추출한 결과, 이 중 38대는 연료 소비 1갤런 당 미립자 오염물질을 10 g 이상 배출했다. 더 높은 고도에서 운전되는 차를 무작위 표본으로 77대 추출한 결과, 그 중 18대의 차가 연료 소비 1갤런 당 미립자 오염물질을 10 g 이상 배출했다. 그러면 해수면에서 차를 운전할 때보다 더 높은 고도에서 차를 운전할 때, 연료 소비 1갤런 당 오염물질을 10 g 이상 배출할 확률이 더 크다고 할 수 있는가?

9 논문 "Nitrate Contamination of Alluvial Groundwaters in the Nakdong River Basin, Korea" (J. Min, S. Yun, et al., Geosciences Journal, 2002:35-46) 에 따르면, 대산 지역의 우물로부터 채취한 물 표본 41개를 검사한 결과, 그 중 22개 우물에 대한 결과가 먹는 물로 판정받기 위한 수질기준을 만족시키는 것으로 밝혀졌다. 용당 지역의 우물로부터 채취한 물 표본 31개를 검사한 결과, 그 중 18개 우물에 대한 결과가 먹는 물로 판정받기 위한

수질기준을 만족시켰다. 그러면 먹는 물로 판정받기 위한 수질기준을 충족시키는 우물의 비율이 두 지역에서 서로 다르다고 결론지을 수 있는가?

10 어떤 해의 경우, 덴버에서 측정 가능한 눈이 내린 날은 80일이었고, 시카고에서 측정 가능한 눈이 내린 날은 63일이었다. 한 기상학자가 다음과 같은 식 (80+1)/(365+2) = 0.22, (63+1)/(365+2) = 0.17을 계산하고, 두 도시에 나타난 눈이 온 날의 비율 차에 대한 95% 신뢰구간을 다음과 같이 계산할 것을 제안하였다.

$$0.22-0.17 \pm 1.96\sqrt{\frac{(0.22)(0.78)}{367}+\frac{(0.17)(0.83)}{367}}$$

이러한 신뢰구간 제안은 타당한가? 그 이유를 설명하라.

11 아래의 MINITAB 결과는 두 모집단 비율 간의 차, p_1-p_2에 대한 가설검정의 결과를 나타낸다. 다음 빈 칸을 채우시오.

```
Test and CI for Two Proportions
Sample     X     N   Sample p
1        101   153      (a)
2        (b)    90   0.544444

Difference = p (1) - p (2)
Estimate for difference: 0.115686
95% CI for difference: (-0.0116695, 0.243042)
Test for difference=0(vs not=0):Z=(c) P-Value=(d)
```

7.3 두 평균 차이에 대한 소표본 추론

두 평균 차이에 대한 소표본 추론

Student's t분포는 표본의 크기가 작아 중심극한정리가 적용되지 못하는 경우에 사용될 수 있다. 이러한 경우에 있어 두 평균의 차이에 대한 신뢰구간은 다음과 같은 결과에 근거하여 결정한다.

만약 $X_1, \cdots, X_{n_X}$가 평균이 μ_X인 정규분포를 따르는 모집단으로부터 추출된 크기 n_X인 표본이고 $Y_1, \cdots, Y_{n_Y}$가 평균이 μ_Y인 정규분포를 따르는 모집단으로부터 추출된 크기 n_Y인 표본이라면, 다음 변량은 근사적으로 Student's t분포를 따르게 된다.

$$\frac{(\overline{X}-\overline{Y})-(\mu_X-\mu_Y)}{\sqrt{s_X^2/n_X+s_Y^2/n_Y}}$$

이러한 분포에 사용되는 자유도의 수는 다음과 같이 주어진다.

$$v=\frac{\left(\dfrac{s_X^2}{n_X}+\dfrac{s_Y^2}{n_Y}\right)^2}{\dfrac{(s_X^2/n_X)^2}{n_X-1}+\dfrac{(s_Y^2/n_Y)^2}{n_Y-1}} \tag{7.10}$$

위 식의 결과가 정수로 나타나지 않는 경우, 소수점 이하를 버린 가장 가까운 정수를 취한다.

5.4절에 제시된 추론 방법을 이용하면, 두 집단 평균의 차이 $\mu_X - \mu_Y$에 대한 $100(1-\alpha)\%$의 신뢰구간은 다음과 같다.

$$\overline{X} - \overline{Y} \pm t_{\nu,\alpha/2}\sqrt{s_X^2/n_X + s_Y^2/n_Y}$$

Summary

$X_1, \cdots, X_{n_X}$가 평균 μ_X를 갖는 정규분포를 따르는 모집단으로부터 추출된 크기 n_X인 표본이고, $Y_1, \cdots, Y_{n_Y}$가 평균 μ_Y를 갖는 정규분포를 따르는 모집단으로부터 추출된 크기 n_Y인 표본이라 하자. 또한 두 표본은 서로 독립이라 가정하자.

$\mu_X - \mu_Y$에 대한 $100(1-\alpha)\%$의 신뢰구간은 다음과 같다.

$$\overline{X} - \overline{Y} \pm t_{\nu,\alpha/2}\sqrt{\frac{s_X^2}{n_X} + \frac{s_Y^2}{n_Y}} \qquad (7.11)$$

자유도의 수 ν는 다음과 같이 결정된다.

$$v = \frac{\left(\dfrac{s_X^2}{n_X} + \dfrac{s_Y^2}{n_Y}\right)^2}{\dfrac{(s_X^2/n_X)^2}{n_X - 1} + \dfrac{(s_Y^2/n_Y)^2}{n_Y - 1}}$$

위 식의 결과가 정수로 나타나지 않는 경우, 소수점 이하를 버린 가장 가까운 정수를 취한다.

Example 7.6

수복 치의학(restorative dentistry) 분야에서는 합성수지 기반(resin-based) 복합재료가 사용된다. 논문 "Reduction of Polymerization Shrinkage Stress and Marginal Leakage Using Soft-Start Polymerization" (C. Ernst, N. Brand, et al., Journal of Esthetic and Restorative Dentistry, 2003: pp.93-104) 에는 일정한 강도로 40초 동안 치료한 시료의 표면경도와, 지수적으로 증가하는 강도로 40초 동안 치료한 시료의 표면경도를 비교한 결과가 제시되어 있다. 총 15개의 시료가 각각의 방법으로 치료되었다. 일정한 강도로 치료된 시료들은 400.9 N/mm^{2}의 평균 표면경도와 10.6의 표준편차를 갖는 것으로 나타났다. 또한 지수적으로 증가하는 강도로 치료된 시료들은 367.2 N/mm^{2}의 평균 표면경도와 6.1의 표준편차를 갖는 것으로 나타났다. 두 가지 방법에 의해 치료된 시료들 간의 평균 표면경도 차이에 대한 98% 신뢰구간을 구해보자.

Solution

먼저 $\overline{X} = 400.9$, $s_X = 10.6$, $n_X = 15$, $\overline{Y} = 367.2$, $s_Y = 6.1$, $n_Y = 15$이다.

식 (7.10)으로부터 자유도의 수를 계산할 수 있으며 그 결과는 다음과 같다.

$$v = \frac{\left(\dfrac{10.6^2}{15} + \dfrac{6.1^2}{15}\right)^2}{\dfrac{(10.6^2/15)^2}{15-1} + \dfrac{(6.1^2/15)^2}{15-1}} = 22.36 \approx 22$$

t분포표(부록 A의 표 A.3)로부터 $t_{22,.01} = 2.508$이다.

식 (7.11)을 이용하여 98% 신뢰구간을 구하면 그 결과는 다음과 같다.

$$400.9 - 367.2 \pm 2.508\sqrt{10.6^2/15 + 6.1^2/15} \quad 또는 \quad 33.7 \pm 7.9.$$

모분산이 동일한 경우의 대안방법

두 개의 모분산 σ_X^2와 σ_Y^2가 동일한 경우, 신뢰구간을 계산하기 위한 대안방법이 있다. 이러한 대안방법은 과거에 널리 사용되었으며, 지금도 여전히 많은 컴퓨터 프로그램 패키지에서 선택 사항으로 주어지고 있다. 이러한 대안방법은 오늘날에도 가끔 사용되므로 여기서 간단히 소개하고자 한다. 그러나 실무에서 이 대안방법의 사용이 권장되지는 않는다.

두 개의 모분산 σ_X^2와 σ_Y^2가 동일한 경우에 신뢰구간을 산정하는 방법 (권장되지 않음)

- 단계 1 : 다음과 같은 합동 표준편차 s_p를 계산하라.

$$s_p = \sqrt{\frac{(n_X-1)s_X^2+(n_Y-1)s_Y^2}{n_X+n_Y-2}}$$

- 단계 2 : 자유도를 계산하라(자유도의 수$=n_X+n_Y-2$).
  수준 C의 신뢰구간은 다음과 같다.

$$\overline{X}-\overline{Y}-t_C s_p\sqrt{\frac{1}{n_X}+\frac{1}{n_Y}} < \mu_X-\mu_Y < \overline{X}-\overline{Y}+t_C s_p\sqrt{\frac{1}{n_X}+\frac{1}{n_Y}}$$

이 방법의 가장 큰 문제점은 이 방법이 모분산이 동일하다는 가정에 매우 엄격하게 의존한다는 점이다. 즉, 모분산이 동일하지 않은 경우, 이 방법을 사용한다면 신뢰할 수 없는 결과가 도출될 수 있다. 사실, 실무에서는 모분산인 σ_X^2와 σ_Y^2에 대해 알기 어렵다. 그러므로 두 개의 모분산이 서로 동일하다고 확신하는 것은 거의 불가능하다. 컴퓨터 프로그램 패키지들은 가끔 분산이 동일한지 아닌지를 선택할 수 있는 기능을 제공한다. 그러나 최선의 방법은 모분산이 정확히 동일하다고 확신하는 경우를 제외하고는 모두 분산이 동일하지 않다고 가정하는 것이다.

두 평균 차이에 대한 소표본 가설검정

아래와 같은 변량은 개략적으로 Student's t분포를 따르므로 $\mu_X-\mu_Y$ 차이에 대한 가설검증의 검정통계량을 산정하는데 이용될 수 있다.

$$\frac{(\overline{X}-\overline{Y})-(\mu_X-\mu_Y)}{\sqrt{s_X^2/n_X+s_Y^2/n_Y}} \tag{7.12}$$

영가설은 $\mu_X-\mu_Y$가 어떤 값을 갖는지를 명시한 것이다. 이를 Δ_0라 하자. 그러면 검정통계량은 다음과 같이 결정된다.

$$t = \frac{(\overline{X} - \overline{Y}) - \Delta_0}{\sqrt{s_X^2/n_X + s_Y^2/n_Y}} \tag{7.13}$$

영분포는 자유도가 ν인 Student's t분포이며, ν는 식 (7.10)을 이용하여 계산한다.

Example 7.7

좋은 웹 사이트 디자인은 웹 내비게이션을 더욱 쉽게 만들어 줄 수 있다. 논문 "The Implications of Visualization Ability and Structure Preview Design for Web Information Search Tasks" (H. Zhang and G. Salvendy, International Journal of Human-Computer Interaction, 2001:75.95) 에서는 두 종류의 디자인에 공통적으로 들어있는 항목들의 인식 정도를 비교하였다. 전통적인 웹 디자인을 사용한 10명의 사용자 표본에서는 웹 사용자가 평균적으로 32.3개의 항목들을 인식하는 것으로 확인되었다(표준편차 8.56). 새롭게 구성된 웹 디자인을 이용한 10명의 사용자 표본에서는 웹 사용자들이 평균적으로 44.1개의 항목들을 인식하는 것으로 확인되었다(표준편차 10.09). 그렇다면 새롭게 구축된 웹 디자인에서 인식된 항목들의 평균적인 수가 전통적인 웹디자인에 비해 상대적으로 더 많다고 결론지을 수 있는가?

Solution

새롭게 구성된 웹 디자인에 대한 표본평균을 $\overline{X} = 44.1$이라 하자. 또한 $s_X = 10.09$이고, $n_X = 10$이다. 전통적인 웹 디자인에 대한 표본평균은 $\overline{Y} = 32.3$이라 하자. 또한 $s_Y = 8.56$이고 $n_Y = 10$이다. μ_X와 μ_Y를 각각 새롭게 구성된 웹 디자인과 전통적인 웹 디자인 방법에 의한 모평균 측정치라 하자. 그러면 영가설과 대립가설은 각각 다음과 같다.

$$H_0 : \mu_X - \mu_Y \le 0\ , \ H_1 : \mu_X - \mu_Y > 0$$

검정통계량은 다음과 같다.

$$t = \frac{(\overline{X} - \overline{Y}) - 0}{\sqrt{s_X^2/n_X + s_Y^2/n_Y}}$$

$\overline{X}$, $\overline{Y}$, s_X, s_Y, n_X, n_Y에 해당하는 값을 대입함으로써 검정통계량 $t = 2.820$을 계산할 수 있다. 영가설 H_0 하에서 이러한 통계량은 아래에 제시된 자유도와 함께 개략적으로 Student's t분포를 따르게 된다.

$$\nu = \frac{\left(\dfrac{10.09^2}{10} + \dfrac{8.56^2}{10}\right)^2}{\dfrac{(10.09^2/10)^2}{9} + \dfrac{(8.56^2/10)^2}{9}} = 17.53 \approx 17$$

자유도 17에 대한 t분포표를 살펴보면, 오른쪽 꼬리부분으로부터 1%를 만족시키는 값은 2.567이며, 0.5%를 만족시키는 값은 2.898임을 알 수 있다. 그러므로 관측값인 2.820과 유사하거나 그 이상인 값에 대응하는 오른쪽 꼬리부분의 면적은 0.005와 0.010 사이에 있게 된다. 즉, $0.005 < P < 0.01$이다(그림 7.4). 따라서 이 결과는 새로운 디자인으로부터 인식된 항목들의 평균적인 수가 더 크다는 명백한 증거가 될 수 있다.

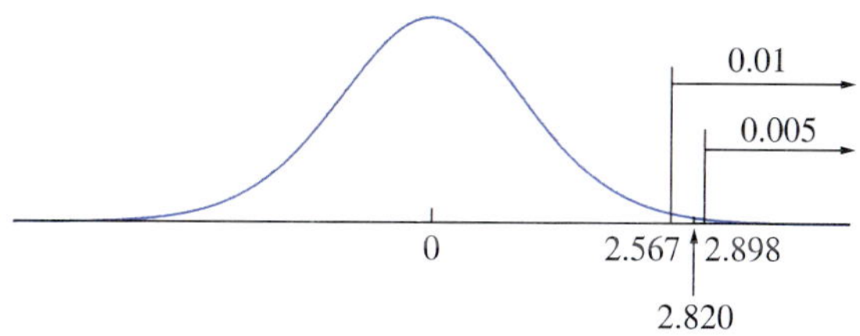

그림 7.4 예제 7.7에 대한 풀이

P-값은 오른쪽 꼬리부분의 0.005와 0.01 사이에 해당하는 넓이를 의미한다.

예제 7.7에 대한 컴퓨터 프로그램상의 출력(MINITAB)은 다음과 같다.

```
Two-Sample T-Test and CI: Struct, Conven

Two-sample T for C1 vs C2

         N   Mean  StDev  SE Mean
Struct  10  44.10  10.09  3.19074
Conven  10  32.30   8.56  2.70691

Difference = mu (Struct) - mu (Conven)
Estimate for difference:  11.8000
95% lower bound for difference:  4.52100
T-Test of difference = 0 (vs >):
T-Value = 2.82  P-Value = 0.006  DF = 17
```

95% 신뢰구간의 하한계는 대립가설과 일관됨에 주목할 필요가 있다. 이는 P-값이 5%보다 작다는 것을 의미한다.

Example 7.8

예제 7.7에서 새롭게 구성된 웹 디자인으로부터 인식된 항목들의 평균적인 수가 전통적인 디자인 방법에 대한 결과보다 2 이상 크다고 결론지을 수 있는가?

Solution

영가설과 대립가설은 다음과 같다.

$$H_0 : \mu_X - \mu_Y \le 2\,,\ \ H_1 : \mu_X - \mu_Y > 2$$

먼저 $\overline{X} = 44.1$, $\overline{Y} = 32.3$, $s_X = 10.09$, $s_Y = 8.56$, $n_X = 10$, $n_Y = 10$이다. 영가설 H_0 하에서 $\mu_X - \mu_Y = 2$이므로 식 (7.13)으로 표현되는 검정통계량은 다음과 같다.

$$t = \frac{(\overline{X} - \overline{Y}) - 2}{\sqrt{s_X^2/n_X + s_Y^2/n_Y}}$$

자유도의 수는 예제 7.7에서와 같은 방법으로 계산할 수 있다. 따라서 자유도의 수는 17이다. 검정통계량의 값은 $t = 2.342$이다. 이 문제는 단측검정이며, P-값은 0.01과 0.025 사이로 나타난다. 따라서 새롭게 구축된 웹 디자인으로부터 인식된 항목들의 평균적인 수가 전통적인 디자인 방법에 대한 결과보다 2 이상 크다고 결론지을 수 있다.

Summary

$X_1, \cdots, X_{n_X}$와 $Y_1, \cdots, Y_{n_Y}$는 각각 평균 μ_X, μ_Y와 표준편차 σ_X, σ_Y를 갖는 정규분포를 따르는 모집단으로부터 추출된 표본들이라고 하자. 또한 표본들은 서로 독립이라 가정하자. 만일 모표준편차 σ_X와 σ_Y가 동일한지 모른다면 $H_0: \mu_X - \mu_Y \le \Delta_0$, $H_0: \mu_X - \mu_Y \ge \Delta_0$ 또는 $H_0: \mu_X - \mu_Y = \Delta_0$와 같은 형태의 영가설을 검정하기 위한 방법은 다음과 같다.

- $\nu = \dfrac{[(s_X^2/n_X)+(s_Y^2/n_Y)]^2}{[(s_X^2/n_X)^2/(n_X-1)]+[(s_Y^2/n_Y)^2/(n_Y-1)]}$ 을 계산한다.

  (소수점 이하를 버리고 가장 가까운 정수를 취한다)
- 검정통계량 $t = \dfrac{(\overline{X}-\overline{Y})-\Delta_0}{\sqrt{s_X^2/n_X + s_Y^2/n_Y}}$ 를 계산한다.
- P-값을 계산한다. P-값은 자유도가 ν인 Student's t분포 곡선 아래의 면적으로 계산되나, 어떤 면적인지는 대립가설에 따라 달라진다.

대립가설	P-값
$H_1: \mu_X - \mu_Y > \Delta_0$	t값의 우측에 해당하는 면적
$H_1: \mu_X - \mu_Y < \Delta_0$	t값의 좌측에 해당하는 면적
$H_1: \mu_X - \mu_Y \ne \Delta_0$	t값과 $-t$값에 의해 잘려진 꼬리부분에 해당하는 면적의 합

모분산이 동일한 경우의 대안방법

두 개의 모분산 σ_X^2와 σ_Y^2가 동일하다고 알려진 경우, $\mu_1 - \mu_2$에 대한 가설을 검정하기 위한 대안방법이 있다. 이는 전 절에서 이미 제시된 신뢰구간을 찾는 대안방법과 유사하다. 이러한 대안방법은 과거에 널리 이용되었으며, 오늘날에도 여전히 많은 컴퓨터 프로그램 패키지들에서 선택 사항으로 제공하고 있다. 따라서 본 절에서 간단히 설명해보고자 한다. 그러나 신뢰구간을 구하기 위한 대안방법과 마찬가지로 이 방법의 사용은 권장되지 않는다. 왜냐하면 이 방법은 모분산이 같다는 가정에 매우 민감하기 때문이다. 실제로는 모분산이 서로 같은지 또는 다른지를 명확히 규명하기 어렵다. 컴퓨터 프로그램 패키지들은 종종 모분산이 같은지 혹은 다른지에 관해 선택할 수 있는 기회를 제공해준다. 가장 좋은 방법은 모분산이 명백히 동일하다고 확신하지 않는 한, 항상 모분산이 동일하지 않다고 가정하는 것이다.

모분산 $\sigma_X = \sigma_Y$일 때, 평균의 차이 $\mu_X - \mu_Y$에 대한 가설을 검정하는 방법 (권장되지 않음)

■ 단계 1 : 다음과 같은 합동 표준편차 s_p를 계산한다.

$$s_p = \sqrt{\frac{(n_X - 1)s_X^2 + (n_Y - 1)s_Y^2}{n_X + n_Y - 2}}$$

■ 단계 2 : 영가설 H_0에서 규정된 $\mu_X - \mu_Y$의 값을 Δ_0라 하자.
다음과 같은 검정통계량을 계산한다.

$$t = \frac{(\bar{X} - \bar{Y}) - \Delta_0}{s_p\sqrt{\frac{1}{n_X} + \frac{1}{n_Y}}}$$

■ 단계 3 : 자유도를 계산한다.
자유도 $= n_X + n_Y - 2$

■ 단계 4 : 자유도 $n_X + n_Y - 2$인 t분포를 이용하여 P-값을 계산한다.

연습 7.3

1 새로운 수술 후 치료방법을 기존의 수술 후 치료방법과 비교하였다. 일곱 명의 실험자는 새로운 방법으로 치료받았으며, 다른 일곱 명은 기존의 방법으로 치료를 받았다. 회복하는 데 걸린 일수를 정리하면 다음과 같다.

Treatment	12	13	15	17	19	20	21
Control	15	18	21	25	29	33	36

새로운 방법으로 치료받은 환자가 평균적으로 회복하는 데 걸리는 시간의 감소치에 대한 95% 신뢰구간을 구하시오.

2 논문 "Differences in Susceptibilities of Different Cell Lines to Bilirubin Damage" (K. Ngai, C. Yeung, and C. Leung, Journal of Paediatric Child Health, 2000:36-45) 에서 여러 세포계 속 빌리루빈의 독성에 대해 조사하였다. 10세트의 인간 간 세포와 10세트의 쥐 섬유아세포를 24시간 동안 빌리루빈/알부민 분자비가 1.4인 용액에 넣었다. 10세트의 인간 간세포 안에서 살아남은 세포는 평균 53.9%이며 표준편차는 10.7이었다. 또한, 10세트의 쥐 섬유아세포에서 살아남은 세포는 평균 73.1%이며 표준편차는 9.1이었다. 인간 간세포 세트와 쥐 섬유아세포 세트 간의 생존율(%) 차에 대한 98% 신뢰구간을 구하시오.

3 1999년 봄, 세르비아의 많은 연료 저장 시설이 폭격에 의해 파괴되었다. 결과적으로, 석유제품이 상당량 흘러나오고 타버려 토양이 오염되었다. 논문 "Mobility of Heavy Metals Originating from Bombing of Industrial Sites" (B. Škrbić, J. Novaković, and N. Miljević, Journal of Environmental Science and Health, 2002:7-16) 에서는 폭격이 일어난 직후인 1999년 6월에 여러 산업 지역의 중금속 농도를 측정한 후, 2000년 3월에 다시 측정을 하였다. 스메데레보(Smederevo) 지역의 다뉴브 강변에서 1999년에 추출한 8개의 토양 표본에서는 납 농도가 평균 10.7(in mg/kg)이었으며 표준편차는 3.3이었다. 2000년에 추출한 4개의 토양 표본에서는 납 농도가 평균 33.8(in mg/kg)이었으며 표준편차가 0.5였다. 1999년 6월과 2000년 3월 사이의 납 농도 증가량에 대한 95% 신뢰구간을 구하시오.

4 논문 "The Frequency Distribution of Daily Global Irradiation atKumasi" (F. Akuffo and A. Brew-Hammond, Solar Energy, 1993:145-154)에서는 외계 방사선에 대한 일별 지구 방사선의 비율로서 명료도 지수를 정의했다. 나이지리아 이바단(Ibadan)에서는 5년 동안 명료도 지수를 측정하였다. 다섯 번에 해당하는 5월의 경우, 명료도 지수의 평균은 0.498이고 표준편차는 0.036이었다. 그리고 5년 동안, 7월 명료도 지수의 평균은 0.389이고 표준편차는 0.049이었다. 5월과 7월 간의 평균 명료도 지수 차에 대한 95% 신뢰구간을 구하시오.

5 한 컴퓨터 과학자는 특정 운영체제를 사용하는 컴퓨터가 운영체제의 수명에 따라 느려지는 경향에 관하여 연구하였다. 그는 9대의 컴퓨터에 운영체제를 설치한 후, 1개월이 지난 경우와 7대의 컴퓨터에 운영체제를 설치한 후, 6개월이 지난 경우에 대한 로딩시간(초)을 측정하였다. 측정 결과는 다음과 같다.

<설치 후 1개월이 지난 경우>

84.3	53.2	127.3
201.3	174.2	246.2
149.4	156.4	103.3

<설치 후 6개월이 지난 경우>

207.4	233.1	215.9
235.1	225.6	244.4
245.3		

설치 후 1개월이 지난 컴퓨터와 6개월이 지난 컴퓨터 간의 평균 로딩 시간차에 대한 95% 신뢰구간을 구하시오.

6 흑연-방탄 복합재료로 만든 2개의 서로 다른 하키 스틱 샤프트의 파괴 강도는 다음과 같다.

<합성물 A>

487.3	444.5	467.7	456.3	449.7
459.2	478.9	461.5	477.2	

<합성물 B>

488.5	501.2	475.3	467.2	462.5
499.7	470.0	469.5	481.5	485.2
509.3	479.3	478.3	491.5	

복합재 B로 만든 하키 스틱의 평균 파괴강도가 더 크다고 할 수 있는가?

7 논문 "Permeability, Diffusion and Solubility of Gases" (B. Flaconn`eche, et al., Oil and Gas Science and Technology, 2001:262-278) 에서는 압출성형된 중간 밀도의 폴리에틸렌에 관한 연구로, 온도와 다른 요인들이 반결정 폴리머의 가스 수송 계수에 미치는 영향을 검토하였다. 60℃와 61℃에서 나타난 폴리에틸렌의 압출 중간 밀도를 알기 위해 CO_2의 투수계수 (in 10^{-6} cm^3 (STP) / cm · s · MPa)를 측정한 결과는 다음과 같다.

60℃ : 54 51 61 67 57 69 60
60 63 62

61℃ : 58 60 66 66 68 61 60

60℃와 61℃에서의 평균 투수계수는 다르다고 할 수 있는가?

8 논문 "Modeling Resilient Modulus and Temperature Correction for Saudi Roads" (H.Wahhab, I. Asi, and R. Ramadhan, Journal of Materials in Civil Engineering, 2001:298-305) 에서는 물리적 특성으로부터 포장 탄력계수를 예측하기 위한 연구를 검토하였다. 언급된 문제들 중 하나는 단조로운 노면과 단조롭지 않은 노면에서 계수가 다르게 나타나는지와 관련된 내용이었다. 40℃(in 10^6 kPa)에서의 탄력계수는 단조로운 노면에서 5섹션, 단조롭지 않은 노면에서 9섹션에 대해 측정하였으며 그 결과는 다음과 같다.

단조로운 : 1.48 1.88 1.90 1.29 1.00
단조롭지 않은 : 3.06 2.58 1.70 2.44 2.03
1.76 2.86 2.82 1.04

평균 탄성계수가 단조로운 노면과 단조롭지 않은 노면에서 동일한지를 판단하기 위해 가설검정을 수행하였다. P-값을 계산하여 그 결과를 판단해보시오.

9 논문 "Calibration of an FTIR Spectrometer" (P. Pankratz, Statistical Case Studies for Industrial and Process Improvement, SIAM-ASA, 1997:19-38) 에서는 분광기를 사용하여 2일 동안 특정 실

리콘 웨이퍼의 탄소함량(ppm)을 5번씩 측정하였다. 그 결과는 다음과 같다.

1일 : 2.1321 2.1385 2.0985 2.0941 2.0680
2일 : 2.0853 2.1476 2.0733 2.1194 2.0717

첫째 날에서 둘째 날 사이에 분광기의 눈금이 변했다고 결론지을 수 있는가?

10 논문 "Mechanical Grading of Oak Timbers" (D. Kretschmann and D. Green, Journal of Materials in Civil Engineering, 1999:91-97) 에서는 웨스트버지니아와 펜실베이니아에서 제배된 녹색 혼합 오크 7~9개의 목재에 대해 극한압축응력을 MPa의 단위로 측정한 결과를 제시하였다. No.1 품질의 목재표본 11개에 대한 평균 압축응력은 4.09이며 표준편차는 22.1이다. No.2 품질의 목재표본 7개에 대한 평균 압축응력은 3.08이며 표준편차는 20.4이다. No.1 품질의 목재가 No.2 품질의 목재보다 평균 압축응력이 크다고 할 수 있는가?

11 예제4를 참조하라.

a. 방법 B의 평균 수익률이 방법 A에 대한 결과보다 크다고 할 수 있는가?

b. 방법 B의 평균 수익률이 방법 A의 평균 수익률을 3 이상 초과한다고 할 수 있는가?

12 아래의 MINITAB 결과는 두 인구의 평균차 $\mu_X - \mu_Y$에 대한 가설검정 결과를 나타낸다. 다음 빈 칸을 채우시오.

```
Two-sample T for X vs Y

    N   Mean   StDev  SE Mean
X   6  1.755   0.482    (a)
Y  13  3.239    (b)    0.094

Difference = mu (X) - mu (Y)
Estimate for difference: (c)
95% CI for difference: (-1.99996,  0.96791)
T-Test of difference=0(vs not=):T-Value=(d) P-Value=0.000 DF=7
```

7.4 짝 자료를 이용한 추론

짝 자료를 이용한 신뢰구간

지금까지 두 개의 표본자료를 근거로 신뢰구간을 산정하기 위해 적용된 방법들은 표본자료가 서로 독립이라는 점이 전제되어야 했다. 어떤 경우에 있어서는 특정 표본에 나타난 각각의 자료가 다른 표본에 나타난 자료와 짝을 이루도록 실험을 설계하는 것이 더 나을 수 있다. 그 예는 다음과 같다.

타이어 제조업자가 새로운 재료로 만든 타이어의 마모한계를 기존 방법으로 만든 타이어의 마모한계와 비교하기를 원한다고 하자. 각 종류의 타이어 한 개씩을 전륜구동 자동차 10대의 앞바퀴에 장착했다고 하자. 이때, 각 종류마다 타이어를 오른쪽 바퀴에 장착할지 또는 왼쪽 바퀴에 장착할지는 동전을 던져서 임의로 결정하였다. 각각의 자동차가 40,000마일을 주행한 후에 각 타이어의 트레드 깊이를 측정하였다. 그 결과는 그림 7.5와 같다.

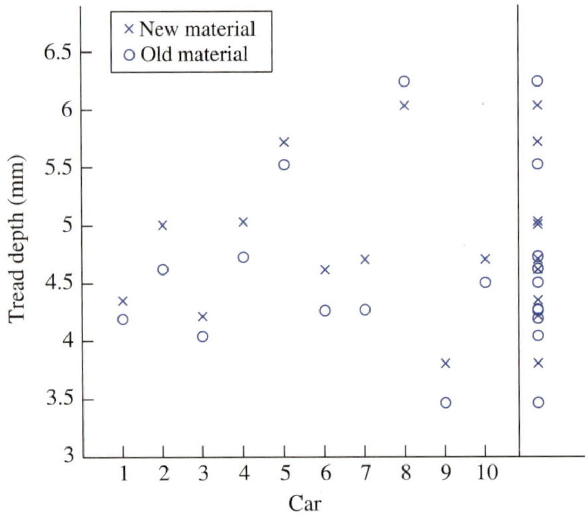

그림 7.5 10쌍의 타이어에 대한 트레드 깊이

그림 7.5의 오른쪽 부분은 모든 20개의 타이어에 대한 결과를 나타낸 것이다. 두 표본의 마모한계가 상당 부분 겹쳐진 형태로 나타나고 있음을 확인할 수 있다. 따라서 이 결과를 가지고 기존의 타이어 제조 방법과 새로운 방법 간의 차이가 존재하는지를 판단하기는 어렵다. 그러나 자료를 짝을 이루어 검토할 때에는 새로운 방법으로 만들어진 타이어가 기존 방법에 대한 결과보다 더 큰 트레드를 갖는다는 것이 명백하게 나타난다. 짝을 이룬 자료의 분석이 이렇게 명백한 결과를 제시하는 이유는 자동차에 따라 타이어의 마모가 매우 다르게 나타나기 때문이다. 차가 무거울수록 타이어의 마모가 커지며, 급가속과 급정지를 반복하는 운전습관도 타이어의 마모를 크게 한다. 그림 7.5의 오른쪽에 제시된 전체 자료는 타이어의 손상정도에 대한 변동성뿐만 아니라 자동차 사이의 변동성까지 포함하고 있다. 그러나 자료가 짝으로 고려되는 경우에는 자동차 사이의 변동성이 사라지게 되는데 이는 짝으로 된 두 타이어가 같은 자동차에서 나왔기 때문이다.

표 7.1은 각각의 자동차에 대한 두 타이어의 트레드 깊이뿐만 아니라 둘 사이의 차이를 제시하고 있다. 결합설계(paired design)로 감소된 변동성의 장점을 이용하여 기존 재료와 새로운 재료로 만들어진 타이어 수명의 평균 차이에 대한 95% 신뢰구간을 계산해보자.

먼저, 동일한 자동차에 기존 종류의 타이어를 장착한 경우와 새로운 종류의 타이어를 장착한 경우에 트레드 깊이 쌍들을 모집단으로 고려하자. 그러면 모집단 내에 있는 관측치 쌍의 차(new－old)에 대한 모집단도 존재하게 된다. 자료는 각각의 쌍에 해당하는 모집단으로부터 추출된 임의의 표본이며, 그 결과의 차이는 두 결과의 차이에 대한 모집단으로부터 추출된 임의의 표본임을 알 수 있다.

표 7.1 새로운 재료와 기존 재료로 만들어진 타이어들의 트레드 깊이(mm)

	Car									
	1	2	3	4	5	6	7	8	9	10
New material	4.35	5.00	4.21	5.03	5.71	4.61	4.70	6.03	3.80	4.70
Old material	4.19	4.62	4.04	4.72	5.52	4.26	4.27	6.24	3.46	4.50
Difference	0.16	0.38	0.17	0.31	0.19	0.35	0.43	−0.21	0.34	0.20

이를 통계적 표기법으로 나타내면, 먼저 (X_1, Y_1), $\cdots$, (X_{10}, Y_{10})은 10개의 관측 자료쌍이다. 여기서 X_i는 i번째 자동차에서 새로운 재료로 만들어진 타이어의 트레드 깊이를 나타내고, Y_i는 i번째 자동차에서 기존의 재료로 만들어진 타이어의 트레드 깊이를 나타낸다. $D_i = X_i - Y_i$이고, 이는 i번째 자동차 타이어의 트레드 깊이 차이를 나타낸다. μ_X와 μ_Y를 각각 X와 Y에 대한 모평균이라 하자. 모평균의 차이 $\mu_X - \mu_Y$에 대한 95% 신뢰구간을 산정해보자. 또한 μ_D를 차이들에 대한 모평균이라고 하자. 즉, $\mu_D = \mu_X - \mu_Y$이다. 이는 μ_D에 대한 신뢰구간이 $\mu_X - \mu_Y$에 대한 신뢰구간과 동일하게 됨을 의미한다.

D_1, $\cdots$, D_{10}이 평균 μ_D를 갖는 모집단으로부터 추출된 무작위 표본이므로 μ_D의 신뢰구간 계산에는 단일 표본에 적용했던 방법을 그대로 이용할 수 있다. 이번 예제의 경우 표본의 크기가 작으므로 5.4절의 Student's t분포를 이용한 방법을 적용하기로 한다. 표본평균 및 표본 표준편차는 다음과 같다.

$$\overline{D} = 0.232, \quad s_D = 0.183$$

표본의 크기가 10이므로 자유도는 9이다. 따라서 유의수준을 고려한 t값은 $t_{9,.025} = 2.262$이 된다. 여기서 식 (5.14)를 이용한 신뢰구간(5.4절)은 $0.232 \pm (2.262)(0.183)/\sqrt{10}$ 또는 (0.101 , 0.363)로 계산된다. 두 표본의 크기가 클 경우에는 5.2절의 대 표본들에 적용 가능한 방법, 즉 식 (5.4)가 이용될 수 있다.

Summary

D_1, $\cdots$, D_n은 짝의 차이를 나타내는 변수로서 $n = 30$으로 표본의 크기가 작은 무작위 표본이라 하자. 만약 차이의 모집단이 근사적으로 정규분포를 따른다고 하면, 차이의 평균 μ_D에 대한 수준 $100(1-\alpha)$%의 신뢰구간은 다음과 같이 주어진다.

$$\overline{D} \pm t_{n-1,\,\alpha/2}\frac{s_D}{\sqrt{n}} \tag{7.14}$$

여기서 s_D는 D_1, $\cdots$, D_n의 표본 표준편차이다. 참고로 이 신뢰구간은 식 (5.14)로 주어진 결과와 동일하다.

만일 표본의 크기가 크다면, 차이의 평균 μ_D에 대한 수준 $100(1-\alpha)\%$의 신뢰구간은 다음과 같이 주어진다.

$$\overline{D} \pm z_{\alpha/2}\,\sigma_{\overline{D}} \tag{7.15}$$

실무에서 $\sigma_{\overline{D}}$는 근사적으로 $s_D/\sqrt{n}$로 계산한다. 참고로 이러한 신뢰구간은 5.2절에 제시된 식 (5.4)로 주어진 결과와 동일하다.

짝 자료를 이용한 가설검정

짝 자료를 다루는 경우, 차이의 평균인 μ_D에 대한 가설을 검정하기 위해 차이의 표본평균인 $\overline{D}$와 표본 표준편차 s_D를 이용할 수 있다. 예제를 통해 그 방법을 살펴보도록 하자.

자동차로부터 방출되는 입자상물질(PM)은 심각한 환경 문제의 원인이 된다. 고속도로를 달리는 경우와 가다 서다를 반복하며 달리는 경우에 대하여 PM방출량을 측정하였다. 또한, 두 경우에 대한 방출량의 차도 계산하였다. 그 결과를 연료 1갤런 당 입자상 물질의 양(mg)으로 나타내면 다음과 같다.

표 7.2 고속도로를 달리는 경우와 가다 서다를 반복하여 달리는 경우에 대한 PM방출량(mg)

	Vehicle							
	1	2	3	4	5	6	7	8
Stop-and-go	1500	870	1120	1250	3460	1110	1120	880
Highway	941	456	893	1060	3107	1339	1346	644
Difference	559	414	227	190	353	−229	−226	236

이 결과를 바탕으로, 고속도로를 달리는 경우가 가다 서다를 반복하는 경우보다 방출되는 물질의 양이 더 작다고 결론지을 수 있는가?

표본의 크기는 8개로 소 표본에 해당한다. 만일 차이에 대한 모집단이 정규분포를 따른다고 가정한다면, 6.4절에서 제시된 Student's t검정을 사용할 수 있다. 차이들의 표본평균은 $\overline{D}=190.5$이다. 표본 표준편차는 $s_D=284.1$이다. 영가설과 대립가설은 다음과 같다.

$$H_0 : \mu_D \le 0\,,\ \ H_1 : \mu_D > 0$$

검정통계량은 다음과 같다.

$$t=\frac{\overline{D}-0}{s_D/\sqrt{n}}=\frac{190.5-0}{284.1/\sqrt{8}}=1.897$$

검정통계량에 대한 영분포는 자유도가 7인 Student's t분포이다. 그림 7.6은 영분포의 형태와 검정통계량의 위치를 보여준다. 단측검정이므로 t분포표 꼬리부분의 5%에 해당하는 면적은 1.895로 계산값인 1.897과 상당히 유사함을 알 수 있다. P-값은 대략 0.05이다. 아래에 제시된 컴퓨터 프로그램 출력(MINITAB)은 이러한 결과를 제시해주고 있다.

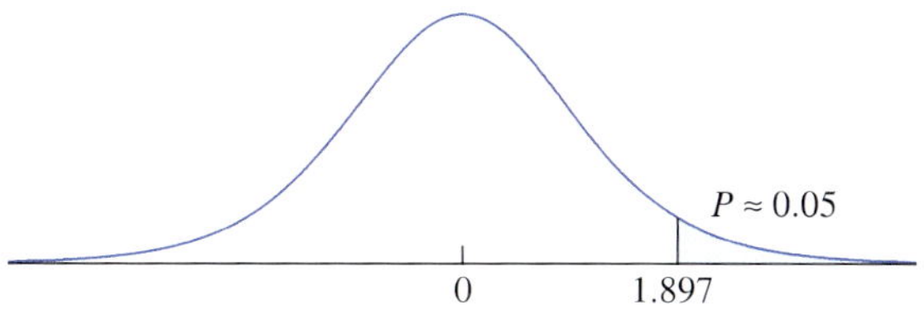

그림 7.6 $\overline{D} = 190.5$와 $s_p = 284.1$인 표본으로부터 계산된 t값은 1.897이다.

만약 영가설 H_0가 참이라면 표본으로부터 계산된 t값보다 극단적인 값이 관측될 확률은 0.05에 매우 근접해진다.

```
Paired T-Test and CI: StopGo, Highway
Paired T for StopGo - Highway

             N     Mean    StDev   SE Mean
StopGo       8  1413.75  850.780   300.796
Highway      8  1223.25  820.850   290.214
Difference   8   190.50  284.104   100.446

95% lower bound for mean difference: 0.197215
T-Test of mean difference = 0 (vs > 0):
T-Value = 1.90  P-Value = 0.050
```

95%의 하한계는 대립가설의 경우와 간신히 일치함에 주목할 필요가 있다. 이는 P-값이 0.05보다 약간 작게 나타났음을 의미한다(이러한 P-값이 유효숫자가 2개인 0.050으로 주어졌을지라도).

Summary

$(X_1, Y_1), \cdots, (X_n, Y_n)$은 그 차이 $D_1, \cdots, D_n$이 평균 μ_D인 정규분포의 모집단으로부터 추출된 순서쌍들의 표본이라 하자. s_D는 $D_1, \cdots, D_n$의 표본 표준편차이다.

$H_0: \mu_D \le \mu_0$, $H_0: \mu_D \ge \mu_0$ 또는 $H_0: \mu_D = \mu_0$와 같은 영가설을 검정하기 위한 방법은 다음과 같다.

- 검정통계량 $t = \dfrac{\overline{D} - \mu_0}{s_D / \sqrt{n}}$를 계산한다.

- P-값을 계산한다. P-값은 자유도가 $n-1$인 Student's t분포 곡선 아래의 면적으로 계산되나, 어떤 면적인지는 대립가설에 따라 달라진다.

대립가설	P-값
$H_1: \mu_D > \mu_0$	t-값의 우측에 해당하는 면적
$H_1: \mu_D < \mu_0$	t-값의 좌측에 해당하는 면적
$H_1: \mu_D \neq \mu_0$	t-값과 $-t$-값에 의해 잘려진 꼬리부분에 해당하는 면적의 합

- 만약 표본의 크기가 크다면 D_i가 정규분포를 따를 필요는 없으며, 검정통계량으로 $z = \dfrac{\overline{D}-\mu_0}{s_D/\sqrt{n}}$ 를 적용하여 z-검정을 수행해야 한다.

연습 7.4

1 본 연구에서는 A항균연고와 B항균연고의 흡수 속도를 비교하기 위해 피실험자 14명을 대상으로 동일한 양의 두 연고를 바르는 실험을 수행하였다. 6시간 이후, 피부에 흡수되는 양(μg/cm^2)을 측정한 결과는 다음과 같다.

Subject	A	B	Difference
1	2.56	2.34	0.22
2	2.08	1.49	0.59
3	2.46	1.86	0.60
4	2.61	2.17	0.44
5	1.94	1.29	0.65
6	4.50	4.07	0.43
7	2.27	1.83	0.44
8	3.19	2.93	0.26
9	3.16	2.58	0.58
10	3.02	2.73	0.29
11	3.46	2.84	0.62
12	2.57	2.37	0.20
13	2.64	2.42	0.22
14	2.63	2.44	0.19

A, B 연고 흡수량의 차에 대한 95% 신뢰구간을 구하시오.

2 벽돌 7개를 제조한 직후 함수율(%)을 측정하였다. 또한 측정한 벽돌을 건조시킨 후 다시 함수율을 측정하였다. 그 결과는 다음과 같다. 건조 전과 후의 함수율 감소치에 대한 90% 신뢰구간을 구하시오.

Specimen	Before Drying	After Drying
1	6.56	3.60
2	5.33	2.00
3	7.12	3.95
4	7.28	4.47
5	5.85	2.12
6	8.19	5.77
7	8.18	3.00

3 논문 "Simulation of the Hot Carbonate Process for Removal of CO_2 and H_2S from Medium Btu Gas" (K. Park and T. Edgar, Energy Progress, 1984:174-80) 에서는 탄산칼륨용액에 있는 이산화탄소의 평형 증기압을 추정하기 위해 공식을 적용하였다. 실제로 서로 다른 9개의 반응기에 대하여 평형 증기압을 측정하고, 그 결과를 공식으로부터 추정된 평형 증기압과 비교하였다. 그 결과는 다음과 같다.

Reaction	Estimated	Experimental	Difference
1	45.10	42.95	2.15
2	85.77	79.98	5.79
3	151.84	146.17	5.67
4	244.30	228.22	16.08
5	257.67	240.63	17.04
6	44.32	41.99	2.33
7	84.41	82.05	2.36
8	150.47	149.62	0.85
9	253.81	245.45	8.36

공식으로부터 추정된 평형 증기압과 실제 측정한 평형 증기압과의 차이에 대한 95% 신뢰구간을 구하시오.

4 타이어 제조업자는 서로 다른 2개의 타이어 접지면 무늬(tread pattern)에 대한 연비를 검사하는데 관심이 있다. 서로 다른 종류의 타이어를 이용하여 18종의 자동차로 각각 천 마일씩 운전한 결과, mileages(mpg)는 다음과 같다.

Car	Tread A	Tread B
1	24.1	20.3
2	22.3	19.7
3	24.5	22.5
4	26.1	23.2
5	22.6	20.4
6	23.3	23.5
7	22.4	21.9
8	19.9	18.6
9	27.1	25.8
10	23.5	21.4
11	25.4	20.6
12	24.9	23.4
13	23.7	20.3
14	23.9	22.5
15	24.6	23.5
16	26.4	24.5
17	21.5	22.4
18	24.6	24.9

a. 두 타이어에 대한 평균 연비의 차이에 대한 99% 신뢰구간을 구하시오.
b. 위의 표를 바탕으로 한 신뢰구간은 폭 ±0.5 mpg로 나타난다. 이러한 결과는 80%, 90%, 95% 신뢰구간에 근접한가?

5 자동차 제조업체의 한 생산자는 두 브랜드의 타이어 수명을 비교하였다. 그는 각 브랜드마다 6종류의 타이어 표본을 얻었다. 자동차 6대마다 앞바퀴에 각 브랜드의 타이어를 각각 하나씩 설치하였다. 원래 바퀴 트레드(tread)의 20%가 남을 때까지 자동차를 주행한 결과, 각 타이어에 대한 주행거리(mile)는 다음 표와 같았다. 두 브랜드 타이어 간의 평균 수명이 다르다고 할 수 있는가?
a. 적절한 영가설 및 대안가설을 설정하시오.
b. 검정통계량의 값을 계산하라.

Car	Brand 1	Brand 2
1	36,925	34,318
2	45,300	42,280
3	36,240	35,500
4	32,100	31,950
5	37,210	38,015
6	48,360	47,800
7	38,200	33,215

c. P-값을 계산하고, 두 브랜드 타이어 간의 평균 수명이 다른지 판단하시오.

6 6종류의 콩 식물에 대하여 새싹과 뿌리에서 측정된 탄수화물의 농도(%/weight)를 측정한 결과는 다음과 같다.

Plant	Shoot	Root
1	4.42	3.66
2	5.81	5.51
3	4.65	3.91
4	4.77	4.47
5	5.25	4.69
6	4.75	3.93

새싹과 뿌리 간 평균 농도가 다르다고 할 수 있는가?

7 자극점(근육) 또는 신경에 전기적인 충격을 가하면 근육은 풀리게 된다. 논문 "Force Assessment of the Stimulated Arm Flexors: Quantification of Contractile Properties" (J. Hong and P. Iaizzo, Journal of Medical Engineering and Technology, 2002:28-5) 에서는 몇몇 실험자들의 팔 상단에 있는 자극점(근육)과 신경에 자극을 가한 각각의 결과를 살펴보았다. 지연시간(자극과 반응사이)은 1/1000초 단위로 측정하였다. 실험자 7명에 대한 실험결과는 다음과 같다.

	Subject						
	1	2	3	4	5	6	7
Nerve	59	57	58	38	53	47	51
Motor point	56	52	56	32	47	42	48
Difference	3	5	2	6	6	5	3

자극점(근육)과 신경에 자극을 가한 결과 지연시간에 대해 차이가 있다고 결론지을 수 있는가?

8 8개의 재고품에 대해 각각 2개의 표본으로 마모시험을 수행하였다. 각 제고품에서 추출한 두 표본 중 한 표본은 90℃에서 보존하였으며, 다른 하나는 140℃에서 보존하였다. 또한 각 표본의 무게 감소량(mg)을 측정한 결과는 다음과 같다. 두 온도에서 보존된 표본 간에 평균 무게 감소량 차이가 발생한다고 결론지을 수 있는가?

Specimen	90°C	140°C
1	3.33	2.75
2	2.15	2.59
3	4.76	4.70
4	2.88	2.68
5	2.32	2.64
6	4.16	3.35
7	3.89	3.17
8	2.13	2.33

9 택시회사의 경영진들은 연비를 향상시키기 위해 바이어스(bias) 타이어에서 레이디얼(radial) 타이어로 바꾸어야 하는지 결정하고자 한다. 10대의 택시에 각각 두 종류의 타이어를 장착시켜 실험하였다. 운전자를 바꾸지 않고, 타이어만을 바꾸어 실험을 반복하여 10대의 차량에서 측정한 연비(mpg) 결과는 다음과 같다.

Car	Radial	Bias
1	32.1	27.1
2	36.1	31.5
3	32.3	30.4
4	29.5	26.9
5	34.3	29.9
6	31.9	28.7
7	33.4	30.2
8	34.6	31.8
9	35.2	33.6
10	32.7	29.9

a. 택시의 타이어를 교체하는 비용은 비싸기 때문에 회사 경영진은 가설검정 결과가 실험주행에서 연비가 크게 개선된다는 점을 제시해주지 못하는 경우, 타이어를 교체하지 않고자 한다. 적절한 영가설 및 대안가설을 설정하고, P-값을 계산하라.

b. 비용편익을 분석한 결과, 평균 연비가 2 mpg보다 크면 레이디얼(radial) 타이어로 교체하는 것이 더 이익인 것으로 나타났다. 타이어를 교체할지에 대한 여부를 결정하기 위해 가설검정을 하고자 할 때, 적절한 영가설 및 대안가설을 설정하고, P-값을 계산하라.

10 아래의 MINITAB 결과는 두 모집단 평균차 $\mu_X - \mu_Y$에 대한 쌍표본 가설검정의 결과를 나타낸다. 다음 빈 칸을 채우시오.

```
Paired T for X - Y

              N    Mean     StDev    SE Mean
X             7  12.4141   2.9235     (a)
Y             7   8.3476    (b)      1.0764
Difference    7    (c)     3.16758   1.19723

95% lower bound for mean difference: 1.74006
T-Test of mean difference=0 (vs>0):T-Value=(d) P-Value=0.007
```

7.5 분산이 동일한 경우에 대한 F-검정

우리가 지금까지 살펴본 검정들은 평균 혹은 비율들에 관한 것이었다. 때로는 두 모집단이 동일한 분산을 갖는다는 영가설을 검정하는 것이 필요할 수 있다. 일반적으로 이를 수행하기 위한 좋은 방법을 찾기란 쉽지 않다. 그러나 두 모집단이 정규분포를 따르는 특별한 경우에는 검정을 수행할 수 있다.

$X_1, \cdots, X_m$를 정규분포 $N(\mu_1, \sigma_1^2)$를 따르는 모집단으로부터 추출된 임의 표본이라 하고, $Y_1, \cdots, Y_n$를 정규분포 $N(\mu_2, \sigma_2^2)$를 따르는 모집단으로부터 추출된 임의 표본이라 하자. 각 표본들은 서로 독립적으로 선택되었다고 가정하자.

여기서는 평균 μ_1과 μ_2의 값은 관심 대상이 아니다. 단지 분산 σ_1^2와 σ_2^2에만 관심이 있다. 표본의 크기 m과 n은 서로 다를 수도 있음에 주의할 필요가 있다. s_1^2와 s_2^2는 표본들의 분산이라 하자. 즉,

$$s_1^2 = \frac{1}{m-1}\sum_{i=1}^{m}(X_i - \overline{X})^2, \quad s_2^2 = \frac{1}{n-1}\sum_{i=1}^{n}(Y_i - \overline{Y})^2$$

아래에 제시된 세 가지의 영가설 중 어느 하나의 경우에 대해 검정을 수행할 수 있다.

$$H_0 : \frac{\sigma_1^2}{\sigma_2^2} \le 1 \qquad \text{또는} \qquad \sigma_1^2 \le \sigma_2^2$$

$$H_0 : \frac{\sigma_1^2}{\sigma_2^2} \ge 1 \qquad \text{또는} \qquad \sigma_1^2 \ge \sigma_2^2$$

$$H_0 : \frac{\sigma_1^2}{\sigma_2^2} = 1 \qquad \text{또는} \qquad \sigma_1^2 = \sigma_2^2$$

이러한 가설들을 검정하기 위한 절차들은 유사하지만 동일하지는 않다. 먼저 대립가설 $H_1 : \sigma_1^2/\sigma_2^2 > 1$에 대해 영가설 $H_0 : \sigma_1^2/\sigma_2^2 \le 1$을 검정하기 위한 절차를 소개하고, 그 다음 다른 두 가설들을 검정하기 위한 절차들이 어떻게 다른지를 설명하고자 한다.

검정통계량은 두 표본분산의 비로 나타난다.

$$F = \frac{s_1^2}{s_2^2} \tag{7.16}$$

영가설 H_0가 참인 경우에 대해 $\sigma_1^2/\sigma_2^2 = 1$($H_1$과 가장 가까운 값) 또는 $\sigma_1^2 = \sigma_2^2$이라 가정

한다. 영가설 H_0가 참일 때, 평균적으로 표본들의 분산 s_1^2과 s_2^2는 유사한 값을 가지게 되기 때문에 F값은 거의 1로 나타난다. 영가설 H_0가 거짓일 때, $\sigma_1^2 > \sigma_2^2$이므로 s_1^2은 s_2^2보다 크게 되며, F값 또한 1보다 커지게 된다. 검정통계량으로 F값을 사용하기 위해서는 그것의 영분포를 알아야 한다. 영분포를 F분포라 부르며, 그 특성은 다음과 같다.

F분포

F분포를 갖는 통계치들은 식 (7.16)에 제시된 두 표본분산의 비와 같은 정량적인 수치들의 비율이다. 그러므로 F분포는 자유도로 두 개의 값을 갖게 되는데, 하나는 분자와 관련되어 있으며 또 다른 하나는 분모와 관련되어 있다. 자유도의 수는 F라는 문자의 아래 첨자로 제시되어 있다. 예를 들어, $F_{3,16}$는 분자에 대한 자유도의 수 3과 분모에 대한 자유도의 수 16을 만족시키는 F분포를 의미한다. 여기서 항상 분자에 대한 자유도의 수를 먼저 기입한다는 점을 명심하라.

F분포표는 부록 A의 표 A.6에 제시되어 있다. F분포표는 다양한 자유도 쌍을 갖는 F분포마다 상위 퍼센트에 해당하는 값들을 제공해 준다. 예를 들어, 그림 7.7은 $F_{3,16}$ 분포에 대한 확률밀도함수를 나타낸다. 분포의 상위 5% 부분이 어두운 색으로 표시되어 있다. 이 표에서 상위 5%에 해당하는 점을 확인하기 위해 $\alpha = 0.050$, 자유도의 수 $\nu_1 = 3$, $\nu_2 = 16$을 만족하는 값을 찾아보자. 그 값은 3.24이다.

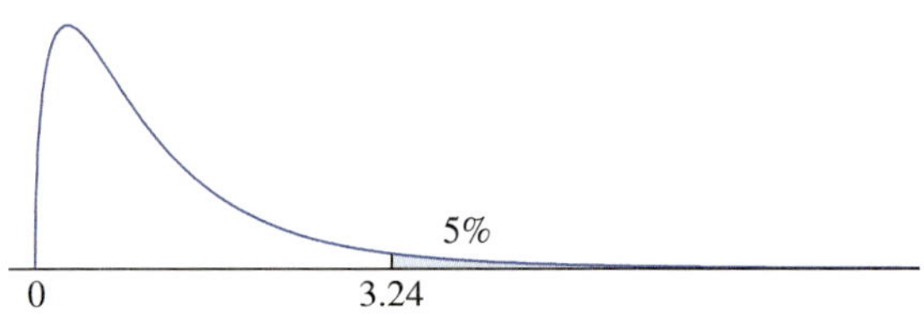

그림 7.7 $F_{3,16}$ **분포의 확률밀도함수**

상위 5%에 해당하는 점은 3.24이다.
[부록 A에 제시되어 있는 F분포표(표 A.6)를 참고]

등분산 검정을 위한 F통계치

검정통계량 $F = s_1^2/s_2^2$에 대한 영분포는 $F_{m-1,m-1}$이다. 분자에 대한 자유도의 수는 s_1^2를 계산하기 위해 사용되는 표본의 크기보다 하나 작고, 분모에 대한 자유도의 수는 s_2^2를 계산하기 위해 사용되는 표본의 크기보다 하나 작다. 예제를 통해 이러한 F-검정 과정을 살펴보자.

Example 7.9

피부에 대한 특정 살충제의 흡수율을 결정하는 실험의 일환으로 정해진 양 만큼의 두 살충제를 몇 개의 피부 시료들에 적용하였다. 시간이 흐른 뒤 흡수된 양(μg)이 측정되었다. 살충제 A의 경우 6개의 시료에 흡수된 양의 분산이 2.3이었으며, 살충제 B의 경우 10개의 시료에 흡수된 양의 분산이 0.6으로 나타났다. 각 살충제에 대한 흡수량은 정규분포를 따르는 모집단으로부터 추출된 임의 표본이라 가정하자. 그렇다면 흡수된 양의 분산이 살충제 B보다 살충제 A에서 크다고 결론지을 수 있는가?

Solution

σ_1^2를 살충제 A에 대한 모집단 분산, σ_2^2를 살충제 B에 대한 모집단 분산이라 하자.
영가설은 다음과 같다.

$$H_0 : \frac{\sigma_1^2}{\sigma_2^2} \le 1$$

표본분산 s_1^2와 s_2^2는 각각 2.3과 0.6이다. 검정통계량의 값은 다음과 같다.

$$F = \frac{2.3}{0.6} = 3.83$$

검정통계량의 영분포는 $F_{5,9}$이다. 만약 H_0가 사실이라면 평균적으로 s_1^2가 s_2^2보다 작게 될 것이다. 즉, F값이 더 크면 클수록 영가설 H_0를 기각할 수 있는 더 확실한 증거가 된다. 5와 9의 자유도를 갖는 F분포표를 참고하면 상위 5%에 해당하는 점은 3.48로, 상위 1%에 해당하는 점은 6.06으로 나타난다. 따라서 $0.01 < P < 0.05$이 된다. 이는 영가설을 기각할만한 상당히 강력한 증거가 된다(그림 7.8 참고).

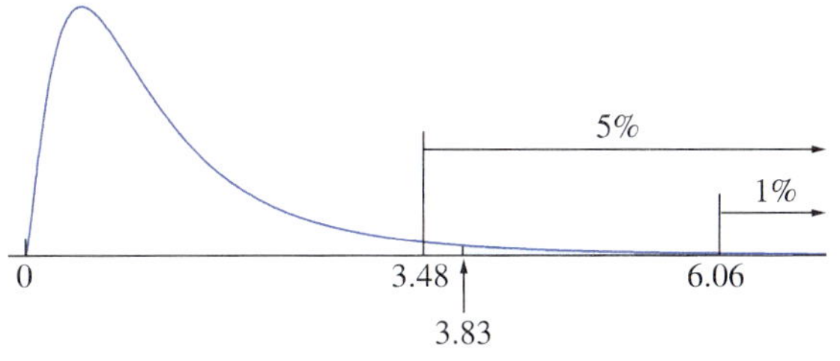

그림 7.8 검정통계량의 관측값은 3.83이다.

$F_{5,9}$ 분포의 상위 5%에 해당하는 점은 3.48이고, 상위 1%에 해당하는 점은 6.06이다. 그러므로 P-값은 0.01과 0.05 사이에 위치하게 된다.

이제부터 다른 영가설을 검정하려면 예제 7.9에 제시된 과정을 어떻게 수정해야 하는지를 살펴보자. 나음과 같은 영가설을 검정하기 위해 원칙적으로 검정통계량 s_1^2/s_2^2을 사용할 수 있는데, 값이 작다면 영가설 H_0를 기각할 수 있는 증거가 된다.

$$H_0 : \frac{\sigma_1^2}{\sigma_2^2} \ge 1$$

그러나 F분포표가 F통계치에 대해 큰 값(1보다 큰)만을 제시하고 있기 때문에 검정통계량

s_2^2/s_1^2을 이용하는 것이 더 용이하다. 영가설 H_0 하에서 s_2^2/s_1^2의 분포는 $F_{n-1,m-1}$이다. 마지막으로, 양측 가설을 검정하기 위한 방법을 설명하자.

$$H_0 : \frac{\sigma_1^2}{\sigma_2^2} = 1$$

이 가설의 경우, 검정통계량 s_1^2/s_2^2의 값이 크거나 작은 경우 모두 영가설 H_0를 기각할만한 증거를 제공하게 된다. 그 절차는 s_1^2/s_2^2와 s_2^2/s_1^2 중에서 1보다 큰 값을 갖는 검정통계량을 선택하여 사용하는 것이다. 양측검정에 대한 P-값은 단측검정에 대한 P-값보다 두 배만큼 큰 값을 갖게 된다. 다시 말하면, 양측검정의 P-값은 F분포의 상위 꼬리부분에 해당하는 면적의 두 배 큰 값이다. 다음 예제를 통해 자세히 살펴보기로 하자.

Example 7.10

예제 7.9에서 표본 크기가 6인 경우 $s_1^2 = 2.3$이고, 표본 크기가 10인 경우 $s_2^2 = 0.6$이었다. 다음과 같은 영가설을 검정해 보자.

$$H_0 : \sigma_1^2 = \sigma_2^2$$

Solution

영가설 $\sigma_1^2 = \sigma_2^2$는 $\sigma_1^2/\sigma_2^2 = 1$과 동일하다. $s_1^2 > s_2^2$이므로 검정통계량 s_1^2/s_2^2을 사용한다. 예제 7.9에서 단측검정에 대해 $0.01 < P < 0.05$임을 확인한 바 있다. 그러므로 양측검정에 대해서는 $0.02 < P < 0.10$이 된다.

아래 컴퓨터 출력(MINITAB)은 예제 7.10에 대한 풀이를 보여주고 있다.

```
Test for Equal Variances

F-Test (normal distribution)
Test statistic = 3.83, p-value = 0.078
```

F-검정은 정규성의 이격 정도에 민감하다.

F-검정은 t-검정에서와 마찬가지로, 표본들이 정규모집단으로부터 추출되었다는 가정을 수반한다. 그러나 t-검정과는 달리, 분산을 비교하기 위한 F-검정은 이러한 가정에 더욱 민감하다. 만약 모집단의 형태가 정규분포곡선과 많이 다르다면 F-검정은 잘못된 결과를 제시할 수도 있다. 이러한 이유 때문에 분산을 비교하기 위한 F-검정은 주의를 기울여 사용해야만 한다. 제8장과 9장에서도 선형회귀와 분산분석과 관련한 가설검정을 수행하기 위해 F분포

를 사용한다. 그러나 이러한 상황에서의 F-검정은 정규성 가정의 위반에 대해 상대적으로 덜 민감하다고 알려져 있다.

연습 7.5

1 두 확률변수의 자유도가 각각 7, 20인 F분포의 상위 5% 지점을 구하시오.

2 분자의 자유도가 5이고, 분모의 자유도가 7인 F분포에 대하여 F-검정을 수행한 결과, F-검정값은 7.46이었다.

a. 단측검정을 수행할 경우, P-값(유의확률)은 얼마인가?

b. 양측검정을 수행할 경우, P-값(유의확률)은 얼마인가?

3 연습문제 6을 참고하라. 합성물 A의 파괴강도 분산과 합성물 B의 파괴강도 분산이 다르다고 할 수 있는가?

제7장 연습문제

1 콜레스테롤 수치를 떨어뜨리기 위해 만들어진 두 종류의 약에 대한 효용성을 비교하는 시험에서, 임의로 선택된 75명의 환자들에게는 A약이 주어졌고, 임의로 선택된 100명의 환자들에게는 B약이 주어졌다. A약이 투여된 환자들은 콜레스테롤 수치가 평균 40(표준편차 12)까지 낮아졌고, B약이 투여된 환자들은 콜레스테롤 수치가 평균 42(표준편차 15)까지 낮아졌다. 단위는 혈청의 데시리터(deciliter)당 콜레스테롤의 밀리그램(mg)이다. B약을 투여한 경우에 대한 콜레스테롤의 평균적인 감소량이 A약을 투여한 경우보다 크다고 결론지을 수 있는가?

2 한 엔지니어가 가정용 컴퓨터에 대한 새로운 전원공급 장치의 수명이 기존에 사용되던 유형보다 더 길다고 주장한다. 두 유형에 대해 각각 독립적으로 임의의 표본 75개를 추출하고, 그들 수명(hours)에 대한 평균과 표준편차를 계산한 결과는 다음과 같다.

새로운 유형 : $\overline{X_1}=4{,}387$ $s_1=252$

기존 유형 : $\overline{X_2}=4{,}260$ $s_2=231$

새로운 전원공급 장치의 평균적인 수명이 기존에 사용되던 유형보다 더 길다고 결론지을 수 있는가?

3 전기 접속에 대한 습도의 영향을 조사하기 위해 습도가 높은(damp) 환경에서는 100개의 전기 접속을, 건조한(dry) 환경에서는 150개의 전기 접속을 테스트하였다. 습도가 높은 환경에서 20개의 전기 접속이 실패하였고, 건조한 환경에서는 10개의 전기 접속만 실패하였다. 습도가 높은 환경과 건조한 환경에서 전기 접속이 실패할 비율차에 대한 90% 신뢰구간을 구하시오.

4 어떤 마이크로 칩의 제조공정 중 2가지를 비교하고자 한다. 저렴한 제조공정으로 생산된 칩에서 추출한 400개 표본 칩 중 62개에서 결함이 발견되었으며, 비싼 제조공정에서 생산된 칩에서 추출한 표본 칩 100개 중 12개에서 결함이 발견되었다.

a. 두 공정에서 생산된 칩의 결함율 차에 대한 95% 신뢰구간을 구하시오.

b. 신뢰구간의 정밀도 향상을 위해 추가로 칩들을 추출하였다. 동일한 비용이 드는 3가지의 추출 계획을 고려하고 있다. 계획 1번은 저렴한 제조공정에서 100개의 칩을 추가로 추출하는 것이고, 계획 2번은 비싼 공정에서 50개의 칩을 추가로 추출하는 것이며, 계획 3번은 저렴한 공정에서 50개의 칩을, 비싼 공정에서 25개의 칩을 추가로 추출하는 것이다. 어느 계획이 신뢰구간의 정밀도를 가장 많이 향상시킬 수 있는가? 그 이유를 설명하시오.

5 새로운 광고 캠페인의 대상 고객을 남성으로 할지 여성으로 할지를 결정하기 위해 50쌍의 부부를 무작위로 추출하여, 원하는 채널을 쉽게 찾을 수 있도록 새로 개발된 리모컨을 사용하게 하였다. 500명의 남편 중 62%가 새로운 리모컨이 기존의 리모컨보다 더 찾기 쉽다고 응답한 반면, 500명의 부인 중 54%만이 새로운 리모컨이 기존의 리모컨보다 더 찾기 쉽다고 응답했다. 새로운 리모컨이 기존의 리모컨보다 찾기 쉽다고 생각하는 남편과 부인의 모비율을 각각 p_1, p_2라 하자. 통계량 $\hat{p}_1-\hat{p}_2=0.62-0.54$는 가설 $H_0: \hat{p}_1-\hat{p}_2=0$, $H_1: \hat{p}_1-\hat{p}_2\neq 0$을 검정하는데 사용될 수 있는가? 만약 그렇다면 검정을 수행하고 P-값을 계산하시오. 그렇지 않다면 이유를 설명하시오.

6 어떤 신용카드 사용자 중 100명을 무작위 추출하여 조사한 결과, 57명이 신용카드를 사용하여 결재하면 항공사의 마일리지를 적립할 수 있는 혜택에 대해 알고 있다고 응답했다. 이러한 혜택에 대한 인지도를 높일 수 있도록 광고 선전을 한 후, 200명의 신용카드 사용자를 독립적으로 조사한 결과 135명이 혜택에 대해 알고 있다고 응답했다. 광고 선전 후 신용카드 혜택에 대한 인지도가 증가했다고 할 수 있는가?

7 어떤 분자 생물학자가 DNA 뉴클레오티드(DNA nucleotides) 염기배열을 소화시키는 특정 효소의 효능을 연구하고 있다. 그는 6개의 DNA 표본을 효소가 포함되어 있는 것과 효소가 포함되어 있지 않은 것으로 구분한 후, 폴리메라제 연쇄반응 검사법(polymerase chain reaction assay)을 이용하여 이러한 염기배열을 포함하고 있는 DNA 조각의 수를 세었다. 그 결과는 다음 표와 같다.

	Sample					
	1	2	3	4	5	6
Enzyme present	22	16	11	14	12	30
Enzyme absent	43	34	16	27	10	40

DNA 조각 수의 평균 차에 대한 95% 신뢰구간을 구하시오.

8 논문 "Groundwater Electromagnetic Imaging in Complex Geological and Topographical Regions: A Case Study of a Tectonic Boundary in the French Alps" (S. Houtot, P. Tarits, et al., Geophysics, 2002:1048.1060) 에서는 프랑스 알프스의 기타즈(Gittaz) 호수 근처 여러 지점에서 추출한 몇몇 수질 표본의 pH를 측정한 결과를 보여주고 있다. 호수의 북쪽에 위치한 11개 지점과 남쪽에 위치한 6개 지점에 대한 pH의 결과는 아래와 같다.

북쪽 지점 : 8.1 8.2 8.1 8.2 8.2 7.4
7.3 7.4 8.1 8.1 7.9

남쪽 지점 : 7.8 8.2 7.9 7.9 8.1 8.1

북쪽과 남쪽 간의 pH 차에 대한 98% 신뢰구간을 구하시오.

9 택시 100대를 50대씩 2그룹으로 나누어 프리미엄 휘발유가 유지 보수비용을 줄일 수 있는지 확인하였다. 그룹 B의 택시들은 일반 무연 휘발유를 사용한 반면, 그룹 A의 택시들은 프리미엄 무연 휘발유를 사용하였다. 일 년간 각 택시들의 총 유지비용을 기록하였다. 프리미엄 무연 휘발유를 사용하는 것이 유지비용을 절감하는 것으로 확인된다면, 프리미엄 무연 휘발유를 사용할 것이다. 적절한 가설을 세우고, 관측자료의 평균 및 표준편차를 가정하여 검정을 수행해 보시오.

10 한 연구에서는 금 도금의 여러 방법들을 비교하였다. 7개의 인쇄회로 에지 접속기를 제어－침적(control-immersion) 주석으로 도금한 결과, 금 도금의 두께의 평균은 1.5μm, 표준편차는 0.25μm로 나타났다. 또한 5개의 접속기를 고정시킨 후에 총 침적 도금한 결과, 금 도금 두께의 평균은 1.0μm, 표준편차는 0.15μm이었다. 두 가지 방법으로 생산된 두께의 평균 차에 대한 99% 신뢰구간을 구하라.

11 부식 방지를 위한 코팅 배합 2가지를 비교하고자 한다. 이를 위해 총 8개의 파이프 중 절반은 배합 A로 코팅하였고, 나머지 절반은 배합 B로 코팅하였다. 각 파이프를 500시간 동안 소금에 노출시킨 후, 부식으로 인한 각 파이프의 손실량(μm)을 측정하였다.

Pipe	A	B
1	197	204
2	161	182
3	144	140
4	162	178
5	185	183
6	154	163
7	136	156
8	130	143

두 코팅 배합에 대한 손실량의 평균이 다르다고 할 수 있는가?

12 어떤 로켓 엔진의 설계에서 서로 다른 화학적 배합을 갖는 두 종류의 로켓연료 중 어떤 것이 최대출력을 낼 수 있는지가 검토되었다. 두 연료에 대해 추진력/중량 비율(kgf/g)을 각각 몇 번씩 측정하였다. 그 결과는 다음과 같다.

Fuel A : 54.3 52.9 57.9 58.2 53.4 51.4
56.8 55.9 57.9 56.8 58.4 52.9
55.5 51.3 51.8 53.3

Fuel B : 55.1 55.5 53.1 50.5 49.7 50.1
52.4 54.4 54.1 55.6 56.1 54.8
48.4 48.3 55.5 54.7

a. 연료생산 공장은 현재 연료 B를 생산하도록 설정되어 있으며, 설정을 전환하는데 드는 비용이 높다고 가정하자. 로켓 연료에 대한 추진력/중량 비율이 증가할수록 이득이므로, 연료 A로 설정을 변환할지 말지를 결정하기 위한 검정을 수행하기 위한 영가설과 대안가설을 어떻게 설정해야 하는가?

b. 연료 A를 생산하도록 설정을 변환해야 한다고 결론지을 수 있는가?

선형회귀분석

08

개요

$(x_1, y_1), \cdots, (x_n, y_n)$과 같이 쌍으로 배열된 자료를 이변수 자료라 한다. 제2장에서 우리는 최소제곱직선을 이용하여 주어진 x값으로부터 y값을 도출하는 법을 다뤘다.

많은 경우에 x, y가 식 $y = \beta_0 + \beta_1 x + \epsilon$을 만족하는 선형적 관계를 가진다고 가정하는 것이 합리적이다. 여기서, ϵ은 확률변수이다. 이 경우에 식 $y = \beta_0 + \beta_1 x$는 실제 회귀직선이며 표본을 통해 구한 최소제곱직선은 실제 직선에 의한 추정값이다. 8.1절에서는 신뢰구간을 구하고 실제 회귀직선에서의 기울기와 절편을 통해 가설검정을 수행하는 법을 다룰 것이다.

신뢰 간격과 가설검정이 타당하기 위해서는 확실한 가정들이 만족되어야 한다. 우리는 이러한 가정들을 확인하는 방법에 대해 다룰 것이며, 8.2절에서는 그것에 관한 명백한 위반에 대해 다룰 것이다.

이변수 자료에서 x는 독립변수이며, y는 종속변수이다. 종속변수 y가 하나의 독립변수 x에 영향을 받는 선형모형 $y = \beta_0 + \beta_1 x + \epsilon$를 단순회귀직선 모형이라고 한다. 그러나 하나의 독립변수로는 충분하지 않은 경우가 많고, 두 개 이상의 독립변수 x_1, x_2, x_3, $\cdots$, x_p가 종속변수 y에 영향을 미친다. 이러한 경우에 독립변수와 종속변수가 선형적 관계라면 다중회귀분석 방법을 이용한다.

예를 들어, 트럭의 연료 효율을 측정한다고 가정해보자. 이때 독립변수는 무게, 엔진위치, 트럭 출고일이다. 이러한 경우에 다중회귀분석법 $y = \beta_0 + \beta_1 x_1 + \beta_2 x_2 + \beta_3 x_3 + \epsilon$을 이용해서 연료의 효율을 예상할 수 있다($y$는 연료효율 x_1은 무게 x_2는 엔진위치, x_3는 트럭출고일). 8.3절과 8.4절에서 다중회귀분석에 관해 다룰 것이다.

8.1 회귀계수의 최소제곱 추정량

두 개의 변수가 선형적인 관계를 가질 때 그 분산은 최소제곱직선에서 알 수 있듯이 선형으로 분포한다(2.1절의 그림 2.2 참고). 많은 경우에 최소제곱곡선의 기울기와 절편을 통해 실제회귀곡선의 기울기와 절편을 추정한다. 이 장에서는 최소제곱직선을 이용하여 신뢰구간을 정하고 실제 직선상에 기울기와 절편에 대해 가설검정 하는 법을 알아보자.

한 가설 실험을 생각해보자. 스프링은 하중이 작용할 때 늘어나는 성질이 있다. 스프링 강성은 단위 하중 당 늘어나는 길이, 즉 '스프링 계수'로 측정된다. $x_1, x_2, \cdots, x_n$을 하중, l_i를 늘어나는 길이라고 할 때, 훅의 법칙에 따르면

$$l_i = \beta_0 + \beta_1 x_i \tag{8.1}$$

가 된다. 여기서 β_0는 원래 스프링의 길이이며 β_1은 스프링 계수이다.

하중 x_i가 작용할 때 측정 상의 오류를 고려한 스프링의 길이를 y_i라고 하면

$$y_i = l_i + \epsilon \tag{8.2}$$

이다. 여기서 ϵ_i는 i번째 측정에서 발생하는 오차이다. 식 (8.1)과 (8.2)를 통해 식 (8.3)을 도출할 수 있다.

$$y_i = \beta_0 + \beta_1 x_i + \epsilon_i \tag{8.3}$$

식 (8.3)에서 y는 종속변수, x는 독립변수, β_0, β_1은 회귀계수, ϵ_i는 오차이다. $y = \beta_0 + \beta_1 x$는 실제회귀직선이고 식 (8.3)은 선형모델이다.

표 8.1 다양한 하중 하에서 스프링의 길이측정

Weight(lb) x	Measured Length (in.) y	Weight(lb) x	Measured Length (in.) y
0.0	5.06	2.0	5.40
0.2	5.01	2.2	5.57
0.4	5.12	2.4	5.47
0.6	5.13	2.6	5.53
0.8	5.14	2.8	5.61
1.0	5.16	3.0	5.59
1.2	5.25	3.2	5.61
1.4	5.19	3.4	5.75
1.6	5.24	3.6	5.68
1.8	5.46	3.8	5.80

표 8.1은 가상 실험의 결과를 나타낸 것이다. β_1은 스프링 상수이고, β_0은 무 하중시 스프링의 길이이다. 측정상의 오차가 없다면 각 점들은 β_0을 x축 상의 절편으로 하고 기울기가 β_1인 직선상에 놓이게 된다. 하지만 측정상의 오류로 인해 β_0과 β_1은 정확히 결정될 수 없다. 최소제곱법을 이용하면 다음과 같이 나타낼 수 있다.

$$y = \hat{\beta}_0 + \hat{\beta}_1 x \tag{8.4}$$

여기서 $\hat{\beta}_0$, $\hat{\beta}_1$은 최소제곱계수이다. 회귀직선의 기울기 $\hat{\beta}_1$과 x축 절편 $\hat{\beta}_0$은 실제 스프링상수 β_1과 길이 β_0를 통해 구할 수 있다.

그림 8.1은 회귀곡선 위의 x에 관한 y의 산점도를 나타낸 것이다.

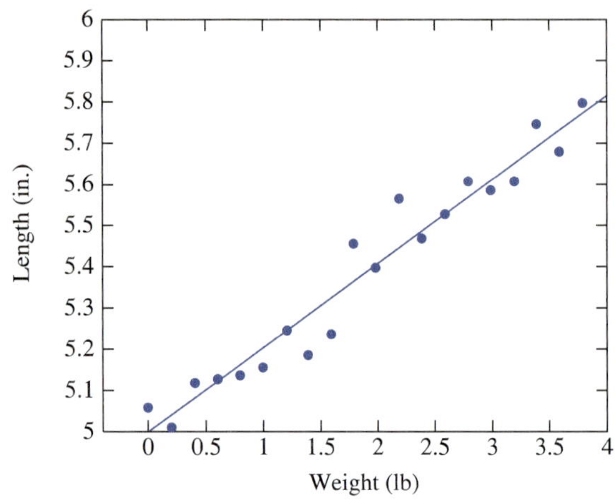

그림 8.1 스프링 대 하중의 측정길이

최소제곱계수를 구하는 공식은 식 (2.6), (2.7)에 나타내었다. 다시 요약하면,

Summary

$(x_1,y_1), \cdots, (x_n,y_n)$에서 최소제곱직선은 $y = \hat{\beta}_0 + \hat{\beta}_1 x$이다.

$$\hat{\beta}_1 = \frac{\sum_{i=1}^{n}(x_i - \overline{x})(y_i - \overline{y})}{\sum_{i=1}^{n}(x_i - \overline{x})^2} \tag{8.5}$$

$$\hat{\beta}_0 = \overline{y} - \hat{\beta}_1 \overline{x} \tag{8.6}$$

Example 8.1

표 8.1에 주어진 훅의 법칙 자료를 이용하여 스프링 상수와 길이의 최소제곱 추정량을 구하시오. 최소제곱직선을 이용하시오.

Solution

스프링 상수는 $\hat{\beta}_1$, 스프링 길이는 $\hat{\beta}_0$이다.

표 8.1을 통해 계산하면 $\overline{x}=1.9000$, $\overline{y}=5.3885$

$$\sum_{i=1}^{n}(x_i-\overline{x})^2=\sum_{i=1}^{n}x_i^2-n\overline{x}^2=26.6000$$

$$\sum_{i=1}^{n}(x_i-\overline{x})(y_i-\overline{y})=\sum_{i=1}^{n}x_iy_i-n\overline{x}\,\overline{y}=5.4430$$

식 (8.5), (8.6)을 통해

$$\hat{\beta}_1=\frac{5.4430}{26.6000}=0.2046$$

$$\hat{\beta}_0=5.3885-(0.2046)(1.9000)=4.9997$$

최소제곱직선의 식은 $y=\hat{\beta}_0+\hat{\beta}_1x$이다. 얻은 값을 대입하여 $y=4.9997+0.2046x$

최소제곱추정값의 확률변수

실제값 β_0, β_1과 최소제곱추정값 $\hat{\beta}_0$, $\hat{\beta}_1$의 차이를 이해하는 것은 중요하다. 실제값은 값이 정해지지 않은 상수이며, 추정값은 자료로부터 얻어지는 값이다. 우리는 실험이나 자료를 통해 실제값과 유사한 추정값을 얻게 되고 그 값을 사용하게 된다. 예를 들어, 후크의 법칙과 같은 실험은 무수히 반복될 수 있다. 실제값 β_0, β_1은 실험에 의한 값과 상관없는 상수이다. 하지만 실험에 의해 추정된 회귀계수 $\hat{\beta}_0$, $\hat{\beta}_1$은 실험 자료값에 의해 변한다. 추정값 β_0, β_1이 유용한 값이기 위해서는 자료의 분포를 알기위해 표준편차를 알아야 할 필요가 있다. 또한 표준편차를 구하기 위해서는 오차에 관하여 알아볼 필요가 있다.

다음의 중요한 가정을 만족하는 간단한 상황에 대해 알아보자.

선형모형의 확률오차에 관한 가정

1. 확률 오차 $\epsilon_1, \cdots, \epsilon_n$들은 서로 독립인 확률변수이다. ϵ_i와 ϵ_i+1은 상관관계가 없다.
2. 확률 오차 $\epsilon_1, \cdots, \epsilon_n$들의 평균은 0이다.
3. 확률 오차 $\epsilon_1, \cdots, \epsilon_n$들은 같은 분산을 가지며 분산은 σ^2이다.
4. 확률 오차 $\epsilon_1, \cdots, \epsilon_n$은 정규분포를 따른다.

위 가정들은 제한적이기 때문에 실제적으로 어느 정도의 위반을 수용하는 지를 알아보는 것이 필요하다. 표본의 크기가 크면 4번 가정 사항의 중요성이 작아진다. 분산이 일정하다는 가정에서 조금 벗어나는 것은 크게 문제되지 않지만 심각한 경우에는 정정되어야 한다. 이 문제에 관해서는 8.2절에서 다루겠다.

이러한 가정 이내에서 얼마나 큰 오차가 발생할 지는 분산에 따라 결정되기 때문에 오차 ϵ_1은 분산 σ^2에 큰 형향을 받는다. 이것은 먼저 각각의 x_i에 관한 $\hat{y}_i = \hat{\beta}_0 + \beta_1 x_i$를 구해보면 알 수 있다. 오차값은 $\epsilon_i = y_i - \hat{y}_i$이다. 오차에 관한 분산값 s^2는

$$s^2 = \frac{\sum_{i=1}^{n} e_i^2}{n-2} = \frac{\sum_{i=1}^{n} (y_i - \hat{y}_i)^2}{n-2} \tag{8.7}$$

오차 분산의 값은 오차값의 제곱에서 n이 아닌 $(n-2)$로 나눈 값이다. 최소제곱직선은 오차 제곱 합의 값을 작게 만들기 때문에 오차값은 실제 오차 ϵ_i보다 작은 경향이 있다. 따라서 적절히 값을 조정하기 위해 n이 아닌 $n-2$로 나눈다.

상관계수 r을 이용하면 보다 쉽게 s^2를 계산할 수 있다.

$$s^2 = \frac{(1-r^2)\sum_{i=1}^{n} (y_i - \overline{y})^2}{n-2} \tag{8.8}$$

1~4번의 가정 하에서 관측값 y_i 또한 확률변수이다. $y_i = \beta_0 + \beta_1 x_i + \epsilon_i$이기 때문에 y는 평균이 $\beta_0 + \beta_1 x_i$이고 분산이 σ^2인 정규분포를 따른다. β_1은 x가 증가할 때 변화하는 y의 변화량의 평균을 나타낸다.

Summary

1~4번의 가정 하의 선형모형 $y_i = \beta_0 + \beta_1 x_i + \epsilon_i$에서 관측값 $y_1, \cdots, y_i$는 정규분포에 따르는 종속변수이다. y_i의 평균과 분산은 다음과 같다.

$$\mu_{y_i} = \beta_0 + \beta_1 x_i$$

$$\sigma_{yi}^2 = \sigma^2$$

기울기 β_1은 x가 증가할 때 변화하는 y 변화량의 평균을 나타낸다.

$\hat{\beta}_0$, $\hat{\beta}_1$의 평균과 표준편차는 다음과 같다.

$$\mu_{\hat{\beta}_0} = \hat{\beta}_0, \quad \mu_{\hat{\beta}_1} = \hat{\beta}_1$$

$$\sigma_{\hat{\beta}_0} = \sigma\sqrt{\frac{1}{n} + \frac{\overline{x}^2}{\sum_{i=1}^{n}(x_i - \overline{x})^2}}, \quad \sigma_{\hat{\beta}_1} = \frac{\sigma}{\sum_{i=1}^{n}(x_i - \overline{x})^2}$$

$\hat{\beta}_0$, $\hat{\beta}_1$은 그 평균값이 실제값과 같기 때문에 불편 추정량이다. 또한 독립 정규 확률 변수 y_i의 선형 조합이기 때문에 정규분포를 따른다.

실제로 표준편차를 계산할 때 σ값을 모르기 때문에 근사적으로 s값을 사용한다.

Summary

1~4번의 가정 하에서

- $\hat{\beta}_0$, $\hat{\beta}_1$은 정규분포를 따르는 확률변수이다.
- $\hat{\beta}_0$, $\hat{\beta}_1$의 평균은 실제값 β_0, β_1과 같다.
- $\hat{\beta}_0$, $\hat{\beta}_1$의 표준편차는 다음과 같이 계산한다.

$$s_{\hat{\beta}_0} = s\sqrt{\frac{1}{n} + \frac{\overline{x^2}}{\sum_{i=1}^{n}(x_i - \bar{x})^2}} \tag{8.9}$$

$$s_{\hat{\beta}_1} = \frac{s}{\sum_{i=1}^{n}(x_i - \bar{x})^2} \tag{8.10}$$

여기서 $s = \sqrt{\dfrac{(1-r^2)\sum_{i=1}^{n}(y_i - \bar{y})^2}{n-2}}$

Example 8.2

훅의 법칙 자료를 가지고 s, $s_{\hat{\beta}_1}$, $s_{\hat{\beta}_0}$를 구하시오. 스프링 상수와 스프링의 원래 길이, 그리고 표준편차를 구하시오.

Solution

예제 8.1에서 $\bar{x} = 1.9000$, $\bar{y} = 5.3885 \sqrt{\sum_{i=1}^{n}(x_i - \bar{x})^2} = 26.6000$, $\sum_{i=1}^{n}(x_i - \bar{x})(y_i - \bar{y}) = 5.4430$을 구했다. $\sqrt{\sum_{i=1}^{n}(y_i - \bar{y})^2} = 1.1733$이고, s를 계산하기 위해서 먼저 상관계수 r을 구한다.

$$r = \frac{\sum_{i=1}^{n}(x_i - \bar{x})(y_i - \bar{y})}{\sqrt{\sum_{i=1}^{n}(x_i - \bar{x})^2}\sqrt{\sum_{i=1}^{n}(y_i - \bar{y})^2}} \quad \text{(2.1절 식 2.1)}$$

상관계수 $r = 5.4430/\sqrt{(26.6000)(1.1733)} = 0.9743$

식 (8.8)에 대입하여 $s = 0.0575$, 식 (8.9)에 대입하여 $s_{\hat{\beta}_0} = 0.0248$

식 (8.10)에 대입하여 $s_{\hat{\beta}_1} = 0.0111$

x값이 넓게 분포할수록 좋다.

표준편차 $s_{\hat{\beta}_0}$, $s_{\hat{\beta}_1}$을 구하는 식 (8.9), (8.10)에서 $\sum_{i=1}^{n}(x_i-\overline{x})^2$ 항이 분모에 들어있다. 다른 값이 일정하다면 x의 값이 넓게 분포할 때 $\hat{\beta}_0$, $\hat{\beta}_1$의 표준편차값이 작아지게 되고 실제값 β_0, β_1에 근접한 추정값이 된다. 물론 x값이 너무 크거나 작아서 선형모델 임계점 범위를 벗어나지 않는 것도 중요하다.

> **Summary**
>
> x값을 선택할 때 값들이 넓게 퍼질수록 $\hat{\beta}_0$, $\hat{\beta}_1$의 표준편차가 작아진다. 특히 $\hat{\beta}_1$의 표준편차 $\sigma_{\hat{\beta}_1}$은 $\sqrt{\sum_{i=1}^{n}(x_i-\overline{x})^2}$ 또는 표본의 독립변수 $X_1, \cdots, X_n$의 표준편차와 반비례한다.
>
> ※ 주의 : x값이 선형모델임계점 범위를 벗어나게 되면 결과가 유효하지 않다.

추정회귀직선의 정확도를 높일 수 있는 다른 두 가지 방법이 있다. 보다 많은 관측을 통하여 $\sum_{i=1}^{n}(x_i-\overline{x})^2$의 값을 크게 만드는 방법과 보다 정확한 측정으로 오차의 분산 σ^2의 크기를 줄이는 방법이다. 그러나 이 두 가지 방법은 많은 노력이 필요하다.

Example 8.3

두 명의 엔지니어가 특정 스프링의 스프링계수를 측정하기 위한 독립적인 실험을 하려 한다. 엔지니어 A는 0, 1, 2, 3, 4 lb의 하중 사용을 제안하였고 엔지니어 B는 0, 2, 4, 6, 8 lb의 하중 사용을 제안하였다. 어느 엔지니어의 결과가 더 정확할 것인가? 그 이유는?

Solution

0, 2, 4, 6, 8의 표준편차는 0, 1, 2, 3, 4의 표준편차의 2배이다. 따라서 A엔지니어의 표준편차가 B엔지니어의 표준편차보다 2배 크고 B엔지니어의 결과가 2배 정확하다.

위 solution에는 두 가지 가정 사항이 있다. 첫째는 두 엔지니어 측정결과의 오차분산이 같다는 것이다. 같은 도구와 측정 방법을 사용하였을 때 이 가정이 성립한다. 그러나 한 엔지니어가 더 정밀하게 측정하였다면 이것에 대해 고려할 필요가 있다. 둘째는 8 lb까지 스프링이 탄성거동을 하여 모든 자료가 선형모델을 만족한다는 것이다.

기울기와 절편의 추정

좌표 (x_1, y_1), $\cdots$, (x_n, y_n)가 주어지면 최소제곱직선의 기울기 $\hat{\beta}_0$와 y절편 $\hat{\beta}_1$을 구할 수 있다. 실제 기울기 β_1과 실제 절편 β_0의 추정하기 위해서 추정값 $\hat{\beta}_0$, $\hat{\beta}_1$을 이용한다. 이러한 추정값을 이용하여 실제값 β_1, β_0의 신뢰구간을 추정하고 검정하는 방법에 대해 알아보자.

모평균의 추정과 검정에 사용되는 Student's t분포를 기반으로 한 방법이 그대로 적용될 수 있다.

앞에서 언급한 4가지 가정 사항 하에서 $\hat{\beta}_0$와 $\hat{\beta}_1$이 각각 β_0, β_1, 표준편차 $s_{\hat{\beta}_0}$, $s_{\hat{\beta}_1}$을 갖는 정규분포를 나타낸다는 것을 알았다.

$(\hat{\beta}_0-\beta_0)/s_{\beta_0}$과 $(\hat{\beta}_1-\beta_1)/s_{\beta_1}$의 값은 자유도가 $n-2$일 때의 Student's t분포를 따른다. $s_{\hat{\beta}_0}$와 $s_{\hat{\beta}_1}$를 계산하는 과정에서 오차 제곱의 합에 $n-2$를 나눴기 때문에 자유도 역시 $n-2$가 된다. 표본의 크기 n이 충분히 크다면 정규분포와 Student's t분포는 거의 유사하며, Student's t분포를 정규분포 대신 사용할 수 있다.

그러나 대부분의 소프트웨어들은 현재 표본의 사이즈와 무관하게 Student's t분포를 사용하고 있다.

Summary

4가지 가정 하에서 $(\hat{\beta}_0-\beta_0)/s_{\hat{\beta}_0}$와 $(\beta_1-\beta_1)/s_{\hat{\beta}_1}$의 값은 자유도가 $n-2$인 Student's t분포를 따른다.

β_0, β_1에 관한 신뢰구간은 Student's t분포에서 신뢰구간을 구하는 것과 거의 같은 방법으로 구할 수 있다. $t_{n-2,\alpha/2}$를 자유도 $n-2$를 가지는 Student's t곡선에서 오른쪽으로 면적 $\alpha/2$를 가지는 점이라 하사. 이 점의 값이 $\hat{\beta}_0$, $\hat{\beta}_1$의 신뢰구긴이 되고 표본 오차는 s_{β_0}, $s_{\hat{\beta}_1}$ 한계값은 $t_{n-2,\alpha/2}$이다.

β_0, β_1에 관한 $100(1-\alpha)\%$ 신뢰구간은

$$\hat{\beta}_0 \pm t_{n-2,\alpha/2}\cdot S_{\hat{\beta}_0},\quad \hat{\beta}_1 \pm t_{n-2,\alpha/2}\cdot S_{\hat{\beta}_1} \tag{8.11}$$

여기서 $s_{\hat{\beta}_0}=s\sqrt{\dfrac{1}{n}+\dfrac{\overline{x}^2}{\sum_{i=1}^{n}(x_i-\overline{x})^2}}$, $s_{\hat{\beta}_1}=\dfrac{s}{\sqrt{\sum_{i=1}^{n}(x_i-\overline{x})^2}}$

Example 8.4

훅의 법칙 자료에서 스프링 상수의 95% 신뢰구간을 구하시오.

Solution

스프링 상수는 β_1이다. 예제 8.1에서 $\hat{\beta}_1=0.2046$, $s_{\hat{\beta}_1}=0.0111$이다.
자유도 $n-2$는 $20-2=18$이다. 따라서 95% 신뢰구간에서 $t(18, 0.25)=2.101$이다.
따라서 β_1의 신뢰구간은 $0.2046\pm(2.101)(0.0111)=0.2046\pm0.0233=(0.181, 0.228)$
95% 신뢰구간에서 하중 1 lb당 스프링 길이는 0.181~0.228로 증가한다.
물론 이 신뢰구간은 자료의 범위 안에서만 유효하다(0~3.8 lb).

Example 8.5 훅의 법칙 자료에서 무 하중 시 스프링 길이의 99% 신뢰구간을 구하시오.

Solution

무 하중 시 스프링의 길이는 β_0이다. 예제 8.1과 8.2에서 $\hat{\beta}_0 = 4.9997$, $s_{\beta_0} = 0.0248$이다.
자유도 $n-2$는 $20-2=18$이고, 99% 신뢰구간에서 $t(18, 0.05) = 2.878$이다.
따라서 β_0의 신뢰구간은 $4.9997 \pm (2.878)(0.0248) = 4.9997 \pm 0.0714 = (4.928, 5.071)$
그러므로 99% 신뢰구간에서 무 하중 시 스프링의 길이는 4.928~5.071이다.

또한 β_0, β_1에 대한 가설검정을 할 수 있다. 다음의 예제를 살펴보자.

Example 8.6 스프링 제조업자가 스프링 계수 β_1이 최소 0.215 in./lb 이상이 되기를 요구하였다. 추정 스프링 계수 $\hat{\beta}_1$의 값은 0.2046 in./lb이다. 제조업자의 요구가 잘못되었다고 말할 수 있는가?

Solution

위의 문제는 가설검정이라고 불린다. 귀무가설과 대립가설은

$$H_0 : \beta_1 \geq 0.215 \quad \text{vs} \quad \text{H}_1 : \beta_1 < 0.215$$

$(\hat{\beta}_1 - \beta_1)/s_{\hat{\beta}_1}$은 자유도 $n = 20-2 = 18$의 Student's t분포를 가진다.
따라서 검정통계량은 $(\hat{\beta}_1 - 0.215)/s_{\hat{\beta}_1}$이다.
앞에서 구한 $\hat{\beta}_1 = 0.2046$, $s_{\hat{\beta}_1} = 0.0011$을 대입하면 $(0.2046-0.215)/0.0111 = -0.937$
Student's t의 표를 참고하면 P-값은 0.10~0.25가 된다.
따라서 이러한 자료를 기준으로 제조업자의 요구사항을 거절할 수 없다.

Example 8.7 훅의 법칙 자료를 통해서 무 하중 시 스프링의 길이가 4.9 in.보다 길다고 할 수 있는가?

Solution

가설검정이 필요하다. 귀무가설과 대립가설은

$$H_0 : \beta_0 \leq 0.49 \quad \text{vs} \quad \text{H}_1 : \beta_0 > 4.9$$

$(\hat{\beta}_0 - \beta_0)/s_{\hat{\beta}_0}$은 자유도 $n = 20-2 = 18$의 Student's t분포를 가진다.
따라서 검정통계량은 $(\hat{\beta}_0 - 4.9)/s_{\hat{\beta}_0}$이다.
앞에서 구한 $\hat{\beta}_0 = 4.9997$, $s_{\hat{\beta}_0} = 0.0248$을 대입하면 $(4.9997-4.9)/0.0248 = 4.020$
Student's t의 표를 참고하면 P-값은 0.0005보다 작은 것을 알 수 있다.
따라서 무 하중 시 스프링의 길이는 4.9 in. 이상이라고 할 수 있다.

가장 일반적인 귀무가설은 $H_0 : \beta_1 = 0$이다. 만약 이 가설이 참이라면 x값이 증가하거나 감소하여도 y값에 영향을 미치지 않는다. 이는 x, y가 선형적인 관계를 갖지 않는 것을 의미한다. 대개 가설 $\beta_1 = 0$이 틀리지 않다면 x로부터 y를 구할 때 선형모형을 사용하지 않는다.

Example 8.8

합성섬유의 수축에 대한 온도의 영향을 구하는 실험에서 25가지 합성섬유를 다양한 온도에 노출시켰다. 각각의 실험 군에서 온도(℃)와 수축률(%)을 측정하여 다음과 같은 결과를 얻을 수 있었다.

$$\sum_{i=1}^{n}(x_i-\bar{x})^2=87.34$$

$$\sum_{i=1}^{n}(x_i-\bar{x})(y_i-\bar{y})=11.62$$

$$s=0.951$$

x, y가 선형모형을 따른다고 가정하고 온도 1℃당 추정 수축률을 구하시오. 온도와 수축률 관계를 예상할 때 선형모형을 사용해도 되는가?

Solution

선형모델 $y=\beta_0+\beta_1 x+\epsilon$에서 온도가 1℃ 상승할 때 변하는 수축률은 β_1이다.

귀무가설과 대립가설은 $H_0:\beta_1=0 \ \ vs \ \ H_1:\beta_1\neq 0$

귀무가설은 온도의 상승이 수축률에 영향을 미치지 않는다는 것이고, 대립가설은 영향을 미친다는 것이다.

$(\hat{\beta}_1-\beta_1)/s_{\hat{\beta}_1}$은 자유도 $n=25-2=23$의 Student's t분포를 가진다.

H_0에서 $\beta_1=0$이고, 검정통계량은 $(\hat{\beta}_1-0)/s_{\hat{\beta}_1}$이다. $\hat{\beta}_1$와 $s_{\hat{\beta}_1}$를 풀면

$$\hat{\beta}_1=\frac{\sum_{i=1}^{n}(x_i-\bar{x})(y_i-\bar{y})}{\sum_{i=1}^{n}(x_i-\bar{x})^2}=\frac{11.62}{87.34}$$

$$=0.13304$$

$$s_{\hat{\beta}_1}=\frac{s}{\sqrt{\sum_{i=1}^{n}(x_i-\bar{x})^2}}$$

$$=0.10176$$

검정통계량 $(0.13304-0)/0.10176=1.307$이므로 Student's t의 표에서 P-값은 0.20보다 크다. 따라서 선형모델이 적합하다고 말할 수 없다.

평균 반응치에 대한 추론

훅의 법칙 자료를 사용하여 적절한 값 $\hat{y}=\hat{\beta}_0+\hat{\beta}_1 x$를 계산하여서 하중 x lb에서의 스프링의 길이를 구할 수 있다. $\hat{\beta}_0$, $\hat{\beta}_1$값이 확률변수이기 때문에 $\hat{y}$ 역시 확률 변수이다. $\hat{y}$를 좀 더 유용하게 측정하기 위해서 이 확률 변수를 반영하는 신뢰구간을 세울 필요가 있다. 이 방법에 대해 알아보자. 측정값 y가 하중 x lb에서의 스프링 길이일 때, y의 평균값은 실제 길이 $\beta_0+\beta_1 x$가 될 것이다(β_1은 실제 스프링 계수, β_0는 무하중 시 스프링 길이). 우리는 이 길이를 $\hat{y}=\hat{\beta}_0+\hat{\beta}_1 x$를 통해 추정한다. $\hat{\beta}_0$, $\hat{\beta}_1$의 평균이 β_0, β_1인 정규분포를 따르기 때문

에 $\hat{y}$ 역시 $\beta_0 + \beta_1 x$를 평균으로 하는 정규분포를 따른다. 신뢰구간을 구하기 위해 $\hat{y}$를 사용하려면 표준편차를 알아야 한다. 표준편차는 다음과 같이 계산된다.

$$s_{\hat{y}} = s\sqrt{\frac{1}{n} + \frac{(x - \overline{x})^2}{\sum_{i=1}^{n}(x_i - \overline{x})^2}} \tag{8.12}$$

$[\hat{y} - (\beta_0 + \beta_1 x)]/s_{\hat{y}}$는 자유도 $n-2$를 가지는 Student's t분포를 따른다. 이제 평균 반응값에 대한 신뢰구간을 나타낼 수 있다.

> $\beta_0 + \beta_1 x$에 관한 $100(1-\alpha)\%$ 신뢰구간은
>
> $$\hat{\beta}_0 + \hat{\beta}_1 x \pm t_{n-2, \alpha/2} \cdot s_{\hat{y}} \tag{8.13}$$
>
> 여기서, $s_{\hat{y}} = s\sqrt{\frac{1}{n} + \frac{(x - \overline{x})^2}{\sum_{i=1}^{n}(x_i - \overline{x})^2}}$

Example 8.9

훅의 법칙 자료에서 하중 1.4 lb에서 스프링 길이의 95% 신뢰구간을 구하시오.

Solution

식 (8.13)을 이용해서 $\hat{y}$, $s_{\hat{y}}$, $\hat{\beta}_0$, $\hat{\beta}_1$을 구한다. $n = 20$이며, 예제 8.2에서 $s = 0.0575$, 예제 8.1에서 $\hat{\beta}_1 = 0.2046$, $\hat{\beta}_0 = 4.9997$, $\overline{x} = 1.9$, $\sum_{i=1}^{n}(x_i - \overline{x})^2 = 26.6$이다. $x = 1.4$를 대입하여

$$\hat{y} = \hat{\beta}_0 + \hat{\beta}_1 x = 4.9997 + (0.2046)(1.4)$$
$$= 5.286$$

식 (8.12)에 $x = 1.4$를 대입하여

$$0.0575\sqrt{\frac{1}{20} + \frac{(1.4 - 1.9)^2}{26.6}} = 0.0140$$

자유도는 $n-2 = 20-2 = 18$이다. t-값은 $t_{18,.025} = 2.101$이다.

식 (8.13)을 이용해서 95% 신뢰구간은

$$5.286 \pm (2.101)(0.0140) = 5.286 \pm 0.0294 = (5.26, 5.32)$$

Example 8.10

아래에 산소 함유량(x)과 최대 용접 성능에 관한 29번의 실험결과가 있다. 산소 함유량은 1/1000, 결합력은 ksi 단위로 측정되었다. 선형모델을 사용하여 산소 함유율 1.7에서 평균 결합력의 95% 신뢰구간을 구하시오.

Solution

$\bar{x} = 1.51966$, $\bar{y} = 75.4966$, $\Sigma_{i=1}^{n}(x_i - \bar{x})^2 = 1.33770$, $\Sigma_{i=1}^{n}(y_i - \bar{y})^2 = 1304.23$

$\sum_{i=1}^{n}(x_i - \bar{x})(y_i - \bar{y}) = 22.6377$, $\hat{\beta}_0 = 49.7796$, $\hat{\beta}_1 = 16.9229$, $s = 5.84090$

산소 함유 1.7에서 평균 결합력 추정량은

$$\hat{y} = \hat{\beta}_0 + \hat{\beta}_1(1.7) = 49.7796 + (16.9929)(1.7) \\ = 78.5485$$

$\hat{y}$의 표준편차 추정량 $s_{\hat{y}}$는

$$s_{\hat{y}} = s\sqrt{\frac{1}{n} + \frac{(x - \bar{x})^2}{\sum_{i=1}^{n}(x_i - \bar{x})^2}} = 5.84090\sqrt{\frac{1}{29} + \frac{(1.7 - \overline{1.51966})^2}{1.33770}} \\ = 1.4163$$

자유도는 $n - 2 = 29 - 2 = 27$이며 t-값은 $t_{27,0.25} = 2.052$이다.

95% 신뢰구간은 $78.5485 \pm (2.052)(1.4163) = 78.5485 \pm 2.9062 = (75.64, 81.45)$

Student's t분포를 이용해서 평균 반응치에 관한 가설검정을 할 수 있다. 예제를 살펴보자.

Example 8.11

예제 8.9에서 μ_0을 하중 1.6 lb에서의 실제 스프링 길이라고 하자. 다음 가설을 검정하시오.

$$H_0 : \mu_0 \le 5.3 \quad \text{vs} \quad H_1 : \mu_0 > 5.3$$

Solution

μ_0는 하중 1.6 lb에서 실제 스프링 길이이므로 $\mu_0 = \beta_0 + \beta_1(1.6)$, $\hat{y} = \hat{\beta}_0 + \hat{\beta}_1(1.6)$이라 하고

$$\frac{\hat{y} - [\beta_0 + \beta_1(1.6)]}{s_{\hat{y}}} = \frac{\hat{y} - \mu_0}{s_{\hat{y}}}$$

는 자유도 $n - 2 = 18$인 Student's t분포를 따른다. H_0에서 μ_0은 5.3이고 검정통계량은

$$(\hat{y} - \mu_0) / s_{\hat{y}}$$

$\hat{y}$, $s_{\hat{y}}$를 풀면

$$\hat{y} = \hat{\beta}_0 + \hat{\beta}_1(1.7) = 4.9997 + (0.2046)(1.6)5.3271$$

$$s_{\hat{y}} = 0.0575\sqrt{\frac{1}{20} + \frac{(1.6 - 1.9)^2}{26.6000}} = 0.0133$$

검정통계량은 $\dfrac{(5.3271 - 5.3)}{0.0133} = 2.04$

P-값은 $0.025 \sim 0.05$이다. 따라서 스프링의 길이는 5.3 in. 이상이다.

미래 반응치에 대한 예측구간

예제 8.10에서 산소 함유량 1.7‰에서의 평균 결합력에 대한 신뢰성을 구하였다. 여기서 우리는 평균 결합력이 아닌 특정 결합력을 알고 싶다고 가정해보자.

예제 8.10에서 계산한 값을 이용하여 결합력을 $\hat{y}=\hat{\beta}_0+\hat{\beta}_1(1.7)=49.7796+16.9229\times 1.7=78.5485$라고 예상할 수 있다. 이 예상값은 산소 함유량 1.7에 대한 모든 결합력의 평균 추정값과 같다. 결합력을 예측하기 위해 지정된 신뢰도로 결합력을 포함할 예측구간을 결정하고자 한다.

이 예측구간을 구하기 위해서 예측값의 확률 변수를 정해야 한다. 산소 함유량 1.7에서 평균 결합력은 $\beta_0+\beta_1(1.7)$이고 실제 결합력은 $\beta_0+\beta_1(1.7)+\epsilon$이 될 것이다. 여기서, ϵ는 산소 함유량 1.7에서 특정 결합력과 평균 결합력 사이의 평균오차를 나타낸다. 특정 결합력과 $\hat{y}$사이의 오차는 예측오차이며, 식 (8.14)로 표현할 수 있다.

$$\hat{y}-[\beta_0+\beta_1(1.7)]-\epsilon \tag{8.14}$$

$\beta_0+\beta_1(1.7)$의 값이 일정하기 때문에 예측오차의 분산은 $\hat{y}$의 분산과 ϵ의 오차의 합이다. 식 (8.14)의 예측오차의 근사값은

$$s_{pred}=\sqrt{s_{\hat{y}}^2+s^2}$$

식 (8.12)에서 $s_{\hat{y}}$를 위의 식에 대입하면

$$s_{pred}=s\sqrt{1+\frac{1}{n}+\frac{(x-\overline{x})^2}{\sum_{i=1}^{n}(x_i-\overline{x})^2}} \tag{8.15}$$

예측구간에 관한 식을 다음과 같이 나타낼 수 있다.

> $\beta_0+\beta_1 x$에 관한 $100(1-\alpha)\%$ 예측구간은
>
> $$\hat{\beta}_0+\hat{\beta}_1 x\pm t_{n-2,\alpha/2}\cdot s_{pred} \tag{8.16}$$
>
> 여기서, $s_{pred}=s\sqrt{1+\frac{1}{n}+\frac{(x-\overline{x})^2}{\sum_{i=1}^{n}(x_i-\overline{x})^2}}$

※ s_{pred}가 $s_{\hat{y}}$의 값보다 크기 때문에 예측구간이 신뢰구간보다 더 크다.

Example 8.12 예제 8.10에서 산소함유량 1.7‰에서의 결합력에 관한 95% 예측구간을 구하시오.

Solution

예제 8.10에서 $\hat{y}=\hat{\beta}_0+\hat{\beta}_1(1,7)=75.5485$

예제 8.10의 조건들을 통해

$$s_{pred}=5.84090\sqrt{1+\frac{1}{29}+\frac{(1.7-1.51966)^2}{1.33770}}$$
$$=6.0102$$

자유도 $n-2=29-2=27$이고 $t_{27,0.25}=2.052$

따라서 예측구간은

$$78.5485\pm(2.052)(6.0102)=75.5485\pm12.3329$$
$$=(66.22, 90.88)$$

컴퓨터 출력결과의 해석

현재 최소제곱 계산은 컴퓨터를 통해 이루어지고 있다. 다음은 훅의 법칙 자료에 관한 계산 과정이다.

```
Regression Analysis: Length versus Weight

The regression equation is
Length = 5.00 + 0.205 Weight (1)

Predictor          Coef (2)   SE Coef (3)       T (4)     P (5)
Constant        4.99971      0.02477      201.81     0.000
Weight          0.20462      0.01115       18.36     0.000

S = 0.05749 (6)    R-Sq = 94.9% (7)    R-Sq(adj) = 94.6%

Analysis of Variance (8)

Source             DF          SS          MS         F        P
Regression          1      1.1138      1.1138    337.02    0.000
Residual Error     18      0.0595      0.0033
Total              19      1.1733

Unusual Observations (9)
Obs     Weight    Length         Fit      SE Fit    Residual    St Resid
 12       2.20    5.5700      5.4499      0.0133      0.1201       2.15R

R denotes an observation with a large standardized residual

Predicted Values for New Observations (10)

New Obs      Fit      SE Fit        95.0% CI                 95.0% PI
1         5.2453      0.0150    ( 5.2137,  5.2769)  (  5.1204,  5.3701)

Values of Predictors for New Observations (11)

New Obs     Weight
1             1.20
```

(1) 이 식은 최소제곱직선법이다.

(2) Coef : $\hat{\beta}_0 = 4,99971$, $\hat{\beta}_1 = 0.20462$

(3) SE Coef : 표준편차 $s_{\hat{\beta}_0}$, $s_{\hat{\beta}_1}$

(4) T : 가설 검점에서 $\beta_0 = 0$, $\beta_1 = 0$일 때 Student's t-값

(5) P : 가설검정에서 $\beta_0 = 0$, $\beta_1 = 0$일 때 P이다. β_1에 대한 P가 더 중요하다.

P가 $\beta_1 = 0$을 만족하지 않을 만큼 작지 않으면 x로부터 y값을 예상하는데 선형모형이 유용하지 않다. 이 예제에서는 P가 아주 작기 때문에 β_0, β_1 모두 0이 아니다.

(6) S : 오차 표준편차의 추정값

(7) R-Sq : 상관계수 r^2

(8) **분산 분석** : 이 표는 하나의 독립변수를 갖는 단순회기직선에서는 크게 중요하지 않고 두 개 이상의 독립변수를 갖는 다중회귀에서 중요하다. SS 밑의 항은 각각 $\sum_{i=1}^{n}(\hat{y}_i - y)^2$, 오차의 합 $\sum_{i=1}^{n}(y_i - \hat{y}_i)^2$, 위 두 항의 합 $\sum_{i=1}^{n}(y_i - \overline{y})^2$이다.

(9) 앞에서 언급한 1~4 가정 사항을 벗어났을 때 나올 수 있는 자료들이다. 8.2절에서 선형모형의 가정 사항을 확인하는 방법을 배우도록 한다.

(10) 사용자가 정한 변수 x에 대한 신뢰구간과 예측구간이다. 주어진 자료가 $x = 1.2$일 때 Fit항은 $\hat{y} = \hat{\beta}_0 + \hat{\beta}_1 x$, SE Fit 항은 표준편차 $s_{\hat{y}}$이다. 다음 두 항은 이 자료에 관한 신뢰구간, 예측구간이다.

(11) 신뢰구간과 예측구간에 사용된 x값이다. 예제에서 사용된 x값은 1.2이다.

모집단 상관계수의 추론

좌표 (x_i, y_i)가 순서쌍으로 이루어진 모집단의 무작위 표본일 경우, 상관계수 r은 표본상관계수라 부른다. p라는 모집단 상관계수가 있다고 하고, 모집단 상관계수에 관한 직관적인 이해를 위해 먼저 모집단이 많은 수의 점들로 구성되어 있다고 생각해보자. 모집단 상관계수는 표본평균을 이용하여 식 (2.1)을 통해 구한다.

모집단이 이변수 정규분포를 따른다면 표본상관계수 r을 모집단 상관계수 p에 대한 신뢰구간을 정하고 가설검정을 하는데 이용할 수 있다. 실제로 x축 좌표와 y축 좌표가 모두 정규분포를 따른다면 모집단이 이변수 정규분포를 따르므로 신뢰구간과 뒤에 언급될 검정이 타당하다.

가장 많이 사용되는 귀무가설검정의 형태는 $p = 0$, $p \leq 0$, $p \geq 0$이다. 이 가설검정은 검정통계량을 기반으로 한다.

$$U = \frac{r\sqrt{n-2}}{\sqrt{1-r^2}}$$

$p = 0$일 때 U는 자유도가 $n-2$인 Student's t분포를 따른다.

Example 8.13

"나사못의 유지력" (D.Rammer, S. Winistorfer, and D. Bender, Journal of Structural Engineering, 2001:442-449) 에서는 못의 지름(x)과 유지력(y)의 관계 실험에 대해 설명하고 있다. 매년, 더글러스 전나무 목재에 못을 박아 유지력(N/mm)을 계산하였다. 다음은 지름이 다른 10개의 결과를 나타낸 것이다.

x	2.52	2.87	3.05	3.43	3.68	3.76	3.76	4.50	4.50	5.26
y	54.74	59.01	72.92	50.85	54.99	60.56	69.08	77.03	6.997	90.70

표본의 상관계수는 $r = 0.7492$로 계산되었다. $H_0 : \rho \le 0$ 대 $H_1 : \rho > 0$을 검정하라.

Solution

H_0이 사실일 때 $\rho = 0$으로 간주한다. 통계량 U는 학생의 자유도가 $n-2=8$인 t분포를 나타내고 있다. 표본의 상관 계수는 $r = 0.7492$이므로 U의 값은

$$U = \frac{r\sqrt{n-2}}{\sqrt{1-r^2}} = \frac{0.7492\sqrt{10-2}}{\sqrt{1-0.7492^2}} = 3.199$$

자유도 8로 t분포표를 보면 P의 값이 0.005와 0.01 사이이다.
그러므로 $\rho > 0$이라고 결론지을 수 있다.

연습 8.1

화학실험을 12번 시행하여 기온 x_i(섭씨)와 산출량 y_i(이론적 최대치대비 비율 %)이 매번 기록되었다. 다음은 요약된 통계량들이다.

$\bar{x} = 65.0, \quad \bar{y} = 29.05$

$$\sum_{i=1}^{12}(x_i - \bar{x})^2 = 6032.0$$

$$\sum_{i=1}^{12}(y_i - \bar{y})^2 = 835.42$$

$$\sum_{i=1}^{12}(x_i - \bar{x})(y_i - \bar{y}) = 1988.4$$

β_0를 섭씨 0도에서의 가상 산출량이라 하고, β_1은 기온 1도 증가에 따른 산출량의 증가를 나타낸다고 하자. 287쪽에 있는 선형모형의 확률오차에 관한 가정 1부터 4까지 성립된다고 가정한다.

a. $\hat{\beta}_0$와 $\hat{\beta}_1$을 예측하는 최소제곱 추정치를 구하시오.

b. s^2를 구하시오.

c. β_0와 β_1에 대한 95% 신뢰구간을 구하시오.

d. 화학공학엔지니어는 산출량이 기온 1도 증

가 당 0.5 이상 증가한다고 주장한다. 주어진 자료들이 그 주장이 틀렸다고 결론짓기에 충분한가?

e. 기온 40도일 때 평균 산출량에 대한 95% 신뢰구간을 찾으시오.

f. 기온 40도일 때 특정 반응의 산출량에 대한 95% 예측구간을 찾으시오.

2 오존(O_3)은 많은 도시에서 대기오염의 주범이다. 오존층은 날씨를 포함한 많은 요인들에 의해 영향을 받는다. 한 연구에서는 평균 상대습도 퍼센트(x)와 평균 오존 농도(y, ppb)를 120일 동안 측정하였다. 다음 MINITAB 결과는 이 자료에 선형모형 적용결과이다. 287쪽에 있는 선형모형의 확률오차에 관한 가정 1부터 4까지 적용된다고 가정한다.

```
The regression equation is
Ozone = 88.8 - 0.752 Humidity

Predictor        Coef     SE Coef          T        P
Constant       88.761       7.288      12.18    0.000
Humidity      -0.7524     0.13024      -5.78    0.000

S = 11.43        R-Sq = 22.0%      R-Sq(adj) = 21.4%

Predicted Values for New Observations

New Obs     Fit    SE Fit          95.0% CI              95.0% PI
1         43.62      1.20    ( 41.23  46.00)    ( 20.86, 66.37)

Values of Predictors for New Observations

New Obs    Humidity
1              60.0
```

a. 최소제곱직선의 기울기와 절편은 무엇인가?

b. 상대습도로부터 오존 농도를 예측하기에 선형모형은 유용한가?

c. 상대습도가 50%인 날의 오존 농도를 예측하시오.

d. 상대습도와 오존농도의 연관성은 무엇인가?

e. MINITAB결과는 상대습도가 60%인 날의 평균 오존농도에 대한 95% 신뢰구간을 제공하며, 120개의 관찰값이 있다. "SE Fit" 값을 사용하여 90% 신뢰구간을 찾으시오.

f. 실제 상대습도가 60%인 어떤 날, 누군가 그 날의 상대습도는 80 ppb라고 예측하였다. 이 예측은 타당한가? 그렇다면 설명하시오. 아니라면, 예측된 값의 타당한 범위를 쓰시오.

3 "알칼리 실리카 반응에 영향을 받은 콘크리트 확장 평가. 파트 III : 기존 구조에의 응용" (M. Berube, N. Smaoui, et al, Canadian Journal of Civil Engineering, 2005:463-479) 은 캐나다 퀘벡시 지역에 있는 콘크리트 교량 여러 개의 확장에 대한 측정결과를 보고하고 있다. 다음은 Pere−Lelievre 다리의 여러 위치에 대한 수평과 수직 확산의 측정(파트 당 100,000)이다.

Horizontal (x)	20	15	43	5	18	24	32	10	21
Vertical (y)	58	58	55	80	58	68	57	69	63

a. 수직과 수평 확장의 최소제곱직선을 구하시오.

b. β_0와 β_1에 대한 95% 신뢰구간을 구하시오.

c. 수평 확장이 25인 곳에 수직 확장에 대한 95% 신뢰구간을 구하시오.

d. 수직 확장은 두 장소에서 예측하는 것이 바람직하다. 한 곳에서는, 수평 확장이 15이고, 다른 곳은 30이다. 만약 두 장소의 수직 확장에 대한 95% 신뢰구간이 계산되었다면, 어떤 곳이 더 넓을까? 설명하시오.

4 실외 주위 기온과 토양수분 증발률의 관계 연구에서, 평균 낮 기온(섭씨)과 증발(mm/day)이 40일 동안 측정되었다.

Temp.	Evap.	Temp.	Evap.
11.8	2.4	11.8	3.8
21.5	4.4	24.2	5.0
16.5	5.0	15.8	2.6
23.6	4.1	26.8	8.0
19.1	6.0	24.8	5.4
21.6	5.9	26.2	4.2
31.0	4.8	14.2	4.4
18.9	3.0	14.1	2.2
24.2	7.1	30.3	5.7
19.1	1.6	15.2	1.2
18.6	3.5	14.0	1.1
25.4	5.5	13.6	3.5
22.1	4.8	25.4	5.1
25.4	4.8	17.7	2.0
22.6	3.2	24.7	5.7
24.4	5.1	24.3	4.7
15.8	3.3	25.8	5.8
22.3	4.9	28.3	5.8
23.2	7.4	29.8	7.8
19.7	3.3	26.5	5.1

a. 특정 기온(x)에서 증발(y)을 예측하기 위해 최소제곱직선을 계산하시오.
b. β_0와 β_1의 95% 신뢰구간을 계산하시오.
c. 20도일 때의 증발률을 예측하시오.
d. 20도인 모든 날의 평균 증발률에 대한 95% 신뢰구간을 찾으시오.
e. 20도인 날의 증발률에 대한 95% 예측구간을 찾으시오.

5 용접 자료(예제 8.10)에서는 산소 함유량 1.3, 1.5, 1.8 parts per thousand인 경우 각각 평균 용접력의 95% 신뢰구간들이 계산되었다. 어떤 신뢰구간이 제일 짧은가? 어떤 것이 가장 긴가?

6 다음 MINITAB 결과물에서 몇몇 숫자들이 실수로 삭제되었다. 기존 숫자들을 이용하여 다시 계산하시오. 총 25개의 자료가 있다.

```
The regression equation is
Y = 1.71 + 4.27 X

Predictor     Coef    SE Coef      T     P
Constant   1.71348    6.69327    (a)   (b)
X          4.27473     (c)     3.768   (d)

S = 0.05749      R-Sq = 38.2%
```

7 가스추출정의 생산량 증대를 위해 "균열처리" 절차가 주로 사용되며, 모래와 혼합된 유체인 균열처리용 유체를 추출정 내로 주입하는 것이다. 다음 도형은 225개의 가스추출정 월 생산량 대 추출정에 주입된 균열처리용 유체량를 나타내는 산포도이다. 생산량과 유체량의 단위는 추출정 단위깊이(ft)당 부피이다. 그림에 나타난 최소제곱직선의 식은 $y = 106.11 + 0.1119x$이다.

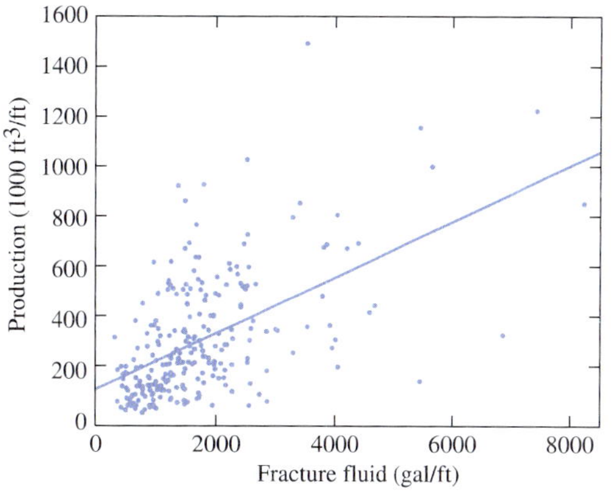

a. 최소제곱직선을 이용하여 주입유체량이 4,000 gal/ft일 때 생산량을 예측하시오.
b. 최소제곱직선을 이용하여 주입유체량이 500 gal/ft일 때 생산량을 예측하시오.
c. 새로운 가스추출정을 설치하고 500 gal/ft의 균열처리용 유체를 주입하였다. 산포도로부터 추출정의 생산량은 최소제곱추정치보다 클지 작을지를 판단하시오.
d. 본 산포도에서 287쪽의 선형모형의 확률오차에 관한 가정 3이 어떻게 위반되었는가?

8 "작은 빙하기" (S. Larocque and D. Smith, The Holocene, 2005:748-757) 논문에서는 나이테의 넓이를 이용하여 빙하량 변화를 추정하는 방법을 소개하고 있다. 특정 빙하에서 순 질량 변화(여름의 마지막과 다음 여름의 마지막 사이의 무게 차이)를 23년 동안 측정하였다. 동시간대에서 흰 소나무의 나이테의 지수가 측정되었고, net mass balance와 나이테 지수사이의 표본 상관계수는 $r = -0.509$로 나타내어졌다. 모 상관계수 ρ가 0과 다르다고 결론지을 수 있는가?

8.2 가설 확인

지금까지 언급한 방법들은 변수 x, y의 관계가 선형모형 $(y_i = \beta_0 + \beta_1 x_i + \epsilon_i)$이고, 오차 ϵ_i가 4가지 가정 사항을 만족할 때 유효하다. 가정 사항을 다시 살펴보자.

선형모형에서 오차에 관한 가정 사항

1. 확률 오차들은 서로 독립인 확률변수이다. ϵ_i와 $\epsilon_i + 1$는 상관관계가 없다.
2. 확률 오차들의 평균은 0이다.
3. 확률 오차들은 같은 분산을 가지며 분산은 σ^2이다.
4. 확률 오차는 정규분포를 따른다.

앞에서 언급한대로 4가지 가정 사항은 표본의 크기가 클수록 중요성이 낮아진다. 일정한 분산에 관한 가정 3을 약간 벗어나는 것은 크게 문제되지 않지만, 다른 가정 사항들을 벗어나는 것은 문제가 된다.

따라서 앞서 배운 방법들이 적절한지 보기 위해서 이 가정 사항들을 확인해야 한다. 현재 가설확인을 위한 많은 진단 방법이 제시되고 있으며 이 주제에 관한 많은 책들이 출간되고 있다. 그 중에서 우리는 가장 기본이 되는 방법을 살펴보기로 한다.

잔차의 분석 : 모형평가

최소제곱회귀법의 가장 좋은 진단법은 잔차도를 이용하여 가정을 검토하는 것이다. 그림 8.2는 훅의 법칙 자료(그림 8.1)의 잔차도이다. 수학적으로 잔차의 평균은 0이고, 잔차와 적합값 사이의 상관계수 또한 0이기 때문에 최소제곱직선은 수평하며 수직축 0을 지난다. 선형모형이 유효하고 가정 사항 1~4를 만족한다면 산점도에서 어떤 분명한 패턴이 나타나서는 안 되고, 일정한 수평축 범위에서 많은 점들이 수직적으로 분포하거나(가장자리 제외) 점들이 곡선형으로 분포하면 안 된다. 훅의 법칙 자료들을 이 조건들을 만족하며 선형모델을 만족한다. 전문적인 용어로 산점도에서 수직분포가 넓지 않은 것을 등분산성, 넓은 것을 이분산성이라 한다. 잔차분석만으로 선형모형인가 아닌가를 확인할 수는 없지만 잔차분석에서 결함이 보인다면 선형모형으로 적합하지 않다.

Summary

잔차도가 분명한 패턴이나 곡선 형태를 보이지 않고 등분산성을 보인다면(가장자리 제외) 선형모형으로서의 가정이 유효하다. 하지만 잔차도가 분명한 패턴이나 곡선을 보이고 이분산성을 보인다면 선형모형으로 가정할 수 없다.

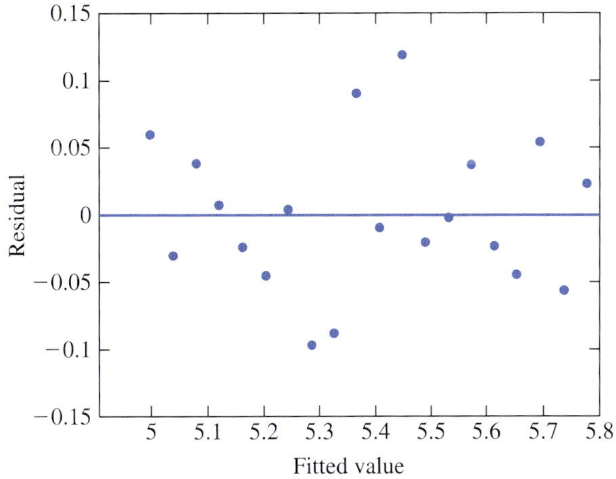

그림 8.2 훅의 법칙 자료에 대한 잔류량의 도시(e_i) 대 fit된 값($\hat{y}_i$)
가장자리를 제외하고는 실질적인 양식이 없고 수직확산과 크게 다르지 않다. 이것은 선형모델의 가정과 일치한다.

변수 변환

잔차도가 곡선형이거나 이분산성을 가지는 경우가 많다. 그림 8.3은 255개의 천연가스정에 대한 산점도와 잔차도이다. 이 자료들은 8.1장 연습문제 15번에 관한 자료이고, 그림은 fracture fluid pumped into the well과 깊이 1 ft당 생산량에 관한 그래프이다. 잔차도는 이분산성을 가지며, 추정 생산량이 큰 가스정에서 큰 오차 분산을 보인다. Fracture fluild가 큰 가

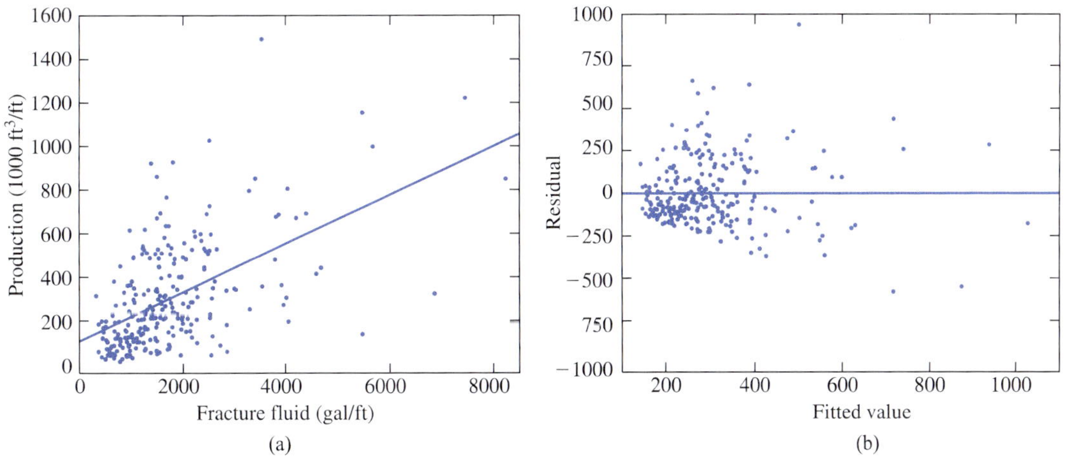

그림 8.3 (a) 255개 가스정의 균열유체의 부피 대 월별 생산량의 도시
(b) 가스정 자료의 잔류량의 도시(e_i)대 fit된 값($\hat{y}_i$)
수직확산은 분명히 fit된 값과 함께 증가한다. 이것은 일정한 오류 분산의 가정위반을 나타낸다.

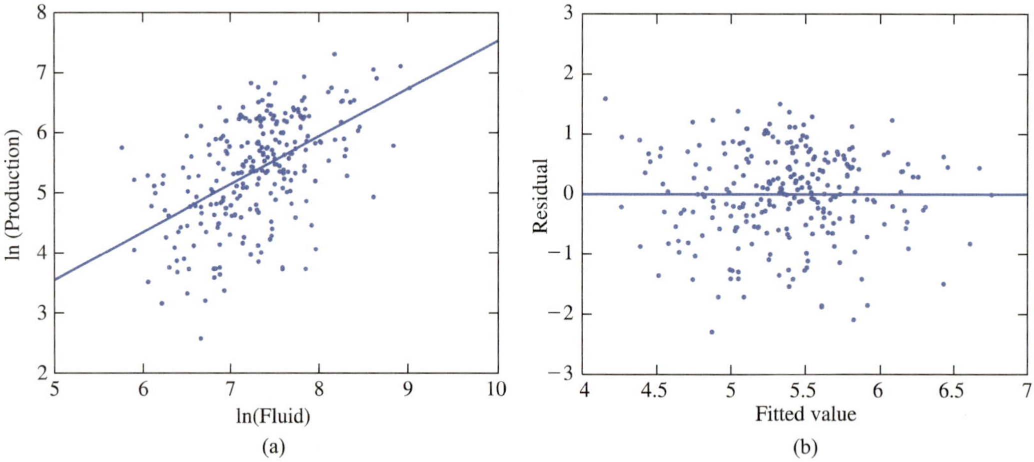

그림 8.4 (a) 최소제곱라인과 겹쳐놓은 255개 가스정의 균열유체의 부피 대 생산량의 도시
(b) 잔차도시 대 fit된 값
잔차에 대한 실질적인 패턴은 없다. 선형모델은 잘 나타났다.

스정의 자료이기 때문에 fracture fluid가 큰 가스정의 생산 추정량을 구할 때 선형모형을 사용할 수 없다.

때때로 이런 문제는 x, y 대신 $\ln x$, $\ln y$를 대입하여 해결할 수 있다. $\ln y = \beta_0 + \beta_1 \ln x + \epsilon$의 결과를 그림 8.4에 나타내었고, 균열유체의 양과 생산량이 근사적으로 선형 관계를 가지는 것을 볼 수 있다.

우리는 원래의 변수 x, y를 이 변수들의 함수로 대체하는 과정을 통해 가스정에 관한 선형 관계를 얻었다. 이러한 과정을 변수 변환이라고 한다. 가스정 자료에서 우리는 변수 x, y를 로그 변환하였다. 어떠한 경우에는 x, y 중에 하나의 변수만 변환하는 것이 유용할 때가 있다. 또한 로그 변환 이외에 x나 y 또는 x, y 모두 제곱하여 변환하기도 한다.

적합한 변환의 결정

산점도나 잔차도를 보고 경험적으로 변수를 어떻게 변환할 것인지 예측할 수 있고, 수학적으로도 알맞은 변환을 결정할 수 있다. 분명한 것은 많은 시도와 노력이 필요하다는 것이다. 잔차도가 등분산성을 가지고 분명한 형태가 없을 때까지 여러 가지 방법을 통한 변환을 해보아야 하지만 때때로 어떠한 변환을 하여도 만족스러운 잔차도를 얻지 못하는 경우가 있다. 이때 다른 방법을 사용해야 하는데, 그 중의 하나가 8.3절에서 다루게 될 다중회귀분석법이다.

자료가 적은 잔차도의 해석은 어렵다

잔차도에 몇 개의 점만 존재한다면 선형모형의 가정 사항이 적당한지 판단하기 힘들다. 이러한 잔차도는 얼핏 보면 이분산성을 띄고 패턴을 나타내는 것처럼 보이지만 자세히 보면 단지 한두 개의 점 때문이라는 것을 알 수 있다. 또한 잔차도의 이상점 포함 판단 결정도 어렵다. 해석하기 힘든 빈약한 잔차도를 다룰 때는 선형모형에 적용하긴 하지만 결과값은 타당성이 보장되지 않는 임시적인 것으로 생각하여야 한다. 주어지는 자료가 많을수록 좋은 결과를 얻을 수 있다. 물론 빈약한 잔차도의 해석이 항상 어려운 것은 아니다. 때때로 한두 개의 점을 제외하고 명확한 패턴을 보이는 경우가 있는데, 이 경우에는 선형모형을 사용하지 않는다. 그림 8.5에 잔차도의 일반적인 예를 나타내었고, 각각 해결책을 제시하였다.

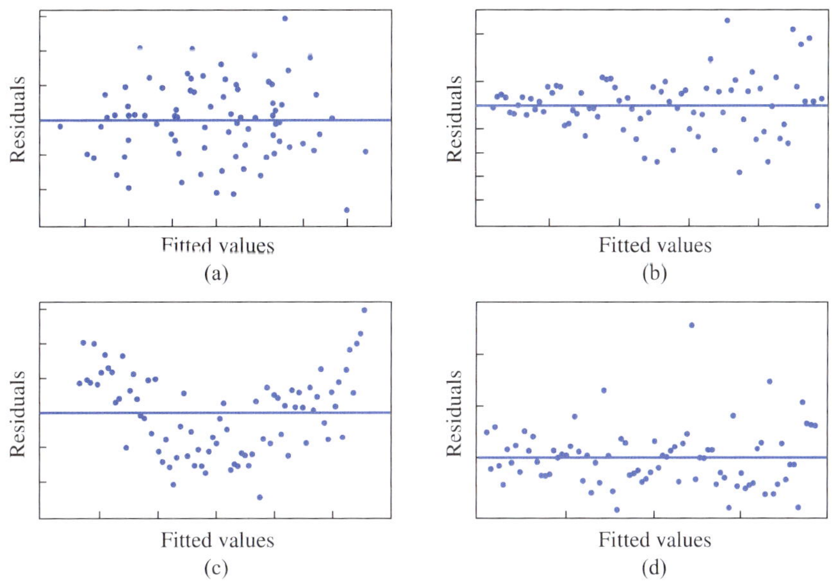

그림 8.5 (a) 실질적인 패턴 없음. 도시는 등분산, 선형모델은 잘 나타남
(b) 이분산. 멱변환을 시도
(c) 잔차를 보고 알 수 있는 추세. 멱변환을 시도하거나 다중회귀를 사용함
(d) 이상점 오류로 문제를 일으키는 자료 포인트가 포함되었는지 검사하여 그렇지 않다면 이상점을 포함한, 그리고 제외한 최소제곱라인을 계산

독립성과 정규성 확인

잔차도에 이상이 없다면 선형모형의 확인을 위해 추가적인 진단을 할 수 있다. 관측이 확실한 시간 순서에 따라 일어났다면 관측의 순서에 따라 잔차를 표시해야 한다. 잔차들이 방향성을 갖는다면 x와 y가 시간에 따라 변화하는 관계를 갖는다는 것을 뜻한다. 이러한 경우에

시간에 관한 변수가 추가적인 독립 변수로서 모델에 적용되어야 하며 다중회귀법이 사용된다. 때때로 잔차점-시간 사이 관계에서 시간에 따라 잔차들이 진동하는 것을 볼 수 있다. 이는 하나의 오차가 다른 오차들에 영향을 주는 것을 뜻하고 오차들이 독립적이지 않다. 이 경우에 선형회귀법을 사용하는 대신 시계열분석을 사용한다. “Brockwell and Davis(2002)”를 참고하라.

오차들이 정규분포를 따르는지 확인하기 위해서 잔차들의 정규확률도 그림을 그려본다. 정규확률도가 직선으로 나타나면 잔차들은 정규성을 가진다. 앞에서 언급한 것처럼 정규성에 관한 가정은 자료가 많을 때는 중요성이 낮다. 하지만 자료가 작을 때는 정규성으로부터의 이탈을 찾아내기 힘들다.

경험적 모델과 물리적 법칙

두 변수 사이에 선형 관계를 어떻게 알아낼 수 있는가? 훅의 법칙과 같은 물리적 법칙을 통해 알 수 있다. 앞에서 다룬 가스정의 월별 생산량, 균열유체의 양의 관계는 물리적 법칙이 아니지만 자료가 잘 맞기 때문에 로그 변환한 선형모델을 사용하였다. 물리적 법칙이 아닌 적합한 자료에서 나온 모델을 경험적 모델이라고 한다. 대부분의 자료 분석은 알려진 물리적 법칙보다 경험적 모델에 의해 많이 이루어지며, 물리적 법칙 역시 경험적 모델에서 출발하였다. 경험적 모델이 주위 환경의 변화와 많은 경우의 수에서 실험된다면 물리적 법칙이 된다. 물리적 법칙에서 나온 결과의 해석과 경험적 모델에서 나온 결과의 해석은 중요한 차이점이 있다. 경험적 모델에서 나온 것이 유용하기를 바라는 반면에 물리적 법칙은 확실한 것으로 여겨진다는 것이다. 예를 들어, 훅의 법칙에서 하중과 스프링 길이의 관계는 확실한 선형관계를 갖는다고 확신할 수 있다. 스프링에 다른 하중을 가하여도 스프링의 길이는 정확하게 선형모델을 따르기 때문이다. 반면에 가스정 자료에서 선형 관계가 자료를 잘 나타내지만 두 변수 사이에 확실한 선형관계가 성립된다고 확신할 수 없다.

앞의 설명에 대한 예제를 살펴보자. 그림 8.6에 서로 다른 모양의 20가지 삼각형이 있다. 삼각형의 면적을 구하는 공식을 모른다고 가정해보자.

둘레길이가 큰 삼각형의 면적이 더 커 보이는 것을 알 수 있고, 선형모형을 적용하면

$$\text{Area} = \beta_0 + \beta_1(\text{둘레길이}) + \varepsilon$$

그림 8.6은 최소제곱직선을 첨가한 면적과 둘레의 길이 산점도이다. 최소제곱직선의 식은

$$\text{Area} = -1.232 + 1.373(\text{둘레길이})$$

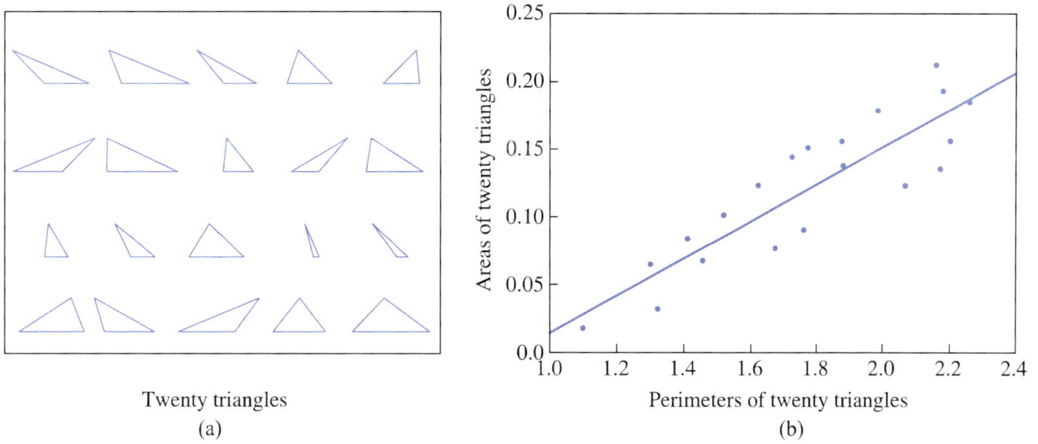

그림 8.6 (a) 20개의 삼각형 (b) 20개 삼각형에 대한 면적 대 변의 길이합
변의 길이합과 면적 간의 상관관계는 0.88이다.

이 식에서 단위는 임의의 단위이다. 면적과 둘레길이 사이의 상관계수 $r=0.88$이며 선형모델에 적합하다. 우리는 추정값을 구하기 위해 이 모형을 사용할 수 있다. 예를 들어, 둘레길이 5인 삼각형의 면적은 5.633이다.

이 선형모델이 유용할지는 몰라도 실제의 값은 아니다. 선형모형에서 둘레길이가 길수록 면적이 넓어지는 경향치를 보인다. 더 좋은 방법이 없었다면 우리는 이 모형을 이용해서 삼각형의 면적을 구했을지도 모른다. 그러나 이 모형은 후에 면적을 계산하는 공식에 큰 영향을 끼치지 않았다. 실제 공식은 법칙에 의해 주어진다.

$$A = 0.5 \times 밑변 \times 높이$$

경험적 모델에 의해 예측된 결과는 반복하면 유지되지 않을 수도 있다. 예를 들어, 어느 삼각형의 집합은 큰 경계를 가졌지만 작은 면적을 가진 것들로 모을 수 있다. 다른 그룹에서는 영역 경계의 제곱 또는 그 로그에 비례하는 것으로 나타날 수도 있다. 우리는 경험적 모델이 삼각형에 잘 적용되는지 자료의 통계분석에 의해 확인할 수 없다. 그것은 미래의 관찰에 대한 경험적 모델결과를 적용하는 것이 적절한지 여부를 결정하는 것이 아니라 통계를 보다 과학적으로 판단하는 문제이다.

Summary

- 물리법칙은 모든 미래의 관측에 적용된다.
- 경험적 모델은 오직 그것에 맞는 자료에 유효하다. 그것은 후속결과의 예측에 유용할 수도 있고, 그렇지 않을 수도 있다.
- 통계분석보다는 향후 관찰에 경험적 모델 적용여부를 결정하는 과학적인 판단이 필요하다.

연습 8.2

```
Regression Analysis: LN PROD versus LN FLUID

The regression equation is
LN PROD = - 0.444 + 0.798 LN FLUID

Predictor        Coef       StDev          T        P
Constant      -0.4442      0.5853      -0.76    0.449
LN FLUID      0.79833     0.08010       9.97    0.000

S = 0.7459      R-Sq = 28.2%     R-Sq(adj) = 27.9%

Analysis of Variance

Source            DF          SS          MS          F         P
Regression         1      55.268      55.268      99.34     0.000
Residual Error   253     140.756       0.556
Total            254     196.024

Predicted Values for New Observations

New Obs      Fit        SE Fit         95.0% CI                  95.0% PI
1         5.4457        0.0473    (  5.3526,  5.5389)  (  3.9738,  6.9176)

Values of Predictors for New Observations

New Obs    LN FLUID
1           7.3778
```

1 위의 MINITAB 결과물은 $\ln y = \beta_0 + \beta_1 \ln x + \epsilon$모형의 최소제곱적용이다. y는 가스 연못의 매달 생산량을 나타내며 x는 주입된 균열처리용 유체의 부피이다 (이 자료의 산점도는 그림 8.4에 있다).

a. $\ln x$으로부터 $\ln y$를 예측하기 위해 필요한 최소제곱직선의 식은 무엇인가?

b. 균열처리용 유체 주입량이 2,500 gal/ft인 추출정의 생산량을 예측하시오.

c. 균열처리용 유체 주입량이 1,600 gal/ft인 추출정의 생산량을 예측하시오.

d. 균열처리용 유체 주입량이 2,500 gal/ft인 추출정의 생산량에 대한 95% 신뢰구간을 찾으시오($\ln 1{,}600 = 7.3778$).

2 "Application of Genetic Algorithms to Optimum Design of Elasto-damping Elements of a Half-Car Model Under Random Road Excitations" (M. Mirzael and R. Hassannejad, Proceedings of the Institution of Mechanical Engineers, 2007:515-526) 는 자동차의 서스펜션에 미치는 도로 영향을 나타내는 무차원 수(y)의 값과, 자동차가 전후차축간 길이와 같은 거리를 이동하는데 걸리는 시간(t)을 나타내고 있다.

t	y	t	y
0.0	1.000	0.8	0.990
0.1	0.999	0.9	0.988
0.2	0.998	1.0	0.987
0.3	0.997	1.1	0.985
0.4	0.996	1.2	0.983
0.5	0.995	1.3	0.981
0.6	0.993	1.4	0.979
0.7	0.992		

a. 시간(t)으로부터 도로 영향(y)을 예측하기 위한 최소제곱직선을 계산하시오. 잔차 대 예측값 그래프를 그리시오.

b. t로부터 $\ln y$를 예측하는 최소제곱직선을 계산하시오. 잔차 대 예측값 그래프를 그리시오.

c. $t^{1.5}$로부터 y를 예측하는 최소제곱직선을 계산하시오. 잔차 대 예측값 그래프를 그리시오.

d. (a)부터 (c)까지 중에 어떤 것이 가장 적합한가? 설명하시오.

e. 최적모형을 사용하여 t가 0.75일 때 도로 영향을 예측하시오.

3 특정 화학반응의 수율에 미치는 기온의 영향을 알아내기 위해, 여러 기온에서 총 24회 수행되었다. 다음 표는 매회 기온과 수율(이론적 최대값대비 백분율)이 나와 있다. 결과는 실험 시행 순으로 정리되었다.

Order	Temp	Yield
1	30	49.2
2	32	55.3
3	35	53.4
4	39	59.9
5	31	51.4
6	27	52.1
7	33	60.2
8	34	60.5
9	25	59.3
10	38	64.5
11	39	68.2
12	30	53.0
13	30	58.3
14	39	64.3
15	40	71.6
16	44	73.0
17	34	65.9
18	43	75.2
19	34	69.5
20	41	80.8
21	36	78.6
22	37	77.2
23	42	80.3
24	28	69.5

a. 기온(x)으로부터 산출량(y)을 예측하는 최소제곱직선을 계산하시오.

b. 잔차 대 예측값 그래프를 그리시오. 선형모형이 알맞은가? 설명하시오.

c. 잔차 대 관찰된 순서 그래프를 그리시오. 시간이 갈수록 잔차에 특정한 추세가 있나? 선형모형이 알맞은가? 설명하시오.

4 "Some Parameters of the Population Biology of Spotted Flounder" (Turker et al., Turkish Journal of Veterinary and Animal Science, 2005: 1013-1018) 는 가자미의 무게 W와 길이 L의 관계를 $W = aL^b$로 모형한 것으로 a와 b는 데이터에서 측정된 정수이다. 이 식을 선형모형으로 바꾸어라.

5 특정 스프링의 스프링상수를 구하고자 한다. 스프링의 한쪽 끝에 여러 가지 추를 달고, 그 길이를 매번 재었다. 길이(y) 대 하중(x)을 그린 점그래프가 다음 모형에 나와 있다.

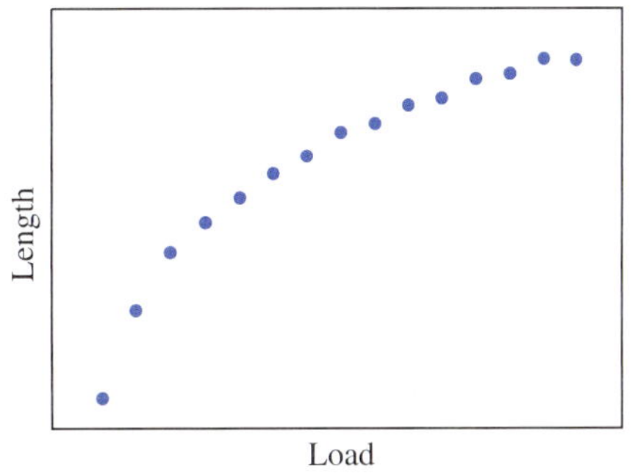

a. 모형 $y = \beta_o + \beta_1 x$는 경험적 모형인가, 물리학적 법칙인가?

b. 모형이 더욱 선형으로 될 수 있게 변수변환을 해야 할까 아니면 실험을 아예 다시 하는 것이 나을까? 설명하시오.

8.3 다중선형회귀

단순선형회귀법은 단 하나의 독립변수에 관한 종속변수 y값을 선형모형에 적용하는 방법이다. 많은 응용 분야에서 실험의 반응치는 하나의 독립적인 입력변수에 기초하기보다 여러 개의 독립적인 입력변수 $x_1, x_2, \cdots, x_p$에 기초할 때 더 적절하게 예측될 수 있다. 독립변수들과 종속변수가 선형적인 관계일 때 다중선형회귀 방법을 사용할 수 있다.

다중선형회귀모형에 관해 알아보자. P개의 독립변수의 정해진 값 $x_{1i}, x_{2i}, \cdots, x_{ki}$에서 관측되는 종속변수 y에 대하여

$$y_i = \beta_0 + \beta_1 x_{1i} + \cdots + \beta_p x_{pi} + \varepsilon_i \tag{8.17}$$

와 같은 관계를 가정하는 모형을 다중선형모형이라고 하고, 몇 개의 다중선형모형들은 실제로 많이 사용된다. 그 중에 종속변수가 독립변수의 다항식으로 표시되는 다항식회귀모형과

$$y_i = \beta_0 + \beta_1 x_i + \beta_2 x_i^2 + \cdots + \beta_p x_i^p + \varepsilon_i \tag{8.18}$$

두 개의 독립변수 x_1, x_2에 관한 2차 다항식회귀 모형이 있다.

$$y_i = \beta_0 + \beta_1 x_{1i} + \beta_2 x_{2i} + \beta_3 x_{1i} x_{2i} + \beta_4 x_{1i}^2 + \beta_5 x_{2i}^2 + \varepsilon_i \tag{8.19}$$

두 변수를 곱한 변수를 상호작용이라고 하며 식 (8.19)에서 $x_{1i} x_{2i}$는 x_1과 x_2의 상호작용이다. 식 (8.18), (8.19) 모형은 비선형 항을 가짐에도 불구하고 계수 β_i로 인해 선형모델로 간주된다.

계수의 측정

다중선형회귀 모형에서 예측값 $\hat{\beta}_0, \hat{\beta}_1, \cdots, \hat{\beta}_p$는 단순선형회귀법과 같이 최소제곱법으로 계산된다.

$$\hat{y} = \hat{\beta}_0 + \hat{\beta}_1 x_1 + \cdots + \hat{\beta}_p x_p \tag{8.20}$$

잔차값은 관측값 y와 식에 의한 y값의 차다($\epsilon_i = y_i - \hat{y}_i$).

$$e_i = y_i - \hat{\beta}_0 - \hat{\beta}_1 x_{1i} - \cdots - \hat{\beta}_p x_{pi} \tag{8.21}$$

$\hat{\beta}_0, \hat{\beta}_1, \cdots, \hat{\beta}_p$가 $\beta_0, \beta_1, \cdots, \beta_p$에 대한 추정량이라면, y_i와 이에 대한 추정 기대값 사이의 차의 제곱합은 다음과 같다.

$$\sum_{i=1}^{n}(y_i-\hat{\beta}_0-\hat{\beta}_1 x_{1i}- \cdots -\hat{\beta}_p x_{pi})^2 \tag{8.22}$$

최소제곱 추정량은 위의 식을 최소로 하는 $\hat{\beta}_0, \hat{\beta}_1, \cdots, \hat{\beta}_p$의 값이다.

최소제곱 추정량을 결정하기 위해 위의 제곱합에 대해 $\hat{\beta}_0, \hat{\beta}_1, \cdots, \hat{\beta}_p$ 등에 관한 편미분을 취하고 $p+1$개의 식을 0으로 둔다. 이것을 푸는 것은 매우 복잡한 일이지만 많은 소프트웨어들이 개발되어 컴퓨터로 쉽게 구할 수 있다.

제곱합

다중회귀분석법은 회귀제곱합(SSR), 오차제곱합(SSE), 전체제곱합(SST)에 근거하고 있다. 앞서 2.3절에서 3가지에 관해 정의했고 다시 살펴보면 다음과 같다

제곱합

다중회귀모형에서 $y_i=\beta_0+\beta_1 x_{1i}+ \cdots +\beta_p x_{pi}+\varepsilon_i$

- 회귀제곱합 : $\text{SSR}=\sum_{i=1}^{n}(\hat{y}_i-\overline{y})^2$
- 오차제곱합 : $\text{SSE}=\sum_{i-1}^{n}(y_i-\hat{y})^2$
- 전체제곱합 : $\text{SST}=\sum_{i=1}^{n}(y_i-\overline{y})^2$

$$\text{SST}=\text{SSR}+\text{SSE} \tag{8.23}$$

이제 위의 제곱합들이 다중회귀법에서 어떻게 사용되는지 알아보자. 선형회귀법에서와 마찬가지로 확률오차 ε_i에 관한 4가지 가정을 만족하는 경우에 대해서만 논의한다.

선형모형의 확률오차에 관한 가정

1. 확률 오차들은 서로 독립인 확률변수이다. ε_i와 ε_i+1는 상관관계가 없다.
2. 확률 오차들의 평균은 0이다.
3. 확률 오차들은 같은 분산을 가지며 분산은 σ^2이다.

4, 확률 오차는 정규분포를 따른다.

단순선형회귀법과 마찬가지로 이 가정은 관측값 y_i가 독립적인 확률변수임을 의미한다. 구체적으로 y_i는 평균이 $\beta_0+\beta_1 x_{1i}+ \cdots +\beta_p x_{pi}$이고, 분산이 σ^2인 정규분포를 따른다. 계수 β_i는 하나의 변수 x_i값의 증가에 따른 y의 평균변화를 의미한다. 이때 다른 x_i를 제외한 다른 x변수들은 일정하다.

Summary

확률오차에 관한 가정을 만족하는 다중회귀모형 $y_i = \beta_0 + \beta_1 x_{1i} + \cdots + \beta_p x_{\pi} + \varepsilon_i$에서 관측값 $y_1, \cdots, y_n$은 독립적인 확률변수이며 정규분포를 따른다.

$$\mu_{yi} = \beta_0 + \beta_1 x_{1i} + \cdots + \beta_p x_{\pi}$$

$$\sigma_{yi}^2 = \sigma^2$$

계수 β_i는 하나의 변수 x_i값의 증가에 따른 y의 평균변화를 의미한다. 이때 다른 x_i를 제외한 다른 x변수들은 일정하다.

s^2, R^2, F

다중회귀분석에서 가장 많이 사용되는 세 가지 통계량은 추정오차분산 s^2, 상관계수 R^2, F값이다. 단순선형회귀에서 추정오차분산값은 $\sum_{i=1}^{n}(y_i - \hat{y}_i)^2/(n-2)$이다. 잔차는 실제오차 ϵ_i보다 작은 경향이 있기 때문에 적절히 값을 조정하기 위해 n이 아닌 $n-2$로 나눈다. 잔차가 실제오차보다 작은 이유는 $\hat{\beta}_0$과 $\hat{\beta}_1$이 $\sum_{i=1}^{n}(y_i - \hat{y}_i)^2$을 최소화 하도록 선택되기 때문이다. 다중회귀법에서 오차값이 실제오차보다 작기 때문에 n값의 조정이 필요하고, $n-p-1$로 나눠서 오차의 분산을 구한다.

$$s^2 = \frac{\sum_{i=1}^{n}(y_i - \hat{y}_i)^2}{n-p-1} = \frac{\text{SE}}{n-p-1} \tag{8.24}$$

최소제곱법 계수 $\hat{\beta}_i$의 표준편차 추정값 $s_{\hat{\beta}_i}^2$을 변수 x_{ij}에 대해 직접 구하는 것은 복잡하기 때문에 s^2은 컴퓨터를 이용하여 곱으로 구한다. 오차에 관한 가정 4가지를 만족한다면 $(\hat{\beta}_i - \beta_i)/s_{\hat{\beta}_i}$는 자유도 $n-p-1$의 Student's t분포를 따른다. 이 통계자료는 단순선형회귀법과 마찬가지로 β_i의 신뢰구간과 가설검정을 행하는데 이용된다.

단순선형회귀법에서 상관계수 r^2를 이용하여 선형모형의 적합도를 측정한다. 다중회귀법에서도 상관계수 R^2를 이용하여 적합도를 측정하고 단순선형회귀법과 같은 방법으로 계산한다[2.3절의 식 (2.14)].

$$R^2 = \frac{\sum_{i=1}^{n}(y_i - \bar{y})^2 - \sum_{i=1}^{n}(y_i - \hat{y}_i)^2}{\sum_{i=1}^{n}(y_i - \bar{y})^2} = \frac{\text{SST} - \text{SSE}}{\text{SST}} = \frac{\text{SSR}}{\text{SST}} \tag{8.25}$$

단순선형회귀법의 귀무가설은 대부분의 경우에 $\beta_1 = 0$이 된다. 이 가설이 거짓이 아니라면 선형모형이 사용되지 않는다. 다중회귀법에서 이와 유사한 귀무가설 H_0은 $\beta_1 = \beta_2 = \cdots$

$= \beta_p = 0$이다. 이는 어떠한 독립변수도 종속변수와 선형관계를 갖지 않는다는 것을 의미한다. 이 가설의 검정통계량은 $F_{p,n-p-1}$이다.

$$F = \frac{\left[\sum_{i=1}^{n}(y_i - \bar{y})^2 - \sum_{i=1}^{n}(y_i - \hat{y}_i)^2\right]/p}{\sum_{i=1}^{n}(y_i - \hat{y})^2/(n-p-1)} = \frac{[\mathrm{SST} - \mathrm{SSE}]/p}{\mathrm{SSE}/(n-p-1)} = \frac{\mathrm{SSR/p}}{\mathrm{SSE}/(n-p-1)} \quad (8.26)$$

F의 분모는 s^2이며(식 8.24) p, $n-p-1$은 자유도이다.

때때로 독립변수 $x_1, \cdots, x_p$를 가진 모형에서 일부의 변수 $x_{k+1}, \cdots, x_p$에서 종속변수와 선형관계가 성립하는지를 검증하는 귀무가설이 필요할 때가 있다. 이러한 경우에 귀무가설 H_0는 $H_0 : \beta_{k+1} = \cdots = \beta_p = 0$이 된다. 이 부분에 대해서는 8.4절에서 살펴보기로 하자.

예제

다중회귀법에 대한 예를 살펴보자. 모바일 애드혹 네트워크(Mobile Ad-hoc NETwork)는 네트워크 구간 안에서 작동하는 여러 개의 컴퓨터(단말기)로 구성된다. 보통 메시지들이 하나의 단말기에서 다른 단말기로 전송되는데, 수신 단말기가 네트워크 범위 밖에 있으면 메시지는 가장 가까운 단말기로 전송되고, 여러 번의 과정을 통해 수신 단말기까지 전송된다. 이 선달 과정은 라우팅 프로토콜(routing protocol)에 의해 결정되며, 라우팅 프로토콜의 효율성은 성공적으로 전달받은 메시지 퍼센트(유효처리율)로 측정된다. 유효처리율은 각 단말기의 송출속도, 지체시간 등에 영향을 받는다. 표 8.2에 평균 송출속도, 지체시간, 유효처리율에 관한 25번의 시험결과를 나타내었다.

표 8.2 평균노드속도, 정지시간, 컴퓨터 네트워크에 대한 유효처리율

Speed(m/s)	Pause Times(s)	Goodput(%)	Speed(m/s)	Pause Times(s)	Goodput(%)
5	10	95.111	20	40	87.800
5	20	94.577	20	50	89.941
5	30	94.734	30	10	62.963
5	10	94.317	30	20	76.126
5	50	94.644	30	30	84.855
10	10	90.800	30	40	87.694
10	20	90.183	30	50	90.556
10	30	91.341	40	10	55.298
10	40	91.321	40	20	78.262
10	50	92.104	40	30	84.624
20	10	72.422	40	40	87.078
20	20	82.089	40	50	90.101
20	30	84.937			

```
The regression equation is
Goodput = 96.0 - 1.82 Speed + 0.565 Pause + 0.0247 Speed*Pause
          + 0.0140 Speed^2 - 0.0118 Pause^2

Predictor        Coef       StDev          T        P
Constant       96.024       3.946      24.34    0.000
Speed         -1.8245      0.2376      -7.68    0.000
Pause          0.5652      0.2256       2.51    0.022
Speed*Pa     0.024731    0.003249       7.61    0.000
Speed^2      0.014020    0.004745       2.95    0.008
Pause^2     -0.011793    0.003516      -3.35    0.003

S = 2.942        R-Sq = 93.2%      R-Sq(adj) = 91.4%

Analysis of Variance

Source            DF          SS          MS         F        P
Regression         5     2240.49      448.10     51.77    0.000
Residual Error    19      164.46        8.66
Total             24     2404.95

Predicted Values for New Observations

New
Obs      Fit    SE Fit          95% CI               95% PI
  1   74.272     1.175   (71.812, 76.732)   (67.641, 80.903)

Values of Predictors for New Observations

New
Obs    Speed   Pause   Speed*Pause   Speed^2   Pause^2
  1     25.0    15.0           375       625       225
```

송출속도, 지체시간에 관한 유효처리율 예측하기 위해 다중회귀모형을 사용해보자. 표 8.2의 유효처리율은 다음과 같은 모형을 따른다.

$$\text{유효처리율} = \beta_0 + \beta_1\text{속도} + \beta_2\text{시간} + \beta_3\text{속도} \cdot \text{시간} + \beta_4\text{속도}^2 + \beta_5\text{시간}^2 + \epsilon$$

대부분의 출력값은 단순선형회귀법의 값과 유사하다. 과정을 살펴보면 적용된 회귀식이 위에 나타나 있고, 밑에 (1) 계수 추정값 $\hat{\beta}_i{}'$과 (2)추정표준편차 $s_{\hat{\beta}_i{}'}$값이 있다. 다음으로 (3) $\beta_i = 0$인 귀무가설에 대한 표준편차의 Student's t값이 있다. 이 값은 표준편차에 대한 계수 추정값의 비이다. $n = 25$, 5개의 $p = 5$이므로 Student's t값의 자유도는 25 − 5 − 1 = 19이다. (4) 다음은 검정에 대한 P이다. P-값이 모두 작기 때문에 각각의 독립변수들이 유효처리율을 예상하는데 유용하다고 말할 수 있다.

S는 오차의 추정 표준편차 s이고, R-sq는 상관계수 R^2이다. 조정된 R^2는 모형 선택에서 가장 먼저 사용되는데 이에 대해서는 8.4절에서 다루겠다.

분산분석표는 단순직선회귀법과 유사하다. DF (degrees of freedom)는 자유도를 말하고 회귀에 대한 자유도는 독립변수의 수와 같다. (5) speed^2, pause^2, speed × pause를 각각 하나의 독립변수라고 생각한다. 밑의 줄 잔차 오차의 자유도는 25 − 5 − 1 = 19가 된다. 마지막으로 Total에 대한 자유도는 표본의 크기 25보다 1 작은 24가 된다.

총 자유도는 회귀에 대한 자유도와 오차에 대한 자유도의 합이다. SS항은 SSR (the regression sum of squares), SSE (the error sum of squares), SST (the total sum of squares)에 관한 것이다(SST = SSR + SSE).

MS항은 각 제곱의 합을 자유도로 나눈 평균제곱이다. 오차에 관한 평균제곱은 추정 오차분산의 값 s^2과 같다($s^2 = S^2 = 2.9422 = 8.66$). F항은 회귀에 대한 평균제곱을 오차에 대한 평균제곱으로 나눈 값이다(448.10 / 8.66 = 51.77). F값은 어떤 독립변수도 종속변수와 선형적 관계를 갖지 않는다는 귀무가설을 검정하는데 사용한다. 이 실험에 관한 P-값은 0이다. Predicted values for new observation항은 사용자에 의해 설정된 종속변수들의 값의 예측구간과 평균값에 대한 신뢰구간을 나타낸다. 설정된 종속변수들에 관한 값이 Values of Predictors for New Observations에 나타나 있다. 이 실험값에 대한 독립 변수는 speed = 25.0, Pause = 15이다. 74.272는 회귀식에 독립변수들을 대입해서 얻은 $\hat{y}$의 값이며, SE Fit항은 신뢰구긴 95%에 대한 $\hat{y}$의 추정표준편차값이다. 95% PI항은 독립변수들을 대입했을 때 미래 관측값에 대한 95% 예측구간이다.

신뢰구간과 마찬가지로 예측구간 역시 $\hat{y}$을 중심으로 한다. 또한 단순선형회취처럼 그 폭이 신뢰구간보다 넓다.

Example 8.14

다중회귀모형을 이용하여 송출속도 12 m/s, 지체시간 25 s에서의 유효처리율을 구하시오.

Solution

유효처리율 = 96.0 − 1.82 speed + 0.565 pause + 0.0247 speed × pause + 0.0140 speed^2 − 0.0118 pause^2

여기에 송출속도 = 12 m/s, 지체시간 = 25 s를 대입하여 유효처리율 = 90.336

Example 8.15

유효처리율 자료를 이용하여 송출속도 = 20, 지체시간 = 30에서 잔차를 구하시오.

Solution

표 8.2에서 유효처리율 $y = 84.937$이다.

예제 8.14의 식에 송출속도 = 20, 지체시간 = 30을 대입하면 $\hat{y} = 86.350$이다.

따라서 잔차 $y - \hat{y} = 84.937 - 86.350 = -1.413$

Example 8.16

다중회귀모형에서 송출속도 계수에 관한 95% 신뢰구간을 구하시오.

Solution

추정계수는 -1.8245, 표준편차는 0.2376이다. 신뢰구간을 구하기 위해 자유도를 19로 하는 Student's t분포를 이용한다. t값에 대한 자유도는 오차에 대한 자유도와 같다. 95% 신뢰구간에서 t값은 $t_{19,0.25}=2.093$이다. 따라서 95% 신뢰구간은

$$-1.8245 \pm (2.093)(0.2376) = -1.8245 \pm 0.4973 = (-2.3218\,,\ -1.3272)$$

Example 8.17

"지체시간에 대한 계수는 0.3 이하"인 가설을 검정하시오.

Solution

지체시간의 추정 계수 $\hat{\beta}_2 = 0.5652$, 표준편차 $s_{\hat{\beta}_2} = 0.2256$이다.

$H_0 : \beta_2 \le 0, t = (\hat{\beta}_2 - 0.3)/0.2256$이고 t값은 자유도 19인 Student's t분포를 따른다.

t값에 대한 자유도는 오차에 대한 자유도와 같다.

t값은 $(0.5652 - 0.3) / 0.2256 = 1.1755$이다.

P-값이 $0.1 \sim 0.25$ 사이이므로 $\beta_2 \le 0.3$은 타당하다.

Example 8.18

평균값 μ_{yi}에 대한 95% 신뢰구간을 구하고 미래의 관측값 송출속도 25 m/s, 지체시간 15 s에 대한 예측구간을 구하시오.

Solution

앞의 결과를 통해 95% 신뢰구간은 (71.812 , 76.732)이고 예측구간은 (67.641 , 80.903)이다.

다중회귀법에서의 가정 사항 확인

단일선형회귀법과 마찬가지로 다중회귀법에서도 선형모형의 오차에 관한 가정이 타당한지 확인해 보는 것이 중요하며, 이는 단일선형회귀법에 적용한 진단법을 이용해서 확인할 수 있다. 다음에 잔차도, 잔차에 대한 정규확률도, 잔차와 각 관측이 일어난 순서 대한 그래프가 있다. 또한 잔차에 대한 독립변수들의 그래프를 그려보는 것도 좋은 아이디어이다. 잔차도를 통해 가정에 위배되는 사항을 알아낸다면 변수변환을 통해 문제를 해결할 수 있다.

그림 8.7은 유효처리율에 대한 잔차도이고 그림 8.8과 8.9는 각각 잔차와 송출속도, 지체시간에 관한 그래프이다. 그림 8.7의 잔차도의 몇 개의 점과 끝부분에서 곡선형태를 띠는 것을 볼 수 있다. 그림 8.8, 8.9의 잔차와 각 독립변수와의 그래프에서는 가정을 위배하는 형태를 띠지 않는다. 이 결과를 통해, 어떤 사람은 이 모형을 잘 적용된 사례로 받아들일 것이고 어떤 사람은 다른 대안의 모형을 찾기 위해 모형 선택 기술을 사용할 것이다. 이 부분에 대해서는 8.4절에서 다루기로 한다.

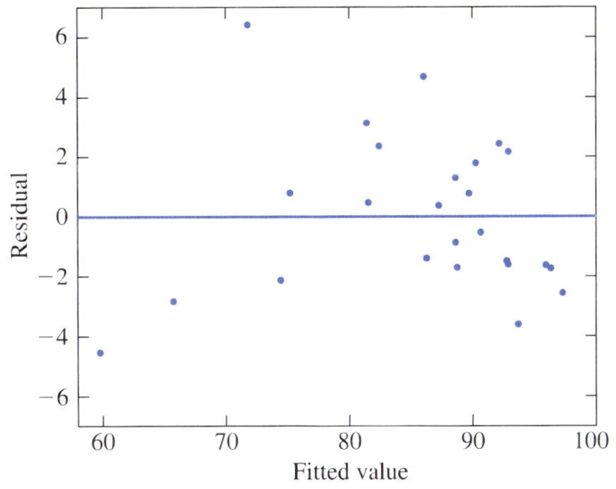

그림 8–7 유효자료에서 잔차 대 fit된 값

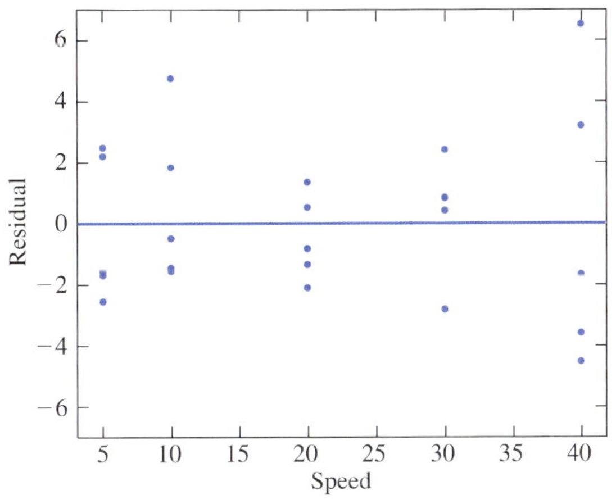

그림 8–8 유효자료에서 잔차 대 속도

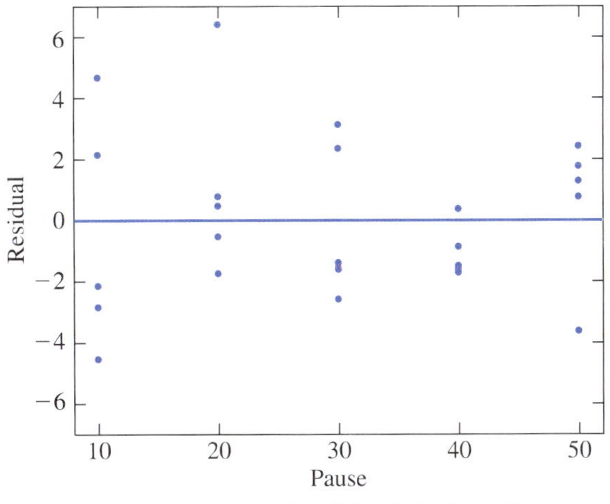

그림 8–9 유효자료에서 잔차 대 정지

연습 8.3

1 강철판 인장강도 영향요소결정 실험에서, 20개의 판에 대하여 인장강도(in kg/mm²), 망간 함유량(parts per thousand), 두께(mm)가 측정되었다. 다음 MINITAB 결과물은 인장강도 $= \beta_0 + \beta_1$(망간함유량) $+ \beta_2$(두께) 맞춤(fitting)의 모형 적용결과가 나와 있다.

```
The regression equation is
Strength=26.641+3.3201 Manganese-0.4249Thickness

Predictor        Coef     StDev        T       P
Constant       26.641   2.72340     9.78   0.000
Manganese      3.3201   0.33198    10.00   0.000
Thickness     -0.4249   0.12606    -3.37   0.004

S = 0.8228        R-Sq = 86.2%       R-Sq(adj) = 84.6%

Analysis of Variance

Source           DF      SS       MS       F       P
Regression        2   72.01   36.005   53.19   0.000
Residual Error   17  11.508   0.6769
Total            19  83.517
```

a. 두께가 10 mm이고 8.2 ppt의 망간함유 표본의 강도를 예측하시오.

b. 두 표본이 두께는 같고, 망간함량이 10 ppt 차이난다면 그들의 강도는 얼마나 다를까?

c. 두 표본이 같은 양의 망간을 가지고 있고, 두께가 5 mm 차이난다면 그들의 강도는 얼마나 다를까?

2 연습문제 1의 자료가 정리되어 있다. 잔차 대 예측값 그래프를 그리시오. 이 그래프는 선형 모형이 타당하다고 나타내고 있나? 설명하시오.

Strength	Manganese	Thickness	Residual	Fitted Value
47.7	7.4	8.0	−0.111	47.811
50.9	8.8	10.0	−0.709	51.609
51.7	8.8	10.0	0.091	51.609
51.9	8.8	10.0	0.291	51.609
50.0	8.1	7.1	−0.517	50.517
50.5	8.1	9.0	0.790	49.710
50.0	8.1	7.1	−0.517	50.517
49.7	8.1	9.0	−0.010	49.710
50.6	8.1	9.0	0.890	49.710
47.7	7.2	7.2	0.214	47.486
47.1	7.3	7.8	−0.464	47.564
45.0	7.3	11.8	−0.864	45.864
47.6	7.3	8.0	0.121	47.479
45.7	7.3	11.8	−0.164	45.864
47.0	7.3	8.7	−0.181	47.181
45.7	7.3	11.7	−0.206	45.906
48.8	7.3	8.7	1.619	47.181
45.8	7.3	7.8	−1.764	47.564
48.5	7.3	9.0	1.446	47.054
48.6	7.6	7.8	0.040	48.560

3 "Application of Statistical Design in the Statistical Design in the Leaching Study of Low-Grade Manganese Ore Using Aqueous Sulfur Dioxide" (P. Naik, L. Sukla, and S. Das, Separation Science and Technology, 2002:1375-1389) 는 망간 추출 백분율(y)을 입자 크기(mm, x_1), 이산화황의 양(x_2), 침출시간(분, x_3) 등을 이용하여 예측하는 모형을 발표하였다.

$$y = 56.145 - 9.046x_1 - 33.421x_2 + 0.243x_3 - 0.5963x_1x_2 - 0.0394x_1x_3 + 0.6022x_2x_3 + 0.6901x_1^2 + 11.7244x_2^2 - 0.0097x_3^2$$

표본 수 n은 27, SSE = 209.55, SST = 6777.5이다.

a. 입자 크기가 3 mm, 이산화황의 양이 1.5, 침출시간이 20분일 때의 추출 백분율을 예측하시오.

b. 침출시간이 1분 더 늘었을 때의 추출 백분율 변화를 예측하는 것이 가능한가? 그렇다면 예측된 변화를 구하시오. 아니면 왜 불가능한지 설명하시오.

c. 결정계수 R^2을 계산하시오.

d. 모든 계수가 0이라는 귀무가설을 테스트하기위한 F 통계를 계산하시오. 이 가설은 기각 가능한가?

4 어린이 폐 기능의 연구에서 1초 동안 힘주어 내쉬는 공기의 부피를 FEV_1이라고 한다(FEV_1은 Forced Expiratory Volume in one second). 특정 어린이그룹을 2년 동안 매년 측정하였으며, 금년 FEV_1(L)을 작년 FEV_1(L)의 함수로 표현하고자 선형모형이 적용되었다.

$$\text{금년 } FEV_1 = \beta_0 + \beta_1(\text{작년 } FEV_1) + \beta_2(\text{성별}) + \beta_3(\text{키}) + \beta_4(\text{대기압}) + \varepsilon$$

성별값은 남자인 경우는 0, 여자인 경우는 1을 대입한다.

```
The regression equation is
FEV1=-0.219+0.779 Last FEV-0.108Gender+1.354Height-0.00134Pressure

Predictor        Coef       StDev        T        P
Constant     -0.21947      0.4503    -0.49    0.627
Last FEV        0.779     0.04909    15.87    0.000
Gender       -0.10827      0.0352    -3.08    0.002
Height         1.3536      0.2880     4.70    0.000
Pressure   -0.0013431   0.0004722    -2.84    0.005

S = 0.22039        R-Sq = 93.5%        R-Sq(adj) = 93.3%

Analysis of Variance

Source            DF       SS        MS        F       P
Regression         4   111.31    27.826   572.89   0.000
Residual Error   160   7.7716  0.048572
Total            164   119.08
```

a. 키가 1.4 m, 대기압은 730 mm, 작년 측정치가 2.113 L인 남자아이의 금년도 FEV_1을 예측하시오.

b. 만약 두 여자아이들의 키 차이가 5 cm이고 나머지는 다 같다면, 그들의 FEV_1은 얼마나 다를까?

c. 성수 β_0는 바이너스로 추징되있다. 그리니 FEV_1은 항상 플러스여야 한다. 무엇이 잘못되었는가? 설명하시오.

5 "Drying of Pulps in Sprouted Bed: Effect of Composition on Dryer Performance" (M. Medeiros et al., Drying Technology, 2002:865-881)는 pH, 점도(kg/m.s), 밀도(g/cm^3), BRIX(%)의 측정치를 보고하였다. 다음은 MINITAB에서의 아래 모형적용 결과이다.

$$pH = \beta_0 + \beta_1 \text{점착력} + \beta_2 \text{밀도} + \beta_3 \text{BRIX} + \varepsilon$$

```
The regression equation is
pH =-1.79+0.000266Viscosity+9.82Density-0.300BRIX

Predictor        Coef      SE Coef       T       P
Constant      -1.7914       6.2339   -0.29   0.778
Viscosity  0.00026626   0.00011517    2.31   0.034
Density        9.8184       5.7173    1.72   0.105
BRIX         -0.29982     0.099039   -3.03   0.008

S = 0.379578   R-Sq = 50.0%   R-Sq(adj) = 40.6%

Predicted Values for New Observations

New
Obs     Fit   SE Fit          95% CI              95% PI
  1  3.0875   0.1351  (2.8010,3.3740)  (2.2333,3.9416)
  2  3.7351   0.1483  (3.4207,4.0496)  (2.8712,4.5990)
  3  2.8576   0.2510  (2.3255,3.3896)  (1.8929,3.8222)

Values of Predictors for New Observations

New
Obs  Viscosity  Density  BRIX
  1       1000     1.05  19.0
  2       1200     1.08  18.0
  3       2000     1.03  20.0
```

a. 점도 1,500 kg/m · s, 밀도 1.04 g/cm^3, BRIX 17.5%일 때 펄프의 pH를 예측하시오.

b. 만약 두 펄프의 밀도가 0.01 g/cm^{3}만큼 다르고 나머지는 다 같다면, 그들의 pH는 얼마나 달라질까?

c. 상수 β_0가 음수로 계산되었다. 그러나 펄프의 pH는 항상 플러스여야 한다. 뭔가가 잘못되었는가? 설명하시오.

d. 점도 1,200 kg/m · s, 밀도 1.08 g/cm^3, BRIX 18%인 펄프의 평균 pH에 대한 95% 신뢰구간을 구하시오.

e. 점도 1,000 kg/m · s, 밀도 1.05 g/cm^3, BRIX 19%인 펄프의 평균 pH에 대한 95% 예측구간을 구하시오.

f. 펄프 A는 점도 2,000 kg/m · s, 밀도 1.03 g/cm^3, BRIX 20%, 펄프 B 는 점도 1,000 kg/m · s, 밀도 1.05 g/cm^3, BRIX 19%이다. 어떤 펄프에서 더 정확한 pH가 예측될 수 있나?

6 다음 MINITAB 결과물은 다중 회귀결과이다. 프린터에 문제가 생겨서 몇몇 숫자들이 안 나와 있다. 이를 채우시오.

```
Predictor       Coef     StDev       T       P
Constant    -0.58762    0.2873     (a)   0.086
X1            1.5102       (b)    4.30   0.005
X2               (c)    0.3944   -0.62   0.560
X3            1.8233    0.3867     (d)   0.003

S = 0.869       R-Sq = 90.2%       R-Sq(adj) = 85.3%

Analysis of Variance

Source          DF      SS      MS     F       P
Regression       3   41.76     (e)   (f)   0.000
Residual Error   6     (g)    0.76
Total          (h)   46.30
```

7 "Evaluating Vent Manifold Inerting Requirements: Flash Point Modeling for Organic Acid-Water Mixtures" (R. Garland and M. Malcolm, Process Safety progress, 2002:254-260)는 물, 아세트산, 프로피온산, 뷰티르산의 농도(무게 %)로 혼합물의 인화점(°F)을 예측하는 모형을 보였으며, 결과는 다음과 같다. 변수 "뷰티르산*아세트산"은 뷰티르산 농도와 아세트산 농도의 상호 작용이다.

```
Predictor                    Coef     StDev        T       P
Constant                   267.53    11.306    23.66   0.000
Acetic Acid               -1.5926    0.1295   -12.30   0.000
Propionic Acid            -1.3897    0.1260   -11.03   0.000
Butyric Acid              -1.0934    0.1164    -9.39   0.000
Butyric Acid*Acetic Acid -0.002658  0.001145    -2.32   0.034
```

a. 30% 아세트산, 35% 프로피온산, 30% 뷰티르산 혼합물의 인화점을 예측하시오(주의 : 모형에서는 30%는 0.3이 아닌 30으로 나타내져 있다).
b. 만약 나머지 농도는 변하지 않고 아세트산의 농도가 10% 증가한다면 인화점이 얼마나 달라질까 물어보았다. 이 질문에 답하는 것이 가능한가? 그렇다면 답하고, 아니라면 왜 아닌지 설명하시오.
c. 만약 나머지 농도는 변하지 않고 프로피온산의 농도가 10% 증가한다면 인화점이 얼마나 달라질까 물어보았다. 이 질문에 답하는 것이 가능한가? 그렇다면 답하고, 아니라면 왜 아닌지 설명하시오.

8 다음은 압출압력(KPa)과 마모(mg)의 관계 연구 실험자료이다.

x	150	175	200	225	250	275
y	10.4	12.4	14.9	15.0	13.9	11.9

최소제곱 이차모형은 $y = -32.445714 + 0.43154286x - 0.000982857x^2$이다.
a. 위 모형식을 사용하여 잔차를 계산하시오.
b. SSE와 SST를 구하시오.
c. s^2을 구하시오.
d. 결정계수 R^2을 계산하시오.
e. 가설 $H_0 : \beta_1 = \beta_2 = 0$의 F통계량을 계산하시오. 이 통계량의 자유도는 얼마인가?
f. 가설 $H_0 : \beta_1 = \beta_2 = 0$은 5% 유의수준에서 기각될 수 있나? 설명하시오.

9 2001년 11월 24일자 The Economist는 선진 15개 국가 경제자료를 발표하였다. 2000년 가을부터 2001년 가을까지의 GDP(국내 총생산) 변화(%), IP(공업생산), CP(소비자 물가), PP(생산자 물가), 2001년 가을의 UNEMP(실업률)이다. 다른 변수들로부터 GDP를 예측하는 모형을 만들고자 한 예측 모형은 아래와 같고, 그 결과는 오른쪽 표에 있다.

$$\text{GDP} = \beta_0 + \beta_1\text{IP} + \beta_2\text{UNEMP} + \beta_3\text{CP} + \beta_4\text{PP} + \varepsilon$$

a. IP = 0.5, UNEMP = 5.7, CP = 3, PP = 4.1인 국가의 GDP변화를 예측하시오.

```
The regression equation is
GDP=1.19+0.17IP+0.18UNEMP+0.18CP-0.18PP

Predictor       Coef      StDev       T       P
Constant     1.18957    0.42180    2.82   0.018
IP           0.17326   0.041962    4.13   0.002
UNEMP        0.17918   0.045895    3.90   0.003
CP           0.17591    0.11365    1.55   0.153
PP          -0.18393   0.068808   -2.67   0.023
```

b. 만약 두 국가의 실업률이 1%로 다르면 국내 총생산 퍼센트 변화는 얼마나 다를까? 나머지 변수들은 같다.
c. CP와 PP는 둘 다 인플레이션율의 척도이다. 둘 중 어떤 것이 GDP을 예측하는데 더 유용한가? 설명하시오.
d. 2000년 9월 스웨덴의 생산자 물가지수는 4.0이었고, 오스트리아는 6.0이었다. 다른 변수들은 같을 때, 어떤 나라의 국내 총생산의 퍼센트 변화가 더 클까? 설명하시오.

10 사면에서 물체의 가속도를 측정하기 위한 실험에서, 물체의 사면 최고점으로부터 이동거리인 y(m)는 매 0.1초마다 $t = 0.1$부터 $t = 1.0$까지 측정되었다. 다음 표에 결과가 나와 있다.

t	y	t	y
0.1	0.03	0.6	1.07
0.2	0.1	0.7	1.46
0.3	0.27	0.8	1.89
0.4	0.47	0.9	2.39
0.5	0.73	1.0	2.95

이는 이차모형 $y = \beta_0 + \beta_1 t + \beta_2 t^2 + \varepsilon$을 따르며, β_0는 물체의 초기 위치를 나타내고, β_1는 초기 속도, 그리고 β_2는 $a/2$이다. a는 물체의 가속도이고 변함이 없다고 가정되었다. 완벽한 실험에서는, 물체의 위치와 속도 가 $t = 0$일 때 0일 것이다. 그러나 실험 오류 때문에 $t = 0$일 때 속도가 0이 아닐 수도 있다.
a. 이차모형 $y = \beta_0 + \beta_1 t + \beta_2 t^2 + \varepsilon$을 구하시오.
b. β_2의 95% 신뢰구간을 찾으시오.
c. 가속도의 95% 신뢰구간을 찾으시오.
d. 각 계수의 P-값을 계산하시오.
e. 초기 위치가 0이 아니라고 결론지을 수 있나? 설명하시오.
f. 초기 속도가 0이 아니라고 결론지을 수 있나? 설명하시오.

8.4 모형 선택

많은 수의 독립변수가 측정되고 그 중에 일부를 선택적으로 모형에 적용해야 하는 경우가 종종 있다. 이것이 모형 선택의 문제이고 매우 흥미로운 작업이다. 모형 선택은 보통의 경우에 물리적인 직관에 의한 일반화 할 수 없는 과정을 통해 진행된다. 여기서 논하고자 하는 것은 이 넓고 어려운 주제에 대해 완벽한 결론을 내리는 것이 아닌, 기본적인 원리와 몇 개의 예를 통해 모형 선택에 대해 알아보고자 하는 것이다.

좋은 모형 선택은 Occam's razor라고 알려진 기본 원칙에 의해 이루어진다.

> Occam's Razor
>
> 가장 좋은 과학적 모형은 관측된 사실을 가장 간단히 설명하는 모형이다.

선형모형에 있어서 Occam's Razor는 최절약원칙(principle of parsimony)을 의미한다.

> Principle of parsimony
>
> 모형은 자료에 적합한 가능한 가장 적은 수의 변수를 가져야 한다.

다음은 최절약원칙에 관한 예외사항이다.

> 1. 선형모형은 반드시 절편을 가져야 한다.
> 2. x_n이 변수에 포함되어 있으면 모형에 $x_2, \cdots, x_{n-1}$이 반드시 포함되어야 한다.
> 3. 두 변수의 곱 $x_i y_i$가 포함되어 있으면 모형에 x_i, y_i가 반드시 분리되어 포함되어야 한다.

자료 적용에 꼭 필요한 변수만을 갖는 모형을 최절약모형(parsimonious model)이라고 한다. 다중회귀법의 대부분의 실질적 연구가 최절약모형의 개발을 통해 이루어진다. 예제를 통해 최절약모형의 원리에 대해 설명하고자 한다. 표 8.3의 자료들은 "Capacities and Performance Characteristics of Jaw Crushers"의 보고서 중 산업용 쇄석기에서의 공급량과 사용전력의 관계에 관한 내용이다.

다음의 출력물은 모형에 적용한 결과이다.

$$전력 = \beta_0 + \beta_1 \times 공급량 + \varepsilon \quad (8.27)$$

출력물을 통해 우리는 적용된 모형이

$$전력 = 21.028 + 24.595 \times 공급량 \quad (8.28)$$

표 8.3 Jaw Crusher에 대한 공급량과 사용전력

Feed Rate (100 tons/h)	Power (kW)	Feed Rate (100 tons/h)	Power (kW)	Feed Rate (100 tons/h)	Power (kW)	Feed Rate (100 tons/h)	Power (kW)
0.10	11	0.20	15	0.91	45	1.36	58
1.55	60	2.91	84	0.59	12	2.36	45
3.00	40	0.36	30	0.27	24	2.95	75
3.64	150	0.14	16	0.55	49	1.09	44
0.38	69	0.91	30	0.68	45	0.91	58
1.59	77	4.27	150	4.27	150	2.91	149
4.73	83	4.36	144	3.64	100		

```
The regression equation is
Power = 21.0 + 24.6 FeedRate

Predictor        Coef       StDev          T        P
Constant       21.028       8.038       2.62    0.015
FeedRate       24.595       3.338       7.37    0.000

S =  26.20         R-Sq = 68.5%      R-Sq(adj) = 67.2%
```

이라는 것을 알 수 있다.

공급량에 관한 계수가 0과 상당히 많은 차이를 나타낸다($t=7.37$, $P=0$). 이제 2차 방정식 모형이 선형모형보다 적합한지 알아보자.

$$\text{전력} = \beta_0 + \beta_1 \times \text{공급량} + \beta_2 \times \text{공급량}^2 + \varepsilon \tag{8.29}$$

다음 2차 방정식 모형에 관한 결과값을 통해 절편의 값과 공급량에 관한 계수가 선형모형의 값과 다르다는 것을 알 수 있다. 이것은 아주 전형적인 결과로 새로운 변수가 모형에 추가되면 변수의 계수가 이전 모형과 비교하여 크게 변하게 된다.

```
The regression equation is
Power = 19.3 + 27.5 FeedRate - 0.64 FeedRate^2

Predictor        Coef       StDev          T        P
Constant        19.34       11.56       1.67    0.107
FeedRate        27.47       14.31       1.92    0.067
FeedRate^2    -0.6387       3.090      -0.21    0.838

S =  26.72         R-Sq = 68.5%      R-Sq(adj) = 65.9%
```

여기서 주목해야 할 점은 공급량^{2}에 관한 계수의 P-값이 크다는 것이다(0.838).

P-값은 독립변수의 계수가 0이라는 귀무가설검정을 위한 값이다. 위의 출력물은 공급량^{2}의 계수가 0이 아니라는 어떤 근거도 제시하지 못한다. 게다가 상관계수 R^2에도 큰 변화가 없기 때문에 2차 방정식 모형이 선형모형보다 적합하다고 말 할 수 없으며, 최절약원칙에 따라 선형모형을 선택하는 것이 옳다.

그림 8.10은 최절약 원칙을 설명하는 그림이다.

공급량과 전력 그래프에서 모형의 계수들이 다름에도 불구하고 최소제곱직선(식 8.28)과 2차 방정식 모형(식 8.29)이 거의 일치하는 것을 알 수 있다. 따라서 모형을 복잡하게 만들 뿐 적합성의 증진이 없는 2차 항을 포함시킬 이유가 없다.

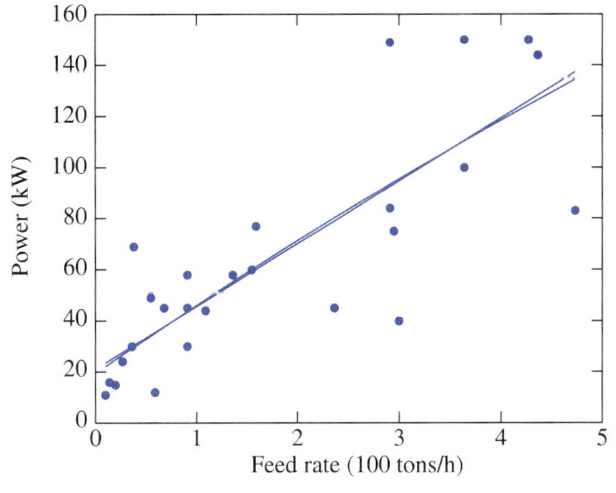

그림 8.10 27개 Jaw Crusher의 전력과 공급량의 산포도
최소제곱라인과 가장 잘 fit 되는 2차 모델이 모두 겹쳐 있다. 이것은 2차 모델의 공급속도계수가 0에서 크게 차이가 없다는 사실을 반영하며, 두 선은 거의 동일하다.

모형에서 변수 제거의 결정

많은 수의 독립변수를 가지는 모형에서 정확성에 큰 영향을 주지 않는 변수를 제거하고자 하는 경우가 있다. 확실히 말해서, 우리가 변수 x, y 사이의 실제 관계를 나타내는 모형을 알고 있고 그것이 참이라고 생각해보자.

$$y_i = \beta_0 + \beta_1 x_{1i} + \cdots + \beta_k x_{ki} + \beta_{k+1} x_{k+1i} + \cdots + \beta_p x_{pi} + \varepsilon_i \tag{8.30}$$

이러한 모형을 'Full Model'이라고 한다. 귀무가설의 검정을 위해

$$H_0 : \beta_{k+1} = \cdots = \beta_p = 0$$

H_0가 참이라면 변수 $x_{k+1}, \cdots, x_p$는 제거할 수 있다. 따라서 전체모형은 다음과 같이 축소모형으로 대체된다.

$$y_i = \beta_0 + \beta_1 x_{1i} + \cdots + \beta_k x_{ki} + \varepsilon_i \tag{8.31}$$

전체모형과 축소모형의 오차제곱합(SSE)을 통해 H_0에 관한 검정통계량을 구해보자. $\mathrm{SSE}_{\mathrm{full}}$의 자유도는 $n-p-1$이고 $\mathrm{SSE}_{\mathrm{reduced}}$의 자유도는 $n-k-1$이다.

전체모형이 참이기 때문에 $\mathrm{SSE}_{\mathrm{full}}/(n-p-1)$은 추정오차분산값 σ^2이다. 만약 H_0가 참이라면 축소모형 역시 참이고, $\mathrm{SSE}_{\mathrm{reduced}}/(n-k-1)$도 추정오차분산값이 된다. 직관적으로 H_0가 참이고 $\mathrm{SSE}_{\mathrm{full}}$이 $(n-p-1)\sigma^2$이면 $\mathrm{SSE}_{\mathrm{reduced}}$는 $(n-k-1)\sigma^2$가 된다.

위를 통해 H_0가 참이라면 $\mathrm{SSE}_{\mathrm{full}} - \mathrm{SSE}_{\mathrm{reduced}}$는 $(p-k)\sigma^2$가 되고 $(\mathrm{SSE}_{\mathrm{full}} - \mathrm{SSE}_{\mathrm{reduced}})/(p-k)$는 σ^2가 된다. 검정통계량 f는

$$f = \frac{(\mathrm{SSE}_{\mathrm{reduced}} - \mathrm{SSE}_{\mathrm{full}})/(p-k)}{\mathrm{SSE}_{\mathrm{full}}/(n-p-1)} \tag{8.32}$$

이제 H_0가 참이면 f분자와 분모 모두 σ^2이고, 그 값은 1에 가깝다. H_0가 거짓이라면 $\mathrm{SSE}_{\mathrm{reduced}}$는 커질 것이고, f값 역시 커진다.

앞에 제시한 방법은 불필요한 변수를 제거함으로써 최절약모형을 만드는데 굉장히 유용하다. 여러 개의 변수를 가진 모형에서 몇몇 변수들은 큰 P-값을 가지고, F-검정은 변수를 제거해야 하는지에 관한 결정에 사용된다. 그러나 실제로 앞에서 가정한 것처럼 full model이 참인 경우는 많지 않다. 이 방법은 매우 유용하지만 이론적인 절차이기 보다는 비공식적 방법이다.

예제를 통해서 이 방법에 대해 알아보자. 모바일 애드혹 네트워크(Mobile Ad-hoc NETwork)에서 메시지들은 목적지에 도달할 때까지 여러 개의 단말기를 통해 전달된다.

자료 오버헤드란 메시지를 알맞은 장소로 전달하기 위해 메시지와 함께 송출되는 정보의 바이트 수이다. 좋은 프로토콜은 일반적으로 적은 자료 오버헤드를 가진다. 오버헤드는 컴퓨터의 이동속도, 각 목적지에서의 지체시간, LCR (link change rate) 등 네트워크의 여러 가지 특징들에 영향을 받는다. 표 8.4는 25개의 컴퓨터 네트워크 내의 평균속도, 지체시간, LCR, 오버헤드들을 나타낸다.

많은 조건들에서의 네트워크 동작에 관한 연구를 위해서 이 자료에 대해 2차 모형을 적용해보자.

$$\begin{aligned}\mathrm{Overhead} = {} & \beta_0 + \beta_1 \mathrm{Speed} + \beta_2 \mathrm{Pause} + \beta_3 \mathrm{LCR} + \beta_4 \mathrm{Speed} \cdot \mathrm{Pause} + \beta_5 \mathrm{Speed} \cdot \mathrm{LCR} \\ & + \beta_6 \mathrm{Pause} \cdot \mathrm{LCR} + \beta_7 \mathrm{Speed}^2 + \beta_8 \mathrm{Pause}^2 + \beta_9 \mathrm{LCR}^2 + \varepsilon\end{aligned}$$

표 8.4 컴퓨터 네트워크에 대한 자료 오버헤드, 속도, 링크 시간과 링크 변경속도

Speed (m/s)	Pause Time (s)	LCR (100/s)	Data Overhead (KB)	Speed (m/s)	Pause Time (s)	LCR (100/s)	Data Overhead (KB)
5	10	9.426	428.90	20	40	12.117	501.48
5	20	8.318	443.68	20	50	10.284	519.20
5	30	7.366	452.38	30	10	33.009	445.45
5	40	6.744	461.24	30	20	22.125	489.02
5	50	6.059	475.07	30	30	16.695	506.23
10	10	16.456	446.06	30	40	13.257	51627
10	20	13.281	465.89	30	50	11.107	508.18
10	30	11.155	477.07	40	10	37.823	444.41
10	40	9.506	488.73	40	20	24.140	490.58
10	50	8.310	498.77	40	30	17.700	511.35
20	10	26.314	452.24	40	40	14.064	523.12
20	20	19.013	475.97	40	50	11.691	523.36
20	30	14.725	499.67				

2차 모형에 적용한 결과가 다음에 나타나 있다.

```
The regression equation is
Overhead = 436 + 0.56 Speed - 2.16 Pause - 2.25 LCR - 0.0481 Speed*Pause
           - 0.146 Speed*LCR + 0.364 Pause*LCR + 0.0511 Speed^2
           + 0.0236 Pause^2 + 0.0758 LCR^2

Predictor         Coef    SE Coef       T      P
Constant        436.03      25 78   16.92  0.000
Speed            0.560      2 349    0.24  0 815
Pause           -2.156      1.290   -1.67  0.115
LCR             -2.253      3.255   -0.69  0.499
Speed*Pause   -0.04813    0.03141   -1.53  0.146
Speed*LCR     -0.14594    0.08420   -1.73  0.104
Pause*LCR      0.36387    0.09421    3.86  0.002
Speed^2        0.05113    0.02551    2.00  0.063
Pause^2        0.02359    0.01290    1.83  0.087
LCR^2          0.07580    0.09176    0.83  0.422


S = 4.19902   R-Sq = 98.7%   R-Sq(adj) = 97.9%

Analysis of Variance

Source          DF       SS      MS       F      P
Regression       9  19859.9  2206.7  125.15  0.000
Residual Error  15    264.5    17.6
Total           24  20124.3
```

이제 $Speed^2$, $Pause^2$, LCR^2 항을 제거한 축소모형이 적당한 모형인지 결정하기 위해서 F-검정을 해보자. 2차 모형에 관한 출력물에서 $SSE_{full}=264.5$이고 자유도는 15, 독립변수의 수 $p=9$이다.

$Speed^2$, $Pause^2$, LCR^2 항을 제거한 축소모형은

$$\text{Overhead} = \beta_0 + \beta_1\text{Speed} + \beta_2\text{Pause} + \beta_3\text{LCR} + \beta_4\text{Speed}\cdot\text{Pause}$$
$$+ \beta_5\text{Speed}\cdot\text{LCR} + \beta_6\text{Pause}\cdot\text{LCR} + \varepsilon$$

이 축소모형을 적용한 결과는 다음과 같다.

```
The regression equation is
Overhead = 405 + 2.01 Speed + 0.246 Pause - 0.242 LCR - 0.0255 Speed*Pause
         - 0.0644 Speed*LCR + 0.185 Pause*LCR

Predictor         Coef   SE Coef       T       P
Constant        405.48     9.221   43.97   0.000
Speed            2.008    0.9646    2.08   0.052
Pause          0.24569    0.3228    0.76   0.456
LCR           -0.24165    0.5306   -0.46   0.654
Speed*Pa     -0.025539   0.01274   -2.01   0.060
Speed*LC     -0.064433   0.02166   -2.98   0.008
Pause*LC       0.18515   0.03425    5.41   0.000

S = 4.4778          R-Sq = 98.2%       R-Sq(adj) = 97.6%

Source            DF        SS       MS        F       P
Regression         6   19763.4   3293.9   164.28   0.000
Residual Error    18     360.9     20.1
Total             24   20124.3    838.5
```

이 축소모형에 관한 출력물에서 $SSE_{reduced}=360.9$이고, 변수의 수 $k=6$이다. 식 (8.32)를 이용해서 F통계량을 계산하면

$$f = \frac{(360.9-264.5)(9-6)}{264.5/15} = 1.822$$

이고, 영 분포(null distribution)는 $F(3, 15)$이다. 부록의 F표(표 A.6)에서 $P>0.10$임을 알 수 있다. P가 크기 때문에 축소모형은 적합하다.

최량부분집합회귀

앞에서 언급했듯이 모형 선택의 방법은 보통 비공식적, 임시적이다. 그러나 그 과정을 조금

더 조직적으로 만드는 몇 가지 방법이 있다. 그 중의 하나가 최량부분집합회귀(Best Subsets Regression)이다. 개념은 간단하다. 모형에 p개의 독립 변수 $x_1, \cdots, x_p$가 있고, 우리는 정확히 4개의 독립변수를 갖는 좋은 모형을 찾기를 원한다고 가정해보자.

4개의 변수를 포함하는 가능한 모든 모형을 적용하고, 상관계수 R^2을 이용해서 적합도가 높은 순으로 정렬시킨다. 가장 큰 R^2을 갖는 부분집합이 크기 4에서의 최량부분집합이다. 다른 크기에서도 최량부분집합을 찾기 위해서는 같은 방법을 사용한다. 최량부분집합은 어떤 부분집합이 좋은 적합도를 보이는지 알아내기 위해서 조사한다.

독립변수들이 많은 경우에 적용할 모형이 아주 많아진다. 하지만 최근에 컴퓨터를 이용하여 30개 혹은 그 이상의 독립변수들을 다룰 수 있게 되었다. 다음의 MINITAB 출력물은 표 8.4의 자료를 적용한 최량부분집합법에 관한 것이며, 9개의 독립변수가 고려되었다.

Best Subsets Regression

Response is Overhead

Vars	R-Sq	R-Sq(adj)	Mallows C-p	S	Speed	Pause	LCR	Speed*Pause	Speed*LCR	Pause*LCR	Speed^2	Pause^2	LCR^2
1	85.5	84.9	144.5	11.264						X			
1	73.7	72.6	279.2	15.171				X					
2	97.7	97.5	6.9	4.5519						X			X
2	97.3	97.1	11.5	4.9448					X	X			
3	98.0	97.7	5.6	4.3590			X			X			X
3	97.8	97.5	7.8	4.5651				X		X			X
4	98.2	97.9	5.3	4.2354		X	X			X			X
4	98.2	97.8	5.8	4.2806			X			X		X	X
5	98.4	97.9	5.6	4.1599			X	X	X	X	X		
5	98.3	97.9	6.4	4.2395	X			X	X	X	X		
6	98.6	98.1	4.9	3.9434		X		X	X	X	X	X	
6	98.4	97.9	7.4	4.2444			X	X	X	X	X	X	
7	98.6	98.1	6.6	4.0265		X		X	X	X	X	X	X
7	98.6	98.0	6.8	4.0496	X	X		X	X	X	X	X	
8	98.7	98.0	8.1	4.0734		X	X	X	X	X	X	X	X
8	98.6	98.0	8.5	4.1301	X	X		X	X	X	X	X	X
9	98.7	97.9	10.0	4.1990	X	X	X	X	X	X	X	X	X

이 출력물에는 크기 1~9에 대한 최량부분집합과 차선부분집합(second-best subset)이 나타나 있다. 최량부분집합은 모형의 R^2가 가장 큰 것을 의미하는 것이지 실용적인 측면에서 가장 좋은 것을 의미하는 것은 아니다. 출력물을 살펴보자.

Var항은 모형에서 변수의 수를 나타낸다. 따라서 첫째 행은 하나의 독립변수로 만들어진 최량부분집합이고 둘째 행은 차선부분집합이다. 셋째, 넷째 행은 두 개의 독립변수로 만들어진 모형을 나타낸다. R-sq항은 각 모형에서의 상관계수 R^2을 나타낸다. 최량부분집합의 R^2값은 변수의 수가 많아질수록 증가한다.

s항은 오차 표준편차의 추정값이다. 이는 8.3절의 식 (8.24)에 나타난 s^2의 제곱근이다. 마지막으로 제일 오른쪽 항은 모형에 포함되는 독립변수를 나타낸 것이다. × 표시된 변수들이 모형에 포함된다. 따라서 3개 변수를 가지는 모형에서는 LCR, PAUSE × LCR, LCR^2이 변수가 된다.

최량부분집합회귀의 출력물은 보면서 최량부분집합과 차선부분집합이 적합도에 관해 거의 차이가 없다는 것을 아는 것과 R^2의 값이 자료에 관한 확률값이라는 것을 이해하는 것이 중요하다. 만약 과정들이 반복되고 새로운 자료가 주어진다면 R^2의 값은 변하고 다른 모형이 선택될 것이다. 이러한 이유에서 이 단일모형을 선택할 때 이 방법을 사용하지 않는다. 대신에 자료에 거의 같은 수준으로 적합한 모형이 여러 개 있다는 것을 알 수 있다.

그럼에도 불구하고 하나의 모형을 선택하는 방법이 개발되고 있는데 그 중에 두 가지 방법을 알아보자(너무 심각하게 받아들이지 않아도 좋다). 만약 모형을 선택하는데 있어서 R^2의 값이 가장 큰 것을 선택한다면 변수의 수가 클수록 R^2의 값이 크기 때문에 항상 모든 변수들을 포함한 모형을 선택하게 될 것이다. 따라서 단일모형을 선택하는 방법은 이러한 특징을 제거하는 수정 R^2의 값을 포함한다.

먼저 수정 R^2의 값에 대해 알아보자. 관측값의 수를 n, 모형에서 독립변수들의 수를 k라고 하면 수정 R^2의 값은

$$\text{수정 } R^2 = R^2 - \left(\frac{k}{n-k-1}\right)(1-R^2) \tag{8.33}$$

수정 R^2은 항상 R^2보다 작다. 변수의 수 k가 증가하면 R^2의 값이 증가하지만 식의 오른쪽 항에 나타난 것처럼 빼는 값도 증가한다. 수정 R^2이 최대일 때 k값을 모형에서 변수의 수를 정하는데 사용하여 최량부분집합의 크기를 정할 수 있다. 앞의 출력물에서 수정 R^2의 값이 6개의 변수를 가질 때 98.1로 가장 큰 것을 볼 수 있다.

다른 방법은 Mallow의 C_p 통계량을 사용하는 것이다. 이를 계산하기 위해 관측값의 수를

n, 고려되는 총 독립변수의 수를 p, 부분집합에서의 독립변수들의 수를 k라고 한다. 전과 같이 SSE_{full}은 모든 변수들을 포함하는 모형의 오차제곱합, $\text{SSE}_{\text{reduced}}$은 k개의 변수를 갖는 모형의 오차제곱합이다.

$$C_p = \frac{(n-p-1)\,\text{SSE}_{\text{reduced}}}{\text{SSE}_{\text{full}}} - (n-2k-2) \tag{8.34}$$

C_p를 이용한 모형 선택에 대한 기준값이 제안되어 왔다. 가장 보편적인 방법은 가장 작은 C_p를 가지는 모형을 선택하는 것이다. 앞의 출력물에서 가장 작은 C_p를 가지는 모형은 $C_p = 4.9$인 6개의 변수를 가지는 모형이다. 이 모형은 수정 R^2에 의해서도 선택되었다. 자료를 통해 수정 R^2과 C_p가 같은 모형을 선택하였다. 많은 경우에 이 기준들은 다른 모형을 선택한다. 어떤 경우에도 이 기준들은 근사적인 제안 모형정도로 해석하고, 자료에 거의 같은 수준으로 적합한 모형이 여러 개 있다는 것을 유념해야 한다.

단계별 회귀

단계별 회귀(Stepwise regression)는 모형 선택에서 가장 널리 사용되는 방법이다. 최량부분집합회귀에 비해서 계산이 간단하기 때문에, 독립변수들의 수가 아주 많고 가능한 부분집합들의 수가 너무 많을 때 사용된다.

P-값에 기반을 둔 단계별 회귀는 다음과 같다(F통계량에 기반을 둔 단계별 회귀도 존재한다). 알고리즘을 돌리기 전에 사용자들은 P-값의 두 경계 α_{in}, $\alpha_{\text{out}}(\alpha_{\text{in}} < \alpha_{\text{out}})$을 정한다. 단계별 회귀는 $P < \alpha_{\text{in}}$을 만족하는 가장 작은 P-값을 가지는 독립변수를 선택하는 변수 추가법에서 시작한다. 이 변수가 모형에 들어가고 한 개의 독립변수를 갖는 모형을 만드는데, 이 변수를 x_1이라고 한다. 다음 단계는 앞의 선택법과 마찬가지로 남아있는 변수들 중에 두 번째 변수가 되기 위한 후보들을 조사한다. 가장 작은 P를 가지는 변수가 모형에 추가된다. 다음 단계는 변수제거법이라고 하는데, P가 α_{out}을 초과하면 그 변수는 제거된다. 알고리즘이 변수 추가법과 변수 제거법을 반복하면서 진행된다. 변수 추가법은 가장 작은 P를 가지는 변수가 $P < \alpha_{\text{in}}$을 만족한다면 변수를 추가하고, 변수 제거법은 가장 큰 P를 가지는 변수가 $P > \alpha_{\text{out}}$을 만족한다면 변수를 제거한다. 이 알고리즘은 모형에 변수들이 추가되고 제거되면서 더 이상 어떠한 변수도 기준을 만족시키지 않을 때까지 지속된다.

밑의 출력물은 표 8.4의 자료를 적용한 MINTAB 단계별 회귀과정이다. P의 경계는 $\alpha_{\text{in}} = \alpha_{\text{out}} = 0.15$이다. 총 9개의 독립변수가 고려되었다.

```
Alpha-to-Enter = 0.15    Alpha-to-Remove = 0.15

Response is Overhead on 9 predictors, with N = 25

Step                 1        2        3        4
Constant         407.7    416.0    410.0    394.9

Pause*LCR       0.1929   0.1943   0.1902   0.1606
T-Value          11.65    29.02    27.79     7.71
P-Value          0.000    0.000    0.000    0.000

LCR^2                   -0.0299  -0.0508  -0.0751
T-Value                  -10.90    -4.10    -3.72
P-Value                   0.000    0.001    0.001

LCR                                 0.90     2.38
T-Value                             1.73     2.15
P-Value                            0.098    0.044

Pause                                        0.37
T-Value                                      1.50
P-Value                                     0.150

S                 11.3     4.55     4.36     4.24
R-Sq             85.50    97.73    98.02    98.22
R-Sq(adj)        84.87    97.53    97.73    97.86
Mallows C-p      144.5      6.9      5.6      5.3
```

첫 단계에서 변수 Pause × LCR이 가장 작은 P-값 0.000을 가지기 때문에 모형의 첫 번째 변수가 된다. 두 번째 단계에서 LCR^2이 가장 작은 P-값을 0.000을 가지기 때문에 다음으로 추가된다. 세 번째, 네 번째 단계에서 변수 LCR과 Pause가 차례로 추가된다. 변수의 P가 0.15를 넘는 변수가 없기 때문에 제거되는 변수들이 없다. 다섯 번째 단계에서 P가 0.15 이하인 변수가 남아있지 않기 때문에 알고리즘이 중지된다. 최종 모형은 변수 Pause × LCR, LCR^2, LCR, Pause를 포함한다.

모형 선택 과정을 통해 때때로 예기치 않게 모형을 찾는다

종속변수의 값을 예측하기 위하여 모형을 만들 때 가능한 많은 독립변수들을 가지고 모형을 찾기 시작하는 것이 논리적인 것처럼 보이기 때문에 모형 선택 과정은 굉장히 많은 수의 선택 가능한 모형을 가진다. 그러나 불행히도 이는 좋은 생각이 아니다.

때때로 아무런 실제 관련이 없는 두 변수들이 우연히 강하게 관련이 있게 되는 경우가 있다. 예를 통해 알아보자. 통계학자 George Undy Yule은 1875~1920년 사이의 영국의 연간 출생률이 미국의 연간 선철 생산량에 거의 완벽하게 관련이 있다는 사실을 알았다($r = -0.98$).

그 누구도 이 변수와 다른 변수들의 관계를 예측하려는 시도를 하지 않는다. 이를 통해 모든 모형 선택 과정에서의 어려움을 알 수 있다. 더 많은 관련을 가질 것 같은 독립변수들을 고려할수록 종속변수와 전혀 관련이 없는 독립변수들이 나타나게 된다.

이 상황을 모의실험을 통해 설명해보자. $N(0, 1)$ 분포로부터 크기가 30인 확률 표본 $y_1, \cdots, y_{30}$을 만든다. 이 표본을 y라 한다. 그 다음 $N(0, 1)$ 분포로부터 크기가 30인 20개의 독립 표본을 만든다. 이 표본들을 $x_1, \cdots, x_{30}$라고 한다. 표본 x_i는 $x_{i1}, \cdots, x_{i30}$인 30개의 값을 포함한다. 다음으로 이 실험 자료를 최량부분집합회귀와 단계별회귀에 적용한다. x_i가 독립적으로 생성되었기 때문에 어떤 x_i도 y와 관련이 없다. 따라서 모형 선택과정에서 이상적인 출력값은 종속변수가 전혀 없는 모형을 만드는 것이다. 그러나 실제 거동은 전혀 다르다. 다음의 두 출력물은 각각 단계별회귀와 최량부분집합회귀에 관한 MINITAB 출력물이다. 단계별회귀는 수정 R^2이 41.89이고 6개의 변수를 포함하는 모형을 제안한다. 최량부분집합회귀는 1~20개의 각 변수 수에 대한 최적모형을 만든다. 수정 R^2 기준으로 최량부분집합법은 R^2이 51.0이고 12개의 변수를 포함하는 모형을 제안한다. Mallow's C_p 기준으로는 5개의 변수를 갖는 모형이 최적 모형이다. 이 출력물을 보면 몇 개의 독립변수가 종속변수들을 예측하는데 유용할 것이라고 생각할 것이다. 하지만 여기에서 나타난 모든 관계는 완벽히 우연이다.

```
Stepwise Regression: Y versus X1, X2, ...

Alpha-to-Enter: 0.15   Alpha-to-Remove: 0.15

Response is Y on 20 predictors, with N = 30

Step              1        2        3        4        5        6
Constant    0.14173  0.11689  0.12016  0.13756  0.09070  0.03589

X15           -0.38    -0.38    -0.28    -0.32    -0.28    -0.30
T-Value       -2.08    -2.19    -1.60    -1.87    -1.69    -1.89
P-Value       0.047    0.037    0.122    0.073    0.105    0.071

X6                      0.39     0.55     0.57     0.57     0.52
T-Value                 2.04     2.76     2.99     3.15     2.87
P-Value                0.051    0.010    0.006    0.004    0.009

X16                             -0.43    -0.43    -0.55    -0.73
T-Value                         -1.98    -2.06    -2.60    -3.07
P-Value                         0.058    0.050    0.016    0.005

X12                                       0.33     0.42     0.49
T-Value                                   1.79     2.29     2.66
P-Value                                  0.086    0.031    0.014
```

X3					-0.42	-0.52
T-Value					-1.83	-2.23
P-Value					0.080	0.035
X17						0.35
T-Value						1.53
P-Value						0.140
S	1.15	1.09	1.04	0.998	0.954	0.928
R-Sq	13.33	24.92	34.75	42.15	49.23	53.91
R-Sq(adj)	10.24	19.36	27.22	32.90	38.66	41.89
Mallows C-p	5.5	3.3	1.7	1.0	0.4	0.7

Best Subsets Regression: Y versus X1, X2, ...

Response is Y

Vars	R-Sq	R-Sq(adj)	Mallows C-p	S	X1	X2	X3	X4	X5	X6	X7	X8	X9	X10	X11	X12	X13	X14	X15	X16	X17	X18	X19	X20
1	13.3	10.2	5.5	1.1539															X					
2	28.3	23.0	2.0	1.0685							X									X				
3	34.8	27.2	1.7	1.0390							X								X	X				
4	43.2	34.1	0.6	0.98851			X			X						X			X	X				
5	49.2	38.7	0.4	0.95391			X			X						X			X	X				
6	53.9	41.9	0.7	0.92844			X			X						X			X	X	X			
7	57.7	44.3	1.3	0.90899	X	X				X						X			X	X			X	
8	61.2	46.4	2.1	0.89168			X			X						X	X		X	X	X		X	
9	65.0	49.3	2.7	0.86747			X			X	X					X	X		X	X	X		X	
10	67.6	50.5	3.8	0.85680			X			X	X					X	X		X	X	X	X	X	
11	69.2	50.4	5.2	0.85803	X	X	X			X	X				X	X			X	X	X		X	
12	71.3	51.0	6.4	0.85267	X	X	X			X	X				X	X		X	X	X	X		X	
13	72.4	49.9	8.0	0.86165	X	X	X			X	X			X	X	X		X	X	X	X		X	
14	73.0	47.8	9.8	0.87965	X	X	X			X	X	X		X	X	X		X	X	X	X		X	
15	74.2	46.5	11.4	0.89122	X	X	X			X	X	X		X	X	X		X	X	X	X	X	X	
16	74.5	43.1	13.3	0.91886	X	X	X		X	X	X	X		X	X	X		X	X	X	X	X	X	
17	74.8	39.2	15.1	0.94985	X	X	X		X	X	X	X		X	X	X	X	X	X	X	X	X	X	
18	75.1	34.2	17.1	0.98777	X	X	X		X	X	X	X		X	X	X	X	X	X	X	X	X	X	X
19	75.1	27.9	19.0	1.0344	X	X	X		X	X	X	X	X	X	X	X	X	X	X	X	X	X	X	X
20	75.2	20.1	21.0	1.0886	X	X	X	X	X	X	X	X	X	X	X	X	X	X	X	X	X	X	X	X

모형에서 어떤 변수가 실제로 종속변수와 관련이 있고 어떤 변수가 우연으로 선택되었는지 어떻게 결정할 수 있을까? 통계적인 방법은 이 문제를 해결하는데 큰 도움이 되지 않는다. 가장 좋은 방법은 실험을 반복해서 모형을 선택하기 위해 독립변수와 종속변수에 관한 자료를 수집하는 것이다. 이 방법을 통해 모형 선택 과정에서 제안되는 독립변수들이 종속변수에 좀 더 적합하게 될 것이다. 만약 몇 개의 변수들이 새로운 자료에 잘 맞는다면 실제 관계에

대한 증거가 더 설득력을 가질 것이다.

모형 선택에 관한 논의를 다음의 4가지로 요약할 수 있다.

Summary

회귀 모형을 선택할 때 다음을 기억하라.

- 이론적 근거가 없다면 자료에 적합한 모형이 여러 개 있다.
- 모형을 선택하는 방법은 자료에 영향을 받는 통계량(R^2, F, C_p)을 포함한다. 따라서 실험이 반복되면 통계량이 변하게 되고 서로 다른 모형들이 최적모형이 된다.
- 모형에서 선택된 몇 개 혹은 모든 독립변수들이 실제로는 종속변수와 상관관계가 없을 수 있다. 가능하다면 적당한 관계를 검정할 수 있을 만큼 실험을 반복해야한다.
- 모형 선택은 지식이 아니라 기술이다.

연습 8.4

1 다음 각 항의 참, 거짓을 결정하시오.

a. 모든 자료군에는 항상 최적 모형이 존재한다.

b. 특정 모형을 명시하는 물리적 이론이 없을 때는 보통 최적 모형은 존재하지 않으나, 거의 동등하게 적합한 모형들은 많이 존재한다.

c. 최고 부분 집합 (best subsets), 단계 회귀분석과 같은 모형 선택 기법들은 최적 모형을 찾게 과학적으로 만들어 졌다.

d. 최고 부분 집합, 단계 회귀 분석과 같은 모형 선택 기법들은 자료에 적합한 모형을 찾아 준다.

2 "Simultaneous Optimization of Mechanical Properties of Steel by Maximizing Exponential Desirability Functions" (K. J. Kim and D. K. J. Lin, Journal of the Royal Statistical Society Series C, Applied Statistics, 2000:311-325) 는 강철판 72개의 측정을 보여주고 있다. 아래 MINITAB 결과물은 항복강도(KG/MM2)와 탄소, 망간, 실리콘의 비율 백분율의 관계를 결정하는 연구 결과를 보여주고 있다. 모형은 다음과 같다.

$$\text{산출력} = \beta_0 + \beta_1 \text{탄소} + \beta_2 \text{망간} + \beta_3 \text{실리콘} + \varepsilon$$

```
The regression equation is
Yield Strength=24.677-19.402Carbon+14.720Manganese+70.720Silicon

Predictor      Coef      StDev       T        P
Constant     24.677     5.8589     4.21    0.000
Carbon      -19.402     28.455    -0.68    0.498
Manganese    14.720     5.6237     2.62    0.011
Silicon      70.720     45.675     1.55    0.126
```

다음 중, 다음 단계에서는 어떤 분석을 해야 하는가? 이유를 설명하시오.

a. (탄소 · 망간), (망간 · 실리콘)의 상호작용 항을 추가한다.

b. (탄소 · 실리콘)의 상호작용 항을 추가한다.

c. 현재 모형으로 충분하기 때문에, 아무것도 안 해도 된다.

d. 탄소와 실리콘 항을 삭제하고 F테스트를 한다.

e. 망간 항을 삭제하고 F테스트를 한다.

3 다음은 다섯 개의 독립변수 $X_1, \cdots, X_5$에 관련된 최고 부분집합(best subsets) 회귀 결과이다. R^2의 값이 가장 큰 두 모형이 나와 있다. 무언가가 잘못되었다. 무엇인가?

```
Best Subsets Regression
Response is Y
                                   XXXXX
          Adj.
Vars R-Sq R-Sq    C-p       s      12345
   1 69.1 68.0  101.4  336.79         X
   1 60.8 59.4  135.4  379.11      X
   2 80.6 79.2   55.9  271.60    X X
   2 79.5 77.9   60.7  279.59    XX
   3 93.8 92.8   13.4  184.27    XX X
   3 93.7 92.7   18.8  197.88    XXX
   4 91.4 90.4    5.5  159.59    XX XX
   4 90.1 88.9    5.6  159.81    XXX X
   5 94.2 93.0    6.0  157.88    XXXXX
```

b. 이 F통계량의 자유도는?

c. F통계량의 P-값을 구하시오. 모형 축소는 타당한가?

d. 삭제된 변수들은 P-값이 컸으므로 모형 축소는 당연히 타당하고, 따라서 F-검정을 시행할 필요가 없다는 주장이 있다. 맞는가? 이유를 설명하라.

e. 독립변수들이 다름에도 불가하고 SST는 두 모형 다 같다. 어딘가에 실수가 있는가? 설명하시오.

4 (8.3절의 문제 4번에 이어짐) FEV_1의 예측을 개선하기 위해 체중(kg), 키와 체중의 상호작용, 기온(섭씨) 등의 독립변수들이 모형에 추가되었다. 아래 MINITAB 결과물은 다음의 모형 적용결과이다.

$$\begin{aligned}\text{금년 } FEV_1 = &\beta_0 + \beta_1(\text{작년}FEV_1)\\ &+\beta_2(\text{성별}) + \beta_3(\text{키})\\ &+\beta_4(\text{체중}) + \beta_5(\text{키}\cdot\text{체중})\\ &+\beta_6(\text{기온}) + \beta_7(\text{대기압}) + \varepsilon\end{aligned}$$

```
The regression equation is
FEV1 = -0.257 + 0.778 Last FEV - 0.105 Gender + 1.213 Height - 0.00624 Weight
+ 0.00386 Height*Weight - 0.00740 Temp - 0.00148 Pressure

Predictor            Coef        StDev        T        P
Constant          -0.2565       0.7602    -0.34    0.736
Last FEV          0.77818      0.05270    14.77    0.000
Gender           -0.10479      0.03647    -2.87    0.005
Height             1.2128       0.4270     2.84    0.005
Weight         -0.0062446      0.01351    -0.46    0.645
Height*Weight   0.0038642     0.008414     0.46    0.647
Temp            -0.007404     0.009313    -0.79    0.428
Pressure       -0.0014773    0.0005170    -2.86    0.005

S = 0.22189        R-Sq = 93.5%      R-Sq(adj) = 93.2%

Analysis of Variance

Source           DF        SS          MS          F        P
Regression        7    111.35      15.907     323.06    0.000
Residual Error  157    7.7302    0.049237
Total           164    119.08
```

a. 다음 MINITAB 결과물은 체중, 키 · 체중, 기온을 삭제한 모형적용결과이다. 이 축소된 모형의 타당성을 검정할 F통계량을 계산하시오.

```
The regression equation is
FEV1 = -0.219 + 0.779 Last FEV - 0.108 Gender + 1.354 Height - 0.00134 Pressure

Predictor        Coef       StDev        T        P
Constant     -0.21947      0.4503    -0.49    0.627
Last FEV        0.779     0.04909    15.87    0.000
Gender       -0.10827      0.0352    -3.08    0.002
Height         1.3536      0.2880     4.70    0.000
Pressure   -0.0013431   0.0004722    -2.84    0.005

S = 0.22039       R-Sq = 93.5%      R-Sq(adj) = 93.3%

Analysis of Variance

Source           DF        SS          MS          F        P
Regression        4    111.31      27.826     572.89    0.000
Residual Error  160    7.7716    0.048572
Total           164    119.08
```

5 "Vehicle-Arrival Characteristics at Urban Uncontrolled Intersections" (V. Rengaraju and V. Rao, Journal of Transportation Engineering, 1995:317-323) 는 인도 마드라스의 10개의 교차로에서 통행특성을 보여주고 있다. 다음 표에서는 도로 폭 x_1(m)와 시간 당, 차선 당 통행차량 댓수(x_2) 그리고 주행속도의 중간값 x_3(km/h)를 보여주고 있다.

y	x_1	x_2	y	x_1	x_2
35.0	76	370	26.5	75	842
37.5	88	475	27.5	92	723
26.5	76	507	28.0	90	923
33.0	80	654	23.5	86	1039
22.5	65	917	24.5	80	1120

a. $y=\beta_0+\beta_1x_1+\beta_2v_2+\varepsilon$ 모형을 적용하시오. 계수들이 0이라는 것을 검정하기 위한 P-값을 구하시오.
b. $y=\beta_0+\beta_1x_1+\varepsilon$ 모형을 적용하시오. 계수들이 0이라는 것을 검정하기 위한 P-값을 구하시오.
c. $y=\beta_0+\beta_1x_2+\varepsilon$ 모형을 적용하시오. 계수들이 0이라는 것을 검정하기 위한 P-값을 구하시오.
d. (a)부터 (c) 중 어떤 모형이 가장 적합한가? 이유는?

6 "Modeling Resilient Modulus and Temperature Correction for Saudi Roads" (H. Wahhab, I. Asi, and R. Ramadhan, Journal of materials in Civil Engineering, 2001:298-305) 는 물리적 특성으로부터의 도로포장의 회복탄성계수를 예측하는 연구이다. 다음 표는 40도에서의 회복탄성계수(y, 10^6 kPa), 골재의 표면적(x_1, m²/kg), 아스팔트의 연화점(x_2, ℃)에 대한 자료이다.

y	x_1	x_2	y	x_1	x_2	y	x_1	x_2
1.48	5.77	60.5	3.06	6.89	65.3	1.88	5.93	63.2
1.70	7.45	74.2	2.44	8.64	66.2	1.90	8.17	62.1
2.03	8.14	67.6	1.29	6.58	64.1	1.76	9.84	68.9
2.86	8.73	70.0	3.53	9.10	68.6	2.82	7.17	72.2
2.43	7.12	64.6	1.04	8.06	58.8	1.00	7.78	54.1

$y=\beta_0+\beta_1x_1+\beta_2x_2+\beta_3x_1x_2+\beta_4x_1^2+\beta_5x_2^2+\varepsilon$ 모형의 어떤 부분집합모형이 적합한가? 두 개의 이상의 모형을 적용하고, 결과를 비교하여 답하시오.

제8장 연습문제

1 기사 "탄소강의 해양 내에서의 부식에 온도가 미치는 영향" (R. Melchers, Corrosion, 2002:768-781) 은 각각 다른 14조건의 바닷물에서 구리로 감싼 철 표본들의 부식 손실을 보여주고 있다(단위 : mm). 각각의 장소에서 온도(℃)와 함께 평균 부식 손실이 기록되어 있고, 다음 차트에서는 1년 후의 결과를 보여주고 있다.

Corrosion	Mean Temp.	Corrosion	Mean Temp.
0.2655	23.5	0.2200	26.5
0.1680	18.5	0.0845	15.0
0.1130	23.5	0.1860	18.0
0.1060	21.0	0.1075	9.0
0.2390	17.5	0.1295	11.0
0.1410	20.0	0.0900	11.0
0.3505	26.0	0.2515	13.5

a. 평균 온도에서 최소 제곱직선을 이용하여 부식 손실을 예측하시오.
b. 기울기에 대한 95% 신뢰구간을 찾으시오.
c. 평균 온도 20℃에서 평균 부식 손실에 대한 95% 신뢰구간을 찾으시오.
d. 평균 온도 20℃에 잠겨있는 표본의 부식손실에 대한 90% 예측구간을 찾으시오.

2 기사 "수성 페놀의 습공기산화에 대한 촉매로써 활성화된 탄소에 탑재된 산화구리. 1. 키네틱과 기계론적인 접근" (P. Alvarez, D. McLurgh, and P. Plucinski, Industrial Engineering and Chemistry Research, 2002: 2147-2152) 에서는 페놀 수용액의 촉매습식산화반응 실험결과의 설명을 기록하고 있다. 한 실험에서는, 초

기산화비율(페놀 kg 당 촉매 kg 당 시간)과 산소농도(mol/m^3)가 측정되었고, 다음 표는 그래프에서 나온 결과를 보여주고 있다.

비율(y)	0.44	0.49	0.60	0.64	0.72
산소농도(x)	3.84	4.76	6.08	7.06	8.28

a. x와 y는 식 $y = kx^r$으로 연관되어 있으며, r은 산소 반응차수이다. 이 식을 알맞은 선형 방정식으로 나타내시오.
b. 최소 제곱직선을 계산하여 k와 r의 값을 예측하시오.
c. 이 자료를 보았을 때, 산소 반응차수 가 0.5인 것이 타당한가? 설명하시오.

3 옐로스톤국립공원에 있는 올드페이스풀 간헐천의 분출은 보통 1.5~5분 동안 지속되고, 휴면기는 보통 50~100분 동안 지속된다. 휴면기는 다른 말로 분출 사이 기다리는 시간이라고 볼 수 있다. 다음 표에서는 60번 연이은 휴면기의 지속기간(분 당)이 주어졌다. 수면기의 길이의 예측방법은 바로 전번의 수면기의 길이를 이용하는 것이 바람직하다. 이것을 기호로 표현하기 위해 수면기의 수열을 $T_1, \cdots, T_{60}$로 나타내어라. T_{i+1}을 예측할 때는 T_1을 사용하는 것이 바람직하다.

i	T_i	*i*	T_i	*i*	T_i
1	80	21	82	41	72
2	84	22	51	42	75
3	50	23	76	43	75
4	93	24	82	44	66
5	55	25	84	45	84
6	76	26	53	46	70
7	58	27	86	47	79
8	74	28	51	48	60
9	75	29	85	49	86
10	80	30	45	50	71
11	56	31	88	51	67
12	80	32	51	52	81
13	69	33	80	53	76
14	57	34	49	54	83
15	90	35	82	55	76
16	42	36	75	56	55
17	91	37	73	57	73
18	51	38	67	58	56
19	79	39	68	59	83
20	53	40	86	60	57

a. 점 (T_1, T_{i+1})과 $i = 1, \cdots, 59$를 사용하여 산포도를 구성하라.
b. T_1을 사용하여 T_{i+1}을 예측하기 위해 최소 제곱법 직선을 계산하라.
[힌트 : 독립변수(x) 값은 $T_1, \cdots, T_{59}$
종속변수(y) 값은 $T_2, \cdots, T_{60}$]
c. 기울기 β_1에 대한 95% 신뢰구간을 찾으시오.
d. 직전 분출 대기시간이 70분이었다면 다음 번 째 예측된 대기시간은 몇 분인가?
e. 직전 분출 대기시간이 70분이었다면 다음 번 분출 평균 대기시간에 대한 98% 신뢰구간을 찾으시오.
f. 직전 분출 대기시간이 70분이었다면 다음 번 분출 대기시간에 대한 99% 예측구간을 찾으시오.

4 화학자가 공기 표본 안에 있는 일산화탄소의 농도를 측정하기 위해 사용될 분광 광도계의 눈금을 재고 있다. 눈금을 체크하기 위해 주어진 농도의 표본이 측정되었고, 아래 표에 실제농도(x)와 측정농도(y)가 주어졌다. 무작위오차로 인하여 같은 표본에 반복으로 측정된 값은 달라지고, 평균 반응이 실제농도와 같을 때 그 기계는 교정된다. 교정을 체크하기 위해서는 선형모형 $y = \beta_0 + \beta_1 x + \varepsilon$을 사용하시오. 이상적으로는, β_0의 값은 0이어야 하며, β_1의 값은 1이어야 한다.

True Concentration (ppm)	Measured Concentration (ppm)
0	1
10	11
20	21
30	28
40	37
50	48
60	56
70	68
80	75
90	86
100	96

a. $\hat{\beta}_0$과 $\hat{\beta}_1$을 측정하는 최소자승을 계산하시오.
b. 영가설 $H_0 : \beta_0 = 0$을 기각할 수 있나?
c. 영가설 $H_0 : \beta_1 = 1$을 기각할 수 있나?

d. 이 자료들이 그 기계가 교정이라고 결론을 내릴 수 있을 만큼 충분한 증거를 제공하는가?

e. 실제농도가 20 ppm일 때 평균 치수에 대한 95% 신뢰구간을 계산하시오.

f. 실제농도가 80 ppm일 때 평균 치수에 대한 95% 신뢰구간을 계산하시오.

g. 어떤 이가 이 기계는 농도가 20 ppm에 가까울 때 교정된다고 주장했다. 이 자료들은 저 주장이 틀렸다고 결정지을 수 있을 만큼의 증거를 제공하는지 설명하시오.

5 "저온의 열용량과 1,1,1-trifluoro-2,2-dichloroethane에 대한 열역학의 습성" (R. Varushchenko and A. Druzhinina, Fluid Phase Equilibria, 2002:109-119)은 프레온 표본이 열량계에 녹아있는 실험에 대한 설명을 한다. 용해할 때 열량계에는 여러 양의 에너지가 공급된다. 평형 용해온도(t)와 부분 용해(f)가 측정되었다. 최소제곱직선은 모델 $t=\beta_0+\beta_1(1/f)+\varepsilon$에 fit되었고, $1/f$는 역수이며, 아래는 fit의 결과이다.

a. 표본의 반이 녹을 온도를 측정하시오(i.e. $f=1/2$).

b. 이 아웃풋에서 평형 온도와 용해된 부분의 역수의 상관계수를 알아낼 수 있습니까?

c. 삼중점 온도는 표본 전체가 녹는 제일 낮은 온도를 말한다(i.e. $f=1$). 삼중점 온도를 측정하시오.

6 "티타늄 용접 특성에 대한 예측을 위한 산소 당량식의 진보" (D. Harwig, W. Ittiwattana, and H. Castner, The Welding Journal, 2001:126s-136s)에서는 티타늄 용접의 여러 가지 특징들을 예측하는 실험을 기록한다. 여러 특징 중에 연신율(%)과 함께 산소함량과 질소함량(%)이 측정되었다. 다음 페이지의 MINITAB 출력은 이 모델의 fitting 결과를 보여준다.

$$\text{연신율} = \beta_0+\beta_1\text{Oxygen}+\beta_2\text{Nitrogen} + \beta_3\text{Oxygen}\cdot\text{Nitrogen}$$

a. 0.15%의 산소함유량과 0.01%의 질소함유량 용접에 대한 연신율을 예측하시오.

b. 민약 두 용접 다 0.006%이 질소함유량을

연습문제 5

```
The regression equation is
Temperature = 145.74 - 0.052 Reciprocal Frac

Predictor        Coef     SE Coef          T       P
Constant      145.736     0.00848    17190.1   0.000
Recip Frac   -0.05180     0.00226    -22.906   0.000

S = 0.019516      R-Sq = 97.6%       R-Sq(adj) = 97.4%

Analysis of Variance

Source          DF        SS         MS        F       P
Regression       1     0.200      0.200   524.70   0.000
Residual Error  13   0.00495   0.000381
Total           14     0.205
```

연습문제 6

```
The regression equation is
Elongation = 46.80 - 130.11 Oxygen - 807.1 Nitrogen + 3580.5 Oxy*Nit

Predictor       Coef      StDev         T       P
Constant      46.802      3.702     12.64   0.000
Oxygen       -130.11     20.467     -6.36   0.000
Nitrogen     -807.10     158.03    -5.107   0.000
Oxy*Nit       3580.5     958.05     3.737   0.001

S = 2.809       R-Sq = 74.5%     R-Sq(adj) = 72.3%

Analysis of Variance

Source          DF        SS        MS        F       P
Regression       3    805.43    268.48    34.03   0.000
Residual Error  35    276.11      7.89
Total           38   1081.54
```

가지고 있고, 그들의 산소함유량은 0.005%의 차이가 있다면, 그들의 연신율은 어떻게 다를지 예측하시오.

c. 두 용접이 다 같은 산소함유량을 가지고 있고, 질소함유량은 0.005%의 차이가 있다면, 이 정보들은 연신율을 예측하기에 충분한가? 그렇다면 연신율을 예측하시오. 아니라면 어떤 다른 정보가 필요한지 설명하시오.

7 다음 MINITAB은 다중회귀를 위한 것이다. 어떤 숫자들은 번져서 읽기 불가능하다. 빠진 숫자들을 채우시오.

```
Predictor        Coef    StDev      T       P
Constant          (a)   0.3501   0.59   0.568
X1             1.8515      (b)   2.31   0.040
X2             2.7241   0.7124    (c)   0.002

S = (d)          R-Sq = 83.4%      R-Sq(adj) = 80.6%

Analysis of Variance

Source            DF       SS       MS      F        P
Regression       (e)      (f)      (g)    (h)    0.000
Residual Error    12    17.28     1.44
Total            (i)   104.09
```

8 30개의 모바일 컴퓨터 네트워크의 시뮬레이션에서 평균 속도, 휴식 시간 그리고 이웃 숫자가 측정되었다. "이웃"은 다른 컴퓨터의 송신 범위 안에 있는 컴퓨터를 말하며, 다음 표에 자료가 나와 있다.

Neighbors	Speed	Pause	Neighbors	Speed	Pause
10.17	5	0	7.30	20	40
8.46	5	30	7.91	30	10
10.20	10	0	7.14	30	40
7.93	10	30	7.72	40	10
10.17	20	0	7.05	40	40
7.44	20	30	8.92	5	20
10.19	30	0	8.00	5	50
7.30	30	30	8.28	10	20
10.18	40	0	7.56	10	50
7.19	40	30	7.78	20	20
9.36	5	10	7.21	20	50
8.30	5	40	7.45	30	20
8.86	10	10	7.08	30	50
7.73	10	40	7.32	40	20
8.24	20	10	6.99	40	50

a. 이웃을 종족변수로, 독립변수를 속도, 휴식, 속도·휴식, 속도제곱, 휴식제곱으로 모델을 맞추시오.

b. P-값이 큰 변수를 버려서 축소시킨 모델을 만들어라. 그리고 F테스트를 사용하여 모델의 타당성을 테스트 하시오.

c. 잔차 대 축소된 모델의 fitted 값을 기록하시오. 이 모델이 부적합 하다고 느껴지는가? 그렇다면 무엇인가?

d. 어떤 이가 제안하기를 모델이 종족변수로 휴식과 휴식제곱만 있으면 충분하다고 한다. 동의하는가 혹은 왜 동의하지 않는가?

e. 최고의 부분집합 소프트웨어 패키지를 사용하여 변수 하나부터 변수 다섯까지 각각 R^2값이 가장 높은 두 모델을 찾으시오.

f. 어떤 모델이 최소 C_p에 의하여 선택되었고, 조정된 R^2에 의하여 선택되었나? 그 둘은 같은가?

9 다음 표에 주어진 자료는 종이의 인장 강도(y, psi)를 견목제의 함유량 퍼센티지(x)의 함수로 나타낸 것이다.

Hardwood Content	Tensile Strength	Hardwood Content	Tensile Strength
1.0	26.8	7.0	52.1
1.5	29.5	8.0	56.1
2.0	36.6	9.0	63.1
3.0	37.8	10.0	62.0
4.0	38.2	11.0	62.5
4.5	41.5	12.0	58.0
5.0	44.8	13.0	52.9
5.5	44.7	14.0	38.2
6.0	48.5	15.0	32.9
6.5	50.1	16.0	21.9

a. 견목제 함유량으로부터 인장 강도를 예측하기 위하여 1, 2차수 등 다항식 모델을 fit 하시오. 각각 모델 당, F테스트를 사용하여 1차수 낮은 모델과 비교하시오. F테스트의 P-값이 0.05보다 클 때 멈추시오. 이 방법을 사용했을 때 선택된 모델의 차수는 몇인가?

b. (a)서 구한 모델로, 제일 높은 인장 강도를 나타내는 견목제 함유량을 측정하시오.

10 "지형 지역과 복잡한 지질의 지하수 전자기 이미징: 프랑스 알프스 지질 구조상 경계에 대한 사례연구" (S.Houtot, P.Tarits, et al., Geophysics, 2002:1047-1060) 는 프랑스 알프스

에 기타즈 강 근처에 있는 여러 곳에서 채취한 물 표본에 대한 여러 가지 화학 물질의 농도들(in mmol/L)과 전기 전도율(in 10^{-2} S/m)의 치수를 나타낸 것이다. 다음 표에는 마그네슘과 칼슘에 대한 결과를 나타내며, 두 값 이외에는 삭제되었다.

Conductivity	Magnesium	Calcium
2.77	0.037	1.342
3.03	0.041	1.500
3.09	0.215	1.332
3.29	0.166	1.609
3.37	0.100	1.627
0.88	0.031	0.382
0.77	0.012	0.364
0.97	0.017	0.467
1.10	0.027	0.487
1.11	0.039	0.497
2.57	0.168	1.093
3.27	0.172	1.480
2.28	0.044	1.093
3.32	0.069	1.754
3.93	0.188	1.974
4.26	0.211	2.103

a. 마그네슘(x_1)과 칼슘(x_2)의 농도로부터 전도율(y)을 예측하기 위해 이차방정식 모델 $y=\beta_0+\beta_1x_1+\beta_2x_2+\beta_3x_1^2+\beta_4x_2^2+\beta_5x_1x_2+\varepsilon$에 fit 하시오. 분산표를 분석하시오.

b. F테스트를 이용하여 이차방정식 모델의 부속 모델을 조사하시오. 어떤 모델을 왜 더 추구하는지 말하시오.

c. 최고의 부분집합 routine을 사용하여 조정된 최대 R^2값과 최소 Mallows C_p의 부속 모델을 찾으시오. 둘은 같은 모델인가? 이 모델들의 정당성에 대해 언급하시오.

11 "염화마그네슘 용액을 이용한 납 용광로 광재의 납 용해" (A.Xenidis, T.Lillis, and I.Hallikia, The Aus IMM Proceedings, 1999:37-44) 에서는 염화마그네슘 용액에 들어 있는 납의 침출 속도에 대한 조사를 논하고 있다. 다음 표에서는 자료는 여러 시간(분)에 따라 추출된 납의 퍼센티지를 보여주고 있다.

시간(t)	4	8	16	30	60	120
추출된 퍼센트(y)	1.2	1.6	2.3	2.8	3.6	4.4

a. 저 기사는 이차방정식 모델 $y=\beta_0+\beta_1t+\beta_2t^2+\varepsilon$을 주어진 자료에 fitting 하는 것을 제안하고 있다. 이 모델을 fit하고, 계수들의 표준편차들을 계산하시오.

b. 도함수 $dy/dt=\beta_1+2\beta_2t$에 의해 시간 t에 반응속도가 주어졌다. 반응속도가 0.05일 때의 시간을 측정하라.

c. 시간 $t=0$일 때 반응속도는 β_1와 같다. $t=0$일 때의 반응속도에 대한 95% 신뢰구간을 찾으시오.

d. 시간에 따라 반응속도가 줄어든다고 결론 내릴 수 있는지 설명하라.

12 "신경망을 사용한 개념설계 디자인의 자원 필요조건 예측" (A. Elazouni, I. Nosair, et al., Journal of Computing in Civil engineering, 1997:217-223) 에서는 콘크리트 사일로를 제조하는데 어떤 자원 요건들은 모델로부터 예측될 수 있다고 제안하고 있다. 이것들은 특정 작업에 필요한 콘크리트의 수량 $m^3(y)$, 노동하는 날의 수(z), 혹은 콘크리트 믹서를 돌리는 시간(w)을 포함한다. 표 SE25A는 y, z 혹은 w를 예측하기 위해 사용될 수 있는 23개의 가능성이 있는 독립변수를 나타내고 있다. 28일 동안의 제조 작업 중에 수집된 종속변수와 독립변수의 값은 표 SE25B와 표 SE25C에 나타나 있다. 따로 언급되지 않았을 시, 길이는 미터 단위이고 넓이는 m^2, 부피는 m^3이다.

a. 최고의 부분집합 회귀를 이용하여, 조정된 R^2 기준값에 따라 y를 예측하는 최고의 모델을 찾으시오.

b. 최고의 부분집합 회귀를 이용하여, 최소의 Mallows C_p 기준값에 따라 y를 예측하는 최고의 모델을 찾으시오.

c. 단계적 회귀분석을 사용하여 y를 예측하는 모델을 찾으시오. 그 모델에서 어떤 변수들을 더하거나 빼지 알아낼 때 사용할 기준값을 설명하시오.

d. 최고의 부분집합 회귀를 이용하여, 조정된 R^2 기준값에 따라 z를 예측하는 최고의 모델을 찾으시오.

e. 최고의 부분집합 회귀를 이용하여, 최소의 Mallows C_p 기준값에 따라 z를 예측하는 최고의 모델을 찾으시오.
f. 단계적 회귀분석을 사용하여 z를 예측하는 모델을 찾으시오. 그 모델에서 어떤 변수들을 더하거나 빼지 알아낼 때 사용할 기준값을 설명하시오.
g. 최고의 부분집합 회귀를 이용하여, 조정된 R^2 기준값에 따라 w를 예측하는 최고의 모델을 찾으시오.
h. 최고의 부분집합 회귀를 이용하여, 최소의 Mallows C_p 기준값에 따라 w를 예측하는 최고의 모델을 찾으시오.
i. 단계적 회귀분석을 사용하여 w를 예측하는 모델을 찾으시오. 그 모델에서 어떤 변수들을 더하거나 빼지 알아낼 때 사용할 기준값을 설명하시오.

연습문제 12에 대한 변수들의 설명

x_1	통의 수	x_{13}	너비와 두께의 비율
x_2	시간당 최대 필요로 하는 콘크리트	x_{14}	단지의 둘레
x_3	높이	x_{15}	믹서의 용량
x_4	슬립 폼의 속도 (m/day)	x_{16}	축적된 물질의 밀도
x_5	건설단계의 수	x_{17}	강화된 강철의 낭비 퍼센트
x_6	슬립 폼의 둘레	x_{18}	콘크리트의 낭비 퍼센트
x_7	사일로 단지의 부피	x_{19}	콘크리트 크루의 노동자 수
x_8	사일로 벽의 겉넓이	x_{20}	벽 두께(cm)
x_9	통의 부피	x_{21}	강화강철크루의 수
x_{10}	벽부터 땅까지의 넓이	x_{22}	거푸집크루의 노동자 수
x_{11}	리프팅 잭의 수	x_{23}	길이와 너비의 비율
x_{12}	길이와 두께의 비율		

연습문제 12에 대한 자료

y	z	w	x_1	x_2	x_3	x_4	x_5	x_6	x_7	x_8	x_9	x_{10}	x_{11}
1,850	9,520	476	33	4.5	19.8	4.0	4	223	11,072	14,751	335	26.1	72
932	4,272	268	24	3.5	22.3	4.0	2	206	2,615	8,875	109	27.9	64
556	3,296	206	18	2.7	20.3	5.0	2	130	2,500	5,321	139	28.4	48
217	1,088	68	9	3.2	11.0	4.5	1	152	1,270	1,675	141	11.6	40
199	2,587	199	2	1.0	23.8	5.0	1	79	1,370	7,260	685	17.1	21
56	1,560	120	2	0.5	16.6	5.0	1	43	275	1,980	137	22.0	15
64	1,534	118	2	0.5	18.4	5.0	1	43	330	825	165	23.6	12
397	2,660	133	14	3.0	16.0	4.0	1	240	5,200	18,525	371	12.8	74
1,926	11,020	551	42	3.5	16.0	4.0	4	280	15,500	3,821	369	12.8	88
724	3,090	103	15	7.8	15.0	3.5	1	374	4,500	5,600	300	12.2	114
711	2,860	143	25	5.0	16.0	3.5	1	315	2,100	6,851	87	24.8	60
1,818	9,900	396	28	4.8	22.0	4.0	3	230	13,500	13,860	482	17.6	44
619	2,626	202	12	3.0	18.0	5.0	1	163	1,400	2,935	115	26.4	36
375	2,060	103	12	5.8	15.0	3.5	1	316	4,200	4,743	350	11.8	93
214	1,600	80	12	3.5	15.0	4.5	1	193	1,300	2,988	105	20.6	40
300	1,820	140	6	2.1	14.0	5.0	1	118	800	1,657	133	17.0	24
771	3,328	256	30	3.0	14.0	5.0	3	165	2,800	2,318	92	19.9	43
189	1,456	91	12	4.0	17.0	4.5	1	214	2,400	3,644	200	13.6	53
494	4,160	320	27	3.3	20.0	4.5	3	178	6,750	3,568	250	14.0	44
389	1,520	95	6	4.1	19.0	4.0	1	158	2,506	3,011	401	11.8	38
441	1,760	110	6	4.0	22.0	5.0	1	154	2,568	3,396	428	14.1	35
768	3,040	152	12	5.0	24.0	4.0	1	275	5,376	6,619	448	14.5	65
797	3,180	159	9	5.0	25.0	4.0	1	216	4,514	5,400	501	14.8	52
261	1,131	87	3	3.0	17.5	4.0	1	116	1,568	2,030	522	10.5	24
524	1,904	119	6	4.4	18.8	4.0	1	190	3,291	3,572	548	9.8	42
1,262	5,070	169	15	7.0	24.6	3.5	1	385	8,970	9,490	598	12.9	92
839	7,080	354	9	5.2	25.5	4.0	1	249	5,845	6,364	649	13.9	60
1,003	3,500	175	9	5.7	27.7	4.0	1	246	6,095	6,248	677	15.1	60

x_{12}	x_{13}	x_{14}	x_{15}	x_{16}	x_{17}	x_{18}	x_{19}	x_{20}	x_{21}	x_{22}	x_{23}
19.6	17.6	745	0.50	800	6.00	5.50	10	24	7	20	1.12
16.0	16.0	398	0.25	600	7.00	5.00	10	20	6	20	1.00
15.3	13.5	262	0.25	850	7.00	4.50	8	20	5	18	1.13
17.0	13.8	152	0.25	800	5.00	4.00	8	25	6	16	1.23
28.1	27.5	79	0.15	800	7.50	3.50	5	20	4	14	1.02
20.3	20.0	43	0.15	600	5.00	4.00	5	15	1	12	1.02
24.0	18.3	43	0.15	600	5.05	4.25	5	15	2	12	1.31
27.5	23.0	240	0.25	600	6.00	4.00	8	20	7	22	1.20
27.5	23.0	1121	0.25	800	8.00	4.00	10	20	9	24	1.20
21.2	18.4	374	0.75	800	5.00	3.50	10	25	12	24	1.15
10.6	10.0	315	0.50	800	6.00	4.00	10	25	11	20	1.06
20.0	20.0	630	0.50	800	7.00	5.00	10	25	9	18	1.00
13.7	13.9	163	0.25	600	6.00	4.50	8	18	11	18	1.20
20.4	20.4	316	0.50	800	6.50	3.50	10	25	6	14	1.00
13.6	10.2	193	0.50	800	5.00	3.50	10	25	4	14	1.33
13.6	12.8	118	0.25	800	5.00	3.75	8	25	6	14	1.06
13.6	9.6	424	0.25	800	5.00	3.75	8	25	6	14	1.42
18.5	16.0	214	0.50	600	6.00	4.00	8	20	4	14	1.15
19.5	16.0	472	0.25	600	6.50	4.50	10	20	3	14	1.20
21.0	12.8	158	0.50	800	5.50	3.50	6	25	8	14	1.30
20.8	16.0	154	0.50	800	7.00	4.00	8	36	8	14	1.35
23.4	17.3	275	0.50	600	7.50	5.50	8	22	11	16	1.40
16.8	15.4	216	0.50	800	8.00	5.50	8	28	12	16	1.10
26.8	17.8	116	0.25	850	6.50	3.00	6	25	5	14	1.50
23.6	16.1	190	0.50	850	6.50	4.50	5	28	9	16	1.45
23.6	16.6	385	0.75	800	8.00	6.50	15	25	16	20	1.43
25.6	16.0	249	0.50	600	8.00	5.50	12	25	13	16	1.60
22.3	14.3	246	0.50	800	8.50	6.00	8	28	16	16	1.55

요인 실험 09

개요

자료의 분석은 공학적, 과학적인 발전과 개선에 필수적이다. 일반적으로 양적 자료 분석의 경우에 단일표본 또는 다른 두 개의 표본을 비교분석하는 문제에 관심을 갖는다. 예를 들어, 농업학자들은 작물의 수확량을 최대로 만들기 위해 물을 조절하거나 여러 가지 비료에 대해 연구한다. 여러 가지 비료의 사용과 급수 조절을 통해서 농작물에 다양한 조건을 만들고 각각의 조건에 대한 수확량을 측정한다.

처리나 모집단을 서로 구별하는 특성을 인자(factor)라고 하며, 특성에 대해 분석하는 것을 분산분석이라고 한다. 분산분석을 위해서는 자료를 정확하게 분석하고 적절하게 사용하여야 한다. 9.1절, 9.2절에서는 일원분산분석에 대해서, 9.3절, 9.4절에서는 이원분산분석에 대해 설명하고, 9.5절에서는 2개 이상의 인자를 가지는 분산분석에 대해 소개한다.

9.1 일원분석

"An Investigation of $CaCO_3$-CaF_2-K_2SiO_3-SiO_2-Fe Flux System Using the Submerged Arc Welding Process on HSLA-100 and AISI-1081 Steels"에 언급된 각각 다른 화학성분의 용접 플럭스에 관한 분석을 살펴보자.

4가지 종류의 플럭스의 대한 5개의 강도 측정결과를 표 9.1에 나타내었다. 그림 9.1에 4가지 플럭스에 대한 강도를 좌표로 나타내었고, 각 표본들의 평균은 "×"로 표시하였다.

표 9.1 4가지 다른 플럭스를 이용하여 용접한 Brinell 강도 결과

Flux	Sample Values					Sample Mean	Sample Standard Deviation
A	250	264	256	260	239	253.8	9.7570
B	263	254	267	265	267	263.2	5.4037
C	257	279	269	273	277	271.0	8.7178
D	253	258	262	264	273	262.0	7.4498

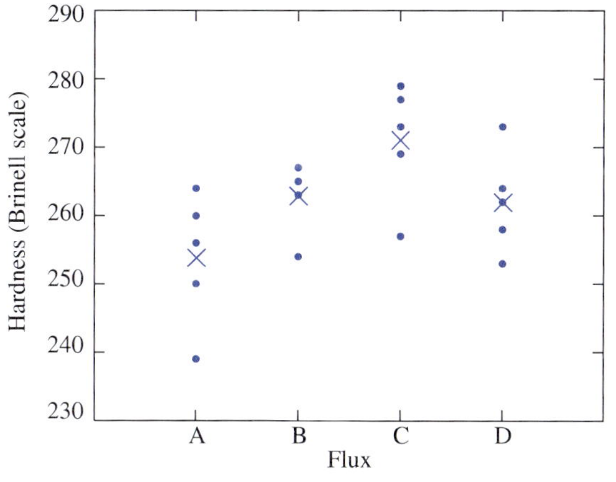

그림 9.1 표 9.1의 각 표본에 대한 점도표

각 표본의 평균은 ×로 표시되어 있다. 표본의 평균값은 다소 다르지만 표본값은 상당히 중복된다.

표본들의 평균들은 서로 다른데, 플럭스 C를 이용한 용접강도가 가장 높으며 플럭스 A를 이용한 용접강도가 가장 낮다. 그러면 모집단의 평균과 위 4가지 플럭스 종류에 대한 평균이 다르다고 할 수 있을까?

분산분석은 몇 개의 변수를 가진다. 하나의 변수는 응답변수(response variable) 혹은 종속변수(dependent variable)이고, 나머지는 인자(factors)라고 불리는 변수들이다. 분산분석에서 제기되는 문제는 인자들의 변화가 응답변수들의 평균에 영향을 끼치는가에 관한 것이다. 표 9.1에서 강도가 응답변수이고 4가지 플럭스가 1개의 인자이다. 단지 한 개의 인자만 있기 때문에 일원분석(one-factor experiment)이라고 한다. 하나의 인자에 4가지 다른 플럭스에 대한 각기 다른 값들이 있는데, 이러한 다른 값들을 수준(levels) 또는 처리(treatment)라고 한다.

이 용접 실험에서 4가지 플럭스는 모집단에서 무작위로 선정된 것이 아니라 실험자에 의해 의도적으로 선정된 것이다. 이러한 실험은 모수효과모형(fixed effect model)이라고 한다. 반대로 수준이나 처리를 무작위로 선정하는 실험을 변량모형(random effect model)이라고 한다. 9.1절에서 먼저 모수효과모형에 대해 초점을 맞춰 논의할 것이고, 이 절의 마지막에 모수효과모형과 변량모형의 차이에 대해 논의하겠다.

완전임의배치실험

앞의 용접 실험에서 4개의 플럭스에 대해 각각 5번의 용접, 총 20회의 용접을 실행하였다. 각 용접은 다른 베이스 플레이트에서 실행하였기 때문에 이 실험을 위해 실험자는 4개의 플럭스 마다 5개의 베이스 플레이트(총 20개)를 선택해야 한다. 베이스 플레이트는 물리적 특성에 따라 다르고 어떤 것들은 강한 용접강도를 나타낸다. 여기서 중요한 점은 특정 플럭스에서 우수한 베이스 플레이트를 피하는 것이다. 따라서 베이스 플레이트를 정하는 가장 좋은 방법은 무작위로 고르는 것이다. 베이스 플레이트에 1부터 20까지 임의의 순번을 부여한 다음, 1부터 5까지의 숫자를 순번으로 갖는 베이스 플레이트를 플럭스 A에, 6부터 10까지의 숫자를 순번으로 갖는 베이스 플레이트를 플럭스 B에 배정하는 방식으로 그룹을 나눈다. 이것을 완전임의배치실험(completely randomized experiments)이라고 한다.

> 분산분석에서 실험군을 무작위로 정하는 것을 완전임의배치실험이라 한다.

많은 경우에 실험의 결과는 실험이 진행되는 순서에 영향을 받는다.

일원분산분석

모집단의 평균이 같은지 결정하기 위해서는 귀무가설이 필요하다. I개의 표본이 있고 각 표본은 다른 처리(treatment)이다. 모집단의 평균을 다음과 같이 나타낸다.

$$\mu_1, \cdots, \mu_I$$

나중에 다루겠지만 표본의 크기가 같을 필요는 없다. 표본의 수는 다음과 같이 나타낸다.

$$J_1, \cdots, J_I$$

표본의 수 총합을 N이라고 한다.

$$N = J_1 + J_2 + \cdots + J_I$$

우리가 검정하고자 하는 가설은 다음과 같다.

$$H_0 : \mu_1 = \cdots = \mu_I \ (H_1 : \text{모든 평균이 같지는 않다})$$

이 가설을 검정하기 위해 분산분석법(analysis of variance, ANOVA)을 사용한다. 일원분산분석법의 검정통계량을 정의하기 위해 먼저 기호에 대해 살펴보자.

두 개의 작은 기호를 하나의 문자에 덧붙여 사용하게 되는데 첫 번째 기호는 표본의 수, 두 번째 기호는 표본의 관측값 위치를 표현하는 것이다. $\overline{X}_{i.}$은 i번째 인자의 모든 값들의 평균을 의미한다.

$$\overline{X}_{i.} = \frac{\sum_{j=1}^{J_i} X_{ij}}{J_i} \tag{9.1}$$

총 평균(grand mean)은 $\overline{X}_{..}$로 나타내고 모든 관측값들의 평균이다.

$$\overline{X}_{..}=\frac{\sum_{i=1}^{I}\sum_{j=1}^{J_i}X_{ij}}{N} \tag{9.2}$$

대수적인 방법으로 다음과 같이 나타낼 수 있다.

$$\overline{X}_{..}=\frac{\sum_{i=1}^{I}J_i\overline{X}_{i.}}{N} \tag{9.3}$$

Example 9.1 표 9.1의 자료를 가지고 $I, J_1, \cdots, J_I, N, X_{23}, \overline{X}_{3.}, \overline{X}_{..}$를 구하시오.

Solution

표본의 수는 4가지이므로 $I=4$, 각 표본들은 5개의 관측값을 가지므로 $J_1, \cdots, J_4=5$이다. 전체 표본의 수 $N=20$, X_{23}은 2번째 표본의 3번째 관측값이므로 $X_{23}=267$, 3번째 표본의 평균 $\overline{X}_{3.}$는 271.0이다.

총 평균 $\overline{X}_{..}=\frac{(5)(253.8)+(5)(263.2)+(5)(271.0)+(5)(262.0)}{20}=262.5$

그림 9.2는 일원분산분석법에 관한 것이다. 4가지 처리에 의한 가상의 표본들과 표본의 평균, 총평균이 나타나 있다. 표본평균들은 총 평균 주위에 분포하고 일원분산분석법에서는 이 분포를 측정한다. 표본들의 평균이 넓게 퍼져 있으면 H_0는 거짓이 된다. 표본평균과 총 평균의 편차는 처리간 제곱합(SSTr)이라 불리는 값에 의해 측정한다.

$$\text{SSTr}=\sum_{i=1}^{I}J_i(\overline{X}_{i.}-\overline{X}_{..})^2 \tag{9.4}$$

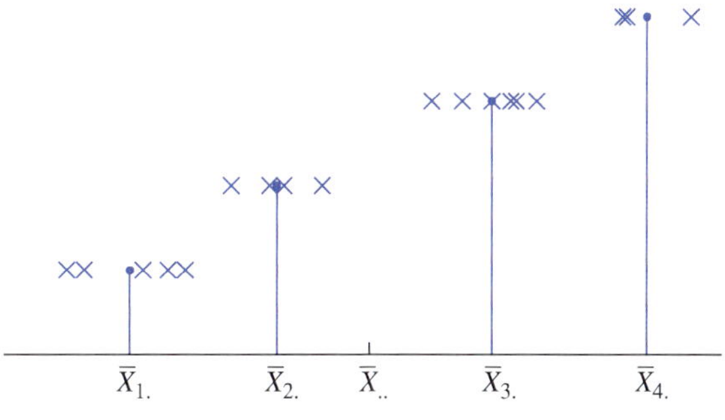

그림 9.2 표본 전체평균과 표본 평균의 차이는 무작위 편차와 각기 다른 처리평균으로 인해 나타날 수 있다. 표본 자체와 주어진 표본 평균과의 차이는 무작위 편차 때문이다.

SSTr의 각항은 표본평균과 총합의 차를 나타낸다. 각 제곱합에 표본의 수를 곱하기 때문에 표본수가 많을수록 SSTr 값이 커진다. SSTr을 통해 각 표본평균들이 얼마나 다른지 알 수 있다. SSTr이 클 때 표본평균들은 넓게 퍼지고 이를 통해 H_0는 거짓임을 알 수 있다. 반대로 SSTr이 작을 때는 표본평균들이 총 평균에 가깝고, 그 값들이 같을 것이라고 판단할 수 있다. 좀 더 쉽게 계산할 수 있는 SSTr 공식은 다음과 같다.

$$\mathrm{SSTr} = \sum_{i=1}^{I} J_i \overline{X}_{i.}^2 - N\overline{X}_{..}^2 \tag{9.5}$$

SSTr를 이용하여 H_0를 거짓으로 판단하기 위해서는 처리 내 제곱합(SSE)과 비교해야 한다. SSE는 표본평균값과 하나의 표본값의 편차이다. 개별 관측값이 각 처리평균으로부터 떨어진 차이를 측정하는 것으로 다음과 같이 계산된다.

$$\mathrm{SSE} = \sum_{i=1}^{I}\sum_{j=1}^{J_i}(X_{ij} - \overline{X}_{i.})^2 \tag{9.6}$$

$X_{ij} - \overline{X}_{i.}$은 잔차이며 SSE는 잔차의 제곱합이다. SSE는 SSTr과는 다르게 처리평균으로부터의 위치에 상관없이 떨어진 차이에만 영향을 받는다. SSE는 회귀에서 오차제곱합과 유사하다. 좀 더 쉽게 계산할 수 있는 SSE 공식은 다음과 같다.

$$\mathrm{SSE} = \sum_{i=1}^{I}\sum_{j=1}^{J_i}X_{ij}^2 - \sum_{i=1}^{I}J_i\overline{X}_{i.}^2 \tag{9.7}$$

SSE는 표본의 분산을 통해서 구할 수도 있다. I번째 표본의 분산을 s_i^2라고 하면

$$s_i^2 = \frac{\sum_{j=1}^{J_i}(X_{ij} - \overline{X}_{i.})^2}{J_i - 1} \tag{9.8}$$

식 (9.6)과 (9.8)을 통해

$$\mathrm{SSE} = \sum_{i=1}^{I}(J_i - 1)s_i^2 \tag{9.9}$$

Example 9.2

표 9.1을 이용하여 SSTr과 SSE를 구하시오.

Solution

표 9.1에서 표본들의 평균은 다음과 같다.

$\overline{X}_{1.} = 253.8,\ \overline{X}_{2.} = 263.2,\ \overline{X}_{3.} = 271.0,\ \overline{X}_{4.} = 262.0$

> 표본 총평균은 예제 9.1에서 $\overline{X}_{..} = 262.5$이다.
> 식 (9.4)를 이용해 SSTr을 계산하면 SSTr = 743.4
> 식 (9.9)를 이용해 SSE를 계산하면 SSE = 1023.6

SSTr과 SSE를 검정통계량으로 사용하려면 다음 두 가지 가정을 만족해야 한다.

일원분산분석의 기본가정

1. 처리방법의 분포는 정규분포를 따른다.
2. 처리방법은 σ^2인 같은 분산을 갖는다.

검정통계량을 나타내기 전에 어떻게 작용하는지 알아보자. 만약 위 두 가지 가정을 만족한다면 SSE와 SSTr의 평균을 구할 수 있다. SSTr이 작으면 H_0는 참이고, 크면 H_0가 거짓이므로 SSTr의 평균은 H_0가 참인지 거짓인지에 관련이 있고 다음을 만족한다.

$$\mu_{\text{SSTr}} = (I-1)\sigma^2,\ H_0\text{가 참일 때} \tag{9.10}$$

$$\mu_{\text{SSTr}} > (I-1)\sigma^2,\ H_0\text{가 거짓일 때} \tag{9.11}$$

SSE의 평균은 H_0가 참인지 거짓인지와 관련이 없다. SSE의 평균은 다음과 같다.

$$\mu_{\text{SSE}} = (N-I)\sigma^2 \tag{9.12}$$

$I-1$과 $N-I$는 SSTr과 SSE의 자유도이다. 제곱합을 자유도로 나눈 값을 '평균 제곱'이라 한다. 처리평균제곱은 MSTr이고 오차 평균제곱은 MSE이다.

$$\text{MSTr} = \frac{\text{SSTr}}{I-1},\ \text{MSE} = \frac{\text{SSE}}{N-I} \tag{9.13}$$

식 (9.10)부터 (9.13)을 통해서 다음을 알 수 있다.

$$\mu_{\text{MSTr}} = \sigma^2,\ H_0\text{가 참일 때} \tag{9.14}$$

$$\mu_{\text{MSTr}} > \sigma^2,\ H_0\text{가 거짓일 때} \tag{9.15}$$

$$\mu_{\text{MSE}} = \sigma^2,\ \text{모든 } H_0 \tag{9.16}$$

식 (9.14)와 (9.16)을 통해 H_0가 참이면 MSTr과 MSE가 같은 값을 가지는 것을 알 수 있다. 따라서 H_0가 참이면 두 값의 비가 1이 될 것이며, $H_0 : \mu_1 = \cdots \mu_I$의 검정통계량은 다음과 같다.

$$F = \frac{\text{MSTr}}{\text{MSE}} \tag{9.17}$$

H_0가 참이면 F의 분자와 분모가 같아져 F값이 1이 된다. 사실 H_0가 참이면 이 검정통계량은 자유도를 $I-1$, $N-I$로 하는 F분포를 따르고($F_{I-1,N-I}$), 거짓이면 F는 1보다 커진다.

일원분산분석을 위한 F-검정

$H_0 : \mu_1 = \cdots \mu_I$ vs H_1 : 모든 평균이 같지는 않다.

1. $\text{SSTr}=\sum_{i=1}^{I} J_i(\overline{X}_{i.}-\overline{X}_{..})^2 = \sum_{i=1}^{I} J_i\overline{X}_{i.}^2 - N\overline{X}_{..}^2$
2. $\text{SSE}=\sum_{i=1}^{I}\sum_{j=1}^{J_i}(X_{ij}-\overline{X}_{i.})^2 = \sum_{i=1}^{I}\sum_{j=1}^{J_i}X_{ij}^2 - \sum_{i=1}^{I}J_i\overline{X}_{i.}^2 = \sum_{i=1}^{I}(J_i-1)s_i^2$
3. $\text{MSTr}=\dfrac{\text{SSTr}}{I-1}$, $\text{MSE}=\dfrac{\text{SSE}}{N-I}$
4. $F=\dfrac{\text{MSTr}}{\text{MSE}}$
5. F table을 참고하여 자유도가 $I-1$, $N-I$일 때 P를 찾는다.

다음 예제를 통해 분산분석에 대해 알아보자.

Example 9.3

표 9.1을 이용해서 MSTr, MSE, F를 구하라. 또 'H_0 : 모든 평균이 같다'에 대한 P를 구하라.

Solution

예제 9.2를 통해 $\text{SSTr}=743.4$, $\text{SSE}=1023.6$, $I=4$, $N=20$이다. 식 (9.13)을 이용하여

$$\text{MSTr}=\frac{743.4}{4-1}=247.8,\quad \text{MSE}=\frac{1023.6}{20-4}=63.975$$

$$F=\frac{247.8}{63.975}=3.8734$$

P를 구하기 위해 F 표(표 A.6)를 참고한다. 분자에 대한 자유도는 $4-1=3$이고, 분모에 대한 자유도는 $20-4=16$이다. H_0에서 F는 $F_{3,16}$을 따른다. 자유도 (3,16)의 F 표를 보면 상위 5%에 해당하는 점은 3.24이고, 1%에 해당하는 점은 5.29이다. 따라서 P는 0.01과 0.05 사이이다. 따라서 모집단의 평균은 같지 않으면 플럭스가 강도에 영향을 준다고 할 수 있다.

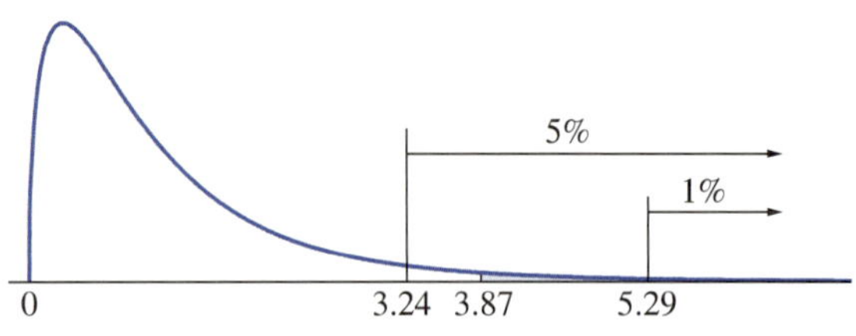

그림 9.3 시험통계에서 관찰된 값은 3.87이다.

$F_{3,16}$분포의 상위 5% 포인트는 3.24이다. $F_{3,16}$분포의 상위 1% 포인트는 5.29이다. 그러므로 P-값은 0.01과 0.05 사이이다. 컴퓨터 소프트웨어 패키지는 0.029값을 제공한다.

분산분석표

분산분석(analysis of variance, ANOVA)의 결과는 보통 ANOVA 표에 의해 요약된다. 다음 출력물은 표 9.1의 용접 자료에 대한 분산분석을 보여준다.

```
One-way ANOVA: A, B, C, D

Source   DF       SS        MS      F      P
Factor    3    743.40   247.800   3.87  0.029
Error    16   1023.60    63.975
Total    19   1767.00

S = 7.998   R-Sq = 42.07%   R-Sq(adj) = 31.21%

                             Individual 95% CIs For Mean Based on
                             Pooled StDev
Level  N    Mean   StDev   ----+---------+---------+---------+-----
A      5  253.80    9.76   (-------*------)
D      5  263.20    5.40             (------*-------)
C      5  271.00    8.72                   (--------*--------)
D      5  262.00    7.45           (-------*-------)
                           ----+---------+---------+---------+-----
                             250       260       270       280

Pooled StDev = 8.00
```

ANOVA 표에서 DF항은 자유도를 나타낸다.

SS항은 SSTr, SSE와 총제곱합 SST (SSTr + SSE)를 나타내고, MS항은 평균제곱 MSTr과 MSE를 나타낸다.

F항은 '모든 모집단 평균이 같다'는 귀무가설에 대한 F값이다. 마지막으로 P항은 F-검정에 대한 P이다.

마지막 표는 각 처리평균의 신뢰구간 95%에서 표본평균과 표준편차를 나타낸 것이다.

Example 9.4

"Review of Development and Application of CRSTER and MPTER Models"라는 보고서에 4개의 발전소에 대한 SO_2 최대농도가 나타나 있다.

Plant 1 :	438	619	732	638		
Plant 2 :	857	1014	1153	883	1053	
Plant 3 :	925	786	1179	786		
Plant 4 :	893	891	917	695	675	595

다음 출력물은 일원분산분석의 결과이다. 최대농도가 발전소마다 다르다고 할 수 있는가?

```
One-way ANOVA: Plant 1, Plant 2, Plant 3, Plant 4

Source  DF      SS      MS     F      P
Plant    3  378610  126203  6.21  0.006
Error   15  304838   20323
Total   18  683449

S = 142.6   R-Sq = 55.40%   R-Sq(adj) = 46.48%

                              Individual 95% CIs For Mean Based on
                              Pooled StDev
Level  N   Mean  StDev   -------+---------+---------+---------+--
1      4  606.8  122.9   (------*-------)
2      5  992.0  122.7                      (------*-----)
3      4  919.0  185.3                 (-------*-------)
4      6  777.7  138.8             (-----*-----)
                         -------+---------+---------+---------+--
                              600       800      1000      1200

Pooled StDev = 142.6
```

Solution

ANOVA 표에서 모든 처리평균이 같은 귀무가설에 대한 P는 0.006이다. 따라서 처리평균이 모두 같지 않고 다르다고 할 수 있다.

가정 사항의 검토

앞에서 언급한 것처럼 분산분석법은 "처리방법의 분포가 같은 분산을 갖는 정규분포를 따른다"는 가정을 만족해야 한다. 정규분포에 대한 가정을 검정하기 위해서는 일반적으로 정규확률도(normal probability plot)를 사용한다. 표본의 크기가 아주 크다면 각 표본마다 나눠서 확률도를 그릴 수 있지만 실제로 이러한 경우는 극히 드물다. 표본의 크기가 작아서 확률도를 통해 판단이 불가능한 경우에 잔차 $X_{ij} - X_i$를 포함하는 확률도를 그린다. 정규성과 등분상성에 대한 가정을 만족한다면 잔차는 평균이 0인 정규분포를 따를 것이고 거의 직선 형태를 따른다. 그림 9.4는 표 9.1에 대한 잔차의 정규확률도이다. 정규확률도를 통해 정규성 가정을 만족하는지 판단할 수 있다.

각 표본마다 몇 개의 관측값만 가지기 때문에 등분산성에 대한 가정을 검증하기는 어렵다. 많은 표본들의 관측값 분포는 잔차도를 그려봄으로써 확인할 수 있다. Y축은 잔차 $X_{ij} - X_i$, X축은 표본평균 $\overline{X}_i$가 된다. 표본들의 분포가 상당히 다르다면 등분산성에 대한 가정을 의심해봐야 한다. 만약 한 개 이상의 표본이 이상점(outlier)을 가진다면 정규성에 대한 가정도 의심해봐야 한다. 그림 9.5는 용접자료에 대한 잔차도를 나타낸다. 이상점이 존재하지 않고 표본들의 분포가 크게 다르지 않다.

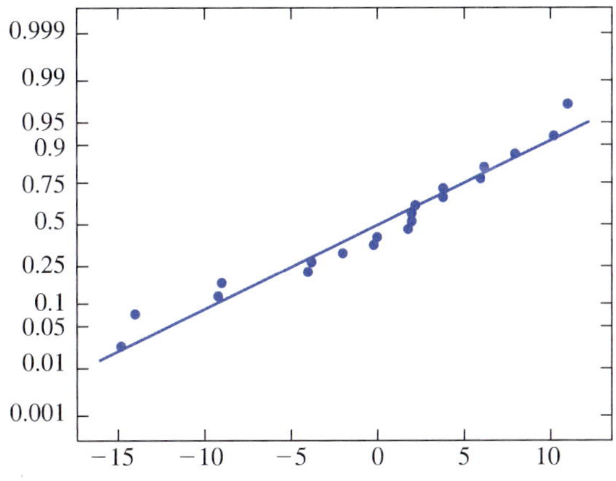

그림 9.4 용접자료에서 잔차에 대한 확률도
정상상태 가정의 심각한 위반증거가 없다.

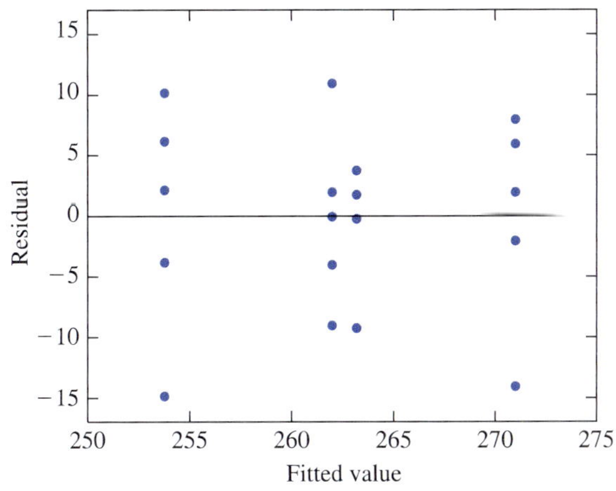

그림 9.5 용접자료에서 $X_{ij}-\overline{X}_i$값의 잔차도
표본에서 표본으로 확산은 크게 차이나지 않는다.
심각한 이상점은 없다.

균형적인 설계

각 처리에 같은 수의 실험군을 사용하는 설계를 균형적이라고 한다. 일원분산분석법에 균형설계와 비균형설계가 모두 사용될 수 있지만 균형설계는 비균형설계에 비해 등분산성에 대한 가정 위반에 둔감하다는 큰 장점이 있다.

등분산성에 대한 가정에 대한 위반은 찾아내기 어렵기 때문에 가능한 균형적인 설계를 사용하는 것이 좋다. 균형설계를 할 수 없는 경우에는 최소한의 비균형성을 갖는 설계를 지향해야 한다.

Summary

- 균형설계에서 분산이 달라서 생기는 효과가 크지 않다.
- 비균형 설계에서 분산이 달라서 생기는 효과가 크다.
- 비균형성이 큰 설계일수록 분산이 달라서 생기는 효과가 크다.

분산분석의 제곱합

선형회귀와 분산분석에서 총제곱합은 표본총평균과 각 관측값 차의 제곱을 더해서 구한다. 일원분산분석의 총제곱합은 다음과 같다.

$$\mathrm{SST} = \sum_{i=1}^{I}\sum_{j=1}^{J_i}(X_{ij} - \overline{X}_{..})^2 \tag{9.18}$$

또한 다음과 같이 나타낼 수도 있다.

$$\mathrm{SST} = \sum_{i=1}^{I}\sum_{j=1}^{J_i}X_{ij}^2 - N\overline{X}_{..}^2 \tag{9.19}$$

식 (9.5), (9.7), (9.19)를 통해 총제곱합(SST)은 처리간 제곱합(SSTr)과 처리 내 제곱합(SSE)의 합으로 나타낼 수 있다.

$$\mathrm{SST} = \mathrm{SSTr} + \mathrm{SSE} \tag{9.20}$$

일원분산분석에서는 각 처리모집단의 확률표본을 이용하여 처리평균을 비교하는 것이 일반적이다. 이를 때때로 더 유용한 다른 방법으로도 표현할 수 있다.
각 관측값 X_{ij}에서 $\varepsilon_{ij} = X_{ij} - \mu_i$이다. 선형회귀에서처럼 이 값을 오차라고 한다.

$$X_{ij} = \mu_i + \varepsilon_{ij} \tag{9.21}$$

X_{ij}는 평균이 μ_i이고 분산이 σ^2인 정규분포를 따르기 때문에 ε_{ij}는 평균이 0이고 σ^2인 정규분포를 따른다.
일원분석에서 우리는 처리평균들이 같은지 결정하는데 관심이 있다.
처리평균이 $\mu_1, \cdots, \mu_I$로 주어질 때 모든 처리평균의 평균은 다음과 같이 나타낼 수 있다.

$$\mu = \frac{1}{I}\sum_{i=1}^{I}\mu_i \tag{9.22}$$

μ는 모집단 총 평균이다. i번째 처리 효과 α_i는 i번째 처리평균과 모집단 총 평균의 차다.

$$\alpha_i = \mu_i - \mu \tag{9.23}$$

α_i의 정의로부터 $\sum_{i=1}^{I} \alpha_i = 0$이고 처리평균은 $\mu_i = \mu + \alpha_i$가 된다.

$$\mu_i = \mu + \alpha_i \tag{9.24}$$

식 (9.21)과 (9.24)를 통해 일원분산분석의 모형을 얻을 수 있다.

$$X_{ij} = \mu + \alpha_i + \varepsilon_{ij} \tag{9.25}$$

귀무가설 $H_0 : \mu_1 = \cdots = \mu_I$은 $H_0 : \alpha_1 = \cdots = \alpha_i$로 나타낼 수 있다. 일원분산분석은 처리평균을 이용하여 얻을 수 있지만 이원분산분석에서는 처리평균을 이용하는 것이 여의치 않으므로 위에 언급한 방법을 사용하여야 한다. 이것에 대해서는 9.3절에서 논의한다.

변량모형

많은 인자 시험에서 처리들은 실험자에 의해 의도적으로 선택된다. 이러한 시험을 모수효과모형(fixed effect model)이라 한다. 반대로 수준이나 처리를 무작위로 선정하는 실험을 변량모형(random effect model)이라고 한다. 모수효과모형에서는 실험에서 채택된 특정한 처리에 중점을 두고 변량모형에서는 특정한 처리가 아닌, 처리의 전체 모집단에 중점을 둔다.

앞에 언급한 용접강도 실험은 처리들이 의도적으로 선택된 모수효과모형이다.

모수효과모형과 변량모형의 결과는 해석상 중요한 차이점이 있다. 모수효과모형에서 결과는 단지 실험에서 사용되는 처리들에 대한 결과이다. 하지만 변량모형은 처리들이 모집단의 확률 표본이기 때문에 결과가 실험에 사용되지 않는 처리들을 포함한 전체 모집단에 대한 결과이다.

해석상의 차이로 인해 귀무가설에도 차이가 있다. 모수효과모형에서의 귀무가설은 $H_0 : \mu_1 = \cdots = \mu_I$이고 변량모형에서의 귀무가설은 '$H_0$: 처리평균이 모든 모집단 내의 처리와 같다'가 되며, 변량모형에서 대립가설은 '모집단의 처리평균이 정규분포를 따르기 때문에 모두 같지는 않다'이다.

흥미롭게도 모수효과모형과 변량모형의 귀무가설은 다르지만 가설검정은 일치하여 F-검정이 모수효과모형과 변량모형에 모두 사용된다.

Example 9.5

예제 9.4에서 4개의 발전소가 발전소 모집단의 확률표본이고 모집단의 SO_2 농도가 정규분포를 따른다고 가정한다. 이때 모집단과 발전소의 SO_2 농도가 다르다고 할 수 있는가?

Solution

위 실험은 변량모형이다. 따라서 '모집단 내 모든 처리평균이 같다'는 귀무가설의 검정을 위해 F-검정을 사용한다. F-검정의 결과가 예제 9.4에 나타나 있다. P가 0.006이다. 따라서 귀무가설은 거짓이 되고 발전소들의 SO_2 농도가 다르다고 할 수 있다.

연습 9.1

1 콘크리트의 압축강도에 양생온도가 미치는 영향에 대해 연구가 이루어졌다. 5개의 콘크리트 표본을 각각 4개의 다른 기온에서 양생하고, 압축강도(MPa)를 측정하였다.

Temperature (°C)	Strengths				
0	31.2	29.6	30.8	30.0	31.4
10	30.0	27.7	31.1	31.3	30.6
20	35.9	36.8	35.0	34.6	36.5
30	38.3	37.0	37.5	36.1	38.4

a. ANOVA 표를 만드시오. P-값의 범위를 구하시오.

b. 평균압축강도가 기온에 따라 변한다고 결론지을 수 있나?

2 매립지 침출수 처리에서 암모니아성 질소 제거는 중요한 부분이다. 여러 처리 기술에 의한 제거율(1일당 제거%)이 며칠간 기록되었다. 결과는 다음 표에 나와 있다.

Treatment	Rate of Removal			
A	5.21	4.65		
B	5.59	2.69	7.57	5.16
C	6.24	5.94	6.41	
D	6.85	9.18	4.94	
E	4.04	3.29	4.52	3.75

a. ANOVA 표를 만드시오. P-값의 범위를 구하시오.

b. 처리기술이 제거율에 영향이 있다고 결론지을 수 있는가?

3 "Quality of the Fire Clay Coal Bed, Southeastern Kentucky" (J. Hower et al., Journal of Coal Quality, 1994:13-26) 는 켄터키주 여러 지역 석탄 표본의 TiO_2 함량(%)을 다음과 같이 포함하고 있다.

Buckeye Hollow:	0.96	0.86	0.94	0.91	0.70	1.28
	1.19	1.04	1.42	0.82	0.89	
	1.45	1.66	1.68	2.10	2.19	
Bear Branch:	0.91	1.42	2.54	2.23	2.20	1.44
	1.70	1.53	1.84			
Defeated Creek:	1.30	1.39	2.58	1.49	1.49	2.07
	1.87	1.39	1.02	0.91		
	0.82	0.67	1.34	1.51		
Turkey Creek:	1.20	1.60	1.32	1.24	1.08	2.33
	1.81	1.76	1.25	0.81	0.95	1.92

a. ANOVA 표를 만드시오. P-값의 범위를 구하시오.

b. 지역마다 TiO_2 함량이 다르다고 결론지을 수 있나?

4 "Secretion of Parathyroid Hormone Oscillates Depending on the Change in Serum Ionized Calcium During Hemodialysis and May Affect Bone Metabolism" (T. Kitahara et al., Nephron Clinical Practice, 2005:c9-c17) 는 부갑상선 호르몬(PTH)을 가지고 있는 네 그룹의 환자들에 대한 기저 이온화된 칼슘 레벨의 측정결과를 보여주고 있다. 다음 결과는 기사에 나온 평균과 표준 편차와 같다.

Group	Ca levels (mM)
I	1.23 1.02 1.33 1.36 1.11 1.51 1.51 1.30 1.36 1.34 1.27 1.43 1.21 1.69 1.28 1.33 1.49
II	1.18 1.16 1.07 1.21 1.01 1.26 1.37 1.09 1.28 1.33 0.98 0.99 1.24 1.12 1.26 1.27 1.26 1.33 1.26 1.32
III	1.04 1.32 1.29 0.95 1.38 1.08 1.65 1.14 1.44 1.37 1.11 0.82 1.31 1.09 1.46
IV	1.35 1.67 1.38 1.05 1.32 0.95 1.21 1.21 1.22 1.13 1.51 0.72 1.33 1.46

a. ANOVA 표를 만드시오. *P*-값의 범위를 구하시오.

b. 평균 Ca 레벨에 차이가 있다고 결론지을 수 있나?

5 특정 화학 반응을 3개 다른 기온에서 각 3번 시행하였다. 이론적 최대치의 백분율로 나타낸 수율은 다음과 같다.

Temperature (°C)	Yields		
70	81.1	82.6	77.4
80	93.3	88.9	86.0
90	87.8	89.2	88.5

a. ANOVA 표를 만드시오. *P*-값의 범위를 구하시오.

b. 기온에 따라 평균 산출량이 달라진다고 결론지을 수 있나?

6 Annealing 온도가 연성철의 인장강도에 영향을 미치는지에 대하여 알아보기 위해 실험을 수행하였다. 다섯 개의 표본에 4개의 다른 annealing 온도를 적용하였으며, 인장강도(ksi)가 측정되었다. 결과는 다음 표에 나와 있다.

Temperature (°C)	Sample Values				
750	19.72	20.88	19.63	18.68	17.89
800	16.01	20.04	18.10	20.28	20.53
850	16.66	17.38	14.49	18.21	15.58
900	16.93	14.49	16.15	15.53	13.25

a. ANOVA 표를 만드시오. *P*-값의 범위를 구하시오.

d. 평균 인장강도에 차이가 있다고 결론지을 수 있나?

7 "Mechanical Grading of Oak Timbers" (D. Kretschmann and D. Green, Journal of materials in Civil Engineering, 1999:91-97) 는 웨스트버지니아 주와 펜실베이니아 주로부터 가져 온 목재의 파열률(MPa) 측정을 하였다. 네 등급의 목재표본들의 평균, 표준편차, 표본 크기가 다음 표에 나와 있다.

Grade	Mean	Standard Deviation	Sample Size
Select	45.1	8.52	32
No. 1	42.0	5.50	11
No. 2	33.2	6.71	15
Below grade	38.1	8.04	42

a. ANOVA 표를 만드시오. *P*-값의 범위를 구하시오.

b. 목재 등급에 따라 파열률이 다르다고 결론지을 수 있나?

8 "Solid－Phase Chemical Fractionation of Selected Trace Metals in Some Northern Kentucky Soils" (A. Karathanasis and J. Pils, Soil and Sediment Contamination, 2005:293-308) 는 세 개의 다른 토양에서 가져온 표본의 pH 측정결과를 보여준다.

Soil Type	pH Measurements
Alluvium	6.53, 6.03, 6.75, 6.82, 6.24
Glacial till	6.07, 6.07, 5.36, 5.57, 5.48, 5.27, 5.80, 5.03, 6.65
Residuum	6.03, 6.16, 6.63, 6.13, 6.05, 5.68, 6.25, 5.43, 6.46, 6.91, 5.75, 6.53

a. ANOVA 표를 만드시오. *P*-값의 범위를 구하시오.

b. 평균 pH에 차이가 있다고 결론지을 수 있나?

9.2 일원분산분석에서의 다중비교

일원분산분석에서 F통계량은 모든 처리평균이 같다는 귀무가설을 검정하기 위해 사용된다. 이 가설이 기각된다면 처리평균이 같지 않다는 것을 알 수 있지만 어떤 평균이 다른지는 알 수 없다. 하지만 많은 경우에 어떤 μ_i가 다른지 알기 원한다. 이러한 경우에 다중비교(multiple comparisons method)가 사용된다. 다중비교에 가장 많이 사용되는 Tukey－Kramer 절차에 대해 알아보자.

Tukey-Kramer 절차

Tukey－Kramer 절차는 처리평균의 차 $\mu_i - \mu_j$에 대한 신뢰구간을 계산하는 것을 포함한다. 보통의 $1-\alpha$ 수준 신뢰구간은 $1-\alpha$ 확률로 실제값을 포함한다. 만약 신뢰구간을 구한다면 신뢰구간이 실제값을 포함할 확률은 대개 $1-\alpha$보다 작다. 하지만 $1-\alpha$ 수준의 Tukey－Kramer구간에서는 모든 신뢰구간에서 동시에 실제값을 포함할 확률이 $1-\alpha$와 같기 때문에 이 신뢰구간을 동시신뢰구간(simultaneous confidence intervals)이라고 한다.

Tukey－Kramer 구간을 정하기 위해서 $\mu_i - \mu_j$의 값을 갖는 점이 $\overline{X}_i - \overline{X}_j$이다. 임계값은 스트던튜화 범위분포로부터 구한다. 이 분포는 2개의 자유도를 가지고 있고 Tukey－Kramer 절차에서는 I와 $N-I$가 된다. $q_{I,N-I,\alpha}$를 자유도 I, $N-I$ 그리고 α에 대한 임계값이라고 한다. $\mu_i - \mu_j$에 대한 신뢰구간의 오차범위는 $q_{I,N-I,\alpha}\sqrt{(\mathrm{MSE}/2)(1/J_i + 1/J_j)}$ 이다. Tukey－Kramer 절차를 동시가설검정에서도 사용할 수 있다. $H_0 : \mu_i - \mu_j = 0$인 모든 귀무가설을 검정할 때 수준 α에서 P가 α보다 작은 모든 귀무가설을 기각할 수 있다.

동시신뢰구간과 동시가설검정을 위한 Tukey－Kramer 절차

$\mu_i - \mu_j$의 차이에 대한 Tukey－Kramer $100(1-\alpha)\%$ 수준의 동시신뢰구간은

$$\overline{X}_{i.} - \overline{X}_{j.} \pm q_{I,N-I,\alpha}\sqrt{\frac{\mathrm{MSE}}{2}\left(\frac{1}{J_i} + \frac{1}{J_j}\right)} \tag{9.26}$$

모든 i, j에 대해 $\mu_i - \mu_j$의 실제값이 Tukey－Kramer 신뢰구간에 포함될 확률은 $100(1-\alpha)\%$이다. $H_0 : \mu_i - \mu_j = 0$인 모든 귀무가설을 검정할 때 검정통계량은

$$\frac{\overline{X}_{i.} - \overline{X}_{j.}}{\sqrt{\frac{\mathrm{MSE}}{2}\left(\frac{1}{J_i} + \frac{1}{J_j}\right)}}$$

각 검정의 P-값은 자유도가 I, $N-I$인 Student's화 범위분포표(표 A.7)를 참고하여 구할 수 있다. 다음을 만족하는 모든 쌍(i, j)에서

$$|\overline{X}_{i.} - \overline{X}_{j.}| > q_{I,N-I,\alpha}\sqrt{\frac{\text{MSE}}{2}\left(\frac{1}{J_i}+\frac{1}{J_j}\right)}$$

$H_0 : \mu_i - \mu_j = 0$인 모든 귀무가설은 수준 α에서 기각된다.

표본의 크기가 J인 균형설계에서 $\sqrt{(\text{MSE}/2)(1/J_i + 1/J_j)}$ 는 $\sqrt{\text{MSE}/J}$ 가 된다. 이 경우는 간단히 Tukey의 절차라고 불린다.

Example 9.6

다음은 9.1절의 표 9.1의 용접 자료에 대한 분산분석표이다. 어느 플럭스들에 대한 강도에 미치는 영향차이가 5% 수준 동시신뢰구간에 포함될 것인가?

```
One-way ANOVA: A, B, C, D

Source  DF       SS       MS     F      P
Factor   3   743.40  247.800  3.87  0.029
Error   16  1023.60   63.975
Total   19  1767.00

S = 7.998   R-Sq = 42.07%   R-Sq(adj) = 31.21%
```

Solution

$I=4$, $J=5$, $N=20$이다. $\alpha=0.05$일 때 Student's화 범위분포표(표 A.7)를 통해서 $q_{4,16,0.05}=4.05$

$\text{MSE}=63.975$이고 $q_{I,N-I,\alpha}\sqrt{\text{MSE}/J} = 4.05\sqrt{63.975/5} = 14.49$

플럭스	A	B	C	D
평균강도	253.8	263.2	271.0	262.0

표본평균의 차이가 14.49보다 큰 쌍은 271.0, 253.8뿐이다.
따라서 플럭스 A와 C의 평균 강도가 다르다고 결론 낼 수 있다.

다음은 용접 자료에 대한 Tukey-Kramer 95% 동시신뢰구간을 나타낸 것이다.

```
Tukey 95% Simultaneous Confidence Intervals
All Pairwise Comparisons

Individual confidence level = 98.87%

A subtracted from:

    Lower  Center   Upper  ------+---------+---------+---------+---
B  -5.087   9.400  23.887              (--------*---------)
C   2.713  17.200  31.687                   (---------*---------)
D  -6.287   8.200  22.687             (--------*---------)
                           ------+---------+---------+---------+---
                               -15         0        15        30
```

```
B subtracted from:

     Lower   Center   Upper   ------+---------+---------+---------+---
C   -6.687   7.800   22.287              (--------*---------)
D  -15.687  -1.200   13.287        (--------*---------)
                              ------+---------+---------+---------+---
                                  -15         0        15        30

C subtracted from:

     Lower   Center   Upper   ------+---------+---------+---------+---
D  -23.487  -9.000   5.487   (---------*---------)
                              ------+---------+---------+---------+---
                                  -15         0        15        30
```

Center항은 처리평균 쌍의 차이이고 Lower, Upper항은 각 신뢰구간의 하계(lower bound), 상계(upper bound)를 나타낸다. 모든 신뢰구간이 실제 처리평균 차이값을 포함할 확률은 95%이다. "Individual confidence level" = 98.87%라는 이것은 어떤 특정한 신뢰구간이 실제값을 포함할 확률이 98.87%라는 뜻이다.

Example 9.7

9.1절의 예제 9.4에서 4개의 발전소에 대한 SO_2의 최대농도 측정치가 있고 농도의 평균값이 서로 다르다. 다음은 4개의 발전소의 평균농도에 대한 Tukey-Kramer 95% 동시신뢰구간이다. 어느 발전소들의 평균차가 이 구간에 포함되겠는가?

```
Tukey 95% Simultaneous Confidence Intervals
All Pairwise Comparisons

Individual confidence level = 98.87%

 1 subtracted from:

    Lower   Center   Upper   -----+---------+---------+---------+----
2  109.4    385.3   661.1                    (--------*--------)
3   21.4    312.3   603.1                 (--------*---------)
4  -94.6    170.9   436.4             (--------*--------)
                             -----+---------+---------+---------+----
                                -300        0       300       600

2 subtracted from:

    Lower   Center   Upper   -----+---------+---------+---------+----
3  -348.9   -73.0   202.9      (---------*--------)
4  -463.4  -214.3    34.7   (-------*-------)
                             -----+---------+---------+---------+----
                                -300        0       300       600

3 subtracted from:

    Lower   Center   Upper   -----+---------+---------+---------+----
4  -406.8  -141.3   124.1    (--------*--------)
                             -----+---------+---------+---------+----
                                -300        0       300       600
```

Solution

동시신뢰구간에서 0을 포함하지 않는 것이 2개 있으며 $\mu_1 - \mu_2$, $\mu_1 - \mu_3$이다. 따라서 농도의 평균값이 발전소 1, 2 그리고 1, 3에서 다르다고 할 수 있다.

연습 9.2

1 "Organic Recycling for Soil Quality Conservation in a Sub-Tropical Plateau Region" (K. Chakrabarti et al., J. Agronomy and Crop Science, 2000:137-142) 는 토양 표본을 매 방법마다 두 번씩 반복하여 총 6개의 다른 처리방법으로 처리하여, 산성 인산 활성도를 보고하였다. 다음은 일원분산분석 직용결과이다.

```
One-way ANOVA:  Treatments A, B, C, D, E, F

Source     DF       SS       MS      F      P
Treatment   5  1.18547  0.23709  46.64  0.000
Error       6  0.03050  0.00508
Total      11  1.21597
```

처리 평균들은 다음과 같다.

Treatment	A	B	C	D	E	F
Mean	0.99	1.99	1.405	1.63	1.395	1.22

a. 처리방법마다 산성인산활성도에 차이가 있다고 결론지을 수 있나?

b. 튜키-크레이머 방법을 사용하여 어떤 처리평균들이 5% 유의수준에서 다른지 알아내시오.

2 9.1절의 문제 3번을 참고하시오. 튜키-크레이머 방법을 사용하여 어떤 처리평균들이 5% 유의수준에서 다른지 알아내시오.

3 특정 반응의 수율에 대한 촉매의 영향을 파악하기 위한 실험에서, 4개의 촉매와 함께 수행된 반응의 평균 수율은 $\overline{X}_1 = 89.88$, $\overline{X}_2 = 89.51$, $\overline{X}_3 = 86.98$, $\overline{X}_4 = 85.79$이다. 각 촉매마다 5번씩 수행하였다.

a. MSE = 3.85라면 네 개의 촉매 모두 같은 평균 수율을 가지고 있다는 귀무가설을 검정할 F통계량의 값을 계산하시오. 이 귀무가설은 5% 유의수준에서 기각될 수 있나?

b. 튜키-크레이머 방법을 사용하여 어떤 촉매들이 5% 유의수준에서 다른지 알아내시오.

4 특정 자료에서, F-검정은 평균 수율에 차이가 없는 귀무가설을 기각하나, 튜키-크레이머 방법은 다르다고 결론 내려질 수 있는 평균의 쌍을 찾지 않을 수도 있다. 7번 문제에서 주어진 네 개의 표본 평균을 보고, 각 처리마다 표본크기가 5라고 가정했을 때, F통계가 5% 레벨에서 차이가 없는 귀무가설을 기각하고, 튜키-크레이머 방법이 5% 유의수준에서 다른 평균 쌍을 찾지 않게 하는 MSE의 값을 구하시오.

9.3 이원분산분석

9.1절과 9.2절에서 언급한 일원분산분석의 목적은 한 인자의 수준 변화가 반응값에 영향을 미치는가를 알아보는 것이었다. 여러 개의 인자들의 변화를 포함하는 실험들은 각 반응값에 영향을 미칠 것이다. 이 장에서는 두 개의 인자를 가지는 경우에 대해 알아보도록 하겠다. 이 분석을 이원분산분석이라고 부른다. 예를 들어, 어느 화학기술자가 어떤 작용의 수율(yield)에 대해 다양한 시약과 촉매의 효과를 연구하고 있다. 수율이란 어떤 기질에서 실제로 생산되는 생산물의 양을 그 기질로부터 이론상 기대할 수 있는 최대 생산량으로 나눈 값이다.

3가지 시약과 4가지 촉매의 조합에 대한 결과는 표 9.2에 나타나 있다. 여기서 촉매는 "행" 인자라 하고 시약을 "열" 인자라 한다.

표 9.2 시약과 촉매의 다양한 조합과 수율

	Reagent											
Catalyst	1				2				3			
A	86.8	82.4	86.7	83.5	93.4	85.2	94.8	83.1	77.9	89.6	89.9	83.7
B	71.9	72.1	80.0	77.4	74.5	87.1	71.9	84.1	87.5	82.7	78.3	90.1
C	65.5	72.4	76.6	66.7	66.7	77.1	76.7	86.1	72.7	77.8	83.5	78.8
D	63.9	70.4	77.2	81.2	73.7	81.6	84.2	84.9	79.8	75.7	80.5	72.9

행 인자는 I개의 수준이 있고 열 인자는 J개의 수준이 있으며, 총 IJ개의 다른 조합이 있다. $(I=4,\ J=3)$. 인자 조합에 관한 용어는 아직 표준화 되어있지 않기 때문에 각 조합을 처리 또는 처리조합이라 하겠다.

모든 가능한 처리에 대해 관측하는 것을 완전설계 또는 완전인자배치라고 한다. 한 개 혹은 그 이상의 처리에 대한 자료가 없는 경우에는 특별한 경우를 제외하고 해석하기가 어렵다. 따라서 가능한 완전인자배치를 사용하는 것이 좋다.

각 처리에 같은 반복수(관측값의 수)를 사용할 때 설계가 균형적이라고 한다. 일원분산분석에서는 설계가 균형적이라고 가정할 필요가 없었지만 이원분산분석에서 비균형 설계를 분석하는 것은 아주 어려운 일이다. 따라서 우리는 균형설계에 대해서만 논의하겠다.

완전무작위설계에서는 각 처리들이 모집단을 나타내고 처리의 관측값들은 모집단의 단순확률표본이다.

행 인자의 i번째 수준과 열 인자의 j번째 수준을 갖는 처리의 표본값을 $X_{ij1}, \cdots, X_{ijk}$으로 모집단 평균은 μ_{ij}로 나타낸다. μ_{ij}는 처리평균이라 한다. 이원분산분석의 목적은 행 인자와 열 인자의 변화가 처리평균에 영향을 주는가에 대해 결정하는 것이다.

우리는 이원분산분석을 통해 행 인자와 열 인자의 변화가 처리평균 μ_{ij}에 영향을 주는가에 대해 결정하기를 원한다. 이를 위해 μ_{ij}를 행 인자와 열 인자의 영향을 개별적으로 표현해야 한다.

행 인자의 i번째 수준에서 i수준의 표본평균들의 평균을 $\bar{\mu}_{i.}$라 표현한다.

$\bar{\mu}_{i.}$을 처리평균으로 나타내면

$$\bar{\mu}_{i.} = \frac{1}{J}\sum_{j=1}^{J} \mu_{ij} \tag{9.27}$$

마찬가지로 열 인자의 j번째 수준에서 j수준의 표본평균들의 평균을 $\bar{\mu}_{.j}$라 표현한다.

$\bar{\mu}_{.j}$를 처리평균으로 나타내면

$$\bar{\mu}_{.j} = \frac{1}{I}\sum_{i=1}^{I} \mu_{ij} \tag{9.28}$$

마지막으로 μ로 표현되는 모집단 총 평균은 처리평균 μ_{ij}와 수준 i의 표본평균 $\bar{\mu}_{i.}$, 수준 j의 표본평균 $\bar{\mu}_{.j}$로 나타낼 수 있다.

$$\mu = \frac{1}{I}\sum_{i=1}^{I} \bar{\mu}_{i.} = \frac{1}{j}\sum_{j=1}^{J} \bar{\mu}_{.j} = \frac{1}{IJ}\sum_{i=1}^{I}\sum_{j=1}^{J} \mu_{ij} \tag{9.29}$$

표 9.3은 μ와 μ_{ij}, $\bar{\mu}_{i.}$, $\bar{\mu}_{.j}$ 사이의 관계를 나타낸 것이다. μ와 $\bar{\mu}_{i.}$, $\bar{\mu}_{.j}$를 사용하여 μ_{ij}를 다음과 같이 나타낼 수 있다.

$$\mu_{ij} = \mu + (\bar{\mu}_{i.} - \mu) + (\bar{\mu}_{j.} - \mu) + (\mu_{ij} - \bar{\mu}_{i.} - \bar{\mu}_{.j} + \mu) \tag{9.30}$$

식 (9.30)은 처리평균 μ_{ij}를 4개 항의 합으로 나타는데 우측 3개 항을 간단하게 나타낸다.

표 9.3 처리평균과 행과 열의 평균

Row Level	Column Level				Row Mean
	1	2	⋯	J	
1	μ_{11}	μ_{12}		μ_{1J}	$\bar{\mu}_{1.}$
2	μ_{21}	μ_{22}	⋯	μ_{2J}	$\bar{\mu}_{2.}$
⋮	⋮	⋮		⋮	⋮
I	μ_{I1}	μ_{I2}		μ_{IJ}	$\bar{\mu}_{I.}$
Column Mean	$\bar{\mu}_{.1}$	$\bar{\mu}_{.2}$	⋯	$\bar{\mu}_{.J}$	μ

$$\alpha_i = \overline{\mu}_{i.} - \mu \tag{9.31}$$

$$\beta_j = \overline{\mu}_{j.} - \mu \tag{9.32}$$

$$\gamma_{ij} = \mu_{ij} - \overline{\mu}_{i.} - \overline{\mu}_{j.} + \mu \tag{9.33}$$

μ, α_i, β_j, γ_{ij} 각 항은 중요한 의미가 있다.

- μ는 모집단 총 평균이다.
- $\alpha_i = \overline{\mu}_{i.} - \mu$는 행 i의 효과)이다. α_i의 값은 행 i로 인한 총 평균으로부터의 편차이고 행 인자의 i번째 수준이 결과값에 영향을 미치는 정도를 의미한다.
- $\beta_j = \overline{\mu}_{.j} - \mu$는 열 j의 효과이다. β_j의 값은 열 j로 인한 총 평균으로부터의 편차이고 열 인자의 j번째 수준이 결과값에 영향을 미치는 정도를 의미한다.
- $\gamma_{ij} = \mu_{ij} - \overline{\mu}_{i.} - \overline{\mu}_{.j} + \mu$는 행 i와 열 j사이의 상호작용이라고 한다. 행(열) 효과는 어떤 열(행) 인자와 짝을 이루는가에 따라 결정될 수 있다. μ_{ij}가 총평균, 행 I로 인한 증가분, 열 i로 인한 증가분 등을 합한 값이 총평균보다 얼마나 큰지를 나타낸다. 이 값은 평균값 μ_{ij}과 행과 열을 더한 값에서 얼마나 차이가 나는지에 대한 측도로 볼 수 있다. 예를 들어, 행 인자의 수준 1은 열 수준 1에서 큰 결과값을 가지고 열 수준 2에서 작은 값을 가진다고 가정하자. 이때 γ_{11}은 positive, γ_{12}는 negative이다. 상호작용과 구별하기 위해서 행 효과와 열 효과를 합쳐 주 효과라고 한다.

행 효과, 열 효과, 상호작용은 다음 제한사항을 만족한다.

$$\sum_{i=1}^{I} \alpha_i = 0 \qquad \sum_{j=1}^{J} \beta_j = 0 \qquad \sum_{i=1}^{I} \gamma_{ij} = \sum_{j=1}^{J} \gamma_{ij} = 0 \tag{9.34}$$

이제 처리평균 μ_{ij}를 α_i, β_j, γ_{ij}의 항으로 나타낼 수 있다. 식 (9.30)에 대입하면 식 (9.35)로 나타낼 수 있다.

$$\mu_{ij} = \mu + \alpha_i + \beta_j + \gamma_{ij} \tag{9.35}$$

상호작용 γ_{ij}가 0일 때 가산모형(additive model)이라고 한다. 가산모형에서 식 (9.35)는 식 (9.36)으로 나타낼 수 있다.

$$\mu_{ij} = \mu + \alpha_i + \beta_j \tag{9.36}$$

가산모형에서 처리 평균 μ_{ij}는 모집단 총평균과 α_i, β_j의 합으로, 행 효과와 열 효과의 합으로 조합된 주 효과를 알 수 있다. 만약 상호작용들이 0이 아니면 가산모형이 성립되지 않고 각각의 합으로 조합된 효과를 알 수 없다.

가설검정을 위한 이원분산분석

이원분산분석은 다음 세 가지 질문을 다루며 설계된다.

1. 모형이 가산모형인가?
2. 그렇다면 행 인자 모든 수준에서 평균이 같은가?
3. 그렇다면 열 인자 모든 수준에서 평균이 같은가?

대개 2, 3번 질문은 가산모형일 때만 유효하다. 이에 대해서는 이 장의 뒷부분에서 다루겠다. 이 세 가지 질문은 가설검정을 통해 다룬다. 이에 대한 귀무가설은 다음과 같다.

1. 가산모형인지 검증하기 위해서 모든 상호작용이 0이라는 귀무가설을 검증한다.
   $H_0 : \gamma_{11} = \gamma_{12} = \gamma_{13} = \cdots = \gamma_{IJ} = 0$
   귀무가설이 참이면 가산모형이다.
2. 행 인자의 모든 수준에서 평균 결과값이 같은지 검증하기 위해서 모든 행 효과가 0이라는 귀무가설을 검증한다.
   $H_0 : \alpha_1 = \alpha_2 = \alpha_3 = \cdots = \alpha_I = 0$
   귀무가설이 참이면 행 인자의 모든 수준에서 평균 결과값이 같다.
3. 열 인자의 모든 수준에서 평균 결과값이 같은지 검증하기 위해서 모든 열 효과가 0이라는 귀무가설을 검증한다.
   $H_0 : \beta_1 = \beta_2 = \beta_3 = \cdots \beta_J = 0$
   귀무가설이 참이면 열 인자의 모든 수준에서 평균 결과값이 같다.

위 가설들의 검정통계량들은 X_{ijk}의 여러 가지 평균들을 통해 구한다. 표 9.2의 예를 들어 알아보자.
표 9.4의 가운데 숫자들은 각각 표 9.2에 주어진 4개의 숫자들의 평균이다. 이를 셀 평균(cell means)이라고 하고 $\overline{X}_{ij.}$로 표시한다.

$$\overline{X}_{ij.} = \frac{1}{K}\sum_{k=1}^{K} X_{ijk} \tag{9.37}$$

행에 대한 셀 평균의 평균값이 행 평균 $\overline{X}_{i..}$이다.

$$\overline{X}_{i..} = \frac{1}{J}\sum_{j=1}^{J} \overline{X}_{ij.} = \frac{1}{JK}\sum_{j=1}^{J}\sum_{k=1}^{K} X_{ijk} \tag{9.38}$$

표 9.4 $\overline{X}_{ij}$의 평균수율(다른 조합의 시약과 촉매를 이용한 화학공정의 실행)

Catalyst	Reagent 1	2	3	Row Mean $\overline{X}_{i..}$
A	84.85	89.13	85.28	86.42
B	75.35	79.40	84.65	79.80
C	70.30	76.65	78.20	75.05
D	73.18	81.10	77.23	77.17
Column Mean $\overline{X}_{i..}$	75.92	81.57	81.34	Sample Grand Mean $\overline{X}_{i..}$ = 79.61

열에 대한 셀 평균의 평균값이 열 평균 $\overline{X}_{.j.}$'이다.

$$\overline{X}_{.j.} = \frac{1}{I}\sum_{i=1}^{I}\overline{X}_{ij.} = \frac{1}{IK}\sum_{i=1}^{I}\sum_{k=1}^{K}X_{ijk} \tag{9.39}$$

표본의 총평균 $\overline{X}_{...}$'는 행 평균의 평균값, 열 평균의 평균값, 셀 평균의 평균값 혹은 전체 관측값의 평균을 계산해서 알 수 있다.

$$\overline{X}_{...} = \frac{1}{I}\sum_{i=1}^{I}\overline{X}_{i..} = \frac{1}{J}\sum_{j=1}^{J}\overline{X}_{.j.} \tag{9.40}$$

$$= \frac{1}{IJ}\sum_{i=1}^{I}\sum_{j=1}^{J}\overline{X}_{ij.}$$

$$= \frac{1}{IJK}\sum_{i=1}^{I}\sum_{j=1}^{J}\sum_{k=1}^{K}\overline{X}_{ijk}$$

이제 이 귀무가설들에 대한 검정에 대해 알아보자. 이 검정이 유효하려면 다음과 같은 조건들을 만족해야 한다.

이원분산분석에서의 가정

이원분산분석에서 가설검정은 다음 조건들에서 유효하다.

1. 설계가 완전설계(완전인자배치)이다.
2. 설계가 균형적이다.
3. 반복수 K의 값이 적어도 2 이상이다.
4. 어느 처리에서도 관측값 $X_{ij1}, \cdots, X_{ijk}$은 정규모집단의 단순확률표본이다.
5. 모집단의 분산이 모든 처리들에서 같은데, 이 분산을 σ^2으로 나타낸다.

표 9.5 Two-way ANOVA를 위한 ANOVA 표

Source	Degrees of Freedom	Sum of Squares
행 제곱합(SSA)	$I-1$	$JK\sum_{i=1}^{I}(\overline{X}_{i..}-\overline{X}_{...})^2$
열 제곱합(SSB)	$J-1$	$IK\sum_{j=1}^{J}(\overline{X}_{.j.}-\overline{X}_{...})^2$
상호작용 제곱합(SSAB)	$(I-1)(J-1)$	$K\sum_{i=1}^{I}\sum_{j=1}^{J}(\overline{X}_{ij.}-\overline{X}_{i..}-\overline{X}_{.j.}+\overline{X}_{...})^2$
오차 제곱합(SSE)	$IJ(K-1)$	$\sum_{i=1}^{I}\sum_{j=1}^{J}\sum_{k=1}^{K}(X_{ijk}-\overline{X}_{ij.})^2$
총 제곱합(SST)	$IJK-1$	$\sum_{i=1}^{I}\sum_{j=1}^{J}\sum_{k=1}^{K}(X_{ijk}-\overline{X}_{...})^2$

일원분산분석에서 제곱합을 이용하여 귀무가설을 검정하였다. 이원분산분석에서는 행 제곱합(SSA), 열 제곱합(SSB), 상호작용 제곱합(SSAB) 오차 제곱합(SSE), 총 제곱합(SST)을 이용하여 귀무가설을 검정한다. 표 9.5에 제곱합에 대한 공식과 자유도를 나타내었다.

SSA가 크다면 모든 행 효과가 0인 귀무가설이 기각되고 SSB가 크다면 모든 열 효과가 0인 귀무가설이 기각된다. SSAB가 크면 모든 상호작용들이 0인 귀무가설이 기각된다.

SSA, SSB, SSAB가 귀무가설을 기각할 만큼 큰지 결정하기 위해서는 오차제곱합(SSE)과 비교해야 한다. SSE와 SSA, SSB, SSAB를 비교하기 위해서 먼저 각 제곱합들을 자유도로 나눠 평균제곱으로 나타낸다. 평균제곱 MSA, MSB, MSAB, MSE는 다음과 같이 정의된다.

$$\text{MSA} = \frac{\text{SSA}}{I-1} \quad \text{MSB} = \frac{\text{SSB}}{J-1} \quad \text{MSAB} = \frac{\text{SSAB}}{(I-1)(J-1)} \tag{9.41}$$

세 귀무가설들의 검정통계량은 MSA, MSB, MSAB와 MSE의 비이고 F분포를 가진다.

- $H_0 : \alpha_1 = \alpha_2 = \alpha_3 = \cdots = \alpha_I = 0$에서 $\dfrac{\text{MSA}}{\text{MSE}}$는 $F_{I-1,\,IJ(K-1)}$분포를 가진다.
- $H_0 : \beta_1 = \beta_2 = \beta_3 = \cdots \beta_J = 0$에서 $\dfrac{\text{MSB}}{\text{MSE}}$는 $F_{j-1,\,IJ(K-1)}$분포를 가진다.
- $H_0 : \gamma_{11} = \gamma_{12} = \gamma_{13} = \cdots = \gamma_{IJ} = 0$에서 $\dfrac{\text{MSAB}}{\text{MSE}}$는 $F_{(I-1)(J-1),\,IJ(K-1)}$분포를 가진다.

제곱합, 평균제곱, 검정통계량들은 보통 컴퓨터를 이용하여 계산한다. 다음 출력물은 표 9.2에 대한 분산분석표이다.

DF, SS, MS, F, P는 각각 자유도, 제곱합, 평균제곱, F통계량, P-값이다. 일원분산분석에서 오차의 평균제곱은 오차분산 σ^2의 추정값이었다. S항의 값은 MSE의 제곱근이고 오차 표준편차 σ의 추정값이다. R-sq와 R-sq(adj)항은 일원분산분석에서와 같은 방법으로 계산한다.

Two-way ANOVA: Yield versus Catalyst, Reagent

Source	DF	SS	MS	F	P
Catalyst	3	877.56	292.521	9.36	0.000
Reagent	2	327.14	163.570	5.23	0.010
Interaction	6	156.98	26.164	0.84	0.550
Error	36	1125.33	31.259		
Total	47	2487.02			

S = 5.591 R-sq = 54.75% R-Sq(adj) = 40.93%

Example 9.8

분산분석표를 이용해서 앞의 수율(yield) 자료를 가산모형이라고 할 수 있는지 결정하라. 만약 가산모형이라면 시약, 촉매 모두 수율에 영향을 미치는가?

Solution

먼저 가산모형인지 살펴보자. 상호작용에 대한 P가 0.55로 작지 않다. 따라서 모든 상호작용이 0인 귀무가설은 기각되지 않고, 가산모형이라고 할 수 있다.
행 인자, 열 인자가 결과값에 영향을 미치는지 알아보자. 행 인자에 대한 P는 거의 0이기 때문에 행 인자(촉매)는 수율에 영향을 미친다. 열 인자에 대한 P 역시 0.010으로 매우 작다. 따라서 시약 역시 수율에 영향을 미친다.

Example 9.9

"Uncertainty in Measurements of Dermal Absorption of Pesticides"에서는 살충제를 다양한 농도와 시간의 조건에서 피부에 닿게 하는 실험을 하였다. 결과값은 피부에 흡수되는 살충제의 양이며, 다음 출력물은 분산분석표를 나타낸 것이다. 가산모형으로 볼 수 있는가? 그렇다면 농도와 시간 모두 흡수된 양에 영향을 미치는가?

Two-way ANOVA: Absorbed versus Concentration, Duration

Source	DF	SS	MS	F	P
Concent	2	49.991	24.996	107.99	0.000
Duration	2	19.157	9.579	41.38	0.000
Interaction	4	0.337	0.084	0.36	0.832
Error	27	6.250	0.231		
Total	35	75.735			

Solution

상호작용의 P가 0.832이기 때문에 가산모형이라고 볼 수 있다. 농도와 시간에 대한 P가 작기 때문에 모두 흡수량에 영향을 미친다.

가정 사항 검정

잔차도는 분산이 동일하다는 가정을 검정하는데 사용할 수 있고, 잔차에 대한 정규확률도는 정규성을 검정하는데 사용할 수 있다. 잔차도는 표본평균 $\overline{X}_{ij.}$과 잔차 $X_{ijk} - \overline{X}_{ij.}$에 대한 그래프이며, 그림 9.6과 9.7은 표 9.2에 대한 정규확률도와 잔차도이다. 그림을 통해 가정이 만족한다는 것을 알 수 있다.

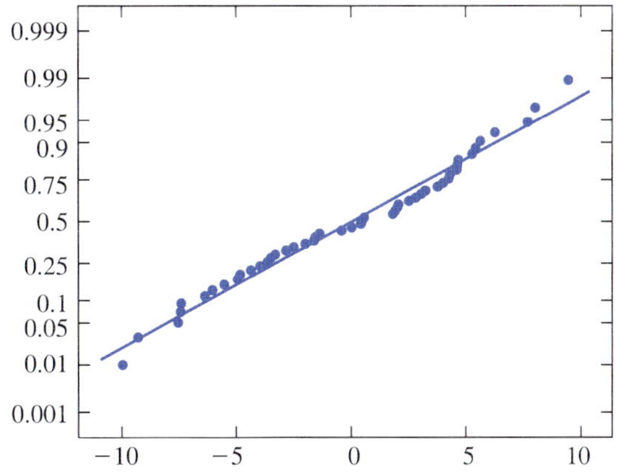

그림 9.6 수율자료로 얻은 잔차의 정규확률도
정상상태에서 강하게 벗어난 증거가 없다.

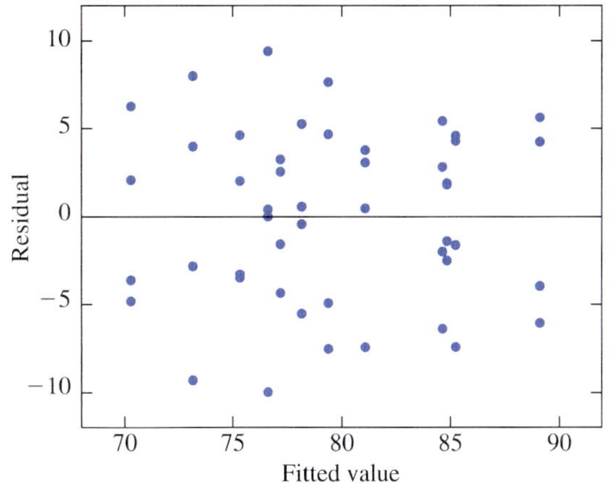

그림 9.7 수율자료의 잔차도
동일한 변동의 가설에 대한 증거가 없다.

가산모형이 성립되지 않을 때 주 효과를 해석하지 않는다

상호작용이 충분히 작아서 가산모형으로 볼 수 있을 경우, 주 효과를 해석하는 것은 예제 9.8과 9.9에서 보인 바와 같이 간단하다. 그러나 가산모형이 아닌 경우 주 효과를 해석하기는 쉽지 않다. 이를 설명하기 위한 예제를 살펴보자.

Row Level	Column1	Level 2
1	51.49	43.41
2	43.41	51.49

두 개의 인자에 각각 두 개의 수준을 가지는 공정이 있다고 가정하자. 행, 열 수준의 4가지 조합으로 2개의 런(run)이 만들어지고, 그 결과를 위 표에 나타내었다. 수율을 가장 크게 하려면 1행, 1열 혹은 2행 2열의 수준을 짝지으면 된다. 분산분석표를 살펴보자.

```
Source         DF       SS        MS        F       P
Row             1    0.0000    0.0000    0.00   1.000
Column          1    0.0000    0.0000    0.00   1.000
Interaction     1    128.00    128.00   64.00   0.001
Error           4    8.0000    2.0000
Total           7    136.00
```

주 효과인 행 효과와 열 효과의 제곱합은 모두 0이고 P는 1이다. 예제 9.8과 9.9의 과정을 따른다면 행 인자와 열 인자 모두 수율에 영향을 미치지 않는다고 결론지을 수 있다. 그러나 자료를 보면 행 인자와 열 인자는 수율에 영향을 미친다.

열 인자의 수준 1에서는 행 인자의 수준 1이 수율이 좋고, 열 인자의 수준 2에서는 행 인자의 수준 2가 수율이 좋다. 열 인자의 2가지 수준에 대해 평균을 구하면 행 인자들은 같은 수율 평균을 가진다. 마찬가지로 행 인자의 2가지 수준에 대해 평균을 구하면 열 인자들은 같은 수율 평균을 가진다. 행 수준의 효과가 어떤 열 수준과 짝을 이룸에 따라 영향을 받는다면 (반대의 경우도 마찬가지) 주 효과들의 해석은 빗나가게 된다.

표에서 상호작용의 P는 우리에게 주 효과를 해석하려는 시도를 하지 말라고 암시한다. P가 매우 작기 때문에 가산모형은 기각된다. 이때 몇몇 상호작용들은 0이 아니고 행 수준의 효과는 열 수준의 효과에 영향을 받는다(반대의 경우도 마찬가지이다).

이러한 이유에서 가산모형이 아니라면 주 효과를 해석하려는 시도를 하지 않는다. 얼마나 많은 행과 열 수준의 조합이 결과값에 영향을 미치는지 보기 위해서는 표의 각 칸 평균(cell mean)을 살펴볼 필요가 있다.

Summary

이원분산분석에서

- 가산모형이라면 행, 열 인자들이 결과값에 영향을 끼치는지 결정하기 위해 주 효과들에 대한 가설검정을 할 수 있다.
- 가산모형이 아니라면 주 효과들에 대한 가설검정은 할 수 없다. 대신 얼마나 많은 행과 열 수준의 조합이 결과값에 영향을 미치는지 경정하기 위해서 각 칸의 평균을 검토한다.

Example 9.10

반도체 웨이퍼(wafer)의 산화 실리콘 층의 두께는 반도체의 성능에 결정적인 영향을 미친다. "Virgin Versus Recycled Wafers for Furnace Qualification: Is the Expense Justified?"라는 논문에서 층의 두께가 다른 3가지 종류의 웨이퍼에 대해 측정되었다. 또한 층을 성장시키기 위해 3가지 노(爐)가 사용되었다. 3가지 종류의 웨이퍼와 3군데의 노(爐)에 대한 이원분산분석이 수행되었고, 그 결과가 표에 나타나 있다. 회사에서는 재생된 웨이퍼가 저렴하기 때문에 3가지 웨이퍼의 산소층의 두께의 차이가 없기를 바라고 있다. 자료가 일정한지를 결정하시오.

Furnace Location	Wafer Type	Oxide Layer Thickness(Å)		
1	Virgin	90.1	90.7	89.4
1	In-house	90.4	88.8	90.6
1	External	92.6	90.0	93.3
2	Virgin	91.9	88.6	89.7
2	In-house	90.3	91.9	91.5
2	External	88.3	88.2	89.4
3	Virgin	88.1	90.2	86.6
3	In-house	91.0	90.4	90.2
3	External	91.5	89.8	89.8

```
Two-way ANOVA for Thickness versus Wafer, Location

Source        DF       SS       MS      F       P
Wafer          2   5.8756   2.9378   2.07   0.155
Location       2   4.1089   2.0544   1.45   0.262
Interaction    4   21.349   5.3372   3.76   0.022
Error         18   25.573   1.4207
Total         26   56.907
```

Solution

상호작용들의 P는 0.022로 값이 작기 때문에 가산모형이라고 볼 수 없고, 주 효과들을 해석할 수 없다. 따라서 각 칸의 평균에 대한 표를 만들어보는 것이 좋은 방법이다.

표 9.6 각 처리의 표본평균

Furnace	Wafer Type			
Location	Virgin	In-house	External	Row Mean
1	90.067	89.933	91.967	90.656
2	90.067	91.233	88.633	89.978
3	88.300	90.533	90.367	89.733
Column Mean	89.478	90.566	90.322	

표 9.6으로부터 웨이퍼의 종류에 따라 층의 두께가 변하는 것을 알 수 있다. 그러나 모든 노에서 일정하게 두껍거나 얇은 웨이퍼는 없다. 예를 들어, 1번 노에서는 Externally recycled 웨이퍼에서 층이 가장 두껍고 In-house recycled 웨이퍼의 층이 가장 얇다. 2번 노에서는 결과가 반대이다. 이것은 노와 웨이퍼 종류의 상호작용 때문이다.

이원분산분석은 두 개의 일원분산분석과 같지 않다

예제 9.10에는 3개의 행 수준과 3개의 열 수준을 가지고, 총 9개의 처리들을 가지는 이원분산분석이 나타나 있다. 행 인자와 열 인자를 개별적으로 분리하여 일원분산분석을 한다면 6개의 처리를 가진다. 이는 인자를 분리하여 일원분산분석을 하는 것이 이원분산분석을 하는 것보다 경제적이라는 것을 의미하고, 이러한 이유로 순차적 설계는 종종 사용된다.

그러나 상호작용이 나타날 때 이러한 순차적 일원분산분석의 결과가 타당하지 않다는 것을 아는 것이 중요하다. 한 엔지니어가 가장 얇은 산소층을 생산하기 위한 웨이퍼와 노의 조합을 찾아낸다고 가정해보자. 먼저 In-house recycled 웨이퍼를 이용하여 각 노의 위치에 대한 공정을 수행한다. In-house recycled 웨이퍼에서는 1번 노에서 가장 얇은 층이 형성된다. In-house recycled 웨이퍼에서 가장 적합한 노가 1번이었기 때문에 엔지니어는 다음으로 1번 노를 이용하여 각 웨이퍼에 대한 공정을 수행한다. 3가지 종류의 웨이퍼 중에 In-house recycled 웨이퍼가 1번 노에서 가장 얇은 층을 형성한다. 따라서 가장 좋은 조합은 In-house recycled 웨이퍼와 1번 노의 조합이 가장 적합하다는 결론을 내리게 된다.

표 9.6을 보면 이 결론은 거짓이다. 이 조합보다 얇은 층을 만드는 조합이 2개나 더 있다. 이 순차적 방법은 한 노에서 가장 얇은 층을 형성하는 웨이퍼가 모든 노에서 가장 얇은 층을 형성한다는 것과 한 웨이퍼에서 가장 얇은 층을 형성하는 노가 모든 웨이퍼에서 가장 얇은 층을 형성한다는 것을 가정하고 있다. 이는 웨이퍼와 노 사이에 상호작용이 없다고 가정하는 것과 일치하며, 앞의 경우에서는 옳지 않다. 간단히 말해서 순차적 방법은 인자들 사이의 상호작용을 찾아 낼 수 없다.

Summary

- 인자가 2가지이면 2인자 설계를 해야 한다.
- 한 번에 한 인자만 검사하는 것으로는 인자들 사이의 상호작용을 찾아 낼 수 없다.

상호작용도

상호작용도는 상호작용들을 시각화하는데 도움이 된다. 그림 9.8은 웨이퍼 자료에 대한 상호작용들을 나타낸다. 수직축은 층의 두께를 나타내고 수평축에는 인자들 중 하나가 선택된다. 여기서는 노의 위치가 선택되었다(웨이퍼 종류도 선택될 수 있다).

External 웨이퍼에서 칸 평균은 표 9.6에 나타나 있는 대로 91.967, 88.633, 90.367이다. 이 값을 각 노의 위치에 표시하여 선으로 연결하고, 이 과정을 다른 웨이퍼에 대해서 반복한다. 그림에서 External 웨이퍼의 평균은 다른 웨이퍼들과 전혀 다른 패턴을 보이는데, 이것은 두 인자의 상호작용 때문이고, 웨이퍼와 노에 대한 주 효과를 쉽게 해석할 수 없는 이유이다. 반대로 상호작용이 0인 가산모형에서는 상호작용도의 선이 그림 9.9와 같이 평행하다.

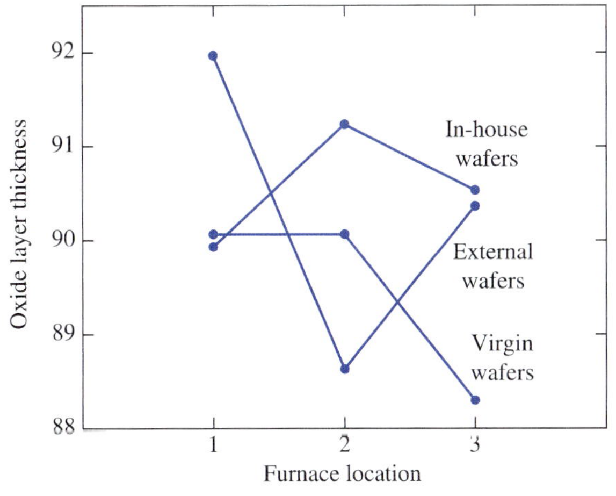

그림 9.8 웨이퍼 자료의 상호작용
요인간의 실질적인 상호작용을 나타내는 선은 병렬과는 거리가 멀다.

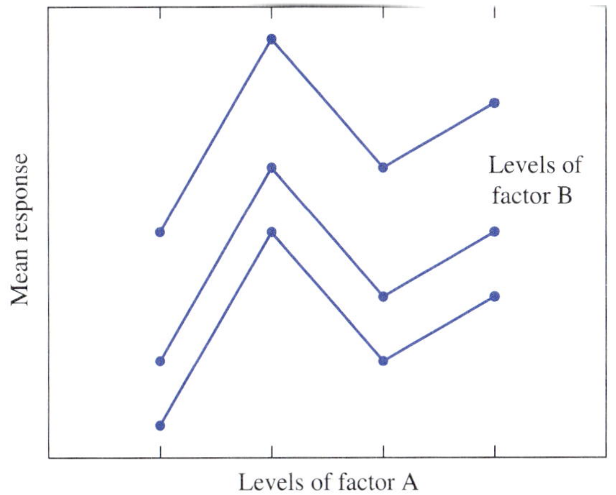

그림 9.9 상호작용의 추정치 $\hat{\gamma}_{ij}$가 0으로 추정되는 가상자료군. 선 부분은 평행이다.

그림 9.10은 수율 자료에 관한 상호작용도를 나타낸 것이다. 각 칸 평균들은 표 9.4에 나타나 있다. 선들은 평행하지 않지만 웨이퍼 자료보다는 서로 비슷하다. 상호작용이 없다는 귀무가설검정에 대한 P는 0.550이었다. 따라서 그림 9.10에 나타난 것처럼 상호작용이 0인 가설을 만족할 만큼 평행에 대한 편차는 작다.

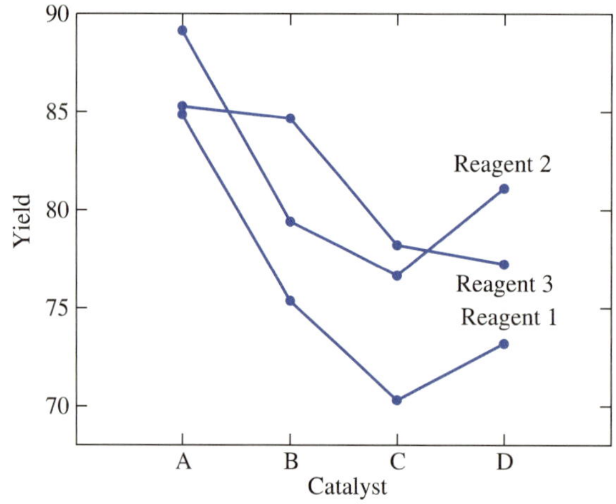

그림 9.10 수율 자료의 상호작용

$K=1$일 때 이원분산분석

F-검정은 표본의 크기 K가 각각의 처리에서 최소한 2 이상이라는 가정이 필요하다. 이것은 $K=1$일 때 오차제곱합(SSE)이 0이 되기 때문이다($X_{ijk}=\overline{X}_{ij}$). 또한 SSE의 자유도 $IJ(K-1)$이 0이 된다. $K=1$일 때는 가산모형임이 분명해도 이원분산분석을 할 수 없다. 이 경우에 상호작용들은 0이라고 가정되므로 상호작용 제곱평균(MSAB)과 자유도는 행과 열 효과를 검정할 때 MSE를 대신하여 사용할 수 있다.

변량인자

이원실험에 대해 그 동안 두 개의 인자가 모두 모수인자(fixed factor)인 경우를 중점적으로 다루었는데, 이러한 모형을 모수효과모형(fixed effect model)이라고 한다. 때때로 실험들이 변량인자로 설계되는 경우가 있다. 두 개의 인자가 모두 변량인자인 모형을 변량모형이라고 한다. 또한 모수인자와 변량인자를 하나씩 가지는 모형을 혼합모형(mixed model)이라고 한다.

인자가 하나인 경우에는 모수효과모형과 변량모형의 귀무가설의 검정을 다르지만 분석은 동일하다. 인자가 두 개인 경우에는 분석과 가설검정이 모수효과모형, 변량모형, 혼합모형 모두 다르다. 변량모형과 혼합모형에 대해서는 Hocking(2003)을 참고하라.

비균형 설계

앞에서 우리는 설계가 균형적이라고 가정하였다. 균형적 설계는 각 처리에서 반응수가 같은 것을 의미한다. 이 책에서 비균형 설계에 관해서는 언급하지 않는다. 비균형 설계는 다중회귀법을 이용하여 분석해야 한다. 더 자세한 사항은 Draper and Smith(1998)를 참고하라.

연습 9.3

1 피스톤링과 오일 종류가 피스톤 마모에 미치는 영향을 평가하기 위하여, 세 종류의 피스톤링과 네 종류의 오일이 연구되었다. 4시간 동안 돌린 링으로부터의 몇 밀리그램 재료 손실이 측정된 실험을 오일과 피스톤링의 12 조합별로 각 3회씩 반복 시행되었다. 오일 종류는 행 인자, 피스톤링 종류는 열 인자이다. SSA = 1.0926, SSB = 0.9340, SSAB = 0.2485, SSE = 1.7034이다.

a. 오일 종류 효과의 자유도는?
b. 피스톤링 종류 효과의 자유도는?
c. 상호작용의 자유도는?
d. 잔차의 자유도는?
e. 분산분석표를 작성하세요. P-값의 범위를 구하시오.
f. 가산모형은 타당한가? 검정통계량의 값과 P-값을 구하시오.
g. 오일 종류의 주 영향은 모두 0인가? 검정통계량의 값과 P-값을 구하시오.
h. 피스톤링 종류의 주 영향은 모두 0인가? 검정통계량의 값과 P-값을 구하시오.

2 금형온도가 인장강도에 미치는 영향을 파악하는 실험에서 세 개의 다른 합금과 다섯 개의 금형온도가 사용되었다. 각 합금의 네 개의 표본들이 각 금형온도에서 실험하였다. 금형온도는 행 인자, 합금이 열 인자이고, SSA = 69,738, SSB = 8958, SSAB = 7275, SST = 201,816이다.

a. 분산분석표를 작성하시오. P-값의 범위를 구하시오.
b. 가산모형은 타당한가? 설명하시오.
c. 금형온도의 주영향은 0인가? 검정통계량의 값과 P-값을 구하시오.
d. 합금의 주영향이 0인가? 검정통계량의 값과 P-값을 구하시오.

3 "Change in Creep Behavior of Plexiform Bone with Phosphate Ion Treatment" (R. Regimbal, C. DePaula, and N. Guzelsu, Bio-Medical materials and Engineering, 2003:11-25) 는 염분과 인산이온 용액이 복잡골격에 미치는 영향을 연구하기 위한 실험을 설명하고 있다. 다음 표는 염분 혹은 인산 이온 용액으로 기온 25도 아니면 37도 섭씨에서 처리된 6개의 견본에 대한 항복응력 측정 결과이다.

Solution	Temperature	Yield Stress (MPa)					
NaCl	25°C	138.40	130.89	94.646	96.653	116.90	88.215
NaCl	37°C	92.312	147.28	116.48	88.802	114.37	90.737
Na_2HPO_4	25°C	120.18	129.43	139.76	132.75	137.23	121.73
Na_2HPO_4	37°C	123.50	128.94	102.86	99.941	161.68	136.44

a. 분산분석표를 작성하시오. P-값의 범위를 구하시오.
b. 가산모형은 타당한가? 검정통계량의 값과 P-값을 구하시오.
c. 항복 응력에 미치는 용액(소금 대 인산이온)의 영향은 용액의 주영향으로 설명될 수 있나? 그렇다면 검정통계량의 값과 P-값을 이용하여 주영향을 설명하시오. 아니라면 왜 아닌지 설명하시오.
d. 항복 응력에 미치는 기온의 영향은 기온의 주영향으로 설명될 수 있나? 그렇다면 검정통계량의 값과 P-값을 이용하여 주영향을 설명하시오. 아니라면 왜 아닌지 설명하시오.

4 두 개의 접착제에 대하여 접착압력이 결합 강도(MPa)에 미치는 영향을 실험하였다. 세 수준의 접착압력에 각 접착제와 결합강도의 조합으로 세 번의 반복실험이 시행되었다. 결과는 다음 표에 나와 있다.

Adhesive	Curing Pressure	Bond Strength
A	Low	8.9 9.6 7.1
A	Medium	7.2 7.0 8.7
A	High	1.1 4.7 0.2
B	Low	4.3 5.2 2.9
B	Medium	2.3 4.6 5.0
B	High	5.9 2.2 4.6

a. 분산분석표를 작성하시오. P-값의 범위를 구하시오.
b. 가산모형은 타당한가? 검정통계량의 값과 P-값을 구하시오.
c. 결합강도에 미치는 접착제의 영향은 접착제의 주영향으로 설명될 수 있나? 그렇다면 검정통계량의 값과 P-값을 이용하여 주영향을 설명하시오. 아니라면, 왜 아닌지 설명하시오.
d. 결합강도에 미치는 접착압력의 영향은 접착압력의 주영향으로 설명될 수 있나? 그렇다면 검정통계량의 값과 P-값을 이용하여 주영향을 설명하시오. 아니라면, 왜 아닌지 설명하시오.

5 인공관절은 테이퍼 위에 세라믹구를 올려서 만들어진다. "Friction in Orthopaedic Zirconia Taper Assemblies" (W. Macdonald, A. Aspenberg, et al, Proceedings of the Institution of Mechanical Engineers, 2000: 685-692) 는 두 가지 지르코늄 합금과 세 가지 다른 목 길이를 사용하여 만들어진 테이퍼 조립에, 2 kN의 하중에 대한 마찰계수의 결과를 보여주고 있다. 각 조합마다 다섯 번의 반복 측정을 하였다.

Taper Material	Neck Length	Coefficient of Friction
CPTi-ZrO_2	Short	0.254 0.195 0.281 0.289 0.220
CPTi-ZrO_2	Medium	0.196 0.220 0.185 0.259 0.197
CPTi-ZrO_2	Long	0.329 0.481 0.320 0.296 0.178
TiAlloy-ZrO_2	Short	0.150 0.118 0.158 0.175 0.131
TiAlloy-ZrO_2	Medium	0.180 0.184 0.154 0.156 0.177
TiAlloy-ZrO_2	Long	0.178 0.198 0.201 0.199 0.210

a. 분산분석표를 작성하시오. P-값의 범위를 구하시오.
b. 가산모형은 타당한가? 검정통계량의 값과 P-값을 구하시오.
c. 마찰계수에 미치는 재료의 영향은 재료의 주영향으로 설명될 수 있나? 그렇다면 검정통계량의 값과 P-값을 이용하여 주영향을 설명하시오. 아니라면 왜 아닌지 설명하시오.

6 세 사람이 여러 실리콘 웨이퍼 무게를 측정하였다. 다음 표에는 세 개의 웨이퍼에 대한 결과가 나와 있다. 모든 웨이퍼는 54 g에 가까운 무게를 가지고 있어서 무게들은 54 g 이상 추가 μg 단위로 기록되었다.

Wafer	Operator 1	Operator 2	Operator 3
1	11 15	10 6	14 10
2	210 208	205 201	208 207
3	111 113	102 105	108 111

a. 분산분석표를 작성하시오. P-값의 범위를 구하시오.
b. 분산분석표에서 측정자에 따라 결과 차이가 있는지 알 수 있는가? 그렇다면 검정통계량 값과 P-값을 제공하시오. 아니라면 왜 아닌지 설명하시오.

7 "Cellulose Acetate Microspheres Prepared by O/W Emulsification and Solvent Evaporation Method" (K. Soppinmath et al., Journal of Microencapsulation, 2001:811-817) 는 이부프로펜을 포함하는 마이크로사이즈 캡슐을 생산하는 과정에서 폴리비닐알코올(PVAL)과 디클로로메탄(DCM)이 미치는 영향에 대한 연구를 설명한다. PVAL의 농도는 세 가지이며(% w/v) DCM 부피도 세 가지이다(mL).

PVAL	DCM = 50
0.5	98.983 99.268 95.149
1.0	89.827 94.136 96.537
2.0	95.095 95.153 92.353
PVAL	**DCM = 40**
0.5	96.810 94.572 86.718
1.0	82.352 79.156 80.891
2.0	86.153 91.653 87.994
PVAL	**DCM = 30**
0.5	75.288 74.949 72.363
1.0	76.625 76.941 72.635
2.0	80.059 79.200 77.141

a. 분산분석표를 작성하시오. P-값의 범위를 구하시오.
b. PVAL의 농도, DCM의 부피, 캡슐 생산 효율성의 관계에 대하여 설명하시오.

9.4 완전 확률화 블록 설계법

어떤 실험들에서는 실험자의 관심대상이 아닌 효과가 반응값에 영향을 미치는 인자가 되는 경우가 있다. 예를 들어, 실험을 하루 만에 끝내는 것이 불가능하여서 관측이 수일에 걸쳐서 진행될 수도 있다. 만약 결과값에 영향을 주는 조건들이 날마다 변한다면 실험일은 결과에 미치는 영향에 관심이 없을지라도 하나의 인자가 된다.

좀 더 자세한 예를 살펴보자. 세 가지의 비료가 오렌지 과수원의 수확에 어떠한 영향을 미치는지 평가한다고 생각해보자. 각 비료마다 반복수는 3이고 총 9개의 관측값이 있다. 면적은 3행, 3열의 9개 면적으로 나눴다. 이제 행마다 다른 양의 물을 공급받는다고 가정해보자. 물의 양은 실험자가 물이 수확에 미치는 영향에 관심이 없더라도 실험의 새로운 인자가 된다.

만약 물 인자를 무시한다면 비료만을 인자로 하는 일원실험이 되고, 비료들은 3가지로 나눠진다. 완전 확률화 실험에서 각각의 처리들은 무작위로 배치된다. 그림 9.11은 가능한 2가지 배열을 나타낸다. 왼쪽 배열에서는 비료 A가 다른 비료들보다 많은 물을 공급받고, 오른쪽 배열에서는 C가 가장 많이 공급받는다. 만약 한 인자에 대한 처리들이 완전히 무작위로 배치되는 것은 다른 인자의 수준에 고르게 배치되지 못할 것이다.

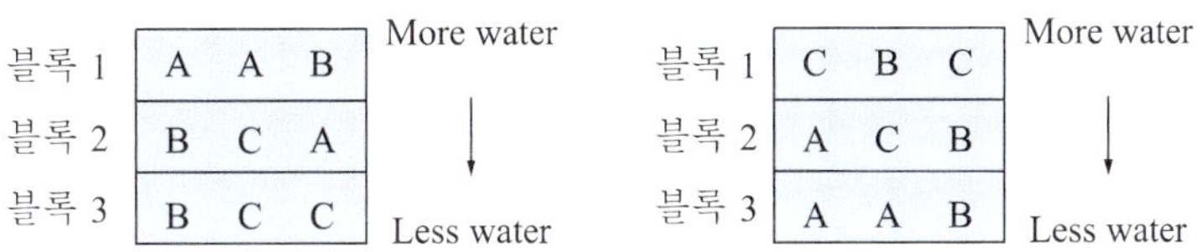

그림 9.11 세 가지 비료 A, B, C의 두 가지 가능한 배열

만약 물의 양이 결과값에 거의 영향을 끼치지 않는다면 완전 확률화 일원설계가 적당하다. 결과값에 영향을 미치지 않는 인자에 대해서는 걱정할 이유가 없다. 하지만 물의 수준이 결과값에 큰 영향을 미친다고 가정해보자. 그림 9.11은 처리의 추정 효과들이 물의 수준이 다름으로 인해서 한쪽으로 치우치거나 기준을 벗어나 버릴 수 있다는 것을 보여준다. 처리의 배치에 따라서 추정값이 다르게 되며, 만약 실험을 몇 번 더 하게 된다면 추정값은 실험을 반복할 때마다 변하게 된다. 이러한 이유로 완전 확률화 일원설계는 큰 표준편차를 가지는 추정 효과를 만든다.

이러한 실험에서는 물을 두 번째 인자로 가지는 이원설계가 적당하다. 물에 대한 영향에는 관심이 없기 때문에 여기서 물을 블록인자(blocking factor)라고 한다. 이 이원실험에는 세 가지 토양의 처리수준과 세 가지 물 블록 수준, 즉 9개의 처리와 블록간의 조합이 있다. 9개의 실험 요소는 토양과 물의 조합에 겹치지 않게 배치한다. 그림 9.12에 가능한 두 가지 배치를 나타냈다.

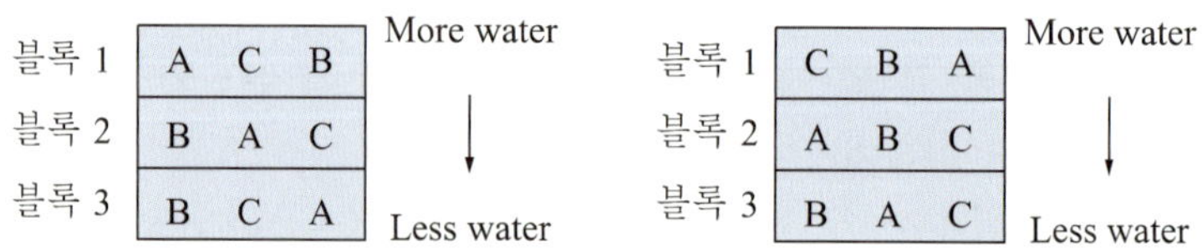

그림 9.12 세 개의 비료 A, B, C의 두 가지 가능한 배열

각 층마다 비료 하나씩은 나타나야 하며, 물 분포도는 각 비료마다 같다.

이원설계에서 각 블록의 처리가 동일하게 한 번씩 나타난다. 따라서 블록인자의 효과는 처리인자의 효과를 추정하는데 있어서 확률변수로 취급되지 않는다. 각 처리는 각 블록에서 동일하게 나타나기 때문에 처리의 배치에 있어서의 확률화는 어떤 블록에서 어떤 처리가 나타나는지 순서를 정하는 것이다. 이것은 완전 확률화 설계가 아니고 처리가 블록 내에서 확률화 되는 확률화 설계이다. 또 처리와 블록 간의 모든 가능한 조합이 실험에 포함되어 있기 때문에 이 설계를 완전하다고 한다. 이러한 이유에서 이 설계를 완전 확률화 블록설계라고 한다.

완전 확률화 설계는 여러 개의 처리인자와 여러 개의 블록인자로 구성된다. 하지만 이 책에서는 하나의 처리인자와 하나의 블록인자를 가지는 경우만 다루겠다. 완전 확률화 설계의 자료는 이원분산분석법으로 분석하는데 한 가지 중요한 고려사항이 있다. 실험자가 관심 있는 효과는 처리인자에 대한 주 효과이다. 주 효과를 해석하기 위해서 처리인자와 블록인자 사이에 상호작용이 없다고 생각한다.

Example 9.11

오렌지 과수원에서 세 가지 토양이 수확에 어떤 영향을 미치는지에 관한 연구가 있다. 9개의 땅이 사용되었고, 3개의 블록으로 나누어졌으며, 각 토양이 각 블록에 나타나는 완전 확률화 블록 설계가 사용되었다. 수확량과 이원분산분석표가 다음에 나타나 있다. 이 때 평균수확량이 토양에 따라서 다르다고 할 수 있는가? 토양과 블록인자사이의 상호작용에 대하여 어떤 가정이 있는가? 계산된 오차 제곱합은?

Fertilizer	Plot 1	Plot 2	Plot 3
A	430	542	287
B	367	463	253
C	320	421	207

```
Two-way ANOVA: Yield versus Block, Fertilizer

Source      DF       SS        MS       F       P
Fertilizer   2  16213.6  8106.778   49.75   0.001
Block        2  77046.9  38523.44   236.4   0.000
Error        4  651.778  162.9444
Total        8  93912.2
```

Solution

토양 인자에 대한 P-값은 0.001이기 때문에 토양이 수확량에 영향을 미친다고 할 수 있다. 토양과 블록인자 사이에 상호작용이 없다고 가정하기 때문에 토양의 주 효과가 해석될 수 있다.

각 처리와 블록간의 조합에 하나의 관측값만 있기 때문에($K=1$) 출력물의 오차제곱합(SSE)은 상호작용 제곱합(SSAB)이고, 오차평균제곱(MSE)은 MSAB이다.

예제 9.11의 분산분석표를 살펴보면 블록이 토양의 효과를 찾아내는데 필요하다는 것을 알 수 있다. 이 실험을 일원 실험으로 고려해보자. 오차제곱합(SSE)은 블록화 설계의 오차제곱합과 블록들의 제곱합의 합이 된다(651.778 + 77,046.9 = 77,698.7). 오차에 대한 자유도 역시 블록화 설계 오차의 자유도와 블록 자유도의 합이다(2 + 4 = 6). 오차평균제곱(MSE)은 162.9444가 아닌 77,698.7 / 6 = 12,950이 된다. 토양의 효과에 관한 F-검정량은 1보다 작아서 효과를 알아낼 수 없다.

블록화 설계를 사용하면 오차의 자유도를 줄여서 효과를 쉽게 찾을 수 있다. 블록화 인자가 결과값에 아주 약간의 영향을 미치더라도 오차제곱합을 줄임으로써 블록화 인자가 유용해질 수 있다. 이러한 이유에서 블록화 인자가 결과값에 영향을 미칠지도 모르는 경우에는 언제나 블록화 설계를 하는 것이 좋다.

Summary

- 이원 완전 확률화 블록설계는 관심의 대상인 인자(처리인자)와 관심의 대상이 아닌 인자(블록인자)가 완전히 균형적인 이원설계이다.
- 완전 확률화 블록설계의 목적은 처리인자의 주 효과를 추정하는 것이기 때문에 처리인자와 블록인자 사이에 상호작용이 없어야 한다.
- 효과를 추정하고 처리인자의 주 효과에 대한 가설검정을 하는데 이원분산분석법이 사용된다.
- 완전 확률화 블록설계는 완전 확률화 설계에 비해 블록인자가 결과값에 큰 영향을 미칠 때는 큰 장점을 가지고 있으며, 블록인자가 결과값에 영향을 미치지 않을 때에는 상대적으로 작은 단점이 있다. 따라서 불확실한 경우에는 블록화 설계를 사용한다.

Example 9.12

항공기 동체의 금속에 뚫리는 구멍의 품질에 관한 연구가 있다. 구멍의 품질의 중요한 척도는 드릴 날의 직경과 구멍의 직경의 차이인 '초과 직경'인데, 이 초과 직경은 작을수록 좋다. 드릴의 회전속도가 초과직경에 미치는 영향에 관심이 있다고 가정해보자. 6개의 실험 판에 3가지 속도 (6000, 10,000, 15,000 rpm)로 구멍을 뚫을 때 초과 직경은 회전속도 뿐 아니라 실험 판의 물리적 성분에 의해서도 영향을 받을 것이다. 이 실험에 적절한 설계는 무엇인가?

Solution

드릴의 회전속도를 처리인자, 실험판을 블록인자로 하는 완전 확률화 블록설계가 적당하다. 6개의 관측값들이 각 블록에 만들어지기 때문에 각 드릴 회전속도가 블록 당 두 번씩 나타난다. 블록 내의 회전 속도들의 순서는 무작위로 골라져야 한다.

Example 9.13

예제 9.12에 제안된 설계가 채택되어 실험이 진행되었고, 그 결과가 다음과 같다. 결과가 가정에 대한 위반사항을 나타내는가? 초과 직경에 대한 드릴의 회전속도를 어떻게 결론지을 수 있는가?

```
Two-way ANOVA: Excess Diameter versus Block, Speed

Source       DF       SS         MS        F      P
Block         5  0.20156  0.0403117  1.08  0.404
Speed         2  0.07835  0.0391750  1.05  0.370
Interaction  10  0.16272  0.0162717  0.44  0.909
Error        18  0.67105  0.0372806
Total        35  1.11368

S = 0.1931   R-Sq = 39.74%   R-Sq(adj) = 0.00%
```

Solution

완전 확률화 블록설계에서 처리인자의 주 효과를 해석하기 위해서는 처리인자와 블록인자 사이의 상호작용이 없어야 한다. 상호작용에 대한 P는 0.909이므로 상호작용은 없다고 할 수 있다. 따라서 결과에는 가정에 대한 위반사항이 없다. 회전속도의 주 효과에 대한 P는 0.370으로 작지 않다. 따라서 구멍이 직경이 드릴의 회전속도에 영향을 받는다고 볼 수 없다.

연습 9.4

1 "Methods for Evaluation of Easily-Reducible Iron and Manganese in Paddy Soils" (M. Borges et al., Communication in soil Science and Plant Analysis, 2001:3009-3022) 는 네 가지 충적토의 pH 측정 결과를 보고하고 있다. 각 토양에는 다양한 양의 석회를 투입하였다. 주요 관심은 토양의 차이에 있으며, 투입된 석회투입의 영향에는 큰 관심이 없다.

	Liming Level				
Soil	1	2	3	4	5
A	5.8	5.9	6.1	6.7	7.1
B	5.2	5.7	6.0	6.4	6.8
C	5.5	6.0	6.2	6.7	7.0
D	6.0	6.6	6.7	6.7	7.5

a. 무엇이 블록인자이고 어떤 것이 처리인자인가?
b. 분산분석표를 작성하시오. P-값의 범위를 구하시오.
c. 토양들의 pH가 다르다고 결론지을 수 있나?

2 세 개의 방에서 각각 네 개의 조명 방법이 사용되었다. 각 방 과 각 방법마다, 각각 다른 때에 세 번 조명도(lux)를 측정하였으며, 이를 3회 반복하였다. 유일한 관심사는 영향은 조명방법의 종류이고 방은 블록인자이다. 다음 제곱합이 계산되었다.

블록 제곱합 = 11432
처리 제곱합 = 9943
상호작용에 대한 제곱합 6135
총제곱합 = 51376.

a. 분산분석표를 작성하시오. P-값의 범위를 구하시오.
b. 완전 확률화 블록 설계의 가정들은 충족되었나? 설명하시오.
c. 분산분석표는 조명방법의 종류가 조명도에 영향을 준다는 증거를 제공하는가? 설명하시오.

3 "Genotype-Environment Interactions and Phenotypic Stability Analyses of Linseed in Ethiopia" (W. Adguna and M. Labuschagne, Plant Breeding, 2002:66-71) 는 10종류의 아마씨가 비교된 연구를 설명하고 있다. 각 씨는 6군데 다른 토양에서 키워졌다. 산출량(kg/ha)은 다음 표에 나와 있다.

	Plot					
Variety	1	2	3	4	5	6
A	2032	1377	1343	1366	1276	1209
B	1815	1126	1338	1188	1566	1454
C	1739	1311	1340	1250	1473	1617
D	1812	1313	1044	1245	1090	1280
E	1781	1271	1308	1220	1371	1361
F	1703	1089	1256	1385	1079	1318
G	1476	1333	1162	1363	1056	1096
H	1745	1308	1190	1269	1251	1325
I	1679	1216	1326	1271	1506	1368
J	1903	1382	1373	1609	1396	1366

a. 분산분석표를 작성하시오. P-값의 범위를 구하시오.
b. 각 씨가 다른 평균 산출량을 가지고 있다고 결론지을 수 있나?

4 다섯 종류의 전기 모터의 수명에 대한 연구를 계획하고자 한다. 첫 질문은 다섯 종류 모터의 평균 수명에 차이가 있냐는 것이다. 각 종류 당 4개, 총 20개의 모터가 있다. 하루에 최대 5개의 모터가 실험할 수 있고, 매일 주위 기온은 달라지고 이것은 모터 수명에 영향을 줄 수 있다.

a. 하루에 테스트할 다섯 개의 모터를 어떻게 결정할지 설명하시오. 완전 확률화 배치법을 사용하겠나? 아니면 무작위 추출을 사용하긴 할 것인가?
b. 만약 X_{ij}가 모터 타입 i의 j일에 측정된 모터수명이라면 X_{ij}값이 동일하다는 귀무가설을 검정할 통계량은 무엇인가?

9.5 2^p 요인실험

실험자가 여러 개의 인자를 동시에 연구할 때 처리들의 수가 과도하게 커질 수 있다. 이러한 경우에 각 인자들이 두 개의 수준만을 가지는 예비 실험이 이루어진다. 하나는 고 수준(high level), 다른 하나는 저 수준(low level)이라고 한다. 만약 p개의 인자가 있으면 2^p 개의 서로 다른 처리가 존재하게 된다. 이러한 실험을 2^p 요인실험이라 한다. 보통 2^p 요인실험의 목적은 어떤 인자가 결과값에 중요한 영향을 미치는지 결정하는 것이고, 이를 바탕으로 보다 정교한 실험을 수행하는 것이다. 예로서, 2^3 요인실험에 대해 알아보도록 하자.

2^3 요인실험에서 기호

2^3 요인실험에는 $2^3 = 8$개의 처리가 있다. 인자의 주 효과는 인자가 고 수준에 있을 때의 평균 반응값과 인자가 저 수준에 있을 때의 평균 반응값의 차로 정의된다. 일반적으로 주 효과는 보통 A, B, C로 나타낸다. 다른 요인실험에서처럼 인자간의 상호작용이 존재할 수 있다. 인자가 3개이면 AB, AC, BC, ABC 4개의 상호작용이 존재한다. 처리는 고 수준에 있는 인자의 소문자로 나타낸다. 예를 들어, ab는 처음 두 인자 A, B가 고 수준에 있고 C가 저 수준에 있는 처리를 나타낸다. 1은 모든 인자가 저 수준에 있는 처리를 나타낸다.

2^3 요인실험의 추정 효과

2^3 요인실험에 각 처리마다 반복수가 K라고 가정하자. 각 처리마다 셀 평균은 각 처리에서 K 관측값의 평균이다. 추정 효과를 구하는 공식은 표 9.7의 2^3 부호표를 통해 쉽게 얻을 수 있다.

표에서 부호는 다음과 같이 배치된다. 주 효과 A, B, C에서 인자가 고 수준에 있는 처리는 $+$, 저 수준에 있는 처리는 $-$로 표시한다. 주 효과 A에서 처리 a, ab, ac, abc에서는 $+$, 나머지 처리에서는 $-$가 된다. 상호작용에서는 주 효과의 부호를 곱하여 정한다. 예를 들어, 상호작용 AB의 부호는 A의 부호와 B의 부호를, 상호작용 ABC의 부호는 A, B, C의 부호를 곱한다.

주 효과와 상호작용의 추정은 부호표를 사용하여 이루어진다. 이제 인자 A의 주 효과를 어떻게 추정하는지 알아보자. 인자 A는 표의 $+$부호에서 고 수준이다. 각 셀 평균 $\overline{X}_a$, $\overline{X}_{ab}$, $\overline{X}_{ac}$, $\overline{X}_{abc}$는 고 수준의 인자 A로 만들어지는 평균 반응값이다. 인자 A가 고 수준에 있을 때 평균 반응값은 이 셀 평균의 평균으로 구한다.

표 9.7 2^3 요소 실험의 부호표

Treatment	Cell Mean	A	B	C	AB	AC	BC	ABC
1	$\overline{X}_1$	−	−	−	+	+	+	−
a	$\overline{X}_a$	+	−	−	−	−	+	+
b	$\overline{X}_b$	−	+	−	−	+	−	+
ab	$\overline{X}_{ab}$	+	+	−	+	−	−	−
c	$\overline{X}_c$	−	−	+	+	−	−	+
ac	$\overline{X}_{ac}$	+	−	+	−	+	−	−
bc	$\overline{X}_{bc}$	−	+	+	−	−	+	−
abc	$\overline{X}_{abc}$	+	+	+	+	+	+	+

$$\text{고 수준 A의 추정 평균 반응값} = \frac{1}{4}(\overline{X}_a + \overline{X}_{ab} + \overline{X}_{ac} + \overline{X}_{abc})$$

A에 대해서 −부호를 가지는 항은 인자 A가 저 수준일 때 처리를 나타낸다.

$$\text{저 수준 A의 추정 평균 반응값} = \frac{1}{4}(\overline{X}_1 + \overline{X}_b + \overline{X}_c + \overline{X}_{bc})$$

인자 A의 주 효과의 추정값은 고 수준과 저 수준의 추정 평균 반응값의 차이다.

$$\text{A 효과 추정값} = \frac{1}{4}(-\overline{X}_1 + \overline{X}_a - \overline{X}_b + \overline{X}_{ab} - \overline{X}_c + \overline{X}_{ac} - \overline{X}_{bc} + \overline{X}_{abc})$$

괄호 안의 양을 인자 A의 대비라고 한다. 이는 부호표에서 부호를 사용하여 셀 평균을 더하고 빼면서 계산한다. +부호 수와 −부호 수가 같기 때문에 계수의 합은 0이 된다. 효과 추정값은 대비를 처리수의 절반으로 나누어서 구한다. 즉, 여기서는 $2^3/2$인 4로 나눈다. 다른 주 효과와 상호작용을 추정하는 것도 동일한 방법으로 계산한다. 다음은 주 효과 C와 상호작용 AB에 관한 효과 추정이다.

$$\text{C 효과 추정값} = \frac{1}{4}(-\overline{X}_1 - \overline{X}_a - \overline{X}_b - \overline{X}_{ab} + \overline{X}_c + \overline{X}_{ac} + \overline{X}_{bc} + \overline{X}_{abc})$$

$$\text{AB 상호작용 추정값} = \frac{1}{4}(\overline{X}_1 - \overline{X}_a - \overline{X}_b + \overline{X}_{ab} + \overline{X}_c - \overline{X}_{ac} - \overline{X}_{bc} + \overline{X}_{abc})$$

Summary

주 효과와 상호작용의 대비는 부호표에서 부호를 사용하여 셀 평균들을 더하거나 빼서 얻을 수 있다. 2^3 요인실험에서는

$$\text{효과 추정값} = \text{대비} / 4 \tag{9.42}$$

Example 9.14

콘크리트의 압축강도에서 세 가지 인자의 효과를 추정하기 위해 2^3 요인실험이 실행되었다.

- A인자 : 모래의 종류(가는 모래, 굵은 모래)
- B인자 : 콘크리트의 종류(표준형, 신형)
- C인자 : 물의 양(적다, 많다)

각 처리마다 3개의 반복수를 가지며, 아래에 MPa단위로 측정된 콘크리트의 압축강도 표가 있다. 모든 효과와 상호작용을 추정하시오.

Treatment		Yield		Cell Mean
1	16.157	18.777	21.351	18.7617
a	18.982	14.843	18.154	17.3263
b	18.760	20.661	20.409	19.9433
ab	23.459	29.009	23.051	25.1730
c	24.209	15.112	15.833	18.3847
ac	17.427	18.606	19.143	18.3920
bc	14.571	18.383	19.120	17.3580
abc	30.510	21.710	30.745	27.6550

Solution

분포표(표 9.7)를 사용하여 적절한 셀 평균의 합과 차를 찾아낸다. 주 효과 A, 상호작용 BC, 상호작용 ABC에 관한 계산과정은 다음과 같다.

$$\text{A 효과 추정} = \frac{1}{4}(-18.7617+17.3263-19.9433+25.1730-18.3846 \\ +18.3920-17.3580+27.6550)=3.5247$$

$$\text{BC 상호작용 추정} = \frac{1}{4}(18.7617+17.3263-19.9433+25.1730 \\ -18.3846+18.3920-17.3580+27.6550)=-0.1980$$

$$\text{ABC 상호작용 추정} = \frac{1}{4}(-18.7617+17.3263+19.9433-25.1730 \\ +18.3846-18.3920-17.3580+27.6550)=0.9062$$

다음 표에 모든 추정 효과를 나타내었다.

Term	Effect	Term	Effect
A	3.525	AB	4.239
B	4.316	AC	1.628
C	0.146	BC	−0.198
		ABC	0.906

각 효과에서 효과가 0이라고 귀무가설검정을 할 수 있고, 귀무가설이 기각된다면 인자가 실제로 결과값에 영향을 미치는 증거가 된다. 귀무가설검정을 위해서 제곱합을 포함하는 분산분석표를 만든다. 검정이 유효하려면 각 처리에서 반복수가 같고 2 이상이어야 한다. 또한

각 처리에서 관측값은 정규모집단에서 선정된 확률표본이어야 하며, 모집단들은 같은 분산을 가져야 한다.

오차제곱합(SSE)은 모든 처리에서 표본평균의 편차의 제곱을 더해서 구한다. $s_1^2, \cdots, s_8^2$를 8개의 처리에서 관측값의 표본분산이라 하고 K를 처리의 반복수라고 하면

$$\text{SSE} = (K-1)\sum_{i=1}^{8} s_i^2 \tag{9.43}$$

주 효과와 상호작용은 제곱합을 가지는데 이를 계산하기는 쉽다. 효과와 상호작용의 제곱합은 대비를 제곱하여 반복수 K를 곱하고 총 처리의 수(2^3)를 나눠서 계산한다.

$$\text{효과의 제곱합} = \frac{K(\text{대비})^2}{8} \tag{9.44}$$

효과와 상호작용의 제곱합의 자유도는 1이고, 오차 제곱합의 자유도는 $8(K-1)$이다. 평균제곱과 F-검정량을 계산하는 방법은 9.3절 이원 분산분석표에서 설명한 방법과 동일하다. 각 평균제곱은 각 제곱합에 자유도를 나눈 것과 같다. "효과나 상호작용은 0"의 귀무가설검정을 위한 검정통계량은 평균제곱에서 평균제곱 오차를 나눠서 계산하며, 귀무가설이 참이라면 검정통계량은 $F_{1,8(K-1)}$ 분포를 따른다.

Example 9.15

예제 9.14에 관한 분산분석표를 작성하시오. 각 효과와 상호작용이 0인 귀무가설을 검정하시오. 어느 인자가 결과값에 가장 큰 영향을 미치겠는가?

Solution

분산분석표는 다음과 같다.

		DF			F	P
A	3.525	1	74.540	74.540	7.227	0.016
B	4.316	1	111.776	111.776	10.838	0.005
C	0.146	1	0.128	0.128	0.012	0.913
AB	4.239	1	107.798	107.798	10.452	0.005
AC	1.628	1	15.893	15.893	1.541	0.232
BC	−0.198	1	0.235	0.235	0.023	0.882
ABC	0.906	1	4.927	4.927	0.478	0.499
에러		16	165.020	10.314		
합계		23	480.316			

효과와 상호작용의 제곱합은 식 (9.44)를 이용하여 계산하였다. 오차제곱합은 식 (9.43)을 이용하여 계산한다. 각 F통계량은 평균제곱과 평균제곱오차의 비이다. F통계량은 1과 16의 자유도를 가진다.

인자 A, B의 주 효과와 AB의 상호작용은 작은 P를 가진다. 이를 통해서 이 효과는 0이 아니고, 인자 A와 B는 결과값에 영향을 미친다는 것을 알 수 있다. 인자 C의 주 효과와 상호작용이 0이 아니라는 증거는 없다. 더 나아가 실험이 인자 A와 B를 중심으로 진행될 것이고, 그 효과에 대한 자세한 정보를 얻기 위해 이원분산분석이 진행될 것이다.

컴퓨터를 이용한 결과값의 해석

요인 설계의 분석은 대부분 컴퓨터를 통해 이루어진다. 다음 출력물은 예제 9.14, 9.15에 관한 분석을 보여준다.

```
Factorial Fit: Yield versus A, B, C

Estimated Effects and Coefficients for Yield (coded units)

Term        Effect      Coef  SE Coef       T      P
Constant             20.3742   0.6555   31.08  0.000
A           3.5247    1.7623   0.6555    2.69  0.016
B           4.3162    2.1581   0.6555    3.29  0.005
C           0.1463    0.0732   0.6555    0.11  0.913
A*B         4.2387    2.1193   0.6555    3.23  0.005
A*C         1.6275    0.8138   0.6555    1.24  0.232
B*C        -0.1980   -0.0990   0.6555   -0.15  0.882
A*B*C       0.9062    0.4531   0.6555    0.69  0.499

S = 3.2115    R-Sq = 65.64%    R-Sq(adj) = 50.61%

Analysis of Variance for Yield (coded units)

Source              DF    Seq SS    Adj SS   Adj MS     F      P
Main Effects         3  186.4439  186.4439  62.1480  6.03  0.006
2-Way Interactions   3  123.9255  123.9255  41.3085  4.01  0.026
3-Way Interactions   1    4.9268    4.9268   4.9268  0.48  0.499
Residual Error      16  165.0201  165.0201  10.3138
  Pure Error        16  165.0201  165.0201  10.3138
Total               23  480.3164
```

표의 가장 윗부분은 추정 효과와 계수를 나타내며, "coded units"는 실제값이 아니라 각 인자의 고 수준, 저 수준을 나타내는데 사용되는 1, -1값을 의미한다. "Effects" 항에는 추정 효과를 나타내고 "coefficients" 항에는 각 효과의 1/2값이 들어간다. 효과가 평균 인자의 고 수준과 저 수준의 평균 반응값 차이를 나타내는 반면에, 계수는 고 수준의 평균 반응값과 총 평균 반응값의 차이를 나타낸다. "Constant"항은 모든 관측값의 평균, 즉 표본 총 평균이다. 모든 계수 추정은 "SE Coef" 항에 나타난 동일한 표준편차를 가진다.

MINITAB에서는 효과가 0이라는 가설의 검정을 위해 F통계량보다 Student's t통계량을 사용한다. "T"항은 Coef와 SE Coef의 비인 Student's t통계량 값을 나타낸다. 가설검정에서 t통계량은 자유도 $8(K-1)$인 Student's t분포를 따른다. "P"항에는 P-값이 나타난다. MINITAB에서 수행된 t-검정은 예제 9.15의 F-검정과 비슷하다.

$t_{8(k-1)}$통계량은 $F_{1,8(K-1)}$통계량의 제곱근에 효과 추정의 부호를 적용하여 계산할 수 있다. P는 동일하다.

다음으로 분산분석표를 살펴보자. 먼저 "DF"항은 자유도를 나타낸다. "Seq SS" 항과 "Adj SS" 항은 앞으로 다루게 될 모든 예제에서 같은 값을 가질 것이고 제곱합을 나타낸다. "Adj MS" 항은 평균 제곱 또는 제곱합을 자유도로 나눈 값을 나타낸다.

이제 오차에 관한 행에 대해 살펴보자. "Pure Error"는 오차제곱합(SSE)에 관한 항이고, 순 오차는 자유도 $8(K-1)=16$을 갖는다(식 9.43). 자유도 옆의 두 열은 순 오차의 제곱합 오차제곱합(SSE)이고, "Adj MS" 열은 평균오차제곱이다. 순 오차 위의 행 "Residual Error" 항은 잔차 오차를 나타낸다. 잔차 오차의 제곱합은 순 오차의 제곱합과 모형에 포함되지 않는 주 효과 또는 상호작용의 제곱합의 합과 같다. 잔차 오차제곱합의 자유도는 순 오차제곱합의 자유도와 모형에 포함되지 않는 주 효과 또는 상호작용의 자유도의 합과 같다. 이 예제에서는 모든 주 효과와 상호작용이 모형에 포함되기 때문에 잔차 오차제곱합과 자유도는 각각 순 오차제곱합과 자유도에 일치한다. "Total" 항은 총 제곱합(SST)을 나타낸다. 총 제곱합과 그 자유도는 모든 효과, 상호작용, 잔차 오차에서 같다.

표의 윗부분으로 돌아가서 첫 행 "Main Effects"는 주 효과를 나타낸다. A, B, C 세 가지의 주 효과가 있기 때문에 주 효과의 자유도는 3이다. "Seq SS"는 세 가지의 각 주 효과들의 제곱합의 합이다. 평균제곱(Adj MS)은 제곱합을 자유도로 나눈 값이다. F항은 모든 주 효과들이 0이라는 귀무가설에 대한 F통계량이다. F통계량의 값 6.03은 주 효과의 평균제곱(62.1480)과 평균오차제곱(10.3138)의 비와 같다. F통계량의 자유도는 3, 16으로 두 평균제곱의 자유도와 같다. "P" 항은 F-검정에 대한 P-값이다. 이 경우에 P는 0.006으로 "모든 효과들이 0인 것은 아니다"라는 의미를 가진다. "2-Way Interaction"과 "3-Way Interaction" 행도 "Main Effects" 행과 동일하다. 이원 상호작용의 P는 0.026으로 적어도 몇 개의 상호작용은 0이 아니라는데 명백한 증거가 된다. 3원 상호작용 ($A \times B \times C$)의 P는 0.499이다. 가설검정은 모든 관측값이 같은 표준편차를 가진다는 가정 하에 이루어진다. "S" 항은 σ의 추정값으로 평균오차제곱(MSE)의 제곱근과 같다. "R-sq", "R-sq(adj)" 항은 상관계수 R^2이고 일원 분산분석에서와 같은 방법으로 계산한다.

2^p 요인실험의 추정 효과

부호표는 2^p 요인실험의 추정 효과를 계산하는 공식을 얻기 위해 사용된다. 방법은 2^3 요인실험에서와 동일하다. 주 효과의 부호는 인자가 고 수준 혹은 저 수준이냐에 따라 +, −를 나타낸다. 상호작용들의 부호는 상호작용하는 인자들의 부호의 곱으로 알 수 있다.

효과나 상호작용의 추정은 알맞은 부호를 이용하여 셀 평균을 더하거나 빼서 대비를 구하고 이를 통해 추정할 수 있다. 대비를 모든 처리의 수의 반으로 나누거나 2^{p-1}로 나눠서 효과 추정값을 구한다.

Summary

■ 2^p 요인실험에서

$$\text{효과 추정값} = \frac{\text{대비}}{2^{p-1}} \tag{9.45}$$

표 9.8에 2^5 요인실험의 부호표가 있다. 제곱합은 2^3 요인실험과 동일한 방법으로 구한다. 오차제곱합(SSE)을 구하기 위해서 $s_1, s_2, \cdots, s_{2p}$를 각 2^p 처리의 관측값 표본분산이라고 하자.

$$\text{SSE} = (K-1)\sum_{i=1}^{2^p} s_i^2$$

K가 각 처리의 반복수 일 때 오차의 자유도는 $2^p(K-1)$이다. 각 효과와 상호작용의 제곱합은 $\dfrac{K(\text{contrast})^2}{2^p}$이고, 자유도는 1이다. 주 효과들과 상호작용들에 대한 F통계량은 효과의 오차제곱합을 평균오차제곱으로 나누어서 구한다. 이 F 통계량의 분포는 $F_{1,2^p(k-1)}$이다.

반복이 없는 요인실험

인자의 수 p가 크다면 각 처리에 한 개 이상의 반복을 하는 것은 바람직하지 않다. 이 경우에 SSE를 구할 수 없고 가설검정을 수행할 수 없다. 만약 고차 상호작용을 0으로 가정할 수 있다면 그 상호작용의 제곱합을 더해서 하나의 오차 제곱합으로 생각할 수 있고, 주 효과와 나머지 상호작용의 검정을 할 수 있다.

표 9.8 주 효과와 2^5 요인실험에서 선택한 상호작용의 부호표

Treatment	A	B	C	D	E	AB	CDE	ABDE	ABCDE
1	−	−	−	−	−	+	−	+	−
a	+	−	−	−	−	−	−	−	+
b	−	+	−	−	−	−	−	−	+
ab	+	+	−	−	−	+	−	+	−
c	−	−	+	−	−	+	+	+	+
ac	+	−	+	−	−	−	+	−	−
bc	−	+	+	−	−	−	+	−	−
abc	+	+	+	−	−	+	+	+	+
d	−	−	−	+	−	+	+	−	+
ad	+	−	−	+	−	−	+	+	−
bd	−	+	−	+	−	−	+	+	−
abd	+	+	−	+	−	+	+	−	+
cd	−	−	+	+	−	+	−	−	−
acd	+	−	+	+	−	−	−	+	+
bcd	−	+	+	+	−	−	−	+	+
abcd	+	+	+	+	−	+	−	−	−
e	−	−	−	−	+	+	+	−	+
ae	+	−	−	−	+	−	+	+	−
be	−	+	−	−	+	−	+	+	−
abe	+	+	−	−	+	+	+	−	+
ce	−	−	+	−	+	+	−	−	−
ace	+	−	+	−	+	−	−	+	+
bce	−	+	+	−	+	−	−	+	+
abce	+	+	+	−	+	+	−	−	−
de	−	−	−	+	+	+	−	+	−
ade	+	−	−	+	+	−	−	−	+
bde	−	+	−	+	+	−	−	−	+
abde	+	+	−	+	+	+	−	+	−
cde	−	−	+	+	+	+	+	+	+
acde	+	−	+	+	+	−	+	−	−
bcde	−	+	+	+	+	−	+	−	−
abcde	+	+	+	+	+	+	+	+	+

Example 9.16

백열등의 품질에 영향을 미치는 5가지 인자의 효과를 측정하기 위해서 2^5 요인실험이 실행되었다. 각 처리의 반복수는 1이다.

A : 제조공장(1, 2)　　B : 기계종류(고속, 저속)
C : 작업시간(낮, 저녁)　　D : 전류 도입선(표준형, 신형)
E : 작업종류(수동, 오토)

표 9.9에 결과를 나타냈다. 주 효과, 상호작용, 제곱합을 구하시오. 3차, 4차, 5차 상호작용은 무시할 수 있고, 그 제곱합을 오차제곱합을 대신하여 사용하시오. 주 효과와 2차 상호작용에 대한

가설검정을 하시오.

표 9.9

처리	결과	처리	결과	처리	결과	처리	결과
1	32.07	*d*	35.64	*e*	25.10	*de*	40.60
a	39.27	*ad*	35.91	*ae*	39.25	*ade*	37.57
b	34.81	*bd*	47.75	*be*	37.77	*bde*	47.22
ab	43.07	*abd*	51.47	*abe*	46.69	*abde*	56.87
c	31.55	*cd*	33.16	*ce*	32.55	*cde*	34.51
ac	36.51	*acd*	35.32	*ace*	32.56	*acde*	36.67
bc	28.80	*bcd*	48.26	*bce*	28.99	*bcde*	45.15
abc	43.05	*abcd*	53.28	*abce*	48.92	*abcde*	48.72

Solution

식 (9.46)을 이용하여 효과를 계산할 수 있다. 표 9.10을 살펴보자. 3차, 4차, 5차 상호작용 중에 큰 효과를 보이는 것이 없다(있다면 그 제곱합을 결합할 수 없다). 따라서 고차 상호작용의 제곱합을 더한다. 그 결과가 다음 출력물에 나타나 있다.

표 9.10

항	효과	제곱합	항	효과	제곱합
A	6.33	320.05	*ABD*	−0.29	0367
B	9.54	727.52	*ABE*	0.76	4.59
C	−2.07	34.16	*ACD*	0.11	0.088
D	6.70	358.72	*ACE*	−0.69	0.75
E	0.58	2.66	*ADE*	−0.45	1.60
AB	2.84	64.52	*BCD*	0.76	4.67
AC	0.18	0.27	*BCE*	−0.82	5.43
AD	−3.39	91.67	*BDE*	−2.17	37.63
AE	0.60	2.83	*CDE*	−1.25	12.48
BC	−0.49	1.95	*ABCD*	−2.83	63.96
BD	4.13	136.54	*ABCE*	0.39	1.22
BE	0.65	3.42	*ABDE*	0.22	0.37
CD	−0.18	0.26	*ACDE*	0.18	0.24
CE	−0.81	5.23	*BCDE*	−0.25	0.52
DE	0.24	0.46	*ABCDE*	−1.73	23.80
ABC	1.35	14.47			

```
Factorial Fit: Response versus A, B, C, D, E

Estimated Effects and Coefficients for Response (coded units)

Term      Effect    Coef   SE Coef      T      P
Constant          39.658    0.5854  67.74  0.000
A          6.325   3.163    0.5854   5.40  0.000
B          9.536   4.768    0.5854   8.14  0.000
C         -2.066  -1.033    0.5854  -1.76  0.097
```

```
D              6.696    3.348    0.5854    5.72  0.000
E              0.576    0.288    0.5854    0.49  0.629
A*B            2.840    1.420    0.5854    2.43  0.027
A*C            0.183    0.091    0.5854    0.16  0.878
A*D           -3.385   -1.693    0.5854   -2.89  0.011
A*E            0.595    0.298    0.5854    0.51  0.618
B*C           -0.494   -0.247    0.5854   -0.42  0.679
B*D            4.131    2.066    0.5854    3.53  0.003
B*E            0.654    0.327    0.5854    0.56  0.584
C*D           -0.179   -0.089    0.5854   -0.15  0.881
C*E           -0.809   -0.404    0.5854   -0.69  0.500
D*E            0.239    0.119    0.5854    0.20  0.841

S = 3.31179    R-Sq = 90.89%    R-Sq(adj) = 82.34%

Analysis of Variance for Response (coded units)

Source              DF   Seq SS   Adj SS   Adj MS      F      P
Main Effects         5   1443.1   1443.1   288.62  26.31  0.000
2-Way Interactions  10    307.1    307.1    30.71   2.80  0.032
Residual Error      16    175.5    175.5    10.97
Total               31   1925.7
```

주 효과와 2차 상호작용의 추정값은 변하지 않는다. 분산분석표에서 잔차제곱합(175.5)은 모형에서 제거되는 모든 고차 상호작용의 제곱합이다. 자유도(16)는 16개의 고차 상호작용의 자유도를 더한 것이다. 각 처리마다 반복수가 1이기 때문에 순오차에 대한 오차제곱합(SSE)은 없다. 잔차제곱합이 오차제곱합을 대신해 사용된다.

출력물을 통해서 인자 A, B, D와 그 상호작용이 결과에 가장 큰 영향을 미친다고 결론낼 수 있다. 따라서 인자 A, B, D에 초점을 맞춘 실험을 계획하는 것이 올바르다.

큰 효과를 찾아내기 위한 확률도 사용

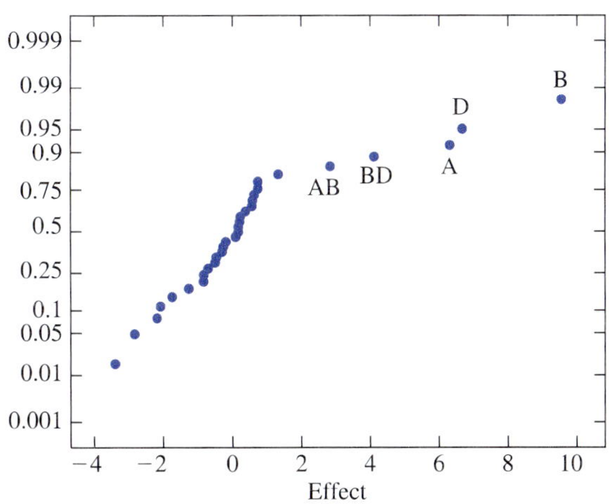

그림 9.13 예제 9.6의 효과 추정값의 정규확률도

어떤 효과가 큰 지 결정하는데 도움을 주는 다른 방법들이 있다. 그 중의 하나가 효과와 상호작용의 추정값을 정규 확률도에 그려보는 것이다. 결과에 영향을 미치는 인자의 추정값은 정규모집단의 확률변수가 되고, 거의 직선의 형태를 나타낸다.

대부분의 경우 추정값은 선으로 모이고, 몇 개의 점만 떨어져서 분포한다. 여기서 추정값이 떨어져서 분포하는 주 효과와 상호작용이 가장 중요하다. 그림 9.13은 예제 9.16의 자료에 대한 주 효과와 상호작용 추정값의 정규확률도이다. 이 그림에서 인자 A, B, D와 상호작용 AB, BD가 눈에 띄는 다른 값에 비해 큰 것을 알 수 있다.

부분요인실험

인자의 개수가 많을 때, 단 한 개의 반복실험을 하는 것조차 불가능 할 수 있다. 이런 상황에서는 그 처리의 일부분만 관측될 수 있으며, 만약 그 처리가 알맞게 선택되었다면 인자의 정보를 얻는 것은 가능하다.

각 인자들이 두 개의 레벨일 때, 그의 분모는 항상 2의 거듭제곱이어야 한다. 처리의 반만 사용되는 실험을 half-replicate라고 부른다. 만약 처리의 1/4만 사용되었다면 quarter-replicate라고 부른다. 2^p의 half-replicate는 p개의 인수가 있을 때는 2^{p-1} 처리만 고려된다는 것을 보여주기 위해 보통 2^{p-1}로 표기된다. 비슷하게 quarter-replicate는 2^{p-2}로 표기된다. 여기서는 half-replicate 실험에 중점을 둘 것이다.

다음은 2^5의 half-replicate 실험을 선택하는 방법을 보여준다. 이러한 실험은 2^5인 32를 보아, 16개의 처리가 있을 것이다. 이들을 선택하기 위해서 주 효과와 최고차 상호작용의 부호를 보여주는 2^4를 위한 부호표를 만든다. 이것은 표 9.11에 나와 있다.

표 9.11 2^4 요인실험의 주 효과와 4가지의 상호작용을 위한 부호표

처리	A	B	C	D	ABCD	처리	A	B	C	D	ABCD
1	−	−	−	−	+	d	−	−	−	+	−
a	+	−	−	−	−	ad	+	−	−	+	+
b	−	+	−	−	−	bd	−	+	−	+	+
ab	+	+	−	−	+	abd	+	+	−	+	−
c	−	−	+	−	−	cd	−	−	+	+	+
ac	+	−	+	−	+	acd	+	−	+	+	−
bc	−	+	+	−	+	bcd	−	+	+	+	−
abc	+	+	+	−	−	abcd	+	+	+	+	+

표 9.12 2^5 요인실험의 주요분수의 주 효과와 4가지의 상호작용을 위한 부호표

표	A	B	C	D	E=ABCD	AB	CDE	ACDE
e	−	−	−	−	+	+	+	−
a	+	−	−	−	−	−	−	−
b	−	+	−	−	−	−	−	+
abe	+	+	−	−	+	+	+	+
c	−	−	+	−	−	+	+	−
ace	+	−	+	−	+	−	−	−
bce	−	+	+	−	+	−	−	+
abc	+	+	+	−	−	+	+	+
d	−	−	−	+	−	+	+	−
ade	+	−	−	+	+	−	−	−
bde	−	+	−	+	+	−	−	+
abd	|	+	−	+	−	+	+	+
cde	−	−	+	+	+	+	+	-
acd	+	−	+	+	−	−	−	−
bcd	−	+	+	+	−	−	−	+
abcde	+	+	+	+	+	+	+	+

표 9.11은 16개의 처리를 가지고 있지만 4개의 인자밖에 없다. 이것을 2^5 디자인을 위한 half replicate로 바꾸려면 다섯 번째 인자 E를 들여와야 한다. 이것은 최고차 상호작용을 E와 교체하는 것으로 할 수 있다. 이로서 E의 주 효과의 부호가 확정된다. E의 부호가 +인 각 열에서는 인수 E가 그 처리에서 높은 레벨로 결정되는 것을 표시하기 위해 처리에 문자 e를 더한다. 만약 부호가 −라면 인수 E는 낮은 레벨로 결정된다. 그 결과 디자인은 2^5의 주요분수(principal fraction)라 부른다. 표 9.12는 이 디자인의 주 효과와 선택된 상호작용의 부호를 보여주고 있다.

오직 처리의 반만 사용하기 위해서는 그 대가를 치러야 한다. 표 9.12에서 AB 상호작용은 CDE 상호작용과 같은 부호를 가지고 있고, ACDE 상호작용은 B의 주 효과 부호와 같다. 두 효과가 같은 부호를 가지고 있을 때, 그들은 짝을 이루었다고 한다. 실제로 반 분수의 주 효과와 상호작용이 짝을 이루고, 이 2^5 디자인의 반 분수를 위한 짝들은 아래와 같다.

{A , BCDE}	{B , ACDE}	{C , ABDE}	{D , ABCE}	{E , ABCD}
{AB , CDE}	{AC , BDE}	{AD , BCE}	{AE , BCD}	{BC , ADE}
{BD , ACE}	{BE , ACD}	{CD , ABE}	{CE , ABD}	{DE , ABC}

두 효과가 짝이 될 때, 그들의 부호가 같기 때문에 효과 추정값은 같다. 주요 분수가 사용되었을 때, 효과의 추정은 그 효과와 그것의 짝의 합이다. 그러므로 2^5 설계 주요 분수에서 각 주 효과 추정은 주 효과와 그것의 짝이 된 네 가지 상호작용의 합을 나타내며, 각 양자간 상호작용 추정은 그 양자간 상호작용과 그것과 짝이 된 삼자간 상호작용의 합을 나타낸다.

많은 경우에 고차수 상호작용이 작다고 예측하는 것은 타당하다. 2^5 half-replcate에서는 만약 사자간 상호작용이 무시될 수 있을 때, 주효과 추정은 정확할 것이다. 또한 삼자간 상호작용이 무시될 수 있을 때, 양자간 상호작용 추정 역시 정확할 것이다.

반복이 없는 디자인에서는 제곱합 오차를 계산하는 좋은 방법이 없으므로 효과가 0이라는 가설을 증명할 방법도 없다. 많은 경우에 분수 디자인의 목표는 결과에 가장 큰 영향을 미치는 몇몇 인자를 확인하는 것이다. 이 정보는 이 인자를 조사하기 위한 더 정교한 실험을 설계하기 위해 사용될 수 있다. 아무런 가설검정도 하지 않은 효과와 양자간 상호작용이 큰 인수를 선택하는 것이 이 목적을 위해서 충분하다. 이것의 측정은 내림차순으로 작성하고, 나머지보다 확연히 큰 수를 찾음으로써 할 수 있다. 다른 방법은 효과와 상호작용 측정을 보통 확률도면에 도시한다.

Example 9.17

유화액 막 시스템에서는 오염물질이 들어있는 액체 매질 안에 유제가 분산되어 있다. 오염물질이 그 액체 매질에서 유화액으로 흘러 들어가면서 제거된다. 추출된 물질의 부분이 외부 액체에 흐르면 내부 상(internal phase) 누출이 일어난다. "요화액 막 시스템의 누출과 붓기 : 집단실험" (R.Pfeiffer, W. Navidi, and A. Bunge, Separation Science and Technology, 2003: 519-539) 에서는 어떤 시스템에 미치는 누출의 영향을 알아내기 위해 다섯 개 요소의 영향이 연구되었다. 다섯 가지 요소는 다음에 나와 있다.

A : 계면 활성제 농도
B : 내부 상(internal phase) 수산화리튬 농도
C : 막 phase
D : 내부 상(internal phase) 부피 분수
E : 교반 속도. 2^5 디자인의 반분수가 사용되었다.

다음 표에 자료가 나와 있다(실제 실험에서 각각 포인트는 두 개 치수의 평균을 나타내었다). 누출의 단위는 퍼센트이다. 3차, 4차, 5차 상호작용은 무시될 수 있다고 가정하라. 만약 나머지보다 확연히 큰 것이 있는가?

트리트먼트	누출	트리트먼트	누출	트리트먼트	누출	트리트먼트	누출
e	0.61	c	0.35	d	2.03	cde	1.45
a	0.13	ace	0.075	abe	0.64	acd	0.31
b	2.23	bce	7.31	bde	11.72	bcd	1.33
abe	0.095	abc	0.080	abd	0.56	abcde	6.24

Solution
부호표 (9.12)를 이용하여 주 효과와 두 가지 상호작용을 추정하였다.

텀	효과	텀	효과	텀	효과
A	−2.36	AB	−1.54	BD	0.86
B	3.00	AC	1.43	BE	2.65
C	−0.11	AD	0.17	CD	−1.30
D	1.68	AE	−1.15	CE	0.61
E	2.64	BC	0.20	DE	1.32

우리는 추정의 제곱합을 계산하지 않았다. 왜냐하면 그것과 비교할 SSE가 없기 때문이다. 어떤 효과가 더 깊은 조사에 가장 가치가 있는지 비형식적으로 알아보기 위해서 측정값의 절대값을 나열한다. [B : 3.00, BE : 2.65, E : 2.64, A : −2.36, D : 1.68 등]
A와 D 효과에는 큰 차이가 있다고 결정내릴 수 있으므로 요소 A, B, E가 가장 중요하다고 할 수 있다.

연습 9.5

1 2^4 디자인에 대한 자본 부분(principal fraction)의 부호표를 만드시오. 모든 동일부호쌍을 나타내시오.

2 기온(A), 시약 농도(B), pH (C)를 각기 두 가지 다른 값을 사용하는 화학반응을 고려하자. 각각 요소마다 큰 값은 1로 하고, 작은 값은 −1로 표기된다. 각 조합마다 화학반응이 두 번씩 시행하였으며, 수율(%)이 기록되었다.

A	*B*	*C*	Yields	Mean Yield
−1	−1	−1	74, 71	72.5
1	−1	−1	73, 74	73.5
−1	1	−1	78, 74	76.0
1	1	−1	86, 89	87.5
−1	−1	1	71, 68	69.5
1	−1	1	77, 77	77.0
−1	1	1	75, 85	80.0
1	1	1	92, 82	87.0

a. 주 영향, 상호작용, 제곱합, *P*-값을 계산하시오.
b. 어떤 주영향과 상호작용이 중요한가?
c. 다른 조건은 동일할 때, 기온이 높거나 낮으면 평균 수율이 높아질까? 설명하시오.

3 텅스텐으로 코팅된 웨이퍼의 저항의 측정은 여러 요소에 영향을 받을 수 있다.

A : 웨이퍼를 지지하기 위해 사용된 두 종류의 카세트 중 어느 것이 사용되었나
B : 웨이퍼가 카세트의 위 혹은 아래에 놓였는지
C : 카세트의 앞면 아니면 뒷면이 사용되었는지

등이다. 1회 반복을 한 23요인 실험결과가 다음 표에 나와 있다.

A	*B*	*C*	Resistance (mΩ)
−1	−1	−1	85.04
1	−1	−1	84.49
−1	1	−1	82.15
1	1	−1	86.37
−1	−1	1	82.60
1	−1	1	85.14
−1	1	1	82.87
1	1	1	86.44

a. 주 영향과 상호작용의 추정값을 계산하시오.
b. 오차제곱합을 계산하는 것이 가능한가? 설명하시오.

c. 정규 확률도에 추정값을 표시하시오. 요소들이 저항에 영향을 미치는가? 그렇다면 어떤 것들인가?

4 자동차설계에서 안전은 필수 고려사항이다. "An Optimum Design Methodology Development Using a Statistical Technique for Vehicle Occupant Safety" (J. Hong, M.Mun, and S.Song, Proceedings of the Institution of Mechanical Engineers, 2001:795-801) 는 승객 시뮬레이션 연구 결과를 나타낸다. 충돌 0.003초 후 흉부 가속도(g)가 중요하며, 네 가지 요소가 고려되었다.

A : 에어백 통풍구 특성
B : 에어백 팽창기의 가동시간
C : 에어백 팽창기의 유량
D : 무릎 고무의 응력과 변형도 관계

다음 표에는 결과가 나와 있다. 처리 당 한 개의 replicate가 있다.

Treatment	Outcome	Treatment	Outcome
1	85.2	*c*	66.0
a	79.2	*ac*	69.0
b	84.3	*bc*	68.5
ab	89.0	*abc*	76.4
d	85.0	*cd*	62.6
ad	82.0	*acd*	65.4
bd	84.7	*bcd*	66.3
abd	82.2	*abcd*	69.0

a. 주 영향과 상호작용의 추정값을 계산하시오.
b. 만약 추후 연구를 계획한다면, 어떤 요소에 중점을 두겠나? 설명하라.

5 "Factorial Design for Column Flotation of Phosphate Wastes" (N. Abdel-Khalek, Particulate Science and Technology, 2000:57-70) 은 풍속(A), 거품 농도(B) 세척수 유속(C)이 P_2O_5의 회수율(%)에 미치는 영향을 조사하기 위한 23요인 실험을 설명한다.

A	*B*	*C*	Percent Recovery
−1	−1	−1	56.30, 54.85
1	−1	−1	70.10, 72.70
−1	1	−1	65.60, 63.60
1	1	−1	80.20, 78.80
−1	−1	1	50.30, 48.95
1	−1	1	65.30, 66.00
−1	1	1	60.53, 59.50
1	1	1	70.63, 69.86

a. 영향과 상호작용의 추정값, 그리고 제곱합과 P-값을 계산하라.
b. 어떤 요인가 가장 중요한가? 중요 요인들은 서로 상호 작용하나? 설명하시오.

제9장 연습문제

1 기사 "매립할 때 골재 크기와 세 나트륨성 토양에 미치는 석고의 영향" (I. Lebron, D. Suarez, and T. Yoshida, Journal of the Soil Science of America, 2002:92-98) 은 침출되기 전 여러 양의 토양 표본에 석고가 더해지는 실험에 대해 기록하고 있다. 흥미 있는 결과 중 하나는 토양의 pH이다. 네 개의 다른 양에 석고가 더해졌다. 각각 세 개의 토양 표본을 받았다. 다음 표에서는 표본의 pH 치수가 나타내고 있다. 석고가 더해지는 양에 따라 pH가 달라진다고 결정지을 수 있는가? P-값과 시험 통계값을 제공하시오.

Gypsum (g/kg)	pH		
0.00	7.88	7.72	7.68
0.11	7.81	7.64	7.85
0.19	7.84	7.63	7.87
0.38	7.80	7.73	8.00

2 페니실린은 설탕 함유량이 잘 조절되야 하는 브로스에서 생성되는 푸른곰팡이에서 나온다. 여러 개의 브로스 표본이 3일 동안 채취되었으며, 각각 표본에서 용해되어있는 설탕의 양(mg/mL)이 측정되었다. 다음 결과를 보시오.

1일 4.8 5.1 5.1 4.8 5.2 4.9 5.0 4.9 5.0 4.8 4.8 5.1 5.0

2일 5.4 5.0 5.0 5.1 5.2 5.1 5.3 5.2 5.2 5.1 5.4 5.2 5.4

3일 5.7 5.1 5.3 5.5 5.3 5.5 5.1 5.6 5.3 5.2 5.5 5.3 5.4

평균 설탕 농도가 3일 동안 달라진다고 결론을 내릴 수 있는가?

3 다른 종류의 초콜릿의 용해시간을 알아보기 위해 40명의 사람들을 다섯 그룹으로 나누었고, 각각의 그룹에 어떤 종류의 초콜릿이 주어졌나. 각각 사람들은 초콜릿 한 조각을 녹이고 그 용해시간(초)을 기록했다. 비교하기 위해서 각각 그룹에서 한 사람씩 버터스카치 캔디 한 조각을 녹였으며, 이 캔디의 조각은 각 그룹마다 똑같았다. 그룹과 초콜릿과 버터스카치 캔디의 용해시간과 용해시간들의 차이, 그리고 용해시간의 비율이 다음 표에 나와 있다. 디자인의 밸런스가 맞지 않은 것을 참조하시오. 그룹 3은 9명이고, 그룹 5는 7명이다.

a. 서로 다른 타입의 초콜릿에 대한 평균 용해시간의 차이가 있는지 테스트 해보기 위해, 어떤 이가 초콜릿 용해시간 자료를 이용하여 일원분산분석 하는 것을 제안하였다. 이 자료는 일원분산분석을 위한 가정을 만족시키는가? 설명하시오.

b. 다른 이는 초콜릿과 버터스카치의 차이를 사용하는 것을 제안했다. 이 자료는 일원분산분석을 위한 가정을 만족시키는가? 설명하시오.

c. 비율을 이용해서 일원변량분석 하시오. 각각 다른 타입의 초콜릿들이 서로 다른 평균 용해시간 비율을 가지고 있다고 결론 내릴 수 있는가?

Group	Chocolate	Butterscotch	Difference	Ratio
1	135	60	75	2.25
1	865	635	230	1.36
1	122	63	59	1.94
1	110	75	35	1.47
1	71	37	34	1.92
1	81	58	23	1.40
1	2405	1105	1300	2.18
1	242	135	107	1.79
2	42	38	4	1.11
2	30	30	0	1.00
2	104	110	−6	0.95
2	124	118	6	1.05
2	75	40	35	1.88
2	80	91	−11	0.88
2	255	121	134	2.11
2	71	71	0	1.00
3	51	53	−2	0.96
3	47	40	7	1.18
3	90	155	−65	0.58
3	65	90	−25	0.72
3	27	33	−6	0.82
3	105	68	37	1.54
3	90	72	18	1.25
3	54	52	2	1.04
3	93	77	16	1.21
4	48	30	18	1.60
4	85	55	30	1.55
4	82	50	32	1.64
4	46	22	24	2.09
4	64	46	18	1.39
4	125	45	80	2.78
4	69	30	39	2.30
4	73	44	29	1.66
5	105	45	60	2.33
5	99	58	41	1.71
5	45	23	22	1.96
5	137	64	73	2.14
5	170	105	65	1.62
5	153	93	60	1.65
5	49	28	21	1.75

4 한 부품이 두 디자인과 더 비싼 혹은 더 싼 재료에 따라 제조될 수 있다. 여러 개의 부품들이 디자인과 재료 각각의 조합에 따라 제조되고, 그들의 수명이 측정되었다(hours). 또한 디자인과 재료가 부품의 수명에 가해지는 영향을 측정하는 이원변량분석이 행해졌으며, The cell means와 main effect가 다음 표에 나와 있다.

	Cell Means	
	Design 1	**Design 2**
More expensive	118	120
Less expensive	60	122

Main Effects	
More expensive	14
Less expensive	−14
Design 1	−16
Design 2	16

ANOVA table

Source	DF	SS	MS	F	P
Material	1	2352.0	2352.0	10.45	0.012
Design	1	3072.0	3072.0	13.65	0.006
Interaction	1	2700.0	2700.0	12.00	0.009
Error	8	1800.0	225.00		
Total	11	9924.0			

엔지니어는 디자인 2가 더 비싼 재료와 함께 사용되어야 한다고 제안하였다. 그가 주장하기를, 디자인 2와 더 비싼 재료의 the main effects가 둘 다 플러스이기 때문에 저 조합을 사용하는 것이 부품의 수량을 가장 많이 늘릴 것이라고 하였다. 이 제안에 동의하는가? 그렇다면 왜 그런지 설명하시오.

5 기사 "운동학적인 장비의 실시간 분석과 그것의 높이 측정기" (W. Featherstone and M. Stewart, Journal of Surveying Engineering, 2001: 31-51) 는 GPS의 높이측정의 정확도를 보도하고 있다. 세 종류의 장비가 실험되었으며 각기 다른 네 곳의 장소에서 측정되었다. 각 베이스에서 장비마다 60개가 측정되었다. 각 장비의 조합과 베이스 스테이션에 대한 측정 오류(mm)의 평균과 표준편차가 다음 표에 나와 있다.

	Instrument A	
	Mean	**Standard Deviation**
Base 0	3	15
Base 1	14	26
Base 2	1	26
Base 3	8	34

	Instrument B	
	Mean	**Standard Deviation**
Base 0	−24	18
Base 1	−13	13
Base 2	−22	39
Base 3	−17	26

	Instrument C	
	Mean	**Standard Deviation**
Base 0	−6	18
Base 1	−2	16
Base 2	4	29
Base 3	15	18

a. 분산분석표를 만드시오. P-값에 범위를 주어도 된다.

b. 흥미로운 질문은 평균적인 에러가 장비마다 다르냐는 것이고, 에러 베이스가 장소마다 다른 것은 관심 밖이다. 그러기에 측량사는 이것을 베이스 스테이션 블록으로 해서 무작위 블록설계로 취급하기를 제안한다. 이것은 정당한 방법인가? 설명하시오.

6 토목공사는 도시주위에 홍수로 인한 물을 우회시키기 위한 배수로의 디자인에 관심을 가지고 있다. 여러 실험을 통한 다섯 경로의 디자인에 붙어있는 저수지의 배수시간이 다음 표에 나와 있다.

Channel Type	Drainage time (min)			
1	41.4	43.4	50.0	41.2
2	37.7	49.3	52.1	37.3
3	32.6	33.7	34.8	22.5
4	27.3	29.9	32.3	24.8
5	44.9	47.2	48.5	37.1

a. 각각 경로 디자인마다 평균 배수시간이 다르다고 결론지을 수 있는가?

b. 다른 디자인들이 있다면, 각자의 평균 배수시간이 다른가?

7 기사 "아이오와 지하수 안의 암모늄의 발생과 분포" (K. Schilling, Water Environment Research, 2002:177-186) 에서는 아이오와 주에 있는 많은 수의 우물에서 암모늄의 농도가 측량되었다. 이들은 다섯 가지의 기반암 우물을 포함

한다. 다음 표에서는 각 종류의 우물의 수와 그 우물들의 평균농도 그리고 표준편차가 나와 있다. 저 5가지 우물 중에 평균 농도가 서로 다르다고 결론지을 수 있는가?

Well Type	Sample Size	Mean	Standard Deviation
Cretaceous	53	0.75	0.90
Mississippian	57	0.90	0.92
Devonian	66	0.68	1.03
Silurian	67	0.50	0.97
Cambrian-Ordovician	51	0.82	0.89

8 기사 "알칼리성 폐수 사전처리의 최적화에 대한 요인계획" (M. Prisciandaro, A. Del Borgh, and F. Veglio, Industrial Engineering and Chemistry Research, 2002:5034-5041) 에서는 알칼리성 폐수를 다루는 방법을 조사하기 위한 여러 실험들의 결과를 보여주고 있다. 한 실험은 복제되지 않은 2^4 디자인이며, 네 개의 요소는 황산농도(A), 온도(B), 시간(C), 염화칼슘농도(D)이다. 결과변수는 침전물의 양(kg/m^3)이며, 다음 표에 결과가 나와 있다.

A	*B*	*C*	*D*	Outcome
−1	−1	−1	−1	6.4
1	−1	−1	−1	12.9
−1	1	−1	−1	8.6
1	1	−1	−1	12.9
−1	−1	1	−1	7.4
1	−1	1	−1	12.0
−1	1	1	−1	10.7
1	1	1	−1	15.0

A	*B*	*C*	*D*	Outcome
−1	−1	−1	1	11.9
1	−1	−1	1	13.1
−1	1	−1	1	12.1
1	1	−1	1	16.0
−1	−1	1	1	12.4
1	−1	1	1	16.5
−1	1	1	1	15.3
1	1	1	1	18.3

a. 모든 주된 영향과 상호작용을 추산하시오.
b. 어떤 영향이 다른 것들보다 크게 보이는가?
c. 세 번째 오더 그리고 더 높은 오더의 상호작용이 0이라고 가정하고, 그들의 제곱을 합하시오. 제곱 오차의 합계 대신에 그 결과를 가지고 주된 영향에 대한 *F*통계와 *P*-값을 계산하시오. 어떤 요소가 결과에 영향을 미쳤다고 결론 내릴 수 있겠는가?
d. 이 기사는 이 실험의 반복성을 설명하고 있으며, 자유도가 4인 자승평균오차가 1.04로 나타났다. 이 값을 이용하여 주 효과와 상호작용의 *F*통계와 *P*-값을 구하시오.
e. d파트의 결과가 세 번째 그리고 더 높은 오더의 상호작용이 0이라는 걸 정당화 하는데 도움이 되나? 설명하시오.
f. d파트의 결과를 이용했을 때, 어떤 요소가 결과에 영향을 미친다고 결론내릴 수 있나?

9 기사 "알칼리성 폐수 사전처리의 최적화에 대한 요인계획" (M. Prisciandaro, A. Del Borgh, and F. Veglio, Industrial Engineering and Chemistry Research, 2002:5034-5041) 에서는 알칼리성 폐수를 처리할 때 침전되는 검은 진흙에 있는 황산과 염화칼슘의 농도의 영향에 대해 조사하는 실험의 결과를 보여주고 있다. 각 농도에는 세 개의 레벨이 있었고, 각자 레벨의 조합에서는 두 개의 실험 복제가 일어났다. 결과는 다음 표에 나와 있다(치수의 단위는 kg/m^3).

H_2SO_4	$CaCl_2$	Precipitate	
110	15	100.2	98.2
110	30	175.8	176.2
110	45	216.5	206.0
123	15	110.5	105.5
123	30	184.7	189.0
123	45	234.0	222.0
136	15	106.5	107.0
136	30	181.7	189.0
136	45	211.8	201.3

a. 분산분석표를 만드시오. *P*-값의 범위를 만들어도 된다.
b. 이 부가적인 모델은 타당한지 설명하시오.
c. 황산농도가 침전량에 영향을 준다고 결론지을 수 있는지 설명하시오.
d. 염화칼슘농도가 침전량에 영향을 준다고 결론지을 수 있는지 설명하시오.

통계적 품질관리 10

개요

시장이 세계화됨에 따라, 제조업자들은 경쟁성을 확보하기 위해 제품에 대한 신뢰도가 높아져야 한다는 것을 알게 되었다. 높은 품질을 유지하는 가장 경제적인 방법은 제조과정의 꾸준한 모니터링이다. 모니터링은 보통 생산물의 표본추출이나 품질특성을 측정하는 방법으로 실행된다. 표본은 큰 모집단에서 추출되기 때문에 모니터링은 통계적 방법으로 이루어진다.

통계적 품질관리 분야에서 큰 발전을 이룬 사람 중 한 명은 Bell Telephone Laboratories의 Dr. Walter A. Shewart이다. 1924년에 그는 오늘날 가장 널리 사용되고 있는 품질관리의 도구 중 하나인 관리도를 개발했다. 세계 2차 대전 이후, W. Edwards Deming은 품질관리에 대한 관심을 자극하는데 중요한 역할을 했다(처음에는 일본, 미국 그리고 다른 나라). 일본 과학자 Genichi Taguchi 또한 품질 향상에 대한 실험적인 디자인을 향상시키는 방법을 개발하는데 중요한 역할을 했다. 이 장에서 우리는 통계적 품질관리에서 일반적으로 가장 많이 쓰이는 Shewart control 관리도와 Cumulative sum (CUSUM) 관리도에 초점을 두고 공부할 것이다.

10.1 기본 개념

관리도의 기본 원리는 어떠한 과정이라도 그 결과에는 언제나 차이가 있을 것이라는 것이다. 이 차이 중 일부는 진행과정에 있어 내재되어 있거나, 구체적으로 명시하기 어렵거나, 불가능한 원인에 의한 것이다. 이러한 원인들은 공통 원인 또는 우발적인 원인이다. 공통 원인이 차이의 유일한 원인일 경우, 그 과정은 "정상상태(in control)에 있다"고 한다.

종종 특별한 요인의 존재가 추가적인 차이를 만들기도 한다. 기계 오작동, 기계를 조작하는 사람의 실수, 주위 환경의 변동 그리고 원재료 특성의 변형 등은 가장 흔한 특수 요인이다. 이러한 요인을 이상 원인이라고 한다. 이상 원인은 공통 원인보다 일반적으로 더 높은 수준의 차이를 유발한다(이러한 차이는 받아들여질 수 없다고 생각된다). 생산과정이 하나 또는 그 이상의 이상 원인이 존재하는 상태에서 일어나는 것을 "이상상태(out of control)에 있다"고 한다.

관리도는 품질평가사가 생산과정이 정상상태에 있는지, 하나 또는 그 이상의 이상 원인이 존재하는지 결정할 수 있게 해준다. 만약 생산과정이 이상상태에 있다면 통계적 관리를 위해 이상 원인을 결정하고 수정해야만 한다. 관리도에는 몇 개의 종류가 있다. 품질 특성이 연속변수이냐, 2치변수이냐, 통제변수이냐에 따라 다르게 사용된다. 예를 들어, 알루미늄 음료 캔을 만드는 과정을 모니터링 할 때, 표본 캔의 높이가 각각 측정될 수 있다. 높이는 연속변수이다. 몇몇 상황에서는 캔이 사양조건을 만족하는지 알아보는데 있어 이 과정이 충분할지도 모른다. 이러한 상황에서의 품질측정은 만족 또는 불만족, 둘 중 하나의 값만 필요하다. 이 측정은 두 가지 값을 가지므로 2치변수이다. 최종적으로 우리는 캔 표면의 결점의 개수를 세는데 관심이 있으며, 이것이 통제변수이다.

연속변수에 사용되는 관리도는 계량치 관리도(variables control charts)이다. 그중에 $\overline{X}$ 관리도, R 관리도 그리고 S 관리도가 있다. 2치변수 또는 통제변수에 사용되는 관리도는 계수치관리도(attribute control charts)이다. P 관리도는 이치변수에, c 관리도는 통제변수에 일반적으로 사용된다.

자료 수집-합리적 부분군

관리도 구성을 위해 사용되는 자료들은 일정시간에 걸쳐 다수의 표본으로부터 수집된다. 이러한 표본을 합리적 부분군이라고 부른다. 합리적 부분군을 선택하는데 여러 가지 방법이 있다. 따라야 할 기본 원리는 합리적 부분군 내에 있는 모든 차이는 이상 원인이 아닌 공통 원인에 의한 것이어야 한다는 것이다. 일반적으로 합리적 부분군을 선택하는 좋은 방법은 어떠한 이상 원인을 알아내는 것이 가장 중요한지 결정하고, 그러고 나서 그것들을 알아낼 수 있는 가장 좋은 합리적 부분군을 선택하는 것이다. 가장 일반적으로 이용되는 두 가지 방법은

- 각 표본들은 제조시간이 비슷한 시기에 일정한 시간간격을 두고 추출되어야 한다.
- 각 표본들은 마지막 표본이 추출된 때로부터 일정한 시간 간격을 두고 추출되어야 한다.

가변적인 자료의 경우 각 표본의 단위는 일반적으로 작고, 가끔 3~8 사이이다. 표본의 수는 최소한 20개여야 한다. 일반적으로 많은 수의 자주 추출된 표본이 가끔 추출된 큰 수의 표본보다 좋다. 이치변수와 통제변수의 경우 표본은 일반적으로 커야 한다.

공정관리와 공정능력

공정관리와 공정능력의 차이를 이해하는 것은 중요하다. 작동에 있어 이상 원인이 없다면 과정은 정상상태에 있다. 공통 원인은 시간에 따라 변하지 않으므로 정상상태에 있는 과정의 특징으로는 품질특성의 값들이 경향이나 패턴이 없이 변한다는 것이다. 하지만, 도출된 결과값이 주어진 사양에 맞지 않더라도 과정이 정상상태에 있을 가능성이 꽤 있다. 예를 들어, 일정한 변화의 패턴 없이 길이가 19.9~20.1 cm 내에서 무작위로 변하는 철 막대를 생산하는 과정을 가정해보자. 이 과정은 정상상태에 있다. 하지만 설계사양이 21~21.2 cm의 길이를 필요로 한다면, 매우 적은 양의 결과만이 사양에 부합할 것이다. 주어진 사양을 만족하는 결과를 만드는 과정의 능력은 공정능력이라고 한다. 공정능력에 대해서는 10.5절에서 다루도록 하겠다.

공적관리는 연속적으로 이루어져야 한다

관리도를 사용하는데 세 가지 기본 단계가 있다.

첫째, 자료를 모은다.
둘째, 수집한 자료들을 과정이 정상상태인지 결정하기 위해 도식화 한다.
셋째, 과정이 정상상태가 된다면 공정능력을 이용한다.

물론, 정상상태 과정과 주어진 시간 내에 가능한 과정은 나중에 이상 원인이 재 발생함에 따라 이상상태로 변할 수도 있다. 이러한 이유로 과정은 지속적으로 모니터링 해야 한다.

관리도와 가설검정의 유사성

관리도는 많은 면에서 가설의 검정처럼 작용한다. 귀무가설은 과정이 정상상태에 있다는 것이다. 관리도에는 가정의 참에 대한 증거를 제공하는 자료가 존재한다. 만약 귀무가설에 반대되는 증거가 충분히 확실하다면, 과정은 이상상태로 결정된다. 관리도를 어떻게 사용하는지 이해하는 것은 과정이 정상상태에 있다는 가정에 반대하는 증거의 강력한 정도를 측정하기 위해 어떤 자료를 수집해야 할지, 수집한 자료를 어떻게 구성할지를 아는 것이다.

연습 10.1

1 다음 품질 특성들이 연속변수, 2치변수, 통제변수인지 나타내시오.

a. 판유리가 들어있는 창에 있는 몇 가지 흠
b. 마무리된 제품의 최종점검 하는데 걸리는 시간
c. 나사의 파괴강도가 사양에 맞는지
d. 리벳 머리의 지름

2 (정상상태이다) 혹은 (공정능력이 있다)로 빈칸을 채우시오.

a. 특정 공정의 변동성이 시간이 지나도 변함이 없으면 그 공정은 (   ).
b. 대부분의 생산품이 사양에 맞으면 그 공정은 (   ).

3 다음 각 항이 사실 혹은 거짓인지를 말하시오

a. 특정 공정이 통계학적 정상상태이면 대부분의 결과물은 사양에 맞다.
b. 특정 공정이 이상상태이면 생산량의 엄청나게 많은 부분이 사양에 맞지 않다.
c. 특정 공정이 통계학적 정상상태이면 공정 내 모든 변동은 내재요인에 기인한다.
d. 특정 공정이 이상상태이면 공정 내 일부 변동은 외부요인에 기인한다.

10.2 변수 관리도

품질 측정이 연속적인 척도로 이루어져 있을 때 그 자료는 변수자료라고 부른다. 이러한 자료의 차이를 조절하기 위해 R 관리도 또는 S 관리도가 먼저 사용되고, $\overline{X}$ 관리도가 과정의 조절 수단으로 사용된다. 이 절에서 설명하는 방법들은 측정치가 대략적으로 정규분포를 따른다고 가정한다.

예를 들어, 소금 포장의 품질관리를 담당하는 엔지니어는 소금의 함수량에 대해 걱정한다. 과정이 정상상태에 있는지 결정하기 위해 첫째, 합리적 부분군을 결정하고 자료를 수집한다. 소금포장의 과정에 있어서 주요 관심사는 소금의 함수량을 변화시킬 수 있는 공장 내 습도의 변화라고 가정한다. 선택된 하위 집단의 차이 요인은 이상 원인이 아닌 오직 공통 원인에 의한 것이라는 것을 기억하자. 따라서 이러한 경우에 있어 합리적 부분군의 좋은 선택은 몇 개의 표본을 일정한 시간간격을 두고 채집하는 것이다. 표본은 가능한 빠른 시간에 한 번에 생산되는 것이 좋다. 이러한 방법으로 주변 습도는 각 표본과 거의 같아져서 그룹 내의 차이는 이상 원인의 영향을 받지 않을 것이다. 8시간 동안 15분의 간격으로 5개의 소금포장이 표본채취 되었다고 가정하면 각 포장의 함수량은 총 무게에 대한 퍼센트로 측정될 것이다. 그 자료가 표 10.1에 나와 있다.

습도는 연속적인 척도로 측정되기 때문에 변수자료이다. 표 10.1의 각 열은 주어진 표본의 5개의 함수율을 산술평균값(means) $\overline{X}$, 표준편차(Standard deviation) s, 범위 R(최대값과

최소값의 차이)에 따라 나타낸다. 표의 가장 마지막 줄은 평균값의 평균 $\overline{\overline{X}}$, 표본 범위의 평균 $\overline{R}$, 표준편차의 평균 $\overline{s}$를 나타낸다.

표 10.1에 있는 32개의 표본은 평균 μ와 표준편차 σ를 갖는 정규모집단으로부터 추출되었다고 가정한다. μ값은 공정평균이라고 하고 σ는 공정 표준편차라고 한다.

표 10.1 총중량 비율의 소금 + 수분함량

Sample	Sample Values					Mean($\overline{X}$)	Range(R)	SD(s)
1	2.53	2.66	1.88	2.21	2.26	2.308	0.780	0.303
2	2.69	2.38	2.34	2.47	2.61	2.498	0.350	0.149
3	2.67	2.23	2.10	2.43	2.54	2.394	0.570	0.230
4	2.10	2.26	2.51	2.58	2.28	2.346	0.480	0.196
5	2.64	2.42	2.56	2.51	2.36	2.498	0.280	0.111
6	2.64	1.63	2.95	2.12	2.67	2.402	1.320	0.525
7	2.58	2.69	3.01	3.01	2.23	2.704	0.780	0.327
8	2.31	2.39	2.60	2.40	2.46	2.432	0.290	0.108
9	3.03	2.68	2.27	2.54	2.63	2.630	0.760	0.274
10	2.86	3.22	2.72	3.09	2.48	2.874	0.740	0.294
11	2.71	2.80	3.09	2.60	3.39	2.918	0.790	0.320
12	2.95	3.54	2.59	3.31	2.87	3.052	0.950	0.375
13	3.14	2.84	3.77	2.80	3.22	3.154	0.970	0.390
14	2.85	3.29	3.25	3.35	3.59	3.266	0.740	0.690
15	2.82	3.71	3.36	2.95	3.37	3.242	0.890	0.267
16	3.17	3.07	3.14	3.63	3.70	3.342	0.630	0.358
17	2.81	3.21	2.95	3.04	2.85	2.972	0.400	0.298
18	2.99	2.65	2.79	2.80	2.95	2.836	0.340	0.160
19	3.11	2.74	2.59	3.01	3.03	2.896	0.520	0.137
20	2.83	2.74	3.03	2.68	2.49	2.754	0.540	0.221
21	2.76	2.85	2.59	2.23	2.87	2.660	0.640	0.198
22	2.54	2.63	2.32	2.48	2.93	2.580	0.610	0.265
23	2.27	2.54	2.82	2.11	2.69	2.486	0.710	0.226
24	2.40	2.62	2.84	2.50	2.51	2.574	0.440	0.293
25	2.41	2.72	2.29	2.35	2.63	2.480	0.430	0.168
26	2.40	2.33	2.40	2.02	2.43	2.316	0.410	0.169
27	2.56	2.47	2.11	2.43	2.85	2.484	0.740	0.266
28	2.21	2.61	2.59	2.24	2.34	2.398	0.400	0.191
29	2.56	2.26	1.95	2.26	2.40	2.286	0.610	0.225
30	2.42	2.37	2.13	2.09	2.41	2.284	0.330	0.161
31	2.62	2.11	2.47	2.27	2.49	2.392	0.510	0.201
32	2.21	2.15	2.18	2.59	2.61	2.348	0.460	0.231
						$\overline{\overline{X}}$=0.6502	$\overline{R}$=0.6066	$\overline{s}$=0.2445

표본이 채집되는 시간 동안 $\overline{X}$의 각 값은 공정평균에 근사하고, R값과 S값은 공정 표준편차에 근사하다고 가정한다. 만약 과정이 정상상태에 있다면 공정평균값과 표준편차값은 각 표본의 값과 같을 것이다. 만약 과정이 이상상태에 있다면 공정평균 μ값 또는 공정 표준편차 σ값 또는 두 값 모두 표본마다 다를 것이다. 따라서 $\overline{X}$값, R값 그리고 s값은 과정이 이상상태에 있을 때보다 정상상태에 있을 때 더 적게 변할 것이다. 만약 과정이 정상상태에 있다면 $\overline{X}$, R, s값은 거의 항상 관리한계라고 부르는 어떠한 특정 한계범위 안에 있을 것이다. 만약 과정이 이상상태에 있다면 $\overline{X}$, R, s값은 관리한계를 초과할 가능성이 크다. 관리도는 관리한계를 따라 $\overline{X}$, R 또는 s값을 나타내어 과정을 이상상태에 있는지 결론내릴 수 있는 큰 변화를 보이는지 쉽게 알 수 있게 해준다.

소금 포장 공정이 함수량에 대해 정상상태에 있는지 결정하는 방법을 보자. 표본 간의 차이는 공통 원인에 의해 발생하는 것이기 때문에 그 차이는 표본 간에 너무 다르지 않아야 한다. 따라서 가장 먼저 해야 할 일은 각 표본에서 표본범위나 표본 표준편차의 값이 표본별로 큰 차이가 없다는 것을 확인하는 것이다. 이것을 위해 R 관리도는 표본 범위의 변화를 평가하는 데 사용되고, S 관리도는 표본 표준편차의 차이를 평가하는 데 사용된다. R 관리도가 더 많이 사용되므로 먼저 R 관리도에 대해 논하고, S 관리도는 이 절의 마지막에 이야기 하도록 하겠다.

그림 10.1은 함수량에 대한 R 관리도이다. 가로축은 1~32까지의 표본 번호를 나타낸 것이고, 표본 범위가 세로축에 표시되어 있다. 가장 중요한 것은 세 개의 수평선인데, 가운데 있는 선은 중심선으로 $\overline{R}$의 값을 나타낸 것이다. 윗선과 아랫선은 관리한계이며 3σ의 값을 나타낸다(각각 UCL, LCL). 과정이 정상상태에 있을 때 거의 모든 점들은 그려진 관리한계 안에 존재한다. 관리한계 외부에 찍힌 점은 과정이 이상상태에 있다는 증거이다.

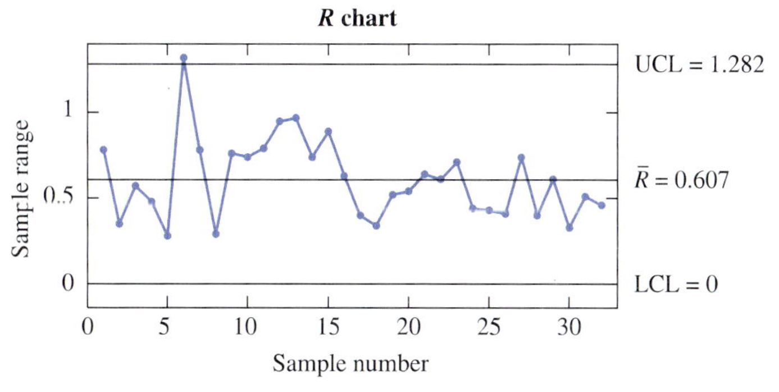

그림 10.1 수분의 R 관리도

관리한계의 위치를 이해하기 위해 32개의 표본범위가 평균 μ_R과 표준편차 σ_R인 모집단으로부터 왔다고 가정하자. μ_R값과 σ_R값은 정확하게는 알 수 없지만, 대다수의 모집단에 대해 값이 평균보다 표준편차가 3배 이상 차이가 나는 것은 흔하지 않다고 알려져 있다. 이러한 이유로 관례적으로 관리한계는 $\mu_R \pm 3\sigma_R$의 위치에 표시한다. 진보된 방법으로 $\mu_R \pm 3\sigma_R$의 값은 대략적으로 $\overline{R}$의 곱으로 표현될 수 있는데, 이 곱은 D_3그리고 D_4이다. $\mu_R - 3\sigma_R$의 값은 $D_3\overline{R}$로 추산되고, $\mu_R \pm 3\sigma_R$의 값은 $D_4\overline{R}$로 추산된다. D_3와 D_4의 값은 표본의 크기 n에 따라 값이 다른 정수이다. D_3와 D_4에 대한 간략한 값들은 다음과 같다. 더 큰 도표는 부록의 표 A.8에 있다. 6개 혹은 그보다 작은 크기의 표본에 대해 D_3는 0이다. 이러한 작은 표본 크기에 대해 $\mu_R - 3\sigma_R$의 값은 음수이다. 범위가 음으로 되는 것은 불가능하기 때문에 이러한 경우에 관리하한은 0으로 정해진다.

n	2	3	4	5	6	7	8
D_3	0	0	0	0	0	0.076	0.136
D_4	3.267	2.575	2.282	2.114	2.004	1.924	1.864

Example 10.1

표 10.1에 있는 함수율 자료에 대한 3σ 관리상한값, 관리하한값을 계산하라.

Solution

$\overline{R}$의 값은 0.606이다(표 10.1). 표본의 크기 $n = 5$, 표로부터 $D_3 = 0$, $D_4 = 2.114$
따라서 관리상한은 (2.114)(0.6066) = 1.282, 관리하한은 (0)(0.6066) = 0이다.

Summary

R관리도에서 중심선과 3σ 상, 하한 관리한계는 다음과 같이 주어진다.

- 3σ 관리상한 $= D_4\overline{R}$
- 중심선 $= \overline{R}$
- 3σ 관리하한 $= D_3\overline{R}$

D_3와 D_4값은 표본 크기에 따라 다르다. 값은 표 A.8에 있다.

일단 관리한계가 계산되고 점이 도식화되면 차이값에 관해 과정이 정상상태에 있는지 평가하기 위해 R 관리도가 이용된다. 그림 10.1에서 표본 6번의 범위가 관리상한의 위쪽에 있는데, 이것은 이상 원인이 있고 과정이 정상상태에 있지 않다는 것을 보여주는 증거이다. 적절한 행동은 이상 원인의 특성을 결정하고, 이상상태의 표본을 지우고 관리한계를 다시 계산하는 것이다. 표본을 채취하는 동안 기술자가 환풍구를 닫지 않아서 보통의 함수율 변화보다 더 큰 변화를 야기했던 것이 원인이라고 밝혀졌다고 가정하자. 기술자를 다시 교육시키는 것이 이상 원인을 수정하는 방법일 것이다. 표본 6번을 자료에서 지우고 R 관리도를 다시 계산한 것으로 그 결과는 그림 10.2에 있다. 과정은 이제 정상상태에 있다.

과정이 정상상태로 바뀌었기 때문에 우리는 $\overline{X}$ 관리도를 그려서 과정의 평균값을 구할 수 있다. $\overline{X}$ 관리도가 그림 10.3에 나타나 있다. 표본평균값은 세로축에 나타나 있다. 과정을 정상상태로 가져오기 위해 표본 6번은 이 그림에 나타나 있지 않다.

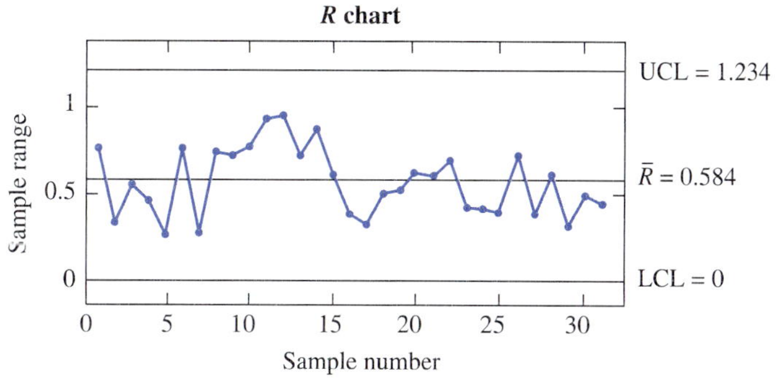

그림 10.2 이상상태표본 삭제 후 수분의 R 관리도

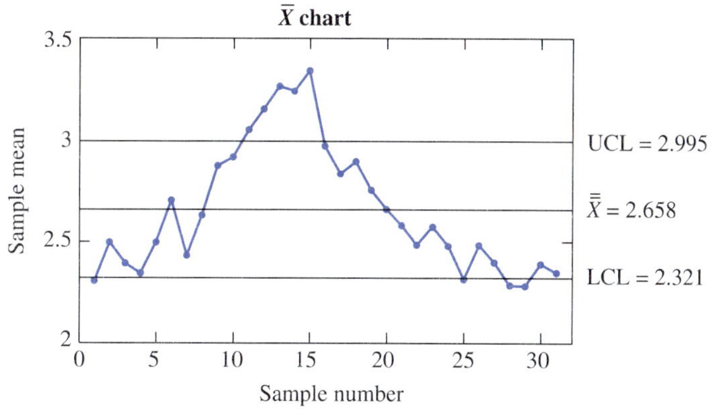

그림 10.3 수분의 $\overline{X}$ 관리도

다른 관리도와 같이 $\overline{X}$ 관리도도 중심선과 상, 하한 관리한계가 있다. 중심선과 관리한계를 계산하기 위해 모든 표본의 표준편차가 같다고 가정하자. R 관리도가 정상상태로 되었기 때문에 가정할 수 있다. 만약 공정평균 μ 또한 정상상태라면 모든 표본에서 같은 값을 가진다. 이러한 경우 32개의 표본평균이 $\mu_{\overline{X}} = \mu$, 표준편차 $\sigma_{\overline{X}} = \sigma/\sqrt{n}$, n은 표본크기로 이 경우 5인, 정규모집단에서부터 추출된다. 이상적으로 중심선은 μ의 위치에, 3σ 관리한계는

$\mu_R \pm 3\sigma_R$의 위치에 그려질 것이다. 하지만, μ값과 $\sigma_{\overline{X}}$값은 알려져 있지 않아서 자료로부터 추정되어야 할 것이다. μ값은 표본의 평균값인 $\overline{X}$로 추측한다. 따라서 중심선은 $\overline{X}$의 위치에 그린다. $\sigma_{\overline{X}}$값은 평균범위 $\overline{R}$ 또는 표본 표준편차를 이용해 예상할 수 있다. 여기서 우리는 $\overline{R}$을 이용한 방법을 쓰고, 이 절의 뒷부분에서 표준편차에 근거한 방법을 S 관리도와 함께 논할 것이다.

다른 방법으로 A_2가 표본의 사이즈에 따라 값이 변하는 상수일 때, $3\sigma_{\overline{X}}$는 $A_2\overline{R}$의 값으로 추정될 수 있다. A_2에 관한 간략한 표는 다음과 같다. 더 넓은 범위의 표는 부록의 표 A.8에 나와 있다.

Summary

$\overline{X}$ 관리도에서, $\overline{R}$은 $\sigma_{\overline{X}}$값을 추정하는데 사용되고, 중심선과 3σ 상, 하한 관리한계는 다음과 같이 주어진다.

- 3σ 관리상한 $= \overline{\overline{X}} + A_2\overline{R}$
- 중심선 $= \overline{\overline{X}}$
- 3σ 관리하한 $= \overline{\overline{X}} - A_2\overline{R}$

A_2값은 표본 사이즈에 따라 다르다. 값은 표 A.8에 주어져 있다.

Example 10.2

표 10.1에 있는 함수율 자료에 대한 3σ 관리상한값, 관리하한값을 계산하라.

Solution

표본 6번이 지워져서 $\overline{\overline{X}}$의 값은 2.658, $\overline{R}$값은 0.5836이다. 표본 사이즈 $n = 5$이다. 표로부터 $A_2 = 0.577$이다. 따라서 관리상한은 2.658 + (0.577)(0.5836) = 2.995이고, 관리하한은 2.658 − (0.577)(0.5836) = 2.321이다.

몇몇 점들이 관리한계선 밖에 위치함에 따라 $\overline{X}$ 관리도가 공정평균이 정상상태에 있다는 것을 명확하게 보여준다. 생산관리 책임자가 주변 습도를 모니터 하기 위해 습도계를 설치하여 함수량 변동의 원인이 주변 습도의 변화 때문이라는 것을 알았다. 주변 습도를 안정화하기 위해 제습기를 설치했다. 이러한 이상 원인이 개선된 후 더 많은 자료가 수집되었고, 새로운 R 관리도와 $\overline{X}$ 관리도가 만들어졌다. 그림 10.4는 그 결과를 보여준다. 과정은 이제 통계적 관리상태에 있다. 이상 원인은 이따금 발생할 수 있고, 이는 발견되고 개선되어야 하므로 당연히 과정은 지속적으로 모니터 되어야 한다.

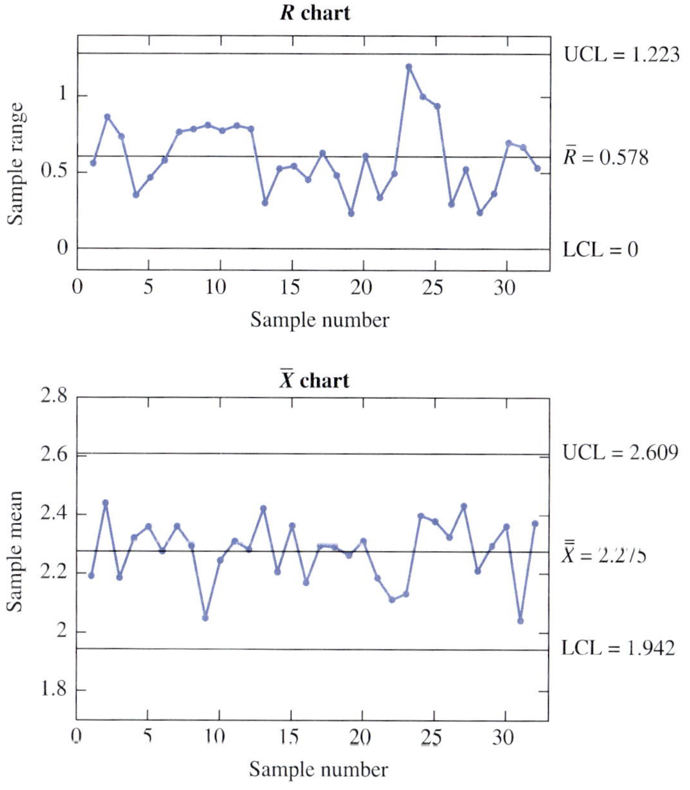

그림 10.4 이상 원인을 제거한 후의 R 관리도와 $\overline{X}$ 관리도

관리도로 이상 원인의 존재여부는 알아낼 수 있지만 그 특성이나 개선방법을 나타내지는 않는다는 것을 알아두자. 공학도에게 관리도를 통한 이상 원인의 발견과 진단, 개선을 위해 공정에 대한 정확한 이해가 필수적이다.

Summary

R 관리도와 $\overline{X}$ 관리도를 이용하는 단계

1. 합리적인 소집단 선택
2. R 관리도 계산
3. 이상상태 포인트에 대한 특별한 원인 결정
4. R 관리도 재계산, 이상상태 포인트 결과 표본 생략
5. $\overline{X}$ 관리도 계산, 다시 한 번 R 관리도가 정상상태를 나타내면 R 관리도의 이상상태 포인트 결과 표본 생략
6. $\overline{X}$ 관리도가 정상상태를 나타내지 않으면 특별한 원인을 식별하고 수집
7. 계속해서 $\overline{X}$와 R을 관찰

관리도의 성능

관리도와 가설검정에는 긴밀한 관계가 있다. 귀무가설은 과정이 정상상태에 있다는 것이기 때문에 3σ 관리한계선 외부의 존재하는 점은 귀무가설에 반하는 증거이다. 어떠한 가설검증에 대해 오차가 발생하는 것은 가능하다. 예를 들어, 과정이 정상상태에 있다고 하더라도 가끔씩 3σ 관리한계선 밖에 점이 찍히기도 한다. 이것을 오류 검출이라고 한다. 또한 정상상태에 있지 않은 과정일지라도 관리한계선 외부에 점이 찍히지 않는 경우도 있다. 특히 충분히 긴 시간에 걸쳐 관찰되지 않는 경우에 그러하고, 이러한 것을 검출 실패라고 한다.

이러한 오류들은 가능한 일어나지 않는 것이 바람직하다. 오류가 발생하는 빈도의 양을 평균작동길이(average run length, ARL)라고 한다. ARL은 관리한계선 외부에 점이 찍히기 전에 평균적으로 관찰되어야 하는 표본의 수이다. 과정이 정상상태라면 ARL이 크고, 이상상태라면 ARL이 작다. 공정평균 μ와 process standards deviation σ를 알고 있다고 가정하면 $\overline{X}$ 관리도를 위한 ARL을 계산할 수 있다. 그러면 중심선은 공정평균 μ에 위치하고, 관리한계선은 $\mu \pm 3\sigma_{\overline{X}}$에 위치한다. 우리는 또한 측정된 값들이 대략적으로 정규분포를 따른다고 가정해야만 한다. 예제 10.3~10.6은 ARL을 계산하는 법을 보여줄 것이다.

Example 10.3

관리한계선 $\mu \pm 3\sigma_{\overline{X}}$를 갖는 $\overline{X}$ 관리도에 대해 정상상태에 있는 과정의 ARL을 계산하시오.

Solution

표본의 평균은 $\overline{X}$이다. $\overline{X} \sim N(\mu, \sigma^2_{\overline{X}})$

점이 관리한계선 밖에 찍힐 확률은 $P(\overline{X} < \mu - 3\sigma_{\overline{X}}) + P(\overline{X} > \mu + 3\sigma_{\overline{X}})$와 같다. 이 확률은 0.00135 + 0.00135 = 0.0027과 같다(그림 10.5). 그러므로 평균적으로 10,000개당 27개의 점이 관리한계선 외부에 찍힐 것이다. 이것은 1개의 점이 10,000 / 27 = 370.4개마다 찍히는 것과 같다. 따라서 평균작동길이는 370.4이다.

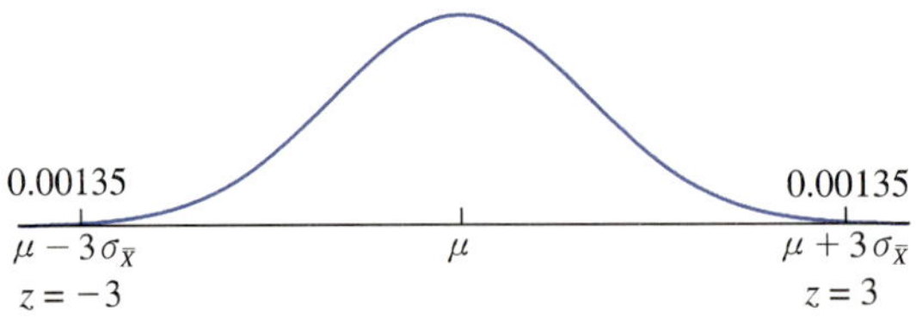

그림 10.5 정상상태일 때
3σ 관리한계 밖에 자료가 존재할 확률이 0.0027(0.00135+0.00135)

예제 10.3의 결과는 다음과 같이 풀이될 수 있다. 만약 과정이 정상상태에 있다면 오류검출을 나타내는 관리한계선 외부에 점이 하나 찍히기까지 평균적으로 370개의 표본을 관찰해야 한다. 또한 예제 10.3의 ARL은 10,000/27, 즉 1/0.0027로 0.0027은 주어진 어떠한 표본에 대하여 점이 관리한계선 바깥에 찍힐 확률이며, 일반적으로 이것은 사실이다.

Summary

평균작동길이(Average Run Length, ARL)는 관리한계선 외부에 점이 하나 찍히기까지 평균적으로 관찰되어야 하는 표본의 수이다. 만약 p가 주어진 어떠한 점이 관리한계선의 외부에 찍힐 확률이라면

$$\mathrm{ARL} = 1/p \tag{10.1}$$

만약 과정이 이상상태에 있다면 ARL은 370.4 이하일 것이다. 예제 10.4는 과정이 이상상태로 변했을 때 ARL값을 계산하는 방법을 보여준다.

Example 10.4

평균값 $\mu = 3$, 표준편차 $\sigma = 1$인 과정이 있다. 표본의 크기 $n = 4$이다. 이상 원인이 과정의 평균을 3.5로 변화시켰을 때의 ARL을 계산하라.

Solution

주어진 점이 관리한계선의 밖에 찍힐 확률 p를 먼저 계산한다. 그러면 $\mathrm{ARL} = 1/p$이다. 관리한계선은 과정이 정상상태에 있다는 근거 하에 그려진다. 그러므로 관리한계선은 $\mu = 3$, 그리고 $\sigma_{\overline{X}} = \sigma/\sqrt{n} = 1/\sqrt{4} = 0.5$일 때, $\mu \pm 3\sigma_{\overline{X}}$이다. 따라서 관리하한은 1.5에, 관리상한은 4.5에 위치한다. 만약 공정평균이 옮겨진 후의 표본의 평균이 $\overline{X}$라면 $\overline{X} \sim N(3.5,\ 0.5^2)$이다. $\overline{X}$가 관리한계선의 외부에 위치할 확률은 $P(\overline{X} < 1.5) + P(\overline{X} > 4.5)$와 같다. 이 확률은 0.0228이다(그림 10.6). 그러므로 ARL은 $1/0.0228 = 43.9$와 같다. 평균적으로 이 이동이 발견되기 전까지 44개의 표본을 관찰해야만 한다.

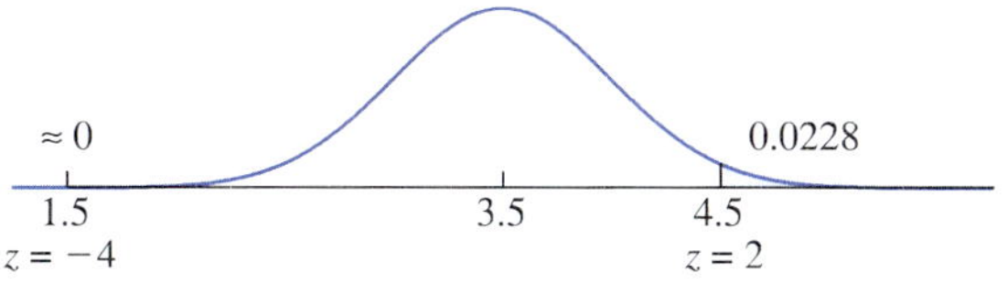

그림 10.6 평균은 $\mu = 3$에서 $\mu = 3.5$로 이동했다.
4.5의 관리상한은 현재 $2\sigma_z$ 평균 이상으로 $z = 2$로 나타낸다.
하한은 $4\sigma_z$ 이하이다. 관리한계 밖 존재확률은 0.0228(0+0.0228)

Example 10.5

예제 10.4를 참고하라. ARL값이 20일 때 발견될 수 있는 upward shift의 값은?

Solution

과정이 이동한 후의 새로운 평균값을 m이라고 하자. Upward shift에 대해 명시하였기 때문에 $m > 3$이다. 예제 10.4에서 관리한계선은 1.5와 4.5로 계산하였다. 만약 공정평균이 이동한 후에 채취된 표본의 평균이 $\overline{X}$라면 $\overline{X} \sim N(m,\ 0.5^2)$이다. $\overline{X}$가 관리한계선의 외

부에 위치할 확률은 $P(\overline{X} < 1.5) + P(\overline{X} > 4.5)$이다(그림 10.7) 이 확률은 1 / ARL = 1/20 = 0.05와 같다. $m > 3$이기 때문에 m은 1.5보다 4.5에 가깝다. 1.5의 왼편은 무시할 수 있고, 4.5의 오른편은 0.05라는 가정으로 시작하자. 4.5의 Z 점수(Z-score)는 1.645이고, 따라서 $(4.5 - m) / 0.5 = 1.645$이다. m값을 구하면 $m = 3.68$이다. 1.5의 왼편은 무시할 수 있다는 가정을 확인하고 끝낸다. $m = 3.68$의 Z 점수는 $(1.5 - 3.68) / 0.5 = -4.36$이다. 1.5의 왼편은 실제로 무시할 수 있다.

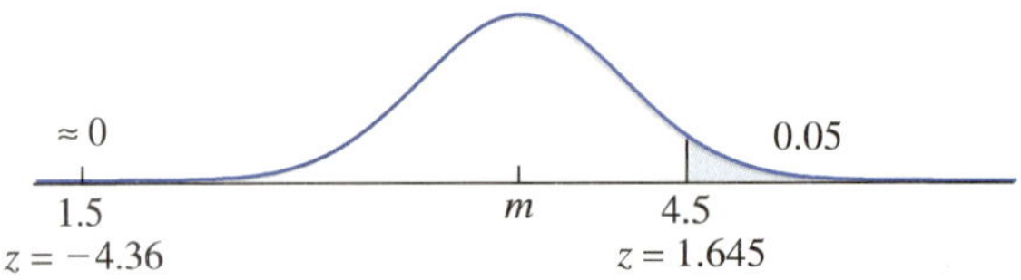

그림 10.7 예제 10.5에 대한 해

Example 10.6

예제 10.4를 참고하라. 표본의 크기가 $n = 4$로 유지되고 공정평균이 3.5로 이동했을 때, ARL이 10이 되기 위한 공정 표준편차 σ의 값은 무엇인가?

Solution

σ를 새로운 공정표준편차라고 하자. 새로운 관리한계선은 $3 \pm 3\sigma/\sqrt{n}$ 또는 $3 \pm 3\sigma/2$이다. 만약 공정평균이 3.5로 이동하였다면 $\overline{X} \sim N(3.5, \sigma^2/4)$이다. $\overline{X}$가 관리한계선의 외부에 위치할 확률은 $P(\overline{X} < 3 - 3\sigma/2) + P(\overline{X} > 3 + 3\sigma/2)$이다. 이 확률은 1 / ARL = 1/10 = 0.1과 같다(그림 10.8) 공정평균 3.5는 $3 - 3\sigma/2$보다 $3 + 3\sigma/2$에 더 가깝다.
$3 - 3\sigma/2$의 왼편은 무시할 수 있고 $3 + 3\sigma/2$는 0.1이라고 가정하자. $3 + 3\sigma/2$의 Z 점수는 1.28이므로

$$\frac{(3 + 3\sigma) - 3.5}{\sigma/2} = 1.28$$

σ값에 대해 풀면 $\sigma = 0.58$을 얻는다. $3 - 3\sigma/2$의 왼편을 무시할 수 있다는 가정을 확인하면서 마무리 한다. $\sigma = 0.58$을 대입하면 $3 - 3\sigma/2 = 2.13$값을 얻는다. Z 점수는 $(2.13 - 3.5) / (0.58 / 2) = -4.72$이다. $3 - 3\sigma/2$의 왼편은 실제로 무시할 수 있다.

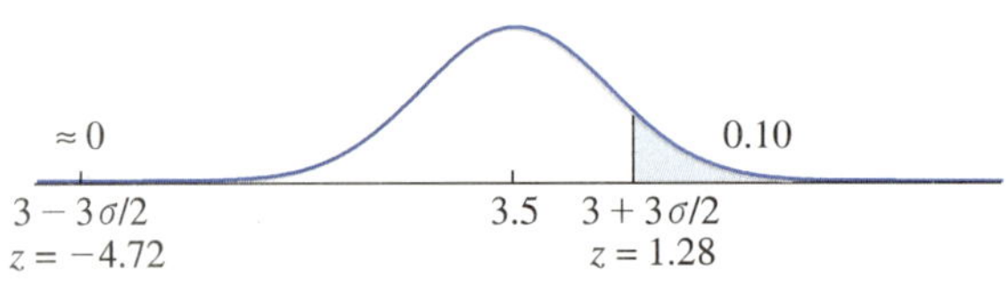

그림 10.8 예제 10.6에 대한 해

예제 10.4부터 10.6의 예제들은 $\overline{X}$ 관리도는 작은 이동에 대해서는 빨리 발견할 수 없음을 보여준다. 다시 말해 공정평균이 매우 작게 이동했을 때는 ARL이 더 유용하다. 기본적으로 관리한계선을 중심선에 더 가깝게 이동함으로써 ARL을 감소시킬 수 있다. 이것은 이상상태를 감지하기 위해 필요한 이동의 크기를 줄여서 공정평균의 변화를 더 빨리 발견할 수 있을

것이다. 그러나 거기에는 대가가 있다. 관리한계선 외부의 이동이 우연히 일어날 가능성이 커지기 때문에 오류검출의 비율은 증가한다는 것이다. 모수수준(fixed-level) 가설검증의 경우가 이 상황과 매우 같다. 귀무가설은 과정이 정상상태에 있다는 것이다. 관리도는 각 표본의 가설검정을 수행한다. 점이 관리한계선 외부에 찍혔을 때 귀무가설은 인정되지 않는다. $\pm 3\sigma_{\overline{X}}$의 관리한계선 값일 경우, type 1 오류(귀무가설의 불인정)는 매 370표본마다 한 번씩 일어난다. 낮은 비율의 오류검출(false alarm)의 경우, 그것이 거짓일 때 귀무가설을 인정하지 않는 힘이 세지 않다는 단점이 있다. 관리한계선을 서로 가깝게 옮기는 것은 해결책이 아니다. 그것이 귀무가설을 반대하는 힘을 높일지라도 또한 오류거출의 비율을 높인다.

전문가들이 작은 변화도 재빨리 감지하는 능력을 키우기 위해 시도한 두 가지 방법은 Western Electric rules와 CUSUM 관리도 s이다. Western Electric Rules는 다음에 설명되어 있다. CUSUM 관리도는 10.4에 설명될 것이다.

The Western Electric 법칙

그림 10.9는 $\overline{X}$ 관리도를 나타낸다. 3σ 관리한계선의 외부에 위치한 점이 없지만, 표본의 평균이 비확률표본이기 때문에 이 과정은 명백히 관리상태가 아니다. 관리한계선 외부에 위치한 점 없이도 과정이 정상상태가 아니라는 사실을 알게 되면서 Western Elcctric company이 공학자들은 과정이 이상상태에 있다는 것을 증명할 수 있는 조건들의 목록을 1956년에 제안했다.

이 조건들의 배경 개념은 만약 관리도의 추세나 패턴이 충분히 긴 시간 동안 지속된다면 3σ 관리한계선의 외부에 점이 찍혀있지 않아도 이것은 관리의 부재를 나타낸다는 것이다.

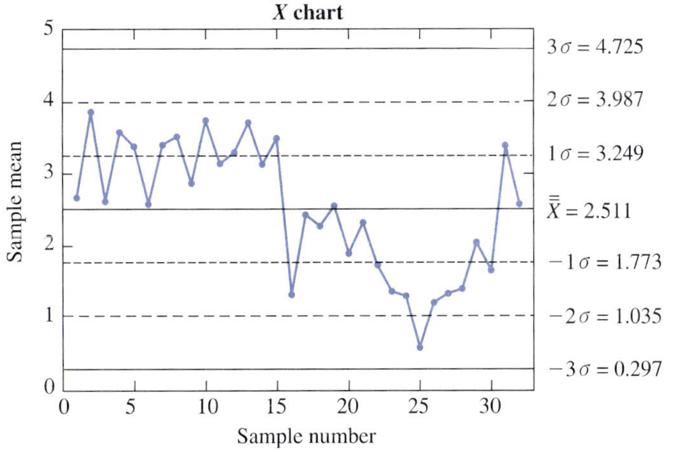

그림 10.9 $\overline{X}$ 관리도

Western electric 법칙을 적용하기 위해서는 1σ과 2σ의 관리한계선을 계산해야 한다. 1σ 관리한계선은 $\overline{\overline{X}} \pm A_2\overline{R}/3$으로 주어지고, 2σ 관리한계선은 $\overline{\overline{X}} \pm 2A_2\overline{R}/3$으로 주어진다.

> **The Western Electric 법칙**
>
> 다음의 조건들 중 하나가 해당하면 과정이 이상상태에 있다는 증거이다.
>
> 1. 3σ 관리한계선 외부에 점이 있다.
> 2. 3개의 연속된 점 중에서 2개는 중앙선을 기준으로 같은 쪽 2σ한계 밖에 있다.
> 3. 5개의 연속된 점 중에서 4개는 중앙선을 기준으로 같은 쪽 1σ한계 밖에 있다.
> 4. 8개의 연속된 점은 중앙선을 기준으로 같은 쪽에 있다.

그림 10.9에서 8번 표본에서 이상상태에 있다는 것을 5개의 연속된 점 중 4개가 1σ 관리한계선 위에 있을 경우의 Western Electric rules로 알 수 있다. Western Electric rules의 정보와 관리도에 대한 더 많은 정보는 Montgomery (2009b)를 보면 알 수 있다.

S 관리도

S 관리도는 R 관리도의 대안이다. S 관리도와 R 관리도 모두 과정의 변화를 조절하기 위해 사용된다. R 관리도가 표본 범위의 변화를 평가하는 반면, S 관리도는 표본의 표준편차를 이용한다. 그림 10.10은 표 10.1의 함수율 자료의 S 관리도를 나타낸 것이다.

함수율 자료의 S 관리도가 모양에 있어서 같은 자료의 R 관리도와 비슷하다는 것을 알자. R 관리도와 같이 S 관리도도 표본 6번에서 이상상태라는 것을 보여준다.

관리한계선이 어디에 위치하는지 이해하기 위해 32개 표본의 표준편차가 모집단의 평균 μ_s와 표준편차 σ_s로부터 추출되었다고 가정하자. 이상적으로 중심선은 μ_s에, 관리한계선은 $\mu_s \pm 3\sigma_s$에 위치할 것이다.

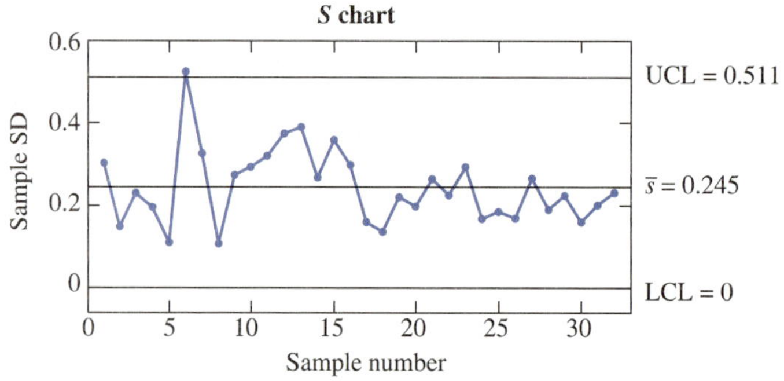

그림 10.10 수분의 S 관리도

이러한 양들은 일반적으로 알려져 있지 않다. 표본 표준편차의 평균인 $\bar{s}$를 통해 μ_s를 추측한다. 따라서 중심선은 $\bar{s}$에 위치한다. 진보된 방법으로 $\mu_s \pm 3\sigma_s$의 값은 대략적으로 $\bar{s}$의 곱으로 표현될 수 있다. 이 곱은 B_3 그리고 B_4이다. $\mu_s - 3\sigma_s$의 값은 $B_3\bar{s}$로 추산되고, $\mu_s + 3\sigma_s$의 값은 $B_4\bar{s}$로 추산된다. B_3와 B_4의 값은 표본의 크기에 따라 값이 다른 정수이다. B_3와 B_4에 대한 간략한 값들은 다음과 같다. 더 큰 도표는 부록의 표 A.8에 있다.
5개 혹은 그보다 작은 크기의 표본에 대해 B_3는 0임을 알자. 예를 들어, 이러한 작은 표본 크기에 대해 $\mu_s - 3\sigma_s$의 값은 음수이다. 표준편차가 음으로 되는 것은 불가능하기 때문에 이러한 경우에 관리하한은 0으로 정해진다.

n	2	3	4	5	6	7	8
B_3	0	0	0	0	0.030	0.118	0.185
B_4	3.267	2.568	2.266	2.089	13970	1.882	1.815

Example 10.7 표 10.1의 함수량에 대해 중심선, 3σ, S 관리도 관리상한, 관리하한을 계산하라.

Solution
s값은 0.2445이고(표 10.1), 표본의 크기 $n = 5$이다. 표로부터 바로 진행하여 $B_3 = 0$, $B_4 = 2.089$이다.
그러므로 관리상한은 (2.089)(0.2445) = 0.5108이고, 관리하한은 (0)(0.2445) = 0이다.

Summary

S 관리도에서 중심선과, 3σ 관리상한, 관리하한은 다음과 같이 주어진다.

- 3σ 관리상한 $= B_4\bar{s}$
- 중심선 $= \bar{s}$
- 3σ 관리하한 $= B_3\bar{s}$

B_3와 B_4값은 표본 크기에 따라 달라진다. 값들은 표 A.8에 도식화되어 있다.

그림 10.10의 S 관리도는 표본 6번에서 과정이 이상상태에 있음을 보여준다. 이 표본을 지우고 S 관리도를 다시 계산한다. 그림 10.11이 그 결과를 나타낸다. 값들은 이제 정상상태에 있다. S 관리도의 생김새가 그림 10.2의 R 관리도와 비슷하다.
변화가 정상상태에 있으면 공정평균을 산정하기 위해 $\overline{X}$ 관리도를 계산한다. $\overline{X}$ 관리도에서 중심선은 $\overline{\overline{X}}$에, 관리상한, 관리하한은 이상적으로 중심선으로부터 $3\sigma_{\overline{X}}$떨어진 곳에 위치

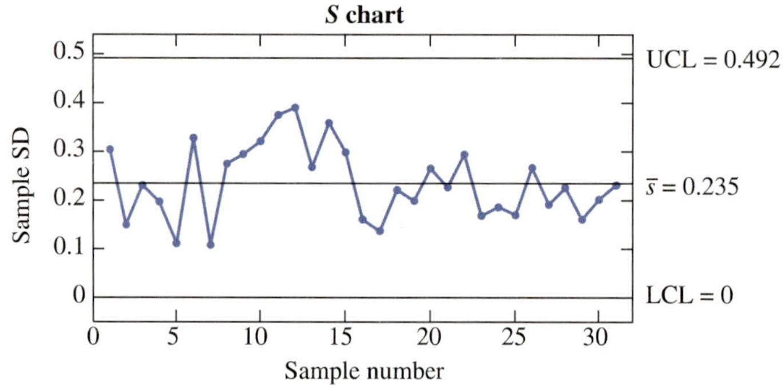

그림 10.11 이상상태 표본을 삭제한 수분의 S 관리도

해야 함을 다시 한 번 기억하자.

공정분산을 산정하기 위해 S 관리도를 이용했기 때문에 $\bar{s}$의 곱으로 $3\sigma_{\overline{X}}$의 양을 산정할 것이다. 구체적으로 표본의 크기 n에 따라 그 값이 변하는 상수 A_3일 때, $A_3\bar{s}$로 $3\sigma_{\overline{X}}$의 값을 추정할 것이다. A_3에 관한 간략한 표는 다음과 같다. 더 넓은 범위는 표 A.8에 나와 있다.

n	2	3	4	5	6	7	8
A_3	2.659	1.954	1.628	1.427	1.287	1.182	1.099

Summary

$\sigma_{\overline{X}}$를 추정하기 위해 $\bar{s}$를 이용했을 때, $\overline{X}$ 관리도의 중심선과 3σ관리상한, 관리하한은 다음과 같이 주어진다.

- 3σ 관리상한 $= \overline{\overline{X}} + A_3\bar{s}$
- 중심선 $= \overline{\overline{X}}$
- 3σ 관리하한 $= \overline{\overline{X}} - A_3\bar{s}$

A_3의 값은 표본 사이즈에 따라 변한다. 값은 표 A.8에 도식화 되어있다.

Western Electric rules를 이용하기 위해서는 1σ, 2σ 관리한계선이 반드시 계산되어야 한다. 1σ 관리한계선은 $\overline{\overline{X}} \pm A_3\bar{s}/3$; 2σ 관리한계선은 $\overline{\overline{X}} \pm 2A_3\bar{s}/3$이다.

Example 10.8

표 10.1에 제시된 함수율 자료에서 $3\sigma\,\overline{X}$ 관리도 관리상한, 관리하한을 계산하라.

Solution

표본 6번이 지워지면 $\overline{\overline{X}}$의 값은 2.658, $\bar{s}$의 값은 0.2354이다. 표본 크기 $n = 5$이다. 표로부터 $A_3 = 1.427$의 값을 얻는다. 그러므로 관리상한은 $2.658 + (1.427)(0.2354) = 2.994$이고, 관리하한은 $2.658 - (1.427)(0.2354) = 2.322$이다.

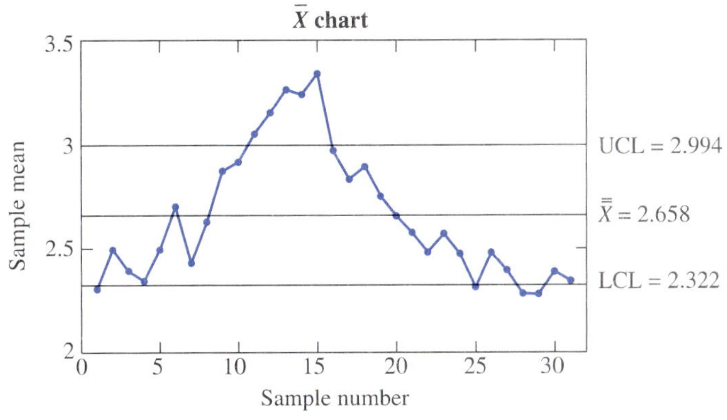

그림 10.12 수분의 $\overline{X}$ 관리도
관리한계는 오히려 표본범위보다 표본 표준편차를 기준으로 한다.

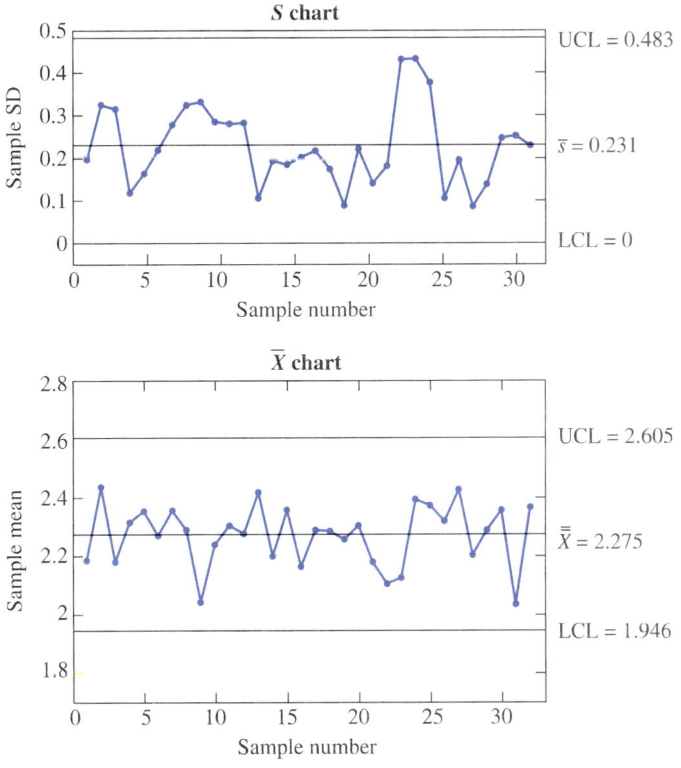

그림 10.13 특별한 원인을 해결한 후의 S 관리도와 $\overline{X}$ 관리도

표본 6번의 값이 지워진 함수율 자료의 $\overline{X}$ 관리도가 그림 10.12에 나타나 있다. 관리한계선은 그림 10.3에 나와 있는 표본범위로부터 계산한 값과 매우 비슷하다. 그림 10.12는 과정이 이상상태에 있음을 나타낸다. 개선과정을 거친 후 새로운 S 관리도와 $\overline{X}$ 관리도가 만들어졌다. 그림 10.13이 그 결과를 보여준다. 과정은 이제 통계적 관리 상태에 있다.
요약하면, S 관리도는 R 관리도의 대안으로서 $\overline{X}$ 관리도와 함께 쓰인다. 함수율 자료에 대해 두 관리도는 매우 비슷한 결과를 보여주는 것으로 나타났다. 많은 경우에 있어 이것은 사실이지만 가끔 결과가 다른 경우도 있다.

S 관리도와 R 관리도 중 어느 것이 나은가?

R 관리도와 S 관리도는 모두 같은 목적을 갖고 있다. 과정의 표준편차를 산정하고, 과정이 정상상태에 있는지 결정하는 것이다. 공정표준편차를 표본의 표준편차 s로 산정하는 것이 범위 R로 산정하는 것보다 더 자연스러워 보인다. 사실, 모집단이 정규분포 할 때는 표준편차가 작기 때문에 s가 R보다 더 정확한 공정 표준편차값을 줄 수 있다. s의 계산에 있어서는 각 표본에 대한 모든 측정값이 수반되고, R의 계산에는 두 가지의 측정값(최대와 최소)이 수반된다는 것을 알면 직관적으로 알 수 있다. R이 작거나 표본 크기가 클 때 s값의 정확도가 증가한다. 따라서 표본의 크기가 클 경우(5개 또는 그 이상), S 관리도가 더 유용하다. 하지만 R 관리도가 여전히 많이 사용된다. R 관리도는 표본 표준편차에 비해 산술계산을 더 적게 한다는 장점을 가졌다. 그러나 대부분의 계산이 전자제품에 의해 수행되기 때문에 이러한 장점은 더 이상 소용이 없다. 따라서 S 관리도가 일반적으로 더 나은 선택이다.

크기가 1인 표본

가끔 합리적 부분군을 정의하는데 있어 각 표본이 한 개의 값만을 포함하는 경우가 필요하다. 예를 들어, 생산속도가 매우 느리면 축적된 표본의 크기 $n = 1$ 이상이 되도록 기다리는 것은 편리하지 않다. 크기가 1인 표본에 대해 표본 범위 또는 표본 표준편차를 계산하는 것은 불가능하므로 R 관리도와 S 관리도는 이용될 수 없다. 다른 몇 개의 방법들이 이용가능하다. 그 중의 한 방법이 10.4절에 설명된 CUSUM 관리도이다.

연습 10.2

1 특정 공정 품질관리계획에서 크기 4인 표본을 취한다. 최종 30개의 표본 결과는 다음에 요약되었다.

$$\sum_{i=1}^{30} \overline{X}_i = 712.5, \quad \sum_{i=1}^{30} R_i = 143.7, \quad \sum_{i=1}^{30} s_i = 62.5$$

a. R차트에 대한 3σ 관리 한계를 계산하시오.

b. S차트에 대한 3σ 관리 한계를 계산하시오.

c. 표본범위를 사용하여 $\overline{X}$차트에 대한 3σ 관리 한계를 계산하시오.

d. 표본의 표준편차를 사용하여 $\overline{X}$차트에 대한 3σ 관리 한계를 계산하시오.

2 금속세척기의 누께 (mm)를 크기 5인 표본을 이용하여 측정하였다. 오른쪽 표에는 20개의 연속추출된 표본의 평균, 범위, 표준편차가 나와 있다. 평균은 $\overline{\overline{X}} = 2.505$, $\overline{R} = 0.1395$ 그리고 $\overline{s} = 0.057$이다.

a. R차트에 대한 3σ 관리 한계를 계산하시오. 변화가 정상상태인가? 아니라면 이상상태인 표본을 찾아내고 $\overline{\overline{X}}$와 $\overline{R}$을 다시 계산하시오.

Sample	$\overline{X}$	R	s	Sample	$\overline{X}$	R	s
1	2.49	0.12	0.07	11	2.54	0.19	0.07
2	2.45	0.17	0.06	12	2.45	0.09	0.04
3	2.51	0.13	0.06	13	2.54	0.21	0.07
4	2.53	0.25	0.09	14	2.55	0.10	0.05
5	2.49	0.11	0.06	15	2.50	0.25	0.08
6	2.44	0.11	0.06	16	2.53	0.11	0.04
7	2.44	0.12	0.05	17	2.58	0.16	0.07
8	2.42	0.18	0.06	18	2.59	0.09	0.03
9	2.42	0.08	0.05	19	2.60	0.12	0.05
10	2.47	0.06	0.02	20	2.56	0.14	0.06

b. 표본 범위 R에 근거하여 $\overline{X}$차트에 대한 3σ 관리 한계를 계산하시오. 3σ 관리 한계에 근거하였을 때, 공정 평균은 정상상태인가? 아니라면 언제 처음으로 이상상태가 되었나?

c. Western Electric rule에 의하면, 공정 평균은 정상상태인가? 아니라면 언제 처음으로 이상상태가 되었나?

3 평균이 12이고 표준편차가 3인 공정을 크기 5인 표본을 정기적으로 추출하여 모니터링 하였다. 만약 $\overline{X}$차트에서 3σ 관리 한계를 벗어나는 점이 하나라도 나오면 그 공정은 이상상태라고 간주된다.

a. 만약 공정 평균이 14로 바뀌면, 이동이 $\overline{X}$차트에서 발견되기 전에 평균적으로 몇 개의 표본이 추출되는가?

b. ARL가 4일 때, 얼마로 상승되었는가?

c. 만약 표본의 크기가 5이고 공정 평균이 14로 변화되었을 때, ARL이 4가 되려면 표준편차는 얼마나 줄어들어야하나?

d. 만약 표준편차가 3이고 공정 평균이 14로 변화되었을 때, ARL이 4보다 안 커지려면 표본 크기는 얼마가 되어야 하는가?

4 일정주기로 모니터링 되는 공정에서, $\overline{X}$차트에서 3σ 관리 한계를 벗어나는 점이 나오면 이상상태라고 선언된다. 현재 공성이 정상상태라고 가정하시오.

a. 다음 50개의 표본에서 이상상태가 잘못 선언될 확률은?

b. 다음 100개의 표본에서 이상상태가 잘못 선언될 확률은?

c. 다음 200개의 표본에서 이상상태가 잘못 선언될 확률은?

d. 빈칸을 채우시오. 다음 ( )개의 표본에서 이상상태가 잘못 선언될 확률은 0.5이다.

10.3 p 관리도와 c 관리도

p 관리도

p 관리도는 개체에 대해 측정된 품질 특성값이 오직 두 개의 값, 주로 "결함", "비결함"일 때 사용되며, 각 표본에 대해 결함의 비율이 계산되고 나타내진다. 이제 중심선과 관리한계선이 어떻게 계산되는지 알아보자.

주어진 개체가 결함품일 확률을 p라고 하자. 만약 과정이 정상상태에 있다면 이 확률은 시간이 흘러도 일정할 것이다. 표본의 수를 k라 하자. 각 표본은 크기가 같다고 가정하고, 그 크기는 n으로 표기한다. X_i를 i번째의 표본에 있는 결함품의 수라고 하고, $\hat{p}_i$는 i번째 표본에 있는 결함품의 비율로서 $\hat{p}_i = X_i/n$로 나타낸다. $X_i \sim B(n, p)$ 그리고 만약 $np > 10$이면 중심극한정리에 의해 $X \sim N(np, np(1-p))$에 가까운 값이다. $\hat{p} = X/n$이기 때문에 $p^i \sim N(p, p(1-p)/n)$이 된다.

$\hat{p}_i$가 평균 $\mu = p$ 그리고 표준편차 $\sigma = \sqrt{p(1-p)/n}$에 의해 중심선은 p에 위치에 있어야 하고, 3σ 관리한계선은 $p \pm 3\sqrt{p(1-p)/n}$의 위치에 있어야 한다. 보통 p는 잘 알려져 있지 않고 표본비율의 평균이 $\hat{p}_i$일 때 $\bar{p} = \sum_{i=1}^{k} \hat{p}_i/k$로 추정된다.

Summary

각 표본의 개체수가 n인 p 관리도에서 중심선, 3σ 관리상한, 관리하한은 다음과 같이 주어진다.

- 3σ 관리상한 $= \bar{p} + 3\dfrac{\sqrt{\bar{p}(1-\bar{p})}}{n}$
- 중심선 $= \bar{p}$
- 3σ 관리하한 $= \bar{p} - 3\dfrac{\sqrt{\bar{p}(1-\bar{p})}}{n}$

만약 $n\bar{p} > 10$이라면 관리한계선은 유효하지 않을 것이다.

Example 10.9

만약 실리콘 조각의 제조과정에서 크기 500의 30묶음이 표본추출 되었고, 각 표본의 결함 조각의 비율이 계산되었다. 표 10.2가 그 결과를 나타낸다. p 관리도를 위한 중심선과 3σ 관리한계선을 계산하고 관리도를 그려라. 과정이 정상상태인가?

Solution

30개의 표본 비율의 평균은 $\bar{p} = 0.050867$이다. 따라서 중심선은 0.050867에 위치한다. 관리한계선은 $0.050867 \pm 3\sqrt{(0.050867)(0.949133)/500}$이다. 따라서 관리상한은 0.0803이고, 관리하한은 0.0214이다. 그림 10.14는 p 관리도를 나타낸다. 과정은 정상상태이다.

표 10.2 예제 10.9의 자료

표본	결함수	결함비($\hat{p}$)	표본	결함수	결함비($\hat{p}$)
1	17	0.034	16	26	0.052
2	26	0.052	17	19	0.038
3	31	0.062	18	31	0.062
4	25	0.050	19	27	0.054
5	26	0.052	20	24	0.048
6	29	0.058	21	22	0.044
7	36	0.072	22	24	0.048
8	26	0.052	23	30	0.060
9	25	0.050	24	25	0.050
10	21	0.042	25	26	0.052
11	18	0.036	26	28	0.056
12	33	0.066	27	22	0.044
13	29	0.058	28	31	0.062
14	17	0.034	29	18	0.036
15	28	0.056	30	23	0.046

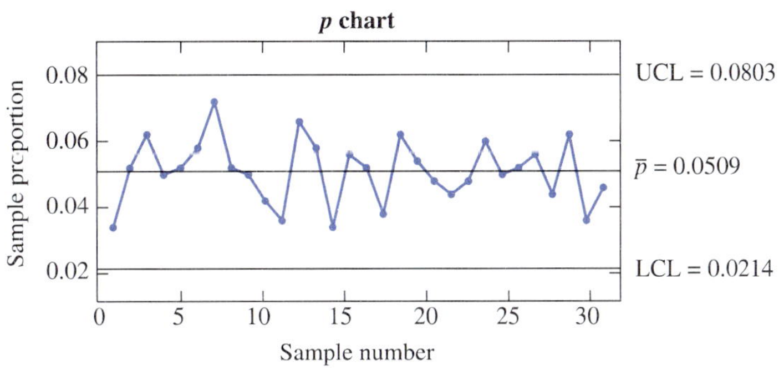

그림 10.14 표 10.2의 p 관리도

p 관리도를 만들기 위해 필요한 표본의 크기는 $\overline{X}$ 관리도를 만들기 위해 필요한 표본의 크기보다 훨씬 크다. 몇몇의 결함품이 대부분의 표본에 있을 것이기 때문에 표본의 크기는 충분히 커야 한다. 결함품이 흔하지 않다면, 표본의 크기는 꽤 커질 것이다.

속도의 이상신호 해석

결함제품의 수를 모니터링 하기 위해 관리도를 사용할 때, 관리상한 위쪽에 있는 점들은 관리하한의 아래쪽에 있는 점들과 꽤 다른 반응이 요구된다. 두 가지 조건 모두 이상 원인이 결함품의 비율을 변화시켰다는 것을 나타낸다. 관리상한 위에 위치한 점은 결함품의 비율이 증가했다는 것을 의미하므로 이상 원인을 정의하고 제거하는 조치를 취해야 하지만, 관리하한 아래쪽에 있는 점은 이상 원인이 결함품의 비율을 감소시킨 것을 나타낸다. 하지만 이러한 경우에도 이상 원인이 여전히 정의되어야 하고, 결함품의 비율을 영구적으로 감소시키기 위한 조치가 취해져야 한다.

c 관리도

품질의 측정치가 주어진 개체의 결함 수일 때 c 관리도가 이용된다. 개체는 하나일지도 모르고 또는 결함의 수가 충분히 크다고 예상할 수 있을 정도로 큰 개체의 집단일지도 모른다. c 관리도를 사용하기 위해서 결함의 수는 Poisson 분포를 따라야 한다.
k 개체가 표본링 되었고 I 번째 개체의의 총 결함 수를 c_i라고 하자. 개체 당 총 결함의 평균을 γ라고 하면 $c_i \sim \text{Poisson}(\gamma)$이다. 과정이 정상상태에 있다면, γ값은 시간이 지나도 일정하다. 만약 γ가 $\gamma > 10$으로 충분히 크다면 중심극한정리에 의해 대략적으로 $c_i \sim N(\gamma, \gamma)$가 된다. 개체당 충분히 많은 수의 항목을 선택하면 γ는 원칙적으로 충분히 커질 수 있다. c_i값을 점으로 찍어 c 관리도를 만들 수 있다. c_i가 평균값 γ와 표준편차 $\sqrt{\gamma}$의 값을 갖고 있기 때문에 중심선은 γ에 위치해야 하고, 3σ 관리한계선은 $\gamma \pm 3\sqrt{\gamma}$에 위치한다. 대개 γ값은 알려져 있지 않지만 자료를 바탕으로 추정될 수 있다. 적당한 추측은 개체 당 결함의 수의 평균인 $\bar{c} = \sum_{i=1}^{k} c_i / k$라는 것이다.

Summary

c 관리도의 중심선, 3σ 관리상한, 관리하한은 다음과 같이 주어진다.

- 3σ 관리상한 $= \bar{c} + 3\sqrt{\bar{c}}$
- 중심선 $= \bar{c}$
- 3σ 관리하한 $= \bar{c} - 3\sqrt{\bar{c}}$

관리한계는 $\bar{c} > 10$의 경우에 유효하다.

예제 10.10은 이러한 아이디어를 실제로 보여줄 것이다.

Example 10.10

캔을 제조하는데 쓰이는 알루미늄의 표면 결함에 대해 검사한다. 표 10.3은 각 100 m^2의 40개의 표본의 결함의 수를 나타낸다. c 관리도를 위한 중심선, 3σ 관리한계선을 계산하고 관리도를 그려라. 과정이 정상상태인가?

Solution

40개의 표본의 평균은 $\bar{c} = 12.275$이다. 따라서 중심선은 12.275에 위치한다. 3σ 관리한계선은 $12.275 \pm 3\sqrt{(12.275)}$ 에 위치한다. 따라서 관리상한은 22.7857이고, 관리하한은 1.7643이다. 그림 10.15는 c 관리도를 나타낸다. 과정은 정상상태에 있다.

표 10.3 예제 10.10의 결함의 개수

표본	결함수 (c)	표본	결함수 (c)	표본	결함수 (c)	표본	결함수 (c)	표본	결함수 (c)
1	16	9	15	17	10	25	12	33	10
2	12	10	12	18	12	26	17	34	12
3	9	11	14	19	8	27	15	35	14
4	13	12	11	20	14	28	13	36	10
5	15	13	10	21	11	29	15	37	15
6	5	14	9	22	16	30	13	38	12
7	13	15	9	23	16	31	10	39	11
8	11	16	14	24	13	32	10	40	14

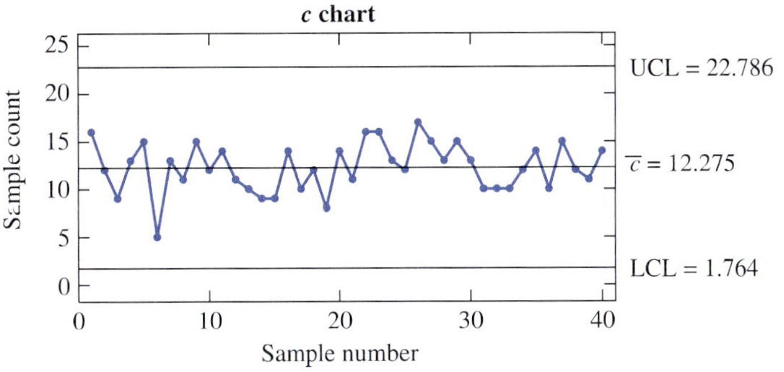

그림 10.15 표 10.3 자료의 c 관리도

연습 10.3

1 매일 300개의 표본을 취하여 결함율을 계산하여서 특정 공정을 모니터링하고 있다. i번째 표본의 결함율을 p_i라고 하자. 마지막 40개의 표본에서는 $\sum_{i=1}^{40} p_i = 1.42$이다. p차트 3σ의 관리상한, 관리하한, 중심선을 계산하시오.

2 특정 공정을 정기적으로 200개의 표본을 취하여 결함이 있는 제품을 세어 모니터링하고 있다. 마지막 40개 표본에서는 총 748개의 하자품이 있었다 이 정보는 p차트에 대한 3σ의 관리한계를 계산하는데 충분한가? 아니라면 어떤 추가정보가 필요한가?

3 공정관리를 위하여 매일 20개 제품을 표본추출하여 그 중 하자품을 세고자 한다. 처음 10개의 표본에서의 하자품의 수는 0, 0, 1, 0, 1, 0, 0, 0, 1, 0이다. 품질 관리팀 직원은 정확한 p차트를 만들기에는 하자품의 수가 너무 적지 않나 하는 우려를 갖고 있다. 다음 중 어떻게 조언하는 것이 가장 좋은가?

a. 아무것도 바뀌지 않아도 된다. 하자품이 적어도 p차트를 만들 수 있다.

b. 결함율이 너무 작아서 이 공정의 p차트를 만들 필요가 없다.

c. 매 표본 하자품 수를 증가시키기 위하여 p의 값을 증가시켜라.

d. 매 표본 하자품 수를 증가시키기 위하여 표본의 크기를 증가시켜라.

10.4 CUSUM 관리도

$\overline{X}$ 관리도의 한 가지 목적은 공정평균의 이동을 감지하기 위한 것이다. 그러나 이동이 꽤 크지 않다면 한 점이 3σ 관리한계선의 외부에 위치하기까지 시간이 걸릴 것이다. 예제 10.4는 공정평균이 $\sigma_{\overline{X}}$의 양만큼 이동할 때 평균작동길이(ARL)가 44로서 과정이 이상상태에 있다고 판단되기까지 평균 44개의 표본을 관찰해야 한다는 것을 보여준다. Western Electric rules(10.2절)은 ARL을 줄이는 한 가지 방법이고, CUSUM 또한 또 다른 방법이다.

작은 이동을 알 수 있는 한 가지 방법은 중심선 아래 또는 위쪽의 연속된 점들에 의해서다. Western Electric rules는 연속에 대해 반응하도록 설계되었다. 작은 이동을 알아내는 또 다른 방법은 cumulative sums이다. 공정평균이 위쪽으로 살짝 이동했다고 상상해보자. 점들이 중심선 위쪽에 위치하는 경향을 보일 것이다. 만약 중심선으로부터의 편차를 더하고, 누적합을 표에 그린다면 점은 위로 이동할 것이고, $\overline{X}$ 관리도에서 그런 것보다 관리한계선을 더 빨리 초과할 것이다.

이제 CUSUM 관리도에서 점을 어떻게 그릴 것인지 설명할 것이다. 표본평균이 각각 $\overline{X}_1, \cdots, \overline{X}_m$인 크기 n의 표본 m을 가정하자. 목표값 μ를 공정평균이라고 정의하는 것으로 시작하자. 주로 μ값은 $\overline{\overline{X}}$로부터 구해진다. 그 다음 표본평균의 표준편차 $\sigma_{\overline{X}}$를 추정하는 것이 필요하다. 이것은 $\sigma_{\overline{X}} \approx A_2\overline{R}/3$을 이용한 표본 범위를 통해 구하거나 또는 $\sigma_{\overline{X}} \approx A_3\overline{R}/3$을 이용한 표본 표준편차를 이용해 구할 수 있다. 만약 표본 당 한 개의 항목만 존재한다면($n=1$) 다른 추측이 필요하다. 대략적인 추측도 좋은 결과값을 주기 때문에 CUSUM은 $n=1$일 때 매우 유용하다. 마지막으로 주로 k와 h로 불리는 두 개의 상수값이 정해져야 한다. 큰 값의 두 상수는 긴 ARL값을 주는데, 이는 결과적으로 적은 오류검출을 나타내지만 과정이 이상상태에 있다는 것을 발견하기까지 긴 대기시간이 소요된다. 주로$k=0.5$, $h=4$ 또는 5의 값이 이용되는데, 이는 과정이 여전히 이상상태에 있지만 $1\sigma_{\overline{X}}$ 또는 그 이상의 공정평균에 이동에 대해 꽤 긴 ARL값을 제공하기 때문이다.

각 표본에 대해 목표값으로부터의 편차는 $\overline{X}_i - \mu$이다. 우리는 두 개의 누적합, 즉 SH와 SL에 대해 정의해야 한다. SH의 합은 항상 양수이거나 0이고, 공정평균이 목표값보다 커졌다는 신호이다. SL의 합은 항상 음수이거나 0이고, 공정평균이 목표값보다 작아졌다는 신호이다. 이 두 합은 재귀적(recursively)으로 계산된다. 다시 말해서 현재의 값이 다음 값을 계산하기 위해 쓰인다. 처음의 SH와 SL의 값은

$$\mathrm{SH}_0 = 0 \qquad \mathrm{SL}_0 = 0 \tag{10.2}$$

$i \geq 1$에 대하여

$$\mathrm{SH}_i = \max[0, \overline{X}_i - \mu - k\sigma_{\overline{X}} + \mathrm{SH}_{i-1}] \quad (10.3)$$

$$\mathrm{SL}i = \min[0, \overline{X}_i - \mu + k\sigma_{\overline{X}} + \mathrm{SL}_{i-1}] \quad (10.4)$$

만약 몇몇 i에 대해 $SH_i > h\sigma_{\overline{X}}$라면 공정평균이 목표값보다 커졌다고 결론지을 수 있고, 몇몇 i에 대해 $SL_i < -h\sigma_{\overline{X}}$라면 공정평균 이 목표값보다 작아졌다고 결론지을 수 있다.

그림 10.16은 그림 10.9에 있는 자료의 CUSUM 관리도를 나타낸다. $k=0.5$와 $h=4$값이 사용되었으며, 2.952라는 값은 $h\sigma_{\overline{X}} = 4(0.739)$로부터 구해졌다. CUSUM 관리도는 10번 표본에서 이상상태가 되었음을 나타낸다. 8번째 표본에서 이상상태가 되었는지를 결정하기 위해 CUSUM 관리도는 Western Electric rules와 똑같이 수행한다(그림 10.9).

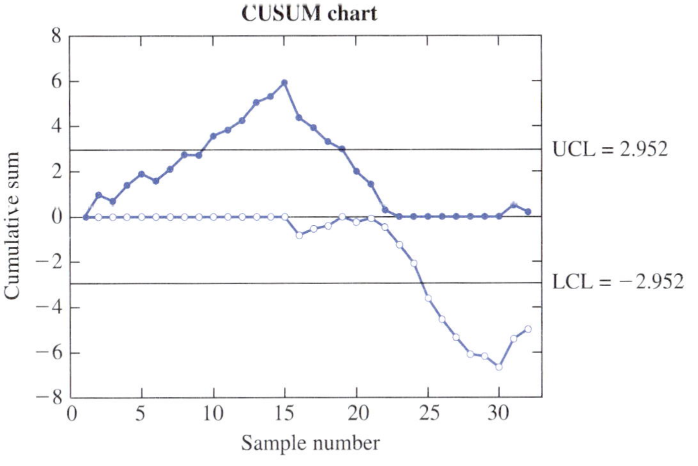

그림 10.16 그림 10.9 자료의 CUSUM 관리

Summary

CUSUM 관리도에는 SH과 SL의 두 가지 누적합이 그려진다.
처음 값은 $\mathrm{SH}_0 = \mathrm{SL}_0 = 0$이고 $i \geq 1$에 대하여

$$\mathrm{SH}_i = \max[0, \overline{X}_i - \mu - k\sigma_{\overline{X}} + \mathrm{SH}_{i-1}]$$

$$\mathrm{SL}_i = \min[0, \overline{X}_i - \mu + k\sigma_{\overline{X}} + \mathrm{SL}_{i-1}]$$

상수 k와 h가 반드시 명시되어져야 한다. 좋은 결과값은 자주 $k = 0.5$, $h = 4$ 또는 5로부터 구해진다. 만약 어떠한 i값에 대해 $\mathrm{SH}_i > h\sigma_{\overline{X}}$ 또는 $\mathrm{SL}_i < h\sigma_{\overline{X}}$라면, 과정은 이상상태에 있다고 판단된다.

이곳에 설명된 것과 같거나 또는 거의 같게 CUSUM 관리도를 그리는 다른 몇 개의 방법이 있다. 몇몇 사람들은 편차를 z-score($z_i = (\overline{X}_i - \mu)/\sigma_{\overline{X}}$)를 이용($z_i$의 자리에 $X_i - \mu$, k의 자리에 $k\sigma_{\overline{X}}$를 대입) SH와 SL을 구한다. 이 정의를 이용하면 관리한계선은 $\pm h\sigma_{\overline{X}}$가 아닌 $\pm h$에 위치한다.

또 다른 가장 일반적인 다른 방법은 “V-mask”접근법이다. Montgomery (2009b)와 같은 통계품질관리 서적에서 더 많은 정보를 찾아볼 수 있다.

연습 10.4

1 10.2절의 문제 2를 참고하시오.

a. 공정을 정상상태로 만들기 위하여 필요한 표본을 모두 제거하시오.

b. $\overline{R}$을 사용하여 $\sigma_{\bar{x}}$를 측정하시오($\sigma_{\bar{x}}$는 $\overline{\overline{X}}$와 $\overline{X}$차트에 있는 1σ 관리한계의 차이이다).

c. $\overline{\overline{X}}$를 목표평균 μ로 사용하고 $\sigma_{\bar{x}}$를 표준편차로 사용하여 CUSUM 차트를 만드시오. $k = 0.5$이고 $h = 4$이다.

d. 공정은 정상상태인가? 아니면 언제 처음으로 이상상태로 되었나?

e. $\overline{X}$차트를 만들고, Western Electric Rule을 사용하여 공정이 정상상태인지 말하시오. Western Electric Rule과 CUSUM 차트는 결과가 같은가? 아니라면 얼마나 다른가?

2 콘크리트 블록을 특정 용도에 적용하기 위해서는 평균 내압강도가 1,500 MPa이어야 한다. 크기 1인 표본을 취하여 품질관리를 하였다. 마지막 40개 표본의 내압강도는 다음 표에 나와 있다.

Sample	Strength	Sample	Strength
1	1487	21	1507
2	1463	22	1474
3	1499	23	1515
4	1502	24	1533
5	1473	25	1487
6	1520	26	1518
7	1520	27	1526
8	1495	28	1469
9	1503	29	1472
10	1499	30	1512
11	1497	31	1483
12	1516	32	1505
13	1489	33	1507
14	1545	34	1505
15	1498	35	1517
16	1503	36	1504
17	1522	37	1515
18	1502	38	1467
19	1499	39	1491
20	1484	40	1488

이전 연구결과로부터 $\sigma = 15$라는 것을 알았다.

a. 목표 평균 μ를 1,500으로 하고, $k = 0.5$이고 $h = 4$이다. CUSUM 차트를 만들어라.

b. 공정은 정상상태인가? 아니라면 언제 처음 이상상태로 발견되었나?

10.5 공정능력

과정이 정상상태에 있다면 설계사양에 부합하는 결과값을 만들어내는 능력을 평가하는 것이 중요하다. 우리는 변수자료를 고려할 것이고, 우리가 관심 있는 품질특성이 정규분포를 따른다고 가정할 것이다.

공정능력을 평가하는 첫 번째 단계는 공정평균과 표준편차를 추정하는 것이다. 이 값은 각각 $\hat{\mu}$와 $\hat{\sigma}$라고 한다. 자료에 쓰이는 $\hat{\mu}$와 $\hat{\sigma}$값은 보통 과정이 정상상태에 있을 때의 관리도로부터 구해진다. 공정평균은 $\hat{\mu} = \overline{\overline{X}}$로 추정된다. 공정 표준편차는 평균 표본범위 $\overline{R}$ 또는 평균 표본 표준편차 $\overline{s}$를 이용해 추정된다. 구체적으로 $\hat{\sigma}$는 $\overline{R}$를 d_2라는 상수로 나누거나 $\overline{s}$를 c_4라는 상수로 나누어서 구할 수 있다. 상수값 d_2와 c_4는 표본의 크기에 따라 달라진다. 값들은 부록의 표 A.8에 도식화 되어 있다.

Summary

과정이 정상상태에 있을 때의 품질 특성이 정규분포를 따른다면 공정평균 $\hat{\mu}$와 표준편차 $\hat{\sigma}$는 관리도의 자료로부터 다음과 같이 추정된다.

- $\hat{\mu} = \overline{\overline{X}}$
- $\hat{\sigma} = \overline{R}/d_2$ 또는 $\hat{\sigma} = \overline{s}/c_4$

d_2와 c_4의 값은 표본의 크기에 따라 변한다. 그 값은 표 A.8에 나와 있다.

공정 표준편차 σ는 $\overline{X}$ 관리도에서 3σ 관리한계선을 계산한 값과 같지 않다는 것을 알아야 한다. 표본평균의 표준편차가 $\sigma_{\overline{X}}$일 때, 관리한계선은 $\mu \pm 3\sigma_{\overline{X}}$이다. 공정표준편차 σ는 각 항목의 품질특성의 표준편차이다. 표본크기가 n일 때 $\sigma_{\overline{X}} = \sigma/\sqrt{n}$의 관계가 있다.

사용에 적합하기 위해서 품질특성은 반드시 규격하한(lower specification limit, LSL)과 규격상한(upper specification limit, USL) 사이에 있어야 한다. 가끔 이러한 규격한계가 한 가지일 경우가 있는데, 그 경우에 대해서는 이 절의 마지막에서 다룰 것이다. 규격한계는 설계요구서에 의해 결정된다. 그들은 관리도에 있는 관리한계선이 아니다.

우리는 공정평균 이 LSL과 USL사이에 있다고 가정할 것이다.

공정능력의 두 지표 C_{pk}와 C_p에 대해 알아보자. C_{pk}는 공정능력 그 자체를 의미하고, C_p는 잠재적인 공정능력을 의미한다. 선형모형 선택(8.4절)에 사용된 Mallows' C_p와 공정능력 C_p는 관계가 없음을 알아두자. 두 값이 같은 이름을 갖고 있는 것은 우연이다.

C_{pk}는 $\hat{\mu}$로부터 가장 가까운 규격한계까지의 거리를 $3\hat{\sigma}$로 나눈 값으로 정의된다. 그림 10.17은 $\hat{\mu}$가 규격상한에 더 가까운 경우를 나타낸다.

C_{pk}는 $(\hat{\mu}-\mathrm{LSL})/(3\hat{\sigma})$ 또는 $(\mathrm{USL}-\hat{\mu})/(3\hat{\sigma})$ 중 작은 값을 말한다.

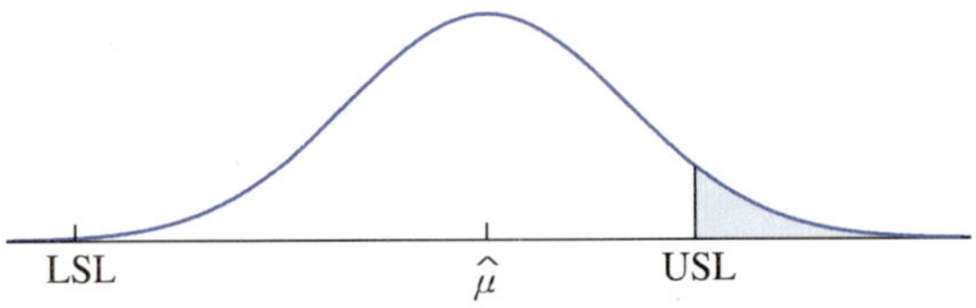

그림 10.17 정상곡선은 공정에 의해 생산되는 구성단위의 인구를 나타낸다. 프로세스 평균은 규격하한(LSL)보다 규격상한(USL)에 가깝다. 따라서 지수 C_{pk}는 $(\mathrm{USL}-\hat{\mu})/3\hat{\sigma}$까지 같다.

보통의 경우에 받아들여지는 가장 작은 C_{pk}값은 1이다. 즉, 만약 공정평균이 가장 가까운 규격한계로부터 3배의 표준편차만큼 떨어져 있을 때 과정이 최소한도로 유효한 것으로 생각되어 지는 것이다. 공정평균이 가장 가까운 규격한계로부터 4배의 표준편차만큼 떨어져 있을 때 C_{pk}값은 1.33이고, 이것은 일반적으로 좋다고 생각된다.

Example 10.11

자동 변속기에 사용되는 피스톤 봉의 설계사양이 봉의 길이가 71.4 mm와 72.8 mm 사이에 있어야 한다고 한다. 표본의 크기 $n=5$로 과정이 $\overline{X}$ 관리도와 S 관리도를 이용해 모니터링 되고 있다. 과정은 정상상태로 나타났다. $\overline{\overline{X}}$의 값은 71.8 mm이고, $\overline{s}$의 값은 0.20 mm이다. C_{pk}값을 계산하라. 이 공정능력을 수용할 수 있는가?

Solution

$\hat{\mu}=\overline{\overline{X}}=71.8$이다. $\hat{\sigma}$를 계산하기 위해, 표본크기가 5일 때 표 A.8로부터 $c_4=0.9400$의 값을 얻는다. 따라서 $\hat{\sigma}=\overline{s}/c_4=0.20/0.9400=0.2128$이다. LSL= 71.4 mm이고 USL= 72.8 mm이다. $\hat{\mu}$값은 USL보다 LSL에 더 가깝다.

따라서 $C_{pk}=(\hat{\mu}-\mathrm{LSL})/(3\hat{\sigma})=(71.8-71.4)/(3\times0.2128)=0.6266$

$C_{pk}<1$이기 때문에 공정능력을 수용할 수 없다.

Example 10.12

예제 10.11을 참고하라. 공정평균을 원하는 어떤 값으로도 변경하는 것이 가능하다고 가정하자. C_{pk}값을 최대화 하기 위해서 필요한 값은 무엇인가? C_{pk}의 값은 무엇인가?

Solution

LSL = 71.4이고, USL = 72.8이다. 공정평균이 규격한계의 가운데인 $\mu=72.1$에 위치할 때 C_{pk}가 최대가 된다. 공정 표준편차는 $\hat{\sigma}=0.2128$로 추정된다. 따라서 C_{pk}의 최대값은 $(72.1-71.4)/(3\times0.2128)=1.0965$이다. 따라서 공정능력을 수용할 수 있다.

공정평균을 규격한계의 가운데로 옮겨서 얻을 수 있는 잠재적인 공정능력을 공정능력지수(Process capability index)라고 하고 C_p로 표시한다. 만약 공정평균이 LSL과 USL의 중앙에 있다면 $\mu-\text{LSL}=\text{USL}-\mu=(\text{USL}-\text{LSL})/2$로, 평균으로부터 어느 한쪽의 규격한계까지의 거리는 규격한계의 거리의 반과 같다(그림 10.18). 따라서 식 (10.5)이다.

$$C_p=\frac{\text{USL}-\text{LSL}}{6\hat{\sigma}} \tag{10.5}$$

공정능력지수 C_p는 공정 표준편차를 감소시키지 않고 얻을 수 있는 최고의 공정능력으로서 잠재적인 공정능력이다.

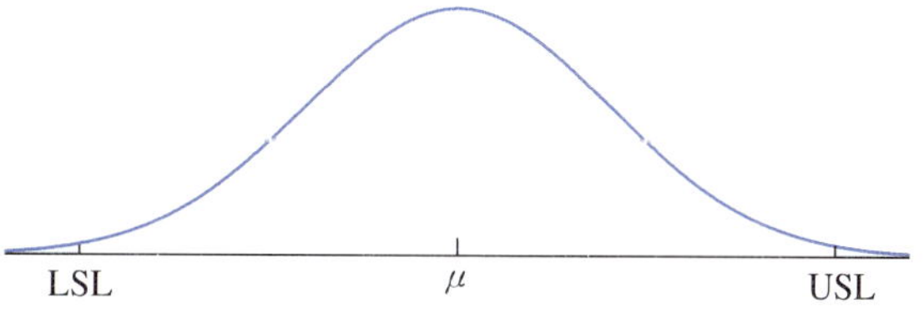

그림 10.18 공정평균이 규격한계 사이의 중간점에 있을 때 공정은 최대능력을 갖는다. 이 경우 $\mu-\text{LSL}=\text{USL}-\mu=(\text{USL}-\text{LSL})/2$

Example 10.13 어떤 전기 회로의 전압 출력량의 사양은 48 V에서 52 V이다. $\hat{\sigma}=0.482$ V로 과정은 정상상태에 있다. 공정능력지수 C_p를 계산하라.

Solution

$$\begin{aligned}C_p&=(\text{USL}-\text{LSL})/(6\hat{\sigma})\\&=(52-48)/(6\times0.482)\\&=1.38\end{aligned}$$

공정능력이 잠재적으로 좋다.

공정능력에 부합하지 않는 개체의 비율의 추정

많은 사람들이 C_p값을 사양에 부합하지 않은 개체의 비율을 추정하기 위해 사용한다. 예를 들어, $C_p=1$이라면 규격한계는 각각 $\hat{\mu}-3\hat{\sigma}$, $\hat{\mu}+3\hat{\sigma}$이다. 따라서, 공정평균으로부터 표준편차의 세 배 이상이 차이가 날 경우, 개체는 공정능력에 부합하지 않을 것이다. 정규분포에서 평균으로부터 세 배의 표준편차에 거리 이상에 있는 항목의 비율은 0.0027이다. 그래서 가끔 $C_p=1$인 과정에 대해 10,000개당 27개의 부적합품이 나온다고 말한다.

이것의 문제는 정규성 가정이 실제 과정에 대해 대략적이라는 것이다. 근사치는 곡선의 중간에서는 실제값과 매우 유사하지만, 곡선의 꼬리부분에서는 정확하지 않은 경우가 많다. 따라서 실제 부적합품의 비율은 특히 비율이 매우 낮은 경우 정규곡선에서 예측한 것과는 상당히 다른 결과를 나타낼 수 있다.

6-sigma 품질

품질관리의 논의에 있어 "6-sigma 품질(six-sigma quality)"은 매우 일반적인 용어이다. 만약 공정능력지수 C_p가 2 또는 그보다 큰 값을 가질 때, 과정은 6-sigma 품질을 갖는다고 말한다. 또 USL − LSL의 차이가 최소한 12σ여도, 과정은 6-sigma 품질을 갖는다고 한다. 과정이 6-sigma 품질을 가질 때 공정평균이 최적으로 조정된다면, 이것은 각 규격한계로부터 여섯 배의 표준편차이다. 이러한 경우에 부적합품의 비율은 사실상 0이다.

6-sigma 공정의 중요한 특징은 공정능력의 커다란 왜곡 없이 공정평균에 있어서의 적당한 이동은 견뎌낼 수 있다는 것이다. 예를 들어, 공정평균이 3σ의 크기로 한쪽 또는 다른 한쪽으로 이동된다 할지라도, 가장 가까운 규격한계로부터 여전히 3σ의 거리에 있어서 공정능력지수는 여전히 수용할 수 있다.

Example 10.14

예제 10.13을 참고하라. 과정이 6-sigma 품질을 갖기 위해서 얼마만큼의 공정 표준편차가 감소해야 하는가?

Solution

6-sigma 품질을 얻기 위해서는 C_p값이 최소 2.0이 되어야 한다. 이때의 σ값을 구하기 위해 $C_p = 2.0$으로 두고 σ에 대해서 푼다. 그러면

$$2.0 = (52 - 48)/(6\sigma)$$

로부터 $\sigma = 0.33$을 얻는다.

최근 몇 년 동안 "6-sigma"라는 용어는 그 의미가 확장되어 이제는 제조공정과 비즈니스 과정에 있어서 결함을 발견하고 제거하는 방법인 비즈니스매니지먼트 전략으로 언급된다.

편측 공차

몇 특성들은 오직 하나의 규격한계가 있다. 예를 들어, 강도는 사용상의 이유로 규격상한이 없고 규격하한만 가진다. 오직 규격하한만 있을 때의 C_{pk}는 공정능력지수하한(lower capability index)이라고 하고 C_{pl}이 된다. 오직 규격상한만이 있을 때는 공정능력지수상한(upper capability index)이라고 하고 C_{pu}가 된다. 각각의 값은 추정된 값인 $\hat{\mu}$와 품질규격의 차이값을 $3\hat{\sigma}$로 나눈 값이다.

하나의 규격한계를 갖고 있는 과정은 C_p에 대한 동의어가 없다.

Summary

- 만약, 과정이 규격하한(LSL)만을 갖고 있다면, 공정능력지수하한(lower capability index)은

$$C_{\pi} = \frac{(\hat{\mu} - \text{LSL})}{(3\hat{\sigma})}$$

- 만약, 과정이 규격상한(USL)만을 갖고 있다면, 공정능력지수상한(upper capability index)은

$$C_{pu} = \frac{(\text{USL} - \hat{\mu})}{(3\widehat{\sigma})}$$

연습 10.5

1 내연기관 흡기 밸브 설계사양은 밸브 간극을 0.18과 0.22 mm 사이로 요구한다. 정상상태이고 크기 4인 표본으로 한 $\bar{X}$차트에서의 $\bar{\bar{X}} = 0.205$ mm, $\bar{s} = 0.002$ mm이다.

a. 이 공정의 C_{pk}의 값을 계산하시오.

b. 이 공정능력은 받아들일 만한가? 설명하시오.

2 문제 1번을 참고하시오.

a. 공정능력을 최대화 하기위해서는 공정 평균의 값이 얼마나 되어야 하나?

b. 그러면 공정능력은 얼마가 될 것인가?

3 공정능력지수가 $C_p = 1.2$인 공정이 있다.

a. 공정 평균이 최적화 되었다고 가정하자. 공정 평균과 표준편차를 이용하여 사양 상한과 하한을 나타내시오.

b. 정규 곡선을 사용하여 사양에 맞지 않는 물품의 부분을 추정하시오.

c. 사양에 맞지 않는 실제 물품 부분은 (b)에서 추정된 부분과 다른가 아니면 다르지 않은가? 설명하시오.

제10장 연습문제

1 매일 250아이템의 표본을 채취하고 결함이 있는 부분을 계산함으로써 그 결함아이템의 과정이 감시된다. p_i를 결함아이템이 있는 i 번째 샘플이라고 하자. 이전 50개의 표본에서는 그 부분의 합이 $\sum_{i=1}^{50} p_i = 2.98$이다. 중심선과 p 차트의 3σ 상위와 하위의 관리한계를 계산하시오.

2 세 개의 저항기 표본이 주기적으로 채취되었고, 저항도(ohms)가 측정되었다. 다음 표는 연속된 30개의 표본의 평균들과 범위 그리고 표준편차가 나와 있다. 평균은 $\overline{\overline{X}} = 5.095$, $\overline{R} = 0.110$ 그리고 $\overline{s} = 0.058$이다.

Sample	$\overline{X}$	R	s
1	5.114	0.146	0.077
2	5.144	0.158	0.085
3	5.220	0.057	0.031
4	5.196	0.158	0.081
5	5.176	0.172	0.099
6	5.222	0.030	0.017
7	5.209	0.118	0.059
8	5.212	0.099	0.053
9	5.238	0.157	0.085
10	5.152	0.104	0.054
11	5.163	0.051	0.026
12	5.221	0.105	0.055
13	5.144	0.132	0.071
14	5.098	0.123	0.062
15	5.070	0.083	0.042
16	5.029	0.073	0.038
17	5.045	0.161	0.087
18	5.008	0.138	0.071
19	5.029	0.082	0.042
20	5.038	0.109	0.055
21	4.962	0.066	0.034
22	5.033	0.078	0.041
23	4.993	0.085	0.044
24	4.961	0.126	0.066
25	4.976	0.094	0.047
26	5.005	0.135	0.068
27	5.022	0.120	0.062
28	5.077	0.140	0.074
29	5.033	0.049	0.026
30	5.068	0.146	0.076

a. R차트에 대한 3σ 극한을 계산하시오. 어떤 포인트에서든지 분산이 통제되지 않는 부분이 있는가? 있다면 통제되지 않는 부분은 잘라내고 다시 $\overline{\overline{X}}$와 $\overline{R}$을 계산하시오.

b. $\overline{X}$ 차트에 대한 3σ 극한을 계산하시오. 3σ 극한을 볼 때, 과정 평균(process mean)이 통제되어 있는가? 만약 아니라면 통제가 안 되는 첫 번째 포인트는 무엇인가?

c. Western Electric rules를 기반으로 둘 때, 과정 평균이 통제되어 있는가? 아니라면 통제가 안 되는 첫 번째 포인트는 무엇인가?

3 컴퓨터 칩을 생산하는 과정을 감시하는 p차트를 만들기 위해서는 매일 500개의 칩 표본을 수집하고, 결함이 있는 칩이 세어진다. 마지막 25일에 결함이 있는 칩의 숫자들은 다음과 같다.

25 22 14 24 18 16 20 27 19 20 22 7 24 26
11 14 18 29 21 32 29 34 34 30 24

a. p차트에 대한 3σ 상위와 하위의 극한을 계산하시오.

b. 어떤 표본이 가장 통제가 안 되는 프로세스인가?

c. 통제가 안 되는 컨디션을 초래하는 특별한 원인이 발견되었다고 가정하자. 이 원인은 해결되어야 하나? 설명하시오.

부록 Appendix

List

표 A.1 Cumulative Binomial Distribution

$$F(x) = P(X \le x) = \sum_{k=0}^{x} \frac{n!}{k!(n-k)!} p^k (1-p)^{(n-k)}$$

		p												
n	x	0.05	0.10	0.20	0.25	0.30	0.40	0.50	0.60	0.70	0.75	0.80	0.90	0.95
2	0	0.902	0.810	0.640	0.562	0.490	0.360	0.250	0.160	0.090	0.062	0.040	0.010	0.003
	1	0.997	0.990	0.960	0.938	0.910	0.840	0.750	0.640	0.510	0.438	0.360	0.190	0.098
	2	1.000	1.000	1.000	1.000	1.000	1.000	1.000	1.000	1.000	1.000	1.000	1.000	1.000
3	0	0.857	0.729	0.512	0.422	0.343	0.216	0.125	0.064	0.027	0.016	0.008	0.001	0.000
	1	0.993	0.972	0.896	0.844	0.784	0.648	0.500	0.352	0.216	0.156	0.104	0.028	0.007
	2	1.000	0.999	0.992	0.984	0.973	0.936	0.875	0.784	0.657	0.578	0.488	0.271	0.143
	3	1.000	1.000	1.000	1.000	1.000	1.000	1.000	1.000	1.000	1.000	1.000	1.000	1.000
4	0	0.815	0.656	0.410	0.316	0.240	0.130	0.062	0.026	0.008	0.004	0.002	0.000	0.000
	1	0.986	0.948	0.819	0.738	0.652	0.475	0.313	0.179	0.084	0.051	0.027	0.004	0.000
	2	1.000	0.996	0.973	0.949	0.916	0.821	0.688	0.525	0.348	0.262	0.181	0.052	0.014
	3	1.000	1.000	0.998	0.996	0.992	0.974	0.938	0.870	0.760	0.684	0.590	0.344	0.185
	4	1.000	1.000	1.000	1.000	1.000	1.000	1.000	1.000	1.000	1.000	1.000	1.000	1.000
5	0	0.774	0.590	0.328	0.237	0.168	0.078	0.031	0.010	0.002	0.001	0.000	0.000	0.000
	1	0.977	0.919	0.737	0.633	0.528	0.337	0.187	0.087	0.031	0.016	0.007	0.000	0.000
	2	0.999	0.991	0.942	0.896	0.837	0.683	0.500	0.317	0.163	0.104	0.058	0.009	0.001
	3	1.000	1.000	0.993	0.984	0.969	0.913	0.812	0.663	0.472	0.367	0.263	0.081	0.023
	4	1.000	1.000	1.000	0.999	0.998	0.990	0.969	0.922	0.832	0.763	0.672	0.410	0.226
	5	1.000	1.000	1.000	1.000	1.000	1.000	1.000	1.000	1.000	1.000	1.000	1.000	1.000
6	0	0.735	0.531	0.262	0.178	0.118	0.047	0.016	0.004	0.001	0.000	0.000	0.000	0.000
	1	0.967	0.886	0.655	0.534	0.420	0.233	0.109	0.041	0.011	0.005	0.002	0.000	0.000
	2	0.998	0.984	0.901	0.831	0.744	0.544	0.344	0.179	0.070	0.038	0.017	0.001	0.000
	3	1.000	0.999	0.983	0.962	0.930	0.821	0.656	0.456	0.256	0.169	0.099	0.016	0.002
	4	1.000	1.000	0.998	0.995	0.989	0.959	0.891	0.767	0.580	0.466	0.345	0.114	0.033
	5	1.000	1.000	1.000	1.000	0.999	0.996	0.984	0.953	0.882	0.822	0.738	0.469	0.265
	6	1.000	1.000	1.000	1.000	1.000	1.000	1.000	1.000	1.000	1.000	1.000	1.000	1.000
7	0	0.698	0.478	0.210	0.133	0.082	0.028	0.008	0.002	0.000	0.000	0.000	0.000	0.000
	1	0.956	0.850	0.577	0.445	0.329	0.159	0.063	0.019	0.004	0.001	0.000	0.000	0.000
	2	0.996	0.974	0.852	0.756	0.647	0.420	0.227	0.096	0.029	0.013	0.005	0.000	0.000
	3	1.000	0.997	0.967	0.929	0.874	0.710	0.500	0.290	0.126	0.071	0.033	0.003	0.000
	4	1.000	1.000	0.995	0.987	0.971	0.904	0.773	0.580	0.353	0.244	0.148	0.026	0.004
	5	1.000	1.000	1.000	0.999	0.996	0.981	0.938	0.841	0.671	0.555	0.423	0.150	0.044
	6	1.000	1.000	1.000	1.000	1.000	0.998	0.992	0.972	0.918	0.867	0.790	0.522	0.302
	7	1.000	1.000	1.000	1.000	1.000	1.000	1.000	1.000	1.000	1.000	1.000	1.000	1.000
8	0	0.663	0.430	0.168	0.100	0.058	0.017	0.004	0.001	0.000	0.000	0.000	0.000	0.000
	1	0.943	0.813	0.503	0.367	0.255	0.106	0.035	0.009	0.001	0.000	0.000	0.000	0.000
	2	0.994	0.962	0.797	0.679	0.552	0.315	0.145	0.050	0.011	0.004	0.001	0.000	0.000
	3	1.000	0.995	0.944	0.886	0.806	0.594	0.363	0.174	0.058	0.027	0.010	0.000	0.000
	4	1.000	1.000	0.990	0.973	0.942	0.826	0.637	0.406	0.194	0.114	0.056	0.005	0.000
	5	1.000	1.000	0.999	0.996	0.989	0.950	0.855	0.685	0.448	0.321	0.203	0.038	0.006
	6	1.000	1.000	1.000	1.000	0.999	0.991	0.965	0.894	0.745	0.633	0.497	0.187	0.057
	7	1.000	1.000	1.000	1.000	1.000	0.999	0.996	0.983	0.942	0.900	0.832	0.570	0.337
	8	1.000	1.000	1.000	1.000	1.000	1.000	1.000	1.000	1.000	1.000	1.000	1.000	1.000

표 A.1 (계속)

		p												
n	*x*	**0.05**	**0.10**	**0.20**	**0.25**	**0.30**	**0.40**	**0.50**	**0.60**	**0.70**	**0.75**	**0.80**	**0.90**	**0.95**
9	**0**	0.630	0.387	0.134	0.075	0.040	0.010	0.002	0.000	0.000	0.000	0.000	0.000	0.000
	1	0.929	0.775	0.436	0.300	0.196	0.071	0.020	0.004	0.000	0.000	0.000	0.000	0.000
	2	0.992	0.947	0.738	0.601	0.463	0.232	0.090	0.025	0.004	0.001	0.000	0.000	0.000
	3	0.999	0.992	0.914	0.834	0.730	0.483	0.254	0.099	0.025	0.010	0.003	0.000	0.000
	4	1.000	0.999	0.980	0.951	0.901	0.733	0.500	0.267	0.099	0.049	0.020	0.001	0.000
	5	1.000	1.000	0.997	0.990	0.975	0.901	0.746	0.517	0.270	0.166	0.086	0.008	0.001
	6	1.000	1.000	1.000	0.999	0.996	0.975	0.910	0.768	0.537	0.399	0.262	0.053	0.008
	7	1.000	1.000	1.000	1.000	1.000	0.996	0.980	0.929	0.804	0.700	0.564	0.225	0.071
	8	1.000	1.000	1.000	1.000	1.000	1.000	0.998	0.990	0.960	0.925	0.866	0.613	0.370
	9	1.000	1.000	1.000	1.000	1.000	1.000	1.000	1.000	1.000	1.000	1.000	1.000	1.000
10	**0**	0.599	0.349	0.107	0.056	0.028	0.006	0.001	0.000	0.000	0.000	0.000	0.000	0.000
	1	0.914	0.736	0.376	0.244	0.149	0.046	0.011	0.002	0.000	0.000	0.000	0.000	0.000
	2	0.988	0.930	0.678	0.526	0.383	0.167	0.055	0.012	0.002	0.000	0.000	0.000	0.000
	3	0.999	0.987	0.879	0.776	0.650	0.382	0.172	0.055	0.011	0.004	0.001	0.000	0.000
	4	1.000	0.998	0.967	0.922	0.850	0.633	0.377	0.166	0.047	0.020	0.006	0.000	0.000
	5	1.000	1.000	0.994	0.980	0.953	0.834	0.623	0.367	0.150	0.078	0.033	0.002	0.000
	6	1.000	1.000	0.999	0.996	0.989	0.945	0.828	0.618	0.350	0.224	0.121	0.013	0.001
	7	1.000	1.000	1.000	1.000	0.998	0.988	0.945	0.833	0.617	0.474	0.322	0.070	0.012
	8	1.000	1.000	1.000	1.000	1.000	0.998	0.989	0.954	0.851	0.756	0.624	0.264	0.086
	9	1.000	1.000	1.000	1.000	1.000	1.000	0.999	0.994	0.972	0.944	0.893	0.651	0.401
	10	1.000	1.000	1.000	1.000	1.000	1.000	1.000	1.000	1.000	1.000	1.000	1.000	1.000
11	**0**	0.569	0.314	0.086	0.042	0.020	0.004	0.000	0.000	0.000	0.000	0.000	0.000	0.000
	1	0.898	0.697	0.322	0.197	0.113	0.030	0.006	0.001	0.000	0.000	0.000	0.000	0.000
	2	0.985	0.910	0.617	0.455	0.313	0.119	0.033	0.006	0.001	0.000	0.000	0.000	0.000
	3	0.998	0.981	0.839	0.713	0.570	0.296	0.113	0.029	0.004	0.001	0.000	0.000	0.000
	4	1.000	0.997	0.950	0.885	0.790	0.533	0.274	0.099	0.022	0.008	0.002	0.000	0.000
	5	1.000	1.000	0.988	0.966	0.922	0.753	0.500	0.247	0.078	0.034	0.012	0.000	0.000
	6	1.000	1.000	0.998	0.992	0.978	0.901	0.726	0.467	0.210	0.115	0.050	0.003	0.000
	7	1.000	1.000	1.000	0.999	0.996	0.971	0.887	0.704	0.430	0.287	0.161	0.019	0.002
	8	1.000	1.000	1.000	1.000	0.999	0.994	0.967	0.881	0.687	0.545	0.383	0.090	0.015
	9	1.000	1.000	1.000	1.000	1.000	0.999	0.994	0.970	0.887	0.803	0.678	0.303	0.102
	10	1.000	1.000	1.000	1.000	1.000	1.000	1.000	0.996	0.980	0.958	0.914	0.686	0.431
	11	1.000	1.000	1.000	1.000	1.000	1.000	1.000	1.000	1.000	1.000	1.000	1.000	1.000
12	**0**	0.540	0.282	0.069	0.032	0.014	0.002	0.000	0.000	0.000	0.000	0.000	0.000	0.000
	1	0.882	0.659	0.275	0.158	0.085	0.020	0.003	0.000	0.000	0.000	0.000	0.000	0.000
	2	0.980	0.889	0.558	0.391	0.253	0.083	0.019	0.003	0.000	0.000	0.000	0.000	0.000
	3	0.998	0.974	0.795	0.649	0.493	0.225	0.073	0.015	0.002	0.000	0.000	0.000	0.000
	4	1.000	0.996	0.927	0.842	0.724	0.438	0.194	0.057	0.009	0.003	0.001	0.000	0.000
	5	1.000	0.999	0.981	0.946	0.882	0.665	0.387	0.158	0.039	0.014	0.004	0.000	0.000
	6	1.000	1.000	0.996	0.986	0.961	0.842	0.613	0.335	0.118	0.054	0.019	0.001	0.000
	7	1.000	1.000	0.999	0.997	0.991	0.943	0.806	0.562	0.276	0.158	0.073	0.004	0.000
	8	1.000	1.000	1.000	1.000	0.998	0.985	0.927	0.775	0.507	0.351	0.205	0.026	0.002
	9	1.000	1.000	1.000	1.000	1.000	0.997	0.981	0.917	0.747	0.609	0.442	0.111	0.020
	10	1.000	1.000	1.000	1.000	1.000	1.000	0.997	0.980	0.915	0.842	0.725	0.341	0.118
	11	1.000	1.000	1.000	1.000	1.000	1.000	1.000	0.998	0.986	0.968	0.931	0.718	0.460
	12	1.000	1.000	1.000	1.000	1.000	1.000	1.000	1.000	1.000	1.000	1.000	1.000	1.000

표 A.1 (계속)

n	x	p = 0.05	0.10	0.20	0.25	0.30	0.40	0.50	0.60	0.70	0.75	0.80	0.90	0.95
13	0	0.513	0.254	0.055	0.024	0.010	0.001	0.000	0.000	0.000	0.000	0.000	0.000	0.000
	1	0.865	0.621	0.234	0.127	0.064	0.013	0.002	0.000	0.000	0.000	0.000	0.000	0.000
	2	0.975	0.866	0.502	0.333	0.202	0.058	0.011	0.001	0.000	0.000	0.000	0.000	0.000
	3	0.997	0.966	0.747	0.584	0.421	0.169	0.046	0.008	0.001	0.000	0.000	0.000	0.000
	4	1.000	0.994	0.901	0.794	0.654	0.353	0.133	0.032	0.004	0.001	0.000	0.000	0.000
	5	1.000	0.999	0.970	0.920	0.835	0.574	0.291	0.098	0.018	0.006	0.001	0.000	0.000
	6	1.000	1.000	0.993	0.976	0.938	0.771	0.500	0.229	0.062	0.024	0.007	0.000	0.000
	7	1.000	1.000	0.999	0.994	0.982	0.902	0.709	0.426	0.165	0.080	0.030	0.001	0.000
	8	1.000	1.000	1.000	0.999	0.996	0.968	0.867	0.647	0.346	0.206	0.099	0.006	0.000
	9	1.000	1.000	1.000	1.000	0.999	0.992	0.954	0.831	0.579	0.416	0.253	0.034	0.003
	10	1.000	1.000	1.000	1.000	1.000	0.999	0.989	0.942	0.798	0.667	0.498	0.134	0.025
	11	1.000	1.000	1.000	1.000	1.000	1.000	0.998	0.987	0.936	0.873	0.766	0.379	0.135
	12	1.000	1.000	1.000	1.000	1.000	1.000	1.000	0.999	0.990	0.976	0.945	0.746	0.487
	13	1.000	1.000	1.000	1.000	1.000	1.000	1.000	1.000	1.000	1.000	1.000	1.000	1.000
14	0	0.488	0.229	0.044	0.018	0.007	0.001	0.000	0.000	0.000	0.000	0.000	0.000	0.000
	1	0.847	0.585	0.198	0.101	0.047	0.008	0.001	0.000	0.000	0.000	0.000	0.000	0.000
	2	0.970	0.842	0.448	0.281	0.161	0.040	0.006	0.001	0.000	0.000	0.000	0.000	0.000
	3	0.996	0.956	0.698	0.521	0.355	0.124	0.029	0.004	0.000	0.000	0.000	0.000	0.000
	4	1.000	0.991	0.870	0.742	0.584	0.279	0.090	0.018	0.002	0.000	0.000	0.000	0.000
	5	1.000	0.999	0.956	0.888	0.781	0.486	0.212	0.058	0.008	0.002	0.000	0.000	0.000
	6	1.000	1.000	0.988	0.962	0.907	0.692	0.395	0.150	0.031	0.010	0.002	0.000	0.000
	7	1.000	1.000	0.998	0.990	0.969	0.850	0.605	0.308	0.093	0.038	0.012	0.000	0.000
	8	1.000	1.000	1.000	0.998	0.992	0.942	0.788	0.514	0.219	0.112	0.044	0.001	0.000
	9	1.000	1.000	1.000	1.000	0.998	0.982	0.910	0.721	0.416	0.258	0.130	0.009	0.000
	10	1.000	1.000	1.000	1.000	1.000	0.996	0.971	0.876	0.645	0.479	0.302	0.044	0.004
	11	1.000	1.000	1.000	1.000	1.000	0.999	0.994	0.960	0.839	0.719	0.552	0.158	0.030
	12	1.000	1.000	1.000	1.000	1.000	1.000	0.999	0.992	0.953	0.899	0.802	0.415	0.153
	13	1.000	1.000	1.000	1.000	1.000	1.000	1.000	0.999	0.993	0.982	0.956	0.771	0.512
	14	1.000	1.000	1.000	1.000	1.000	1.000	1.000	1.000	1.000	1.000	1.000	1.000	1.000
15	0	0.463	0.206	0.035	0.013	0.005	0.000	0.000	0.000	0.000	0.000	0.000	0.000	0.000
	1	0.829	0.549	0.167	0.080	0.035	0.005	0.000	0.000	0.000	0.000	0.000	0.000	0.000
	2	0.964	0.816	0.398	0.236	0.127	0.027	0.004	0.000	0.000	0.000	0.000	0.000	0.000
	3	0.995	0.944	0.648	0.461	0.297	0.091	0.018	0.002	0.000	0.000	0.000	0.000	0.000
	4	0.999	0.987	0.836	0.686	0.515	0.217	0.059	0.009	0.001	0.000	0.000	0.000	0.000
	5	1.000	0.998	0.939	0.852	0.722	0.403	0.151	0.034	0.004	0.001	0.000	0.000	0.000
	6	1.000	1.000	0.982	0.943	0.869	0.610	0.304	0.095	0.015	0.004	0.001	0.000	0.000
	7	1.000	1.000	0.996	0.983	0.950	0.787	0.500	0.213	0.050	0.017	0.004	0.000	0.000
	8	1.000	1.000	0.999	0.996	0.985	0.905	0.696	0.390	0.131	0.057	0.018	0.000	0.000
	9	1.000	1.000	1.000	0.999	0.996	0.966	0.849	0.597	0.278	0.148	0.061	0.002	0.000
	10	1.000	1.000	1.000	1.000	0.999	0.991	0.941	0.783	0.485	0.314	0.164	0.013	0.001
	11	1.000	1.000	1.000	1.000	1.000	0.998	0.982	0.909	0.703	0.539	0.352	0.056	0.005
	12	1.000	1.000	1.000	1.000	1.000	1.000	0.996	0.973	0.873	0.764	0.602	0.184	0.036
	13	1.000	1.000	1.000	1.000	1.000	1.000	1.000	0.995	0.965	0.920	0.833	0.451	0.171
	14	1.000	1.000	1.000	1.000	1.000	1.000	1.000	1.000	0.995	0.987	0.965	0.794	0.537
	15	1.000	1.000	1.000	1.000	1.000	1.000	1.000	1.000	1.000	1.000	1.000	1.000	1.000

표 A.1 (계속)

n	x	0.05	0.10	0.20	0.25	0.30	0.40	0.50	0.60	0.70	0.75	0.80	0.90	0.95
16	0	0.440	0.185	0.028	0.010	0.003	0.000	0.000	0.000	0.000	0.000	0.000	0.000	0.000
	1	0.811	0.515	0.141	0.063	0.026	0.003	0.000	0.000	0.000	0.000	0.000	0.000	0.000
	2	0.957	0.789	0.352	0.197	0.099	0.018	0.002	0.000	0.000	0.000	0.000	0.000	0.000
	3	0.993	0.932	0.598	0.405	0.246	0.065	0.011	0.001	0.000	0.000	0.000	0.000	0.000
	4	0.999	0.983	0.798	0.630	0.450	0.167	0.038	0.005	0.000	0.000	0.000	0.000	0.000
	5	1.000	0.997	0.918	0.810	0.660	0.329	0.105	0.019	0.002	0.000	0.000	0.000	0.000
	6	1.000	0.999	0.973	0.920	0.825	0.527	0.227	0.058	0.007	0.002	0.000	0.000	0.000
	7	1.000	1.000	0.993	0.973	0.926	0.716	0.402	0.142	0.026	0.007	0.001	0.000	0.000
	8	1.000	1.000	0.999	0.993	0.974	0.858	0.598	0.284	0.074	0.027	0.007	0.000	0.000
	9	1.000	1.000	1.000	0.998	0.993	0.942	0.773	0.473	0.175	0.080	0.027	0.001	0.000
	10	1.000	1.000	1.000	1.000	0.998	0.981	0.895	0.671	0.340	0.190	0.082	0.003	0.000
	11	1.000	1.000	1.000	1.000	1.000	0.995	0.962	0.833	0.550	0.370	0.202	0.017	0.001
	12	1.000	1.000	1.000	1.000	1.000	0.999	0.989	0.935	0.754	0.595	0.402	0.068	0.007
	13	1.000	1.000	1.000	1.000	1.000	1.000	0.998	0.982	0.901	0.803	0.648	0.211	0.043
	14	1.000	1.000	1.000	1.000	1.000	1.000	1.000	0.997	0.974	0.937	0.859	0.485	0.189
	15	1.000	1.000	1.000	1.000	1.000	1.000	1.000	1.000	0.997	0.990	0.972	0.815	0.560
	16	1.000	1.000	1.000	1.000	1.000	1.000	1.000	1.000	1.000	1.000	1.000	1.000	1.000
17	0	0.418	0.167	0.023	0.008	0.002	0.000	0.000	0.000	0.000	0.000	0.000	0.000	0.000
	1	0.792	0.482	0.118	0.050	0.019	0.002	0.000	0.000	0.000	0.000	0.000	0.000	0.000
	2	0.950	0.762	0.310	0.164	0.077	0.012	0.001	0.000	0.000	0.000	0.000	0.000	0.000
	3	0.991	0.917	0.549	0.353	0.202	0.046	0.006	0.000	0.000	0.000	0.000	0.000	0.000
	4	0.999	0.978	0.758	0.574	0.389	0.126	0.025	0.003	0.000	0.000	0.000	0.000	0.000
	5	1.000	0.995	0.894	0.765	0.597	0.264	0.072	0.011	0.001	0.000	0.000	0.000	0.000
	6	1.000	0.999	0.962	0.893	0.775	0.448	0.166	0.035	0.003	0.001	0.000	0.000	0.000
	7	1.000	1.000	0.989	0.960	0.895	0.641	0.315	0.092	0.013	0.003	0.000	0.000	0.000
	8	1.000	1.000	0.997	0.988	0.960	0.801	0.500	0.199	0.040	0.012	0.003	0.000	0.000
	9	1.000	1.000	1.000	0.997	0.987	0.908	0.685	0.359	0.105	0.040	0.011	0.000	0.000
	10	1.000	1.000	1.000	0.999	0.997	0.965	0.834	0.552	0.225	0.107	0.038	0.001	0.000
	11	1.000	1.000	1.000	1.000	0.999	0.989	0.928	0.736	0.403	0.235	0.106	0.005	0.000
	12	1.000	1.000	1.000	1.000	1.000	0.997	0.975	0.874	0.611	0.426	0.242	0.022	0.001
	13	1.000	1.000	1.000	1.000	1.000	1.000	0.994	0.954	0.798	0.647	0.451	0.083	0.009
	14	1.000	1.000	1.000	1.000	1.000	1.000	0.999	0.988	0.923	0.836	0.690	0.238	0.050
	15	1.000	1.000	1.000	1.000	1.000	1.000	1.000	0.998	0.981	0.950	0.882	0.518	0.208
	16	1.000	1.000	1.000	1.000	1.000	1.000	1.000	1.000	0.998	0.992	0.977	0.833	0.582
	17	1.000	1.000	1.000	1.000	1.000	1.000	1.000	1.000	1.000	1.000	1.000	1.000	1.000
18	0	0.397	0.150	0.018	0.006	0.002	0.000	0.000	0.000	0.000	0.000	0.000	0.000	0.000
	1	0.774	0.450	0.099	0.039	0.014	0.001	0.000	0.000	0.000	0.000	0.000	0.000	0.000
	2	0.942	0.734	0.271	0.135	0.060	0.008	0.001	0.000	0.000	0.000	0.000	0.000	0.000
	3	0.989	0.902	0.501	0.306	0.165	0.033	0.004	0.000	0.000	0.000	0.000	0.000	0.000
	4	0.998	0.972	0.716	0.519	0.333	0.094	0.015	0.001	0.000	0.000	0.000	0.000	0.000
	5	1.000	0.994	0.867	0.717	0.534	0.209	0.048	0.006	0.000	0.000	0.000	0.000	0.000
	6	1.000	0.999	0.949	0.861	0.722	0.374	0.119	0.020	0.001	0.000	0.000	0.000	0.000
	7	1.000	1.000	0.984	0.943	0.859	0.563	0.240	0.058	0.006	0.001	0.000	0.000	0.000
	8	1.000	1.000	0.996	0.981	0.940	0.737	0.407	0.135	0.021	0.005	0.001	0.000	0.000
	9	1.000	1.000	0.999	0.995	0.979	0.865	0.593	0.263	0.060	0.019	0.004	0.000	0.000
	10	1.000	1.000	1.000	0.999	0.994	0.942	0.760	0.437	0.141	0.057	0.016	0.000	0.000
	11	1.000	1.000	1.000	1.000	0.999	0.980	0.881	0.626	0.278	0.139	0.051	0.001	0.000
	12	1.000	1.000	1.000	1.000	1.000	0.994	0.952	0.791	0.466	0.283	0.133	0.006	0.000
	13	1.000	1.000	1.000	1.000	1.000	0.999	0.985	0.906	0.667	0.481	0.284	0.028	0.002
	14	1.000	1.000	1.000	1.000	1.000	1.000	0.996	0.967	0.835	0.694	0.499	0.098	0.011

표 A.1 (계속)

		p												
n	*x*	0.05	0.10	0.20	0.25	0.30	0.40	0.50	0.60	0.70	0.75	0.80	0.90	0.95
18	15	1.000	1.000	1.000	1.000	1.000	1.000	0.999	0.992	0.940	0.865	0.729	0.266	0.058
	16	1.000	1.000	1.000	1.000	1.000	1.000	1.000	0.999	0.986	0.961	0.901	0.550	0.226
	17	1.000	1.000	1.000	1.000	1.000	1.000	1.000	1.000	0.998	0.994	0.982	0.850	0.603
	18	1.000	1.000	1.000	1.000	1.000	1.000	1.000	1.000	1.000	1.000	1.000	1.000	1.000
19	0	0.377	0.135	0.014	0.004	0.001	0.000	0.000	0.000	0.000	0.000	0.000	0.000	0.000
	1	0.755	0.420	0.083	0.031	0.010	0.001	0.000	0.000	0.000	0.000	0.000	0.000	0.000
	2	0.933	0.705	0.237	0.111	0.046	0.005	0.000	0.000	0.000	0.000	0.000	0.000	0.000
	3	0.987	0.885	0.455	0.263	0.133	0.023	0.002	0.000	0.000	0.000	0.000	0.000	0.000
	4	0.998	0.965	0.673	0.465	0.282	0.070	0.010	0.001	0.000	0.000	0.000	0.000	0.000
	5	1.000	0.991	0.837	0.668	0.474	0.163	0.032	0.003	0.000	0.000	0.000	0.000	0.000
	6	1.000	0.998	0.932	0.825	0.666	0.308	0.084	0.012	0.001	0.000	0.000	0.000	0.000
	7	1.000	1.000	0.977	0.923	0.818	0.488	0.180	0.035	0.003	0.000	0.000	0.000	0.000
	8	1.000	1.000	0.993	0.971	0.916	0.667	0.324	0.088	0.011	0.002	0.000	0.000	0.000
	9	1.000	1.000	0.998	0.991	0.967	0.814	0.500	0.186	0.033	0.009	0.002	0.000	0.000
	10	1.000	1.000	1.000	0.998	0.989	0.912	0.676	0.333	0.084	0.029	0.007	0.000	0.000
	11	1.000	1.000	1.000	1.000	0.997	0.965	0.820	0.512	0.182	0.077	0.023	0.000	0.000
	12	1.000	1.000	1.000	1.000	0.999	0.988	0.916	0.692	0.334	0.175	0.068	0.002	0.000
	13	1.000	1.000	1.000	1.000	1.000	0.997	0.968	0.837	0.526	0.332	0.163	0.009	0.000
	14	1.000	1.000	1.000	1.000	1.000	0.999	0.990	0.930	0.718	0.535	0.327	0.035	0.002
	15	1.000	1.000	1.000	1.000	1.000	1.000	0.998	0.977	0.867	0.737	0.545	0.115	0.013
	16	1.000	1.000	1.000	1.000	1.000	1.000	1.000	0.995	0.954	0.889	0.763	0.295	0.067
	17	1.000	1.000	1.000	1.000	1.000	1.000	1.000	0.999	0.990	0.969	0.917	0.580	0.245
	18	1.000	1.000	1.000	1.000	1.000	1.000	1.000	1.000	0.999	0.996	0.986	0.865	0.623
	19	1.000	1.000	1.000	1.000	1.000	1.000	1.000	1.000	1.000	1.000	1.000	1.000	1.000
20	0	0.358	0.122	0.012	0.003	0.001	0.000	0.000	0.000	0.000	0.000	0.000	0.000	0.000
	1	0.736	0.392	0.069	0.024	0.008	0.001	0.000	0.000	0.000	0.000	0.000	0.000	0.000
	2	0.925	0.677	0.206	0.091	0.035	0.004	0.000	0.000	0.000	0.000	0.000	0.000	0.000
	3	0.984	0.867	0.411	0.225	0.107	0.016	0.001	0.000	0.000	0.000	0.000	0.000	0.000
	4	0.997	0.957	0.630	0.415	0.238	0.051	0.006	0.000	0.000	0.000	0.000	0.000	0.000
	5	1.000	0.989	0.804	0.617	0.416	0.126	0.021	0.002	0.000	0.000	0.000	0.000	0.000
	6	1.000	0.998	0.913	0.786	0.608	0.250	0.058	0.006	0.000	0.000	0.000	0.000	0.000
	7	1.000	1.000	0.968	0.898	0.772	0.416	0.132	0.021	0.001	0.000	0.000	0.000	0.000
	8	1.000	1.000	0.990	0.959	0.887	0.596	0.252	0.057	0.005	0.001	0.000	0.000	0.000
	9	1.000	1.000	0.997	0.986	0.952	0.755	0.412	0.128	0.017	0.004	0.001	0.000	0.000
	10	1.000	1.000	0.999	0.996	0.983	0.872	0.588	0.245	0.048	0.014	0.003	0.000	0.000
	11	1.000	1.000	1.000	0.999	0.995	0.943	0.748	0.404	0.113	0.041	0.010	0.000	0.000
	12	1.000	1.000	1.000	1.000	0.999	0.979	0.868	0.584	0.228	0.102	0.032	0.000	0.000
	13	1.000	1.000	1.000	1.000	1.000	0.994	0.942	0.750	0.392	0.214	0.087	0.002	0.000
	14	1.000	1.000	1.000	1.000	1.000	0.998	0.979	0.874	0.584	0.383	0.196	0.011	0.000
	15	1.000	1.000	1.000	1.000	1.000	1.000	0.994	0.949	0.762	0.585	0.370	0.043	0.003
	16	1.000	1.000	1.000	1.000	1.000	1.000	0.999	0.984	0.893	0.775	0.589	0.133	0.016
	17	1.000	1.000	1.000	1.000	1.000	1.000	1.000	0.996	0.965	0.909	0.794	0.323	0.075
	18	1.000	1.000	1.000	1.000	1.000	1.000	1.000	0.999	0.992	0.976	0.931	0.608	0.264
	19	1.000	1.000	1.000	1.000	1.000	1.000	1.000	1.000	0.999	0.997	0.988	0.878	0.642
	20	1.000	1.000	1.000	1.000	1.000	1.000	1.000	1.000	1.000	1.000	1.000	1.000	1.000

표 A.2 Cumulative Normal Distribution

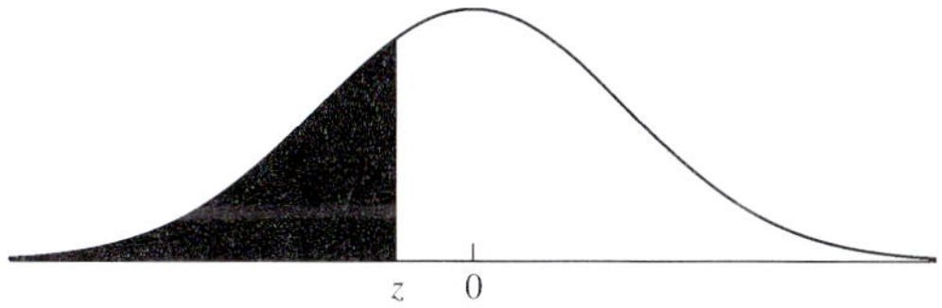

z	0.00	0.01	0.02	0.03	0.04	0.05	0.06	0.07	0.08	0.09
−3.6	.0002	.0002	.0001	.0001	.0001	.0001	.0001	.0001	.0001	.0001
−3.5	.0002	.0002	.0002	.0002	.0002	.0002	.0002	.0002	.0002	.0002
−3.4	.0003	.0003	.0003	.0003	.0003	.0003	.0003	.0003	.0003	.0002
−3.3	.0005	.0005	.0005	.0004	.0004	.0004	.0004	.0004	.0004	.0003
−3.2	.0007	.0007	.0006	.0006	.0006	.0006	.0006	.0005	.0005	.0005
−3.1	.0010	.0009	.0009	.0009	.0008	.0008	.0008	.0008	.0007	.0007
−3.0	.0013	.0013	.0013	.0012	.0012	.0011	.0011	.0011	.0010	.0010
−2.9	.0019	.0018	.0018	.0017	.0016	.0016	.0015	.0015	.0014	.0014
−2.8	.0026	.0025	.0024	.0023	.0023	.0022	.0021	.0021	.0020	.0019
−2.7	.0035	.0034	.0033	.0032	.0031	.0030	.0029	.0028	.0027	.0026
−2.6	.0047	.0045	.0044	.0043	.0041	.0040	.0039	.0038	.0037	.0036
−2.5	.0062	.0060	.0059	.0057	.0055	.0054	.0052	.0051	.0049	.0048
−2.4	.0082	.0080	.0078	.0075	.0073	.0071	.0069	.0068	.0066	.0064
−2.3	.0107	.0104	.0102	.0099	.0096	.0094	.0091	.0089	.0087	.0084
−2.2	.0139	.0136	.0132	.0129	.0125	.0122	.0119	.0116	.0113	.0110
−2.1	.0179	.0174	.0170	.0166	.0162	.0158	.0154	.0150	.0146	.0143
−2.0	.0228	.0222	.0217	.0212	.0207	.0202	.0197	.0192	.0188	.0183
1.9	.0287	.0281	.0274	.0268	.0262	.0256	.0250	.0244	.0239	.0233
−1.8	.0359	.0351	.0344	.0336	.0329	.0322	.0314	.0307	.0301	.0294
−1.7	.0446	.0436	.0427	.0418	.0409	.0401	.0392	.0384	.0375	.0367
−1.6	.0548	.0537	.0526	.0516	.0505	.0495	.0485	.0475	.0465	.0455
−1.5	.0668	.0655	.0643	.0630	.0618	.0606	.0594	.0582	.0571	.0559
−1.4	.0808	.0793	.0778	.0764	.0749	.0735	.0721	.0708	.0694	.0681
−1.3	.0968	.0951	.0934	.0918	.0901	.0885	.0869	.0853	.0838	.0823
−1.2	.1151	.1131	.1112	.1093	.1075	.1056	.1038	.1020	.1003	.0985
−1.1	.1357	.1335	.1314	.1292	.1271	.1251	.1230	.1210	.1190	.1170
−1.0	.1587	.1562	.1539	.1515	.1492	.1469	.1446	.1423	.1401	.1379
−0.9	.1841	.1814	.1788	.1762	.1736	.1711	.1685	.1660	.1635	.1611
−0.8	.2119	.2090	.2061	.2033	.2005	.1977	.1949	.1922	.1894	.1867
−0.7	.2420	.2389	.2358	.2327	.2296	.2266	.2236	.2206	.2177	.2148
−0.6	.2743	.2709	.2676	.2643	.2611	.2578	.2546	.2514	.2483	.2451
−0.5	.3085	.3050	.3015	.2981	.2946	.2912	.2877	.2843	.2810	.2776
−0.4	.3446	.3409	.3372	.3336	.3300	.3264	.3228	.3192	.3156	.3121
−0.3	.3821	.3783	.3745	.3707	.3669	.3632	.3594	.3557	.3520	.3483
−0.2	.4207	.4168	.4129	.4090	.4052	.4013	.3974	.3936	.3897	.3859
−0.1	.4602	.4562	.4522	.4483	.4443	.4404	.4364	.4325	.4286	.4247
−0.0	.5000	.4960	.4920	.4880	.4840	.4801	.4761	.4721	.4681	.4641

표 A.2 (계속)

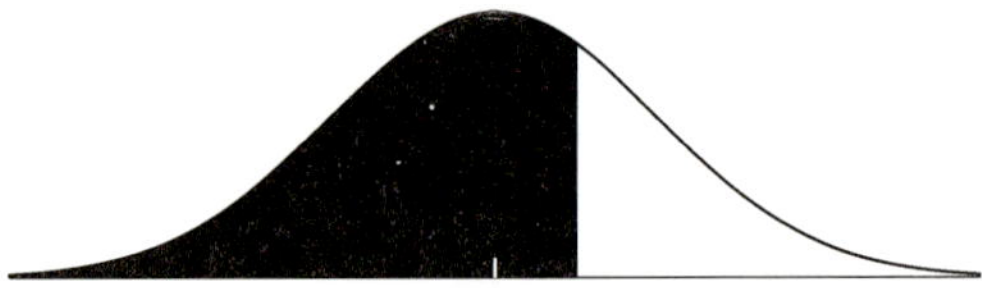

z	0.00	0.01	0.02	0.03	0.04	0.05	0.06	0.07	0.08	0.09
0.0	.5000	.5040	.5080	.5120	.5160	.5199	.5239	.5279	.5319	.5359
0.1	.5398	.5438	.5478	.5517	.5557	.5596	.5636	.5675	.5714	.5753
0.2	.5793	.5832	.5871	.5910	.5948	.5987	.6026	.6064	.6103	.6141
0.3	.6179	.6217	.6255	.6293	.6331	.6368	.6406	.6443	.6480	.6517
0.4	.6554	.6591	.6628	.6664	.6700	.6736	.6772	.6808	.6844	.6879
0.5	.6915	.6950	.6985	.7019	.7054	.7088	.7123	.7157	.7190	.7224
0.6	.7257	.7291	.7324	.7357	.7389	.7422	.7454	.7486	.7517	.7549
0.7	.7580	.7611	.7642	.7673	.7704	.7734	.7764	.7794	.7823	.7852
0.8	.7881	.7910	.7939	.7967	.7995	.8023	.8051	.8078	.8106	.8133
0.9	.8159	.8186	.8212	.8238	.8264	.8289	.8315	.8340	.8365	.8389
1.0	.8413	.8438	.8461	.8485	.8508	.8531	.8554	.8577	.8599	.8621
1.1	.8643	.8665	.8686	.8708	.8729	.8749	.8770	.8790	.8810	.8830
1.2	.8849	.8869	.8888	.8907	.8925	.8944	.8962	.8980	.8997	.9015
1.3	.9032	.9049	.9066	.9082	.9099	.9115	.9131	.9147	.9162	.9177
1.4	.9192	.9207	.9222	.9236	.9251	.9265	.9279	.9292	.9306	.9319
1.5	.9332	.9345	.9357	.9370	.9382	.9394	.9406	.9418	.9429	.9441
1.6	.9452	.9463	.9474	.9484	.9495	.9505	.9515	.9525	.9535	.9545
1.7	.9554	.9564	.9573	.9582	.9591	.9599	.9608	.9616	.9625	.9633
1.8	.9641	.9649	.9656	.9664	.9671	.9678	.9686	.9693	.9699	.9706
1.9	.9713	.9719	.9726	.9732	.9738	.9744	.9750	.9756	.9761	.9767
2.0	.9772	.9778	.9783	.9788	.9793	.9798	.9803	.9808	.9812	.9817
2.1	.9821	.9826	.9830	.9834	.9838	.9842	.9846	.9850	.9854	.9857
2.2	.9861	.9864	.9868	.9871	.9875	.9878	.9881	.9884	.9887	.9890
2.3	.9893	.9896	.9898	.9901	.9904	.9906	.9909	.9911	.9913	.9916
2.4	.9918	.9920	.9922	.9925	.9927	.9929	.9931	.9932	.9934	.9936
2.5	.9938	.9940	.9941	.9943	.9945	.9946	.9948	.9949	.9951	.9952
2.6	.9953	.9955	.9956	.9957	.9959	.9960	.9961	.9962	.9963	.9964
2.7	.9965	.9966	.9967	.9968	.9969	.9970	.9971	.9972	.9973	.9974
2.8	.9974	.9975	.9976	.9977	.9977	.9978	.9979	.9979	.9980	.9981
2.9	.9981	.9982	.9982	.9983	.9984	.9984	.9985	.9985	.9986	.9986
3.0	.9987	.9987	.9987	.9988	.9988	.9989	.9989	.9989	.9990	.9990
3.1	.9990	.9991	.9991	.9991	.9992	.9992	.9992	.9992	.9993	.9993
3.2	.9993	.9993	.9994	.9994	.9994	.9994	.9994	.9995	.9995	.9995
3.3	.9995	.9995	.9995	.9996	.9996	.9996	.9996	.9996	.9996	.9997
3.4	.9997	.9997	.9997	.9997	.9997	.9997	.9997	.9997	.9997	.9998
3.5	.9998	.9998	.9998	.9998	.9998	.9998	.9998	.9998	.9998	.9998
3.6	.9998	.9998	.9999	.9999	.9999	.9999	.9999	.9999	.9999	.9999

표 A.3 Upper Percentage Points for the Student's Distribution

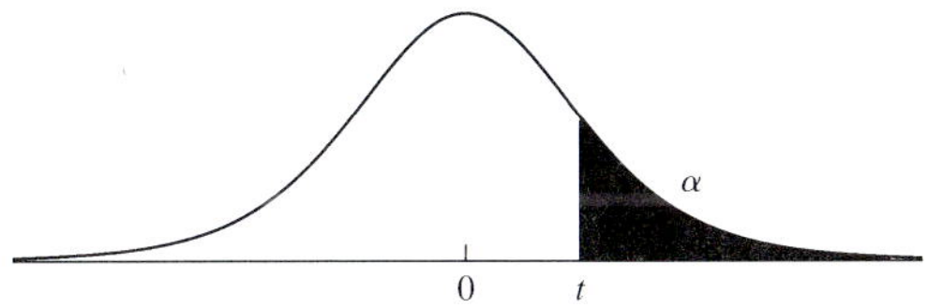

ν	.40	.25	.10	.05	.025	.01	.005	.001	.0005
					α				
1	0.325	1.000	3.078	6.314	12.706	31.821	63.657	318.309	636.619
2	0.289	0.816	1.886	2.920	4.303	6.965	9.925	22.327	31.599
3	0.277	0.765	1.638	2.353	3.182	4.541	5.841	10.215	12.924
4	0.271	0.741	1.533	2.132	2.776	3.747	4.604	7.173	8.610
5	0.267	0.727	1.476	2.015	2.571	3.365	4.032	5.893	6.869
6	0.265	0.718	1.440	1.943	2.447	3.143	3.707	5.208	5.959
7	0.263	0.711	1.415	1.895	2.365	2.998	3.499	4.785	5.408
8	0.262	0.706	1.397	1.860	2.306	2.896	3.355	4.501	5.041
9	0.261	0.703	1.383	1.833	2.262	2.821	3.250	4.297	4.781
10	0.260	0.700	1.372	1.812	2.228	2.764	3.169	4.144	4.587
11	0.260	0.697	1.363	1.796	2.201	2.718	3.106	4.025	4.437
12	0.259	0.695	1.356	1.782	2.179	2.681	3.055	3.930	4.318
13	0.259	0.694	1.350	1.771	2.160	2.650	3.012	3.852	4.221
14	0.258	0.692	1.345	1.761	2.145	2.624	2.977	3.787	4.140
15	0.258	0.691	1.341	1.753	2.131	2.602	2.947	3.733	4.073
16	0.258	0.690	1.337	1.746	2.120	2.583	2.921	3.686	4.015
17	0.257	0.689	1.333	1.740	2.110	2.567	2.898	3.646	3.965
18	0.257	0.688	1.330	1.734	2.101	2.552	2.878	3.610	3.922
19	0.257	0.688	1.328	1.729	2.093	2.539	2.861	3.579	3.883
20	0.257	0.687	1.325	1.725	2.086	2.528	2.845	3.552	3.850
21	0.257	0.686	1.323	1.721	2.080	2.518	2.831	3.527	3.819
22	0.256	0.686	1.321	1.717	2.074	2.508	2.819	3.505	3.792
23	0.256	0.685	1.319	1.714	2.069	2.500	2.807	3.485	3.768
24	0.256	0.685	1.318	1.711	2.064	2.492	2.797	3.467	3.745
25	0.256	0.684	1.316	1.708	2.060	2.485	2.787	3.450	3.725
26	0.256	0.684	1.315	1.706	2.056	2.479	2.779	3.435	3.707
27	0.256	0.684	1.314	1.703	2.052	2.473	2.771	3.421	3.690
28	0.256	0.683	1.313	1.701	2.048	2.467	2.763	3.408	3.674
29	0.256	0.683	1.311	1.699	2.045	2.462	2.756	3.396	3.659
30	0.256	0.683	1.310	1.697	2.042	2.457	2.750	3.385	3.646
35	0.255	0.682	1.306	1.690	2.030	2.438	2.724	3.340	3.591
40	0.255	0.681	1.303	1.684	2.021	2.423	2.704	3.307	3.551
60	0.254	0.679	1.296	1.671	2.000	2.390	2.660	3.232	3.460
120	0.254	0.677	1.289	1.658	1.980	2.358	2.617	3.160	3.373
∞	0.253	0.674	1.282	1.645	1.960	2.326	2.576	3.090	3.291

표 A.4 Tolerance Factors for the Normal Distribution

Sample Size n	Confidence Level 95% Percent of Population Contained 90%	95%	99%	Confidence Level 99% Percent of Population Contained 90%	95%	99%
2	32.0187	37.6746	48.4296	160.1940	188.4915	242.3004
3	8.3795	9.9158	12.8613	18.9304	22.4009	29.0553
4	5.3692	6.3699	8.2993	9.3984	11.1501	14.5274
5	4.2749	5.0787	6.6338	6.6118	7.8550	10.2602
6	3.7123	4.4140	5.7746	5.3366	6.3453	8.3013
7	3.3686	4.0074	5.2481	4.6129	5.4877	7.1868
8	3.1358	3.7317	4.8907	4.1473	4.9355	6.4683
9	2.9670	3.5317	4.6310	3.8223	4.5499	5.9660
10	2.8385	3.3794	4.4330	3.5821	4.2647	5.5943
11	2.7372	3.2592	4.2766	3.3970	4.0449	5.3075
12	2.6550	3.1617	4.1496	3.2497	3.8700	5.0792
13	2.5868	3.0808	4.0441	3.1295	3.7271	4.8926
14	2.5292	3.0124	3.9549	3.0294	3.6081	4.7371
15	2.4799	2.9538	3.8785	2.9446	3.5073	4.6053
16	2.4371	2.9029	3.8121	2.8717	3.4207	4.4920
17	2.3995	2.8583	3.7538	2.8084	3.3453	4.3934
18	2.3662	2.8188	3.7022	2.7527	3.2792	4.3068
19	2.3366	2.7835	3.6560	2.7034	3.2205	4.2300
20	2.3099	2.7518	3.6146	2.6594	3.1681	4.1614
25	2.2083	2.6310	3.4565	2.4941	2.9715	3.9039
30	2.1398	2.5494	3.3497	2.3848	2.8414	3.7333
35	2.0899	2.4900	3.2719	2.3063	2.7479	3.6107
40	2.0516	2.4445	3.2122	2.2468	2.6770	3.5177
45	2.0212	2.4083	3.1647	2.1998	2.6211	3.4443
50	1.9964	2.3787	3.1259	2.1616	2.5756	3.3846
60	1.9578	2.3328	3.0657	2.1029	2.5057	3.2929
70	1.9291	2.2987	3.0208	2.0596	2.4541	3.2251
80	1.9068	2.2720	2.9859	2.0260	2.4141	3.1725
90	1.8887	2.2506	2.9577	1.9990	2.3819	3.1303
100	1.8738	2.2328	2.9343	1.9768	2.3555	3.0955
200	1.7981	2.1425	2.8158	1.8651	2.2224	2.9207
300	1.7670	2.1055	2.7671	1.8199	2.1685	2.8499
400	1.7492	2.0843	2.7392	1.7940	2.1377	2.8094
500	1.7373	2.0701	2.7206	1.7769	2.1173	2.7826
600	1.7287	2.0598	2.7071	1.7644	2.1024	2.7631
700	1.7220	2.0519	2.6967	1.7549	2.0911	2.7481
800	1.7167	2.0456	2.6884	1.7473	2.0820	2.7362
900	1.7124	2.0404	2.6816	1.7410	2.0746	2.7264
1000	1.7087	2.0361	2.6759	1.7358	2.0683	2.7182

표 A.5 Upper Percentage Points for the Distribution

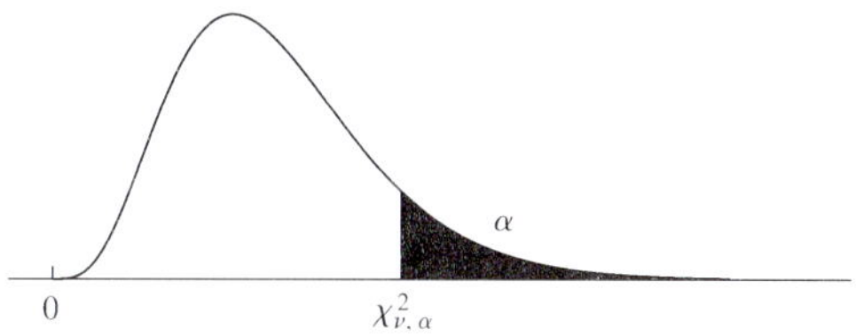

ν	α = .995	.99	.975	.95	.90	.10	.05	.025	.01	.005
1	0.000	0.000	0.001	0.004	0.016	2.706	3.841	5.024	6.635	7.879
2	0.010	0.020	0.051	0.103	0.211	4.605	5.991	7.378	9.210	10.597
3	0.072	0.115	0.216	0.352	0.584	6.251	7.815	9.348	11.345	12.838
4	0.207	0.297	0.484	0.711	1.064	7.779	9.488	11.143	13.277	14.860
5	0.412	0.554	0.831	1.145	1.610	9.236	11.070	12.833	15.086	16.750
6	0.676	0.872	1.237	1.635	2.204	10.645	12.592	14.449	16.812	18.548
7	0.989	1.239	1.690	2.167	2.833	12.017	14.067	16.013	18.475	20.278
8	1.344	1.646	2.180	2.733	3.490	13.362	15.507	17.535	20.090	21.955
9	1.735	2.088	2.700	3.325	4.168	14.684	16.919	19.023	21.666	23.589
10	2.156	2.558	3.247	3.940	4.865	15.987	18.307	20.483	23.209	25.188
11	2.603	3.053	3.816	4.575	5.578	17.275	19.675	21.920	24.725	26.757
12	3.074	3.571	4.404	5.226	6.304	18.549	21.026	23.337	26.217	28.300
13	3.565	4.107	5.009	5.892	7.042	19.812	22.362	24.736	27.688	29.819
14	4.075	4.660	5.629	6.571	7.790	21.064	23.685	26.119	29.141	31.319
15	4.601	5.229	6.262	7.261	8.547	22.307	24.996	27.488	30.578	32.801
16	5.142	5.812	6.908	7.962	9.312	23.542	26.296	28.845	32.000	34.267
17	5.697	6.408	7.564	8.672	10.085	24.769	27.587	30.191	33.409	35.718
18	6.265	7.015	8.231	9.390	10.865	25.989	28.869	31.526	34.805	37.156
19	6.844	7.633	8.907	10.117	11.651	27.204	30.144	32.852	36.191	38.582
20	7.434	8.260	9.591	10.851	12.443	28.412	31.410	34.170	37.566	39.997
21	8.034	8.897	10.283	11.591	13.240	29.615	32.671	35.479	38.932	41.401
22	8.643	9.542	10.982	12.338	14.041	30.813	33.924	36.781	40.289	42.796
23	9.260	10.196	11.689	13.091	14.848	32.007	35.172	38.076	41.638	44.181
24	9.886	10.856	12.401	13.848	15.659	33.196	36.415	39.364	42.980	45.559
25	10.520	11.524	13.120	14.611	16.473	34.382	37.652	40.646	44.314	46.928
26	11.160	12.198	13.844	15.379	17.292	35.563	38.885	41.923	45.642	48.290
27	11.808	12.879	14.573	16.151	18.114	36.741	40.113	43.195	46.963	49.645
28	12.461	13.565	15.308	16.928	18.939	37.916	41.337	44.461	48.278	50.993
29	13.121	14.256	16.047	17.708	19.768	39.087	42.557	45.722	49.588	52.336
30	13.787	14.953	16.791	18.493	20.599	40.256	43.773	46.979	50.892	53.672
31	14.458	15.655	17.539	19.281	21.434	41.422	44.985	48.232	52.191	55.003
32	15.134	16.362	18.291	20.072	22.271	42.585	46.194	49.480	53.486	56.328
33	15.815	17.074	19.047	20.867	23.110	43.745	47.400	50.725	54.776	57.648
34	16.501	17.789	19.806	21.664	23.952	44.903	48.602	51.966	56.061	58.964
35	17.192	18.509	20.569	22.465	24.797	46.059	49.802	53.203	57.342	60.275
36	17.887	19.233	21.336	23.269	25.643	47.212	50.998	54.437	58.619	61.581
37	18.586	19.960	22.106	24.075	26.492	48.363	52.192	55.668	59.893	62.883
38	19.289	20.691	22.878	24.884	27.343	49.513	53.384	56.896	61.162	64.181
39	19.996	21.426	23.654	25.695	28.196	50.660	54.572	58.120	62.428	65.476
40	20.707	22.164	24.433	26.509	29.051	51.805	55.758	59.342	63.691	66.766

For $\nu > 40$, $\chi^2_{\nu,\alpha} \approx 0.5(z_\alpha + \sqrt{2\nu - 1})$.

표 A.6 Upper Percentage Points for the Distribution

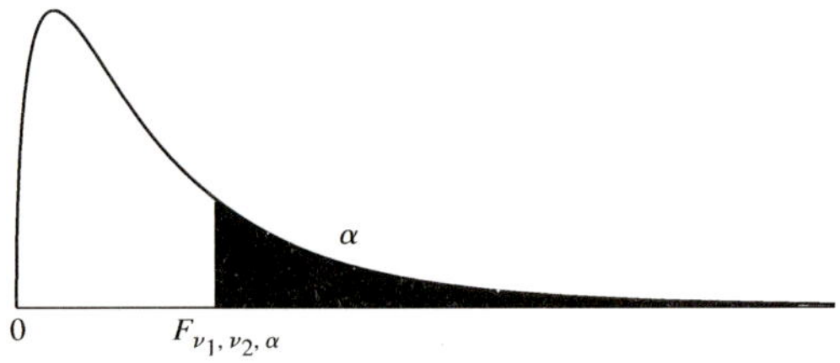

ν_2	α	ν_1 = 1	2	3	4	5	6	7	8	9
1	0.100	39.86	49.50	53.59	55.83	57.24	58.20	58.91	59.44	59.86
	0.050	161.45	199.50	215.71	224.58	230.16	233.99	236.77	238.88	240.54
	0.010	4052.18	4999.50	5403.35	5624.58	5763.65	5858.99	5928.36	5981.07	6022.47
	0.001	405284	500012	540382	562501	576405	585938	592874	598144	603040
2	0.100	8.53	9.00	9.16	9.24	9.29	9.33	9.35	9.37	9.38
	0.050	18.51	19.00	19.16	19.25	19.30	19.33	19.35	19.37	19.38
	0.010	98.50	99.00	99.17	99.25	99.30	99.33	99.36	99.37	99.39
	0.001	998.50	999.00	999.17	999.25	999.30	999.33	999.36	999.37	999.39
3	0.100	5.54	5.46	5.39	5.34	5.31	5.28	5.27	5.25	5.24
	0.050	10.13	9.55	9.28	9.12	9.01	8.94	8.89	8.85	8.81
	0.010	34.12	30.82	29.46	28.71	28.24	27.91	27.67	27.49	27.35
	0.001	167.03	148.50	141.11	137.10	134.58	132.85	131.58	130.62	129.86
4	0.100	4.54	4.32	4.19	4.11	4.05	4.01	3.98	3.95	3.94
	0.050	7.71	6.94	6.59	6.39	6.26	6.16	6.09	6.04	6.00
	0.010	21.20	18.00	16.69	15.98	15.52	15.21	14.98	14.80	14.66
	0.001	74.14	61.25	56.18	53.44	51.71	50.53	49.66	49.00	48.47
5	0.100	4.06	3.78	3.62	3.52	3.45	3.40	3.37	3.34	3.32
	0.050	6.61	5.79	5.41	5.19	5.05	4.95	4.88	4.82	4.77
	0.010	16.26	13.27	12.06	11.39	10.97	10.67	10.46	10.29	10.16
	0.001	47.18	37.12	33.20	31.09	29.75	28.83	28.16	27.65	27.24
6	0.100	3.78	3.46	3.29	3.18	3.11	3.05	3.01	2.98	2.96
	0.050	5.99	5.14	4.76	4.53	4.39	4.28	4.21	4.15	4.10
	0.010	13.75	10.92	9.78	9.15	8.75	8.47	8.26	8.10	7.98
	0.001	35.51	27.00	23.70	21.92	20.80	20.03	19.46	19.03	18.69
7	0.100	3.59	3.26	3.07	2.96	2.88	2.83	2.78	2.75	2.72
	0.050	5.59	4.74	4.35	4.12	3.97	3.87	3.79	3.73	3.68
	0.010	12.25	9.55	8.45	7.85	7.46	7.19	6.99	6.84	6.72
	0.001	29.25	21.69	18.77	17.20	16.21	15.52	15.02	14.63	14.33
8	0.100	3.46	3.11	2.92	2.81	2.73	2.67	2.62	2.59	2.56
	0.050	5.32	4.46	4.07	3.84	3.69	3.58	3.50	3.44	3.39
	0.010	11.26	8.65	7.59	7.01	6.63	6.37	6.18	6.03	5.91
	0.001	25.41	18.49	15.83	14.39	13.48	12.86	12.40	12.05	11.77
9	0.100	3.36	3.01	2.81	2.69	2.61	2.55	2.51	2.47	2.44
	0.050	5.12	4.26	3.86	3.63	3.48	3.37	3.29	3.23	3.18
	0.010	10.56	8.02	6.99	6.42	6.06	5.80	5.61	5.47	5.35
	0.001	22.86	16.39	13.90	12.56	11.71	11.13	10.70	10.37	10.11
10	0.100	3.29	2.92	2.73					2.38	2.35
	0.050	4.96	4.10	3.71					3.07	3.02
	0.010	10.04	7.56	6.55					5.06	4.94
	0.001	21.04	14.91	12.55					9.20	8.96

표 A.6 (계속)

ν_2	α	ν_1 10	12	15	20	25	30	40	50	60
1	0.100	60.19	60.71	61.22	61.74	62.05	62.26	62.53	62.69	62.79
	0.050	241.88	243.91	245.95	248.01	249.26	250.10	251.14	251.77	252.20
	0.010	6055.85	6106.32	6157.29	6208.73	6239.83	6260.65	6286.78	6302.52	6313.03
	0.001	606316	611276	616292	621362	624430	626486	659725	660511	6610390
2	0.100	9.39	9.41	9.42	9.44	9.45	9.46	9.47	9.47	9.47
	0.050	19.40	19.41	19.43	19.45	19.46	19.46	19.47	19.48	19.48
	0.010	99.40	99.42	99.43	99.45	99.46	99.47	99.47	99.48	99.48
	0.001	999.40	999.42	999.43	999.45	999.46	999.47	999.47	999.48	999.48
3	0.100	5.23	5.22	5.20	5.18	5.17	5.17	5.16	5.15	5.15
	0.050	8.79	8.74	8.70	8.66	8.63	8.62	8.59	8.58	8.57
	0.010	27.23	27.05	26.87	26.69	26.58	26.50	26.41	26.35	26.32
	0.001	129.25	128.32	127.37	126.42	125.84	125.45	124.96	124.66	124.47
4	0.100	3.92	3.90	3.87	3.84	3.83	3.82	3.80	3.80	3.79
	0.050	5.96	5.91	5.86	5.80	5.77	5.75	5.72	5.70	5.69
	0.010	14.55	14.37	14.20	14.02	13.91	13.84	13.75	13.69	13.65
	0.001	48.05	47.41	46.76	46.10	45.70	45.43	45.09	44.88	44.75
5	0.100	3.30	3.27	3.24	3.21	3.19	3.17	3.16	3.15	3.14
	0.050	4.74	4.68	4.62	4.56	4.52	4.50	4.46	4.44	4.43
	0.010	10.05	9.89	9.72	9.55	9.45	9.38	9.29	9.24	9.20
	0.001	26.92	26.42	25.91	25.39	25.08	24.87	24.60	24.44	24.33
6	0.100	2.94	2.90	2.87	2.84	2.81	2.80	2.78	2.77	2.76
	0.050	4.06	4.00	3.94	3.87	3.83	3.81	3.77	3.75	3.74
	0.010	7.87	7.72	7.56	7.40	7.30	7.23	7.14	7.09	7.06
	0.001	18.41	17.99	17.56	17.12	16.85	16.67	16.44	16.31	16.21
7	0.100	2.70	2.67	2.63	2.59	2.57	2.56	2.54	2.52	2.51
	0.050	3.64	3.57	3.51	3.44	3.40	3.38	3.34	3.32	3.30
	0.010	6.62	6.47	6.31	6.16	6.06	5.99	5.91	5.86	5.82
	0.001	14.08	13.71	13.32	12.93	12.69	12.53	12.33	12.20	12.12
8	0.100	2.54	2.50	2.46	2.42	2.40	2.38	2.36	2.35	2.34
	0.050	3.35	3.28	3.22	3.15	3.11	3.08	3.04	3.02	3.01
	0.010	5.81	5.67	5.52	5.36	5.26	5.20	5.12	5.07	5.03
	0.001	11.54	11.19	10.84	10.48	10.26	10.11	9.92	9.80	9.73
9	0.100	2.42	2.38	2.34	2.30	2.27	2.25	2.23	2.22	2.21
	0.050	3.14	3.07	3.01	2.94	2.89	2.86	2.83	2.80	2.79
	0.010	5.26	5.11	4.96	4.81	4.71	4.65	4.57	4.52	4.48
	0.001	9.89	9.57	9.24	8.90	8.69	8.55	8.37	8.26	8.19
10	0.100	2.32	2.28	2.24	2.20	2.17	2.16	2.13	2.12	2.11
	0.050	2.98	2.91	2.85	2.77	2.73	2.70	2.66	2.64	2.62
	0.010	4.85	4.71	4.56	4.41	4.31	4.25	4.17	4.12	4.08
	0.001	8.75	8.45	8.13	7.80	7.60	7.47	7.30	7.19	7.12

표 A.6 (계속)

ν_2	α	ν_1 = 1	2	3	4	5	6	7	8	9
11	0.100	3.23	2.86	2.66	2.54	2.45	2.39	2.34	2.30	2.27
	0.050	4.84	3.98	3.59	3.36	3.20	3.09	3.01	2.95	2.90
	0.010	9.65	7.21	6.22	5.67	5.32	5.07	4.89	4.74	4.63
	0.001	19.69	13.81	11.56	10.35	9.58	9.05	8.66	8.35	8.12
12	0.100	3.18	2.81	2.61	2.48	2.39	2.33	2.28	2.24	2.21
	0.050	4.75	3.89	3.49	3.26	3.11	3.00	2.91	2.85	2.80
	0.010	9.33	6.93	5.95	5.41	5.06	4.82	4.64	4.50	4.39
	0.001	18.64	12.97	10.80	9.63	8.89	8.38	8.00	7.71	7.48
13	0.100	3.14	2.76	2.56	2.43	2.35	2.28	2.23	2.20	2.16
	0.050	4.67	3.81	3.41	3.18	3.03	2.92	2.83	2.77	2.71
	0.010	9.07	6.70	5.74	5.21	4.86	4.62	4.44	4.30	4.19
	0.001	17.82	12.31	10.21	9.07	8.35	7.86	7.49	7.21	6.98
14	0.100	3.10	2.73	2.52	2.39	2.31	2.24	2.19	2.15	2.12
	0.050	4.60	3.74	3.34	3.11	2.96	2.85	2.76	2.70	2.65
	0.010	8.86	6.51	5.56	5.04	4.69	4.46	4.28	4.14	4.03
	0.001	17.14	11.78	9.73	8.62	7.92	7.44	7.08	6.80	6.58
15	0.100	3.07	2.70	2.49	2.36	2.27	2.21	2.16	2.12	2.09
	0.050	4.54	3.68	3.29	3.06	2.90	2.79	2.71	2.64	2.59
	0.010	8.68	6.36	5.42	4.89	4.56	4.32	4.14	4.00	3.89
	0.001	16.59	11.34	9.34	8.25	7.57	7.09	6.74	6.47	6.26
16	0.100	3.05	2.67	2.46	2.33	2.24	2.18	2.13	2.09	2.06
	0.050	4.49	3.63	3.24	3.01	2.85	2.74	2.66	2.59	2.54
	0.010	8.53	6.23	5.29	4.77	4.44	4.20	4.03	3.89	3.78
	0.001	16.12	10.97	9.01	7.94	7.27	6.80	6.46	6.19	5.98
17	0.100	3.03	2.64	2.44	2.31	2.22	2.15	2.10	2.06	2.03
	0.050	4.45	3.59	3.20	2.96	2.81	2.70	2.61	2.55	2.49
	0.010	8.40	6.11	5.18	4.67	4.34	4.10	3.93	3.79	3.68
	0.001	15.72	10.66	8.73	7.68	7.02	6.56	6.22	5.96	5.75
18	0.100	3.01	2.62	2.42	2.29	2.20	2.13	2.08	2.04	2.00
	0.050	4.41	3.55	3.16	2.93	2.77	2.66	2.58	2.51	2.46
	0.010	8.29	6.01	5.09	4.58	4.25	4.01	3.84	3.71	3.60
	0.001	15.38	10.39	8.49	7.46	6.81	6.35	6.02	5.76	5.56
19	0.100	2.99	2.61	2.40	2.27	2.18	2.11	2.06	2.02	1.98
	0.050	4.38	3.52	3.13	2.90	2.74	2.63	2.54	2.48	2.42
	0.010	8.18	5.93	5.01	4.50	4.17	3.94	3.77	3.63	3.52
	0.001	15.08	10.16	8.28	7.27	6.62	6.18	5.85	5.59	5.39
20	0.100	2.97	2.59	2.38	2.25	2.16	2.09	2.04	2.00	1.96
	0.050	4.35	3.49	3.10	2.87	2.71	2.60	2.51	2.45	2.39
	0.010	8.10	5.85	4.94	4.43	4.10	3.87	3.70	3.56	3.46
	0.001	14.82	9.95	8.10	7.10	6.46	6.02	5.69	5.44	5.24
21	0.100	2.96	2.57	2.36	2.23	2.14	2.08	2.02	1.98	1.95
	0.050	4.32	3.47	3.07	2.84	2.68	2.57	2.49	2.42	2.37
	0.010	8.02	5.78	4.87	4.37	4.04	3.81	3.64	3.51	3.40
	0.001	14.59	9.77	7.94	6.95	6.32	5.88	5.56	5.31	5.11
22	0.100	2.95	2.56	2.35	2.22	2.13	2.06	2.01	1.97	1.93
	0.050	4.30	3.44	3.05	2.82	2.66	2.55	2.46	2.40	2.34
	0.010	7.95	5.72	4.82	4.31	3.99	3.76	3.59	3.45	3.35
	0.001	14.38	9.61	7.80	6.81	6.19	5.76	5.44	5.19	4.99
23	0.100	2.94	2.55	2.34	2.21	2.11	2.05	1.99	1.95	1.92
	0.050	4.28	3.42	3.03	2.80	2.64	2.53	2.44	2.37	2.32
	0.010	7.88	5.66	4.76	4.26	3.94	3.71	3.54	3.41	3.30
	0.001	14.20	9.47	7.67	6.70	6.08	5.65	5.33	5.09	4.89

표 A.6 (계속)

ν_2	α	ν_1 10	12	15	20	25	30	40	50	60
11	**0.100**	2.25	2.21	2.17	2.12	2.10	2.08	2.05	2.04	2.03
	0.050	2.85	2.79	2.72	2.65	2.60	2.57	2.53	2.51	2.49
	0.010	4.54	4.40	4.25	4.10	4.01	3.94	3.86	3.81	3.78
	0.001	7.92	7.63	7.32	7.01	6.81	6.68	6.52	6.42	6.35
12	**0.100**	2.19	2.15	2.10	2.06	2.03	2.01	1.99	1.97	1.96
	0.050	2.75	2.69	2.62	2.54	2.50	2.47	2.43	2.40	2.38
	0.010	4.30	4.16	4.01	3.86	3.76	3.70	3.62	3.57	3.54
	0.001	7.29	7.00	6.71	6.40	6.22	6.09	5.93	5.83	5.76
13	**0.100**	2.14	2.10	2.05	2.01	1.98	1.96	1.93	1.92	1.90
	0.050	2.67	2.60	2.53	2.46	2.41	2.38	2.34	2.31	2.30
	0.010	4.10	3.96	3.82	3.66	3.57	3.51	3.43	3.38	3.34
	0.001	6.80	6.52	6.23	5.93	5.75	5.63	5.47	5.37	5.30
14	**0.100**	2.10	2.05	2.01	1.96	1.93	1.91	1.89	1.87	1.86
	0.050	2.60	2.53	2.46	2.39	2.34	2.31	2.27	2.24	2.22
	0.010	3.94	3.80	3.66	3.51	3.41	3.35	3.27	3.22	3.18
	0.001	6.40	6.13	5.85	5.56	5.38	5.25	5.10	5.00	4.94
15	**0.100**	2.06	2.02	1.97	1.92	1.89	1.87	1.85	1.83	1.82
	0.050	2.54	2.48	2.40	2.33	2.28	2.25	2.20	2.18	2.16
	0.010	3.80	3.67	3.52	3.37	3.28	3.21	3.13	3.08	3.05
	0.001	6.08	5.81	5.54	5.25	5.07	4.95	4.80	4.70	4.64
16	**0.100**	2.03	1.99	1.94	1.89	1.86	1.84	1.81	1.79	1.78
	0.050	2.49	2.42	2.35	2.28	2.23	2.19	2.15	2.12	2.11
	0.010	3.69	3.55	3.41	3.26	3.16	3.10	3.02	2.97	2.93
	0.001	5.81	5.55	5.27	4.99	4.82	4.70	4.54	4.45	4.39
17	**0.100**	2.00	1.96	1.91	1.86	1.83	1.81	1.78	1.76	1.75
	0.050	2.45	2.38	2.31	2.23	2.18	2.15	2.10	2.08	2.06
	0.010	3.59	3.46	3.31	3.16	3.07	3.00	2.92	2.87	2.83
	0.001	5.58	5.32	5.05	4.78	4.60	4.48	4.33	4.24	4.18
18	**0.100**	1.98	1.93	1.89	1.84	1.80	1.78	1.75	1.74	1.72
	0.050	2.41	2.34	2.27	2.19	2.14	2.11	2.06	2.04	2.02
	0.010	3.51	3.37	3.23	3.08	2.98	2.92	2.84	2.78	2.75
	0.001	5.39	5.13	4.87	4.59	4.42	4.30	4.15	4.06	4.00
19	**0.100**	1.96	1.91	1.86	1.81	1.78	1.76	1.73	1.71	1.70
	0.050	2.38	2.31	2.23	2.16	2.11	2.07	2.03	2.00	1.98
	0.010	3.43	3.30	3.15	3.00	2.91	2.84	2.76	2.71	2.67
	0.001	5.22	4.97	4.70	4.43	4.26	4.14	3.99	3.90	3.84
20	**0.100**	1.94	1.89	1.84	1.79	1.76	1.74	1.71	1.69	1.68
	0.050	2.35	2.28	2.20	2.12	2.07	2.04	1.99	1.97	1.95
	0.010	3.37	3.23	3.09	2.94	2.84	2.78	2.69	2.64	2.61
	0.001	5.08	4.82	4.56	4.29	4.12	4.00	3.86	3.77	3.70
21	**0.100**	1.92	1.87	1.83	1.78	1.74	1.72	1.69	1.67	1.66
	0.050	2.32	2.25	2.18	2.10	2.05	2.01	1.96	1.94	1.92
	0.010	3.31	3.17	3.03	2.88	2.79	2.72	2.64	2.58	2.55
	0.001	4.95	4.70	4.44	4.17	4.00	3.88	3.74	3.64	3.58
22	**0.100**	1.90	1.86	1.81	1.76	1.73	1.70	1.67	1.65	1.64
	0.050	2.30	2.23	2.15	2.07	2.02	1.98	1.94	1.91	1.89
	0.010	3.26	3.12	2.98	2.83	2.73	2.67	2.58	2.53	2.50
	0.001	4.83	4.58	4.33	4.06	3.89	3.78	3.63	3.54	3.48
23	**0.100**	1.89	1.84	1.80	1.74	1.71	1.69	1.66	1.64	1.62
	0.050	2.27	2.20	2.13	2.05	2.00	1.96	1.91	1.88	1.86
	0.010	3.21	3.07	2.93	2.78	2.69	2.62	2.54	2.48	2.45
	0.001	4.73	4.48	4.23	3.96	3.79	3.68	3.53	3.44	3.38

표 A.6 (계속)

ν_2	α	1	2	3	4	5	6	7	8	9
		ν_1								
24	**0.100**	2.93	2.54	2.33	2.19	2.10	2.04	1.98	1.94	1.91
	0.050	4.26	3.40	3.01	2.78	2.62	2.51	2.42	2.36	2.30
	0.010	7.82	5.61	4.72	4.22	3.90	3.67	3.50	3.36	3.26
	0.001	14.03	9.34	7.55	6.59	5.98	5.55	5.23	4.99	4.80
25	**0.100**	2.92	2.53	2.32	2.18	2.09	2.02	1.97	1.93	1.89
	0.050	4.24	3.39	2.99	2.76	2.60	2.49	2.40	2.34	2.28
	0.010	7.77	5.57	4.68	4.18	3.85	3.63	3.46	3.32	3.22
	0.001	13.88	9.22	7.45	6.49	5.89	5.46	5.15	4.91	4.71
26	**0.100**	2.91	2.52	2.31	2.17	2.08	2.01	1.96	1.92	1.88
	0.050	4.23	3.37	2.98	2.74	2.59	2.47	2.39	2.32	2.27
	0.010	7.72	5.53	4.64	4.14	3.82	3.59	3.42	3.29	3.18
	0.001	13.74	9.12	7.36	6.41	5.80	5.38	5.07	4.83	4.64
27	**0.100**	2.90	2.51	2.30	2.17	2.07	2.00	1.95	1.91	1.87
	0.050	4.21	3.35	2.96	2.73	2.57	2.46	2.37	2.31	2.25
	0.010	7.68	5.49	4.60	4.11	3.78	3.56	3.39	3.26	3.15
	0.001	13.61	9.02	7.27	6.33	5.73	5.31	5.00	4.76	4.57
28	**0.100**	2.89	2.50	2.29	2.16	2.06	2.00	1.94	1.90	1.87
	0.050	4.20	3.34	2.95	2.71	2.56	2.45	2.36	2.29	2.24
	0.010	7.64	5.45	4.57	4.07	3.75	3.53	3.36	3.23	3.12
	0.001	13.50	8.93	7.19	6.25	5.66	5.24	4.93	4.69	4.50
29	**0.100**	2.89	2.50	2.28	2.15	2.06	1.99	1.93	1.89	1.86
	0.050	4.18	3.33	2.93	2.70	2.55	2.43	2.35	2.28	2.22
	0.010	7.60	5.42	4.54	4.04	3.73	3.50	3.33	3.20	3.09
	0.001	13.39	8.85	7.12	6.19	5.59	5.18	4.87	4.64	4.45
30	**0.100**	2.88	2.49	2.28	2.14	2.05	1.98	1.93	1.88	1.85
	0.050	4.17	3.32	2.92	2.69	2.53	2.42	2.33	2.27	2.21
	0.010	7.56	5.39	4.51	4.02	3.70	3.47	3.30	3.17	3.07
	0.001	13.29	8.77	7.05	6.12	5.53	5.12	4.82	4.58	4.39
31	**0.100**	2.87	2.48	2.27	2.14	2.04	1.97	1.92	1.88	1.84
	0.050	4.16	3.30	2.91	2.68	2.52	2.41	2.32	2.25	2.20
	0.010	7.53	5.36	4.48	3.99	3.67	3.45	3.28	3.15	3.04
	0.001	13.20	8.70	6.99	6.07	5.48	5.07	4.77	4.53	4.34
32	**0.100**	2.87	2.48	2.26	2.13	2.04	1.97	1.91	1.87	1.83
	0.050	4.15	3.29	2.90	2.67	2.51	2.40	2.31	2.24	2.19
	0.010	7.50	5.34	4.46	3.97	3.65	3.43	3.26	3.13	3.02
	0.001	13.12	8.64	6.94	6.01	5.43	5.02	4.72	4.48	4.30
33	**0.100**	2.86	2.47	2.26	2.12	2.03	1.96	1.91	1.86	1.83
	0.050	4.14	3.28	2.89	2.66	2.50	2.39	2.30	2.23	2.18
	0.010	7.47	5.31	4.44	3.95	3.63	3.41	3.24	3.11	3.00
	0.001	13.04	8.58	6.88	5.97	5.38	4.98	4.67	4.44	4.26
34	**0.100**	2.86	2.47	2.25	2.12	2.02	1.96	1.90	1.86	1.82
	0.050	4.13	3.28	2.88	2.65	2.49	2.38	2.29	2.23	2.17
	0.010	7.44	5.29	4.42	3.93	3.61	3.39	3.22	3.09	2.98
	0.001	12.97	8.52	6.83	5.92	5.34	4.93	4.63	4.40	4.22
35	**0.100**	2.85	2.46	2.25	2.11	2.02	1.95	1.90	1.85	1.82
	0.050	4.12	3.27	2.87	2.64	2.49	2.37	2.29	2.22	2.16
	0.010	7.42	5.27	4.40	3.91	3.59	3.37	3.20	3.07	2.96
	0.001	12.90	8.47	6.79	5.88	5.30	4.89	4.59	4.36	4.18

표 A.6 (계속)

ν_2	α	ν_1 10	12	15	20	25	30	40	50	60
24	**0.100**	1.88	1.83	1.78	1.73	1.70	1.67	1.64	1.62	1.61
	0.050	2.25	2.18	2.11	2.03	1.97	1.94	1.89	1.86	1.84
	0.010	3.17	3.03	2.89	2.74	2.64	2.58	2.49	2.44	2.40
	0.001	4.64	4.39	4.14	3.87	3.71	3.59	3.45	3.36	3.29
25	**0.100**	1.87	1.82	1.77	1.72	1.68	1.66	1.63	1.61	1.59
	0.050	2.24	2.16	2.09	2.01	1.96	1.92	1.87	1.84	1.82
	0.010	3.13	2.99	2.85	2.70	2.60	2.54	2.45	2.40	2.36
	0.001	4.56	4.31	4.06	3.79	3.63	3.52	3.37	3.28	3.22
26	**0.100**	1.86	1.81	1.76	1.71	1.67	1.65	1.61	1.59	1.58
	0.050	2.22	2.15	2.07	1.99	1.94	1.90	1.85	1.82	1.80
	0.010	3.09	2.96	2.81	2.66	2.57	2.50	2.42	2.36	2.33
	0.001	4.48	4.24	3.99	3.72	3.56	3.44	3.30	3.21	3.15
27	**0.100**	1.85	1.80	1.75	1.70	1.66	1.64	1.60	1.58	1.57
	0.050	2.20	2.13	2.06	1.97	1.92	1.88	1.84	1.81	1.79
	0.010	3.06	2.93	2.78	2.63	2.54	2.47	2.38	2.33	2.29
	0.001	4.41	4.17	3.92	3.66	3.49	3.38	3.23	3.14	3.08
28	**0.100**	1.84	1.79	1.74	1.69	1.65	1.63	1.59	1.57	1.56
	0.050	2.19	2.12	2.04	1.96	1.91	1.87	1.82	1.79	1.77
	0.010	3.03	2.90	2.75	2.60	2.51	2.44	2.35	2.30	2.26
	0.001	4.35	4.11	3.86	3.60	3.43	3.32	3.18	3.09	3.02
29	**0.100**	1.83	1.78	1.73	1.68	1.64	1.62	1.58	1.56	1.55
	0.050	2.18	2.10	2.03	1.94	1.89	1.85	1.81	1.77	1.75
	0.010	3.00	2.87	2.73	2.57	2.48	2.41	2.33	2.27	2.23
	0.001	4.29	4.05	3.80	3.54	3.38	3.27	3.12	3.03	2.97
30	**0.100**	1.82	1.77	1.72	1.67	1.63	1.61	1.57	1.55	1.54
	0.050	2.16	2.09	2.01	1.93	1.88	1.84	1.79	1.76	1.74
	0.010	2.98	2.84	2.70	2.55	2.45	2.39	2.30	2.25	2.21
	0.001	4.24	4.00	3.75	3.49	3.33	3.22	3.07	2.98	2.92
31	**0.100**	1.81	1.77	1.71	1.66	1.62	1.60	1.56	1.54	1.53
	0.050	2.15	2.08	2.00	1.92	1.87	1.83	1.78	1.75	1.73
	0.010	2.96	2.82	2.68	2.52	2.43	2.36	2.27	2.22	2.18
	0.001	4.19	3.95	3.71	3.45	3.28	3.17	3.03	2.94	2.87
32	**0.100**	1.81	1.76	1.71	1.65	1.62	1.59	1.56	1.53	1.52
	0.050	2.14	2.07	1.99	1.91	1.85	1.82	1.77	1.74	1.71
	0.010	2.93	2.80	2.65	2.50	2.41	2.34	2.25	2.20	2.16
	0.001	4.14	3.91	3.66	3.40	3.24	3.13	2.98	2.89	2.83
33	**0.100**	1.80	1.75	1.70	1.64	1.61	1.58	1.55	1.53	1.51
	0.050	2.13	2.06	1.98	1.90	1.84	1.81	1.76	1.72	1.70
	0.010	2.91	2.78	2.63	2.48	2.39	2.32	2.23	2.18	2.14
	0.001	4.10	3.87	3.62	3.36	3.20	3.09	2.94	2.85	2.79
34	**0.100**	1.79	1.75	1.69	1.64	1.60	1.58	1.54	1.52	1.50
	0.050	2.12	2.05	1.97	1.89	1.83	1.80	1.75	1.71	1.69
	0.010	2.89	2.76	2.61	2.46	2.37	2.30	2.21	2.16	2.12
	0.001	4.06	3.83	3.58	3.33	3.16	3.05	2.91	2.82	2.75
35	**0.100**	1.79	1.74	1.69	1.63	1.60	1.57	1.53	1.51	1.50
	0.050	2.11	2.04	1.96	1.88	1.82	1.79	1.74	1.70	1.68
	0.010	2.88	2.74	2.60	2.44	2.35	2.28	2.19	2.14	2.10
	0.001	4.03	3.79	3.55	3.29	3.13	3.02	2.87	2.78	2.72
36	**0.100**	1.78	1.73	1.68	1.63	1.59	1.56	1.53	1.51	1.49
	0.050	2.11	2.03	1.95	1.87	1.81	1.78	1.73	1.69	1.67
	0.010	2.86	2.72	2.58	2.43	2.33	2.26	2.18	2.12	2.08
	0.001	3.99	3.76	3.51	3.26	3.10	2.98	2.84	2.75	2.69

표 A.6 (계속)

ν_2	α	1	2	3	4	5	6	7	8	9
		ν_1								
37	**0.100**	2.85	2.45	2.24	2.10	2.01	1.94	1.89	1.84	1.81
	0.050	4.11	3.25	2.86	2.63	2.47	2.36	2.27	2.20	2.14
	0.010	7.37	5.23	4.36	3.87	3.56	3.33	3.17	3.04	2.93
	0.001	12.77	8.37	6.70	5.80	5.22	4.82	4.53	4.30	4.11
38	**0.100**	2.84	2.45	2.23	2.10	2.01	1.94	1.88	1.84	1.80
	0.050	4.10	3.24	2.85	2.62	2.46	2.35	2.26	2.19	2.14
	0.010	7.35	5.21	4.34	3.86	3.54	3.32	3.15	3.02	2.92
	0.001	12.71	8.33	6.66	5.76	5.19	4.79	4.49	4.26	4.08
39	**0.100**	2.84	2.44	2.23	2.09	2.00	1.93	1.88	1.83	1.80
	0.050	4.09	3.24	2.85	2.61	2.46	2.34	2.26	2.19	2.13
	0.010	7.33	5.19	4.33	3.84	3.53	3.30	3.14	3.01	2.90
	0.001	12.66	8.29	6.63	5.73	5.16	4.76	4.46	4.23	4.05
40	**0.100**	2.84	2.44	2.23	2.09	2.00	1.93	1.87	1.83	1.79
	0.050	4.08	3.23	2.84	2.61	2.45	2.34	2.25	2.18	2.12
	0.010	7.31	5.18	4.31	3.83	3.51	3.29	3.12	2.99	2.89
	0.001	12.61	8.25	6.59	5.70	5.13	4.73	4.44	4.21	4.02
50	**0.100**	2.81	2.41	2.20	2.06	1.97	1.90	1.84	1.80	1.76
	0.050	4.03	3.18	2.79	2.56	2.40	2.29	2.20	2.13	2.07
	0.010	7.17	5.06	4.20	3.72	3.41	3.19	3.02	2.89	2.78
	0.001	12.22	7.96	6.34	5.46	4.90	4.51	4.22	4.00	3.82
60	**0.100**	2.79	2.39	2.18	2.04	1.95	1.87	1.82	1.77	1.74
	0.050	4.00	3.15	2.76	2.53	2.37	2.25	2.17	2.10	2.04
	0.010	7.08	4.98	4.13	3.65	3.34	3.12	2.95	2.82	2.72
	0.001	11.97	7.77	6.17	5.31	4.76	4.37	4.09	3.86	3.69
120	**0.100**	2.75	2.35	2.13	1.99	1.90	1.82	1.77	1.72	1.68
	0.050	3.92	3.07	2.68	2.45	2.29	2.18	2.09	2.02	1.96
	0.010	6.85	4.79	3.95	3.48	3.17	2.96	2.79	2.66	2.56
	0.001	11.38	7.32	5.78	4.95	4.42	4.04	3.77	3.55	3.38

표 A.6 (계속)

ν_2	α	ν_1 10	12	15	20	25	30	40	50	60
37	0.100	1.78	1.73	1.68	1.62	1.58	1.56	1.52	1.50	1.48
	0.050	2.10	2.02	1.95	1.86	1.81	1.77	1.72	1.68	1.66
	0.010	2.84	2.71	2.56	2.41	2.31	2.25	2.16	2.10	2.06
	0.001	3.96	3.73	3.48	3.23	3.07	2.95	2.81	2.72	2.66
38	0.100	1.77	1.72	1.67	1.61	1.58	1.55	1.52	1.49	1.48
	0.050	2.09	2.02	1.94	1.85	1.80	1.76	1.71	1.68	1.65
	0.010	2.83	2.69	2.55	2.40	2.30	2.23	2.14	2.09	2.05
	0.001	3.93	3.70	3.45	3.20	3.04	2.92	2.78	2.69	2.63
39	0.100	1.77	1.72	1.67	1.61	1.57	1.55	1.51	1.49	1.47
	0.050	2.08	2.01	1.93	1.85	1.79	1.75	1.70	1.67	1.65
	0.010	2.81	2.68	2.54	2.38	2.29	2.22	2.13	2.07	2.03
	0.001	3.90	3.67	3.43	3.17	3.01	2.90	2.75	2.66	2.60
40	0.100	1.76	1.71	1.66	1.61	1.57	1.54	1.51	1.48	1.47
	0.050	2.08	2.00	1.92	1.84	1.78	1.74	1.69	1.66	1.64
	0.010	2.80	2.66	2.52	2.37	2.27	2.20	2.11	2.06	2.02
	0.001	3.87	3.64	3.40	3.14	2.98	2.87	2.73	2.64	2.57
50	0.100	1.73	1.68	1.63	1.57	1.53	1.50	1.46	1.44	1.42
	0.050	2.03	1.95	1.87	1.78	1.73	1.69	1.63	1.60	1.58
	0.010	2.70	2.56	2.42	2.27	2.17	2.10	2.01	1.95	1.91
	0.001	3.67	3.44	3.20	2.95	2.79	2.68	2.53	2.44	2.38
60	0.100	1.71	1.66	1.60	1.54	1.50	1.48	1.44	1.41	1.40
	0.050	1.99	1.92	1.84	1.75	1.69	1.65	1.59	1.56	1.53
	0.010	2.63	2.50	2.35	2.20	2.10	2.03	1.94	1.88	1.84
	0.001	3.54	3.32	3.08	2.83	2.67	2.55	2.41	2.32	2.25
120	0.100	1.65	1.60	1.55	1.48	1.44	1.41	1.37	1.34	1.32
	0.050	1.91	1.83	1.75	1.66	1.60	1.55	1.50	1.46	1.43
	0.010	2.47	2.34	2.19	2.03	1.93	1.86	1.76	1.70	1.66
	0.001	3.24	3.02	2.78	2.53	2.37	2.26	2.11	2.02	1.95

표 A.7 Upper Percentage Points for the Studentized Range

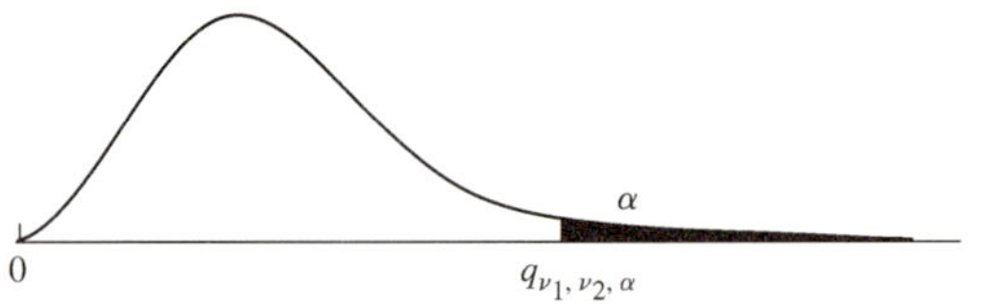

		ν_1													
ν_2	α	2	3	4	5	6	7	8	9	10	11	12	13	14	15
1	0.10	8.93	13.44	16.36	18.49	20.15	21.51	22.64	23.62	24.48	25.24	25.92	26.54	27.10	27.62
	0.05	17.97	26.98	32.82	37.08	40.41	43.12	45.40	47.36	49.07	50.59	51.96	53.20	54.33	55.36
	0.01	90.03	135.0	164.3	185.6	202.2	215.8	227.2	237.0	245.6	253.2	260.0	266.2	271.8	277.0
2	0.10	4.13	5.73	6.77	7.54	8.14	8.63	9.05	9.41	9.72	10.01	10.26	10.49	10.70	10.89
	0.05	6.08	8.33	9.80	10.88	11.74	12.44	13.03	13.54	13.99	14.39	14.75	15.08	15.38	15.65
	0.01	14.04	19.02	22.29	24.72	26.63	28.20	29.53	30.68	31.69	32.59	33.40	34.13	34.81	35.43
3	0.10	3.33	4.47	5.20	5.74	6.16	6.51	6.81	7.06	7.29	7.49	7.67	7.83	7.98	8.12
	0.05	4.50	5.91	6.82	7.50	8.04	8.48	8.85	9.18	9.46	9.72	9.95	10.15	10.35	10.52
	0.01	8.26	10.62	12.17	13.33	14.24	15.00	15.64	16.20	16.69	17.13	17.53	17.89	18.22	18.52
4	0.10	3.01	3.98	4.59	5.03	5.39	5.68	5.93	6.14	6.33	6.49	6.65	6.78	6.91	7.02
	0.05	3.93	5.04	5.76	6.29	6.71	7.05	7.35	7.60	7.83	8.03	8.21	8.37	8.52	8.66
	0.01	6.51	8.12	9.17	9.96	10.58	11.10	11.55	11.93	12.27	12.57	12.84	13.09	13.32	13.53
5	0.10	2.85	3.72	4.26	4.66	4.98	5.24	5.46	5.65	5.82	5.97	6.10	6.22	6.34	6.44
	0.05	3.64	4.60	5.22	5.67	6.03	6.33	6.58	6.80	6.99	7.17	7.32	7.47	7.60	7.72
	0.01	5.70	6.98	7.80	8.42	8.91	9.32	9.67	9.97	10.24	10.48	10.70	10.89	11.08	11.24
6	0.10	2.75	3.56	4.07	4.44	4.73	4.97	5.17	5.34	5.50	5.64	5.76	5.87	5.98	6.07
	0.05	3.46	4.34	4.90	5.30	5.63	5.90	6.12	6.32	6.49	6.65	6.79	6.92	7.03	7.14
	0.01	5.24	6.33	7.03	7.56	7.97	8.32	8.61	8.87	9.10	9.30	9.48	9.65	9.81	9.95
7	0.10	2.68	3.45	3.93	4.28	4.55	4.78	4.97	5.14	5.28	5.41	5.53	5.64	5.74	5.83
	0.05	3.34	4.16	4.68	5.06	5.36	5.61	5.82	6.00	6.16	6.30	6.43	6.55	6.66	6.76
	0.01	4.95	5.92	6.54	7.01	7.37	7.68	7.94	8.17	8.37	8.55	8.71	8.86	9.00	9.12
8	0.10	2.63	3.37	3.83	4.17	4.43	4.65	4.83	4.99	5.13	5.25	5.36	5.46	5.56	5.64
	0.05	3.26	4.04	4.53	4.89	5.17	5.40	5.60	5.77	5.92	6.05	6.18	6.29	6.39	6.48
	0.01	4.75	5.64	6.20	6.62	6.96	7.24	7.47	7.68	7.86	8.03	8.18	8.31	8.44	8.55
9	0.10	2.59	3.32	3.76	4.08	4.34	4.54	4.72	4.87	5.01	5.13	5.23	5.33	5.42	5.51
	0.05	3.20	3.95	4.41	4.76	5.02	5.24	5.43	5.59	5.74	5.87	5.98	6.09	6.19	6.28
	0.01	4.60	5.43	5.96	6.35	6.66	6.91	7.13	7.33	7.49	7.65	7.78	7.91	8.03	8.13
10	0.10	2.56	3.27	3.70	4.02	4.26	4.47	4.64	4.78	4.91	5.03	5.13	5.23	5.32	5.40
	0.05	3.15	3.88	4.33	4.65	4.91	5.12	5.30	5.46	5.60	5.72	5.83	5.93	6.03	6.11
	0.01	4.48	5.27	5.77	6.14	6.43	6.67	6.87	7.05	7.21	7.36	7.49	7.60	7.71	7.81
11	0.10	2.54	3.23	3.66	3.96	4.20	4.40	4.57	4.71	4.84	4.95	5.05	5.15	5.23	5.31
	0.05	3.11	3.82	4.26	4.57	4.82	5.03	5.20	5.35	5.49	5.61	5.71	5.81	5.90	5.98
	0.01	4.39	5.15	5.62	5.97	6.25	6.48	6.67	6.84	6.99	7.13	7.25	7.36	7.46	7.56
12	0.10	2.52	3.20	3.62	3.92	4.16	4.35	4.51	4.65	4.78	4.89	4.99	5.08	5.16	5.24
	0.05	3.08	3.77	4.20	4.51	4.75	4.95	5.12	5.27	5.39	5.51	5.61	5.71	5.80	5.88
	0.01	4.32	5.05	5.50	5.84	6.10	6.32	6.51	6.67	6.81	6.94	7.06	7.17	7.26	7.36

표 A.7 (계속)

ν_2	α	ν_1 = 2	3	4	5	6	7	8	9	10	11	12	13	14	15
13	**0.10**	2.50	3.18	3.59	3.88	4.12	4.30	4.46	4.60	4.72	4.83	4.93	5.02	5.10	5.18
	0.05	3.06	3.73	4.15	4.45	4.69	4.88	5.05	5.19	5.32	5.43	5.53	5.63	5.71	5.79
	0.01	4.26	4.96	5.40	5.73	5.98	6.19	6.37	6.53	6.67	6.79	6.90	7.01	7.10	7.19
14	**0.10**	2.49	3.16	3.56	3.85	4.08	4.27	4.42	4.56	4.68	4.79	4.88	4.97	5.05	5.12
	0.05	3.03	3.70	4.11	4.41	4.64	4.83	4.99	5.13	5.25	5.36	5.46	5.55	5.64	5.71
	0.01	4.21	4.89	5.32	5.63	5.88	6.08	6.26	6.41	6.54	6.66	6.77	6.87	6.96	7.05
15	**0.10**	2.48	3.14	3.54	3.83	4.05	4.23	4.39	4.52	4.64	4.75	4.84	4.93	5.01	5.08
	0.05	3.01	3.67	4.08	4.37	4.59	4.78	4.94	5.08	5.20	5.31	5.40	5.49	5.57	5.65
	0.01	4.17	4.84	5.25	5.56	5.80	5.99	6.16	6.31	6.44	6.55	6.66	6.76	6.84	6.93
16	**0.10**	2.47	3.12	3.52	3.80	4.03	4.21	4.36	4.49	4.61	4.71	4.81	4.89	4.97	5.04
	0.05	3.00	3.65	4.05	4.33	4.56	4.74	4.90	5.03	5.15	5.26	5.35	5.44	5.52	5.59
	0.01	4.13	4.79	5.19	5.49	5.72	5.92	6.08	6.22	6.35	6.46	6.56	6.66	6.74	6.82
17	**0.10**	2.46	3.11	3.50	3.78	4.00	4.18	4.33	4.46	4.58	4.68	4.77	4.86	4.93	5.01
	0.05	2.98	3.63	4.02	4.30	4.52	4.70	4.86	4.99	5.11	5.21	5.31	5.39	5.47	5.54
	0.01	4.10	4.74	5.14	5.43	5.66	5.85	6.01	6.15	6.27	6.38	6.48	6.57	6.66	6.73
18	**0.10**	2.45	3.10	3.49	3.77	3.98	4.16	4.31	4.44	4.55	4.65	4.75	4.83	4.90	4.98
	0.05	2.97	3.61	4.00	4.28	4.49	4.67	4.82	4.96	5.07	5.17	5.27	5.35	5.43	5.50
	0.01	4.07	4.70	5.09	5.38	5.60	5.79	5.94	6.08	6.20	6.31	6.41	6.50	6.58	6.65
19	**0.10**	2.45	3.09	3.47	3.75	3.97	4.14	4.29	4.42	4.53	4.63	4.72	4.80	4.88	4.95
	0.05	2.96	3.59	3.98	4.25	4.47	4.65	4.79	4.92	5.04	5.14	5.23	5.31	5.39	5.46
	0.01	4.05	4.67	5.05	5.33	5.55	5.73	5.89	6.02	6.14	6.25	6.34	6.43	6.51	6.58
20	**0.10**	2.44	3.08	3.46	3.74	3.95	4.12	4.27	4.40	4.51	4.61	4.70	4.78	4.85	4.92
	0.05	2.95	3.58	3.96	4.23	4.45	4.62	4.77	4.90	5.01	5.11	5.20	5.28	5.36	5.43
	0.01	4.02	4.64	5.02	5.29	5.51	5.69	5.84	5.97	6.09	6.19	6.28	6.37	6.45	6.52
24	**0.10**	2.42	3.05	3.42	3.69	3.90	4.07	4.21	4.34	4.44	4.54	4.63	4.71	4.78	4.85
	0.05	2.92	3.53	3.90	4.17	4.37	4.54	4.68	4.81	4.92	5.01	5.10	5.18	5.25	5.32
	0.01	3.96	4.55	4.91	5.17	5.37	5.54	5.69	5.81	5.92	6.02	6.11	6.19	6.26	6.33
30	**0.10**	2.40	3.02	3.39	3.65	3.85	4.02	4.16	4.28	4.38	4.47	4.56	4.64	4.71	4.77
	0.05	2.89	3.49	3.85	4.10	4.30	4.46	4.60	4.72	4.82	4.92	5.00	5.08	5.15	5.21
	0.01	3.89	4.45	4.80	5.05	5.24	5.40	5.54	5.65	5.76	5.85	5.93	6.01	6.08	6.14
40	**0.10**	2.38	2.99	3.35	3.60	3.80	3.96	4.10	4.21	4.32	4.41	4.49	4.56	4.63	4.69
	0.05	2.86	3.44	3.79	4.04	4.23	4.39	4.52	4.63	4.73	4.82	4.90	4.98	5.04	5.11
	0.01	3.82	4.37	4.70	4.93	5.11	5.26	5.39	5.50	5.60	5.69	5.76	5.83	5.90	5.96
60	**0.10**	2.36	2.96	3.31	3.56	3.75	3.91	4.04	4.16	4.25	4.34	4.42	4.49	4.56	4.62
	0.05	2.83	3.40	3.74	3.98	4.16	4.31	4.44	4.55	4.65	4.73	4.81	4.88	4.94	5.00
	0.01	3.76	4.28	4.59	4.82	4.99	5.13	5.25	5.36	5.45	5.53	5.60	5.67	5.73	5.78
120	**0.10**	2.34	2.93	3.28	3.52	3.71	3.86	3.99	4.10	4.19	4.28	4.35	4.42	4.48	4.54
	0.05	2.80	3.36	3.68	3.92	4.10	4.24	4.36	4.47	4.56	4.64	4.71	4.78	4.84	4.90
	0.01	3.70	4.20	4.50	4.71	4.87	5.01	5.12	5.21	5.30	5.37	5.44	5.50	5.56	5.61
∞	**0.10**	2.33	2.90	3.24	3.48	3.66	3.81	3.93	4.04	4.13	4.21	4.28	4.35	4.41	4.47
	0.05	2.77	3.31	3.63	3.86	4.03	4.17	4.29	4.39	4.47	4.55	4.62	4.68	4.74	4.80
	0.01	3.64	4.12	4.40	4.60	4.76	4.88	4.99	5.08	5.16	5.23	5.29	5.35	5.40	5.45

표 A.8 Control Chart Constants

Subgroup Size n	A_2	A_3	B_3	B_4	D_3	D_4	c_4	d_2
2	1.880	2.659	0.000	3.267	0.000	3.267	0.7979	1.128
3	1.023	1.954	0.000	2.568	0.000	2.575	0.8862	1.693
4	0.729	1.628	0.000	2.266	0.000	2.282	0.9213	2.059
5	0.577	1.427	0.000	2.089	0.000	2.114	0.9400	2.326
6	0.483	1.287	0.030	1.970	0.000	2.004	0.9515	2.534
7	0.419	1.182	0.118	1.882	0.076	1.924	0.9594	2.704
8	0.373	1.099	0.185	1.815	0.136	1.864	0.9650	2.847
9	0.337	1.032	0.239	1.761	0.184	1.816	0.9693	2.970
10	0.308	0.975	0.284	1.716	0.223	1.777	0.9727	3.078
11	0.285	0.927	0.321	1.679	0.256	1.744	0.9754	3.173
12	0.266	0.866	0.354	1.646	0.283	1.717	0.9776	3.258
13	0.249	0.850	0.382	1.618	0.307	1.693	0.9794	3.336
14	0.235	0.817	0.406	1.594	0.328	1.672	0.9810	3.407
15	0.223	0.789	0.428	1.572	0.347	1.653	0.9823	3.472
16	0.212	0.763	0.448	1.552	0.363	1.637	0.9835	3.532
17	0.203	0.739	0.466	1.534	0.378	1.622	0.9845	3.588
18	0.194	0.718	0.482	1.518	0.391	1.609	0.9854	3.640
19	0.187	0.698	0.497	1.503	0.403	1.597	0.9862	3.689
20	0.180	0.680	0.510	1.490	0.415	1.585	0.9869	3.735
21	0.173	0.663	0.523	1.477	0.425	1.575	0.9876	3.778
22	0.167	0.647	0.534	1.466	0.434	1.566	0.9882	3.819
23	0.162	0.633	0.545	1.455	0.443	1.557	0.9887	3.858
24	0.157	0.619	0.555	1.445	0.452	1.548	0.9892	3.895
25	0.153	0.606	0.565	1.435	0.459	1.541	0.9896	3.931

For $n > 25$: $A_3 \approx 3/\sqrt{n}$, $B_3 \approx 1 - 3/\sqrt{2n}$, and $B_4 \approx 1 + 3/\sqrt{2n}$.

찾아보기

Index

ABC

가

나

다

· 김형수
고려대학교 토목공학과
미국 Colorado State Univ. 수문학전공(공학박사)
인하대학교 사회기반시스템공학부 교수

· 전시영
한양대학교 공과대학 토목공학과
한양대학교 대학원 토목공학과(공학박사)
원광대학교 토목환경공학과 교수
국토해양부 중앙하천관리위원회 위원

· 박재우
서울대학교 토목공학과
미국 Princeton Univ. 토목환경공학과(공학박사)
한양대학교 건설환경공학과 교수

· 유철상
고려대학교 토목공학과
미국 Texas A&M Univ.(공학박사)
고려대학교 건축사회환경공학부 교수

· 양인환
서울대학교 토목공학과
서울대학교 대학원 토목공학과(공학박사)
군산대학교 토목공학과 교수

Principles of Statistics for Engineers and Scientists
이공계를 위한 **기초통계학** 정가 25,000원

인 쇄 2012년 9월 1일 초판 1쇄
발 행 2016년 1월 20일 초판 2쇄
저 자 William Navidi
역 자 김형수·전시영·박재우·유철상·양인환
발행인 정우용
발행처 도서출판 동화기술
경기도 파주시 문발동 파주출판도시 500-13(광인사길 201)
Tel (031)955-4211~6 donghwae@kornet.net
Fax (031)955-4217 www.donghwapub.co.kr
(등록) 1977년 12월 19일/9-16호

Printed in Korea
ISBN 978-89-425-1726-8